化学反应工程（第3版）

CHEMICAL REACTION ENGINEERING (THIRD EDITION)

奥克塔夫·列文斯比尔／著　苏力宏／译

Octave Levenspiel

西北工業大學出版社

WILEY

西安

陕西省版权局著作权合同登记 图字:25－2021－233

图书在版编目(CIP)数据

化学反应工程 /（美）奥克塔夫· 列文斯比尔著 ；苏力宏译 .—3 版. —西安 ：西北工业大学出版社，2021.4

ISBN 978－7－5612－7706－5

Ⅰ. ①化… Ⅱ. ①奥… ②苏… Ⅲ. ①化学反应工程-高等学校-教材 Ⅳ. ①TQ03

中国版本图书馆 CIP 数据核字(2021)第 072831 号

***Library of Congress Cataloging-in-Publication Data*：**
Levenspiel，Octave.
Chemical reaction engineering 1 Octave Levenspiel. — 3rd ed.
p. cm.
Includes index.
ISBN 0－471－25424－X (cloth ：alk. paper)

HUAXUE FANYING GONGCHENG
化 学 反 应 工 程

责任编辑：朱晓娟 **策划编辑：**杨 军
责任校对：万灵芝 **装帧设计：**李 飞
出版发行：西北工业大学出版社
通信地址：西安市友谊西路 127 号 邮编:710072
电 话：(029)88491757，88493844
网 址：www.nwpup.com
印 刷 者：陕西向阳印务有限公司
开 本：787 mm×1 092 mm 1/16
印 张：31
字 数：813 千字
版 次：2021 年 4 月第 1 版 2021 年 4 月第 1 次印刷
定 价：118.00 元

如有印装问题请与出版社联系调换

译 者 序

“化学反应工程”作为化学工程(简称“化工”)与技术最具代表性的专业核心课程，历来受到国内外相关大学化工类专业的重视。改革开放以来，我国的化工行业取得了突飞猛进的发展，通过不断吸收国内外化工理论与技术发展的新成果，形成了具有中国特色的化工专业课程建设体系。2020 年，我国提出了坚定不移推动高水平对外开放是我国既定国策，并且要拓展资金、人才、科技等领域国际合作。按照新工科教育培养全球化事业人才的需要，笔者引进并翻译了这一经典教材。

本书原版教材(*Chemical Reaction Engineering*)作者奥克塔夫·列文斯比尔(Octave Levenspiel)，男，1926 年出生于我国上海，是俄勒冈州立大学教授，也是美国工程院院士。他在我国华东理工大学前身——震旦大学化工系修读本科，后在美国获得博士学位。由于老先生的中国情结，在得知我们有意翻译他的这本教材后，他欣然授权同意。笔者根据这本书修订后的第 3 版，进行了翻译工作。

本书主要译者是苏力宏，他有 20 多年“化学反应工程”课程的教学经验，还担任欧盟和俄罗斯工程技术专业学业资格认证导师一职，结合自己前期双语教学经验翻译了书稿，对于化工专业术语和单位制等内容，依据我国标准和习惯做了修订，方便读者阅读。李峻有、杨凤霞、王锡桐和李越飞等研究生参与了相关文字工作。

本书可以用作本科生和研究生教学参考书(本科生课程内容可依据实际教学要求进行适当删减)，还可以作为化工行业和相关行业技术人员的参考工具书。

由于水平有限，译稿难免存在疏漏和不足之处，恳请读者批评指正。

苏力宏

2020 年 10 月

前　言

化学反应工程是研究以商业规模开发的化学产品的工程活动。它的目标是成功设计并高效运行化学反应器。它涉及的专业基础知识可能比任何其他化工课程涉及的都多，因此，化学反应工程成为一门独特的专业课程。

很多情况下，工程师会面临一系列化工问题：解决一个问题需要哪些信息？如何更好地获取这些信息？如何从许多可用的替代方案中选择合理的设计？本书就是教导学生如何可靠和明智地解答这些问题，重点强调的是定性论证主反应器类型，还包括定量的反应器简单设计方法，以及熟练掌握图形绘制、程序计算等能力。

本书有助于为优秀的反应器设计提供强大的直观感受，同时学习正确的设计方法。本书本着先易后难的次序安排内容，先提出并解决简单的问题，然后再扩展到复杂的情形。此外，本书将重点放在为所有系统开发一个通用的设计策略，同时又兼顾各种反应器特点。作为介绍化工知识方法的书，先考虑提出假设问题，然后讨论选择不同方法解决，以及为什么选择这些方法，并指出适用于实际情况下的局限性。虽然涉及的数学知识并不特别难（基本微积分和一阶线性微分方程），但这并不意味着所讲述的方法和概念简单——开发新的思维方式兼顾直观感觉，不是一件容易同时能做到的事情。

关于这个新版课本：先要说的是，笔者尽量保持论述简洁，其内容已经删除了一些专业性较强的部分，添加了一些新的专题——生物化工反应器和流化床反应器、液体反应器等，保留了一些重要领域的问题的基础知识。

笔者认为解决问题并将知识应用于新的实际情况的过程，对于学习至关重要。本书包含 80 多个说明性示例和 400 多个问题（75％是新增内容），帮助学生学习和理解所讲述的概念。

本书共四个部分。对于本科生课程，笔者建议阅读第一部分（快速浏览第一章和第二章，不要在那里花费过多精力），如果有更多的时间，继续阅读第二部分和第五部分中感兴趣的章节。对于研究生课程或进阶修读课程，第二部分和第五部分中的材料应该全部掌握。

最后，笔者要感谢 Keith Levien 教授、Julio Ottino 教授、Richard Turton 教授和 Amos Avidan 博士，他们提出了很多有帮助的建议。另外，笔者还要感谢 Pam Wegner 和 Peggy Blair，他们完成了本书出版、印刷过程中耗时且繁杂的工作。

由于水平有限，书中难免存在疏漏之处，恳请读者批评指正。

奥克塔夫·列文斯比尔

俄勒冈州立大学　化学工程系

目　录

第四部分　生物反应系统

第 1 章　化学反应工程概述

工业化学过程就是从各种起始原材料中，经过一系列的工艺处理过程，以最经济的方式制造和提取产品。图 1.1 显示了一个典型的化工过程。原材料经历了多次物理预处理，形成可以进行反应的化学原料；然后经过在反应器中的反应，反应的产物进行进一步的物理处理——分离、纯化等，获得最终所需的化工产品。

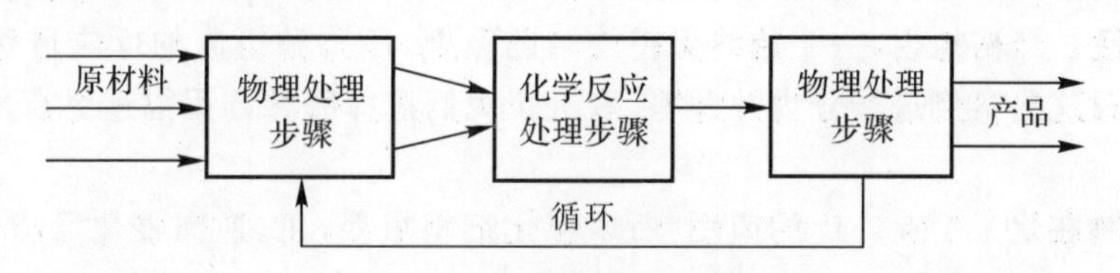

图 1.1　典型化工过程

本章首先讨论的是物理处理步骤的设备设计和操作。在本书中，主要关注的是化学反应处理步骤，而化学反应通常是核心过程，其反应器的设计就显得非常重要。

反应器的设计不是一个常规的技术问题，一般可以有许多替代技术方案。在寻找最佳方案时，反应器的成本必须最小化。一种反应器设计可能具有较低的成本，但是离开反应单元的材料可能会提高分离等后处理的成本，使得总体成本上升。因此，必须考虑整体过程的经济性。

反应器设计要使用各种数据信息、专业知识和工程经验，包括热力学、化学动力学、流体力学、传热、传质和经济专业知识。化学反应工程正是结合所有知识，来正确设计一个化学反应器。要找到制造特定化学产品的合适反应器，先要建立反应动力学、接触方式和传递过程性能方程，如图 1.2 所示。

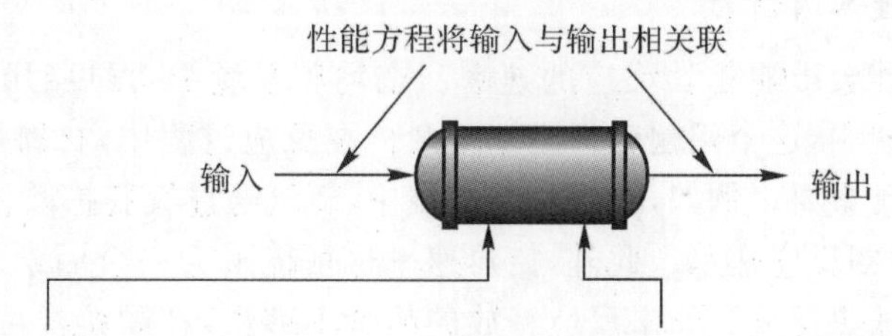

图 1.2　预测反应器的功能所需的信息

本书的大部分内容涉及找到并建立输入与各种动力学和各种接触的输出相关联的表达式：

$$输出=f[输入,动力学,接触模式] \tag{1.1}$$

式(1.1)称为性能方程。有了这个表达式，可以比较不同的反应器设计和应用条件，找到最优的，然后扩大到更大的化工工程应用范围。

1. 反应分类

化学反应的分类方法有很多种。最有用的是根据所涉及的相的数量和类型来分类，主要分为均相和非均相体系。如果一个反应只发生在一个相上，那么它是均相反应。如果一个反应需要至少两个相的存在才能进行，那么它就是非均相反应。

生物学反应要更复杂，我们可能并不清楚其反应机理。比如酶-底物反应，这里的酶起着合成蛋白质和其他产品催化剂的作用。由于酶本身是高度复杂的胶体，大小为 10～100 nm 的大分子蛋白质，因此含酶溶液代表均相和非均相系统之间的灰色区域。均相和非均相系统之间的区别不明显的其他示例是非常快速的化学反应，如燃烧的气体，这里的组成和温度存在很大的不均匀性。严格地说，一个始终保持均匀的温度、压力和组成的反应过程，现实中是不存在的。如何对这些案例进行分类并解答，取决于我们选择哪种方程描述更有用，以及根据条件具体分析。

由于催化剂在化工工业广泛的应用，所以催化剂很重要，正、逆向催化反应的速率可以被同时改变。

表 1.1 为按照我们的方案列举了化学反应的分类以及每种类型典型反应的例子。

表 1.1　反应分类及示例

	催化反应	非催化反应
均相反应	大部分的液相反应	大部分的气相反应
非均相反应	氨氧化制硝酸、石油裂解、SO_2 氧化生成 SO_3、合成氨	煤的燃烧、矿石煅烧、炼钢炼铁、酸雾的吸收、气液吸收反应
既是均相反应又是非均相反应	胶体体质中的反应、酶和微生物反应	快速反应，如火焰燃烧

2. 影响反应速率的因素

许多因素可能会影响化学反应的速率。在均相系统中，温度、压力和组成都是明显的因素。在非均相系统中，这个问题变得更加复杂。在反应过程中，材料可能不得不在相间传递，此时传质速率非常重要。例如，在煤块的燃烧中，氧气通过气膜扩散包围颗粒并穿过颗粒表面的灰层，这样会限制反应速率。此外，传热速率也可能成为一个因素。例如，在多孔催化剂颗粒的内表面发生放热反应。如果反应释放的热量不够快，在颗粒内可能发生严重不均匀的温度分布，反过来会导致不同的反应点有速率差异。因此，传热和传质可能在确定非均相反应速率方面发挥重要作用。

3. 反应速率的定义

要解决如何定义反应速率的问题，首先必须选择一个关键反应组分作为考虑因素。如果根据反应这个组分的摩尔变化率是 dN_i/dt，基于反应流体的单位体积，那么各种形式的反应速率定义如下：

$$r_i=\frac{1}{V}\frac{dN_i}{dt}=\frac{i\text{ 组分形成的物质的量}}{(\text{流体体积})(\text{时间})} \tag{1.2}$$

基于液固系统中固体的单位质量，式(1.2)可改写为

$$r'_i=\frac{1}{W}\frac{dN_i}{dt}=\frac{i\text{ 组分形成的物质的量}}{(\text{固体的质量})(\text{时间})} \tag{1.3}$$

基于双流体系统中的单位界面表面或基于气固体系中的固体单位表面，式(1.2)可改写为

$$r''_i=\frac{1}{S}\frac{dN_i}{dt}=\frac{i\text{ 组分形成的物质的量}}{(\text{反应界面表面积})(\text{时间})} \tag{1.4}$$

基于气固系统中固体的单位体积，式(1.2)可改写为

$$r'''_i=\frac{1}{V_s}\frac{dN_i}{dt}=\frac{i\text{ 组分形成的物质的量}}{(\text{固体的体积})(\text{时间})} \tag{1.5}$$

基于反应器的单位体积，如果与基于流体的单位体积的速率不同，式(1.2)可改写为

$$r''''_i=\frac{1}{V_r}\frac{dN_i}{dt}=\frac{i\text{ 组分形成的物质的量}}{(\text{反应器的体积})(\text{时间})} \tag{1.6}$$

在均相系统中，反应器中的流体体积通常等于该反应器的体积。在这种情况下，V 和 V_r 是相同的，式(1.2)和式(1.6)可互换使用。在非均相体系中，反应速率的所有上述定义都会遇到，在任何特定情况下使用的定义通常只是一个方便的问题。

在式(1.2)～式(1.6)这些反应速率的定义中有如下关系：

$$Vr_i=Wr'_i=Sr''_i=V_sr'''_i=V_rr''''_i \tag{1.7}$$

有的反应发生得很快，其他则非常缓慢。例如，在重要的塑料——聚乙烯的生产中，或从原油中提炼汽油的过程中，我们希望反应在很短时间内就能完成；但是在废水处理中，其反应可能需要几天时间。

图 1.3 所示为不同反应发生的速率。在这些情况下，反应器的设计当然会有很大的不同。

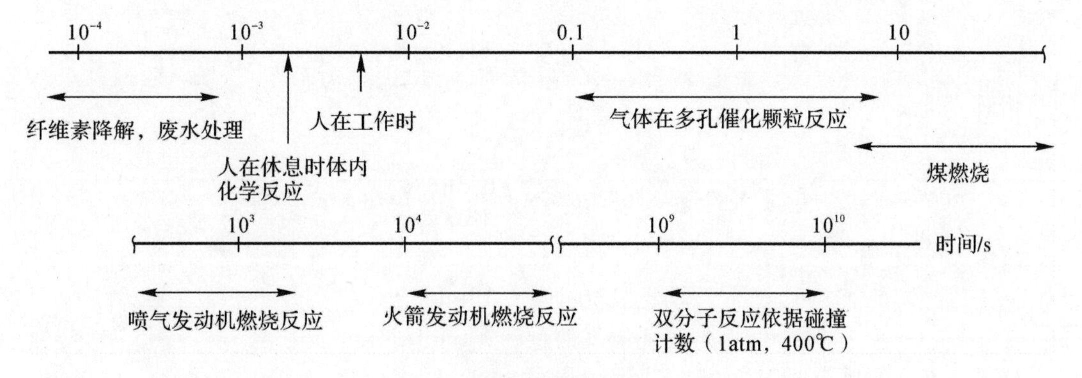

图 1.3　反应速率——$r'''_A=\frac{\text{A 消失的物质的量}}{(\text{反应器的体积})(\text{时间})}$（注：1 atm≈$1.01\times10^5$ Pa）

4. 反应器总体规划

反应器有各种各样的外观、形状和大小，可用于不同类型的反应。简单举例来说，反应器有用于炼油的高炉；有用于活性污泥池塘的污水处理器；有用于塑料、油漆和涂料纤维聚合物的合成釜；有用于生产阿司匹林药物的发酵釜；等等。

各种反应在速率和类型上是不同的，不能用同一种方式来处理。在本书中按照类型区分，因为每种类型都需要开发适当的性能方程组。

[例 1.1] 火箭发动机

例 1.1 图中的火箭发动机燃烧燃料(液态氢)与氧化剂(液态氧)的化学计量混合物。燃烧室为圆柱形，长度为 75 cm，直径为 60 cm，燃烧过程产生废气 108 kg/s。如果燃烧完全，求氢气和氧气的反应速率。

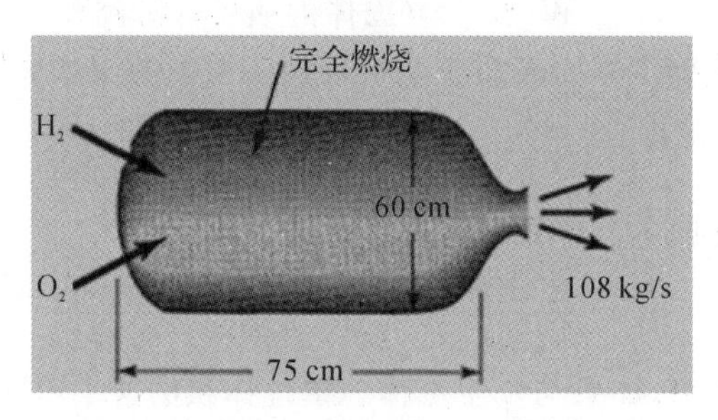

例 1.1 图　火箭发动机的燃烧室

解：

我们想要计算：

$$-r_{H_2}=\frac{1}{V}\frac{dN_{H_2}}{dt}$$

$$-r_{O_2}=\frac{1}{V}\frac{dN_{O_2}}{dt}$$

反应器体积和进行反应的体积相同，则有

$$V=\frac{\pi}{4}\times(0.6)^2\times0.75=0.2121\ m^3$$

发生的反应为

$$H_2+\frac{1}{2}O_2\longrightarrow H_2O \tag{i}$$

相对分子质量为　　2　　16　　18

可得

$$\text{生成水的量}=108\ kg/s\times\left(\frac{1\ kmol}{18\ kg}\right)=6\ kmol/s$$

故由式(i)可得

$$\text{消耗氢气的量}=6\ kmol/s$$
$$\text{消耗氧气的量}=3\ kmol/s$$

氢气和氧气的反应速率为

$$-r_{H_2}=-\frac{1}{0.2121\ m^3}\times\frac{6\ kmol}{s}=2.829\times10^4\ \frac{mol}{m^3\cdot s}$$

$$-r_{O_2}=-\frac{1}{0.2121\ m^3}\times3\ \frac{kmol}{s}=1.415\times10^4\ \frac{mol}{m^3\cdot s}$$

注：将这些速率数据与图 1.3 得到的值进行比较。

[例 1.2] 日常存在的反应问题

一个75 kg的人每天消耗约6 000 kJ的食物。假设他的食物都是葡萄糖，总体反应是

$$C_6H_{12}O_6+6O_2 \rightarrow 6CO_2+6H_2O,\ -\Delta H_r=2\ 816\ \text{kJ}$$

氧气从空气获得　　呼出二氧化碳

请根据人消耗的氧气摩尔数来计算新陈代谢率(比如生活、爱好和笑的代谢率)。

解:

我们可以得到

$$-r'''_{O_2}=-\frac{1}{V_{人}}\frac{dN_{O_2}}{dt}=\frac{氧的物质的量}{人的身躯体积 \cdot s} \tag{i}$$

①根据生活经验,可用下式估计人的密度:

$$\rho=1\ 000\ \frac{kg}{m^3}$$

因此,对于这个人,他的体内发生的生化反应体积为

$$V_{人}=\frac{75\ kg}{1\ 000\ kg/m^3}=0.075\ m^3$$

②注意到每消耗 1 mol 葡萄糖使用 6 mol 氧气并释放 2 816 kJ 能量,则有

$$\frac{dN_{O_2}}{dt}=\left(\frac{6\ 000\ kJ/d}{2\ 816\ kJ/mol\ 葡萄糖}\right)\left(\frac{6\ mol\ O_2}{1\ mol\ 葡萄糖}\right)=12.8\ \frac{mol\ O_2}{d}$$

代入式(i),得

$$-r'''_{O_2}=\frac{1}{0.075\ m^3}\times\frac{12.8\ mol}{d}\times\frac{1}{24\times 3\ 600\ s}=0.002\ \frac{mol}{m^3 \cdot s}$$

注意:将此值与图 1.3 中列出的值进行比较。

习　题

1.1　城市污水处理厂问题。考虑一个小型社区的市政水处理厂(见习题 1.1 图)。每天有 32 000 m^3 的废水流过处理厂,平均停留时间为 8 h,空气鼓泡通过水箱,利用水箱中的微生物分解有机物质,有

$$有机废水+O_2 \xrightarrow{微生物} CO_2+H_2O$$

典型的进料中生物需氧量 200 mg/L,而废水具有的生物需氧量可忽略。求反应速率,或处理池中生物需氧量的减少量。

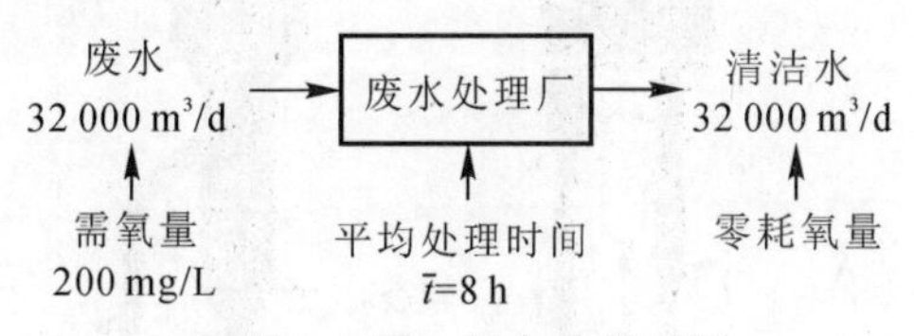

习题 1.1 图　污水处理工程

1.2　燃煤电站。使用流化床反应器的大型中央电站(约 1 000 MW 电气)可能会被设计出来(见习题 1.2 图)。这些反应器每天供应240 t煤(90%C,10%H_2),其中 50%的煤在主流化床内燃烧,其余 50%的煤在系统中的其他地方燃烧。建议设计使用一组 10 个流化床,每个流化床长20 m、宽4 m,并且包含厚度为1 m的固体。根据所使用的氧气,求流化床内的反应速率。

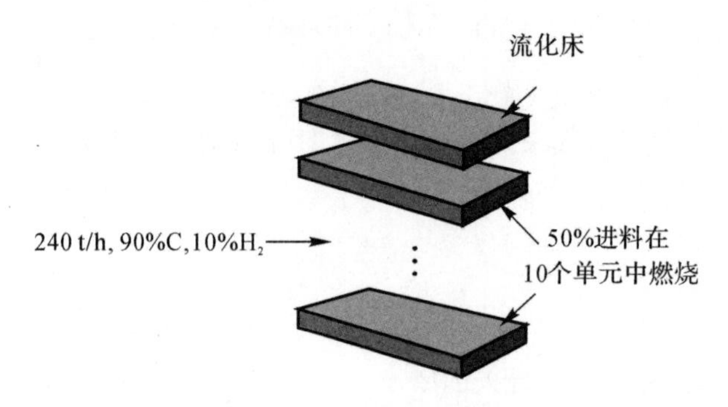

习题 1.2 图　流化床示意图

1.3　流体裂解。流体裂解反应器是石油工业中使用的最大处理器之一。习题 1.3 图显示了这种单元的一个例子。一个典型的反应器单元是内径为 4～10 m，高为 10～20 m，并包含约 50 t $\rho = 800\ kg/m^3$ 的多孔催化剂。每天供给约 38 000 桶原油（6 000 m^3/d，$\rho = 900\ kg/m^3$），这些长链烃裂解成更短的分子。

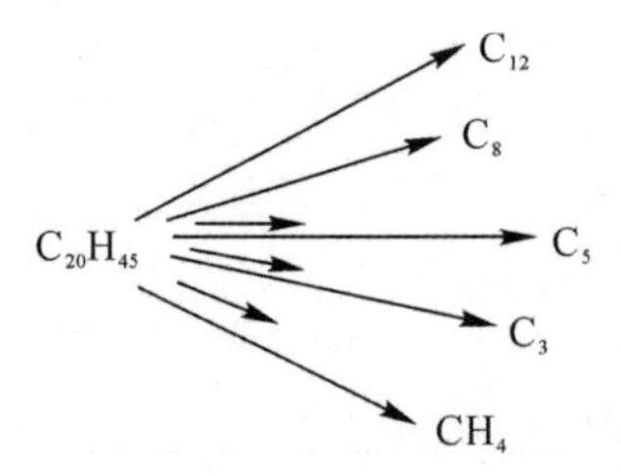

为了了解这些复合反应的速率，我们简化并假设原料仅由 C_{20} 烃组成，如果 60％的汽化原料在单元中裂化，反应速率如何？（用 $-r'$ 和 r'' 表示。）

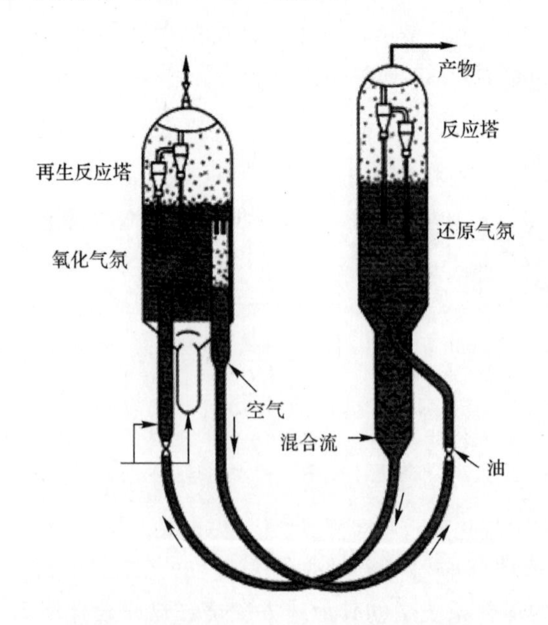

习题 1.3 图　Exxon Ⅳ型流体裂解装置

第一部分

理想反应器

第 2 章　均相反应动力学

1. 简单的反应器类型

理想的反应器有 3 种理想的流动或接触模式，如图 2.1 所示。我们经常尝试让真实的反应器尽可能接近这些理想型。

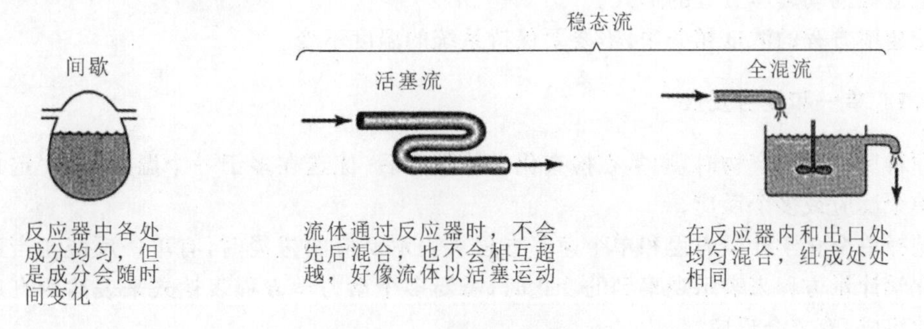

图 2.1　理想反应器类型

我们特别喜欢这三种流动或反应模式，因为它们很容易处理（找到它们的性能方程很简单），并且其中一种模式通常就是最好的模式（会给予我们想要的任何模式）。之后，进一步了解循环反应器、多级反应器和其他流动模式组合反应器，以及实际反应器与这些理想反应器的偏差。

2. 速率方程

假设单相反应 $aA+bB \longrightarrow rR+sS$。那么反应物 A 的反应速率为

A组分消失速率

$$-r_A = -\frac{1}{V}\frac{dN_A}{dt} = \frac{\text{A消失的物质的量}}{(\text{体积})(\text{时间})},\ \left[\frac{\text{mol}}{\text{m}^3\cdot\text{s}}\right] \tag{2.1}$$

注意是强度测量　　负号表示消失

此外，所有物料的反应速率都与之相关，即

$$\frac{-r_A}{a} = \frac{-r_B}{b} = \frac{r_R}{r} = \frac{r_S}{s}$$

经验表明，反应速率受原料组分和自身分子能量的影响。对于能量，指的是温度（分子的

随机运动动能)、系统内的化学键强度、磁场强度等。通常只需要考虑温度,则有

$$-r_A = f\,[\text{温度相关项, 浓度相关项}] \xlongequal[\text{举例}]{} kc_A^a = k_0 e^{-E/RT} c_A^a \tag{2.2}$$

$\frac{mol}{m^3 \cdot s}$　$\left(\frac{mol}{m^3}\right)^{1-a} s^{-1}$　活化能

反应级数　温度相关项

以上是关于速率的浓度相关性和温度相关性的术语概念。

2.1　速率方程的浓度相关性

在速率表达式中能够找到浓度项的形式之前,必须区分不同类型的反应。这种区分基于描述反应进程的动力学方程的形式。

讨论速率方程的浓度相关项,需要要保持系统的温度不变。

2.1.1　单一和复合反应

当原料反应形成产物时,通常在检查化学计量之后(优选在多于一个温度下)决定是否应该考虑单个反应或多个反应。

当选择单个化学计量方程和单个速率方程来表示反应的进展时,有单一反应。当选择多于一个化学计量方程来表示观察到的变化时,需要多个动力学方程表达式来表达所有反应组分的变化组成,有复合反应。

复合反应可以分为连串反应和平行反应。

连串反应,有

$$A \longrightarrow R \longrightarrow S$$

平行反应,有两种类型

$$A \nearrow R,\quad A \searrow S \qquad \text{和} \qquad \left.\begin{array}{l} A \rightarrow R \\ B \rightarrow S \end{array}\right\}$$

竞争　　　　并排(平行)

以及更复杂的方案,即

$$A+B \longrightarrow R$$
$$R+B \longrightarrow S$$

这里,反应相对于B平行进行,但相对于A、R和S串联进行。

2.1.2　基元反应和非基元反应

考虑具有化学计量方程的单一反应,有

$$A+B \longrightarrow R$$

如果假设速率控制机制涉及单分子A与单分子B的碰撞或相互作用,那么分子A与B

碰撞的次数与反应速率成正比。但在给定温度下，碰撞次数与混合物中反应物的浓度成正比，因此，A 的消失速率由下式给出：

$$-r_A = kc_A c_B$$

速率方程对应于化学计量方程的这种反应称为基元反应。

当化学计量与速率之间没有直接对应关系时，将发生非基元反应。非基元反应的典型例子是氢和溴之间的反应

$$H_2 + Br_2 \longrightarrow 2HBr$$

其速率表达式为

$$r_{HBr} = \frac{k_1[H_2][Br_2]^{1/2}}{k_2 + [HBr]/[Br_2]} \tag{2.3}$$

我们所观察到的单一反应实际上是一系列基元反应的总体效应，通过它来解释其他非基元反应。仅观察单个反应而不是两个或更多个基元反应的原因是，其中形成的中间体的量可以忽略不计，这样可以避免复杂烦琐的检测。

2.1.3　反应的分子数和级数

基元反应的分子数是参与反应的分子数，并且已经发现其值为 1 和 2，偶尔为 3。请注意，分子数仅指基元反应。

经常发现，一个反应的反应速率，涉及物料 A，B，…，D 可以近似为以下类型的表达式：

$$\left.\begin{aligned} -r_A &= kc_A^a c_B^b \cdots c_D^d \\ a+b+\cdots+d &= n \end{aligned}\right\} \tag{2.4}$$

式中 $a,b,\cdots,d$ 不一定与化学计量系数有关。我们把这些浓度升高的能力称为反应的级数。因此，反应为

对于 A 为 a 级

对于 B 为 b 级

对于整体为 n 级

由于反应的级数是指按照经验找到的速率表达式，因此它可以是小数而不必是整数。然而，反应的分子数必须是整数，因为它指的是反应的机理，并且只能用于基元反应。

2.1.4　速率常数 k

当均相化学反应的速率表达式写成式(2.4)时，n 级反应的速率常数 k 为

$$k = (\text{时间})^{-1}(\text{浓度})^{1-n} \tag{2.5}$$

对于一级反应，则

$$k = (\text{时间})^{-1} \tag{2.6}$$

2.1.5　基元反应的表示

在表达速率时，可以使用任何与浓度相当的度量(例如分压)，在这种情况下，有

$$r_A = kp_A^a p_B^b \cdots p_D^d$$

无论采用什么度量，级数都保持不变。但是，它会影响速率常数 k。

为简洁起见，基元反应通常用显示分子数和速率常数的方程表示，则有

$$2A \xrightarrow{k_1} 2R \tag{2.7}$$

表示具有二级速率常数 k 的生物分子不可逆反应，这意味着反应速率

$$-r_A = r_R = k_1 c_A^2 [\text{把式(2.7)写成这样是不合适的}]$$

$$A \xrightarrow{k_1} R$$

因为这意味着速率表达式为

$$-r_A = r_R = k_1 c_A$$

我们必须区分表示基元反应的一个特定方程和化学计量的许多可能的表示。

我们应该注意到，用速率常数写出基元反应，见式(2.7)，可能不足以避免含糊不清。有时可能需要指定速率常数参考的反应组分。考虑反应

$$B + 2D \longrightarrow 3T \tag{2.8}$$

如果速率是用 B 来衡量的，那么速率方程为

$$-r_B = k_B c_B c_D^2$$

如果涉及 D，则速率方程为

$$-r_D = k_D c_B c_D^2$$

如果它涉及产品 T，那么

$$r_T = k_T c_B c_D^2$$

从化学计量学来看，则

$$-r_B = -\frac{1}{2} r_D = \frac{1}{3} r_T$$

所以

$$k_B = \frac{1}{2} k_D = \frac{1}{3} k_T \tag{2.9}$$

在式(2.8)中，我们指的是这三个 k 值中的哪一个？我们不知道。因此，为了避免当化学计量涉及不同组分的分子数量不定时，我们必须指定正在考虑的组分。

总而言之，表达速率的简明形式可能不明确。为了消除任何可能的混淆，我们应写出化学计量方程，然后写出完整的速率表达式，并给出速率常数的单位。

2.1.6 非基元反应的表示

非基元反应是它的化学计量学与动力学不匹配的反应，即

化学计量学：$$N_2 + 3H_2 \rightleftharpoons 2NH_3$$

速率：$$r_{NH_3} = k_1 \frac{[N_2][H_2]^{3/2}}{[NH_3]^2} - k_2 \frac{[NH_3]}{[H_2]^{3/2}}$$

这种不匹配表明，必须尝试开发一个多步反应模型来解释动力学机理。

2.1.7 非基元反应的动力学模型

为了解释非基元反应的动力学，我们假设发生了一系列基元反应，但是我们不能测量或观察形成的中间体，因为它们仅以非常微小和不稳定的量存在。因此，我们只观察初始反应物和最终产物，或者看起来似乎是单一反应。如果反应的动力学为

$$A_2 + B_2 \longrightarrow 2AB$$

则表明是非基元反应，可以假设一系列基本步骤来解释动力学，有

$$A_2 \rightleftharpoons 2A^*$$

$$A^* + B_2 \rightleftharpoons AB + B^*$$

$$A^* + B^* \rightleftharpoons AB$$

*表示未观察到的中间体。为了测定我们的假设方案，我们必须看看它的预测动力学表达式是否与实验相符。

我们假设中间体类型是由材料的化学性质提出的，可以将其分类如下。

1. 自由基

包含一个或多个不成对电子的自由原子或更大的稳定分子片段称为自由基。未配对的电子在物质的化学符号中用点表示。一些自由基相对稳定，如三苯基甲基：

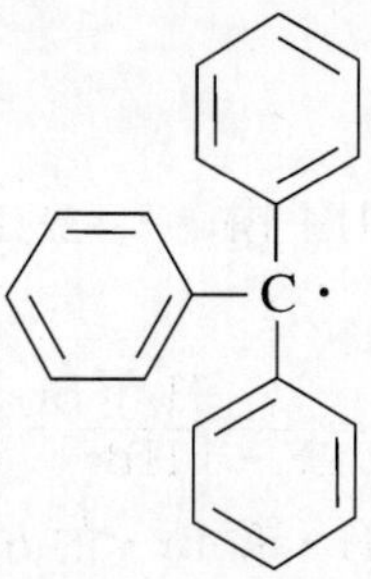

C·

另外，一些自由基是不稳定和高活性的，例如

$$CH_3\cdot, C_2H_5\cdot, I\cdot, H\cdot, CCl_3\cdot$$

2. 离子和极性物质

带电的原子、分子或分子片段称为离子或极性物质，例如

$$N_3^-, Na^+, OH^-, H_3O^+, NH_4^+, CH_3OH_2^+, I^-$$

称为离子，这些可以作为反应中的活性中间体。

3. 分子

考虑连串反应

$$A \longrightarrow R \longrightarrow S$$

通常这些被视为复合反应。但是，如果中间体 R 具有高度活性，则其平均寿命将非常短，并且其在反应混合物中的浓度可能变得太小而无法测量。在这种情况下，R 可能不被观察到，并且不被认为是反应性中间体。

4. 过渡配合物

反应物分子之间的许多碰撞导致各个分子之间能量的广泛分布，这可能导致化学键断裂，不稳定的分子形式或不稳定的分子缔合，然后可能分解产生产物，或者通过进一步的碰撞返回到正常状态的分子。这种不稳定的形式称为过渡配合物。

涉及这 4 种中间体的假设反应方案可以是以下两种类型。

(1)非连锁反应。在非连锁反应中，中间体在第一反应中形成，然后随着其进一步反应生成产物而消失，即

$$反应物 \longrightarrow (中间体)$$
$$(中间体)^* \longrightarrow 产物$$

(2)连锁反应。在连锁反应中，中间体在称为链引发步骤的第一反应中形成。然后它与反应物结合以在链增长步骤中形成产物和更多中间体。有时，中间体在链终止步骤中被破坏，即

$$反应物 \longrightarrow (中间体) \qquad 引发$$
$$(中间体)^* \longrightarrow 反应物 \longrightarrow (中间体)^* \longrightarrow 产物 \qquad 增长$$
$$(中间体)^* \longrightarrow 产物 \qquad 终止$$

连锁反应的基本特征是其具有增长步骤。在这个步骤中，中间体没有被消耗，而仅仅作为材料转化的催化剂。因此，每个中间体分子在最终被破坏之前可以催化长链反应，甚至数千个反应。

以下是各种机理的例子。

1)自由基，连锁反应机理。反应

$$H_2 + Br_2 \longrightarrow 2HBr$$

反应速率为

$$r_{HBr} = \frac{k_1[H_2][Br_2]^{1/2}}{k_2 + [HBr]/[Br_2]}$$

可以通过以下引入和涉及中间体 H· 和 Br· 的方案来解释：

$$Br_2 \rightleftharpoons 2Br\cdot \qquad 引发和终止$$
$$Br\cdot + H_2 \rightleftharpoons HBr + H\cdot \qquad 增长$$
$$H\cdot + Br_2 \longrightarrow HBr + Br\cdot \qquad 增长$$

2)分子中间体，非连锁机理。酶催化发酵反应的一般形式：

$$A \xrightarrow{酶} R$$

其反应速率为

$$r_R = \frac{k[A][E_0]}{[M] + [A]}$$

常量

被视为进行中间体(A·酶)* 如下：

$$A + 酶 \rightleftharpoons (A\cdot 酶)^*$$
$$(A\cdot 酶)^* \rightleftharpoons R + 酶$$

在这样的反应中，中间体的浓度可能变得可以忽略不计，在这种情况下，需要首先由米凯利斯和曼登(1913)提出的方程特殊分析。

3)过渡态，非连锁机理。偶氮甲烷的自发分解：

$$(CH_3)_2N_2 \longrightarrow C_2H_6 + N_2 \text{ 或 } A \longrightarrow R + S$$

在各种条件下展示一级、二级或中间动力学。这种类型的行为可以通过假定反应物 A^* 的激发态和不稳定形式的存在来解释，即

$$A + A \longrightarrow A^* + A \qquad 激发分子的形成$$
$$A^* + A \longrightarrow A + A \qquad 碰撞返回稳定状态$$

$$A^* \longrightarrow R+S \qquad \text{自发分解成产物}$$

林德曼(1922)首次提出了这种类型的中间体。

2.1.8 测定动力学模型

两个问题使得寻找正确的反应机制变得困难。首先,反应可以通过不止一种机制进行,例如自由基和离子,其相对速率随条件而变化。其次,不止一种机制可以与动力学数据一致。解决这些问题是困难的,需要对所涉及物质的化学性有广泛的了解。让我们看看如何测定实验和涉及一系列基元反应的机制之间的对应关系。

在这些基元反应中,我们假设存在两种中间体。

(1)中间体 X 通常以很小的浓度存在,以至于它在混合物中的变化率可以被视为零。假设:

$$[X]\text{很小且}\frac{d[X]}{dt}\approx 0$$

这称为稳态近似。例 2.1 展示了如何使用它。

(2)如果初始浓度为 c_0 的均相催化剂以两种形式存在,或者作为游离的催化剂 c,或者以很大程度结合形成中间体 X,则考虑催化剂给出:

$$[c_0]=[c]+[X]$$

假设

$$\frac{d[X]}{dt}=0$$

中间体与其反应物处于平衡状态,即

$$\begin{pmatrix}\text{反应物}\\ A\end{pmatrix}+\begin{pmatrix}\text{催化剂}\\ C\end{pmatrix}\underset{2}{\overset{1}{\rightleftharpoons}}\begin{pmatrix}\text{中间体}\\ X\end{pmatrix}$$

K 可用以下式子表示:

$$K=\frac{k_1}{k_2}=\frac{[X]}{[A][C]}$$

例 2.2 和习题 2.23 都涉及这种类型的中间体。

用以下两个例子来说明寻找机制所涉及的反复试验过程。

[**例 2.1**] 寻找反应机制

对于不可逆反应:

$$A+B=AB \tag{2.10}$$

进行动力学研究,发现其产物的形成速率与以下速率方程密切相关:

$$r_{AB}=kc_B^2\cdots\text{与 } c_A \text{ 无关} \tag{2.11}$$

如果反应的化学性质表明中间体由反应物分子的缔合物组成并且不发生连锁反应,那么通过该速率表达找出反应机理。

解:

如果这是一个基元反应,其速率为

$$r_{AB}=kc_Ac_B=k[A][B] \tag{2.12}$$

由于式(2.11)和式(2.12)不是同一类型,反应显然是非基元的。因此,我们尝试各种机制,查看哪个给出了与实验发现的表达式类似的速率表达式。我们从简单的两步模型开始,如果不成功，我们将尝试更复杂的三步、四步或五步模型。

模型 1。假设涉及形成中间物质 A_2^* 的两步可逆方案，实际上没有看到，因此认为其仅以少量存在，即

$$2A \underset{k_2}{\overset{k_1}{\rightleftharpoons}} A_2^*$$

$$A_2^* + B \underset{k_4}{\overset{k_3}{\rightleftharpoons}} A + AB \tag{2.13}$$

其中涉及 4 个基元反应：

$$2A \xrightarrow{k_1} A_2^* \tag{2.14}$$

$$A_2^* \xrightarrow{k_2} 2A \tag{2.15}$$

$$A_2^* + B \xrightarrow{k_3} A + AB \tag{2.16}$$

$$A + AB \xrightarrow{k_4} A_2^* + B \tag{2.17}$$

让 k 值表示消失的成分。因此，k_1 表示 A，k_2 表示 A_2^*，依此类推。

现在写出 AB 的速率表达式。由于这个组分涉及式(2.16)和式(2.17)，其总体变化率是各个分量的总和，即

$$r_{AB} = k_3[A_2^*][B] - k_4[A][AB] \tag{2.18}$$

因为中间体 A_2^* 的浓度太小而不可测量，所以上述速率表达式不能以其目前的形式进行测定。因此，用[A][B]或[AB]等可测量的浓度代替$[A_2^*]$。从所有涉及 A_2^* 的 4 个基元反应中，得到

$$r_{A_2^*} = \frac{1}{2}k_1[A]^2 - k_2[A_2^*] - k_3[A_2^*][B] + k_4[A][AB] \tag{2.19}$$

由于 A_2^* 的浓度总是非常小，我们可以假设其变化率为零，即

$$r_{A_2^*} = 0 \tag{2.20}$$

这是稳态近似。结合式(2.19)和式(2.20)我们会发现

$$[A_2^*] = \frac{\frac{1}{2}k_1[A]^2 + k_4[A][AB]}{k_2 + k_3[B]} \tag{2.21}$$

其中，当在式(2.18)中被替换时，简化和取消两项(如果正确的话，两项将总是取消)，以可测量的数量表示 AB 的生成速率，即

$$r_{AB} = \frac{\frac{1}{2}k_1k_3[A]^2[B] - k_2k_4[A][AB]}{k_2 + k_3[B]} \tag{2.22}$$

在寻找与观察到的动力学一致的模型时，我们可以通过任意选择各种速率常数的大小来限制更一般的模型。由于式(2.22)与式(2.11)不匹配，我们对其进行简化。因此，如果 k_2 很小，这个表达式就简化为

$$r_{AB} = \frac{1}{2}k_1[A]^2 \tag{2.23}$$

如果 k_4 很小，则 r_{AB} 简化为

$$r_{AB} = \frac{(k_1k_3/2k_2)[A]^2[B]}{1 + (k_3/k_2)[B]} \tag{2.24}$$

这两种特殊形式，即式(2.23)和式(2.24)，都不符合实验发现的速率，即式(2.11)。因此，假设的机制，即式(2.13)是不正确的，所以需要尝试另一个。

模型 2。首先注意的是式(2.10)的化学计量在 A 和 B 中是对称的，所以只需在模型 1 中交换 A 和 B，把 $k_2=0$ 带入，我们将得到 $r_{AB}=k[B]^2$，这就是我们想要的。因此二级速率方程匹配的机制为

$$\left.\begin{aligned} B+B &\xrightarrow{1} B_2^* \\ A+B_2^* &\underset{2}{\overset{3}{\rightleftharpoons}} AB+B \end{aligned}\right\} \tag{2.25}$$

在这个例子中，我们幸运地用一种方程式来表示我们的数据，这种方式恰好与理论机制所获得的结果相匹配。通常，许多不同的方程类型将同样适合一组实验数据，特别是对于分散的数据。因此，为避免拒绝正确的机制，建议尽可能使用统计标准测定各种理论派生方程对原始数据的拟合，而不是仅仅匹配方程式就行。

[例 2.2] 寻找酶与底物反应的机理

在这里，称为底物的反应物通过高($M_r>10\ 000$)蛋白质样物质的酶的作用转化为产物。酶是高度特异性的，催化一种特定反应或一组反应的蛋白质，即

$$A \xrightarrow{\text{酶}} R$$

许多这些反应表现出以下行为：

(1)与引入混合物中的酶浓度成比例的速率$[E_0]$。

(2)在低反应物浓度下，速率与反应物浓度[A]成正比。

(3)在反应物浓度较高时，速率趋于平稳并且与反应物浓度无关。

提出一个机制来解释这种行为。

解：

米凯利斯和曼登(1913)是第一个解决这个难题的人。米凯利斯获得了诺贝尔化学奖。他们猜测反应如下进行：

$$\left.\begin{aligned} A+E &\underset{2}{\overset{1}{\rightleftharpoons}} X \\ X &\xrightarrow{3} R+E \end{aligned}\right\} \tag{2.26}$$

存在 2 个假设：

$$[E_0]=[E]+[X] \tag{2.27}$$

和

$$\frac{d[X]}{dt}=0 \tag{2.28}$$

首先写出式(2.26)中相关反应成分的速率。有

$$\frac{d[R]}{dt}=k_3[X] \tag{2.29}$$

和

$$\frac{d[X]}{dt}=k_1[A][E]-k_2[X]-k_3[X]=0 \tag{2.30}$$

式(2.27)和式(2.30)消除[E]，则有

$$[X]=\frac{k_1[A][E_0]}{(k_2+k_3)+k_1[A]} \tag{2.31}$$

将式(2.31)代入式(2.29),可得

$$\frac{d[R]}{dt}=\frac{k_1k_3[A][E_0]}{(k_2+k_3)+k_1[A]}=\frac{k_3[A][E_0]}{[M]+[A]} \tag{2.32}$$

$[M]=\left(\frac{k_2+k_3}{k_1}\right)$被称为米氏常数

通过与实验进行比较,可得这个方程符合三个报道的事实:

$$\frac{-d[A]}{dt}=\frac{d[R]}{dt}\begin{cases}\propto[E_0]; \\ \propto[A],\text{当}[A]\ll[M]\text{时}; \\ \text{与}[A]\text{无关},\text{当}[A]\gg[M]\text{时};\end{cases}$$

有关此反应的更多讨论,请参阅习题 2.23。

2.2 速率方程的温度相关性

2.2.1 阿伦尼乌斯定律的温度关系

对于许多反应,特别是基元反应,速率表达式可以写成温度相关项和组成相关项的乘积,即

$$\begin{aligned} r_i &= f_1(\text{温度})f_2(\text{组成}) \\ &= kf_2(\text{组成}) \end{aligned} \tag{2.33}$$

对于这种反应,温度相关项,即反应速率常数已经在几乎所有情况下被阿伦尼乌斯定律所证实:

$$k=k_0e^{-E/RT} \tag{2.34}$$

其中 k_0 称为频率或指前因子,E 称为反应的活化能。这个表达式很适合在很宽的温度范围内进行实验,可以看出它们非常接近真实的温度相关性。

在相同的浓度下,但在两种不同的温度下,阿伦尼乌斯定律表明:

$$\ln\frac{r_2}{r_1}=\ln\frac{k_2}{k_1}=\frac{E}{R}\left(\frac{1}{T_1}-\frac{1}{T_2}\right) \tag{2.35}$$

只要 E 保持不变,

$$k=k'_0T^me^{-E/RT},0\leqslant m\leqslant 1 \tag{2.36}$$

表达式总结了速率常数与温度相关性的碰撞和过渡态理论的简单版本的预测。对于更复杂的版本,m 可以高达 3 或 4。现在,因为指数项比预指数项温度更敏感,后者随温度的变化被有效地掩盖了,即

$$k=k_0e^{-E/RT}$$

这表明阿伦尼乌斯定律对碰撞和过渡态理论的温度相关性是一个很好的近似。

2.2.2 活化能和温度相关性

反应的温度相关性由反应的活化能和温度水平决定,见图 2.2 和表 2.1。这些研究结果

总结如下：

(1)根据阿伦尼乌斯定律，$\ln k$ 与 $1/T$ 的曲线是一条直线，E 大的斜率大，E 小的斜率小。

(2)具有高活化能的反应对温度非常敏感，具有低活化能的反应对温度不敏感。

(3)任何给定的反应在低温下比在高温下对温度敏感得多。

(4)根据阿伦尼乌斯定律，频率因子 k_0 的值不会影响温度灵敏度。

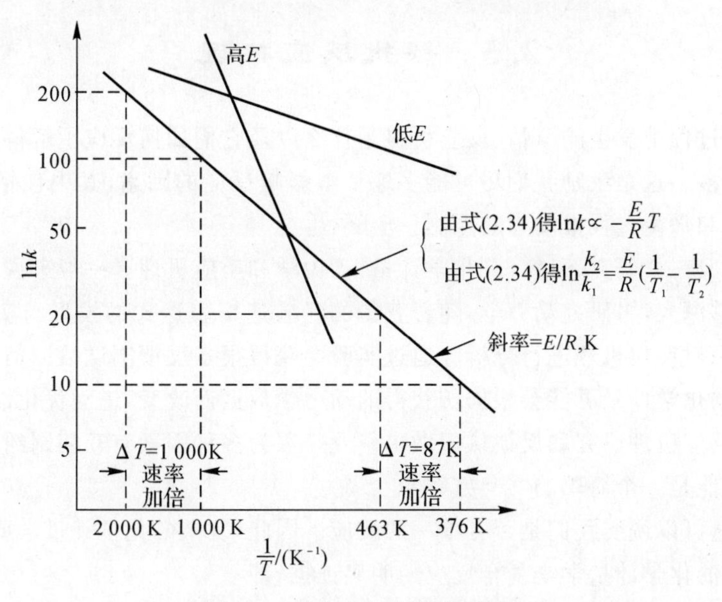

图 2.2　反应速率的温度相关性

表 2.1　提高温度使活化能和平均温度的反应速率提高一倍

平均温度/℃	$E/(\mathrm{kJ\cdot mol^{-1}})$			
	40	160	280	400
0	11	27	1.5	1.1
400	65	16	9.3	6.5
1 000	233	58	33	23
2 000	744	185	106	74

［**例 2.3**］搜索巴氏灭菌过程的活化能

如果将牛奶加热 30 min 到 63℃，牛奶将进行巴氏杀菌，但如果将牛奶加热到 74℃，则只需 15 s 即可获得相同的结果，找到这个灭菌过程的活化能。

解：

要求过程的活化能，意味着过程与阿伦尼乌斯条件的温度相关。由已知条件得：

$$当\ T_1=336\ \mathrm{K}\ 时，t_1=30\ \mathrm{min}$$

$$当\ T_2=347\ \mathrm{K}\ 时，t_2=15\ \mathrm{s}$$

现在速率与反应时间成反比，所以式(2.35)可变为

$$\ln\frac{r_2}{r_1}=\ln\frac{t_1}{t_2}=\frac{E}{R}\left(\frac{1}{T_1}-\frac{1}{T_2}\right)$$

即

$$\ln\frac{30}{0.25}=\frac{E}{8.314}\times\left(\frac{1}{336}-\frac{1}{347}\right)$$

得到活化能为

$$E=422\ 000\ \mathrm{J/mol}$$

2.3 寻找反应机理

我们对反应过程中发生的事情、反应材料是什么以及它们如何反应了解得越多，得到正确设计的数据就越多。这是激励我们尽可能多地了解影响反应的因素，其中包括依据经济目的的优化过程时间和平衡过程推动力的限制。

上述问题涉及三个研究领域——化学计量、动力学和反应机理。一般来说，先研究化学计量，对它了解足够深入，再研究动力学，随着获得的经验速率表达式的模型与实验过程适用性得到检验后，然后对反应机理进行分析。通过实验会获得很多反馈测试数据信息，对其做出调整。例如，反应的化学计量可能会根据所获得的动力学数据而改变，进而优化动力学方程本身的形式，为根据反应机理研究和反馈认识做出修改。因为多种因素有互相制约的关系，反应机理的研究注定不能是一个简单的实验方案。

(1)化学计量可以说明我们是否有单一的反应。因此，复杂的化学计量学或随反应条件或反应程度而变化的化学计量学是复合反应的明确证据，即

$$\mathrm{A}\longrightarrow 1.45\mathrm{R}+0.85\mathrm{S}$$

(2)化学计量可以表明单个反应是否是基元反应，因为迄今没有观察到分子数大于 3 的基元反应。例如，如下这个反应并不是基元反应：

$$\mathrm{N_2}+3\mathrm{H_2}\longrightarrow 2\mathrm{NH_3}$$

(3)化学计量方程与实验动力学表达式的比较，可以表明我们是否正在处理基元反应。

(4)实验发现的反应频率因子与碰撞理论，或过渡态理论计算出的频率因子之间，在数量级上的巨大差异，可能暗示存在非基元反应。然而，这或许是假象。例如，某些异构化的反应具有非常低的频率因子，却是基元反应。

(5)考虑一个简单的可逆反应的两种替代路径。如果这些路径之一对于正向反应是优选的，则对于逆向反应，同样的路径也是优选的。这称为微观可逆性原理。例如，考虑一下正向反应：

$$2\mathrm{NH_3}\rightleftharpoons \mathrm{N_2}+3\mathrm{H_2}$$

乍一看，这很可能是两分子氨结合的基本生物分子反应，直接产生 4 产物分子。然而，从这个原理出发，逆反应也必须是涉及三个氢分子与一个氮分子的直接结合的基元反应。这样的过程从概率上来说基本是不可能的，因此可以直接否定双分子氨反应机制。

(6)微观可逆性原理还表明，涉及键断裂，分子合成或分裂的变化可能依次发生，然后每次反应都是该机制的基本步骤。从这个角度来看，复合物同时分裂成反应中的 4 种产物分子：

$$2\mathrm{NH_3}\longrightarrow(\mathrm{NH_3})_2^*\longrightarrow \mathrm{N_2}+3\mathrm{H_2}$$

的可能性很小。该规则也不适用于涉及沿着分子的电子密度变化的变化，这种变化可能以层

级串联方式发生。例如：

$$\underset{\text{乙烯基烯丙基醚}}{CH_2=CH-CH_2-O-CH=CH_2} \longrightarrow \underset{\text{4 乙烯正戊醛}}{CH_2=CH-CH_2-CH_2-CHO}$$

可以用以下电子密度的变化表示：

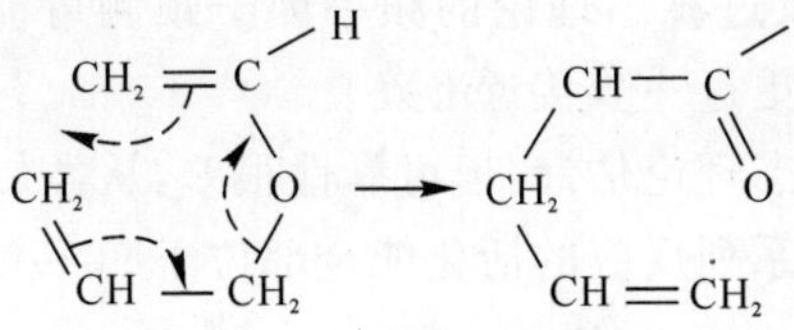

或者

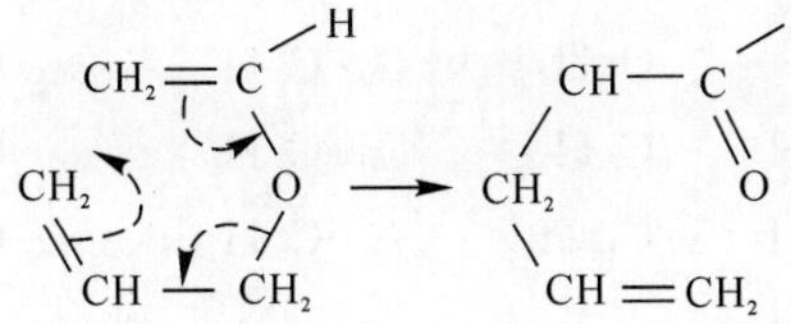

(7)对于多个反应，观察到的活化能随温度的变化表明反应控制机理的变化。因此，温度升高，E_{obs} 对于平行反应会逐步上升，而 E_{obs} 对于连串反应会逐步下降。相反，温度降低，E_{obs} 对于平行反应会下降，E_{obs} 对于连串反应会上升。这些发现如图 2.3 所示。

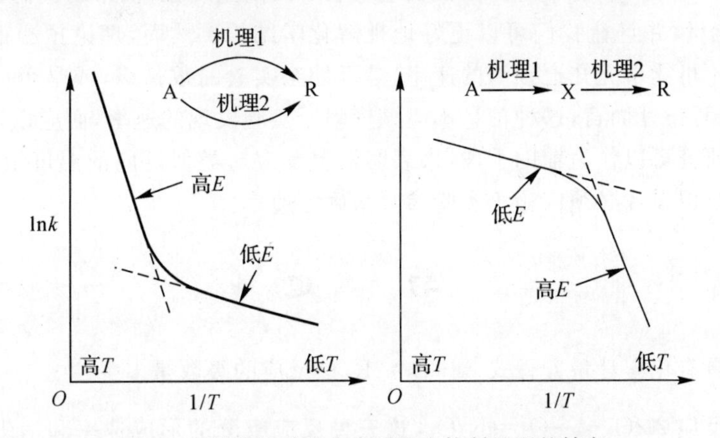

图 2.3　活化能的变化表明反应控制机理的转变

2.4　理论反应速率的可预测性

2.4.1　浓度相关项

如果一个反应具有许多相互竞争的路径(例如非催化和催化反应)，实际上它将可以通过所有这些机理路径进行，但是主要是通过阻力最小的路径，这条路径通常占主导地位。只有了解所有可能中间体的能量，才能预测主导路径及其相应的速率表达式。由于在目前的技术知识水平上无法直接获取此类信息，因此不可能对浓度项形式进行先验预测，反而是实验发现的速率表达形式通常是用于研究反应中间体能量的线索。

2.4.2 温度相关项

假设我们已经知道反应的机理以及它是否是基元反应，那么我们可以继续预测速率常数的频率因子和活化能。

如果幸运的话，来自碰撞或过渡态理论的频率因子预测可能在正确值的 100 倍之内；然而，在特定情况下，预测可能会更进一步接近准确。

虽然活化能可以通过过渡态理论估计，但可靠性很差，从类似化合物反应的实验结果中估计它们可能是最好的。下列同系列反应的活化能全部位于 90～98 kJ 之间。

$$RI + C_6H_5ONa \xrightarrow{\text{乙醇}} C_6H_5OR + NaI$$

R 代表

CH_3	C_7H_{15}	*iso*-C_3H_7	*sec*-C_4H_9
C_2H_5	C_8H_{17}	*iso*-C_4H_9	*sec*-C_6H_{13}
C_3H_7	$C_{16}H_{33}$	*iso*-C_5H_{11}	*sec*-C_8H_{17}
C_4H_9			

2.4.3 在设计中使用预测值

这些理论的频繁序列预测倾向，可证实它们表示式的正确性，以帮助我们找到各种反应中间体的形式和能量，并且让我们可以更好地理解化学结构。然而，理论预测很少与实验相匹配。另外，我们不可能事先知道预测的速率，是否处于实验的数量级，或是否会降低到原来的数量级。对于工程设计而言，这种信息不应该依赖于实验发现的速率，而应该在所有情况下使用。因此，理论研究可以作为辅助手段，来表明给定反应对类似反应的温度敏感性，从而表明反应速率的上限，但设计必须依赖于实验参数来确定速率。

习　　题

2.1　反应具有化学计量方程式 A+B=2R，该反应的级数是多少？

2.2　给定反应 $2NO_2 + \frac{1}{2}O_2 = N_2O_5$，这三种反应组分的形成速率和消失率之间的关系是什么？

2.3　具有化学计量方程 $\frac{1}{2}A + B = R + \frac{1}{2}S$ 的反应具有以下速率表达式：

$$-r_A = 2c_A^{0.5}c_B$$

如果化学计量方程写为 A+2B=2R+S，那么该反应的速率表达式是多少？

2.4　对于[例 2.2]的酶-底物反应，底物的消失速率由下式给出：

$$-r_A = \frac{1\,760[A][E_0]}{6 + c_A}, \quad \text{mol/(m}^3\cdot\text{s)}$$

这两个常量的单位是什么？

2.5　对于具有化学计量 $A + 3B \longrightarrow 2R + S$ 和二级速率表达式的复杂反应：

$$-r_A = k_1[A][B]$$

反应速率是否相关如下：

$$r_A = r_B = r_R$$

如果速率不那么相关，那么它们是如何相关的？

2.6　某个反应的速率由下式给出：

$$-r_A = 0.005c_A^2, \quad mol/(cm^3 \cdot min)$$

如果浓度以 mol/L 表示，时间以 h 表示，那么速率常数的值是多少？单位是什么？

2.7　对于在 400 K 下的气体反应如下：

$$-\frac{dp_A}{dt} = 3.66p_A^2, \quad atm/h$$

(1)速率常数的单位是什么？

(2)如果速率方程表示为

$$-r_A = -\frac{1}{V}\frac{dN_A}{dt} = kc_A^2, \quad mol/(m^3 \cdot s)$$

那么这个反应的速率常数的值是多少？

2.8　发现一氧化二氮的分解如下：

$$N_2O \longrightarrow N_2 + \frac{1}{2}O_2, \quad -r_{N_2O} = \frac{k_1[N_2O]^2}{1+k_2[N_2O]}$$

这个反应中，N_2O 和整体的级数是多少？

2.9　乙烷的热解以约 300 kJ/mol 的活化能进行，650℃时的分解速率比 500℃时的分解速率快多少？

2.10　1 100 K 时正壬烷热裂解(分解成更小的分子)的速率是 1 000 K 时的 20 倍。求这种分解的活化能。

2.11　在 19 世纪中期，昆虫学家亨利法布尔指出，法国蚂蚁(花园常见品种)在炎热的日子忙于活动，但在凉爽的日子里却相当迟钝。检查它与俄勒冈蚂蚁的结果，发现

法国蚂蚁的运行速率/$(m \cdot h^{-1})$	150	160	230	295	370
温度/℃	13	16	22	24	28

什么活化能式代表了这种剧烈的变化？

2.12　一个反应器的最高允许温度为 800 K。目前，我们的操作设定点为 780 K，考虑到进料波动、控制延缓等原因，20 K 波动为安全边际。现在，通过更复杂的控制系统，我们能够将设定点提高到 792 K，并具有相同安全范围。如果在反应器中发生的反应具有 175 kJ/mol 的活化能，那么通过这种改变可以提高反应速率以及产率是多少？

2.13　每年 5 月 22 日，我都会种一颗西瓜籽。我给它浇水，除鼻涕虫，我祈祷我的西瓜成长，最后，当瓜成熟的那一天到来，我收获了很多东西。当然，有些年份是悲伤的，比如 1980 年，一只蓝鸦带着种子飞走了。不管怎样，我经过了一种纯粹的快乐期，为此我已经把生长期的天数和生长期白天的平均温度做了表。温度会影响生长速率吗？如果会，用活化能来表示。

年份	1976 年	1977 年	1982 年	1984 年	1985 年	1988 年
生长期/天	87	85	74	78	90	84
平均温度/℃	22.0	23.4	26.3	24.3	21.1	22.7

2.14 在典型的夏季，野外蟋蟀不时地啃食、跳跃，叽叽喳喳，但是在大多数聚集的夜晚，叽叽似乎变成了一件规律的事情，并且趋于一致。1897 年，A. E. Dolbear 报道，这种社交叽叽率取决于温度：

$$(15\ \text{s 内的叽叽次数/次})+40=(\text{温度}°\text{F})$$

注：1°F≈−17.22℃。

假设叽叽次数是代谢速率的直接量度，求这些蟋蟀在 60～80°F 温度范围内的活化能(kJ/mol)。

2.15 当反应物浓度加倍时，反应速率增加三倍。求其反应级数。

2.16 对于化学计量 $A+B\longrightarrow$(产物)，求 A 和 B 的反应级数。

(1)求其反应级数：

$c_A/(\text{mol}\cdot\text{L}^{-1})$	4	1	1
$c_B/(\text{mol}\cdot\text{L}^{-1})$	1	1	8
$-r_A/[\text{mol}\cdot(\text{L}\cdot\text{s})^{-1}]$	2	1	4

(2)求其反应级数：

$c_A/(\text{mol}\cdot\text{L}^{-1})$	2	2	3
$c_B/(\text{mol}\cdot\text{L}^{-1})$	125	64	64
$-r_A/[\text{mol}\cdot(\text{L}\cdot\text{s})^{-1}]$	50	32	48

2.17 如下反应：

$$N_2O_5 \underset{k_2}{\overset{k_1}{\rightleftharpoons}} NO_2+NO_3^*$$

$$NO_3^* \xrightarrow{k_3} NO^*+O_2$$

$$NO^*+NO_3^* \xrightarrow{k_4} 2NO_2$$

证明由 R. Ogg(1947)提出的方案与观察到的 N_2O_5 的一级分解一致并且解释。

2.18 反应物 A 在 400℃下在 1 和 10 个大气压之间的分解遵循一级速率定律。

(1)证明类似于偶氮甲烷分解的机制，与观察到的动力学一致：

$$A+A \rightleftharpoons A^*+A$$

$$A^* \longrightarrow R+S$$

可以提出不同的机制来解释一级动力学，证明这种机制在其他替代方案中是正确的，还需要其他证据。

(2)为此，您会建议我们进行哪些进一步的实验？您期望得到什么结果？

2.19 实验表明臭氧的均匀分解以一定的速率进行：

$$-r_{O_3}=k[O_3]^2[O_2]^{-1}$$

(1)反应的总体级数是多少？

(2)建议采用两步机制来解释这一速率，并说明你将如何进一步测定这一机制。

2.20 在氧化剂的影响下，次磷酸转化为亚磷酸：

$$H_3PO_2 \xrightarrow{\text{氧化剂}} H_3PO_3$$

这种转变的动力学表现出以下特征：

在低浓度的氧化剂下：

$$r_{H_3PO_3}=k[\text{氧化剂}][H_3PO_2]$$

在高浓度的氧化剂下：

$$r_{H_3PO_3}=k'[H^+][H_3PO_2]$$

为了解释所观察到的动力学，假设用氢离子作为催化剂，正常的非活性 H_3PO_2 可逆地转化成活性形式，其性质是未知的。然后该中间体与氧化剂反应产生 H_3PO_3，这证明该方案确实解释了观察到的动力学。

2.21　提出一种机制(猜测然后验证)，与下面反应的实验发现的速率方程一致：

$$2A+B\longrightarrow A_2B,r_{A_2B}=k[A][B]$$

2.22　酶催化反应的机理。为了解释酶-底物反应的动力学，Michaelis 和 Menten(1913)提出了以下机制，它使用平衡假设：

$$\left.\begin{aligned}&A+E\underset{k_2}{\overset{k_1}{\rightleftharpoons}}X\\&X\xrightarrow{k_3}R+E\end{aligned}\right\}K=\frac{[X]}{[A][E]},\text{且}[E_0]=[E]+[X]$$

式中$[E_0]$代表总酶，$[E]$代表游离的未附着的酶。

另外，G. E. Briggs，J. B. H. Holdane 和 J. Biochem(1925)采用稳态假设代替平衡假设：

$$\left.\begin{aligned}&A+E\underset{k_2}{\overset{k_1}{\rightleftharpoons}}X\\&X\xrightarrow{k_3}R+E\end{aligned}\right\}\frac{d[X]}{dt}=0,\text{且}[E_0]=[E]+[X]$$

用$[A]$，$[E_0]$，k_1，k_2 和 k_3 表示最终的速率形式$-r_A$。

(1)Michaelis - Menten 制给出了什么?

(2)Briggs - Holdane 机制给出了什么?

第3章　间歇式反应器

速率方程表征反应速率，其形式既可以由理论分析预测提出，也可以仅仅是经验曲线拟合。无论如何，反应速率常数(简称“速率常数”)的值只能通过实验确定。目前理论预测速率常数方法都还不完善。

速率方程的确定通常分两步。首先，在固定温度下测试浓度变化，然后找到速率常数的温度变化关系，最终，得到完整的速率方程。

一般获得实验数据的设备分为两种类型：间歇式反应器和连续流动式反应器。间歇式反应器只是一个容器，用于在物料反应时容纳物料。唯一需要确定的是在不同时间的反应程度，这可以通过多种方式和条件来分析计算：

(1)给定组分的浓度。

(2)流体某些物理性质的变化，例如电导率或折射率。

(3)恒定体积系统的总压力变化。

(4)恒压系统的体积变化。

实验用间歇式反应器通常等温运行、体积恒定。该反应器是一种相对简单的适用于小型实验室的装置，只需很少的辅助设备或仪器。一般尽可能使用它来获得均匀的动力学数据。本章将主要介绍间歇式反应器。

流动式反应器主要用于研究非均相反应的动力学。在后序章节中将考虑对流动式反应器中获得的数据进行实验分析处理。

分析反应动力学数据有两种方法：积分分析法和微分分析法。在积分分析方法中，我们猜测一个特殊形式的速率方程，经过适当的积分和数学运算后，预测一定浓度函数对时间的曲线应该是一条直线。将数据绘制成图，如果获得了相当好的直线关系，则说明速率方程较好地反映了数据特征。

在微分分析方法中，我们直接测试速率方程对数据的拟合度，而无须进行任何积分。然而，由于速率方程是一个微分方程，我们必须先从数据中找到$(1/V)(\mathrm{d}N/\mathrm{d}t)$，然后再尝试拟合过程。

每种方法都有优点和缺点。积分分析法易于使用，建议在测定特定机理或相对简单的速率方程时使用；或当数据非常分散，我们无法可靠地找到微分法所需的导数时，建议使用积分分析法。微分分析法可以适用于更复杂的情况，但需要更精确或更大量的数据。积分分析法只能测定特定的机理或速率形式；微分分析法可用于开发或建立速率方程来拟合数据。一般而言，建议首先尝试使用积分分析法，如果不成功，再尝试使用微分分析法。

3.1 恒容间歇式反应器

当我们提到恒容间歇反应器时，其中的体积指的是反应混合物的体积，而不是反应器的体积。因此，这个术语意味着一个恒定密度的反应体系。大部分液相反应以及定量容器中发生的所有气相反应均属于恒容反应。

在恒定体积系统中，组分 i 的反应速率的测量方法为

$$r_i=\frac{1}{V}\frac{\mathrm{d}N_i}{\mathrm{d}t}=\frac{\mathrm{d}(N_i/V)}{\mathrm{d}t}=\frac{\mathrm{d}c_i}{\mathrm{d}t} \tag{3.1}$$

对于理想气体，其中 $c=p/RT$，则有

$$r_i=\frac{1}{RT}\frac{\mathrm{d}p_i}{\mathrm{d}t} \tag{3.2}$$

因此，任何组分的反应速率由其浓度或分压的变化率给出，所以无论如何选择反应的进度规律，都要遵循反应速率，最终将这个量与浓度或分压联系起来。

对于物质的量不断变化的气体反应，寻找反应速率的简单方法是跟随系统总压力的变化。

3.1.1 恒容系统总压力数据分析

对于反应过程中物质的量发生变化的等温气体反应，我们建立一个通用表达式，它将体系的总压力变化与任何反应组分的浓度或分压的变化联系起来。

化学计量方程和每个术语下表示该组分的物质的量通式如下：

	$a\mathrm{A}$	+	$b\mathrm{B}$	$+\cdots=$	$r\mathrm{R}$	+	$s\mathrm{S}$	$+\cdots$
时间0：	N_{A0}		N_{B0}		N_{R0}		N_{S0}	N_{inert}
时间 t：	$N_{\mathrm{A}}=N_{\mathrm{A0}}-ax$		$N_{\mathrm{B}}=\mathrm{N}_{\mathrm{B0}}-bx$		$N_{\mathrm{R}}=N_{\mathrm{R0}}+rx$		$N_{\mathrm{s}}=N_{\mathrm{S0}}+sx$	N_{inert}

最初 $t=0$ 时，系统中的物质的量为

$$N_0=N_{\mathrm{A0}}+N_{\mathrm{B0}}+\cdots+N_{\mathrm{R0}}+N_{\mathrm{S0}}+\cdots+N_{\mathrm{inert}}$$

在 t 时刻为

$$N=N_0+x(r+s+\cdots-a-b-\cdots)=N_0+x\Delta n \tag{3.3}$$

式中

$$\Delta n=r+s+\cdots-a-b-\cdots \tag{3.4}$$

假设理想气体定律成立，我们可以对任何反应物，例如A，体积为 V 的系统，有

$$c_{\mathrm{A}}=\frac{p_{\mathrm{A}}}{RT}=\frac{N_{\mathrm{A}}}{V}=\frac{N_{\mathrm{A0}}-ax}{V}$$

结合式(3.3)和式(3.4)，可得

$$c_{\mathrm{A}}=\frac{N_{\mathrm{A0}}}{V}-\frac{a}{\Delta n}\frac{N-N_0}{V}$$

或

$$p_{\mathrm{A}}=c_{\mathrm{A}}RT=p_{\mathrm{A0}}-\frac{a}{\Delta n}(\pi-\pi_0) \tag{3.5}$$

式(3.5)给出了反应物A的浓度或分压与 t 时刻总压 π，A的初始分压 p_{A0} 和系统的初始

总压 π_0 的函数关系。

同样,对于产物 R,我们可以找到式(3.5)和式(3.6)的关系为

$$p_R = c_R RT = p_{R0} + \frac{r}{\Delta n}(\pi - \pi_0) \tag{3.6}$$

式(3.5)和式(3.6)是该系统的总压力和反应原料的分压之间的函数关系。

应当强调的是,如果过程的化学计量是可变而未知的,或者如果需要多个化学计量的方程式来表示的反应中,不能使用"总压力"概念。

3.1.2 转化率

任何反应物 A 转换成产物的比例,或 A 反应转化掉的分数,定义为 A 的转化率,用符号 X_A 表示。

假设 N_{A0}是在 $t=0$ 时刻反应器中 A 的初始量,N_A 是在 t 时刻反应器中 A 的剩余量,则在恒定的体积下 A 的转化率为

$$X_A = \frac{N_{A0} - N_A}{N_{A0}} = 1 - \frac{N_A/V}{N_{A0}/V} = 1 - \frac{c_A}{c_{A0}} \tag{3.7}$$

和

$$dX_A = -\frac{dc_A}{c_{A0}} \tag{3.8}$$

在本章中,我们将根据反应组分的浓度和转化率来建立方程。然后我们将 X_A 和 c_A 联系起来用于更一般的情况,即系统的体积不是恒定的情况。

3.1.3 积分分析法

1. 一般程序

积分分析法总是通过对预测的 c 对 t 曲线与实验的 c 对 t 数据进行积分和比较,从而将特定的速率方程用于测试。如果拟合不满意,则猜测并测试另一个速率方程。下面将展示并在接下来的处理中使用这个程序。值得注意的是,积分分析法对拟合与基本反应相对应的简单反应类型特别有用。让我们讨论这些动力学形式。

2. 不可逆单分子型一级反应

考虑反应

$$A \longrightarrow 产物 \tag{3.9}$$

假设我们要测定以下类型的一级速率方程:

$$-r_A = -\frac{dc_A}{dt} = kc_A \tag{3.10}$$

对于这个反应,分离变量并积分可得

$$-\int_{c_{A0}}^{c_A} \frac{dc_A}{c_A} = k\int_0^t dt$$

或

$$-\ln \frac{c_A}{c_{A0}} = kt \tag{3.11}$$

经过转换[见式(3.7)和式(3.8)],式(3.10)变为

$$\frac{\mathrm{d}X_A}{\mathrm{d}t}=k(1-X_A)$$

重组并积分，有

$$\int_0^{X_A}\frac{\mathrm{d}X_A}{1-X_A}=k\int_0^t \mathrm{d}t$$

或

$$-\ln(1-X_A)=kt \tag{3.12}$$

如图 3.1 所示，$-\ln(1-X_A)$或$-\ln(c_A/c_{A0})$对 t 的曲线给出了这种形式的速率方程通过原点的直线。如果实验数据更适合曲线而不是直线，那么尝试另一种速率形式，这是因为一级反应不能令人满意地拟合数据。

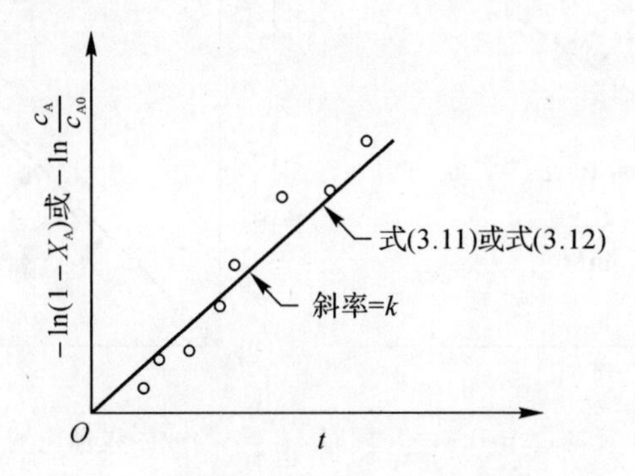

图 3.1 一级反应速率方程测试数据拟合线

提示：我们应该指出，如

$$-\frac{\mathrm{d}c_A}{\mathrm{d}t}=kc_A^{0.6}c_B^{0.4}$$

虽然其表观是一级反应，但不适用于这种分析；因此，并非所有的一级反应都可以如上述处理。

3. 不可逆双分子型二级反应

考虑反应：

$$\mathrm{A}+\mathrm{B}\longrightarrow \text{产物} \tag{3.13a}$$

相应的速率方程为

$$-r_A=-\frac{\mathrm{d}c_A}{\mathrm{d}t}=-\frac{\mathrm{d}c_B}{\mathrm{d}t}=kc_Ac_B \tag{3.13b}$$

注意到，在任何时候反应的 A 和 B 的数量都等于 $c_{A0}X_A$ 给出的数量，我们可以用 X_A 写出式(3.13a)和式(3.13b)，则有

$$-r_A=c_{A0}\frac{\mathrm{d}X_A}{\mathrm{d}t}=k(c_{A0}-c_{A0}X_A)(c_{B0}-c_{A0}X_A)$$

设 $M=c_{B0}/c_{A0}$ 为反应物的初始物质的量之比，得

$$-r_A=c_{A0}\frac{\mathrm{d}X_A}{\mathrm{d}t}=kc_{A0}^2(1-X_A)(M-X_A)$$

分离变量并积分可得

$$\int_0^{X_A}\frac{dX_A}{(1-X_A)(M-X_A)}=c_{A0}k\int_0^t dt$$

在分解成部分分数、积分和重新排列之后，最终的结果有很多不同的形式，即

$$\ln\frac{1-X_B}{1-X_A}=\ln\frac{M-X_A}{M(1-X_A)}=\ln\frac{c_Bc_{A0}}{c_{B0}c_A}=\ln\frac{c_B}{Mc_A}$$
$$=c_{A0}(M-1)kt=(c_{B0}-c_{A0})kt,\quad M\neq1 \tag{3.14}$$

图 3.2 所示为获得二级速率方程的浓度函数和时间之间的线性图的两种等价方法。

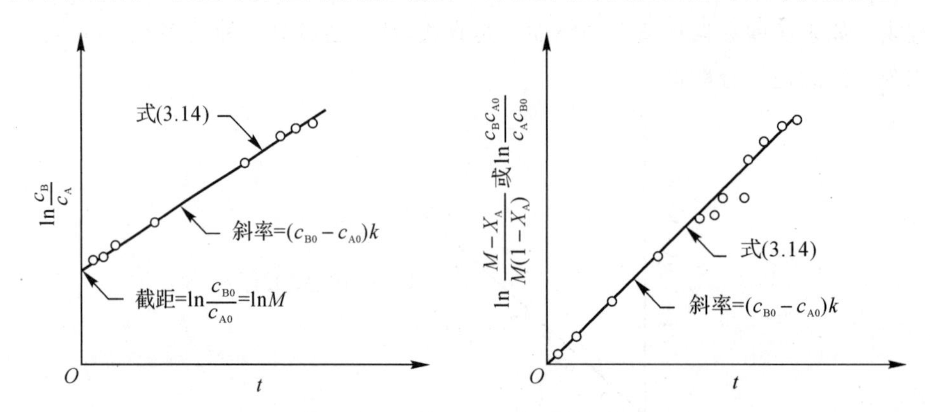

图 3.2 双分子反应（A+B ⟶ R 同时 $c_{A0}\neq c_{B0}$）或二级反应测试数据拟合线

如果 c_{B0} 比 c_{A0} 大得多，则 c_B 在任何时候都几乎保持不变，并且对于一级反应，式(3.14)接近于式(3.11)或式(3.12)。因此，二级反应变成了伪一级反应。应注意以下事项：

(1)在反应物以其化学计量比引入的特殊情况下，综合反应速率方程与实际情况关系会变得不确定，上述方法使用有局限性。如果回到最初微分方程，并解决这个特定的反应物比例，就可以避免这个问题。对于具有相同初始浓度 A 和 B 的二级反应，或对于反应：

$$2A\longrightarrow 产物 \tag{3.15a}$$

定义的二级微分方程变为

$$-r_A=-\frac{dc_A}{dt}=kc_A^2=kc_{A0}^2(1-X_A)^2 \tag{3.15b}$$

积分后可得到

$$\frac{1}{c_A}-\frac{1}{c_{A0}}=\frac{1}{c_{A0}}\frac{X_A}{1-X_A}=kt \tag{3.16}$$

如图 3.3 所示，绘制变量提供了对此速率表达式的测定数据。在实践中，我们应该选择与化学计量比相等或相差很大的反应物比。

(2)积分表达式取决于化学计量以及动力学。为了说明，如果反应如下：

$$A+2B\longrightarrow 产物 \tag{3.17a}$$

相对于 A 和 B 都是一阶，因此总体来说是二阶，或者

$$-r_A=-\frac{dc_A}{dt}=kc_Ac_B=kc_{A0}^2(1-X_A)(M-2X_A) \tag{3.17b}$$

积分形式为

$$\ln\frac{c_{B}c_{A0}}{c_{B0}c_{A}}=\ln\frac{M-2X_{A}}{M(1-X_{A})}=c_{A0}(M-2)kt,\quad M\neq 2 \tag{3.18}$$

当使用化学计量反应物比例时，积分形式为

$$\frac{1}{c_{A}}-\frac{1}{c_{A0}}=\frac{1}{c_{A0}}\frac{X_{A}}{1-X_{A}}=2kt,\quad M=2 \tag{3.19}$$

这两个注意事项适用于所有反应类型。因此，无论何时以化学计量比使用反应物，或者当反应不是基元反应时，都会出现积分表达式的特殊形式。

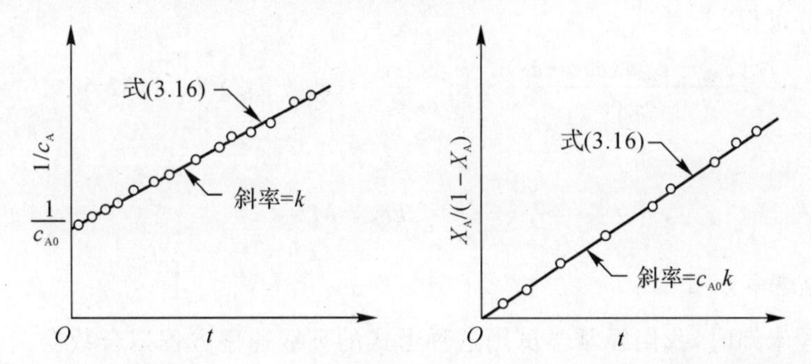

图 3.3　双分子反应(A+B ⟶ R 同时 $c_{A0}=c_{B0}$)或者二级反应测试数据拟合线

4.不可逆三分子型三级反应

对于反应

$$A+B+D\longrightarrow 产物 \tag{3.20a}$$

其速率方程为

$$-r_{A}=-\frac{dc_{A}}{dt}=kc_{A}c_{B}c_{D} \tag{3.20b}$$

或用 X_A 表示为

$$c_{A0}\frac{dX_{A}}{dt}=kc_{A0}^{3}(1-X_{A})\left(\frac{c_{B0}}{c_{A0}}-X_{A}\right)\left(\frac{c_{D0}}{c_{A0}}-X_{A}\right)$$

对变量进行分离并积分，可得

$$\frac{1}{(c_{A0}-c_{B0})(c_{A0}-c_{D0})}\ln\frac{c_{A0}}{c_{A}}+\frac{1}{(c_{B0}-c_{D0})(c_{B0}-c_{A0})}\ln\frac{c_{B0}}{c_{B}}+\frac{1}{(c_{D0}-c_{A0})(c_{D0}-c_{B0})}\ln\frac{c_{D0}}{c_{D}}=kt \tag{3.21}$$

如果 c_{D0} 比 c_{A0} 和 c_{B0} 都大得多，那么反应就变成二级并且式(3.21)简化为式(3.14)。

到目前为止，发现的所有三分子反应都是式(3.22)或式(3.25)的形式，则有

$$A+2B\longrightarrow R\ 且\ -r_{A}=-\frac{dc_{A}}{dt}=kc_{A}c_{B}^{2} \tag{3.22}$$

根据转化率，反应速率变为

$$\frac{dX_{A}}{dt}=kc_{A0}^{2}(1-X_{A})(M-2X_{A})^{2}$$

式中 $M=c_{B0}/c_{A0}$。

对上式积分可得

$$\frac{(2c_{A0}-c_{B0})(c_{B0}-c_B)}{c_{B0}c_B}+\ln\frac{c_{A0}c_B}{c_Ac_{B0}}=(2c_{A0}-c_{B0})^2kt,\quad M\neq 2 \tag{3.23}$$

或

$$\frac{1}{c_A^2}-\frac{1}{c_{A0}^2}=8kt,\quad M=2 \tag{3.24}$$

同样，对于反应

$$A+B\longrightarrow R \text{ 且 } -r_A=-\frac{dc_A}{dt}=kc_Ac_B^2 \tag{3.25}$$

对上式积分可得

$$\frac{(c_{A0}-c_{B0})(c_{B0}-c_B)}{c_{B0}c_B}+\ln\frac{c_{A0}c_B}{c_{B0}c_A}=(c_{A0}-c_{B0})^2kt,\quad M\neq 1 \tag{3.26}$$

或

$$\frac{1}{c_A^2}-\frac{1}{c_{A0}^2}=2kt,\quad M=1 \tag{3.27}$$

5. n 级经验速率方程

当反应机理未知时，我们经常尝试用这种形式的 n 级速率方程拟合数据：

$$-r_A=-\frac{dc_A}{dt}=kc_A^n \tag{3.28}$$

分离变量并积分可得

$$c_A^{1-n}-c_{A0}^{1-n}=(n-1)kt,\quad n\neq 1 \tag{3.29}$$

级数 n 不能从式(3.29)中明确地找到，所以必须制定一个系统的反复试验的解决方案。但是这并不复杂，只需为 n 选择一个值，并计算 k，使 k 数据的方差最小化的 n 的值，就是 n 的期望值。

这种结果形式的一个奇怪的特征是，阶数 $n>1$ 的反应永远不会在有限的时间内完成。另外，从式(3.29)得出，对于 $n<1$ 的反应，此速率形式预测反应物浓度将下降到零，然后在某个有限时间变为负值，则有

$$c_A=0,t\geqslant\frac{c_{A0}^{1-n}}{(1-n)k}$$

由于实际浓度不能低于零，所以当 $n<1$ 时，不应该进行超过此时间区间的积分。由于这个特征，在实际系统中，随着反应物的耗尽，所观察到的分数级数将向上转变为一级。

6. 零级反应

当反应速率与物质的浓度无关时，反应为零级反应，则有

$$-r_A=-\frac{dc_A}{dt}=k \tag{3.30}$$

对上式积分并注意到 c_A 永远不会变为负数，可得

$$\left.\begin{aligned}c_{A0}-c_A=c_{A0}X_A=kt,\quad & t<\frac{c_{A0}}{k}\\ c_A=0,\quad & t\geqslant\frac{c_{A0}}{k}\end{aligned}\right\} \tag{3.31}$$

这意味着转化率与时间成正比，如图 3.4 所示。

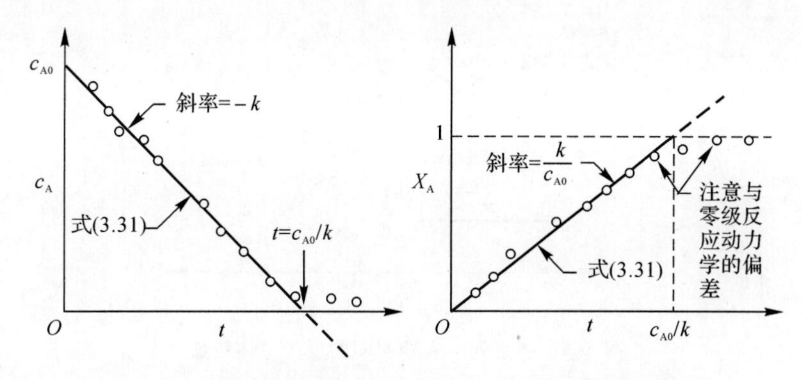

图 3.4　零级反应或速率方程式(3.30)的测试数据拟合线

一般来说，只有在一定浓度范围内或较高浓度，反应才是零级。如果浓度足够低，通常反应具有浓度相关性，在这种情况下，级数会从零上升。

一般而言，零级反应是那些速率由反应物浓度以外的其他因素决定的反应，例如光化学反应容器内的辐射强度，或某些固体催化气体反应中可用的表面。因此，重要的是要定义零级反应的速率，以便把其他因素包括进去并适当地计算出来。

7. 半衰期 $t_{1/2}$ 的不可逆反应的总体级数

有时，对于不可逆反应

$$\alpha A + \beta B + \cdots \longrightarrow 产物$$

有

$$-r_A = \frac{dc_A}{dt} = kc_A^a c_B^b \cdots$$

如果反应物以其化学计量比存在，则在整个反应过程中它们将保持该比例。因此，对于任何时候 $c_B/c_A = \beta/\alpha$ 的反应物 A 和 B，都可得

$$-r_A = -\frac{dc_A}{dt} = kc_A^a \left(\frac{\beta}{\alpha}c_A\right)^b \cdots = \underbrace{k\left(\frac{\beta}{\alpha}\right)^b \cdots}_{\tilde{k}} \underbrace{c_A^{a+b+\cdots}}_{c_A^n}$$

或者

$$-\frac{dc_A}{dt} = \tilde{k}c_A^n \tag{3.32}$$

当 $n \neq 1$ 时，对上式积分，可得

$$c_A^{1-n} - c_{A0}^{1-n} = \tilde{k}(n-1)t$$

定义反应的半衰期 $t_{1/2}$ 为随着反应物浓度下降到原始值的一半所需的时间，可得

$$t_{1/2} = \frac{(0.5)^{1-n}-1}{\tilde{k}(n-1)} c_{A0}^{1-n} \tag{3.33a}$$

该表达式显示 $\lg t_{1/2}$ 与 $\lg c_{A0}$ 的关系曲线是斜率为 $1-n$ 的直线，如图 3.5 所示。

半衰期方法需要进行一系列的运行，每个运行在不同的初始浓度下，并且显示在给定时间内的分数转化率随着级数大于 1 的浓度增加而增加，随着级数小于 1 的浓度下降而下降，并且与一级反应的初始浓度无关。

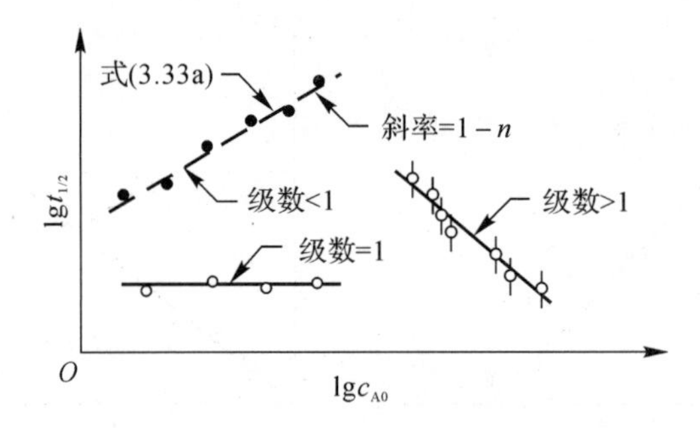

图 3.5　一系列半衰期实验的反应总体级数

这种情况下，一般表达式可以简化为

$$-\frac{dc_A}{dt}=\hat{k}c_A^a$$

式中

$$\hat{k}=k(c_{B0}^b\cdots) 且 c_B\approx c_{B0}$$

这是半衰期方法的另一种变化。

8. 分数寿命 t_F

半衰期法可推广到任何一种分数寿命方法，其中反应物的浓度在时间 t_F 内下降到任何分数 $F=c_A/c_{A0}$。该推导是半衰期法的直接扩展，即

$$t_F=\frac{F^{1-n}-1}{k(n-1)}c_{A0}^{1-n} \tag{3.33b}$$

$\lg t_F$ 与 $\lg c_{A0}$ 的关系曲线将给出反应级数。

[例 3.1]说明了这种方法。

9. 不可逆平行反应

考虑最简单的情况，一个由两个平行竞争路径分解的两个基元反应为

$$\begin{cases}A\xrightarrow{k_1}R\\A\xrightarrow{k_2}S\end{cases}$$

则可得

$$-r_A=-\frac{dc_A}{dt}=k_1c_A+k_2c_A=(k_1+k_2)c_A \tag{3.34}$$

$$r_R=\frac{dc_R}{dt}=k_1c_A \tag{3.35}$$

$$r_S=\frac{dc_S}{dt}=k_2c_A \tag{3.36}$$

对于这些复合反应，有必要写出 N 个化学计量方程，要按照 N 个反应组分的分解来分别描述动力学过程。因此，在这个系统中，独立的 c_A，或者 c_R，或者 c_S，不会同时给出 k_1 和 k_2。必须至少遵循两个组分变量。从化学计量学来看，注意到 $c_A+c_R+c_S$ 是恒定的，我们可以找到第三组分的浓度。

使用 3 个微分速率方程，就可以找到 k 值。首先，式(3.34)是简单的一级反应，积分可得

$$-\ln\frac{c_A}{c_{A0}}=(k_1+k_2)t \tag{3.37}$$

如图 3.6 所示，斜率为 k_1+k_2。然后式(3.35)除以式(3.36)，可得以下结果：

$$\frac{r_R}{r_S}=\frac{dc_R}{dc_S}=\frac{k_1}{k_2}$$

对上式积分，得

$$\frac{c_R-c_{R0}}{c_S-c_{S0}}=\frac{k_1}{k_2} \tag{3.38}$$

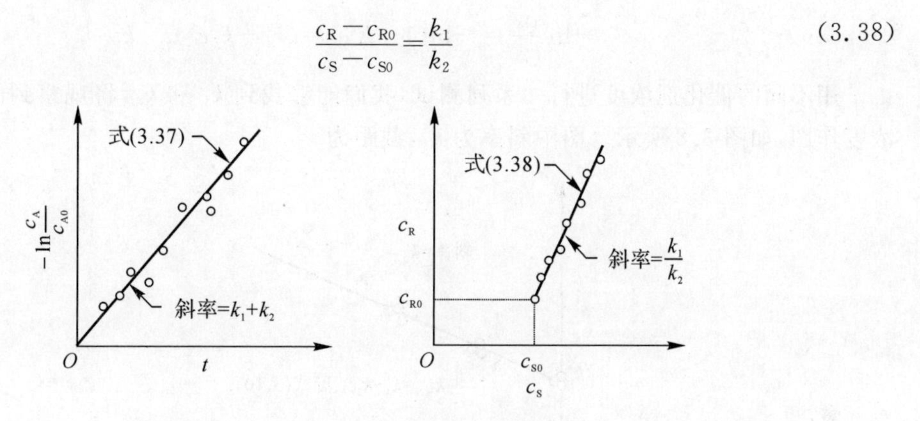

图 3.6　平行一级竞争反应速率拟合曲线

这个结果如图 3.6 所示。因此，c_R 与 c_S 曲线的斜率为 k_1/k_2。知道 k_1/k_2 以及 k_1+k_2 得出 k_1 和 k_2。在图 3.7 中显示了 $c_{R0}=c_{S0}=0$ 和 $k_1>k_2$ 情况下间歇式反应器中 3 种组分的典型浓度-时间曲线。平行反应将在第 7 章予以讨论。

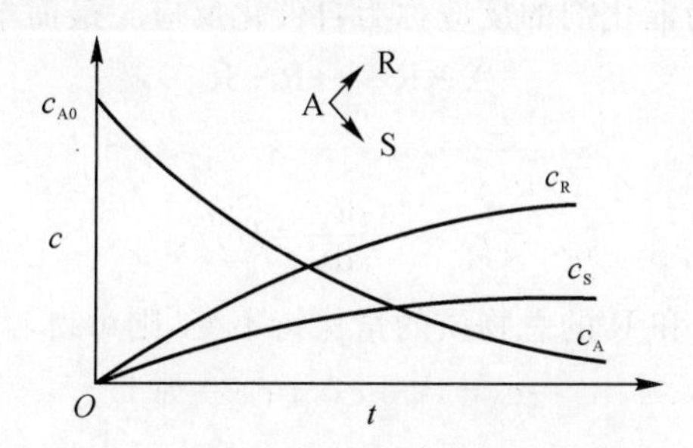

图 3.7　竞争反应的典型浓度-时间曲线

10. 均相催化反应

假设一个均匀的催化反应体系，反应速率是非催化和催化反应的速率之和，即

$$\begin{cases} A \xrightarrow{k_1} R \\ A+C \xrightarrow{k_2} R+C \end{cases}$$

则相应的反应速率为

$$-\left(\frac{dc_A}{dt}\right)_1=k_1c_A$$

$$-\left(\frac{dc_A}{dt}\right)_2=k_2c_Ac_C$$

这意味着，在没有催化剂存在的情况下反应也会进行，并且催化反应的速率与催化剂浓度

成正比。那么反应物 A 的总体消失速率就是

$$-\frac{dc_A}{dt}k_1c_A+k_2c_Ac_C=(k_1+k_2c_C)c_A \tag{3.39}$$

注意到催化剂浓度保持不变,则对上式积分得

$$-\ln\frac{c_A}{c_{A0}}=-\ln(1-X_A)=(k_1+k_2c_C)t=kt \tag{3.40}$$

用不同的催化剂浓度进行一系列测试,我们能够找到 k_1 和 k_2,将观察到的 k 值与催化剂浓度作图,如图 3.8 所示。图中斜率为 k_2,截距为 k_1。

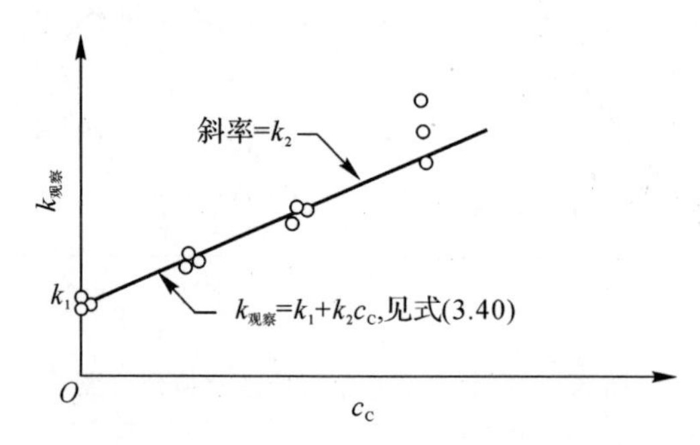

图 3.8　不同催化剂浓度下一系列反应中均相催化反应的速率常数

11. 自催化反应

反应中的一种产物作为催化剂的反应称为自催化反应。最简单的自催化反应为

$$A+R\longrightarrow R+R \tag{3.41a}$$

其速率方程为

$$-r_A=-\frac{dc_A}{dt}=kc_Ac_R \tag{3.41b}$$

因为随着 A 的消耗,A 和 R 的总物质的量保持不变,则可得

$$c_0=c_A+c_R=c_{A0}+c_{R0}=常量$$

其速率方程为

$$-r_A=-\frac{dc_A}{dt}=kc_A(c_0-c_A)$$

对上式重新组合并分解可得

$$-\frac{dc_A}{c_A(c_0-c_A)}=-\frac{1}{c_0}\left(\frac{dc_A}{c_A}+\frac{dc_A}{c_0-c_A}\right)=kdt$$

对上式积分可得

$$\ln\frac{c_{A0}(c_0-c_A)}{c_A(c_0-c_{A0})}=\ln\frac{c_R/c_{R0}}{c_A/c_{A0}}=c_0kt=(c_{A0}+c_{R0})kt \tag{3.42}$$

就初始反应物速率 $M=c_{R0}/c_{A0}$ 和 A 的分数转化而言,则有

$$\ln\frac{M+X_A}{M(1-X_A)}=c_{A0}(M+1)kt=(c_{A0}+c_{R0})kt \tag{3.43}$$

对于间歇反应器中的自催化反应,如果反应要进行,则必须存在一些产物 R。从非常小的

R浓度开始，可以定性地看到，随着R的形成，速率会上升。达到顶峰极值，A几乎用完时，速率又会下降到零。这个结果在图3.9中给出，这表明速率遵循抛物线，在A和R的浓度相等的情况下，速率处于最大值区间。

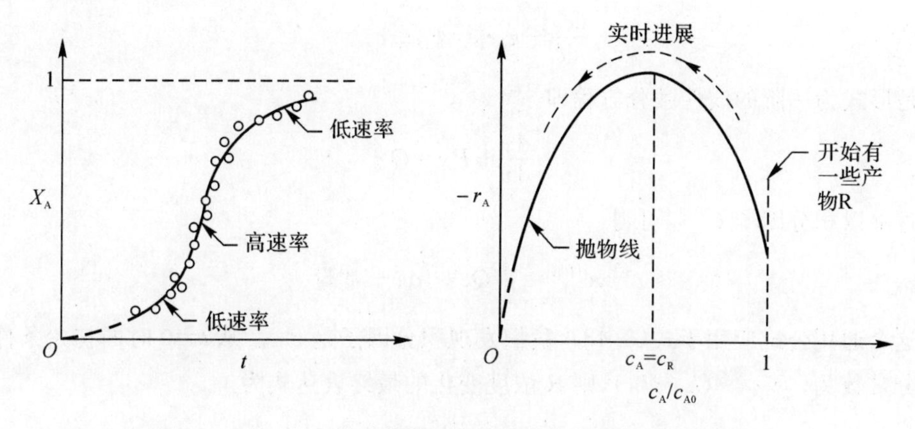

图3.9 式(3.41)的自催化反应的转化时间和速率-浓度曲线

这种抛物线形状属于此类型反应的较为典型的特征。

为了测定自催化反应，由式(3.42)或式(3.43)绘制时间和浓度曲线，如图3.10所示，并查看是否获得了通过零点的直线。自催化反应分析详见第6章。

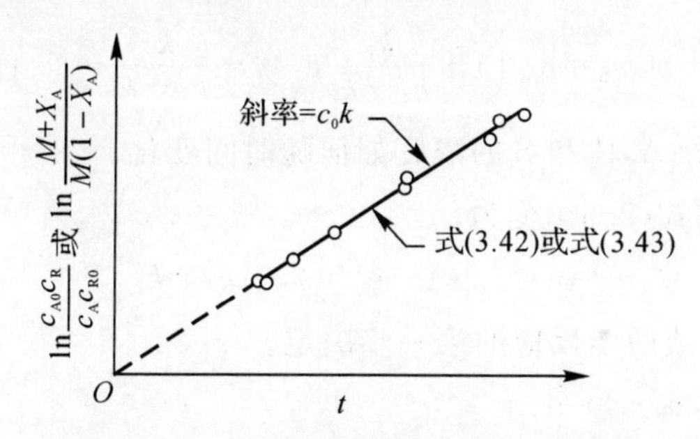

图3.10 式(3.41)的自催化反应测定曲线

12. 不可逆反应系列

首先考虑连续的单分子一级反应，有

$$A \xrightarrow{k_1} R \xrightarrow{k_2} S$$

其三个组分的速率方程为

$$r_A=\frac{dc_A}{dt}=-k_1c_A \tag{3.44}$$

$$r_R=\frac{dc_R}{dt}=k_1c_A-k_2c_R \tag{3.45}$$

$$r_S=\frac{dc_S}{dt}=k_2c_R \tag{3.46}$$

从A的浓度为c_{A0}，不存在R或S，观察组分的浓度如何随时间变化。通过对式(3.44)积分，我们发现A的浓度为

$$-\ln \frac{c_A}{c_{A0}}=k_1 t \quad 或 \quad c_A=c_{A0}e^{-k_1 t} \tag{3.47}$$

为了找到 R 的浓度变化，将式(3.47)中 A 的浓度替换为式(3.45)中的 R 变化率，则有

$$\frac{dc_R}{dt}+k_2 c_R=k_1 c_{A0} e^{-k_1 t} \tag{3.48}$$

这是形式为一阶的线性微分方程即

$$\frac{dy}{dx}+Py=Q$$

通过乘以积分因子 $e^{\int P dx}$，可得

$$ye^{\int P dx}=\int Q e^{\int P dx} dx+常量$$

将这个通用公式应用于式(3.48)，我们发现积分因子是 $e^{k_2 t}$。从 $t=0$ 时的初始条件 $c_{R0}=0$ 发现积分常数为 $-k_1 c_{A0}/(k_2-k_1)$，则 R 浓度变化的最终表达式为

$$c_R=c_{A0}k_1\left(\frac{e^{-k_1 t}}{k_2-k_1}+\frac{e^{-k_2 t}}{k_1-k_2}\right) \tag{3.49}$$

注意到总物质的量没有变化，化学计量与反应组分的浓度有关，即

$$c_{A0}=c_A+c_R+c_S$$

联合式(3.47)和式(3.49)可得

$$c_S=c_{A0}\left(1+\frac{k_2}{k_1-k_2}e^{-k_1 t}+\frac{k_1}{k_2-k_1}e^{-k_2 t}\right) \tag{3.50}$$

因此，我们发现了组分 A，R 和 S 的浓度如何随时间变化。

如果 k_2 远大于 k_1，则式(3.50)变为

$$c_S=c_{A0}(1-e^{-k_1 t}), \quad k_2 \gg k_1$$

换句话说，速率由 k_1 或两步反应的第一步决定。

如果 k_1 远大于 k_2，则有

$$c_S=c_{A0}(1-e^{-k_2 t}), \quad k_1 \gg k_2$$

这是由 k_2 控制的一级反应，是两步反应中较慢的一步。因此，一般来说，对于任何步骤的连串反应，对整个反应速率影响最大的是最慢步骤。

k_1 和 k_2 的值也决定了 R 的位置和最大浓度，这可以通过对式(3.49)微分，设定 $dc_R/dt=0$，计算最优时间。因此，R 的最大浓度出现的时间为

$$t_{max}=\frac{1}{k_{lg平均}}=\frac{\ln(k_2/k_1)}{k_2-k_1} \tag{3.51}$$

R 的最大浓度通过结合式(3.49)和式(3.51)，可得

$$\frac{c_{R,max}}{c_{A0}}=\left(\frac{k_1}{k_2}\right)^{k_2/(k_2-k_1)} \tag{3.52}$$

图 3.11 显示了这 3 个组分的浓度-时间曲线的一般特征；A 指数下降，R 上升到最大值然后下降，S 持续上升，S 的最大增长率出现在 R 最大的地方。计算结果表明可以通过观察中间体的最大浓度和达到此最大值的时间来评估 k_1 和 k_2。第 8 章将更详细地介绍连串反应。

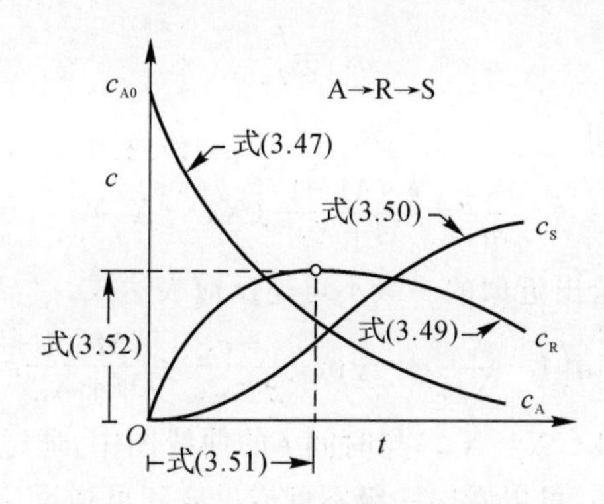

图 3.11　连续一级反应的典型浓度变化

对于一个更长的连锁反应：

$$A \longrightarrow R \longrightarrow S \longrightarrow T \longrightarrow U$$

处理方法是相似的，但是比刚刚考虑的两步反应更麻烦。图 3.12 显示了这种情形的典型浓度-时间曲线。

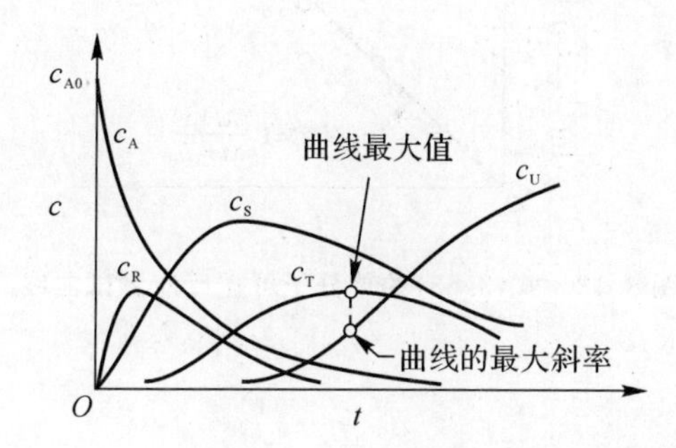

图 3.12　多个连串一级反应典型浓度-时间曲线

13. *一级可逆反应*

尽管没有任何反应能够完成，但是当平衡常数很大时，我们可以近似认为许多反应基本上是不可逆的。到目前为止，我们已经讨论了这些情况。现在让我们考虑不能完全转化的反应。最简单的情况是可逆的单分子型反应：

$$A \underset{k_2}{\overset{k_1}{\rightleftharpoons}} R, \quad K_c = K = \text{平衡常数} \tag{3.53a}$$

其浓度比为 $M = c_{R0}/c_{A0}$，速率方程为

$$\begin{aligned}\frac{dc_R}{dt} = -\frac{dc_A}{dt} = c_{A0}\frac{dX_A}{dt} &= k_1 c_A - k_2 c_R \\ &= k_1(c_{A0} - c_{A0}X_A) - k_2(Mc_{A0} + c_{A0}X_A)\end{aligned} \tag{3.53b}$$

现在处于平衡状态 $dc_A/dt = 0$。根据式(3.53)，我们发现在平衡条件下 A 的分数转换为

$$K_c = \frac{c_{Re}}{c_{Ae}} = \frac{M + X_{Ae}}{1 - X_{Ae}}$$

其平衡常数为

$$K_c=\frac{k_1}{k_2}$$

综合以上3个方程,可得

$$\frac{dX_A}{dt}=\frac{k_1(M+1)}{M+X_{Ae}}(X_{Ae}-X_A)$$

以 X_{Ae}为转化率时,可给出近似的一级不可逆反应表达式。

$$-\ln\left(1-\frac{X_A}{X_{Ae}}\right)=-\ln\frac{c_A-c_{Ae}}{c_{A0}-c_{Ae}}=\frac{M+1}{M+X_{Ae}}k_1 t \tag{3.54}$$

如图3.13所示,在 $\ln(1-X_A/X_{Ae})$与时间 t 的曲线图中,通过比较式(3.12)与式(3.54)或通过比较图3.1和图3.13,可以看出一级不可逆反应和可逆反应方程之间的相似性。不可逆反应仅仅是可逆反应的特殊情况,其中 $c_{Ae}=0$,或 $X_{Ae}=1$,或 $K_c=\infty$。

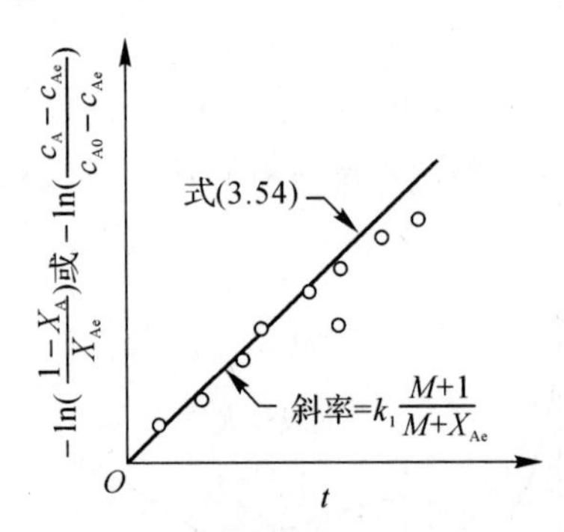

图3.13 式(3.53)的单分子可逆反应测试曲线

14.二级可逆反应

对于双分子型二级反应:

$$A+B\underset{k_2}{\overset{k_1}{\rightleftharpoons}}R+S \tag{3.55a}$$

$$2A\underset{k_2}{\overset{k_1}{\rightleftharpoons}}R+S \tag{3.55b}$$

$$2A\underset{k_2}{\overset{k_1}{\rightleftharpoons}}2R \tag{3.55c}$$

$$A+B\underset{k_2}{\overset{k_1}{\rightleftharpoons}}2R \tag{3.55d}$$

由于 $c_{A0}=c_{B0}$和 $c_{R0}=c_{S0}=0$,A和B的积分速率方程都是相同的,则有

$$\ln\frac{X_{Ae}-(2X_{Ae}-1)X_A}{X_{Ae}-X_A}=2k_1\left(\frac{1}{X_{Ae}}-1\right)c_{A0}t \tag{3.56}$$

然后可以使用图3.14所示的图来测定这些动力学的充分性。

15.一般的可逆反应

对于这类速率方程,积分变得麻烦,所以如果式(3.54)或式(3.56)不能拟合数据,寻找适当的速率方程,最好通过微分方法来完成。

16.变换级数反应

在寻找动力学方程时,可以发现,在高浓度下,数据是由一个反应级数拟合的,而在低浓度下则是另一个级数。考虑反应：

$$A \longrightarrow R, -r_A = -\frac{dc_A}{dt} = \frac{k_1 c_A}{1+k_2 c_A} \tag{3.57}$$

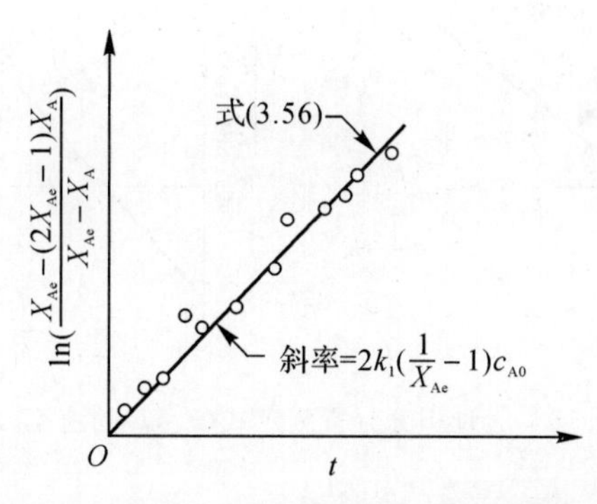

图 3.14　式(3.55)的可逆双分子反应测试

从这个速率方程我们看到：

(1)当 c_A 高时(或 $k_2 c_A \gg 1$)，反应为零级反应，速率常数为 k_1/k_2；

(2)当 c_A 低时(或 $k_2 c_A \ll 1$)，反应为一级反应，速率常数为 k_1。

这种特征如图 3.15 所示。

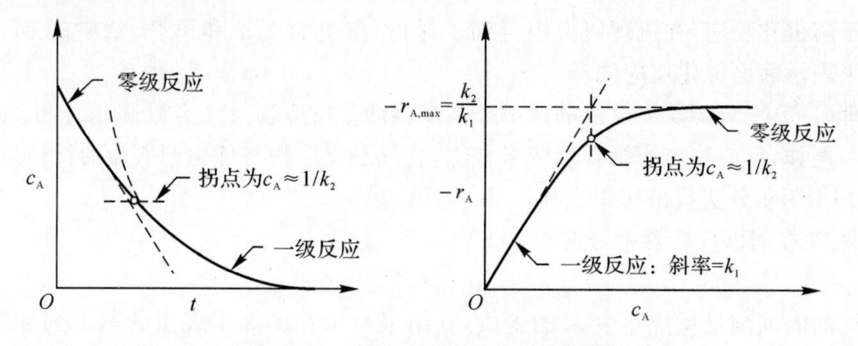

图 3.15　式(3.57)的反应特性曲线

应用积分方法，对式(3.57)分离变量并积分可得

$$\ln\frac{c_{A0}}{c_A} + k_2(c_{A0}-c_A) = k_1 t \tag{3.58a}$$

式(3.58a)重排整理得

$$\frac{c_{A0}-c_A}{\ln(c_{A0}/c_A)} = -\frac{1}{k_2} + \frac{k_1}{k_2}\frac{t}{\ln(c_{A0}/c_A)} \tag{3.58b}$$

或

$$\frac{\ln(c_{A0}/c_A)}{c_{A0}-c_A} = -k_2 + \frac{k_1 t}{c_{A0}-c_A} \tag{3.58c}$$

图 3.16 所示为测定这种速率的两种方法。

通过类似的推理，我们可以证明一般速率为

$$-r_A = -\frac{dc_A}{dt} = \frac{k_1 c_A^m}{1+k_2 c_A^n} \tag{3.59}$$

从高浓度的 m-n 阶转变为低浓度的 m 阶，过渡发生在 $k_2 c_A^n \approx 1$ 的位置。这种类型的方程可以用来拟合任何二级反应以上的数据。

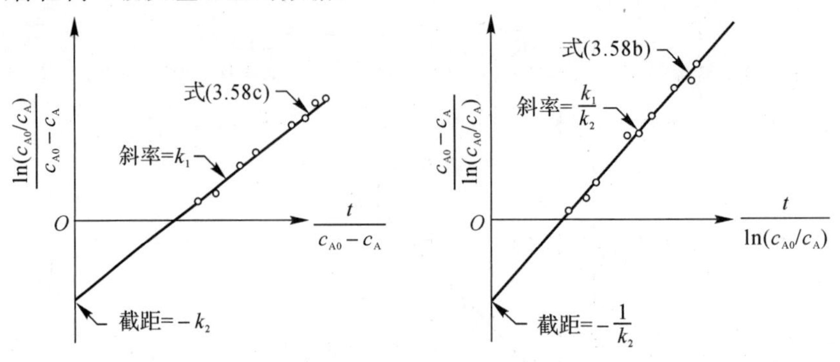

图 3.16　通过积分分析测定式(3.57)的速率方程

这种转变的另一种形式为

$$-r_A=-\frac{dc_A}{dt}=\frac{k_1c_A^m}{(1+k_2c_A)^n} \tag{3.60}$$

机理研究可使用多种形式。但无论如何，如果其中一个方程式适合数据，另一个方程式也会适合。

式(3.57)的速率方程可以近似用来表示许多不同类型的反应。例如，在均相系统中，这种形式被用于酶催化反应，在机理研究中得到了讨论(参见第 2 章和第 27 章中的 M-M 机理)。它也被用来表示表面催化反应的动力学。

在机理研究中，只要认为反应的速率控制步骤涉及反应物与一定数量，就会出现这种方程等式形式。例如，反应物与酶缔合形成络合物，或气态反应物与催化剂表面活性位点缔合。

[**例 3.1**] 用积分法找出速率方程

反应物 A 在间歇反应器中分解：

$$A\longrightarrow 产物$$

在不同的时间测量反应器中 A 的组成，其结果显示在例 3.1 表 1 的第 1 列和第 2 列中。找到速率方程来表示数据。

例 3.1 表 1　实验结果

t/s	$c_A/(\text{mol}\cdot\text{L}^{-1})$	$\ln\frac{c_{A0}}{c_A}$	$\frac{1}{c_A}$
0	$c_{A0}=10$	ln 10/10=0	0.1
20	8	ln 10/8=0.223 1	0.125
40	6	0.511	0.167
60	5	0.693 1	0.200
120	3	1.204	0.333
180	2	1.609	0.500
300	1	2.303	1.000
实验报告数据		计算数据	

解：

(1)推测一级动力学。首先猜测最简单的速率形式或一级动力学。这意味着 $\ln(c_{A0}/c_A)$ 对 t 应该是一条直线，参见式(3.11)或式(3.12)，或图 3.1。因此，计算出第 3 列，并绘制了例 3.1 图 1。但这并不是一条直线，所以一级动力学不能合理地表示数据，我们必须猜测另一种速率形式。

(2)推测二级动力学。式(3.16)说明 $1/c_A$ 对 t 应该是一条直线。因此，计算出例 3.1 表 2 中的第 4 列，绘制第 1 列与第 4 列，如例 3.1 图 2 所示。再一次指出，这不是直线，所以二级动力学形式被否决。

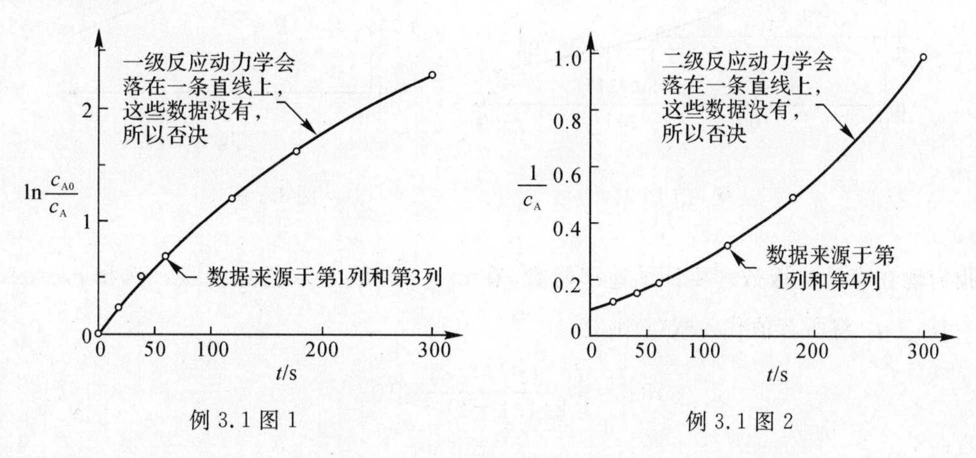

例 3.1 图 1　　　　例 3.1 图 2

(3)推测 n 级动力学。计划使用 $F=80\%$ 的分数方法。式(3.33b)变为

$$t_F=\frac{(0.8)^{1-n}-1}{k(n-1)}c_{A0}^{1-n} \tag{i}$$

取对数：

$$\underbrace{\lg t_F}_{y} = \underbrace{\lg\left[\overbrace{\frac{0.8^{1-n}-1}{k(n-1)}}^{\text{一个变量}}\right]}_{a} + \underbrace{(1-n)\lg c_{A0}}_{bx} \tag{ii}$$

计算过程如下。先准确地绘制 c_A 和 t 数据，绘制一条平滑的曲线来表示数据，如例 3.1 图 3 所示，然后选择 $c_{A0}=10,5$ 和 2 并从该图中填入例 3.1 表 2 中。

例 3.1 表 2

c_{A0}	$c_{A\ end}$ $(=0.8c_{A0})$	t_F/s	$\lg t_F$	$\lg c_{A0}$
10	8	0 ⟶ 18.5＝18.5	lg18.5＝1.27	1.00
5	4	59 ⟶ 82＝23	1.36	0.70
2	1.6	180 ⟶ 215＝35	1.54	0.30

（t_F 列：从曲线获得）

绘制 $\lg t_F$ 与 $\lg c_{A0}$ 关系曲线，如例 3.1 图 4 所示，并找出斜率。

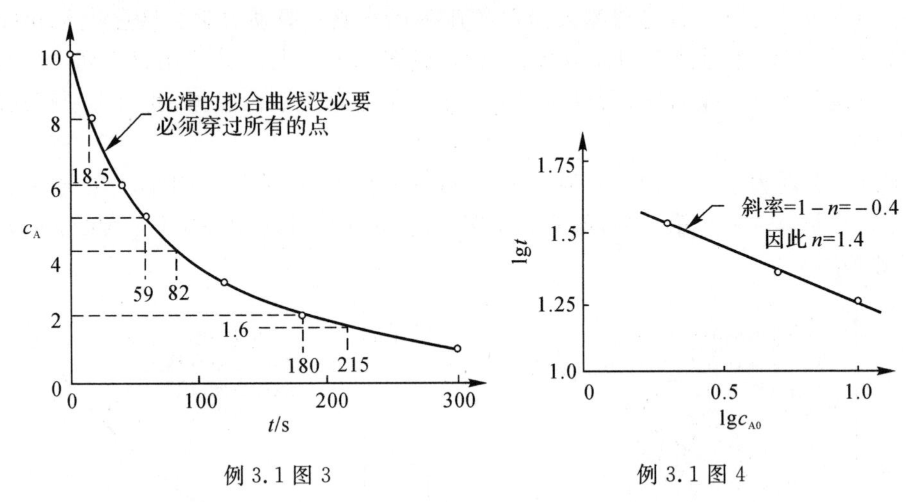

例 3.1 图 3　　　　例 3.1 图 4

我们现在有反应级数。要评估速率常数，在 $c_A - t$ 曲线上取任意一点。选择 $c_{A0}=10$，此时 $t_F=18.5$ s。将所有值代入式(i)则有：

$$18.5=\frac{(0.8)^{1-1.4}-1}{k(1.4-1)}\times 10^{1-1.4}$$

式中，$k=0.005$。

可得，代表该反应的速率方程为

$$-r_A=0.005\ \frac{L^{0.4}}{mol^{0.4}\cdot s}c_A^{1.4},\quad \frac{mol}{L\cdot s}$$

3.1.4 数据分析的微分方法

微分分析法直接处理待测的微分速率方程，对方程中的所有项进行评价，包括导数 dc_i/dt，并用实验检验方程的合适度。

(1)绘制 c_A 对 t 数据，然后仔细画一条平滑的曲线来表示数据。这条曲线很可能不会通过所有的实验点。

(2)在适当选择的浓度值下确定该曲线的斜率。斜率 $dc_A/dt=r_A$ 是这些组成下的反应速率。

(3)现在研究速率表达式来表示这个 r_A 与 c_A 数据，通过

1)挑选和测定一个特定的速率形式，$-r_A=kf(c_A)$，如图 3.17 所示。

2)通过采用对数来测定 n 级形式 $-r_A=kc_A^n$ 速率方程，如图 3.18 所示。

然而，对于某些更简单的速率方程，数学运算可能会产生适合图形测定的表达式。想要拟合 M-M 方程的一组 c_A 和 t 数据：

$$-r_A=-\frac{dc_A}{dt}=\frac{k_1c_A}{1+k_2c_A}\tag{3.57}$$

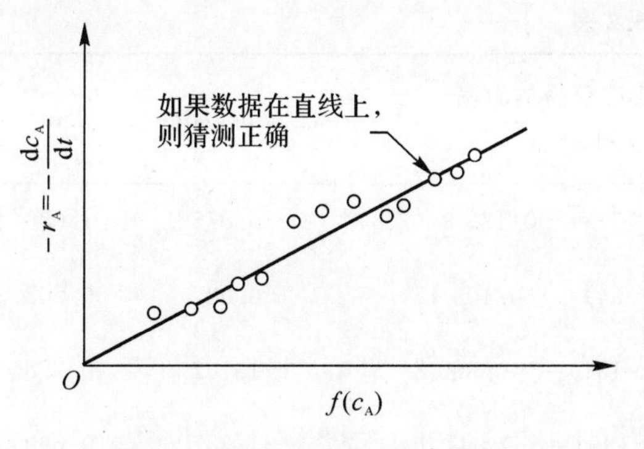

图 3.17　用微分法测试特定速率形式 $-r_A=kf(c_A)$ 曲线

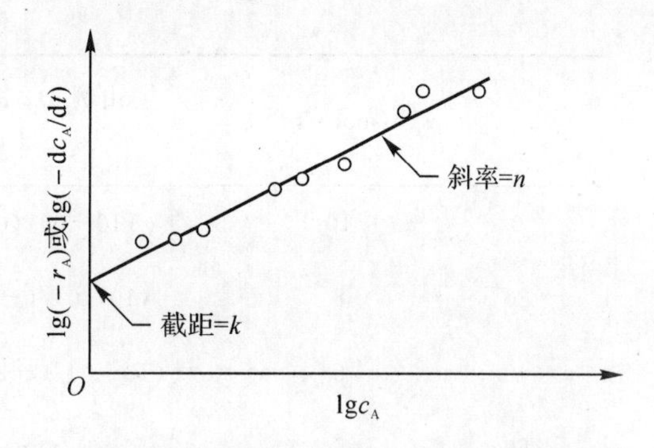

图 3.18　用微分法测试 n 阶速率形式曲线

这已经通过积分分析处理。通过微分方法我们可以得到 $-r_A$ 与 c_A。但是，我们如何做一个直观的线性图以评估 k_1 和 k_2？让我们变形式(3.57)来获得更可靠有用的表达。因此，取倒数，得

$$\frac{1}{(-r_A)}=\frac{1}{k_1c_A}+\frac{k_2}{k_1} \tag{3.61}$$

不同的操作[将式(3.61)乘以 $k_1(-r_A)/k_2$]产生另一种形式，也适用于测定结果，可得

$$(-r_A)=\frac{k_1}{k_2}-\frac{1}{k_2}\left[\frac{(-r_A)}{c_A}\right] \tag{3.62}$$

$-r_A$ 对 $(-r_A)/c_A$ 的图是线性的，如图 3.19 所示。

调整速率方程计算参数以给出线性图，这成为测定方程的简单方式。对于任何给定的问题，我们必须规划实验计划，并保持准确的判断力。

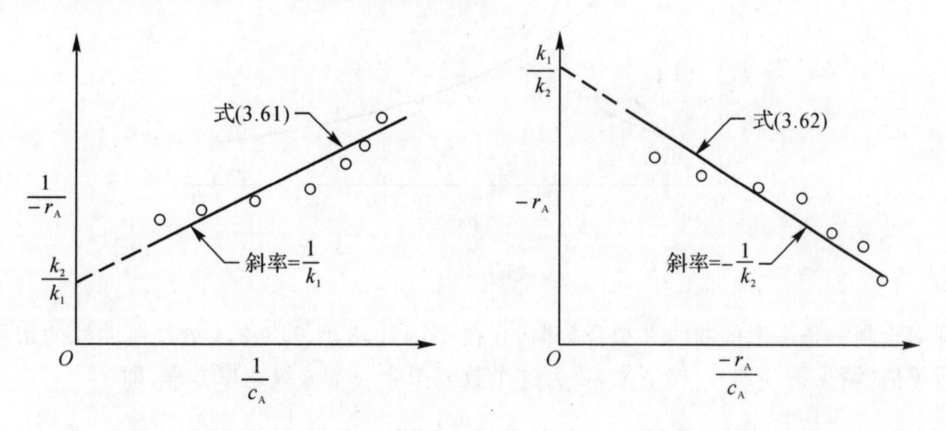

图 3.19　通过微分分析测定速率方程 $-r_A=k_1c_A/(1+k_2c_A)$ 的两种方法

[例 3.2] 用微分法找出适合一组数据的速率方程

尝试拟合例 3.1 的 n 级速率方程与浓度-时间数据。

解：

数据列在例 3.2 表的第 1 列和第 2 列中，并绘制在例 3.2 图 1 中。

例 3.2 表

t/s	c_A/(mol·L^{-1})	由例 3.2 图 1 中获得的斜率 (dc_A/dt)	$\lg(-dc_A/dt)$	$\lg c_A$
0	10	$(10-0)/(0-75)=-0.1333$	-0.875	1.000
20	8	$(10-0)/(-3-94)=-0.1031$	-0.987	0.903
40	6	$(10-0)/(-21-131)=-0.0658$	-1.182	0.778
60	5	$(8-0)/(-15-180)=-0.0410$	-1.387	0.699
120	3	$(6-0)/(-10-252)=-0.0238$	-1.623	0.477
180	2	$(4-1)/(24-255)=-0.0108$	-1.967	0.301
300	1	$(3-1)/(-10-300)=-0.0065$	-2.187	0.000

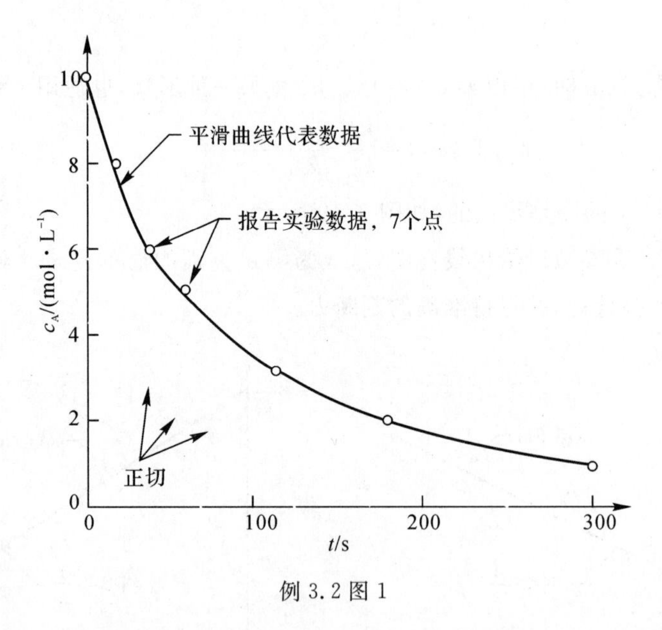

例 3.2 图 1

仔细绘制一条平滑的曲线来拟合数据，并在 $c_A=10,8,6,5,3,2,1$ 处绘制曲线的切线并对其进行评估(请见第 3 列)。接下来，要为这个数据拟合一个 n 级速率方程，即

$$-r_A=-\frac{dc_A}{dt}=kc_A^n$$

对上式两边取对数(见第 3 列和第 4 列)，得

$$\underbrace{\lg\left(-\frac{dc_A}{dt}\right)}_{y}=\underbrace{\lg k}_{\text{截距}}+\underbrace{n}_{\text{斜率}}\underbrace{\lg c_A}_{x}$$

并绘制如例 3.2 图 2 所示。最佳直线的斜率和截距是 n 和 $\lg k$(见例 3.2 图 2)。所以速率方程

是

$$-r_A=-\frac{dc_A}{dt}=\left(0.005\ \frac{L^{0.43}}{mol^{0.43}\cdot s}\right)c_A^{1.43}\times\frac{mol}{L\cdot s}$$

提示:在第 1 步中,如果使用计算机将多项式拟合到数据中,可能会导致错误。例如,考虑将六次多项式拟合到 7 个数据点,或者将$(n-1)$次多项式拟合到 n 个点。

如例 3.2 图 3 所示,用眼睛观察进行拟合会得到平滑的曲线。但是如果使用计算机拟合结果将可能如例 3.2 图 4 所示。

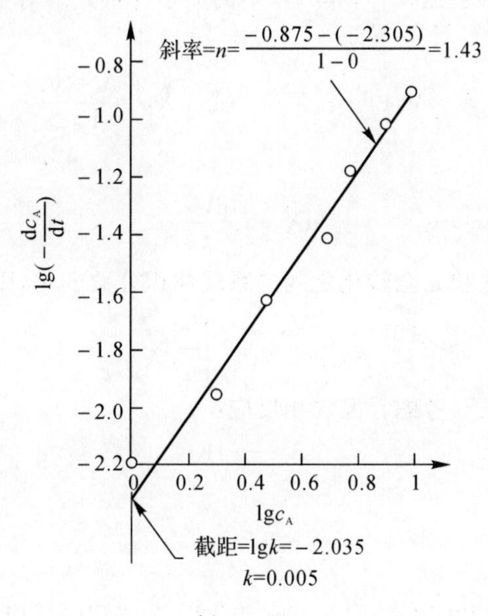

例 3.2 图 2

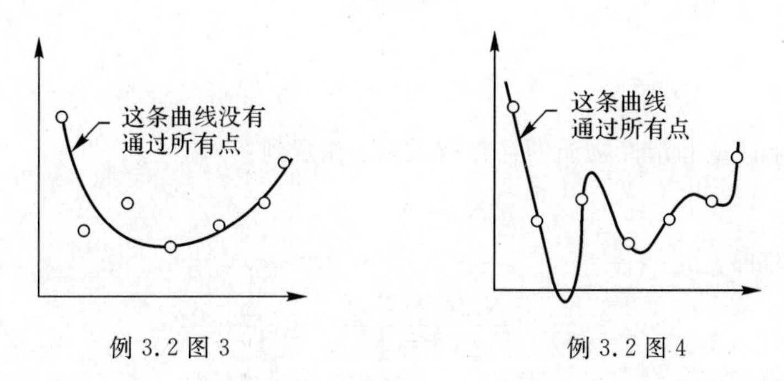

例 3.2 图 3　　　　例 3.2 图 4

哪条曲线更有意义,我们会使用哪一条曲线?为什么我们说"用眼画出平滑曲线来表示数据",画出这样的准确反映实际的曲线并不那么简单,具体哪条更好,还需要进一步实验验证,才可以判定哪条曲线更能准确反映实际过程机理特征。

3.2　变容间歇式反应器

这些反应器比简单的恒容间歇式反应器复杂得多。它们的主要用途是在微处理领域,其中带有可移动颗粒珠粒的毛细管将代表反应器(见图 3.20)。随着时间的推移颗粒珠子会移动，反应的物料容积会跟随进展而发生变化。

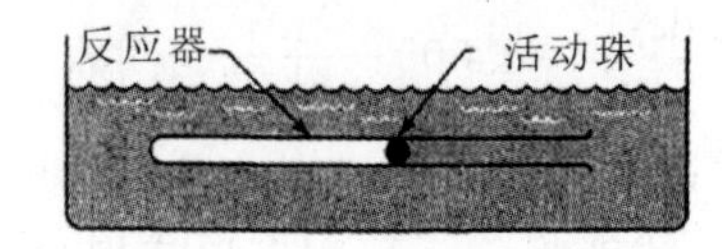

图 3.20 体积可变的间歇式反应器

这种反应器可用于等温恒压操作，具有单一的化学计量式。对于这样的系统，体积与转化率线性相关，即

$$V=V_0(1+\varepsilon_A X_A) \quad 或 \quad X_A=\frac{V-V_0}{V_0\varepsilon_A} \tag{3.63a}$$

或

$$dX_A=\frac{dV}{V_0\varepsilon_A} \tag{3.63b}$$

其中，ε_A 是反应物 A 未转化和完全转化之间的系统体积分数变化，则有

$$\varepsilon_A=\frac{V_{X_A=1}-V_{X_A=0}}{V_{X_A=0}} \tag{3.64}$$

作为使用 ε_A 的一个例子，考虑等温气相反应：

$$A \longrightarrow 4R$$

从纯反应物 A 开始

$$\varepsilon_A=\frac{4-1}{1}=3$$

但开始时存在 50% 的惰性物质，则在完全转化后，2 体积的反应混合物会产生 5 体积的产物混合物。可得

$$\varepsilon_A=\frac{5-2}{2}=1.5$$

ε_A 与反应化学计量和惰性物质的存在有关系。注意到：

$$N_A=N_{A0}(1-X_A) \tag{3.65}$$

结合式(3.63)得

$$c_A=\frac{N_A}{V}=\frac{N_{A0}(1-X_A)}{V_0(1+\varepsilon_A X_A)}=c_{A0}\frac{1-X_A}{1+\varepsilon_A X_A}$$

从而

$$\frac{c_A}{c_{A0}}=\frac{1-X_A}{1+\varepsilon_A X_A} \quad 或 \quad X_A=\frac{1-c_A/c_{A0}}{1+\varepsilon_A c_A/c_{A0}} \tag{3.66}$$

这是满足式(3.63)的线性假设的等温变容量(或变密度)系统的转化和浓度之间的关系。反应速率(组分 A 消失)通常是

$$-r_A=-\frac{1}{V}\frac{dN_A}{dt}$$

V 用式(3.63a)代替，N_A 用式(3.65)代替，我们最终得到转化速率：

$$-r_A=\frac{c_{A0}}{(1+\varepsilon_A X_A)}\frac{dX_A}{dt}$$

或根据式(3.63)的体积来计算：

$$-r_A=\frac{c_{A0}}{V\varepsilon_A}\frac{dV}{dt}=\frac{c_{A0}}{\varepsilon_A}\frac{d(\ln V)}{dt} \tag{3.67}$$

3.2.1　微分分析方法

除了替换之外，等温变化体积数据的微分分析过程与恒定体积情况相同：

$$\frac{dc_A}{dt},\frac{c_{A0}}{V\varepsilon_A}\frac{dV}{dt}\text{或}\frac{c_{A0}}{\varepsilon_A}\frac{d(\ln V)}{dt} \tag{3.68}$$

这意味着在 $\ln V$ 与 t 之间绘制图，可得到斜率。

3.2.2　积分分析方法

只有一些简单的速率形式集成在一起时，能给出易于处理的 V 和 t 的表达式。

1. 零级反应

对于均相零级反应，任何反应物 A 的变化率与物料的浓度无关，有

$$-r_A=\frac{c_{A0}}{\varepsilon_A}\frac{d(\ln V)}{dt}=k \tag{3.69}$$

积分可得

$$\frac{c_{A0}}{\varepsilon_A}\ln\frac{V}{V_0}=kt \tag{3.70}$$

如图 3.21 所示，体积随时间的分数变化的对数产生了一条斜率为 $k\varepsilon_A/c_{A0}$ 的直线。

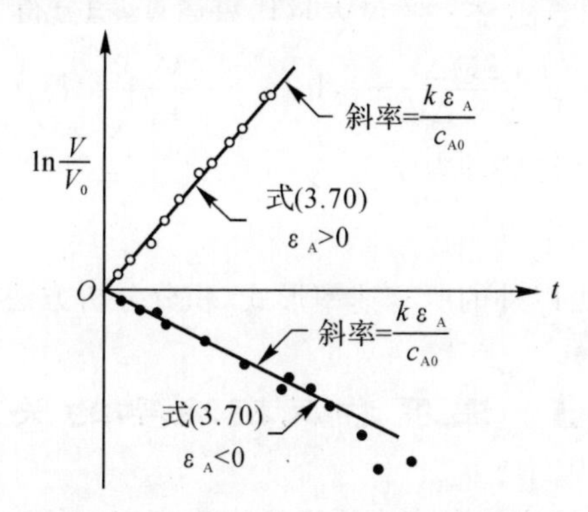

图 3.21　恒压变容反应器中一个均相零级反应的测定曲线

2. 一级反应

对于单分子型一级反应，反应物 A 的变化率为

$$-r_A=\frac{c_{A0}}{\varepsilon_A}\frac{d(\ln V)}{dt}=kc_A=kc_{A0}\left(\frac{1-X_A}{1+\varepsilon_A X_A}\right) \tag{3.71}$$

用式(3.63)中的 V 替换 X_A，积分得

$$-\ln\left(1-\frac{\Delta V}{\varepsilon_A V_0}\right)=kt,\Delta V=V-V_0 \tag{3.72}$$

式(3.72)的半对数图如图 3.22 所示，是一条斜率为 k 的直线。

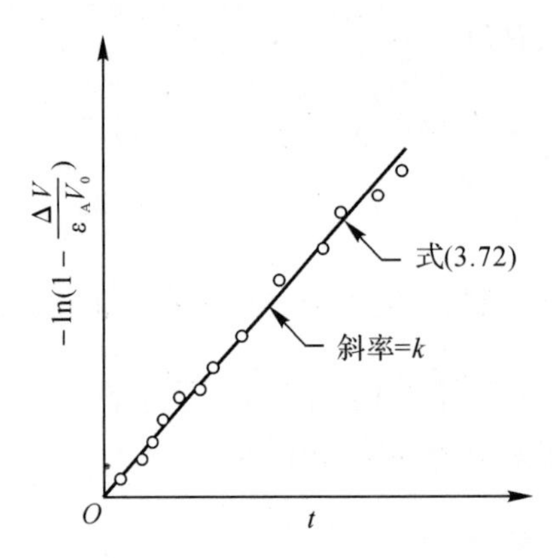

图 3.22　在恒压变容反应器中一级反应的测定曲线

3. 二级反应

对于双分子型二级反应

$$2A \longrightarrow 产物$$

或

$$A+B \longrightarrow 产物,\quad c_{A0}=c_{B0}$$

速率为

$$-r_A=\frac{c_{A0}}{\varepsilon_A}\frac{d\ln V}{dt}=kc_A^2=kc_{A0}^2\left(\frac{1-X_A}{1+\varepsilon_A X_A}\right)^2$$

用式(3.63)中的 V 替换 X_A，然后经过大量代数运算，积分得

$$\frac{(1+\varepsilon_A)\Delta V}{V_0\varepsilon_A-\Delta V}+\varepsilon_A\ln\left(1-\frac{\Delta V}{V_0\varepsilon_A}\right)=kc_{A0}t \tag{3.73}$$

图 3.23 显示了如何测定这些动力学。

4. n 级和其他反应

对于除零级、一级和二级以外的所有速率形式，积分分析方法是无用的。

3.3　温度和反应速率的关系

上述我们已经介绍了在给定的温度水平下反应物和产物的浓度对反应速率的影响。为了获得完整的速率方程，我们还需要知道温度对反应速率的作用。现在讨论一个典型的速率方程：

$$-r_A=-\frac{1}{V}\frac{dN_A}{dt}=kf(c)$$

它是反应速率常数，是浓度无关项，受温度影响，而浓度相关项 $f(c)$ 通常在不同温度下保持不变。

化学理论预测速率常数应该与温度有关，即

$$k\infty T^m e^{-E/RT}$$

然而，由于指数项比幂项对温度更敏感，我们可以合理地认为速率常数近似地变化为 $e^{-E/RT}$。

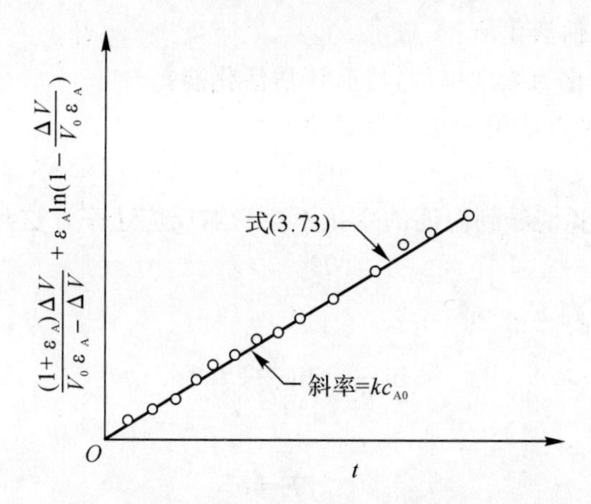

图 3.23　在恒压变容反应器中二级反应的测定曲线

因此，在找到反应速率的浓度相关性之后，我们可以通过阿伦尼乌斯型关系研究速率常数随温度的变化：

$$k=k_0\mathrm{e}^{-E/RT},\quad E=\left[\frac{\mathrm{J}}{\mathrm{mol}}\right] \tag{3.74}$$

如图 3.24 所示，通过绘制 ln$k$ 与 $1/T$ 的关系曲线可以方便地确定。如果在两个不同的温度寻找出速率常数，我们可以参照第 2 章内容：

$$\ln\frac{k_2}{k_1}=\frac{E}{R}\left[\frac{1}{T_1}-\frac{1}{T_2}\right]\text{或 }E=\frac{RT_1T_2}{T_2-T_1}\ln\frac{k_2}{k_1} \tag{3.75}$$

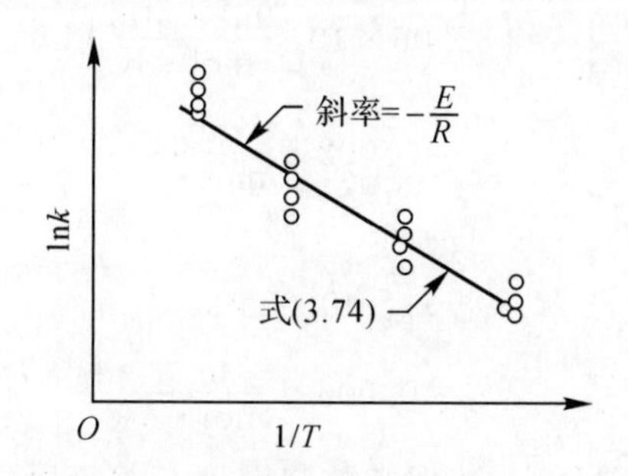

图 3.24　根据阿伦尼乌斯定律公式得出的反应的温度相关性

如第 2 章所述，E 随温度的变化还会反映反应过程控制机制的变化。这可能又伴随着浓度相关性的变化，所以还应该分别讨论这种可能性。

压力组分测量。在处理气体时，工程师和化学家通常会根据分压和总压来测量组分，然后根据压力表达它们的速率方程，但不会意识到这会导致出现问题。原因在于使用这些单位时计算的活化能不正确。我们来举例说明。

[例 3.4] E 的正确值和错误值

在间歇式反应器中使用压力装置对 A 进行特定分解的实验研究表明，在两种不同温度下显示出完全相同的速率：温度为 400 K 时，$-r_A=2.3p_A^2$，温度为 500 K 时，$-r_A=2.3p_A^2$，其中，$-r_A=\left[\frac{\mathrm{mol}}{\mathrm{m^3\cdot s}}\right]$；$p_A=[\mathrm{atm}]$。

(1)使用这些单位评估活化能;

(2)将速率表达式转化为浓度单位,然后评估活化能。

注:压力不会过大,可以使用理想气体定律。

解:

(1)使用压力单位。我们看到温度的变化不会影响反应速率。这意味着

$$E=0$$

或者,可以通过计算来找到 E。则有

$$\ln\frac{k_2}{k_1}=\ln\frac{2.3}{2.3}=0$$

用式(3.75)替换,得

$$E=0$$

(2)将 p_A 转换为 c_A,然后找到 E。先写出显示所有单位的速率方程:

$$-r_A,\frac{\text{mol}}{\text{m}^3\cdot\text{s}}=\left(2.3,\frac{\text{mol}}{\text{m}^3\cdot\text{s}\cdot\text{atm}^2}\right)(p_A^2,\text{atm}^2)$$

将 p_A 改为 c_A。从理想的气体定律:

$$p_A=\frac{n_A}{V}RT=c_ART$$

结合前面的两个方程,有

$$-r_A=2.3c_A^2R^2T^2$$

在 400 K 温度下,有

$$-r_{A1}=2.3\frac{\text{mol}}{\text{m}^3\cdot\text{s}\cdot\text{atm}^2}c_A^2\left(82.06\times10^{-6}\frac{\text{m}^3\cdot\text{atm}}{\text{mol}\cdot\text{K}}\right)^2\times(400\ \text{K})^2=0.002\,5c_A^2$$

$$k_1=0.002\,5\frac{\text{m}^3}{\text{mol}\cdot\text{s}}$$

在 500 K 温度下,有

$$-r_{A2}=0.003\,9c_A^2$$

$$k_2=0.003\,9\frac{\text{m}^3}{\text{mol}\cdot\text{s}}$$

在这里我们看到,在浓度单位中,速率常数与温度有关。以式(3.75)计算活化能,并替换数字可得

$$E=\frac{8.314\times400\times500}{500-400}\ln\frac{0.003\,9}{0.002\,5}$$

得

$$E=7\,394\frac{\text{L}}{\text{mol}}$$

这个例子表明,当用 p 或 c 来测量材料浓度时,E 值会有所不同。

最后说明如下:

(1)化学(碰撞理论或过渡态理论)已经开发了反应速率和活化能浓度方程。

(2)用于均相反应的 E 和($-r_A$)的文献列表通常基于浓度。对此的线索是速率常数的单位通常是 s^{-1}、L/(mol · s)等,而不会出现压力单位。

(3)首先在不同温度下进行反应,通过使用公式将所有 p 值改为 c 值是一个更好的方

法，即

$$p_A = c_A RT \quad (理想气体)$$

$$p_A = z c_A RT \quad (非理想气体，z 为压缩系数)$$

然后再着手解决问题。这样可以避免以后发生混淆，特别是如果反应是可逆的或者涉及液体、固体以及气体。

3.4　建立速率方程

在寻找适合一组实验数据的速率方程式和机理时，应回答以下两个问题：

(1)我们有正确的机理和相应反应类型的速率方程吗?

(2)一旦我们有正确的速率方程，方程中的速率常数是否具有最佳值?

假设我们有一组数据，我们希望找出曲线族(抛物线、三次方、双曲线、指数等)中的任何一个，它们分别代表不同的速率族，比其他数据更适合这些数据。当被比较的类型是一条直线时，会出现这类结论的一个例外。对于这种情况，我们可以简单、一致且相当可靠地判断直线是否合理地适合数据。因此，我们有一个基本上是否定的检验，一个允许我们在有足够证据反对时拒绝直线族的测定。

由于直线族的特殊特性，可以对本章中的所有速率方程进行数学化处理，使其线性化，从而可以对其进行测试和剔除。

通常使用3种方法来测定一组点的线性，具体如下：

1. 从单个数据点计算 k

利用速率方程，每个实验点速率常数可以通过积分或微分方法找到。如果 k 值的趋势不明显，则认为速率方程令人满意，并且 k 值被平均。

现在以这种方式计算的 k 值是连接各个点到原点的直线的斜率。因此，对于图上相同的散点图，对于靠近原点(线性转换困难的点)计算的 k 值会有很大差异，而对于远离原点的点计算得到的 k 值则几乎没有变化(见图3.25)。这个事实可能难以确定 k 是否为常数，如果是常数，那么它的最佳平均值是多少。

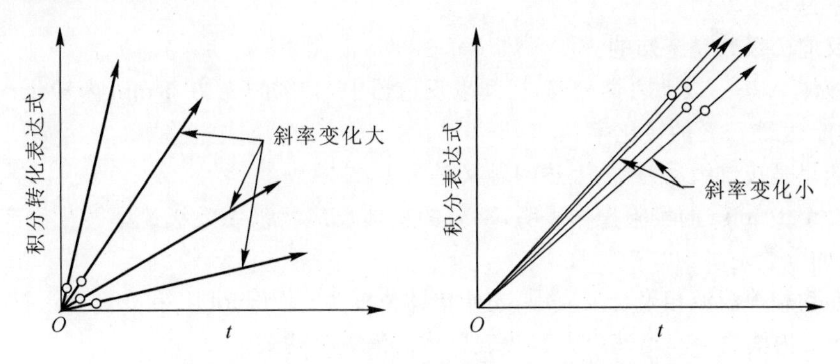

图3.25　实验点位置如何影响计算 k 值的散点图

2. 从成对数据点计算 k

可以从连续的实验点对中计算出 k 值。然而，对于大数据分散，或者对于靠近在一起的点来说，这个过程将给出不同的 k 值，很难确定 $k_{平均}$。事实上，通过这个过程找到在 x 轴上等间隔点的 $k_{平均}$ 等同于只考虑两个极端数据点，而忽略其间的所有数据点。这个事实很容易被证实。图 3.26 说明了此过程。

从各个方面来看，这都是一种误差较大的方法，不建议用于测定数据的线性或找出速率常数的平均值。

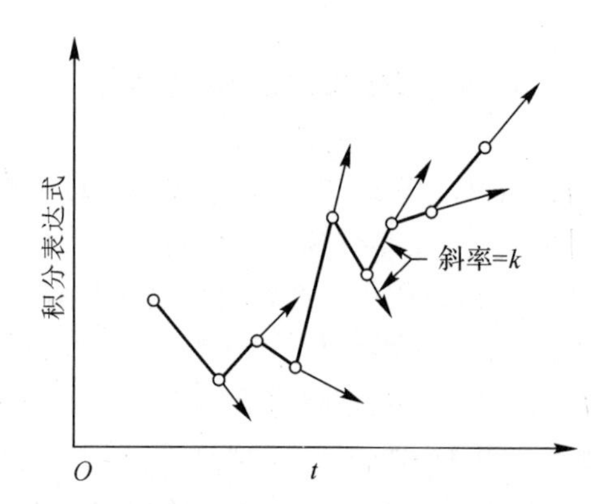

图 3.26　从连续的实验点计算出的 k 值可能会大幅波动

3. 拟合数据的图形化方法

实际上，前面的方法不需要绘制数据图来获得 k 值。用图形方法绘制数据，然后检查线性偏差。通常，通过在查看数据时进行良好的判断，可以直观地判断直线是否令人满意。如有疑问，我们应该收集更多数据验证。

图形化过程可能是评估速率方程与数据拟合的最安全、最稳定和最可靠的方法，应尽可能使用该方法。为此，我们在这里重点论述此方法。

习　　题

3.1　如果当 $c_A = 1$ mol/L 时，$-r_A = -(dc_A/dt) = 0.2$ mol/(L·s)，当 $c_A = 10$ mol/L 时，反应速率是多少？

注意：反应的级数是未知的。

3.2　液体 A 按一级动力学分解，在间歇反应器中，50%的 A 在 5 min 内转化。那么需要多长时间才能达到 75%的转化率？

3.3　如果是按二级动力学，上述问题又是多少？

3.4　一个 10 min 的实验操作表明，75%的液体反应物以 1/2 级速率转化为产物。在半小时内转换的分数是多少？

3.5　在均相等温液相聚合反应中，初始单体浓度为 0.04 mol/L 和 0.8 mol/L 时，20%的单体在 34 min 内消失。写出速率方程代表单体的消失表达式。

3.6　在间歇反应器中反应 8 min 后，反应物($c_{A0} = 1$ mol/L)的转化率为 80%；18 min 后，转化率为 90%。找到一个速率方程来表示这个反应。

3.7　Snake-Eyes Magoo 是一个习惯性做事的人。例如，他在周五晚上干的事都是一样的，他的周薪为 180 美元，稳定赌博时间为 2 h，然后在家中留下 45 美元。Snake 的投注模式是可预测的。他总是押注与他手头现金成比例的数额，他的损失也是可以预测的——这与他手头现金的比例成正比。本周，Snake 薪水上涨，所以他赌了 3 h，但像往常一样以 135 美元回家。他的加薪是多少？

3.8　使用等物质的量的氢和一氧化氮，从以下恒定体积数据中找出不可逆反应的总体级数：

$$2H_2 + 2NO \longrightarrow N_2 + 2H_2O$$

总压力/mmHg：	200，240，280，320，360
半衰期/s：	265，186，115，104，67

注：$mmHg \approx 1.01 \times 10^5$ Pa。

3.9　在间歇式反应器中的一级可逆液相反应，8 min 后，A 的转化率为 33.3%，平衡转化率为 66.7%。写出这个反应的速率方程。

$$A \rightleftharpoons R, c_{A0} = 0.5\ \text{mol/L}, c_{R0} = 0$$

3.10　在间歇式反应器中，水溶液 A 反应形成 R（$A \longrightarrow R$），第一分钟内其浓度从 $c_{A0} = 2.03$ mol/L 下降到 $c_{Af} = 1.97$ mol/L。如果动力学相对于 A 是二级，写出反应的速率方程。

3.11　根据化学计量 $A \longrightarrow R$，将浓度为 $c_{A0} = 1$ mol/L 的 A 水溶液，加入间歇式反应器中，在反应器中反应生成产物 R。在不同时间监测反应器中 A 的浓度，如下所示：

t/min	0	100	200	300	400
c_A/(mol · m^{-3})	1 000	500	333	250	200

对于 $c_{A0} = 500$ mol/m^3，计算在间歇式反应器中 5 h 后，反应物的转化率。

3.12　求出习题 3.11 的反应速率。

3.13　Betahundert Bashby 喜欢玩“游戏桌”放松一下。他不期望赢，也不会赢，所以他选择的游戏中损失只占赌注的一小部分。他没有间断地比赛，下注的大小与他的钱成正比。如果在“奔腾的多米诺骨牌”上，他要花 4 h 来损失一半的钱，而在“楚克运气”上，他要花 2 h 来损失一半的钱，如果他开始有 1 000 美元，当他剩下 10 美元以应付急需的小费和回家的车费时就离开，那么他能同时玩这两个游戏多长时间？

3.14　对于串联基元反应 $A \xrightarrow{k_1} R \xrightarrow{k_2} S, k_1 = k_2, t = 0$ 时，$c_A = c_{A0}, c_{R0} = c_{S0} = 0$。求出 R 的最大浓度以及达到该浓度时的最大浓度。

3.15　在室温下，蔗糖通过蔗糖酶的催化作用水解，如下：

$$\text{蔗糖} \xrightarrow{\text{蔗糖酶}} \text{产物}$$

初始的蔗糖浓度 $c_{A0} = 1.0$ mmol/L 和酶浓度 $c_{E0} = 0.01$ mmol/L，在间歇式反应器中获得以下动力学数据（由旋光度测量计算的浓度）：

c_A/(mmol · L^{-1})	0.84	0.68	0.53	0.38	0.27	0.16	0.09	0.04	0.018	0.006	0.002 5
t/h	1	2	3	4	5	6	7	8	9	10	11

确定这些数据是否可以通过 Michaelis-Menten 类型的动力学方程进行合理拟合，

$$-r_A \frac{k_3 c_A c_{E0}}{c_A + c_M}, c_M \text{ 为米氏常数。}$$

如果拟合合理，则计算常数 k_3 和 c_M。用积分法求解。

3.16　重复习题 3.15，这次用微分法求解。

3.17　放射性 Kr-89（半衰期=76 min）在安瓿瓶放置一天。这对安瓿的活性有什么影响？注意放射性衰变是一级反应过程。

3.18　酶 E 催化反应物 A 向产物 R 的转化如下：

$$A \xrightarrow{\text{酶}} R,\quad -r_A = \frac{200 c_A c_{ME_0}}{2 + X_A} \frac{\text{mol}}{\text{L} \cdot \text{min}}$$

如果我们将酶（c_{E0}=0.001 mol/L）和反应物（c_{A0}=10 mol/L）引入间歇式反应器并发生反应，计算将反应物浓度降至 0.025 mol/L 所需的时间。注意在反应过程中酶的浓度保持不变。

3.19　求出在间歇式反应器中 1 h 的转化率：

$$A \longrightarrow R, -r_A = 3c_A^{0.5} \frac{\text{mol}}{\text{L} \cdot \text{h}}, c_{A0} = 1\ \text{mol/L}$$

3.20　习题 3.20 表中为硫酸与硫酸二乙酯在 22.9℃水溶液中反应的数据：

$$H_2SO_4 + (C_2H_5)_2SO_4 \longrightarrow 2C_2H_5SO_4H$$

习题 3.20 表

t/min	$c_{C_2H_5SO_4H}$/(mol·L^{-1})	t/min	$c_{C_2H_5SO_4H}$/(mol·L^{-1})
0	0	180	4.11
41	1.18	194	4.31
48	1.38	212	4.45
55	1.63	267	4.86
75	2.24	318	5.15
96	2.75	368	5.32
127	3.31	379	5.35
146	3.76	410	5.42
162	3.81	∞	(5.80)

H_2SO_4 和 $(C_2H_5)_2SO_4$ 的初始浓度各为 5.5 mol/L。求出这个反应的速率方程。

3.21　装有灵敏压力测量装置的小型反应器被冲洗，然后用 1 atm 压力下的纯反应物 A 填充。操作在 25℃下进行，温度足够低，以致反应不会剧烈进行。通过将高压气体贮罐插入沸水中，然后将温度尽可能快地升高至 100℃，并获得习题 3.21 表中的读数。反应的化学计量是 2A ⟶B，并且在反应结束，将高压气体贮罐放在熔池中之后，分析产物中有没有 A。以 mol，L 和 min 为单位查找符合数据的速率方程。

习题 3.21 表

t/min	π/atm	t/min	π/atm
1	1.14	7	0.850
2	1.04	8	0.832
3	0.982	9	0.815
4	0.940	10	0.800
5	0.905	15	0.754
6	0.870	20	0.728

3.22　对于反应 $A \longrightarrow R$，二级动力学和 $c_{A0}=1.0$ mol/L，在间歇式反应器中 1 h 后得到 50%的转化率。如果 $c_{A0}=10$ mol/L，1 h 后 A 的转化率和浓度是多少？

3.23　对于分解反应 $A \longrightarrow R$，$c_{A0}=1.0$ mol/L，在间歇式反应器中反应 1 h 后转化率为 75%，2 h 后反应完全。找到代表这些动力学的速率方程。

3.24　在给定浓度的均相催化剂存在下，水性反应物 A 以下列速率转化成产物，而 c_A 单独确定该速率：

$c_A/(\text{mol}\cdot\text{L}^{-1})$	1	2	4	6	7	9	12
$-r_A/(\text{mol}\cdot\text{L}^{-1}\cdot\text{h}^{-1})$	0.06	0.1	0.25	1.0	2.0	1.0	0.5

我们计划在间歇式反应器中以与获得上述数据相同的催化剂浓度进行该反应。求出将 A 的浓度从 $c_{A0}=10$ mol/L 降低到 $c_{Af}=2$ mol/L 所需的时间。

3.25　以下数据是在恒定体积间歇式反应器中使用纯气态 A 在 0℃获得的：

t/min	0	2	4	6	8	10	12	14	∞
p/mmHg	760	600	475	390	320	275	240	215	150

分解的化学计量是 $A \longrightarrow 2.5R$。找出合适地表示这种分解的速率方程。

3.26　例 3.1 显示了如何使用 $F=80\%$的分数寿命方法找到速率方程。从这个例子中获取数据，并使用半衰期方法找出速率方程。作为一个建议，为什么不采取 $c_{A0}=10$ mol/L，6 mol/L 和 2 mol/L？

3.27　当储存浓尿素溶液时，它通过以下基元反应缓慢冷凝成缩二脲：

$$2NH_2-CO-NH_2 \longrightarrow NH_2-CO-NH-CO-NH_2+NH_3$$

为了研究冷凝速率，将尿素样品($c=20$ mol/L)在 100℃下储存 7 h 40 min 后，我们发现其中 1%变成缩二脲。找出这个缩合反应的速率方程。

3.28　物质 C 的存在似乎增加了 $A+B \longrightarrow AB$ 的反应速率。我们怀疑 C 与其中一种反应物结合形成中间体，然后进一步反应，具有催化作用。从习题 3.28 表中的速率数据，找出该反应的机理和速率方程。

习题 3.28 表

[A]	[B]	[C]	r_{AB}
1	3	0.02	9
3	1	0.02	5
4	4	0.04	32
2	2	0.01	6
2	4	0.03	20
1	2	0.05	12

3.29　在气体反应 $2A \longrightarrow R$ 中，如果保持压力不变，反应混合物的体积（以 80%A 开始）在 3 min 内下降 20%，求出气体反应中 A 消失的一级速率常数。

3.30　如果反应混合物的体积，从纯 A 开始在 4 min 内增加 50%，求出气体反应 $A \longrightarrow 1.6R$ 中 A 消失的一级速率常数。系统内的总压力保持恒定在 1.2 atm，温度为 25℃。

3.31　碘化氢的热分解由 M. Bodenstein 报道。如下：

$$2HI \longrightarrow H_2 + I_2$$

T/℃	508	427	393	356	283
$k/(cm^3 \cdot mol^{-1} \cdot s^{-1})$	0.105 9	0.003 10	0.000 588	80.9×10^{-6}	9.42×10^{-6}

找到这个反应的完整速率方程。使用单位 J，mol，cm^3 和 s。

第 4 章　反应器设计

上述我们已经讨论了称为速率方程的数学表达式，它描述了均相反应的进程。反应组分 i 的速率方程是一种强度变量，它说明组分 i 在给定环境中形成或消失的速率取决于那里的条件，或

$$r_i=\frac{1}{V}\left(\frac{\mathrm{d}N_i}{\mathrm{d}t}\right)=f(\text{体积 } V \text{ 变化的条件})$$

这是一个微分表达式。

在反应器设计中，我们想知道对于给定的工作，哪种反应器的尺寸和类型以及操作方法是最好的。因为这可能要求反应器中的条件随时间和位置而变化，所以这个问题只能通过适当的整理计算操作的速率方程来回答。然而，它的困难之处在于反应流体的温度和组成可能在反应器内从点到点空间发生变化，这取决于反应的吸热或放热特性，加热或从体系中除去热量的速率以及流体通过容器的流速。实际上，在预测反应器性能时，必须考虑许多因素。如何最好地处理这些因素是反应器设计的主要问题。

进行均相反应的设备可以是间歇式、稳态流动式和非稳态流动式或半间歇式反应器，最后一类包括所有不属于前两类的非理想反应器。这些类型如图 4.1 所示。

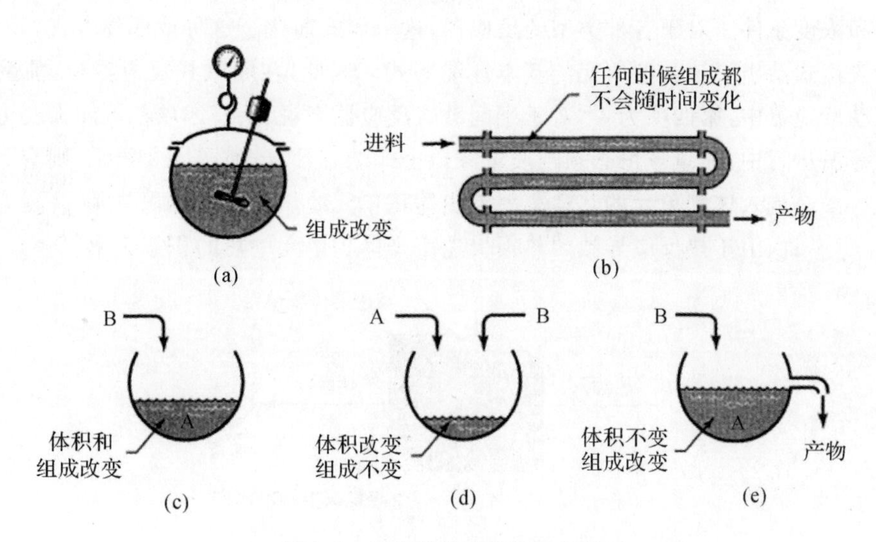

图 4.1　反应器类型的广泛分类

(a)间歇式反应器；(b)连续稳态流动式反应器；

(c)(d)(e)各种形式的半间歇式反应器

下述简要说明这些反应器类型的特点和主要应用领域。当然，这些论述将在后面章节中进一步深化。间歇反应器简单，需要很少的辅助设备，因此非常适合小规模的反应动力学实验研究，多用于工业上处理相对产量低的材料。连续稳态流动反应器适用于大产量材料的加工和反应速率相当高的工业产品用途，辅助配套设备要求很大，但是可以获得极好的产品质量稳定性控制，这是在石油工业中广泛使用的反应器。半间歇反应器是灵活的系统，但比其他类型反应器更难控制操作，分析计算更复杂，但是反应随着反应物的添加而进行，对反应速率的控制容易。这种反应器可以用于实验室的量热、滴定到用于钢铁生产的大型平炉等领域。

设计的出发点都是基于质量守恒定律，也就是任何反应物（或产品）的物料平衡。如图4.2所示，则有

流入体积单元的反应物速率＝流出体积单元的反应物速率＋体积单元内由于化学反应导致的反应物损失速率＋体积单元中反应物的积累速率　　(4.1)

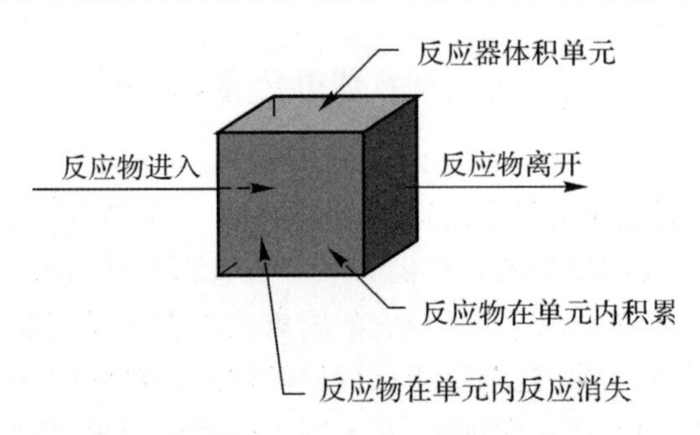

图 4.2　反应器体积单元的物料平衡

在反应器内的成分是均匀的（与位置无关）的情况下，可以对整个反应器进行计算。在组成不均匀的情况下，必须通过不同的体积单元进行制备，然后整合到整个反应器中，以获得合适的流动和浓度条件。对于各种类型的反应器，这个等式简化了这种或那种方式，并且当综合时得到的表达式给出了该类型单元的基本性能等式。因此，在间歇式反应器中，前两项为零；在稳态流动反应器中，第四项为零；对于半间歇式反应器来说，所有四项都可能需要考虑。

在非等温运行中，能量守恒必须与质量守恒公式结合计算，如图4.3所示，则有

流入体积单元的热速率＝流出体积单元的热速率＋体积单元内由于热反应导致的热损失速率＋体积单元中热的积累速率　　(4.2)

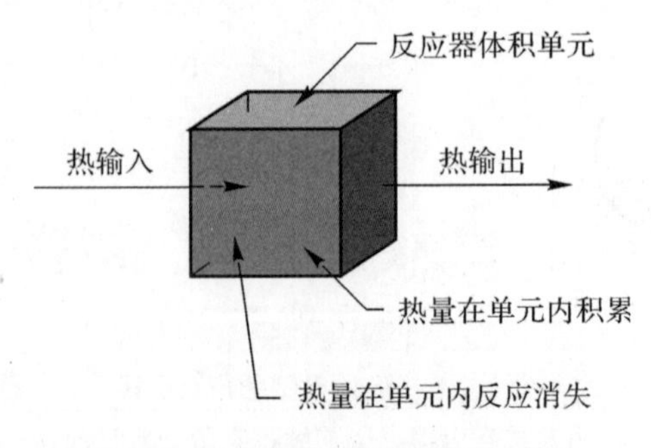

图 4.3　反应器体积单元的能量平衡

同样，根据情况，这个计算对象可以是关于反应器的不同单元或整个反应器系统。

式(4.1)的物料平衡和式(4.2)的能量平衡，通过它们的第三项联系在一起，因为热效应是由反应本身产生的。

由于式(4.1)和式(4.2)是所有设计计算的起点，后面章节中日益复杂的各种反应器是基于这一基础变化而来。

当我们可以预测反应系统对操作条件变化的响应(速率和平衡转换率如何随温度和压力变化)时，我们能够比较不同的可替换设计(绝热与等温操作、单个反应器单元和多个反应器单元、流动与间歇式系统)优劣，对比估算这些不同替代方案的经济性，只有这样，我们才能确定适合具体化工产品的优化设计。不幸的是，真实化工过程情况往往要复杂得多。

对于反应 $aA+bB \longrightarrow rR$，其中包含惰性气体，图 4.4 和 4.5 所示为通常用于说明间歇和流动反应器中发生的情况的符号。这些图表明反应程度有两种相关的度量，即浓度 c_A 和转化率 X_A，c_A 和 X_A 之间的关系往往取决于许多因素。这导致了以下 3 种特殊情况。

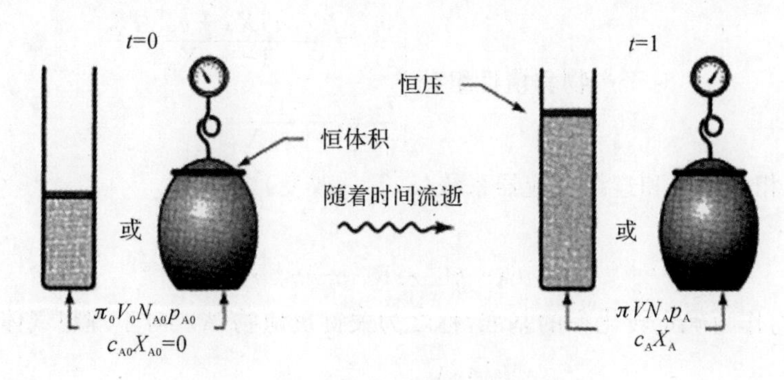

图 4.4　间歇反应器使用的符号

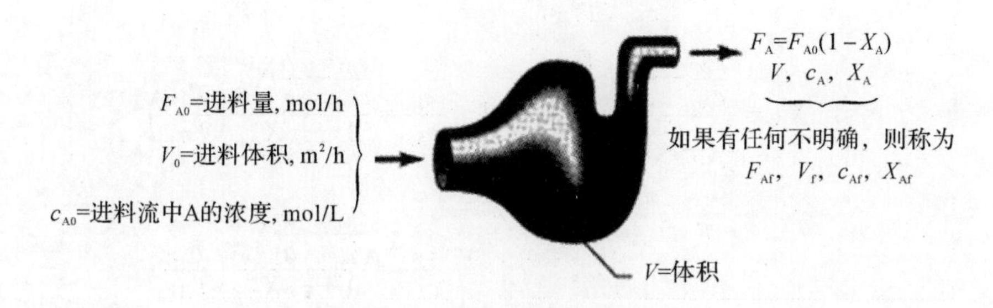

图 4.5　流动反应器使用的符号

(1)恒密度的间歇和流动反应器系统。这包括大部分液体反应以及在恒定温度和密度下进行的气体反应。这里 c_A 和 X_A 关系如下：

$$\left.\begin{aligned} X_A=1-\frac{c_A}{c_{A0}} \quad \text{且} \quad dX_A=-\frac{dc_A}{c_{A0}} \\ \frac{c_A}{c_{A0}}=1-X_A \quad \text{且} \quad dc_A=-c_{A0}\,dX_A \end{aligned}\right\}, \quad \varepsilon_A=\frac{V_{X_A=1}-V_{X_A=0}}{V_{X_A=0}}\text{时} \tag{4.3}$$

将 B 和 R 中的变化与 A 相关联：

$$\frac{c_{A0}-c_A}{a}=\frac{c_{B0}-c_B}{b}=\frac{c_R-c_{R0}}{r} \quad 或 \quad \frac{c_{A0}X_A}{a}=\frac{c_{B0}X_B}{b} \tag{4.4}$$

(2)密度变化但 T 和 π 不变的气相间歇和流动反应器系统。这里由于反应过程中物质的量的变化，密度会发生变化。另外，我们要求流体单元的体积随转化率线性变化，或者 $V=V_0(1+\varepsilon_A X_A)$，则有

$$\left.\begin{aligned} X_A=\frac{c_{A0}-c_A}{c_{A0}+\varepsilon_A c_A} \quad 且 \quad \mathrm{d}X_A=-\frac{c_{A0}(1+\varepsilon A)}{(c_{A0}+\varepsilon_A c_A)^2}\mathrm{d}c_A \\ \frac{c_A}{c_{A0}}=\frac{1-X_A}{1+\varepsilon_A X_A} \quad 且 \quad \frac{\mathrm{d}c_A}{c_{A0}}=-\frac{1+\varepsilon_A}{(1+\varepsilon_A X_A)^2}\mathrm{d}X_A \end{aligned}\right\}, \quad \varepsilon_A=\frac{V_{X_A=1}-V_{X_A=0}}{V_{X_A=1}}\neq 0 时 \tag{4.5}$$

以下是我们所拥有的其他组分的变化：

$$反应物之间\begin{cases} \varepsilon_A X_A=\varepsilon_B X_B \\ \dfrac{a\varepsilon_A}{c_{A0}}=\dfrac{b\varepsilon_B}{c_{B0}} \end{cases}$$

$$对于产物和惰性组分\begin{cases} \dfrac{c_R}{c_{A0}}=\dfrac{(r/a)X_A+c_{R0}/c_{A0}}{1+\varepsilon_A X_A} \\ \dfrac{c_I}{c_{I0}}=\dfrac{1}{1+\varepsilon_A X_A} \end{cases} \tag{4.6}$$

(3)一般气相的间歇和连续反应器系统(ρ,T,π 改变)。

根据反应

$$aA+bB\rightarrow rR,\ a+b\neq r$$

选择一种反应物作为确定转化率的基准，称之为关键反应物 A。对于理想气体的行为：

$$X_A=\frac{1-\dfrac{c_A}{c_{A0}}\left(\dfrac{T\pi_0}{T_0\pi}\right)}{1+\varepsilon_A\dfrac{c_A}{c_{A0}}\left(\dfrac{T\pi_0}{T_0\pi}\right)} \quad 或 \quad \frac{c_A}{c_{A0}}=\frac{1-X_A}{1+\varepsilon_A X_A}\left(\frac{T_0\pi}{T\pi_0}\right)$$

$$X_A=\frac{\dfrac{c_{B0}}{c_{A0}}-\dfrac{c_A}{c_{A0}}\left(\dfrac{T\pi_0}{T_0\pi}\right)}{\dfrac{b}{a}+\varepsilon_A\dfrac{c_B}{c_{A0}}\left(\dfrac{T\pi_0}{T_0\pi}\right)} \quad 或 \quad \frac{c_B}{c_{A0}}=\frac{\dfrac{c_{B0}}{c_{A0}}-\dfrac{b}{a}X_A}{1+\varepsilon_A X_A}\left(\frac{T_0\pi}{T\pi_0}\right)$$

$$\frac{c_R}{c_{A0}}=\frac{\dfrac{c_{R0}}{c_{A0}}+\dfrac{r}{a}X_A}{1+\varepsilon_A X_A}\left(\frac{T_0\pi}{T\pi_0}\right)$$

对于高压非理想气体，用$\left(\dfrac{z_0T_0\pi}{zT\pi}\right)$替代$\left(\dfrac{T_0\pi}{T\pi}\right)$，其中 z 是压缩因子。要改变为另一个关键反应物 B，即

$$\frac{a\varepsilon_A}{c_{A0}}=\frac{b\varepsilon_B}{c_{B0}} \quad 且 \quad \frac{c_{A0}X_A}{a}=\frac{c_{B0}X_B}{b}$$

对于没有压力和密度变化的液体或等温气体：

$$\varepsilon_A\longrightarrow 0 \quad 且 \quad \left(\frac{T_0\pi}{T\pi_0}\right)\longrightarrow 1$$

并且表达式会大大简化。

［**例 4.1**］化学计量平衡例题

考虑进料 $c_{A0}=100\ \text{mol/L}$，$c_{B0}=200\ \text{mol/L}$，$c_{i0}=100\ \text{mol/L}$，假设是流体稳定流动的反应器。等温气相反应为

$$A+3B\longrightarrow 6R$$

如果在反应器出口 $c_A=40\ \text{mol/L}$，那么 c_B，X_A 和 X_B 是多少？

解：

先画出已知的参数(见例 4.1 图)。

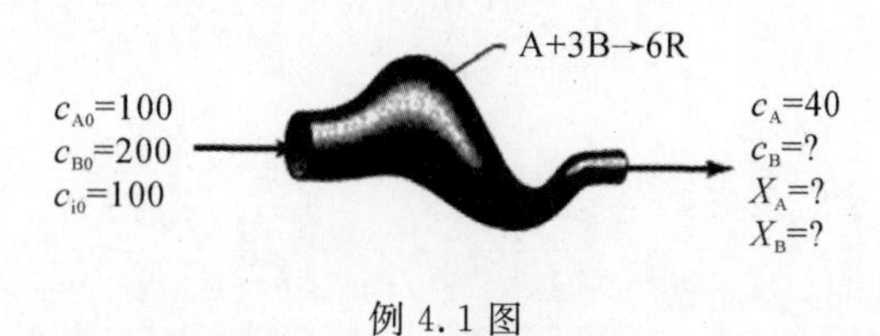

例 4.1 图

接下来认识到这个问题涉及特殊情况 2。因此，评估 ε_A 和 ε_B。需要 400 L 体积的气体：

$$\left.\begin{array}{l} X_A=0\ \text{时},V=100A+200B+100i=400 \\ X_A=1\ \text{时},V=0A-100B+600R+100i=600 \end{array}\right\},\varepsilon_A=\frac{600-400}{400}=\frac{1}{2}$$

然后由文中的方程式可得

$$\varepsilon_B=\frac{\varepsilon_A c_{B0}}{bc_{A0}}=\frac{1/2\times 200}{3\times 100}=\frac{1}{3}$$

$$X_A=\frac{c_{A0}-c_A}{c_{A0}+\varepsilon_A c_A}=\frac{100-40}{100+1/2\times 40}=\frac{60}{120}=0.5$$

$$X_B=\frac{bc_{A0}X_A}{c_{B0}}=\frac{3\times 100\times 0.5}{200}=0.75$$

$$c_B=c_{B0}\left(\frac{1-X_B}{1+\varepsilon_B X_B}\right)=\frac{200\times 1-0.75}{1+1/3\times 0.75}=40$$

习　　题

以下 4 个问题考虑了在稳态和恒定压力下运行的恒温单相流反应器。

4.1　给定气体进料，$c_{A0}=100\ \text{mol/L}$，$c_{B0}=200\ \text{mol/L}$，$A+B\longrightarrow R+S$，$X_A=0.8$。求 X_B，c_A，c_B。

4.2　给定稀释的进料水溶液，$c_{A0}=c_{B0}=100\ \text{mol/L}$，$A+2B\longrightarrow R+S$，$c_A=20\ \text{mol/L}$。求 X_A，X_B，c_B。

4.3　给定气体进料，$c_{A0}=200\ \text{mol/L}$，$c_{B0}=100\ \text{mol/L}$，$A+B\longrightarrow R$，$c_A=50\ \text{mol/L}$。求 X_A，X_B，c_B。

4.4　给定气体进料，$c_{A0}=c_{B0}=100\ \text{mol/L}$，$A+2B\longrightarrow R$，$c_B=20\ \text{mol/L}$。求 X_A，X_B，c_A。

在以下两个问题中，连续的液体流在温度 T_0、压力 π_0 下进入容器以这种条件反应，并且在 T 和 π 处离开。

4.5　给定气体进料，$T_0=400\ \text{K}$，$\pi_0=4\ \text{atm}$，$c_{A0}=100\ \text{mol/L}$，$c_{B0}=200\ \text{mol/L}$，$A+B\longrightarrow 2R$，$T=300\ \text{K}$，$\pi=3\ \text{atm}$，$c_A=20\ \text{mol/L}$。求 X_A，X_B，c_B。

4.6　给定气体进料，$T_0=1\ 000\ \text{K}$，$\pi_0=5\ \text{atm}$，$c_{A0}=100\ \text{mol/L}$，$c_{B0}=200\ \text{mol/L}$，$A+B$

$\longrightarrow 5R$，$T=400$ K，$\pi=4$ atm，$c_A=20$ mol/L。求 X_A，X_B，c_B。

4.7　我们正在建造一个 1 L 的爆米花机，使其能够稳定运行。在这个单元中的第一次测试表明，1 L/min 的原料玉米进料流产生 28 L/min 的混合出口物流。独立测试表明，当未加工的玉米花弹出时，其体积从 1 变为 31。有了这些数据，就可以确定原料玉米在该单元中爆出的转化率。

第5章　单一反应的理想反应器

在本章中，开发了图5.1所示的3种理想反应器中单一流体反应的性能方程，称之为均相反应。下述4章将考虑这些方程在各种等温和非等温运行中的应用和扩展。

在图5.1(a)的间歇式反应器中，反应物首先装入容器中，充分混合，并使其反应一段时间。然后排出所得混合物。这是一个非稳态操作，其组成随时间而变化；然而，在任何时刻整个反应器中的组成都是均匀的。

两种理想稳态流动反应器中的第一种被称为活塞流、理想管式和非返混合流反应器，我们称它为活塞流反应器或PFR，如图5.1(b)所示。它的特点是通过反应器的流体流动是有序的，没有任何流体微元会超前或与前面或后面的任何其他元素混合。实际上，活塞流反应器中可能存在流体的横向混合。但是，沿着流路轴向不会发生混合或扩散。活塞流的充要条件是反应器中的所有同一截面流体元的停留时间相同。

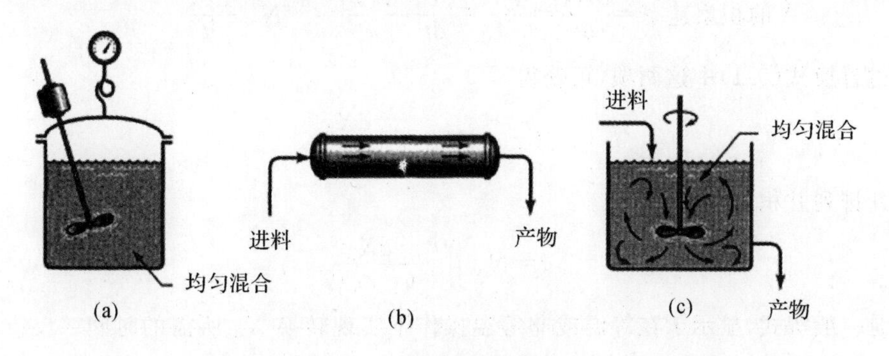

图5.1　3种理想反应器

(a)间歇式反应器BR；(b)活塞流反应器PFR；(c)全混合流反应器MFR

另一个理想的稳态流动反应器称为混合反应器、反混反应器、理想搅拌釜反应器，CSTR或CFSTR(恒流搅拌釜式反应器)，如5.1(c)所示。顾名思义，其各个过程中充分搅拌均匀。因此，来自该反应器的排出流具有与反应器内的流体相同的组成。我们将这种类型的流动称为混合流，并将相应的反应器称为全混合流反应器或MFR。

这3种理想反应器相对容易处理。此外，无论采用何种操作，通常都采用一种或多种其他方式与反应物进行接触。出于这些原因，我们经常试图设计真正的反应器，以使它们的流动接近这些理想值，本书中的大部分内容都围绕着它们展开。

在接下来的处理过程中，称为反应器体积的术语 V 实际上是指反应器中流体的体积。当这与反应器的内部体积不同时，则 V_r 表示反应器的内部体积，而 V 表示反应流体的体积。例如，在具有空隙率 ε 的固体催化反应器中，有 $V=\varepsilon V_r$。

然而，对于均相系统，我们通常只用术语 V。

5.1 理想间歇式反应器

为任何组分 A 做出物料平衡。对于这种计算，我们通常选择限制组分。在间歇式反应器中，由于组成在任何时刻均匀一致，因此我们可以对整个反应器进行核算。注意到在反应过程中没有流体进入或离开反应混合物，式(4.1)写入组分 A，变为

=0　　=0

输入 = 输出 + 消耗 + 累积

$$+\begin{pmatrix}\text{化学反应导致反}\\\text{应器中反应物 A}\\\text{的损失速率}\end{pmatrix}=-\begin{pmatrix}\text{反应器中反应物}\\\text{A 的积累速率}\end{pmatrix} \tag{5.1}$$

评估式(5.1)，我们发现：

$$\text{反应中 A 的消耗速率}=(-r_A)V=\left[\frac{\text{A 反应的物质的量}}{(\text{时间})(\text{液体体积})}\right](\text{液体体积})$$

$$\text{A 的积累速率}=\frac{dN_A}{dt}=\frac{d[N_{A0}(1-X_A)]}{dt}=-N_{A0}\frac{dX_A}{dt}$$

通过替换式(5.1)中这两项，可获得

$$(-r_A)V=N_{A0}\frac{dX_A}{dt} \tag{5.2}$$

重新排列并积分得

$$t=N_{A0}\int_0^{X_A}\frac{dX_A}{(-r_A)V} \tag{5.3}$$

这是一般等式，显示了在等温或非等温操作下实现转换 X_A 所需的时间。反应流体的体积和反应速率保持在积分符号之下，因为通常它们随着反应的进行而变化。

这个等式可以在很多情况下简化。如果流体的密度保持不变，可得

$$t=c_{A0}\int_0^{X_A}\frac{dX_A}{-r_A}=-\int_{c_{A0}}^{c_A}\frac{dc_A}{-r_A}\quad ,\varepsilon_A=0 \tag{5.4}$$

对于反应混合物的体积随转化率成比例变化的所有反应，例如在具有显著密度变化的单一气相反应中，式(5.3)变为

$$t=N_{A0}\int_0^{X_A}\frac{dX_A}{(-r_A)V_0(1+\varepsilon_A X_A)}=c_{A0}\int_0^{X_A}\frac{dX_A}{(-r_A)(1+\varepsilon_A X_A)} \tag{5.5}$$

在第 3 章中已经遇到式(5.2)～式(5.5)，它们适用于等温和非等温操作。对于后者，必须知道速率随温度的变化以及温度随转化率的变化。图 5.2 所示为其中两个方程的图形表示。

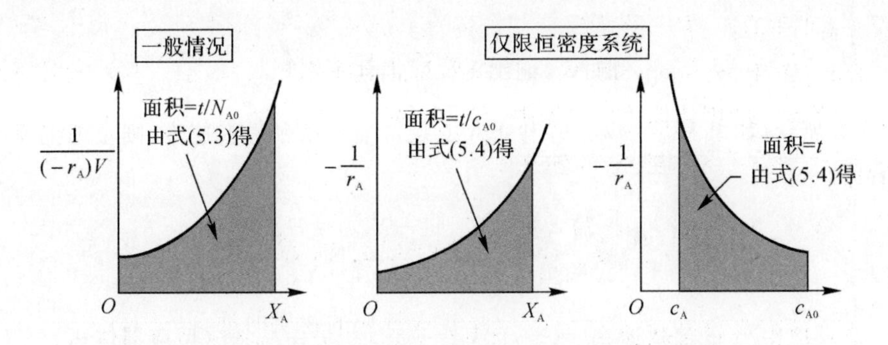

图 5.2　等温或非等温下间歇反应器性能方程的图示

空时和空速：就像反应时间 t 是间歇式反应器的自然性能测量一样，空时和空速也是流动式反应器的适当性能测量。这些术语定义如下：

空时：(在指定条件下测得的处理一台反应器体积的进料所需的时间)

$$\tau=\frac{1}{s}=[t] \tag{5.6}$$

空速：(在指定条件下可在单位时间内处理的进料反应器体积数量)

$$s=\frac{1}{\tau}=[t^{-1}] \tag{5.7}$$

因此，5 h^{-1} 的空速表示每小时将特定条件下的五个反应器体积的进料加入反应器中。2 min 的空时意味着特定条件下每 2 min 在反应器中处理一个反应器体积的进料。

现在我们可以随意选择温度、压力和状态(气体、液体或固体)，在该温度、压力和状态下，可以选择测量送入反应器的物料的体积。那么，空速或空时的价值取决于所选的条件。如果它们是进入反应器的流体，则 s 和 τ 与其他相关变量之间的关系为

$$\tau=\frac{1}{s}=\frac{c_{A0}V}{F_{A0}}=\frac{\left(\frac{\text{加入 A 的物质的量}}{\text{进料体积}}\right)(\text{反应器体积})}{\left(\frac{\text{加入 A 的物质的量}}{\text{时间}}\right)}=\frac{V}{v_0}=\frac{\text{反应器体积}}{\text{体积进料速率}} \tag{5.8}$$

在某些标准状态下测量体积进料速率可能会更方便，特别是当反应器要在多个温度下运行时。例如，如果物料在高温下进料到反应器时是气态的，但是在标准状态下是液态的，则必须注意精确指定已选择的状态。实际进料条件和标准条件的空速和空时之间的关系为

$$\tau'=\frac{1}{s'}=\frac{c'_{A0}V}{F_{A0}}=\tau\frac{c'_{A0}}{c_{A0}}=\frac{1}{s}\frac{c'_{A0}}{c_{A0}} \tag{5.9}$$

在接下来的大部分内容中，我们将根据实际进入条件下的进料来处理空速和空时。

5.2　稳态全混合流反应器

全混合流反应器的性能方程由式(4.1)获得，它在系统体积的一个单元内计算给定的组分。但由于整个组成是均匀的，因此可以对整个反应器进行核算。通过选择反应物 A 来考虑，式(4.1)变为

$$\text{输入} = \text{输出} + \text{反应消耗} + \text{累积}\ (=0) \tag{5.10}$$

如图 5.3 所示，如果 $F_{A0}=v_0c_{A0}$ 是组分 A 对反应器的摩尔进料速率，则考虑把反应器作为整体，则有

$$\text{A 输入量} = F_{A0}(1-X_{A0}) = F_{A0}$$

$$\text{A 输出量} = F_A = F_{A0}(1-X_A)$$

$$\text{反应中 A 的消耗速率} = (-r_A)V = \frac{\text{A 反应的物质的量}}{(\text{时间})(\text{液体体积})}(\text{反应器体积})$$

将这 3 个术语引入式(5.10)，可得

$$F_{A0}X_A = (-r_A)V$$

重排后变成

$$\frac{V}{F_{A0}} = \frac{\tau}{c_{A0}} = \frac{\Delta X_A}{-r_A} = \frac{X_A}{-r_A} \quad (\text{对于任意 } \varepsilon_A) \tag{5.11}$$

$$\tau = \frac{1}{s} = \frac{V}{v_0} = \frac{Vc_{A0}}{F_{A0}} = \frac{c_{A0}X_A}{-r_A}$$

式中 X_A 和 r_A 是在出口流条件下测量的，这与反应器内的条件相同。

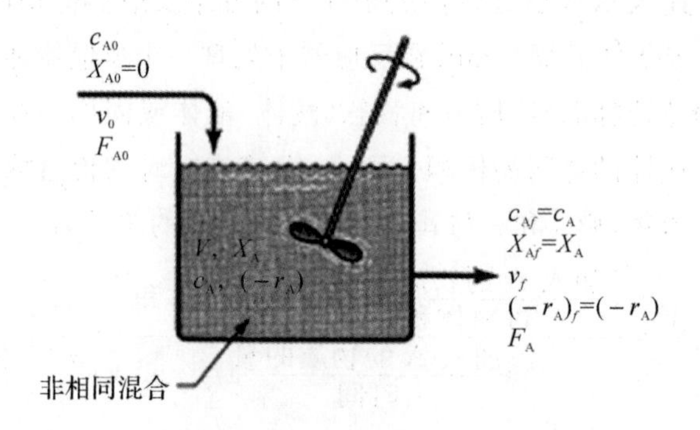

图 5.3　混合反应器的符号

更一般地，如果基于转化的进料下标 0 进入反应器部分转化成下标 i，并且在下标 f 给出的条件下离开，则有

$$\frac{V}{F_{A0}} = \frac{\Delta X_A}{(-r_A)_f} = \frac{X_{Af}-X_{Ai}}{(-r_A)_f} \tag{5.12}$$

$$\tau = \frac{Vc_{A0}}{F_{A0}} = \frac{c_{A0}(X_{Af}-X_{Ai})}{(-r_A)_f}$$

对于恒定密度系统 $X_A=1-c_A/c_{A0}$ 的特殊情况，这种情况下混合反应器的性能方程也可以用浓度表示：

$$\left.\begin{aligned}\frac{V}{F_{A0}}&=\frac{X_A}{-r_A}=\frac{c_{A0}-c_A}{c_{A0}(-r_A)}\\ \text{或}\quad \tau&=\frac{V}{v}=\frac{c_{A0}X_A}{-r_A}=\frac{c_{A0}-c_A}{-r_A}\end{aligned}\right\}\quad (\varepsilon_A=0) \tag{5.13}$$

这些表述以简单的方式将 X_A，$-r_A$，V，F_{A0} 等 4 个术语联系起来，因此，知道任何 3 个可以直接找到第四个。然后，在设计中，直接找到给定负荷所需的反应器的尺寸或给定尺寸的反应器中的转化程度。在动力学研究中，每次在没有整合的情况下稳态运行会给出反应器内各种条件的反应速率。由全混合流反应器中解读数据的容易性，使其在动力学研究中非常有吸引力，特别是对于混乱的反应（例如多个反应和固体催化反应）。

图 5.4 是这些混合流动性能方程的图形表示。对于任何特定的动力学形式，方程可以直接写出来。

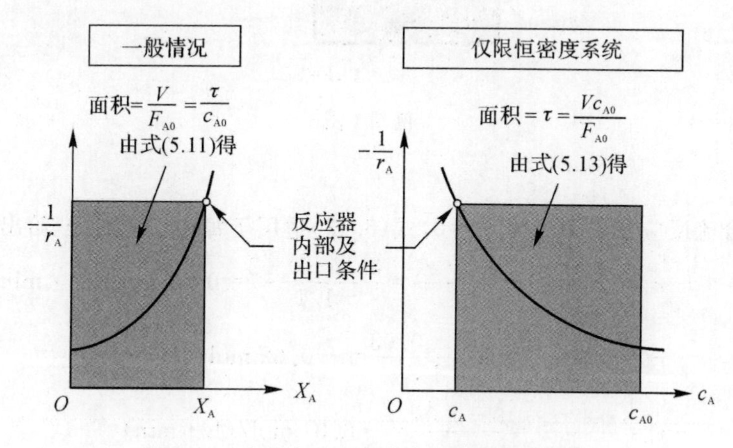

图 5.4　全混流反应器设计方程的图形表示

对于恒密度系统 $c_A/c_{A0}=1-X_A$，可得一级反应的性能表达式为

$$k\tau=\frac{X_A}{1-X_A}=\frac{c_{A0}-c_A}{c_A},\varepsilon_A=0 \tag{5.14a}$$

另一方面，为了线性扩展：

$$\left.\begin{aligned}V&=V_0(1+\varepsilon_A X_A)\\ \text{且}\quad \frac{c_A}{c_{A0}}&=\frac{1-X_A}{1+\varepsilon_A X_A}\end{aligned}\right\}$$

对于一级反应式的性能表达方程式(5.11)变为

$$k\tau=\frac{X_A(1+\varepsilon_A X_A)}{1-X_A}\quad (\text{对于任何 }\varepsilon_A) \tag{5.14b}$$

对于二级反应 A ⟶ 产物，$-r_A=kc_A^2$，$\varepsilon_A=0$，性能表达式(5.11)变为

$$k\tau=\frac{c_{A0}-c_A}{c_A^2}$$

$$c_A=\frac{-1+\sqrt{1+4k\tau c_{A0}}}{2k\tau} \tag{5.15}$$

类似的表达式可以写成任何其他形式的速率方程。这些表达式可以用浓度或转化率来表示。对于密度变化的系统，使用转换更简单，而任何一种形式都可用于恒定密度系统。

[**例 5.1**] 在全混合流反应器中的反应速率

每分钟一升含有 A 和 B($c_{A0}=0.10$ mol/L,$c_{B0}=0.01$ mol/L)的液体流入体积 $V=1$ L 的混合反应器中。材料以化学计量未知的复杂方式反应。如例 5.1 图所示,来自反应器的出口物流含有 A、B 和 C($c_{Af}=0.02$ mol/L,$c_{Bf}=0.03$ mol/L,$c_{Cf}=0.04$ mol/L)。求出反应器内条件下 A、B 和 C 的反应速率。

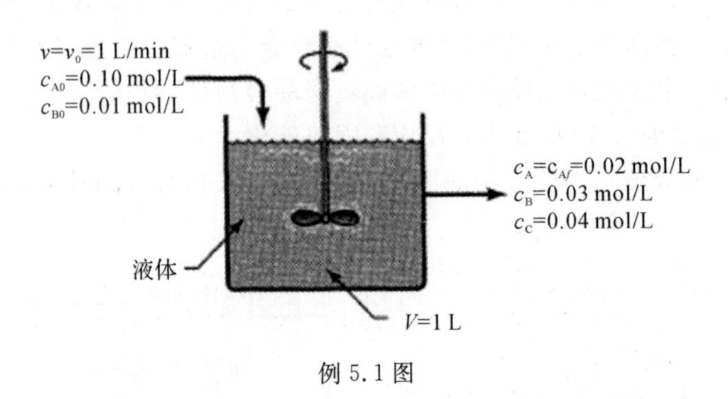

例 5.1 图

解:

对于全混合流反应器中的液体 $\varepsilon_A=0$,式(5.13)适用于每种反应组分,给出消失率:

$$-r_A=\frac{c_{A0}-c_A}{\tau}=\frac{c_{A0}-c_A}{V/v}=\frac{0.10-0.02}{1/1}=0.08\ \text{mol/(L}\cdot\text{min)}$$

$$-r_B=\frac{c_{B0}-c_B}{\tau}=\frac{0.01-0.03}{1}=-0.02\ \text{mol/(L}\cdot\text{min)}$$

$$-r_c=\frac{c_{C0}-c_C}{\tau}=\frac{0-0.04}{1}=-0.04\ \text{mol/(L}\cdot\text{min)}$$

可得,A 正在消失,而 B 和 C 正在形成。

[**例 5.2**] 全混合流反应器的动力学

将纯气态反应物 A($c_{A0}=100$ mmol/L)以稳定的速率加入混合流反应器($V=0.1$ L),在其中二元加成聚化($2A\longrightarrow R$)。对于不同的气体进料速率,获得以下数据,见例 5.2 表 1。

例 5.2　表 1

序号	1	2	3	4
$v_0/(\text{L}\cdot\text{h}^{-1})$	10.0	3.0	1.2	0.5
$c_{Af}/(\text{mmol}\cdot\text{L}^{-1})$	85.7	66.7	50	33.4

求这个反应的速率方程。

解 :

对于这个化学方程式 $2A\longrightarrow R$,扩展系数为

$$\varepsilon_A=\frac{1-2}{2}=-\frac{1}{2}$$

而且浓度与转化率的对应关系为

$$\frac{c_A}{c_{A0}}=\frac{1-X_A}{1+\varepsilon_A X_A}=\frac{1-X_A}{1-\frac{1}{2}X_A}$$

或

$$X_A=\frac{1-c_A/c_{A0}}{1+\varepsilon_A c_A/c_{A0}}=\frac{1-c_A/c_{A0}}{1-c_A/2c_{A0}}$$

然后计算每次运行的转化率，并列入例 5.2 表 2 第 4 列。

例 5.2 表 2

序　号	已知		计　算			
	v_0	c_A	X_A	$(-r_A)=\frac{v_0 c_{A0} X_A}{V}$	$\lg c_A$	$\lg(-r_A)$
1	10.0	85.7	0.25	$\frac{10\times100\times0.25}{0.1}=2\ 500$	1.933	3.398
2	3.0	66.7	0.50	800	1.933	3.398
3	1.2	50	0.667	800	1.699	2.903
4	0.5	33.3	0.80	400	1.522	2.602

参考性能式(5.11)，每次运行的反应速率为

$$(-r_A)=\frac{v_0 c_{A0} X_A}{V},\quad \left[\frac{\text{mmol}}{\text{L}\cdot\text{h}}\right]$$

这些值列于例 5.2 表 2 第 5 列。

与其分别测定一级（绘图 r_A 与 c_A）、二级（绘图 r_A 与 c_A^2）等，不如直接测定 n 级动力学。为此取 $-r_A=kc_A^n$ 的对数，得

$$\lg(-r_A)=\lg k+n\lg c_A$$

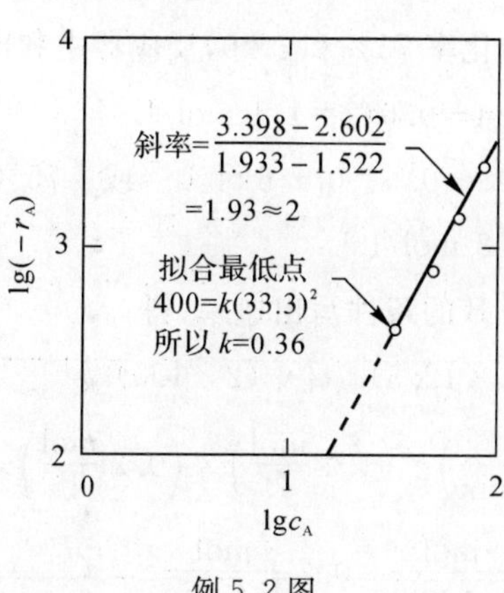

例 5.2 图

对于 n 级动力学，这些数据应该在 $\lg(-r_A)$ 对 $\lg c_A$ 图上给出一条直线。从例 5.2 表 2 的第 6 和第 7 列开始，如例 5.2 图所示，4 个数据点由斜率为 2 的直线合理表示，因此这种二聚化的速率方程为

$$-r_A=\left(0.36\ \frac{\text{L}}{\text{h}\cdot\text{mmol}}\right)c_A^2,\quad \left[\frac{\text{mmol}}{\text{L}\cdot\text{h}}\right]$$

注释：如果我们忽略分析中的密度变化（或者将 $\varepsilon_A=0$ 并且使用 $c_A/c_{A0}=1-X_A$），我们最终会得到一个不正确的速率方程（反应级数 $n=1.6$），这在设计中使用时会导致错误的性能

预测。

[例 5.3] 全混合流反应器性能

具有速率方程的基本液相反应将在 6 L 稳态混合流反应器中进行。两种进料流(一种含 A 2.8 mol/L,另一种含 B 1.6 mol/L)应以相同的体积流量加入反应器中,需要 75%的限制组分转化(见例 5.3 图)。每个流的流量应该是多少?假设整个过程中密度恒定:

$$A+2B \underset{k_2}{\overset{k_1}{\rightleftharpoons}} R$$

$$-r_A=-\frac{1}{2}r_B=[12.5\ L^2/(mol^2\cdot min)]c_A c_B^2-(1.5\ min^{-1})c_R,\quad \left[\frac{mol}{L\cdot min}\right]$$

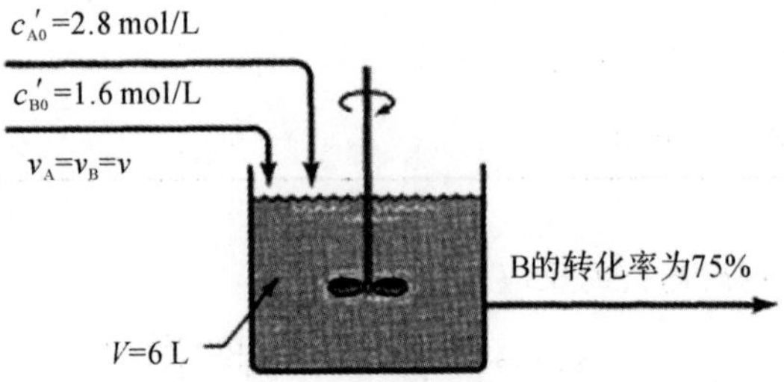

例 5.3 图

解:

混合进料流中组分的浓度为 $c_{A0}=1.4$ mol/L,$c_{B0}=0.8$ mol/L,$c_{R0}=0$。这些数字表明 B 是限制性组分,因此对于 B 的转化率 75%和 $\varepsilon=0$,反应器中和出料流中的组成为

$$c_A=1.4-0.6/2=1.1\ mol/L$$

$$c_B=0.8-0.6=0.2\ mol/L \quad 或 \quad 75\%的转化率$$

$$c_R=0.3\ mol/L$$

在反应器内的条件下,按照 B 的条件写出速率,得

$$\begin{aligned}-r_B&=2(-r_A)=(2\times 12.5)c_A c_B^2-(2\times 1.5)c_R\\&=\left(25\ \frac{L^2}{mol^2\cdot min}\right)\times\left(1.1\ \frac{mol}{L}\right)\times\left(0.2\ \frac{mol}{L}\right)-(3min^{-1})\times\left(0.3\ \frac{mol}{L}\right)\\&=(1.1-0.9)\frac{mol}{L\cdot min}=0.2\ \frac{mol}{L\cdot min}\end{aligned}$$

对于无密度变化,式(5.13)的性能方程给出:

$$\tau=\frac{V}{v}=\frac{c_{B0}-c_B}{-r_B}$$

进出反应器的体积流量如下:

$$\begin{aligned}v&=\frac{V(-r_B)}{c_{B0}-c_B}\\&=\frac{(6\ L)\times[0.2\ mol/(L\cdot min)]}{(0.8-0.6)mol/L}=6\ L/min\end{aligned}$$

故每个进料的速率均为 3 L/min。

5.3　稳态活塞流反应器

在活塞流反应器中，流体的组成沿着流动路径从点到点变化；因此，反应组分的物质平衡必须针对体积 dV 的微分单元进行。因此对于反应物 A 而言，式(4.1)变为

$$\text{输入}=\text{输出}+\text{反应消耗}+\overset{=0}{\cancel{\text{累积}}}$$

参阅图 5.5，我们看到体积 dV：

$$\text{A 输入量}/g=F_A$$

$$\text{A 输出量}/g=F_A+dF_A$$

$$\text{反应中 A 的消失速率}=(-r_A)dV$$

$$=\left[\frac{\text{反应中 A 的物质的量}}{(\text{时间})(\text{液体体积})}\right](\text{单元体积})$$

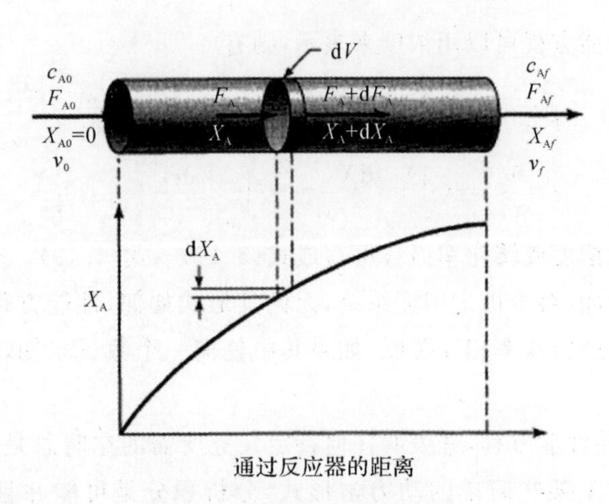

图 5.5　活塞流反应器的符号

在式(5.10)中引入这 3 个量，可得

$$F_A=(F_A+dF_A)+(-r_A)dV$$

注意到：

$$dF_A=d[F_{A0}(1-X_A)]=-F_{A0}dX_A$$

替换可得

$$F_{A0}dX_A=(-r_A)dV \tag{5.16}$$

对于整个反应器来说，必须对表达式进行积分。现在，进料速率 F_{A0} 是恒定的，但 r_A 取决于材料的浓度或转化率。根据相应的变量，则有

$$\int_0^v \frac{dV}{F_{A0}}=\int_0^{X_{Af}} \frac{dX_A}{-r_A}$$

故得

$$\left.\begin{aligned}\frac{V}{F_{A0}}&=\frac{\tau}{c_{A0}}=\int_0^{X_{Af}}\frac{dX_A}{-r_A}\\ \tau&=\frac{V}{v_0}=\frac{Vc_{A0}}{F_{A0}}=c_{A0}\int_0^{X_{Af}}\frac{dX_A}{-r_A}\end{aligned}\right.\quad (\text{对于任意 }\varepsilon_A)\qquad(5.17)$$

或

式(5.17)可以确定给定进料速率和所需转化率的反应器尺寸。比较式(5.11)和式(5.17)不同之处在于活塞流 r_A 变化，而在全混流 r_A 是恒定的。

作为活塞流反应器的更一般的表述，如果进行转化的进料下标 0 进入反应器部分转化成下标 i，并在由下标 f 指定的转化下离开，则有

$$\left.\begin{aligned}\frac{V}{F_{A0}}&=\int_{X_{Ai}}^{X_{Af}}\frac{dX_A}{-r_A}\\ \tau&=c_{A0}\int_{X_{Ai}}^{X_{Af}}\frac{dX_A}{-r_A}\end{aligned}\right\}\qquad(5.18)$$

对于恒定密度系统的特殊情况：

$$X_A=1-\frac{c_A}{c_{A0}}\text{且 }dX_A=1-\frac{dc_A}{c_{A0}}$$

在这种情况下，性能方程可以用浓度来表示，则有

$$\left.\begin{aligned}\frac{V}{F_{A0}}&=\frac{\tau}{c_{A0}}=\int_0^{X_{Af}}\frac{dX_A}{-r_A}=-\frac{1}{c_{A0}}\int_{c_{A0}}^{c_{Af}}\frac{dc_A}{-r_A}\\ \tau&=\frac{V}{v_0}=c_{A0}\int_0^{X_{Af}}\frac{dX_A}{-r_A}=-\int_{c_{A0}}^{c_{Af}}\frac{dc_A}{-r_A}\end{aligned}\right\}\quad(\varepsilon_A=0)\qquad(5.19)$$

这些性能方程，就浓度或转化率而言可写成式(5.17)～式(5.19)。对于密度变化的系统，使用转换更为方便，然而，对于恒定密度系统，无论其形式如何，性能方程都会将反应速率、反应程度、反应器体积和进料速率相互关联，如果其中任何一个数量未知，可以从其他三个数据中找到。

图 5.6 显示了这些性能方程，并表明任何特定任务所需的空时总是可以通过数字或图形积分来找到。然而，对于某些简单的动力学形式，分析积分是可能并且方便的。为此，在式(5.17)中插入 r_A 的动力学表达式并进行积分。一些活塞流的简单积分形式如下：

(1)零级均相反应，任何常数 ε_A，有

$$k\tau=\frac{kc_{A0}V}{F_{A0}}=c_{A0}X_A\qquad(5.20)$$

(2)一级不可逆反应，A ⟶产物，任何常数 ε_A，有

$$k\tau=-(1+\varepsilon_A)\ln(1-X_A)-\varepsilon_A X_A\qquad(5.21)$$

(3)一级可逆反应，$A \rightleftharpoons rR$，$c_{R0}/c_{A0}=M$，动力学近似或用 $-r_A=k_1c_A-k_2c_R$ 拟合，观测平衡转化率 X_{Ae}，常数 ε_A，有

$$k_1\tau=\frac{M+rX_{Ae}}{M+r}\left[-(1+\varepsilon_A X_{Ae})\ln\left(1-\frac{X_A}{X_{Ae}}\right)-\varepsilon_A X_A\right]\qquad(5.22)$$

(4)二级不可逆反应，具有等摩尔进料的 A+B ⟶产物或 2A ⟶产物，常数 ε_A，有

$$c_{A0}k\tau=2\varepsilon_A(1+\varepsilon_A)\ln(1-X_A)+\varepsilon_A^2X_A+(\varepsilon_A+1)^2\frac{X_A}{1-X_A}\qquad(5.23)$$

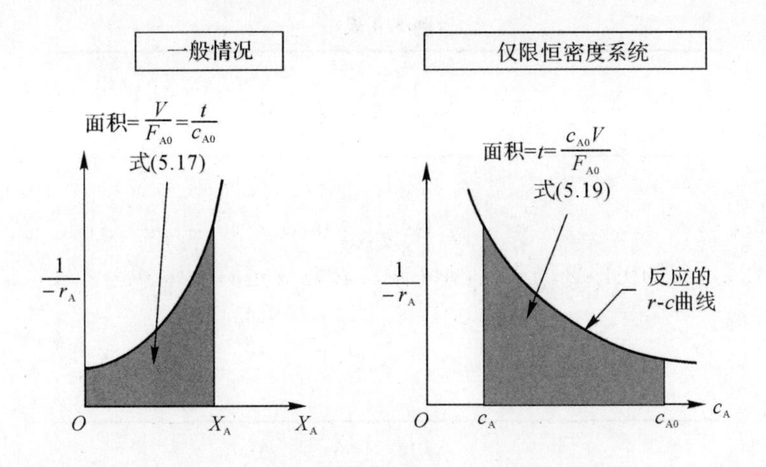

图 5.6　活塞流反应器性能方程的图形表示

在密度恒定的情况下，令 $\varepsilon_A=0$ 得到简化的性能方程。

通过比较第 3 章的间歇式处理表达式和这些活塞流表达式，可以发现：

(1)对于密度恒定的系统(恒定体积间歇式和恒定密度活塞流)，性能方程式是相同的，活塞式的 τ 等于间歇式反应器的 t，并且这些方程可以互换使用。

(2)对于密度变化的系统，间歇式和活塞流方程之间没有直接的对应关系，必须针对每种特定情况使用正确的方程。在这种情况下，性能等式不能互换使用。

以下示例显示如何使用这些表达式。

[例 5.4] 活塞流反应器性能

均相气体反应 A ⟶3R 在 215℃下有方程：

$$-r_A=10^{-2}c_A^{1/2},\quad [\text{mol}/(\text{L}\cdot\text{s})]$$

在 215℃和 5 atm 下将 50%A－50%惰性组分进料活塞流反应器，求出转化 80%($c_{A0}=0.0625$ mol/L)时所需的时间，见例 5.4 图 1。

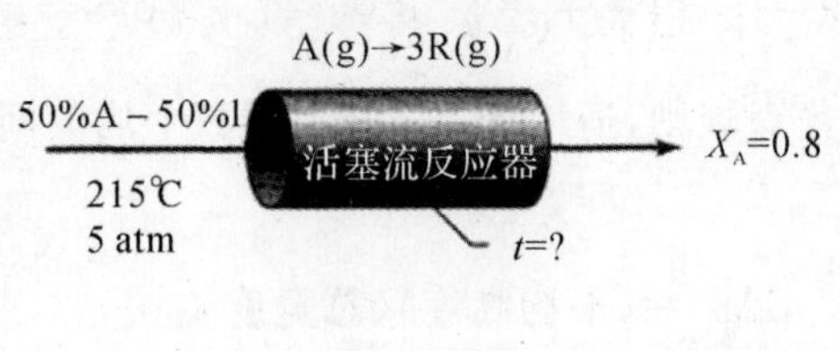

例 5.4 图 1

解：

对于这种化学计量和 50%的惰性气体，两种进料气体量将产生四体积的完全转化的产物气体；从而 $\varepsilon_A=(4-2)/2=1$，在这种情况下，活塞流动性能式(5.17)变成

$$\tau=c_{A0}\int_0^{X_{Af}}\frac{dX_A}{-r_A}=c_{A0}\int_0^{X_{Af}}\frac{dX_A}{kc_{A0}^{1/2}\left(\frac{1-X_A}{1+\varepsilon_AX_A}\right)^{1/2}}=\frac{c_{A0}^{1/2}}{k}\int_0^{0.8}\left(\frac{1+X_A}{1-X_A}\right)^{1/2}dX_A \tag{i}$$

积分可以用图形积分、数值积分或积分三种方法中的任何一种进行评估。下面介绍这些方法。

例 5.4 表

X_A	$\frac{1+X_A}{1-X_A}$	$\left(\frac{1-X_A}{1-X_A}\right)^{1/2}$
0	1	1
0.2	$\frac{1.2}{0.8}=1.5$	1.227
0.4	2.3	1.528
0.6	4	2
0.8	9	3

(1)图形积分。首先评估要积分到选定值的函数(见例 5.4 表)并绘制该函数(见例 5.4 图 2)。

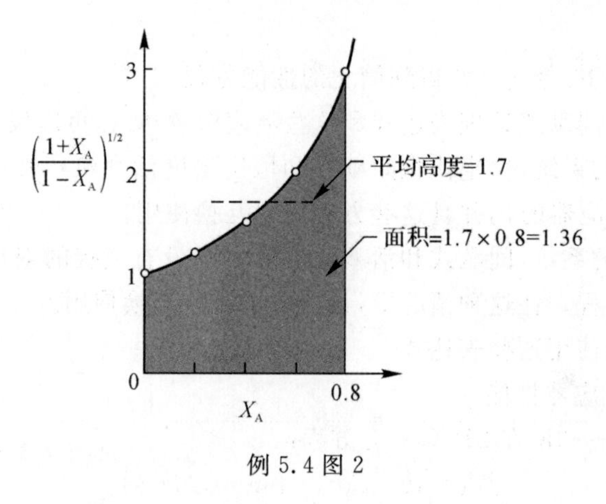

例 5.4 图 2

可得

$$面积=\int_0^{0.8}\left(\frac{1+X_A}{1-X_A}\right)^{1/2}dX_A=1.7\times0.8=1.36$$

(2)数值积分。使用辛普森规则,适用于 X_A 轴上偶数个均匀间隔的间隔,我们发现例 5.4 表中的数据:

$$\int_0^{0.8}\left(\frac{1+X_A}{1-X_A}\right)^{1/2}dX_A=(平均高度)(总宽度)$$

$$=\frac{1\times1+4\times1.227+2\times1.528+4\times2+1\times3}{12}\times0.8$$

$$=1.331$$

(3)分析积分。由积分表:

$$\int_0^{0.8}\left(\frac{1+X_A}{1-X_A}\right)^{1/2}dX_A=\int_0^{0.8}\frac{1+X_A}{\sqrt{1-X_A^2}}=dX_A$$

$$=\left(\arcsin X_A-\sqrt{1-X_A^2}\right)\Big|_0^{0.8}=1.328$$

推荐的积分方法取决于具体情况。在这个问题上,可能数值积分是最快、最简单的,并对

于大多数情况来说结果很好。因此，通过积分评估，式(i)成为

$$\tau=\frac{(0.0625\ \text{mol/L})^{1/2}}{10^{-2}\text{mol}^{1/2}/(\text{L}\cdot\text{s})}\times 1.33=33.2\ \text{s}$$

[例 5.5] 活塞流反应器体积

磷化氢的均相气体分解为

$$4PH_3(g)\longrightarrow P_4(g)+6H_2(g)$$

在 649℃下一级速率为

$$-r_{PH_3}=(10\ \text{h}^{-1})c_{PH_3}$$

在 649℃和 460 kPa 下运行的多少尺寸的活塞流反应器可以对由 40 mol 纯磷组成的进料进行每小时 80%的转化？见例 5.5 图。

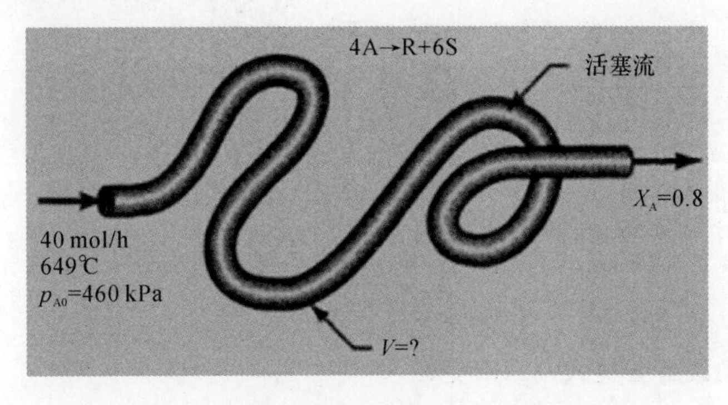

例 5.5 图

解：

让 $A=PH_3$，$R=P_4$，$S=H_2$。然后反应变为

$$4A\longrightarrow R+6S$$

且

$$-r_A=(10\ \text{h}^{-1})c_A$$

活塞流的体积由式(5.21)给出：

$$V=\frac{F_{A0}}{kc_{A0}}\left[(1+\varepsilon_A)\ln\frac{1}{1-X_A}-\varepsilon_A X_A\right]$$

评估此表达式中的各个术语，可得

$$F_{A0}=40\ \text{mol/h}$$

$$k=10\ \text{h}^{-1}$$

$$c_{A0}=\frac{p_{A0}}{RT}=\frac{460\ 000\ \text{Pa}}{8.314\times\text{Pa}\cdot\text{m}^3\times/(\text{mol}\cdot\text{K})\times 922\ \text{K}}=60\ \text{mol/m}^3$$

$$\varepsilon_A=\frac{7-4}{4}=0.75$$

$$X_A=0.8$$

因此反应器体积为

$$V=\frac{40\ \text{mol/h}}{10\ \text{h}^{-1}\times 60\ \text{mol/m}^3}\times\left[(1+0.25)\times\ln\frac{1}{0.2}-0.75\times 0.8\right]=0.148\ \text{m}^3$$

$$=148\ \text{L}$$

[**例 5.6**] 活塞流反应器的动力学方程测试

如果 A、B 和 R 之间的气体反应是一个基本的可逆反应：

$$A+B \underset{k_2}{\overset{k_1}{\rightleftharpoons}} R$$

我们计划在等温活塞流反应器中进行实验来测定：

(1)寻找等温下动力学方程，包含 A、B、R 和惰性物质。

(2)说明如何测定 A 和 B 等物质的量进料的方程。

解：

(1)A、B、R 和惰性气体。这个基本反应的速率为

$$-r_A=k_1 c_A c_B-k_2 c_R=k_1 \frac{N_A}{V}\frac{N_B}{V}-k_2 \frac{N_R}{V}$$

在恒定压力下，基于物质 A 的扩展和转换，有

$$-r_A=k_1 \frac{N_{A0}-N_{A0}X_A}{V_0(1+\varepsilon_A X_A)}\frac{N_{B0}-N_{A0}X_A}{V_0(1+\varepsilon_A X_A)}-k_2 \frac{N_{R0}+N_{A0}X_A}{V_0(1+\varepsilon_A X_A)}$$

可让 $M=c_{B0}/c_{A0}$，$M'=c_{R0}/c_{A0}$，得

$$-r_A=k_1 c_{A0}^2 \frac{(1-X_A)(M-X_A)}{(1+\varepsilon_A X_A)^2}-k_2 c_{A0}\frac{M'+X_A}{1+\varepsilon_A X_A}$$

因此，活塞流的设计方程式(5.17)变成

$$\tau=c_{A0}\int_0^{X_{Af}} \frac{dX_A}{-r_A}=\int_0^{X_{Af}} \frac{(1+\varepsilon_A X_A)^2 dX_A}{k_1 c_{A0}(1-X_A)(M-X_A)-k_2(M'+X_A)(1+\varepsilon_A X_A)}$$

在这个表达式中，ε_A 解释了原料的化学计量式和惰性物质。

(2)A 和 B 的等物质的量进料。对于 $c_{A0}=c_{B0}$，$c_{R0}=0$ 且没有惰性物质，我们具有 $M=1$，$M'=0$，$\varepsilon_A=-0.5$；因此(1)中的表达式减少到

$$\tau=\int_0^{X_{Af}} \frac{(1-0.5X_A)^2 dX_A}{k_1 c_{A0}(1-X_A)^2-k_2 X_A(1-0.5X_A)}=\int_0^{X_{Af}} f(X_A)dX_A \qquad (\text{i})$$

对一系列实验的 V，v_0 和 X_A 数据，分别进行评估式(i)的左边和右边。对于右侧，对不同的 X_A 评估 $f(X_A)$，然后以图形方式积分给出 $\int f(X_A)dX_A$，然后制作例 5.6 图。如果数据落在合理的直线上，那么假设的动力学方案可以说是令人满意的，因为它符合数据。

1. 流动反应器的保持时间和空时

我们应该清楚地意识到这两个时间量度 $\bar{t}$ 和 τ 之间的区别，定义如下：

空时 τ：(处理一个反应器进料体积所需的时间)

$$\tau=\frac{V}{v_0}=\frac{c_{A0}V}{F_{A0}}, \quad [h] \qquad (5.6)或(5.8)$$

保持时间 $\bar{t}$：(流动物料在反应器中的平均停留时间)

$$\tau=c_{A0}\int_0^{X_A} \frac{dX_A}{(-r_A)(1+\varepsilon_A X_A)}, \quad [h] \qquad (5.24)$$

对于恒定密度系统(所有液体和恒密度气体)，有

$$\tau=\bar{t}=\frac{V}{v}$$

对于密度变化系统 $\bar{t}\neq\tau$ 且 $\bar{t}\neq V/v_0$，在这种情况下很难找到这些术语是如何相关的。

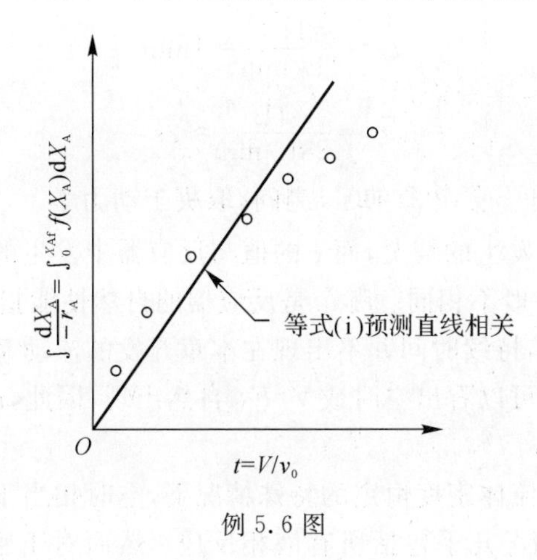

例 5.6 图

为了简单说明 $\bar{t}$ 和 τ 之间的区别，考虑习题 4.7 两种情况下的稳定流爆米花机，它每分钟进料 1 L 生玉米生产 28 L 爆米花产品。

考虑 3 种情况，称为 X，Y 和 Z，如图 5.7 所示。在第一种情况下(情况 X)，所有爆裂发生在反应器的后端。在第二种情况下(情况 Y)，所有爆裂发生在反应器的前端。在第三种情况下(情况 Z)，所有爆裂发生在入口和出口之间。

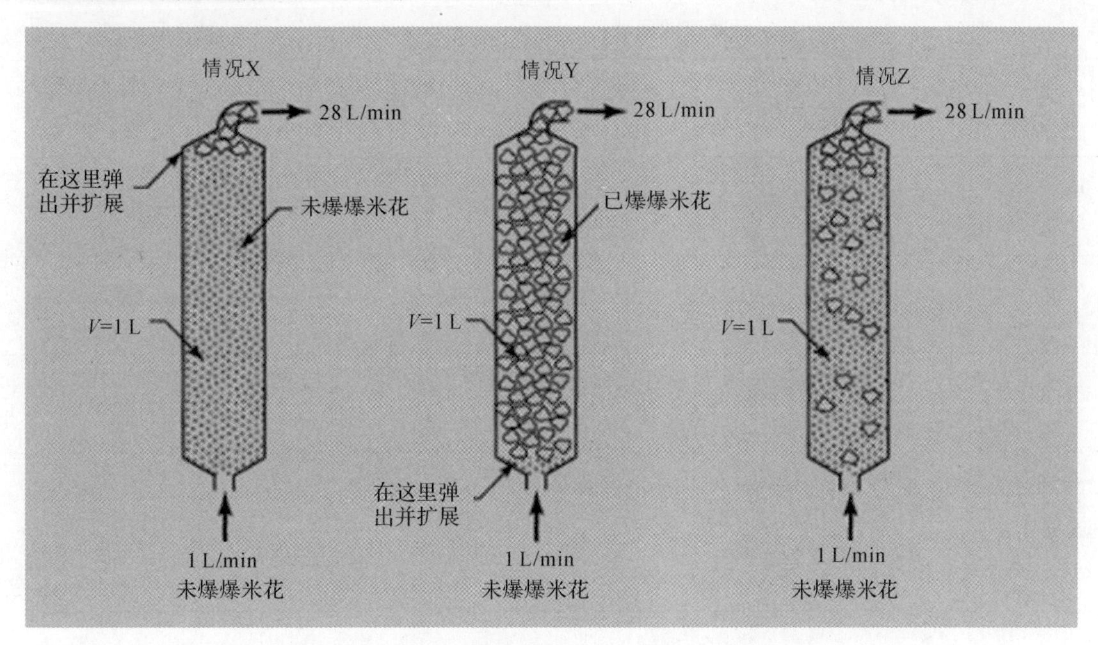

图 5.7　对于 τ 相同时，$\bar{t}$ 在这 3 种情况下的不同

在所有 3 种情况下无论爆裂发生在何处，有

$$\tau_X=\tau_Y=\tau_Z=\frac{V}{v_0}=\frac{1L}{1L/min}=1min$$

但我们看到在这3种情况下的停留时间是非常不同的，有

$$\bar{t}_X=\frac{1L}{1L/min}=1min$$

$$\bar{t}_Y=\frac{1L}{28L/min}\approx 2s$$

$\bar{t}_Z$ 在2～60 s之间，取决于动力学

$\bar{t}$ 的值取决于反应器中发生的情况，而 τ 的值与反应器中发生的情况无关。

这个例子表明 $\bar{t}$ 和 τ 一般不相同。哪个是反应器的自然性能指标？对于间歇式系统，第3章表明它是反应时间；然而，持续时间并不出现在本章开发的流动系统的性能方程式(5.13)～式(5.19)中的任何地方，而可以看出空时或 V/F_{A0} 自然出现，因此，τ 或 V/F_{A0} 是流动系统的适当性能指标。

上述简单例子表明，在流体密度恒定的特殊情况下，空时相当于持续时间，因此，这些术语可以互换使用。这种特殊情况几乎包括所有液相反应。然而对于密度变化的流体，例如非等温气体反应，或物质的量变化的气体反应，τ 和 $\bar{t}$ 应该有所区别，在每种情况下均应使用正确的量度。

2. 性能方程式

单个理想反应器的综合性能方程见表5.1和表5.2。

表5.1　n 级动力学和 $\varepsilon_0=0$ 的性能方程

	活塞流或间歇		混合流	
$n=0$ $-r_A=k$	$\frac{k\tau}{c_{A0}}=\frac{c_{A0}-c_A}{c_{A0}}=X_A$	(5.20)	$\frac{k\tau}{c_{A0}}=\frac{c_{A0}-c_A}{c_{A0}}=X_A$	
$n=1$ $-r_A=kc_A$	$k\tau=\ln\frac{c_{A0}}{c_A}=\ln\frac{1}{1-X_A}$	(3.12)	$k\tau=\frac{c_{A0}-c_A}{c_A}=\frac{X_A}{1-X_A}$	(5.14a)
$n=2$ $-r_A=kc_A^2$	$k\tau c_{A0}=\frac{c_{A0}-c_A}{c_A}=\frac{X_A}{1-X_A}$	(3.16)	$k\tau=\frac{c_{A0}-c_A}{c_A^2}=\frac{X_A}{c_{A0}(1-X_A)^2}$	(5.15)
任意 n $-r_A=kc_A^n$	$(n-1)c_{A0}^{n-1}k\tau=\left(\frac{c_A}{c_{A0}}\right)^{1-n}-1=(1-X_A)^{(1-n)}-1$	(3.29)	$k\tau=\frac{c_{A0}-c_A}{c_A^n}=\frac{X_A}{c_{A0}^{n-1}(1-X_A)^n}$	
$n=1$ $A\underset{2}{\overset{1}{\rightleftharpoons}}R$ $c_{R0}=0$	$k_1\tau=\left(1-\frac{c_{Ae}}{c_{A0}}\right)\ln\left(\frac{c_{A0}-c_{Ae}}{c_A-c_{Ae}}\right)=X_{Ae}\ln\left(\frac{X_{Ae}}{X_{Ae}-X_A}\right)$		$k_1\tau=\frac{(c_{A0}-c_A)(c_{A0}-c_{Ae})}{c_{A0}(c_A-c_{Ae})}=\frac{X_AX_{Ae}}{X_{Ae}-X_A}$	
总速率	$\tau=\int_{c_A}^{c_{A0}}\frac{dc_A}{-r_A}=c_{A0}\int_0^{X_{Ae}}\frac{dX_A}{-r_A}$	(5.19)	$\tau=\frac{c_{A0}-c_A}{-r_{Af}}=\frac{c_{A0}-X_A}{-r_{Af}}$	(5.13)

表 5.2　n 级动力学和 $\varepsilon_0 \neq 0$ 的性能方程

	活塞流	全混流
$n=0$ $-r_A=k$	$\frac{k\tau}{c_{A0}}=X_A$　(5.20)	$\frac{k\tau}{c_{A0}}=X_A$
$n=1$ $-r_A=kc_A$	$k\tau=(1+\varepsilon_A)\ln\frac{1}{1-X_A}-\varepsilon_A X_A$　(5.21)	$k\tau=\frac{X_A(1+\varepsilon_A X_A)}{1-X_A}$　(5.14b)
$n=2$ $-r_A=kc_A^2$	$k\tau c_{A0}=2\varepsilon_A(1+\varepsilon_A)\ln(1-X_A)+\varepsilon_A^2 X_A+(\varepsilon_A+1)^2\cdot\frac{X_A}{1-X_A}$　(5.23)	$k\tau c_{A0}=\frac{X_A(1+\varepsilon_A X_A)^2}{(1-X_A)^2}$　(5.15)
任意 n $-r_A=kc_A^n$		$k\tau c_{A0}^{n-1}=\frac{X_A(1+\varepsilon_A X_A)^n}{(1-X_A)^n}$
$n=1$ $A \underset{2}{\overset{1}{\rightleftharpoons}} rR$ $c_{R0}=0$	$\frac{k\tau}{X_{Ae}}=(1+\varepsilon_A X_{Ae})\ln\frac{X_{Ae}}{X_{Ae}-X_A}-\varepsilon_A X_A$　(5.22)	$\frac{k\tau}{X_{Ae}}=\frac{X_A(1+\varepsilon_A X_A)}{X_{Ae}-X_A}$
总表达式	$\tau=c_{A0}\int_0^{X_A}\frac{dX_A}{-r_A}$　(5.17)	$\tau=\frac{c_{A0}X_A}{-r_A}$　(5.11)

习　　题

5.1　考虑具有未知动力学的气相反应 $2A \longrightarrow R+2S$。如果在活塞流反应器中 A 的 90%转化需要 1 min^{-1}的空速，则求出相应的空时和流体在活塞流反应器中的平均停留时间或保持时间。

5.2　在等温间歇反应器中，70%的液体反应物在 13 min 内转化。在活塞流反应器和混合流反应器中实现这种转化需要的空时和空速为多少？

5.3　水性单体 A(1 mol/L，4 L/min)的物流进入 2 L 混合流动反应器，发生如下聚合：

$$A \xrightarrow{+A} R \xrightarrow{+A} S \xrightarrow{+A} T\cdots$$

在出口物流 $c_A=0.01$ mol/L，对于特定反应产物 W，$c_W=0.000\,2$ mol/L。求出 A 的反应速率和 W 的生成速率。

5.4　将现有的全混流反应器更换为双倍体积的反应器。对于相同的含水进料 A(10 mol/L)和相同的进料速率，求出新的转化率。反应动力学由下式表示，目前的转化率是 70%。

$$A \longrightarrow R,\ -r_A=kc_A^{1.5}$$

5.5　A 和 B 的含水进料(400 L/min，A 为 100 mmol/L，B 为 200 mmol/L)在活塞流反应器中转化成产物。反应的动力学由下式表示：

$$A+B \longrightarrow R,\quad -r_A=200c_Ac_B\ \frac{mol}{L\cdot min}$$

求出 99.9%的 A 转化为产物所需的反应器体积。

5.6　活塞流反应器（2 m^3）处理含有反应物 A（$c_{A0}=100$ mmol/L）的含水进料（100 L/min）。这个反应是可逆的，表示为

$$A \rightleftharpoons R,\quad -r_A=(0.04\ \text{min}^{-1})c_A-(0.01\text{min}^{-1})c_R$$

找到平衡转化率及反应器中 A 的实际转化率。

5.7　沸水核电反应器中的废气含有各种各样的放射性废物，其中最为棘手的是 Xe－133（半衰期＝5.2 d）。这种废气持续流过一个大型的储气罐，其平均停留时间为 30 d，在这里我们可以假设这些物质混合均匀。查找在罐中移除的活动分数。

5.8　混合流动反应器（2 m^3）处理含有反应物 A（$c_{A0}=100$ mmol/L）的含水进料（100 L/min）。该反应是可逆的并表示为

$$A \rightleftharpoons R, -r_A=0.04c_A-0.01c_R\ \frac{\text{mol}}{\text{L}\cdot\text{min}}$$

反应器中的平衡转化率和实际转化率是多少？

5.9　特定的酶在反应物 A 的发酵过程中起到催化剂的作用。在含水原料流（25 L/min）中给定的酶浓度下，求出反应物 A 转化率为 95%所需的活塞流反应器的体积（$c_{A0}=2$ mol/L）。该酶浓度下的发酵动力学由下式给出：

$$A \xrightarrow{\text{酶}} R, -r_A=\frac{0.1c_A}{1+0.5c_A}\frac{\text{mol}}{\text{L}\cdot\text{min}}$$

5.10　纯 A（2 mol/L，100 mol/min）的气态进料在活塞流反应器中分解以产生各种产物。转换的动力学表示为

$$A \longrightarrow 2.5(\text{产物}), -r_A=(10\text{min}^{-1})c_A$$

在 22 L 反应器中找到预期的转化率。

5.11　酶 E 催化底物 A（反应物）发酵成产物 R，找到反应物（2 mol/L）和酶的进料流（25 L/min）中反应物 95%转化率所需的混合流动反应器的尺寸。该酶浓度下的发酵动力学由下式给出：

$$A \xrightarrow{\text{酶}} R, -r_A=\frac{0.1c_A}{1+0.5c_A}\frac{\text{mol}}{\text{L}\cdot\text{min}}$$

5.12　在混合流动反应器中将 A 和 B 的含水进料（400 L/min，A 为 100 mmol/L，B 为 200 mmol/L）转化成产物。反应的动力学由下式表示：

$$A+B \longrightarrow R, -r_A=200c_Ac_B\frac{\text{mol}}{\text{L}\cdot\text{min}}$$

计算 99.9%A 转化为产物所需的反应器体积。

5.13　在 650℃下，磷化氢蒸气分解如下：

$$4PH_3 \longrightarrow P_4(g)+6H_2, -r_{PH_3}=(10h^{-1}c_{PH_3})$$

在 2/3 磷化氢－1/3 惰性进料中 10 mol/h 的磷化氢转化率达到 75%时，需要在 649°C 和 11.4 atm 下操作的活塞流反应器的尺寸是多少？

5.14　纯气态反应物 A（$c_{A0}=660$ mmol/L）的物流进入活塞流反应器以 $F_{A0}=540$ mmol/min的流速聚合如下：

$$3A \longrightarrow R, -r_A = 54 \quad \frac{mmol}{L \cdot min}$$

需要多大的反应器来降低出口流中 A 的浓度至 $c_{Af}=330$ mmol/L?

5.15　纯 A(1 mol/L)的气体进料进入混合流动反应器(2 L)并发生如下反应：

$$2A \longrightarrow R, -r_A = 0.05c_A^2 \quad \frac{mol}{L \cdot s}$$

找出进料速率(L/min)使出口浓度 $c_A=0.5$ mol/L。

5.16　气态反应物 A 分解如下：

$$A \longrightarrow 3R, -r_A = (0.6\text{min}^{-1})c_A$$

找到 A 在 50%A-50%惰性进料 1 m^3 混合流动反应器的转化率($v_0=180$ L/min, $c_{A0}=300$ mmol/L)

5.17　在 1.5 atm 和 93℃下，1 L/s 的 20%臭氧-80%空气混合物通过活塞流反应器。在这些条件下，臭氧通过均相反应分解

$$2O_3 \longrightarrow 3O_2, -r_{O_3} = kc_{O_3}^2, k = 0.05 \frac{L}{mol \cdot s}$$

50%臭氧分解需要多大的反应器？

5.18　含有 A(1 mol/L)的含水进料进入 2 L 活塞流反应器并反应($2A \longrightarrow R, -r_A = 0.05c_A^2$ mol/(L·s))。求出进料速率为 0.5 L/min 的 A 的出口浓度。

5.19　将大约 3 atm 和 30℃(120 mmol/L)的纯气态 A 以各种流速进料到 1 L 混合流反应器中。并对每种流速测得 A 的出口浓度。从以下数据中找到一个速率方程代表 A 分解的动力学。假定反应物 A 单独影响速率：

$v/(L \cdot min^{-1})$	0.06	0.48	1.5	8.1
$c_A/(mmol \cdot L^{-1})$	30	60	80	105

$A \longrightarrow 3R$

5.20　使用全混流反应器来确定化学计量为 $A \longrightarrow R$ 的反应动力学。将 100 mmol/L 的 A水溶液以各种流速加入到 1 L 反应器中，并且对于每次运行测量 A 的出口浓度。找到一个速率方程来表示以下数据。另外，假定仅反应物影响速率：

$v/(L \cdot min^{-1})$	1	6	24
$c_A/(mmol \cdot L^{-1})$	4	20	50

5.21　我们计划运行间歇反应器将 A 转化为 R。这是一种液体反应，化学计量为 $A \longrightarrow R$，反应速率在习题 5.21 表中给出。我们必须每次反应多少时间才能使浓度从 $c_{A0}=1.3$ mol/L变为 $c_{Af}=0.3$ mol/L?

习题 5.21 表

$c_A/(mol \cdot L^{-1})$	$-r_A/(mol \cdot L^{-1} \cdot min^{-1})$
0.1	0.1
0.2	0.3

续　表

$c_A/(mol\cdot L^{-1})$	$-r_A/(mol\cdot L^{-1}\cdot min^{-1})$
0.3	0.5
0.5	0.5
0.6	0.25
0.7	0.10
0.8	0.06
1.0	0.05
1.3	0.045
2.0	0.042

5.22　对于习题5.21的反应，在$c_{A0}=1.5$ mol/L时1 000 mol/h的A进料流中80%转化率需要多大的活塞流反应器？

5.23　(1)对于习题5.21的反应，在$c_{A0}=1.2$ mol/L时1 000 mol/h的A进料流中75%转化率需要多大的全混流反应器？

(2)重复步骤(1)，改进料速率加倍，因此在$c_{A0}=1.2$ mol/L时需要处理为A 2 000 mol/h。

(3)重复(1)部分，修改为$c_{A0}=2.4$ mol/L；而1 000 mol/h A仍然被处理至$c_{Af}=0.3$ mol/L。

5.24　将高相对分子质量烃类气体A连续地加入到加热的高温混合流动反应器中，在反应器中通过A ⟶5R近似的化学计量将其热裂解(均匀气体反应)成共同称为R的低相对分子质量材料。通过改变进料速率，不同程度的裂化得到如下：

$F_{A0}/(mmol\cdot h^{-1})$	300	1 000	3 000	5 000
$c_{A,out}/(mmol\cdot L^{-1})$	16	30	50	60

反应器的内部空隙体积为$V=0.1$ L，并且在反应器温度下，进料浓度为$c_{A0}=100$ mmol/L。找到代表裂化反应的速率方程。

5.25　在实验混合流动反应器中研究A的水分解。习题5.25表中的结果是在稳态运行中获得的。为了在进料中获得75%的反应物转化率，$c_A=0.8$ mol/L，在活塞流反应器中需要多少持续时间？

习题5.25表

A的浓度/$(mol\cdot L^{-1})$		持续时间
进料口	出料口	
2.00	0.65	300
2.00	0.92	240
2.00	1.00	250
1.00	0.56	110

续　表

A的浓度/(mol·L^{-1})		持续时间
进料口	出料口	
1.00	0.37	360
0.48	0.42	24
0.48	0.28	200
0.48	0.20	560

5.26　重复前面的问题,但对于全混流式反应器而言。

5.27　福尔摩斯:你说他是最后一个操作这个反应釜的……

SIR BOSS:你的意思是"全混流搅拌釜反应器",福尔摩斯先生。

福尔摩斯:你必须原谅我对你的专业技术领域的无知。

SIR BOSS:没关系,Imbibit是一个奇怪的家伙,总是凝视着反应器,深入呼吸,舔嘴唇,但他是我们最好的操作员。为什么自从他离开后,我们对googliox的转化率从80%下降到了75%。

福尔摩斯(轻拍反应釜的一侧):顺便说一下,发生了什么事情?

SIR BOSS:乙醇和googliox之间的基本二级反应,如果你知道我的意思。当然,我们保持过量的酒精,约100∶1和……

福尔摩斯:有趣,我们检查了每一个可能的因素,并没有发现任何线索。

SIR BOSS(抹去眼泪):我们会给老人每周两便士,只要他会回来。

DR.华生:对不起,但我可以问一个问题吗?

福尔摩斯:为什么,华生?

华生:老先生,这个釜的容量是多少?

SIR BOSS:一百英制加仑,并且我们总是保持它充满边缘。这就是我们称之为全混溢流反应器的原因。你看我们是以满负荷盈利的方式运行。

福尔摩斯:嗯,亲爱的华生,我们必须承认我们被难住了,因为没有线索推理演绎是无济于事的。

华生:啊,但是你错了,福尔摩斯。(然后转对经理):Imbibit是一个大块头的人,有110 kg以上,是不是?

SIR BOSS:是的,你怎么知道的?

福尔摩斯(敬畏):太好了,亲爱的华生!

华生(谦虚):为什么它很关键,福尔摩斯。我们拥有所有的必要的线索,来推断发生在这个快乐的人身上的事情。但首先,总之有人会给我一些线索吗?

随着福尔摩斯和SIR BOSS不耐烦地等待,华生博士随便靠在反应釜上,慢慢地填满了他的烟斗,并且以这种戏剧性的感觉解决了问题。我们的故事结束了。

(1)华生博士打算做出什么重要的启示性结论?他是如何得出这一结论的?

(2)他为什么前面从来没有做出结论?

5.28　习题 5.28 表中的数据是在 100℃的恒定体积间歇反应器中分解气态反应物 A 得到的。反应的化学计量为 2A→R + S。在 100℃和 1 atm 下需要多大的活塞式流动反应器(以 L 为单位)可以处理由 20%惰性物组成的进料(100 mol/h)中获得 95%的 A?

习题 5.28 表

t/s	p_A/atm	t/s	p_A/atm
0	1.00	140	0.25
20	0.80	200	0.14
40	0.68	260	0.08
60	0.56	330	0.04
80	0.45	420	0.02
100	0.37		

5.29　对全混流反应器重复上述问题。

5.30　A 的水分解产生 R 如下:$A \rightleftharpoons R$

以下结果是在一系列稳态运行中获得的,均在进料流中没有 R。

习题 5.30 表

τ/s	c_{A0}/(mol·L^{-1})	c_{Af}/(mol·L^{-1})
50	2.0	1.00
16	1.2	0.80
60	2.0	0.65
22	1.0	0.56
4.8	0.48	0.42
72	1.00	0.37
40	0.48	0.28
112	0.48	0.20

从这个动力学信息中,找到需要实现 v=1 L/s 和 c_{A0}=0.8 mol/L 的进料流的 75%转化率的反应器的大小。在反应器中,流体遵循:

(1)活塞流;

(2)全混流。

第 6 章　单一反应器设计

处理流体的方法有很多种：在单一间歇反应器或流动反应器中，在有进料输入或加热的串联反应器中，在使用各种进料速率和条件循环产物流的反应器中，等等。我们应该使用哪种方案？在回答这个问题时，要考虑很多因素。例如，反应类型、计划生产规模、设备和操作成本、安全性、操作的稳定性和灵活性、设备的使用寿命、预期产品的生产时间长度，便于设备的可转换性修改操作条件或新的和不同的过程。随着可供选择的系统种类繁多，需要考虑的因素很多，没有完美的配比可以预期提供最佳的设置。选择合理良好的设计都需要经验，工程判断和对各种反应器系统特性的全面了解，而毋庸置疑，最后分析的选择，将取决于整个过程的经济性。

选择的反应器系统，将通过规定所需单元的大小，并确定所形成产品的比例，来影响该过程的经济性。第一个因素反应器，可能会在竞争设计中变化很大，而第二个因素产品分布，通常是可以被改变和控制的主要考虑因素。

在本章中，我们将处理单个反应。这些反应的进展，可以用有且仅有一种速率表达式，与必要的化学计量和平衡表达式结合使用来描述。对于这样的反应，产品分布是固定的，因此，比较设计的主要因素是反应器的大小。我们再考虑比较各种单个和多个理想反应器系统。然后，我们介绍了循环反应器，并开发其性能方程。最后，我们处理一个相当独特的反应类型，即自催化反应，并展示如何将我们的发现应用于该反应。

在接下来的两章中将讨论针对多个反应的设计，其中主要考虑的是产品分布。

6.1　单一反应器的尺寸比较

6.1.1　间歇式反应器

在比较流动反应器之前，先简要介绍一下间歇式反应器。间歇式反应器的优点是设备成本低，操作灵活(可以轻松快速地关闭)。它的缺点是高昂的劳动力和处理成本，往往需要大量的停机时间来清空、清理和再填充，以及对产品的质量控制较差。概括地说，间歇式反应器非常适合于生产少量材料，并用一件设备生产许多不同的产品。另外，对于大量的化学处理材料，几乎总是连续过程更经济。

关于反应器的大小，对于给定的工作量和 $\varepsilon=0$，比较式(5.4)和式(5.19)可以看出，在间歇式和在活塞流反应器中流体单元反应的时间相同。当然，在长期生产的基础上，我们必须更改反应器尺寸，以考虑停机时间和批次。尽管如此，还是很容易将间歇式反应器的性能与活塞流反应器联系起来。

6.1.2 全混流与活塞流反应器，一级和二级反应

对于给定的任务，全混流反应器和活塞流反应器的尺寸比例将取决于反应程度、化学计量和速率方程的形式。对于一般情况，比较式(5.11)和式(5.17)，会给出这个尺寸比例。让我们对由简单的 n 级速率定律近似的一大类反应进行比较，则有

$$-r_A=-\frac{1}{V}\frac{dN_A}{dt}=kc_A^n$$

式中，n 在 0～3 之间变化。对于全混流式(5.11)给出：

$$\tau_m=\left(\frac{c_{A0}V}{F_{A0}}\right)_m=\frac{c_{A0}X_A}{-r_A}=\frac{1}{kc_{A0}^{n-1}}\frac{X_A(1+\varepsilon_AX_A)^n}{(1-X_A)^n}$$

而对于活塞流式(5.17)给出：

$$\tau_p=\left(\frac{c_{A0}V}{F_{A0}}\right)_p=c_{A0}\int_0^{X_A}\frac{dX_A}{-r_A}=\frac{1}{kc_{A0}^{n-1}}\int_0^{X_A}\frac{(1+\varepsilon_AX_A)^ndX_A}{(1-X_A)^n}$$

相除我们发现：

$$\frac{(\tau c_{A0}^{n-1})_m}{(\tau c_{A0}^{n-1})_p}=\frac{\left(\dfrac{c_{A0}^nV}{F_{A0}}\right)_m}{\left(\dfrac{c_{A0}^nV}{F_{A0}}\right)_p}=\frac{\left[X_A\left(\dfrac{1+\varepsilon_AX_A}{1-X_A}\right)^n\right]_m}{\left[\displaystyle\int_0^{X_A}\left(\frac{1+\varepsilon_AX_A}{1-X_A}\right)^ndX_A\right]_p} \tag{6.1}$$

在密度恒定或 $\varepsilon=0$ 的情况下，这个表达式积分为

$$\left.\begin{aligned}\frac{(\tau c_{A0}^{n-1})_m}{(\tau c_{A0}^{n-1})_p}&=\frac{\left[\dfrac{X_A}{(1-X_A)^n}\right]_m}{\dfrac{(1-X_A{}^{1-n})-1}{n-1}},\quad n\neq1\\ \frac{(\tau c_{A0}^{n-1})_m}{(\tau c_{A0}^{n-1})_p}&=\frac{\left(\dfrac{X_A}{1-X_A}\right)_m}{-\ln(1-X_A)_p},\quad n=1\end{aligned}\right\} \tag{6.2}$$

式(6.1)和式(6.2)在图 6.1 中以图形形式显示，以便于快速比较活塞流与全混流式反应器的性能。如果使用相同数量的同种进料，纵坐标将变成体积比 V_m/V_p 或空时比 τ_m/τ_p。

在相同的进料浓度 c_{A0} 和流量 F_{A0} 下，该图的纵坐标直接给出进行任何指定转换时所需的体积比。图 6.1 显示了以下内容：

(1)对于任何特定反应和所有正反应级数，混合流反应器始终大于活塞流反应器。体积比随着反应级数的增加而增加。

(2)当转化率很小时，反应器性能只受流型的轻微影响。在高转换率下，性能比迅速提高。因此，在这个转换范围内流体的适当流型变得非常重要。

(3)反应过程中的密度变化会影响设计，然而，与流型的差异相比，它通常是次要的。

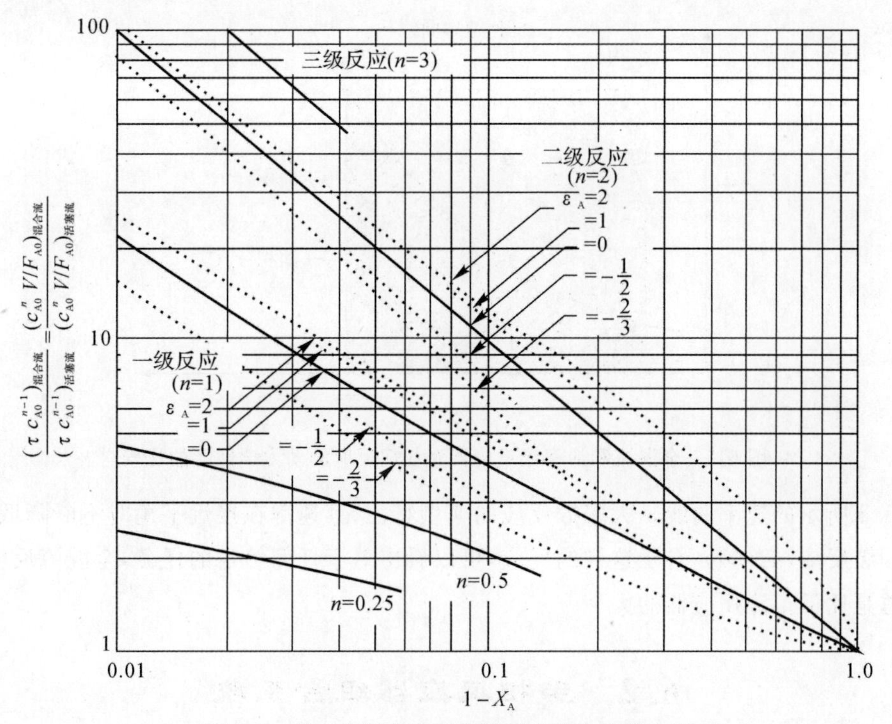

图 6.1　单一全混流和活塞流反应器的性能比较

图 6.5 和图 6.6 显示了 $\varepsilon=0$ 的相同一级和二级曲线，但也包括表示无量纲反应速率组的固定值的虚线，其定义为：$k\tau$ 用于一级反应，$kc_{A0}\tau$ 用于二级反应。

通过这些曲线，我们可以比较不同的反应器类型、反应器大小和转化水平。

例 6.1 说明了这些图表的用法。

1. 二级反应的反应物速率的变化

双组分的二级反应：

$$A+B \longrightarrow \text{产物}, \quad M=c_{B0}/c_{A0}$$

$$-r_A=-r_B=kc_Ac_B \tag{3.13}$$

当反应物速率为 1 时，表现为单组分的二级反应。从而

$$-r_A=kc_Ac_B=kc_A^2; M=1 \tag{6.3}$$

另外，当使用过量的反应物 B 时，其浓度不会发生明显变化（$c_B=c_{B0}$），反应相对于限制组分 A 接近一级反应，或

$$-r_A=kc_Ac_B=(kc_{B0})c_A=k'c_A; M\gg 1 \tag{6.4}$$

因此，在图 6.1 中，根据限制组分 A，一级曲线与二级曲线之间的区域表示全混流反应器与活塞流反应器的尺寸比。

2. 一般图形比较

图 6.2 中很好地显示了对于具有任意但已知速率的反应时，全混流反应器和活塞流反应器的性能。阴影区域和阴影线区域的比率给出了这两种反应器所需的空时比。

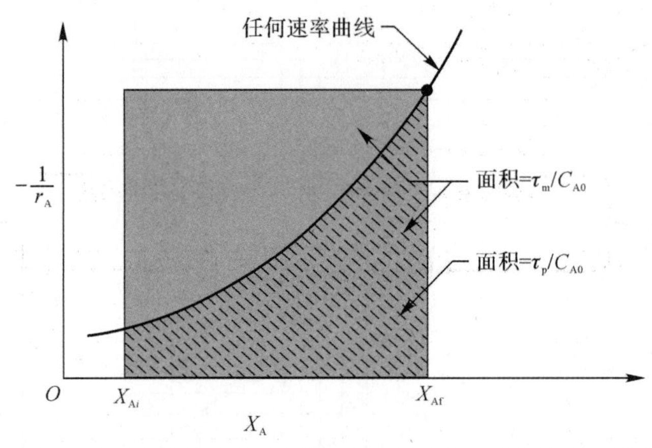

图 6.2　全混流和活塞流反应器对任何反应的动力学性能的比较

图 6.2 所示的速率曲线是大多数反应的典型特征，其速率在接近平衡时不断降低(这包括所有第 n 级反应，$n>0$)。对于这样的反应，可以看出对于任何给定的任务，全混流反应器需要的体积总是比活塞流反应器的大。

6.2　多相反应器组合系统

6.2.1　活塞流反应器的串联与并联

考虑串联连接的 N 个活塞流反应器，并让 $X_1, X_2, \cdots, X_N$ 为组分 A 离开反应器 1,2,⋯，N 的分数转化率。根据第一个反应器中 A 的进料速率的物料平衡，我们可从式(5.18)中找到第 i 个反应器，即

$$\frac{V_i}{F_0}=\int_{X_{i-1}}^{X_i}\frac{\mathrm{d}X}{-r}$$

或者 N 个反应器串联：

$$\frac{V}{F_0}=\sum_{i=1}^{N}\frac{V_i}{F_0}=\frac{V_1+V_2+\cdots+V_N}{F_0}$$
$$=\int_{X_0=0}^{X_1}\frac{\mathrm{d}X}{-r}+\int_{X_1}^{X_2}\frac{\mathrm{d}x}{-r}+\cdots+\int_{X_{N-1}}^{X_N}\frac{\mathrm{d}X}{-r}=\int_{0}^{X_N}\frac{\mathrm{d}X}{-r}$$

因此，总体积为 V 的 N 个活塞流反应器串联的转化率与体积为 V 的单个活塞流反应器的转化率相同。

如果进料以这样的方式分布，即相遇的流体流具有相同的组成，为了使并联或任何串联组合的活塞流反应器达到最佳连接状态，我们可以将整个系统视为单个活塞流反应器，其体积等于各个单元的总体积。因此，对于并联反应器，每条并联线的 V/F 或 τ 必须相同，任何其他的进料方式效率都较低。

[**例 6.1**] 多个活塞流反应器的操作

例 6.1 图所示的反应器装置由两个平行分支中的 3 个活塞流反应器组成。分支 D 有一

个容量为 50 L 的反应器，与其相连的是一个容量为 30 L 的反应器。分支 E 是一个容量为 40 L 的反应器。多少进料分数应该进入分支 D?

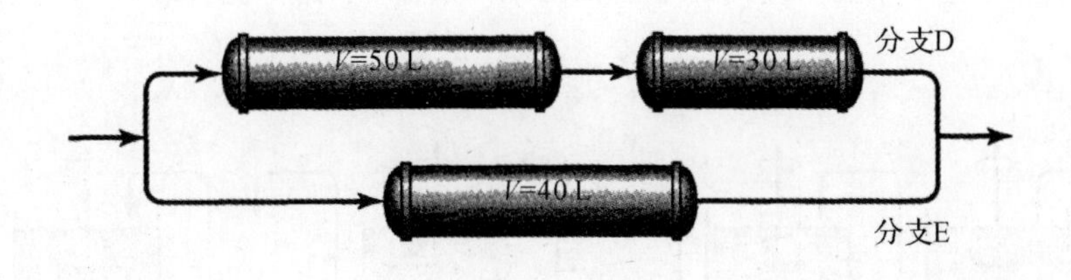

例 6.1 图

解:

D 分支由两个串联的反应器组成，因此，它可以被认为是一个单一的反应器，其体积为

$$V_D = 50 + 30 = 80 \text{ L}$$

对于并联反应器而言，如果转换在每个分支中相同，则 V/F 必须相同。可得

$$\left(\frac{V}{F}\right)_D = \left(\frac{V}{F}\right)_E$$

或

$$\frac{F_D}{F_E} = \frac{V_D}{V_E} = \frac{80}{40} = 2$$

因此，进料的 2/3 必须进入分支 D。

6.2.2　等容全混流反应器的串联

在活塞流反应器中，反应物浓度逐渐下降。在全混流反应器中，浓度立即下降至最低值。由于这个事实，对于流率随反应物浓度增加的反应(例如 n 级不可逆反应，$n>0$)，活塞流反应器比全混流反应器更有效。

对于 N 个全混流反应器的串联系统，尽管在每个反应器中浓度是均匀的，但是随着流体从反应器流到反应器，浓度将会发生变化。如图 6.3 所示，浓度的逐步下降表明，串联单元的数量越多，系统的行为就越接近活塞流反应器。

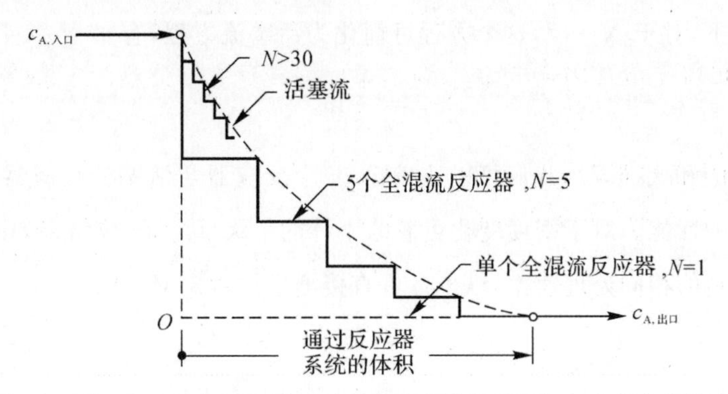

图 6.3　通过单一流动反应器和 N 级全混流反应器系统的浓度曲线的比较

现在定量评估一系列 N 个相同尺寸的全混流反应器的行为。密度的变化可以忽略，因此 $\varepsilon=0$ 和 $t=\tau$。通常，对于全混流反应器，用浓度分数来建立必要的方程转化比用转化率更方便，因此，我们使用这种方法。使用的术语如图 6.4 所示，下标 i 表示第 i 个反应器。

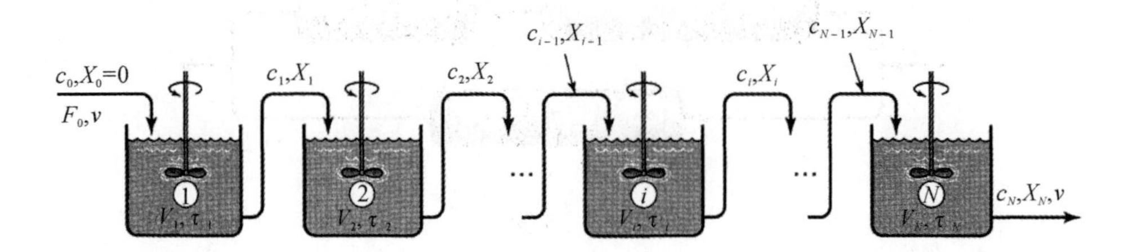

图 6.4　N 个相同尺寸全混流反应器的串联系统的符号

1. 一级反应

式(5.12)给出第 i 个反应器中组分 A 的物料平衡：

$$\tau_i=\frac{c_0 V_i}{F_0}=\frac{V_i}{v}=\frac{c_0(X_i-X_{i-1})}{-r_{Ai}}$$

因为 $\varepsilon=0$ 可以用浓度来表示，则有

$$\tau_i=\frac{c_0[(1-c_i/c_0)-(1-c_{i-1}/c_0)]}{kc_i}=\frac{c_{i-1}-c_i}{kc_i}$$

或者

$$\frac{c_{i-1}}{c_i}=1+k\tau_i \tag{6.5}$$

现在空时 τ(或平均停留时间 t)在体积为 V_i 的所有平衡反应器中都是相同的。可得

$$\frac{c_0}{c_N}=\frac{1}{1-X_N}=\frac{c_0}{c_1}\frac{c_1}{c_2}\cdots\frac{c_{N-1}}{c_N}=(1+k\tau_i)^N \tag{6.6a}$$

重新整理，我们发现对于系统：

$$\tau_{N反应器}=N\tau_i=\frac{N}{k}\left[\left(\frac{c_0}{c_N}\right)^{1/N}-1\right] \tag{6.6b}$$

在极限情况下，对于 $N\to\infty$，这个方程可简化为活塞流方程，有

$$\tau_p=\frac{1}{k}\ln\frac{c_0}{c} \tag{6.7}$$

通过式(6.6b)和式(6.7)，我们可以比较出 N 个反应器与活塞流反应器串联或与单个全混流反应器串联的性能。对于密度变化可忽略不计的一级反应，比较结果如图 6.5 所示。

对于相同进料的相同处理速率，纵坐标可直接测量体积比 V_N/V_p。

2. 二级反应

我们可以通过类似于一级反应的过程来评估一系列全混流反应器对于二级双组分反应的

性能。因此,对于 N 个反应器串联,我们发现:

$$c_N = \frac{1}{4k\tau_i}\left(-2+2\sqrt{\overset{\vdots}{-1\cdots+2\sqrt{-1+2\sqrt{1+4c_0k\tau_i}}}}\;\right)^{N} \tag{6.8a}$$

而对于活塞流反应器,有

$$\frac{c_0}{c} = 1 + c_0 k\tau_{\mathrm{p}} \tag{6.8b}$$

这些反应器的性能比较如图 6.6 所示。对于相同进料的相同处理速率,纵坐标可直接测量体积比 V_N/V_p 或空时比 τ_N/τ_{p}。

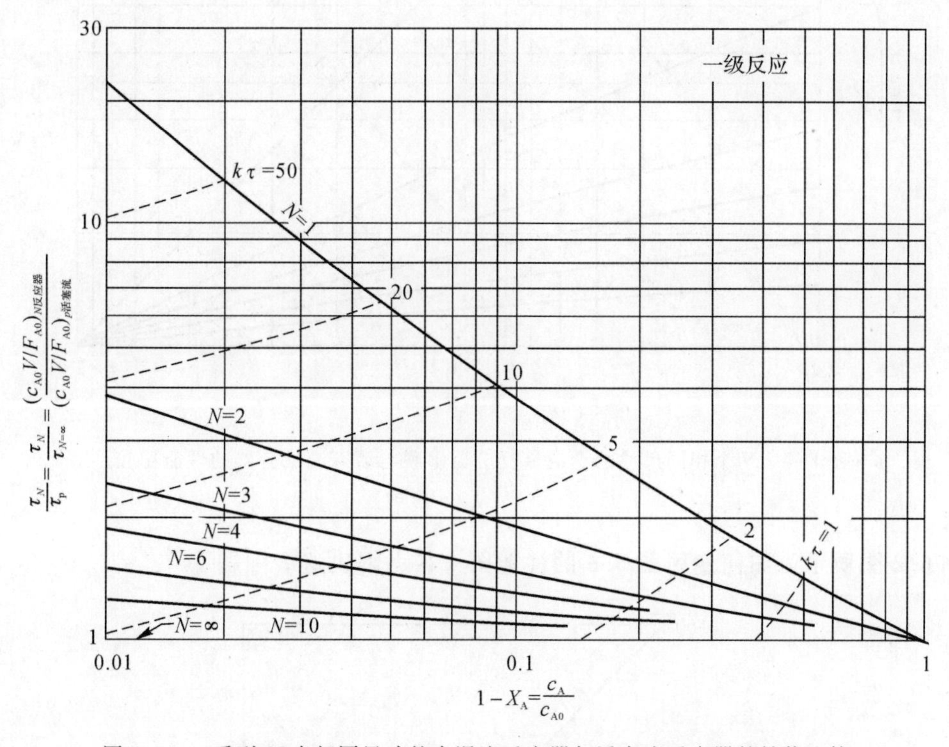

图 6.5　一系列 N 个相同尺寸的全混流反应器与活塞流反应器的性能比较

图 6.5 和图 6.6 表明随着串联反应器数量的增加,给定转化所需的体系体积减少到活塞流,最大的变化是在单个反应器系统中增加了第二个容器。

[**例 6.2**] 全混流反应器的串联

目前,90%的反应物 A 在单一全混流反应器中通过二级反应转化成产物。我们计划将第二个反应器放置在该反应器之后与之串联。

(1)对于与目前使用的处理速率相同的反应,这种连接会如何影响反应物的转化?

(2)对于相同的 90%的转化率,处理速率可以提高多少?

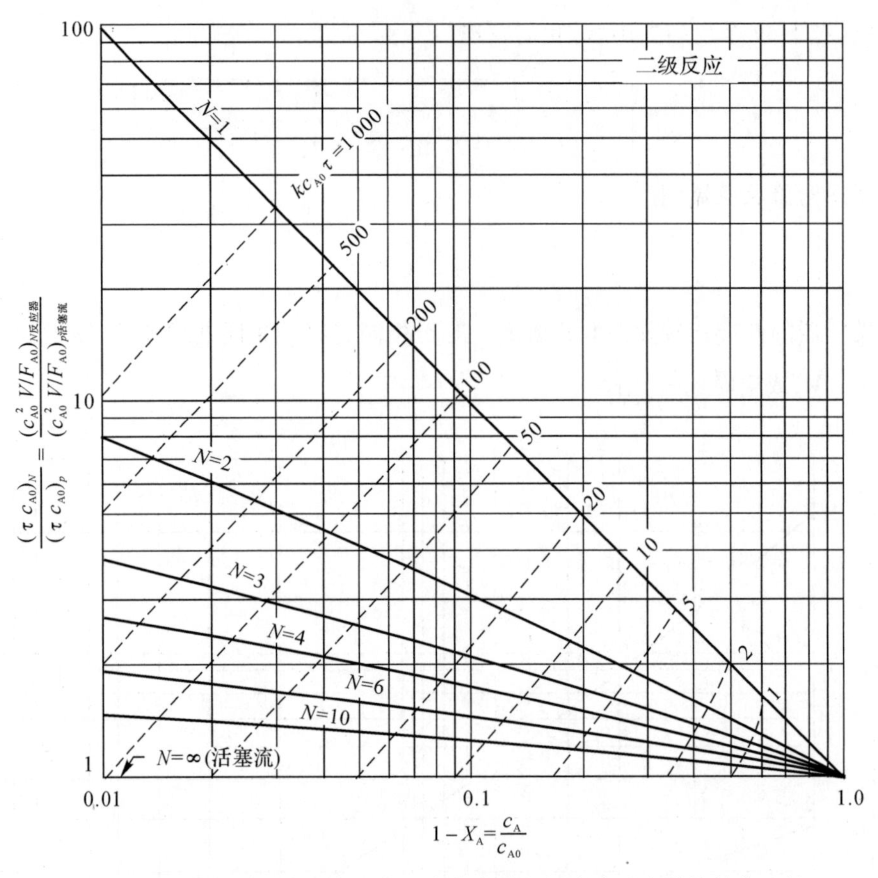

图 6.6　N 个相同尺寸的全混流反应器串联与活塞流反应器的性能比较

解：

例 6.2 图所示为如何使用图 6.6 的性能图来帮助解决这个问题。

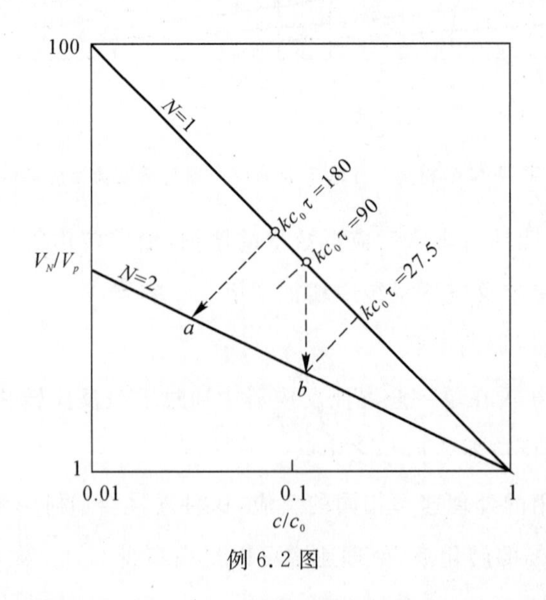

例 6.2 图

(1)找到相同处理速率的转化率。对于 90%转化率的单个反应器，由图 6.6 可得

$$kc_0\tau = 90$$

对于两个反应器来说，空时或停留时间会增加一倍，因此，操作将由图 6.6 的虚线表示，即

$$kc_0\tau = 180$$

这条线在转化率为 $X=97.4\%$时于点 a 切割 $N=2$ 线。

(2)找到相同转化率的处理速率。在转化率为 90%的这条线上，当 $N=2$ 时，有

$$kc_0\tau = 27.5 \quad \text{点 } b$$

比较 $N=1$ 和 $N=2$ 组的反应速率值，则有

$$\frac{(kc_0\tau)_{N=2}}{(kc_0\tau)_{N=1}} = \frac{\tau_{N=2}}{\tau_{N=1}} = \frac{(V/v)_{N=2}}{(V/v)_{N=1}} = \frac{27.5}{90}$$

由于 $V_{N=2}=2V_{N=1}$，流量速率比变为

$$\frac{v_{N=1}}{v_{N=1}} = \frac{90}{27.5}\times 2 = 6.6$$

因此，处理速率可以提高到原来的 6.6 倍。

注意：如果第二个反应器与原来的设备并联运行，那么处理速率只能提高一倍，因此，串联操作这两个单元有一定的优势，而这种优势在更高转化率下会变得更加明显。

6.2.3　不同尺寸全混流反应器的串联

对于不同尺寸的全混流反应器中的任意动力学，可能会存在两种类型的问题：如何找到给定反应器系统的出口转化，反之则是如何找到实现给定转化的最佳设置。两个问题使用不同的程序，我们依次解决这两个问题。

1. 在给定系统中查找转换

Jones(1951)提出了从不同尺寸的全混流反应器的串联系统中找出出口组成的图形程序，这些反应的密度变化可忽略不计。所需要的是组分 A 的 r 与 c 曲线，以表示在不同浓度下的反应速率。

让我们通过考虑三个串联的全混流反应器的体积、进料速率、浓度、空时(等于停留时间，因为 $\varepsilon=0$)和体积流量来说明如何使用这种方法，如图 6.7 所示。从式(5.11)中可以看到 $\varepsilon=0$，可以在第一个反应器中写入组分 A，则有

$$\tau_1 = \bar{t_1} = \frac{V_1}{v} = \frac{c_0 - c_1}{(-r)_1}$$

或

$$-\frac{1}{\tau_1} = \frac{(-r)_1}{c_1 - c_0} \tag{6.9}$$

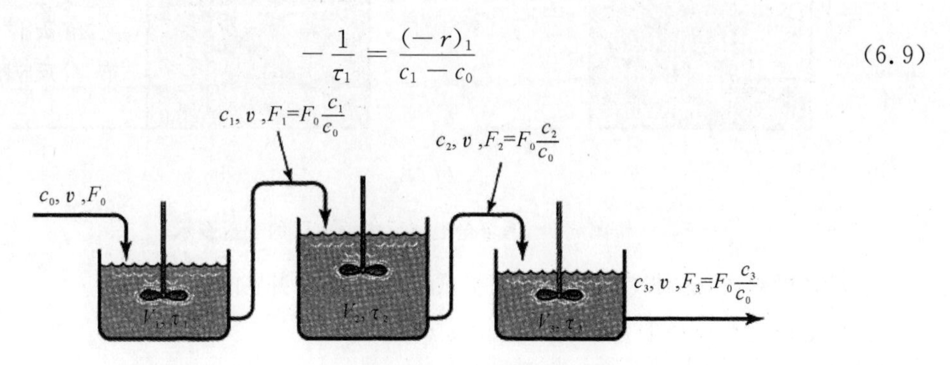

图 6.7　不同尺寸全混流反应器串联的符号

同样，由式(5.12)可以写出第 i 个反应器为

$$-\frac{1}{\tau_i}=\frac{(-r)_i}{c_i-c_{i-1}} \tag{6.10}$$

绘制组分 A 的 c 对 r 曲线，并假设它如图 6.8 所示。为了找到第一个反应器中的条件，注意到入口浓度 c_0 是已知的(点 L)，c_1 和 $(-r)_1$ 对应于待找到的曲线上的点(点 M)，并且从式(6.9)得出线 LM 的斜率 $=MN/NL=(-r)_1/(c_1-c_0)=-(1/\tau_1)$。因此，从 c_0 画出一条斜线 $-(1/\tau_1)$ 直到它点切割速率曲线，得到 c_1。同样，我们从式(6.10)得出从 N 点开始的一条斜线 $-(1/\tau_2)$ 在 P 点切割曲线，给出离开第二个反应器的物料浓度 c_2。然后根据需要重复该过程多次。

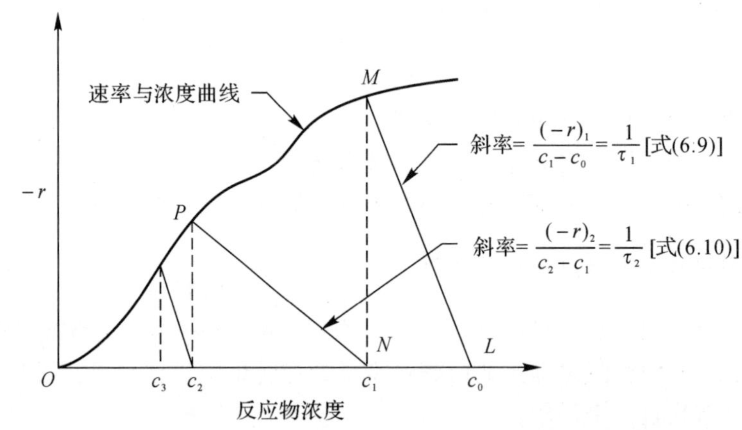

图 6.8　在全混流反应器串联系统中查找组分的图形程序

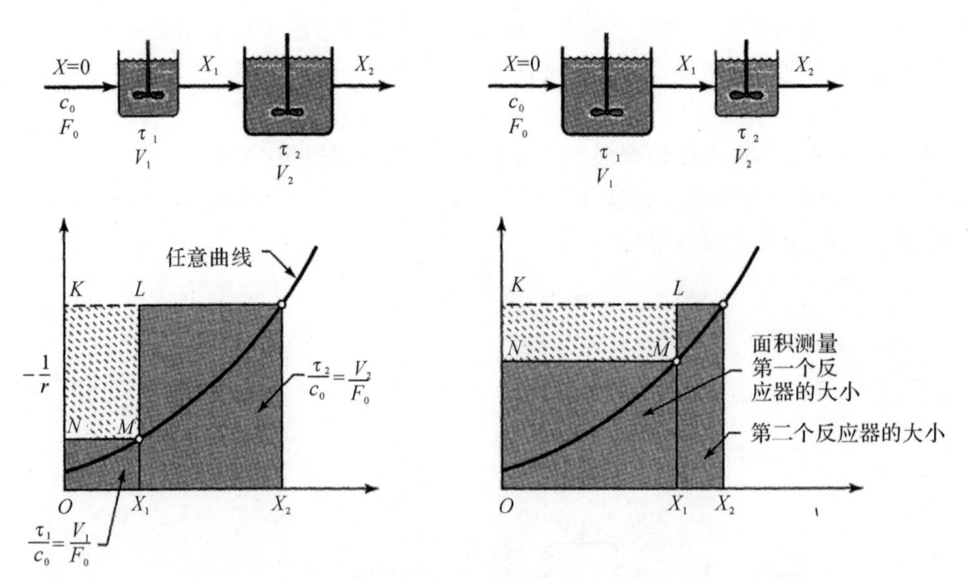

图 6.9　两个全混流反应器串联的变量图示

经过轻微修改，这种图形方法可以扩展到密度变化明显的反应中去。

2. 确定给定转换的最佳系统

假设我们想要找到串联的两个全混流反应器的最小尺寸，以实现任意但已知的动力学反

应进料的特定转化。基本的性能表达式见式(5.11)和式(5.12),然后依次给出第一个反应器:

$$\frac{\tau_1}{c_0}=\frac{X_1}{(-r)_1} \tag{6.11}$$

第二个反应器为

$$\frac{\tau_2}{c_0}=\frac{X_2-X_1}{(-r)_2} \tag{6.12}$$

用于两种可选的反应器配置的关系如图 6.9 所示,两者都给出相同的最终转化率 X_2。

当转化率 X_1 发生变化时,反应器的尺寸速率(由两个阴影区域表示)以及所需的两个反应器的总体积(总阴影面积)也会发生变化。

当矩形 $KLMN$ 面积最大时,总反应器体积最小(总阴影面积最小),见图 6.9。这给我们带来了如何选择 X_1(或曲线上的点 M)以便最大化该矩形面积的问题。

3. 矩形面积的最大化

在图 6.10 中,在 $x-y$ 轴之间构造一个矩形并交任意曲线于点 $M(x,y)$处。则矩形的面积为

$$A=xy \tag{6.13}$$

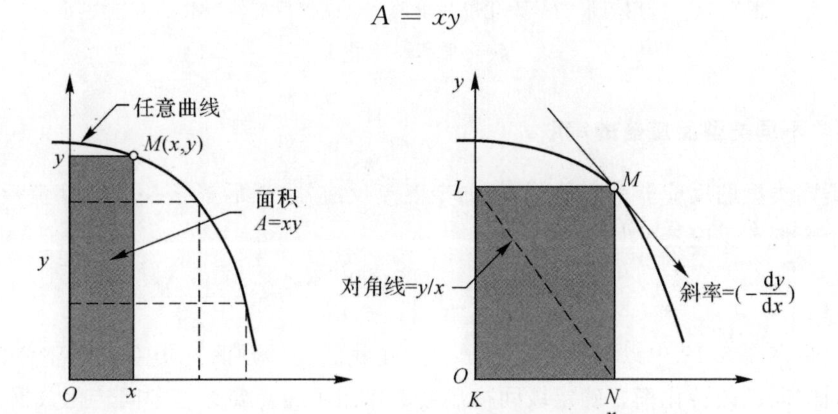

图 6.10　最大化矩形区域的图形过程

这个区域在最大化时,有

$$dA=0=y\mathrm{d}x+x\mathrm{d}y$$

或

$$-\frac{\mathrm{d}y}{\mathrm{d}x}=\frac{y}{x} \tag{6.14}$$

总而言之,这种情况意味着在 M 处的曲线斜率等于矩形的对角线 NL 的斜率的点时,该区域的面积最大。根据曲线的形状,可能会有不止一个点或者可能没有"最佳"点。然而,对于 n 级动力学,$n>0$,总是只有一个"最佳"点。

我们将在后序章节中使用这种矩形面积最大化的方法。

当 M 处的速率曲线斜率等于矩形对角线 NL 的斜率时可实现两个反应器的最佳尺寸比。M 的最佳值如图 6.11 所示,这决定了中间转换 X_1 以及所需单元的大小。

串联的两个全混流反应器的最佳尺寸比通常取决于反应动力学和转化水平。特别地,对于一级反应,等尺寸反应器是最好的;对于反应级数 $n>1$ 的反应,较小的反应器应该在前;对于 $n<1$ 的反应,较大的反应器应该在前(见习题 6.3)。然而,Szepe 和 Levenspiel(1964)表

明，最小尺寸系统对等尺寸系统上的优势非常小，最多只有百分之几。因此，出于整体经济标准化考虑，几乎总是建议使用等尺寸反应器系统。

上述过程可以直接应用到多级反应中去，然而，这里关于相同尺寸单位的争论仍比两级系统更强。

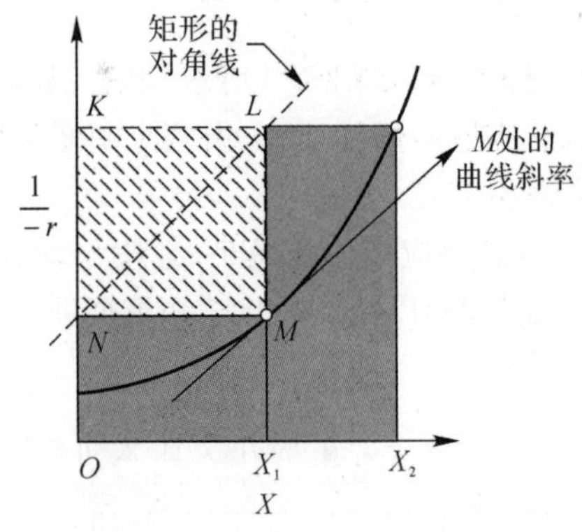

图 6.11　应用矩形的最大化以找出两个全混流反应器串联的最佳中间转化率和最佳尺寸

6.2.4　不同类型反应器的串联

如果不同类型的反应器串联使用，例如全混流反应器，然后连接一个活塞流反应器，后又连接另一个全混流反应器，即

$$\frac{V_1}{F_0}=\frac{X_1-X_0}{(-r)_1},\frac{V_2}{F_0}=\int_{X_1}^{X_2}\frac{\mathrm{d}X}{-r},\frac{V_3}{F_0}=\frac{X_3-X_2}{(-r)_3}$$

这些关系在图 6.12 中以图形形式表示。这使我们能够预测此类系统的整体转化率或各反应器之间中间点的转化率。确定级间换热器的作用可能需要这些中间转化数据。

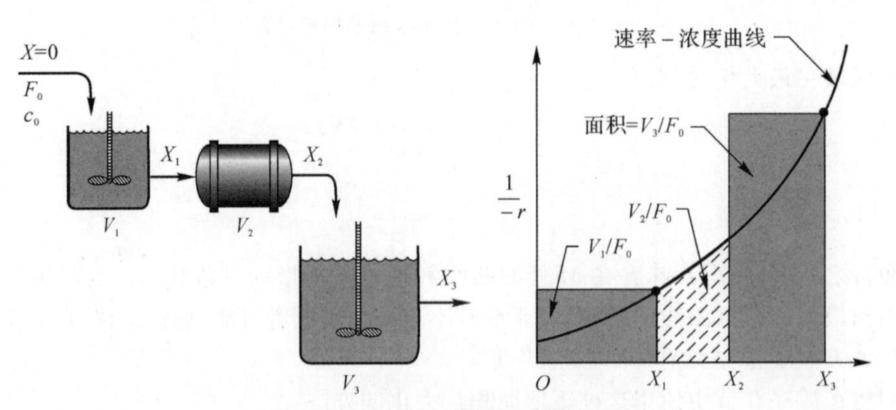

图 6.12　串联反应器的程序设计图

为了最有效地使用一套理想的反应器，我们有以下一般规则：

(1)对于速率-浓度曲线单调上升的反应(任何 n 级反应，$n>0$)，反应器应串联连接。如果速率-浓度曲线是凹面的($n>1$)，应使反应物的浓度保持尽可能高；如果曲线是凸面的($n<1$)，应尽可能降低反应物的浓度。例如，对于图 6.12 的情况，当 $n>1$ 时，反应器的排列顺序应该是活塞流，小全混流，大全混流；当 $n<1$ 时，应使用相反的顺序。

(2)对于速率-浓度曲线存在最大值或最小值的反应，反应器的排列取决于曲线的实际形状、所需的转换水平以及可用单位。

(3)无论动力学和反应器系统是什么，对 $1/(-r_A)$ 与 c_A 曲线的检验都是找到最佳单元排列的好方法。

本章最后的问题说明了这些发现。

6.3　循环反应器系统

在某些情况下，将来自活塞流反应器的产物流分开并将其一部分返回到反应器的入口发现是有利的。将循环比 R 定义为

$$R=\frac{\text{返回反应器入口体积}}{\text{离开系统的体积}} \tag{6.15}$$

该循环比可以从零变化到无穷大。反应表明，从活塞流($R=0$)转变为混合流($R=\infty$)的行为会导致循环比的提高。因此，再循环提供了用活塞流反应器获得各种程度的返混反应器的手段。开发循环反应器的性能方程是很有用的。

考虑如图6.13所示的命名法的循环反应器，对于反应器本身，式(5.18)给出了活塞流。

$$\frac{V}{F'_{A0}}=\int_{X_{A1}}^{X_{A2}=X_{Af}}\frac{dX_A}{-r_A} \tag{6.16}$$

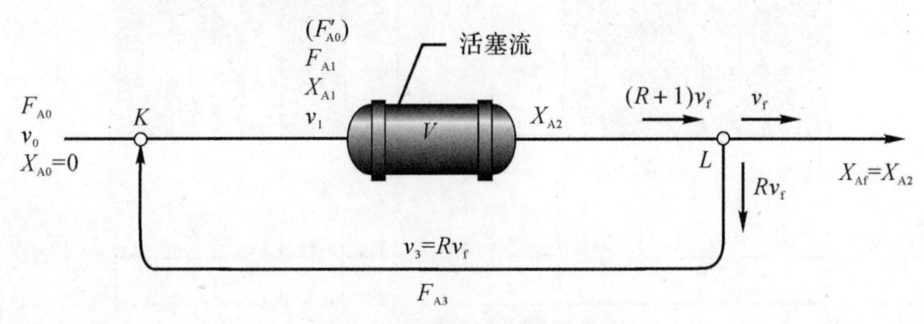

图6.13　循环反应器的命名

如果进入反应器的物料(新鲜进料加回收)未转化，F'_{A0}表示A的进料速率。由于 F'_{A0}和 X_{A1}并未给出，而在使用式(6.16)之前它们必须已知。现在让我们来做这个计算。

进入反应器的物料包括新鲜进料和循环物料。测量在点 L 处的流体分流(如果 $\varepsilon\neq0$，则点 K 不会)，则有

$$F'_{A0}=\text{未转换的循环流 A}+\text{新鲜原料 A}=RF_{A0}+F_{A0}=(R+1)F_{A0} \tag{6.17}$$

现在来计算 X_{A1}，由式(4.5)可得

$$X_{A1}=\frac{1-c_{A1}/c_{A0}}{1+\varepsilon_A c_{A1}/c_{A0}} \tag{6.18}$$

由于压力保持不变，因此在点 K 处汇合的物料可以直接加入。则

$$c_{A1}=\frac{F_{A1}}{v_1}=\frac{F_{A0}+F_{A3}}{v_0+Rv_f}=\frac{F_{A0}+RF_{A0}(1-X_{Af})}{v_0+Rv_0(1+\varepsilon_A X_{Af})}=c_{A0}\left(\frac{1+R-RX_{Af}}{1+R+R\varepsilon_A X_{Af}}\right) \tag{6.19}$$

结合式(6.18)和式(6.19)就可测量出 X_{A1}，或

$$X_{A1} = \left(\frac{R}{R+1}\right) X_{Af} \tag{6.20}$$

将式(6.17)和式(6.20)代入方程得到了循环反应器性能方程的有用形式，对于任何动力学，任何 ε 值和 $X_{A0}=0$ 都是有利的，则有

$$\frac{V}{F_{A0}} = (R+1)\int_{\left(\frac{R}{R+1}\right)X_{Af}}^{X_{Af}} \frac{dX_A}{-r_A} \cdots \text{任意 } \varepsilon_A \tag{6.21}$$

对于密度变化可以忽略不计的特殊情况，我们可以用浓度来表示这个方程，即

$$\tau = \frac{c_{A0}V}{F_{A0}} = -(R+1)\int_{\frac{c_{A0}+Rc_{Af}}{R+1}}^{c_{Af}} \frac{dc_A}{-r_A} (\varepsilon_A = 0) \tag{6.22}$$

这些表达式用图形表示，如图 6.14 所示。

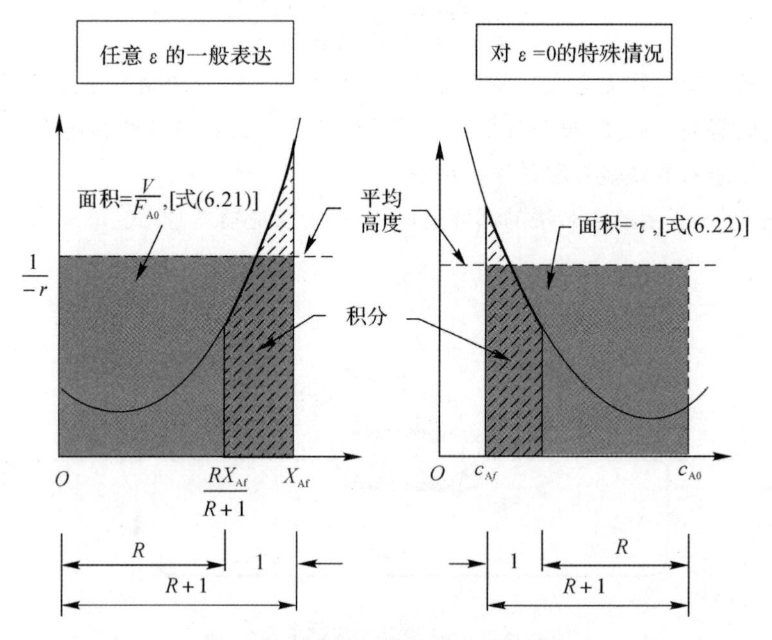

图 6.14　循环反应器性能公式的图示

对于可忽略和无限循环的极端情况，系统接近活塞流和全混流，或者

$$\frac{V}{F_{A0}} = (R+1)\int_{\frac{R}{R+1}X_{Af}}^{X_{Af}} \frac{dX_A}{-r_A}$$

$R=0$ ↓

$$\frac{V}{F_{A0}} = \int_{A}^{X_{Af}} \frac{dX_A}{-r_A}$$

活塞流

$R=\infty$ ↓

$$\frac{V}{F_{A0}} = \frac{X_{Af}}{-r_{Af}}$$

混合流

这些极限的方法如图 6.15 所示。

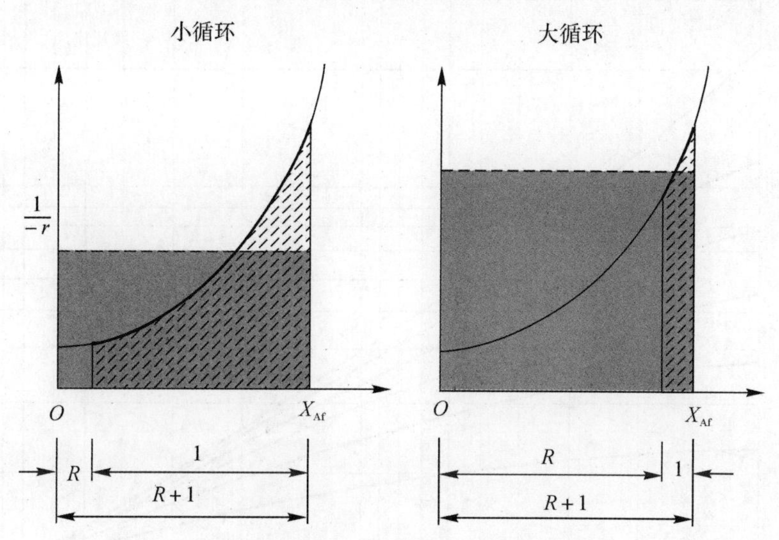

图 6.15　循环极限接近活塞流($R=0$)和全混流($R\longrightarrow\infty$)

对于一级反应,$\varepsilon_A=0$ 循环方程的积分为

$$\frac{k\tau}{R+1}=\ln\left[\frac{c_{A0}+Rc_{Af}}{(R+1)c_{Af}}\right] \tag{6.23}$$

对于二级反应,$2A\rightarrow$ 产物,$-r_A=kc_A^2$,$\varepsilon_A=0$,则有

$$\frac{kc_{A0}\tau}{R+1}=\frac{c_{A0}(c_{A0}-c_{Af})}{c_{Af}(c_{A0}+Rc_{Af})} \tag{6.24}$$

可以评估 $\varepsilon_A\neq0$ 和其他反应级数的表达式,但是更麻烦。

图 6.16 和图 6.17 所示为随着 R 增加从活塞流到全混流的转变,并且这些曲线与 N 个反应器串联系统(见图 6.5 和图 6.6)的曲线相匹配,表 6.1 给出了相同性能的粗略比较。

表 6.1　不同反应器性能比较

反应器序号	R(一级反应)			R(二级反应)		
	$X_A=0.5$	0.90	0.99	$X_A=0.5$	0.90	0.99
1	∞	∞	∞	∞	∞	∞
2	1.0	2.2	5.4	1.0	2.8	7.5
3	0.5	1.1	2.1	0.5	1.4	2.9
4	0.33	0.68	1.3	0.33	0.90	1.7
10	0.11	0.22	0.36	0.11	0.29	0.5
∞	0	0	0	0	0	0

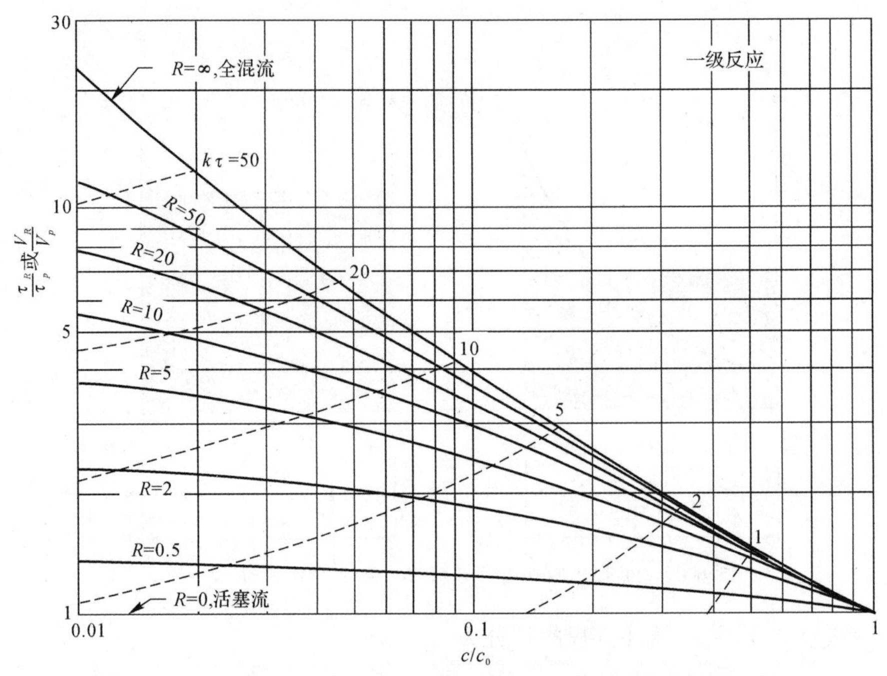

图 6.16 一级反应 A ⟶R，ε=0 的循环和活塞流系统性能的比较

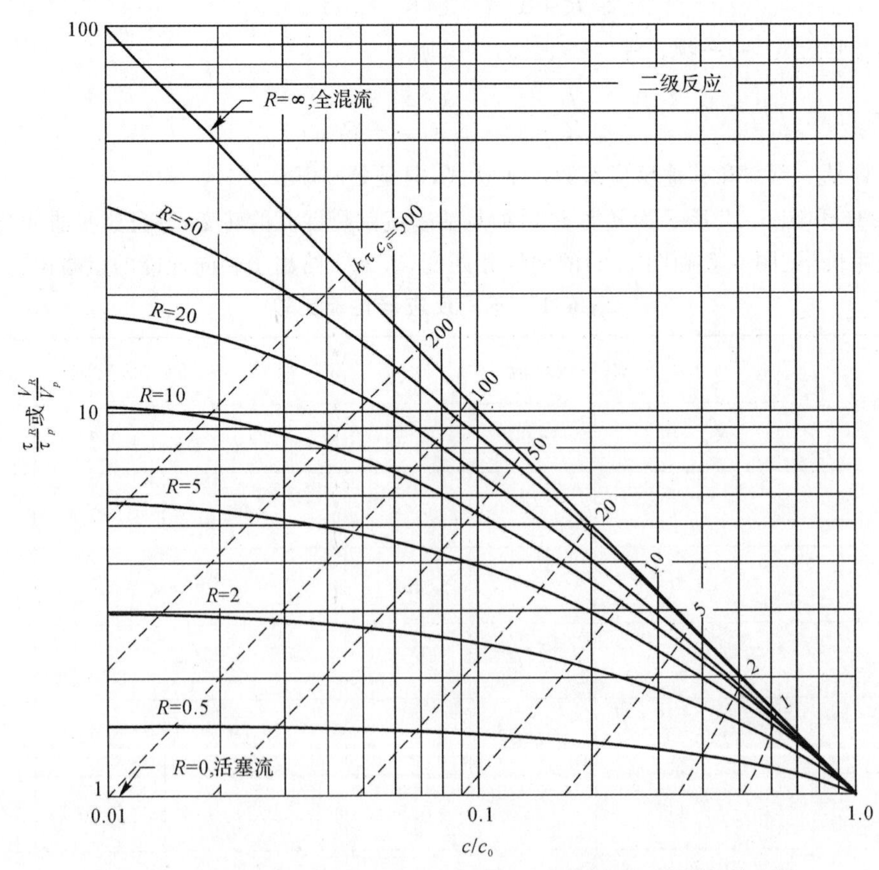

图 6.17 使用活塞流反应器进行基本二级反应的循环反应器性能比较

循环反应器可用于实现基本上是活塞流装置的混合流。其特殊用途是用固定床进行固体催化反应。我们将在后面的章节中讨论这个问题和其他循环反应器的应用。

6.4　自催化反应

物料在间歇反应器中以任何 n 级速率($n>0$)反应，当反应物浓度高时，其开始时的反应速率很快。随着反应物的消耗，该速率逐渐减慢。然而，在自催化反应中，因为很少有产物存在，所以起始速率很低；随着产物形成，其增加到最大值，然后随着反应物的消耗而再次下降到较低值。图 6.18 显示了这个典型的情况。

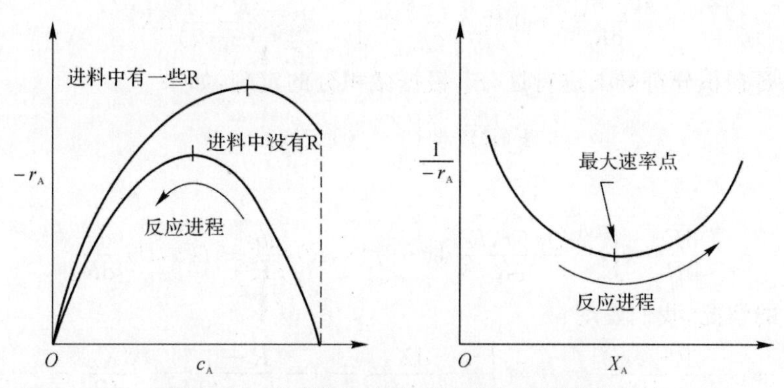

图 6.18　自催化反应典型的速率-浓度曲线

这种速率-浓度曲线的反应会导致有趣的优化问题。另外，它们为本章介绍的一般设计方法提供了一个很好的例子。在我们的方法中，我们只处理它们的 $1/(-r_A)$ 对 X_A 曲线的特征最小值，如图 6.18 所示。

1. 非循环活塞流与全混流反应器

对于任何特定的速率-浓度曲线，图 6.19 中区域的比较将显示对于给定的反应使用哪个反应器更好(这需要更小的体积)。我们发现：

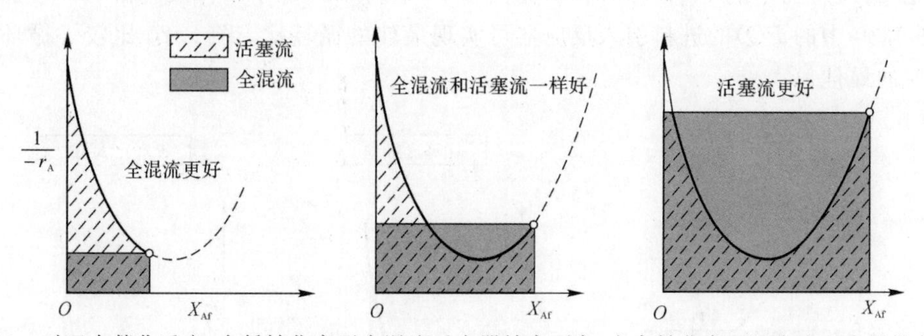

图 6.19　对于自催化反应，在低转化率下全混流反应器效率更高，在高转化率下活塞流反应器效率更高

(1)在低转化率下，使用活塞流反应器。

(2)在足够高的转化率下，活塞流反应器优于全混流反应器。

这些发现不同于普通的 n 级($n>0$)反应，其中活塞流反应器总是比全混流反应器更有效。另外，我们注意到，一个活塞流反应器根本无法使用纯反应物进料。在这种情况下，进料必须不断要用产物注入，这是使用循环反应器的理想机会。

2. 最佳循环操作

当物料在循环反应器中被加工成某种固定的最终转化率 X_{Af}时，反应表明必须有特定的最佳循环速率，使得反应器体积或空时最小化。让我们确定产物 R 的值。

最佳循环速率可通过将式(6.21)中的 R 设置为零得到，即

对于
$$\frac{\tau}{c_{A0}} = \int_{X_{A1}=\frac{RX_{Af}}{R+1}}^{X_{Af}} \frac{R+1}{(-r_A)} dX_A$$

令
$$\frac{d(\tau/c_{A0})}{dR} = 0$$

将
$$\frac{d(\tau/c_{A0})}{dR}=0 \text{ 代入 } \frac{\tau}{c_{A0}} = \int_{X_{Ai}=\frac{RX_{Af}}{R+1}}^{X_{Af}} \frac{R+1}{(-r_A)} dX_A \tag{6.25}$$

该操作需要在积分符号下进行区分。根据微积分的定理，如果

$$F(R) = \int_{a(R)}^{b(R)} f(x,R)dx \tag{6.26}$$

则

$$\frac{dF}{dR} = \int_{a(R)}^{b(R)} \frac{\partial f(x,R)}{\partial R} dx + f(b,R)\frac{db}{dR} - f(a,R)\frac{da}{dR} \tag{6.27}$$

对于式(6.25)的情况，我们发现：

$$\frac{d(\tau/c_{A0})}{dR} = 0 = \int_{X_{Ai}}^{X_{Af}} \frac{dX_A}{(-r_A)} + 0 - \left.\frac{R+1}{(-r_A)}\right|_{X_{Ai}} \frac{dX_{Ai}}{dR}$$

此时：

$$\frac{dX_{Ai}}{dR} = \frac{X_{Af}}{(R+1)^2}$$

整理后得出最佳的循环比为

$$\left.\frac{1}{-r_A}\right|_{X_{Ai}} = \frac{\int_{X_{Ai}}^{X_{Af}} \frac{dX_A}{-r_A}}{(X_{Af} - X_{Ai})} \tag{6.28}$$

总之，将反应器中的 $1/(-r_A)$的值(见图 6.20 中的 KL)等于整体反应器 $1/(-r_A)$的平均值(见图 6.20 中的 PQ)的进料引入反应器可实现最佳的循环比。图 6.20 比较了循环比过高或过低时的最佳值。

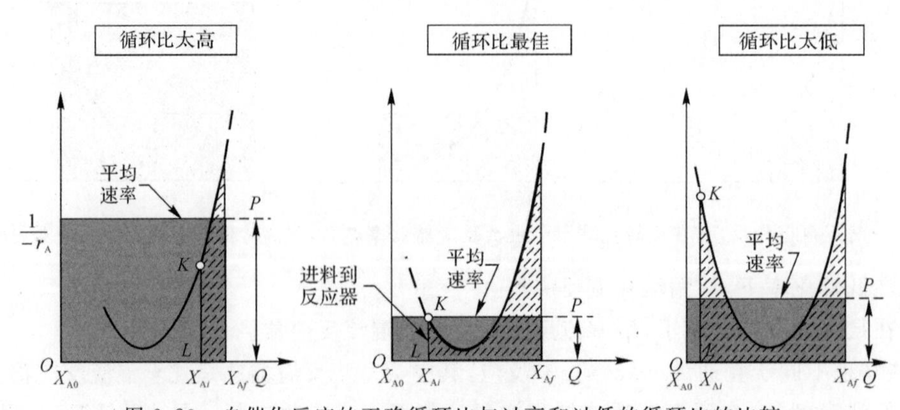

图 6.20 自催化反应的正确循环比与过高和过低的循环比的比较

3. 自催化反应的发生

自催化反应的最重要的例子是，由微生物在有机饲料上发酵反应类型。当它们可以被视为单一反应时，本章的方法可以直接应用。另一类具有自催化行为的反应是冷反应物进入系统后以绝热方式进行的放热反应，例如燃料气体的燃烧。在这种称为自热的反应中，热量可以被认为是维持反应的产物。因此，在活塞流的情况下，反应将无法进行。通过返混反应可实现自持，因为反应产生的热量可以将新鲜的反应物升高到它们能发生反应的温度。在固体催化气相体系中自热反应非常重要，本书稍后会对其进行讲解。

4. 反应器组合

对于自催化反应，如果允许产物循环或产物与循环分离，则应考虑各种反应器组合。一般来说，对于如图 6.21 所示的速率-浓度曲线，通常应该是尝试一步到达 M 点（在单个反应器中使用全混流），然后按照活塞流或尽可能接近活塞流进行。该过程如图 6.21(a)中的阴影区域所示。

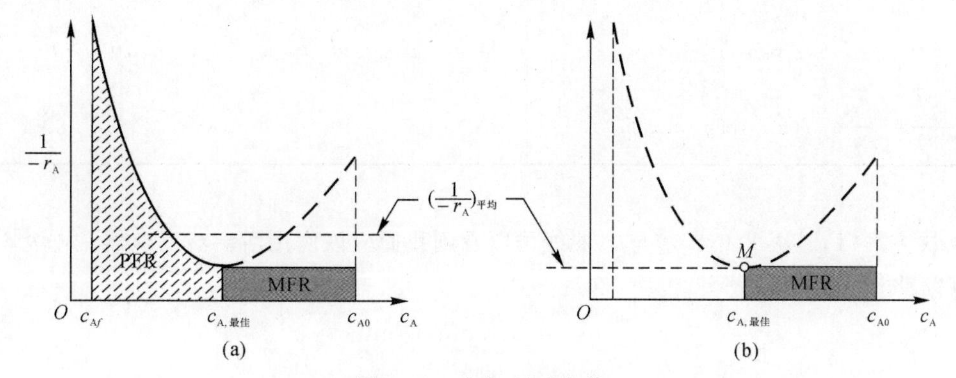

图 6.21　速率-浓度曲线

(a)最佳的多反应器方案；(b)未转化的反应物可以分离和循环的最佳方案

当未转化的反应物可以分离和再利用时，在 M 点运行[见图 6.21(b)]。

此时，所需的体积是最小的，比以前的任何操作方式都要少。但是，包括分离和回收成本在内的整体经济性将决定哪种方案是最佳方案。

[例 6.3] 反应器的最佳设置

在作为均相催化剂的特定酶 E 的存在下，工业废水中存在的有害有机物 A 降解为无害化学物质。当酶的浓度 c_E 已知时，在实验室全混流反应器中的测定给出以下结果：

$c_{A0}/(\mathrm{mmol \cdot m^{-3}})$	2	5	6	6	11	14	16	24
$c_A/(\mathrm{mmol \cdot m^{-3}})$	0.5	3	1	2	6	10	8	4
τ/min	30	1	50	8	4	20	20	4

我们希望用浓度为 c_E 的这种酶处理 0.1 $\mathrm{m^3/min}$，$c_{A0}=10\ \mathrm{mmol/m^3}$ 的废水，达到 90% 的转化率。

(1)一种可能性是使用长管式反应器（假设为活塞流），出口流体可能会循环。你推荐什么设计方案？给出反应器的大小，分辨它是否应该用于循环使用，如果是这样，则确定循环流量($\mathrm{m^3/min}$)。勾画您的推荐设计。

(2)另一种可能性是使用一个或两个反应器(假定是理想的)。您推荐什么双反应器设计?相比单反应器有什么优势?

(3)您可以使用活塞流和全混流反应器的哪种连接方式来使所需反应器的总体积最小化?绘制您的设计建议并显示所选单位的大小。不允许分离和回收部分产物流。

解:

在测量的c_A上列表并计算$1/(-r_A)$,见例6.3表的最后一行;绘制$1/(-r_A)$与c_A曲线。这看起来是U形的(见例6.3图1~例6.3图3),所以必须准备处理一个自催化型反应体系。

例6.3表

$c_{A0}/(\mathrm{mmol\cdot m^3})$	2	5	6	6	11	14	16	24
$c_A/(\mathrm{mmol\cdot m^3})$	0.5	3	1	2	6	10	8	4
τ/min	30	1	50	8	4	20	20	4
$\frac{1}{-r_A}=\frac{\tau}{c_{A0}-c_A}/(\mathrm{m^3\cdot min\cdot mmol^{-1}})$	20	0.5	10	2	0.8	5	2.5	0.2

解决方案(1)。从$1/(-r_A)$与c_A曲线可以看到我们应该使用活塞流反应器。从例6.3图1中可以看出

$$c_{\mathrm{Ain}} = 6.6\ \mathrm{mmol/m^3}$$

$$R = \frac{10-6.6}{6.6-1} = 0.607$$

$$V = \tau v_0 = \text{面积}(v_0) = [(10-1)\times 1.2]\times 0.1 = 1.08\ \mathrm{m^3}$$

$$v_R = v_0 R = 0.1\times 0.607 = 0.060\ 7\ \mathrm{m^3/min}$$

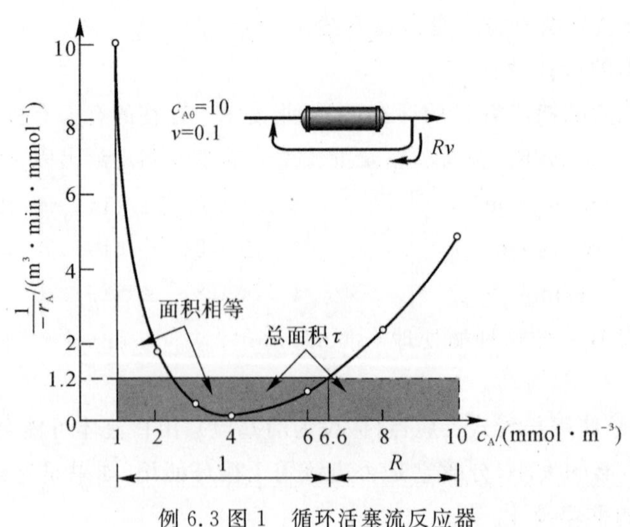

例6.3图1 循环活塞流反应器

解决方案(2)。根据最大化矩形的方法绘制斜率和对角线，我们完成了例 6.3 图 2。

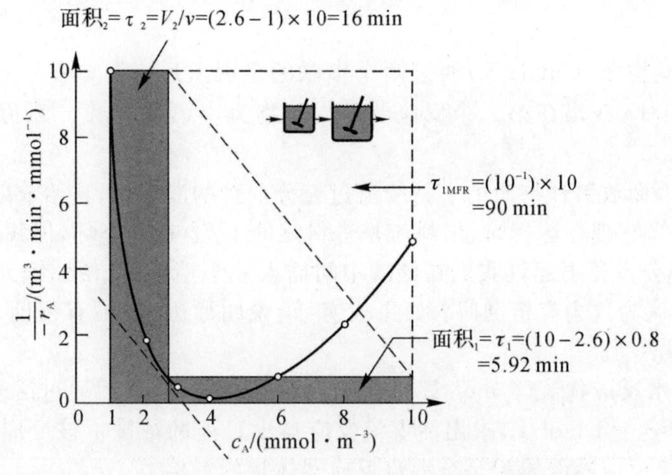

例 6.3 图 2　一个和两个全混流反应器的串联系统

$$1\text{ 个反应器 } V=\tau v=90\times0.1=90\ \mathrm{m^3}$$

$$2\text{ 个反应器}\left.\begin{aligned}V_1&=\tau_1 v=5.92\times0.1=0.59\ \mathrm{m^3}\\V_2&=\tau_2 v=16\times0.1=1.6\ \mathrm{m^3}\end{aligned}\right\}V_{总}=2.19\ \mathrm{m^3}$$

解决方案(3)。根据本章的推理，我们应该使用全混流反应器，然后使用活塞流反应器，所以从例 6.3 图 3 中我们可以发现

$$\left.\begin{aligned}\mathrm{MFR}:V_m&=v\tau_m=0.1\times1.2=0.12\ \mathrm{m^3}\\\mathrm{PFR}:V_p&=v\tau_p=0.1\times5.8=0.58\ \mathrm{m^3}\end{aligned}\right\}V_{总}=0.7\ \mathrm{m^3}$$

注意哪个方案[(1)或(2)或(3)]给出了反应器的最小尺寸。

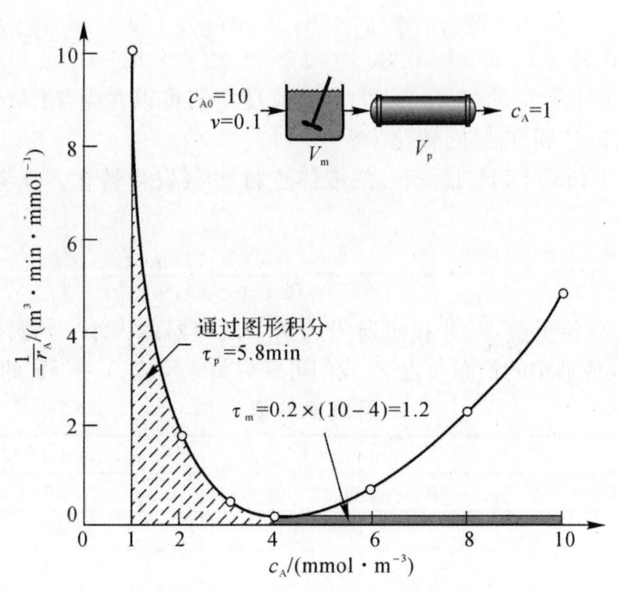

例 6.3 图 3　体积最小的连接方式

习　　题

6.1　液态反应物流(1 mol /L)通过两个串联的全混流反应器，第一个反应器出口处 A 的浓度为 0.5 mol /L,找出在第二个反应器的出口物流中 A 的浓度。反应是关于 A 和 $V_2/V_1=2$ 的二级反应。

6.2　含有短寿命放射性物质的水持续流过充分混合的滞留罐,这给放射性物质腐蚀成无害废物留下时间。当它现在运行时,出料流是进料流的 1/7。这并不坏,但我们想降低它。

我们的一位办公室秘书建议我们在储罐中间插入一个挡板,以便储罐充当两个串联的充分混合的储罐。你认为这会有帮助吗？如果没有,请说明原因;如果有帮助,则计算出料流与进料流相比的预期活动。

6.3　含 A 的水反应物流(4 mol/L)先通过全混流反应器,然后通过活塞流反应器，如果在全混流反应器中 $c_A=1$ mol/L,求出活塞流反应器出口处的浓度。该反应对于 A 而言是二级反应,并且活塞流反应器的体积是全混流反应器体积的三倍。

6.4　反应物 A($A\longrightarrow R$, $c_{A0}=26$ mol/m^3)稳定流过 4 个串联的相同尺寸的全混流反应器($\tau_{总}=2$ min)。当达到稳定状态时,在 4 个单元中发现 A 的浓度分别为 11 mol/m^3,5 mol/m^3,2 mol/m^3,1 mol/m^3。对于这个反应,为了将 c_A 从 $c_{A0}=26$ mol/m^3 减少到 $c_{Af}=1$ mol/m^3,$\tau_{活塞流}$必须是什么？

6.5　最初我们计划是使两个充分混合的气体流通过两个串联的搅拌罐来降低含有放射性 Xe－138(半衰期＝14 min)的气流的活性,使得气体的平均停留时间是 2 周/罐。有人建议我们用一个长管替换两个罐(假设活塞流)。与两个原始的搅拌罐相比,这个管的尺寸是多少？在同样的放射性衰变程度下,这个管中气体的平均停留时间应该是多少？

6.6　在 100℃下,纯气态 A 在恒定体积的间歇式反应器中发生如下化学计量反应:$2A\longrightarrow R+S$:

t/s	0	20	40	60	80	100	120	140	160
p_A/atm	1.00	0.96	0.80	0.56	0.32	0.18	0.08	0.04	0.02

在 100℃和 1 atm 下运行的多大尺寸的活塞流反应器可以在由 20%惰性物组成的进料中处理 A(100 mol/h),以达到 95%的转化率？

6.7　将含有 A(1 mol/L,10 L/min)的液体进料 99%发生转化。反应的化学计量和动力学由下式给出：

$$A\longrightarrow R,\ -r_A=\frac{c_A}{0.2+c_A}\ \frac{\text{mol}}{\text{L}\cdot\text{min}}$$

建议使用两个全混流反应器,并找出所需的两个反应器的大小。勾画所选的最终设计。

6.8　从全混流反应器中的稳态动力学,我们可获得关于反应 $A\longrightarrow R$ 的数据见习题 6.8 表。

习题 6.8 表

τ/s	c_{A0}/(mmol・L^{-1})	c_A/(mmol・L^{-1})
60	50	20
35	100	40
11	100	60
20	200	80
11	200	100

找到处理 $c_{A0}=100$ mmol/L 进料 80%转化率所需的空时：

(1)在活塞流反应器中。

(2)在全混流反应器中。

6.9　目前，液体进料有 90%转化($n=1$，$c_{A0}=10$ mol/L)至我们的活塞式反应器，产品再循环($R=2$)。如果我们关闭了再循环流，那么这会使得进料的处理速率从 90%的转化率降低到多少？

6.10　含有反应物 A($c_{A0}=2$ mol/L)的进料进入活塞流反应器(10 L)，其具有用于再循环一部分流动流的设备。反应动力学和化学计量学如下：

$$A \longrightarrow R,\ -r_A = 1c_A c_R\ \frac{\text{mol}}{\text{L}\cdot\text{min}}$$

我们希望获得 96%的转化率，应该使用循环流吗？如果是这样的话，我们应该设定什么值的循环流以获得最高的生产率，以及我们可以在反应器中处理这种转化的体积进料速率是多少？

6.11　考虑自催化反应 $A \longrightarrow R$，其中 $-r_A=0.001c_A c_R$ mol/(L·s)。我们希望在反应器系统中处理 1.5 L/s，$c_{A0}=10$ mol/L 的原料，使反应器系统达到最高转化率，该反应器系统由 4 个按需要连接的 100 L 全混流反应器和任何进料装置组成。请勾画您的推荐设计和进料装置，并通过这个系统确定 c_{Af}。

6.12　在全混流反应器中发生转化率为 92%的一级液相反应，有人建议将一部分产品流不加处理地循环使用。如果进料速率保持不变，这将如何影响转化率？

6.13　将半衰期为 20 h 的 100 L/h 放射性流体通过串联的两个理想搅拌釜进行处理，每个体积为 40 000 L。在通过这个系统时，流体活性会衰减多少？

6.14　目前，在活塞流反应器中进行等物质的 A 和 B 的转化率为 96%的基本液相反应 $A+B \longrightarrow R+S$，$c_{A0}=c_{B0}=1$ mol/L。如果一个是活塞流反应器十倍的全混流反应器与现有的装置进行串联连接，那么该装置应该先放在哪个位置，并且该装置的生产量可以增加多少？

6.15　在两个串联的全混流反应器中研究 A 水相分解的动力学，其中第二个反应器的体积是第一个反应器的两倍。在稳定状态下，第一个反应器中进料浓度为 1 mol/L，平均停留时间为 96 s，A 的浓度为 0.5 mol/L，第二个反应器中 A 的浓度为 0.25 mol /L。找到分解的动力学方程。

6.16　使用显示 A 的浓度何时低于 0.1 mol/L 的颜色指示器，设计以下方案用以探索 A 的分解动力学。将 0.6 mol/L 的进料引入串联的两个全混流反应器的第一个中，每个容积为 400 cm^3。在第一个反应器中发生颜色变化，稳定状态下进料速率为 10 cm^3/min，在第二个反应器中的稳态进料速率为 50 cm^3/min。从这些信息中得出 A 的分解速率方程。

6.17　基本的不可逆水相反应 $A+B \longrightarrow R+S$ 在等温条件下进行。两个等体积的液体流被引入到 4 L 的混合釜中。一股含有 0.020 mo/L 的 A，另一股含有 1.400 mo/L 的 B，然后使混合物料通过 16 L 的活塞流反应器。我们发现有些 R 在混合釜中形成，其浓度为 0.002 mol/L。假定混合釜用作全混流反应器，求出活塞流反应器出口处的 R 浓度以及系统中已经转化的 A 的初始分数。

6.18　目前，当在循环比为 1 的等温活塞流反应器中操作时，基本二级液相反应 $2A \longrightarrow$

2R 的转化率为 2/3。如果循环流被关闭,转化率将会是多少?

6.19　我们希望探索将 A 转化为 R 的各种反应器装置。原料中含有 99%A,1%R;所需产品由 10%A 和 90%R 组成。转化通过以下基元反应进行:

$$A+R \longrightarrow R+R$$

速率常数 $k=1$ L/(mol・min),活性物质的浓度一直存在:

$$c_{A0}+c_{R0}=c_A+c_R=c_0=1\ \text{mol/L}$$

以下哪个反应器保持时间将产生这样的产物?其中 $c_R=0.9$ mol/L。

(1)在活塞流反应器中;

(2)在混合流反应器中;

(3)在没有循环的最小尺寸设置。

6.20　反应物 A 以化学计量 A ⟶R 分解并且仅依赖于 c_A 的速率。以下关于这种水分解的数据是从全混流反应器中获得,见习题 6.20 表。

确定活塞流、全混流或任何双反应器组合中的哪种设置使得对于由 $c_{A0}=100$ mmol/L 组成的进料的 90%转化时 τ 最小,还可以找到这个 τ 最小值。如果发现双反应器方案是最佳的,则在级段之间给出 c_A,对于每个级段给出 τ。

习题 6.20 表

τ/s	$c_{A0}/(\text{mmol}\cdot\text{L}^{-1})$	$c_A/(\text{mmol}\cdot\text{L}^{-1})$
14	200	100
25	190	90
29	180	80
30	170	70
29	160	60
27	150	50
24	140	40
19	130	30
15	120	20
12	110	10
20	101	1

6.21　对于活塞流反应器中的不可逆一级液相反应($c_{A0}=10$ mol/L)转化率为 90%,如果离开反应器的流体的 2/3 被再循环到反应器入口,并且整个反应器再循环系统的流量保持不变,这对离开系统的反应物的浓度有什么影响?

6.22　在室温下,进行的二级不可逆液相反应如下:

$$2A \longrightarrow \text{产物},\ -r_A=[0.005\ \text{L/(mol}\cdot\text{min)}]c_A^2,\ c_{A0}=1\ \text{mol/L}$$

间歇式反应器需要 18 min 来填充和清空,我们应该使转化率和反应时间为多少,以使产品 R 的日产量最大化?

第7章　平行反应设计

1. 多重复杂反应介绍

上述章节介绍了关于单一反应的反应器性能(尺寸)受到容器内流动模式的影响,在本章和下一章中,我们将讨论扩展到多重反应,并表明对于这些反应,反应产物的尺寸要求和分布都受到容器内流动模式的影响。单一反应和多重反应之间的区别在于单一反应只需要一个速率方程来描述其动力学行为,而多重反应需要不止一个速率方程。

由于多重反应的类型差异很大,似乎共同点很少,因此我们要找到设计的一般指导原则可能会比较困难。幸运的是,许多多重反应可以被认为是两种主要类型的反应的组合:平行反应和连串反应。

在本章中,我们将讨论平行反应。在下一章中,我们将讨论连串反应以及各种串并联组合。

考虑一般方法,我们发现浓度处理比转换更为方便。在检查产品分布时,该过程是通过将一个速率方程除以另一个方程来消除时间变量。然后我们用方程式来描述某些组件相对于系统其他组件的变化率。这种关系相对容易处理。因此,我们使用两种不同的分析方法,一种用于确定反应器的大小,另一种用于产品分布的研究。

小型反应器的规模和所需产品的最大化这两个要求可能会相互矛盾。在这种情况下,经济分析会产生最好的折中。因此,本章主要关注产品分配方面的优化,这是在单一反应中不起作用的一个因素。我们忽略了本章的扩展效应。因此,我们将 $\varepsilon=0$ 贯穿始终,这意味着我们可以互换地使用平均停留时间、反应器停留时间、空时和空速这些术语。

2. 关于产品分布的定性讨论

考虑两种路径中的任何一种对 A 的分解:

$$A \begin{cases} \xrightarrow{k_1} R \quad \text{需要的产物} \\ \xrightarrow{k_2} S \quad \text{不需要的产物} \end{cases} \tag{7.1}$$

相应的速率方程:

$$r_R = \frac{dc_R}{dt} = k_1 c_A^{a_1} \tag{7.2a}$$

$$r_S = \frac{dc_S}{dt} = k_2 c_A^{a_2} \tag{7.2b}$$

用式(7.2a)除以式(7.2b)可得R和S形成的相对速率：

$$\frac{r_R}{r_S} = \frac{dc_R}{dc_S} = \frac{k_2}{k_1} c_A^{a_1 - a_2} \tag{7.3}$$

我们希望这个比例尽可能大。

现在，c_A是这个方程中唯一可以调节和控制的因子（给定温度下的k_1，k_2，a_1和a_2对于特定系统都是恒定的），我们可以通过以下任何一种方法使整个反应器中的c_A保持较低：通过使用全混流反应器保持高转化率，增加进料中惰性物质或降低气相体系中的压力。另外，通过使用间歇式或活塞式反应器维持较低的转化率，从进料中除去惰性物质或增加气相系统中的压力可以保持较高的c_A。

让我们看看对于式(7.1)，A的浓度应该保持高还是低。

如果$a_1 > a_2$或期望的反应比不需要的反应级别更高，式(7.3)表示高反应物浓度是合乎需要的，因为它提高了R/S的值。结果，间歇式或活塞流反应器将有利于形成产物R并且可使反应器尺寸最小。

如果$a_1 < a_2$或期望的反应比不需要的反应级别低，需要低的反应物浓度以有利于R的形成。但是这也需要大的全混流反应器。

如果$a_1 = a_2$或者两个反应的级别相同，式(7.3)变为

$$\frac{r_R}{r_S} = \frac{dc_R}{dc_S} = \frac{k_1}{k_2} = 常量 \tag{7.4}$$

因此，产品分布由k_2/k_1单独确定，不受所用反应器类型的影响。

我们也可以通过改变k_2/k_1来控制产品分布。这可以通过两种方式完成：

(1)改变操作温度。如果两个反应的活化能不同，则可以使k_1/k_2变化。第9章考虑了这个问题。

(2)使用催化剂。催化剂的最重要的特征之一是其减速或加速特定反应的选择性。与迄今为止讨论的任何方法相比，这可能是控制产品分布的最有效的方法。

我们的定性研究结果总结如下：

对于平行反应，反应物的浓度是正确控制产品分布的关键，高反应物浓度有利于高阶反应，低浓度有利于低阶反应，而浓度水平对同阶反应的产物分布没有影响。

当有两种或两种以上的反应物时，通过控制进料浓度，某些组分过量以及使用正确的反应流体接触方式可以获得高和低反应物浓度的组合。图7.1和图7.2说明了在连续和非连续操作中使两种反应流体接触的方法，这些操作可以保持这些组分的浓度都很高或都很低，或者一个较高另一个较低。通常，在实现最理想的接触模式之前，必须考虑所涉及的反应流体的数量、再循环的可能性以及可能的替代设置的成本。

在任何情况下，使用适当的接触模式是获得多种反应产物有利分布的关键因素。

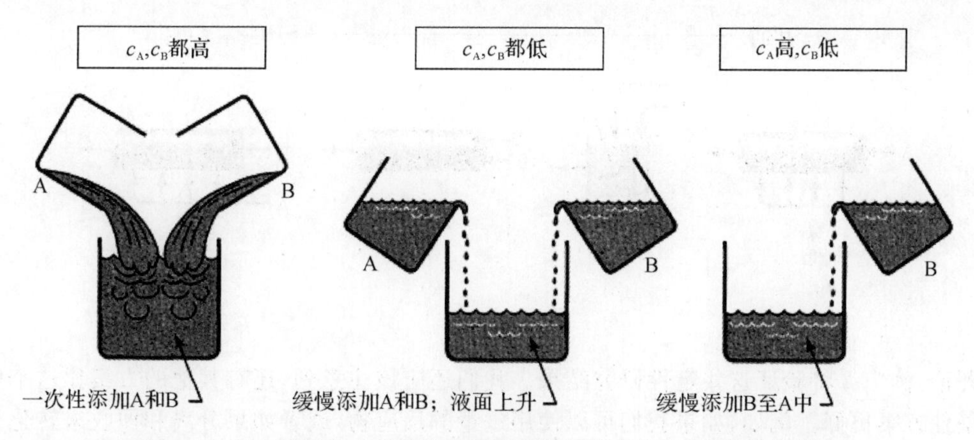

图 7.1　非连续操作中各种组合的高浓度和低浓度反应物的接触模式

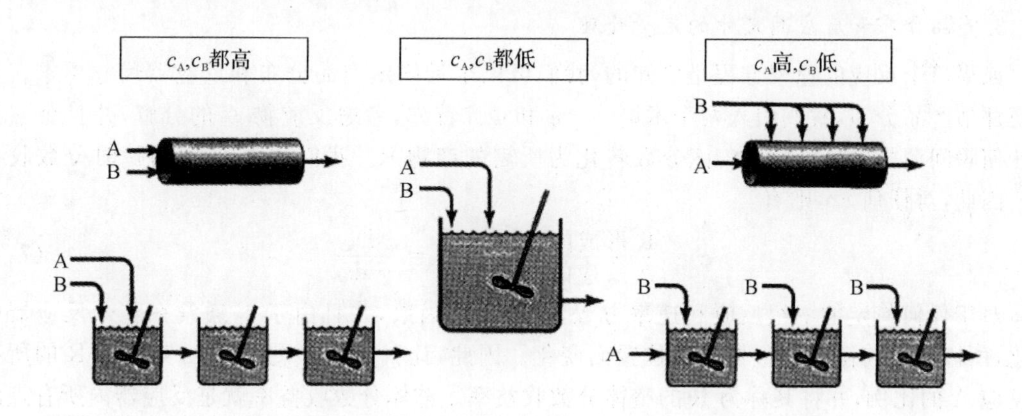

图 7.2　连续流动操作中各种组合的高浓度和低浓度反应物的接触模式

[例 7.1] 平行反应的竞争模式

所需的液相反应为

$$A + B \xrightarrow{k_1} R + T \quad \frac{dc_R}{dt} = \frac{dc_T}{dt} = k_1 c_A^{1.5} c_B^{0.3} \tag{7.5}$$

伴随着不需要的副反应为

$$A + B \xrightarrow{k_2} S + U \quad \frac{dc_S}{dt} = \frac{dc_U}{dt} = k_2 c_A^{0.5} c_B^{1.8} \tag{7.6}$$

从有利的产品分布的角度,从最希望的到最不希望的,整理图 7.2 的接触方案。

解:

式(7.5)除以式(7.6)给出了这个比例为

$$\frac{r_R}{r_S} = \frac{k_1}{k_2} c_A c_B^{-1.5}$$

它应保持尽可能大。根据平行反应的规则,我们希望保持 c_A 高,c_B 低,并且因为 B 的浓度依赖性比 A 更显著,所以具有低的 c_B 比高的 c_A 更重要。因此,接触方案的排列如例 7.1 图所示。

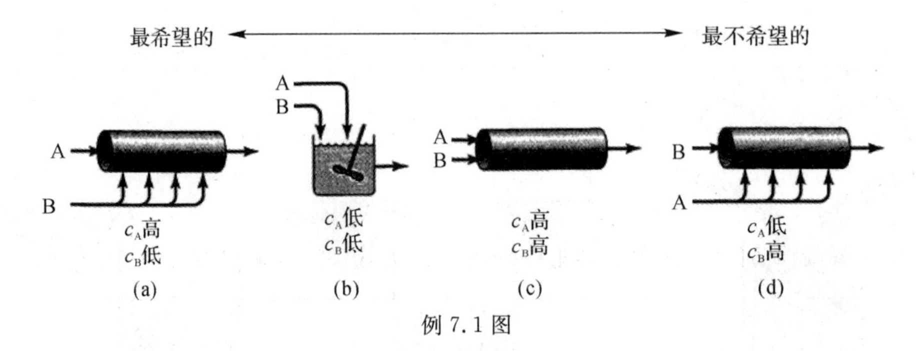

例 7.1 图

评论:例 7.2 将验证这些定性研究结果。我们还应该注意到,还有其他的方案比这个例子中的最佳方案更好。例如,如果我们可以使用过量的反应物,或者如果分离和回收未转化的反应物是切实可行的,则可以大大改善产物分布。

3. *产品分布和反应器尺寸的定量处理*

如果单个反应的速率方程是已知的,我们可以定量确定产品分布和反应器尺寸要求。为方便评估产品分布,我们引入两个术语——φ 和 Φ。首先,考虑反应物 A 的分解,并且令 φ 为在任何瞬间消失的 A 的分数,该分数转化为所需的产物 R。我们称之为 R 的瞬时分数收益率。因此,对任何 c_A,则有

$$\varphi=\frac{\text{R 形成的物质的量}}{\text{A 反应的物质的量}}=\frac{\mathrm{d}c_R}{-\mathrm{d}c_A} \tag{7.7}$$

对于任何特定的一组反应和速率方程,φ 是 c_A 的函数,并且由于 c_A 通常在整个反应器中变化,所以 φ 也将随着反应器中的位置而变化。因此,让我们将 Φ 定义为已转换为 R 的所有已反应 A 的比例,并将其称为 R 的整体分数收益率。整体分数收益率就是反应器内所有点瞬时分数的平均值,可得

$$\Phi=\left(\frac{\text{所有生成的 R}}{\text{所有反应的 A}}\right)=\frac{c_{Rf}}{c_{A0}-c_{Af}}=\frac{c_{Rf}}{(-\Delta c_A)}=\bar{\varphi}_{\text{in反应器}} \tag{7.8}$$

整体分数收益率,代表了反应器出口处的产品分布。现在 φ 的平均值取决于反应器内的流量类型。因此,对于活塞流,其中 c_A 通过反应器逐渐变化,式(7.7)可得

$$\text{PFR}:\Phi_p=\frac{-1}{c_{A0}-c_{Af}}\int_{c_{A0}}^{c_{Af}}\varphi\mathrm{d}c_A=\frac{1}{\Delta c_A}\int_{c_{A0}}^{c_{Af}}\varphi\mathrm{d}c_A \tag{7.9}$$

对于全混流,组合物在任何地方都是 c_{Af},所以在整个反应器中 φ 都是恒定的,则有

$$\text{MFR}:\Phi_m=\varphi \tag{7.10}$$

从 c_{A0} 到 c_{Af} 的混合和活塞流反应器处理 A 的总体分数收率由下式关联,即

$$\Phi_m=\left(\frac{\mathrm{d}\Phi_p}{\mathrm{d}c_A}\right)_{c_{Af}}\quad \text{且}\quad \Phi_p=\frac{1}{\Delta c_A}\int_{c_{A0}}^{c_{Af}}\Phi_m\mathrm{d}c_A \tag{7.11}$$

这些表达式使我们能够根据一种反应器的收益率来预测另一种反应器的收益率。

对于一系列的 1,2,…,N 个全混流反应器,其中 A 的浓度为 $c_{A1},c_{A2},\cdots,c_{AN}$,通过将 N 个容器中的每一个容器中的分数产量相加,将这些值加权到每个容器中发生的反应量,来获得整体分数产率。因此

$$\varphi_1(c_{A0}-c_{A1})+\cdots+\varphi_N(c_{A,N-1}-c_{AN})=\Phi_{N\text{全混流}}(c_{A0}-c_{AN})$$

从而

$$\Phi_{N全混流} = \frac{\varphi_1(c_{A0}-c_{A1})+\varphi_2(c_{A1}-c_{A2})+\cdots+\varphi_N(c_{A,N-1}-c_{AN})}{c_{A0}-c_{AN}} \tag{7.12}$$

对于任何类型的反应器，R 的出口浓度直接由式(7.8)获得。因此

$$c_{Rf} = \Phi(c_{A0}-c_{Af}) \tag{7.13}$$

图 7.3 显示了对于不同类型的反应器，c_R 是如何发现的。对于全混流反应器或串联的全混流反应器，可能必须通过最大化矩形来找到使 c_R 最大化的最佳出口浓度(见第 6 章)。

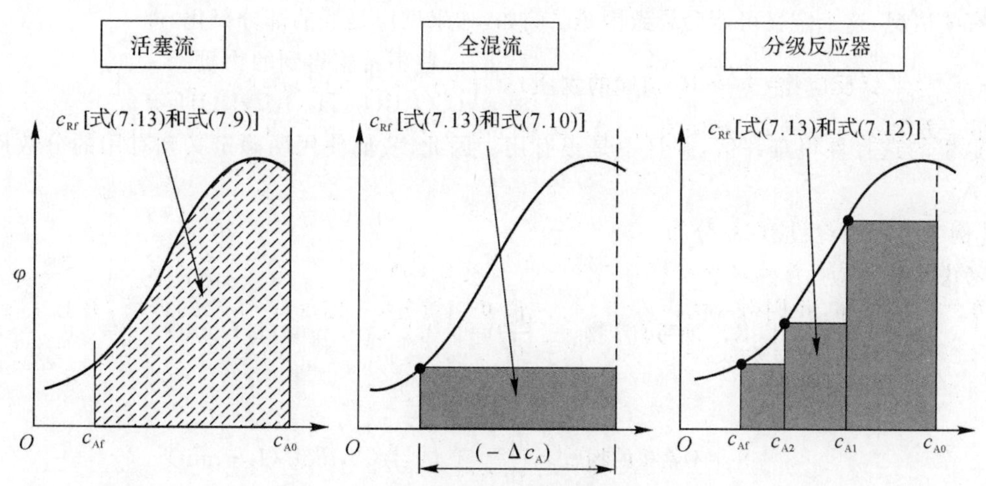

图 7.3　阴影和虚线区域表示形成的总 R

现在，φ 与 c_A 曲线的形状决定了哪种流动类型可以产生最佳的产品分布，图 7.4 显示了这些曲线的典型形状，其中活塞流，全混流和混合后的活塞流是最佳的。

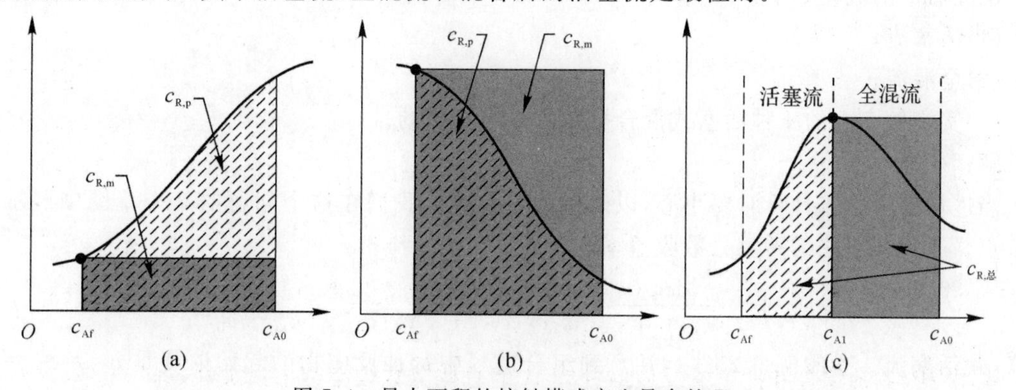

图 7.4　最大面积的接触模式产生最多的 R

(a)活塞流最好；(b)全混流最好；(c)全混流达到 c_{A1}，活塞流最好

这些分数收益率表达式使我们能够将来自不同类型反应器的产品分布与最佳方案联系起来。然而，在我们能够安全使用这些关系之前，必须先满足一个条件：平行反应必须没有产品影响产品分离的速率。测定这个最简单的方法是将产品添加到原料中，并验证产品分离是不会改变的。

到目前为止，R 的分数收益率已被视为仅是 c_A 的函数，并且已经根据消耗的该组分的量来定义。更一般地，当涉及两种或更多种反应物时，分数产率可以基于所消耗的反应物之一、

所消耗的所有反应物或形成的产物。因此，一般而言，我们根据 N 的消失或形成，将 $\varphi(M/N)$ 定义为 M 的瞬时分数产率。

使用分数产率来确定平行反应的产物分布由 Denbigh(1944，1961)开发。

4. 选择性

选择性，通常用于代替分数收益率。定义如下：

$$\text{选择性}=\frac{\text{希望产物生成的物质的量}}{\text{不想要物质生成的物质的量}}$$

有些情况，这个定义可能会导致困难。例如，如果反应是烃的部分氧化，即

$$\text{A(反应物)}\xrightarrow{+O_2}\text{R(预期的物质)}+\begin{pmatrix}\text{一些不希望得到的物质}\\ (CO,CO_2,H_2O,CH_3OH\text{ 等})\end{pmatrix}$$

这里的选择性很难评估，并且不是很有用。因此，我们使用明确定义和有用的分数产率 $\varphi(R/A)$。

[**例 7.2**] 平行反应产品分布

考虑水相反应

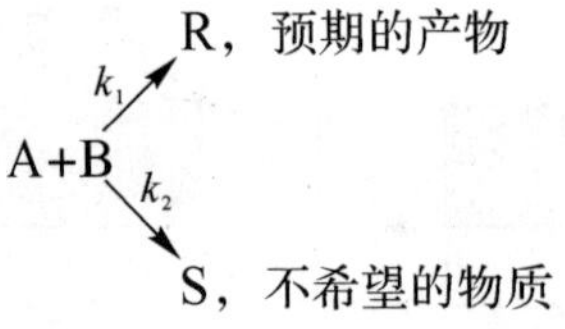

$$A+B\xrightarrow{k_1}R,\ \text{预期的产物}\qquad \frac{dc_R}{dt}=1.0c_A^{1.5}c_B^{0.3},\ \text{mol/(L·min)}$$

$$A+B\xrightarrow{k_2}S,\ \text{不希望的物质}\qquad \frac{dc_S}{dt}=1.0c_A^{0.5}c_B^{1.8},\ \text{mol/(L·min)}$$

对于 A 的 90%转化率，求出产物流中 R 的浓度。A 和 B 物流等体积流量送入反应器，每个物流的反应物浓度为 20 mol/L。

反应器中的流动如下：

(1)活塞流；

(2)全混流；

(3)实施例 7.1 的 4 种活塞式混合接触方案中最好的。

解：

当进行混合物流计算时要小心，以确保浓度正确。我们在这个问题的 3 个草图中展示了这一点。所需化合物的瞬时分数收益率为

$$\varphi\left(\frac{R}{A}\right)=\frac{dc_R}{dc_R+dc_S}=\frac{k_1c_A^{1.5}c_B^{0.3}}{k_1c_A^{1.5}c_B^{0.3}+k_2c_A^{0.5}c_B^{1.8}}=\frac{c_A}{c_A+c_B^{1.5}}$$

(1)活塞流。参阅例 7.2 图 1，注意到组合进料中每种反应物的起始浓度是 $c_{A0}=c_{B0}=10$ mol/L，$c_A=c_B$ 恒成立，由式(7.9)得

$$\Phi_p=\frac{-1}{c_{A0}-c_{Af}}\int\varphi dc_A=\frac{-1}{10-1}\int_{10}^{1}\frac{c_Adc_A}{c_A+c_A^{1.5}}=\frac{1}{9}\int_{1}^{10}\frac{dc_A}{1+c_A^{0.5}}$$

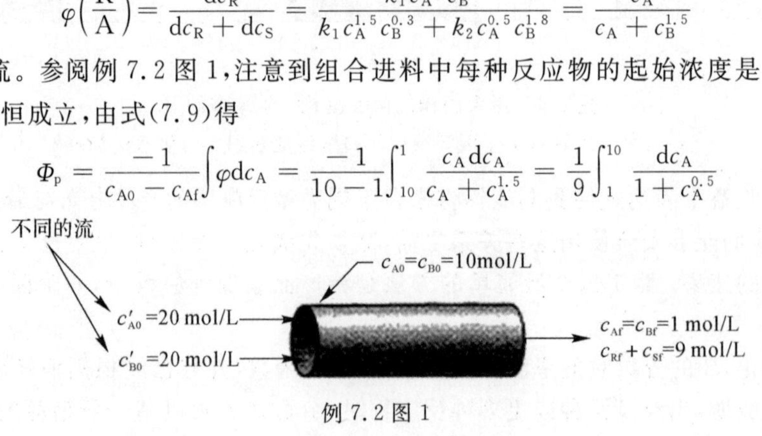

不同的流

$c_{A0}=c_{B0}=10$ mol/L

$c'_{A0}=20$ mol/L

$c'_{B0}=20$ mol/L

$c_{Af}=c_{Bf}=1$ mol/L

$c_{Rf}+c_{Sf}=9$ mol/L

例 7.2 图 1

设 $c_A^{0.5}=x$，则 $c_A=x^2$，$dc_A=2xdx$。在上面的表达式中用 x 代替 c_A 给出：

$$\Phi_p=\frac{1}{9}\int_1^{\sqrt{10}}\frac{2xdx}{1+x}=\frac{2}{9}\left[\int_1^{\sqrt{10}}dx-\int_1^{\sqrt{10}}\frac{dx}{1+x}\right]=0.32$$

故

$$c_{Rf}=9\times0.32=2.89$$

$$c_{Sf}=9\times(1-0.32)=6.14$$

(2)全混流。参阅例 7.2 图 2，对于 $c_A=c_B$，由式(7.10)可得

$$\Phi_m\left(\frac{R}{A}\right)=\varphi_{出口处}=\frac{1}{1+c_A^{0.5}}=0.5$$

由式(7.13)给出：

$$c_{Rf}=9\times0.5=4.5\ mol/L$$

$$c_{Sf}=9\times(1-0.5)=4.5\ mol/L$$

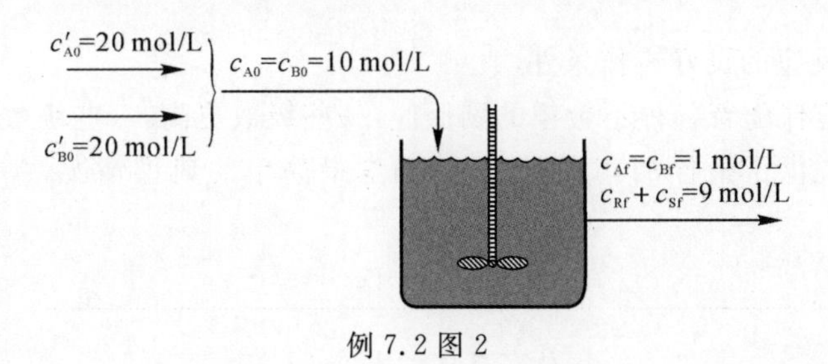

例 7.2 图 2

(3)活塞流 A-全混流 B。假设 B 以 $c_B=1$ mol/L 的方式引入反应器，如例 7.2 图 3 所示的浓度。在反应器中 c_A 不断变化，我们发现：

假设 $c_{Bf}=1$：

$$\Phi\left(\frac{R}{A}\right)=\frac{-1}{c_{A0}-c_{Af}}\int_{c_{A0}}^{c_{Af}}\varphi dc_A=\frac{-1}{19-1}\int_{19}^{1}\frac{c_A dc_A}{c_A+1.5}$$
$$=\frac{1}{18}\left[\int_1^{19}dc_A-\int_1^{19}\frac{dc_A}{c_A+1}\right]=\frac{1}{18}\times\left[(19-1)-\ln\frac{20}{2}\right]=0.87$$

则有

$$c_{Rf}=9\times0.87=7.85\ mol/L$$

$$c_{Sf}=9\times(1-0.87)=1.15\ mol/L$$

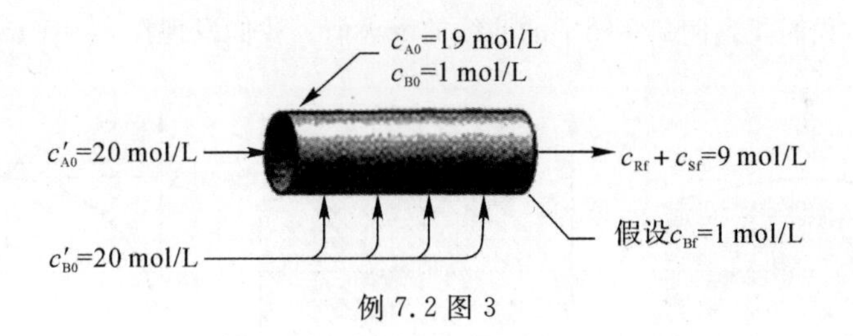

例 7.2 图 3

总之：

活塞流：　$\Phi\left(\frac{R}{A}\right)=0.32$ 且 $c_{Rf}=2.86$ mol/L

全混流：　　$\Phi\left(\frac{R}{A}\right)=0.50$ 且 $c_{Rf}=4.5\ mol/L$

活塞流最佳情况：　　$\Phi\left(\frac{R}{A}\right)=0.87$ 且 $c_{Rf}=7.85\ mol/L$

注意：这些结果验证了例 7.1 的定性研究结果。

5. 侧入式反应器

评估如何最好地使用侧入式反应器以及如何计算相应的转换方程是一个相当复杂的问题。对于这种类型一般参见 Westerterp 等(1984)。

实际建造商业规模的侧入式反应器是另一个问题。化学工程"新闻"(1997 年)报道了如何巧妙地使用一个类似于使用多孔壁管壳式热交换器的反应器。

反应物 A 流过装有挡板的管，以促进流体的侧向混合并接近活塞流。反应物 B 在管中保持接近恒定的低浓度，通过壳侧以比管中更高的压力进入交换器。因此，B 沿管的整个长度扩散到管中。

[**例 7.3**] 平行反应的良好操作条件

通常所需的反应伴随着各种不希望的副反应，一些级数更高，一些级数更低。要知道哪种类型的单一反应器提供了最佳的产品分布，请考虑最简单的典型情况，A 的平行分解，$c_{A0}=2\ mol/L$：

$$A\begin{cases}\nearrow R & r_R=1\\ \rightarrow S & r_S=2c_A\\ \searrow T & r_T=c_A^2\end{cases}$$

求出等温操作的最大预期 c_S 值。

(1)在全混流反应器中；

(2)在活塞流反应器中；

(3)在你选择的反应器中，如果未反应的 A 可以从产物流中分离出来并以 $c_{A0}=2\ mol/L$ 返回到进料。

解：

由于 S 是期望的产品，因此用 S 来表示分数收益率。

$$\varphi(S/A)=\frac{dc_S}{dc_R+dc_S+dc_T}=\frac{2c_A}{1+2c_A+c_A^2}=\frac{2c_A}{(1+c_A)^2}$$

绘制这个函数，我们找到例 7.3 图中的曲线的最大值。我们发现在 $c_A=1\ mol/L$ 时，$\varphi=0.5$。

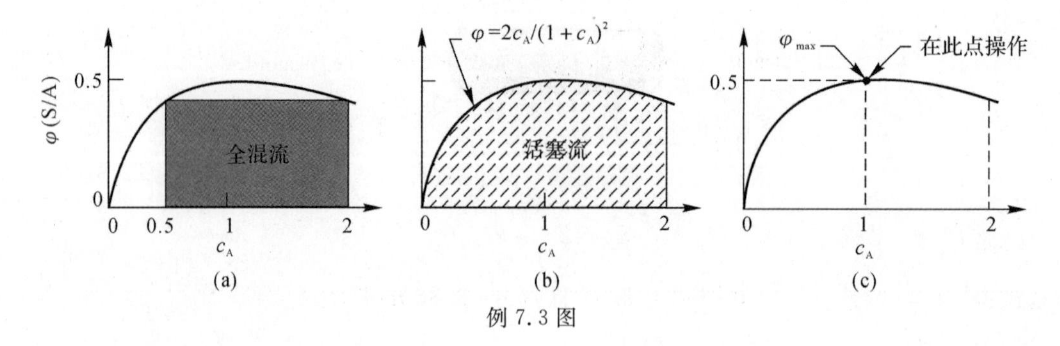

例 7.3 图

(1)全混流反应器。当 φ 对 c_A 曲线下面的矩形面积最大时，大多数 S 形成。所需条件可以通过矩形的图形最大化或分析找到。由于在这个问题中有简单明确的表达式，让我们使用后一种方法。从式(7.10)和式(7.13)可得矩形区域：

$$c_{Sf}=\varphi(S/A)\cdot(-\Delta c_A)=\frac{2c_A}{(1+c_A)^2}(c_{A0}-c_A)$$

微分并将其设为零以找出形成大多数 S：

$$\frac{dc_{Sf}}{dc_A}=\frac{d}{dc_A}\left[\frac{2c_A}{(1+c_A)^2}(2-c_A)\right]=0$$

评估给出了全混流反应器的最佳运行条件：

$$\text{当 } c_{Af}=\frac{1}{2}\ \text{mol/L}, c_{Sf}=\frac{2}{3\ \text{mol/L}}$$

(2)活塞流反应器。当 φ 对 c_A 曲线下面积最大时，S 的产量最大。当 A 发生 100%转化时，如例 7.3 图(b)所示。因此，从式(7.9)和式(7.13)得

$$c_{Sf}=-\int_{c_{A0}}^{c_{Af}}\varphi(S/A)dc_A=\int_0^2\frac{2c_A}{(1+c_A)^2}dc_A$$

对于最佳的活塞流评估这个积分给出，即

$$\text{当 } c_{Af}=0, c_{Sf}=0.867\ \text{mol/L}$$

(3)任何分离和再循环未使用反应物的反应器。由于没有未转化的反应物离开系统，重要的是在最高的分数收率条件下操作。这时 $c_A=1$，其中 $\varphi(S/A)=0.5$，如例 7.3 图(c)所示。因此，我们应该使用在 $c_A=1$ 下操作的全混流反应器。然后，我们将得到 50%的反应物 A 形成产物 S。

经过总结，我们发现：

$$\left(\frac{\text{形成 S 的物质的量}}{\text{进料 A 的物质的量}}\right)=0.33(\text{全混流})$$

$$=0.43(\text{活塞流})$$

$$=0.50(\text{具有分离器和循环的全混流})$$

因此，在最高 φ 条件下运行的全混流反应器可分离和循环未使用的反应物，从而得到最佳的产品分布。这个结果对于一组不同级数的平行反应是非常普遍的。

[例 7.4] 平行反应的最佳操作条件

对于例 7.3 的反应，确定在流动系统中，将产生大部分 S 不能回收和再浓缩未反应进料的反应器的布置。对于反应器的这种布置找出 $c_{S,总}$。

解：

从例 7.4 图我们可以看到全混流后跟活塞流是最好的。

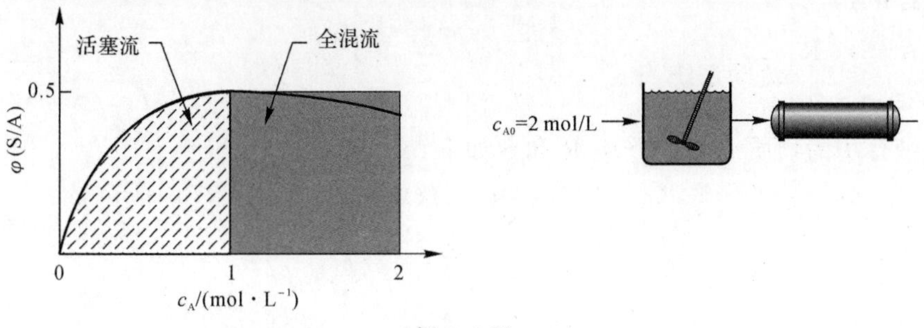

例 7.4 图

对于全混流，来自例 7.3：

$$c_A = 1\ \text{mol/L}, \varphi = 0.5，则\ c_S = \varphi(\Delta c_A) = 0.5 \times (2-1) = 0.5\ \text{mol/L}$$

对于活塞流，来自例 7.3：

$$c_S = -\int_1^0 \varphi \mathrm{d}c_A = \int_0^1 \frac{2c_A}{(1+c_A)^2}\mathrm{d}c_A = 0.386\ \text{mol/L}$$

因此，形成的 c_S 总量为

$$c_{S,总} = 0.5 + 0.386 = 0.886\ \text{mol/L}$$

这仅比例 7.3 中计算的单独活塞流稍好。

习　题

7.1　对于给定的具有 c_{A0} 的进料流，如果我们希望最大化 $\varphi(S/A)$，应该使用活塞流还是全混流，并且应该对出口流使用高还是低或某种中间转化水平？其反应体系为

$$A \begin{cases} \xrightarrow{1} R \\ \xrightarrow{2} S，希望的物质 \\ \xrightarrow{3} T \end{cases}$$

式中 n_1，n_2 和 n_3 是反应 1，2 和 3 的反应级数。

(1) $n_1=1, n_2=2, n_3=3$；

(2) $n_1=2, n_2=3, n_3=1$；

(3) $n_1=3, n_2=1, n_3=2$。

使用单独的 A 和 B 进料可以绘制出接触模式和反应器条件，这将更好地促进下面的基元反应系统的产物 R 的形成。

7.2　$\left.\begin{array}{l} A+B \rightarrow R \\ A \rightarrow S \end{array}\right\}$ 流动系统

7.3　$\left.\begin{array}{l} A+B \rightarrow R \\ 2A \rightarrow S \\ 2B \rightarrow T \end{array}\right\}$ 间歇系统

7.4　$\left.\begin{array}{l} A+B \rightarrow R \\ A \rightarrow S \end{array}\right\}$ 间歇系统

7.5　$\left.\begin{array}{l} A+B \rightarrow R \\ 2A \rightarrow S \end{array}\right\}$ 流动系统

7.6　液体中的物质 A 反应产生 R 和 S 如下：

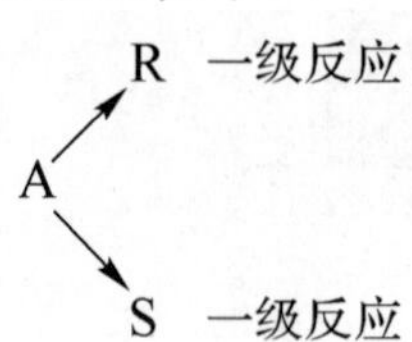

进料($c_{A0}=1$ mol/L,$c_{R0}=0$,$c_{S0}=0$)进入两个串联的全混流反应器($\tau_1=2.5$ min,$\tau_2=5$ min)。知道第一个反应器中的组成($c_{A1}=0.4$ mol/L,$c_{R1}=0.4$ mol/L,$c_{S1}=0.2$ mol/L),找到离开第二个反应器的组成。

7.7　物质 A 在液相中通过以下反应产生 R 和 S:

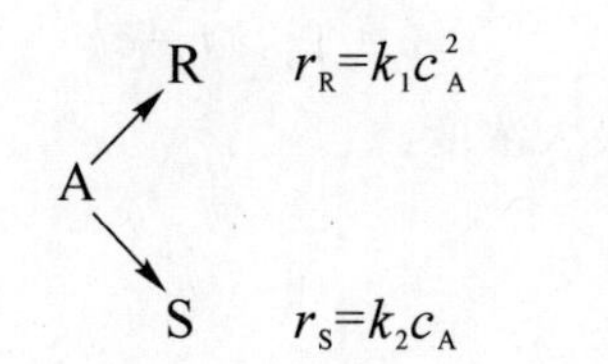

进料($c_{A0}=1.0$ mol/L,$c_{R0}=0$,$c_{S0}=0.3$ mol/L)进入两个串联的全混流反应器($\tau_1=2.5$ min,$\tau_2=10$ min)。知道第一个反应器中的组成($c_{A1}=0.4$ mol/L,$c_{R1}=0.2$ mol/L,$c_{S1}=0.7$ mol/L),找到离开第二个反应器的组成。

液体反应物 A 分解如下:

$$A \nearrow R \quad r_R=k_1c_A^2,\ k_1=0.4\ \mathrm{m^3/(mol\cdot min)}$$
$$A \searrow S \quad r_S=k_2c_A,\ k_2=2\ \mathrm{m^{-1}}$$

水溶液 A 原料($c_{A0}=40$ mol/m^3)进入反应器分解,A,R 和 S 的混合物离开。

7.8　在全混流反应器中找到 c_R,c_S和 τ,$X_A=0.9$。

7.9　在活塞流反应器中找到 c_R,c_S和 τ,$X_A=0.9$。

7.10　找到在全混流反应器中使 c_s最大化的操作条件(X_A,τ 和 c_S)。

7.11　找到在全混流反应器中使 c_R最大化的操作条件(X_A,τ 和 c_R)。

7.12　液体中的反应物 A 如下进行异构化或二聚化:

$$A \longrightarrow R_{\text{希望物质}} \quad r_R=k_1c_A$$
$$A+A \longrightarrow S_{\text{不希望物质}} \quad r_S=k_2c_A^2$$

(1)写出 φ(R/A)和 φ[R/(R+S)]。

用浓度为 c_{A0}的进料流,找到可以形成的 $c_{R,\max}$。

(2)在活塞流反应器中。

(3)在混合流动反应器中。

初始浓度 $c_{A0}=1$ mol/L 的 A 被倾倒入间歇式反应器中完成反应。

(4)如果在所得混合物中 $c_S=0.18$ mol/L,这对反应的动力学有何影响?

7.13　在反应性环境中,化学物质 A 分解如下:

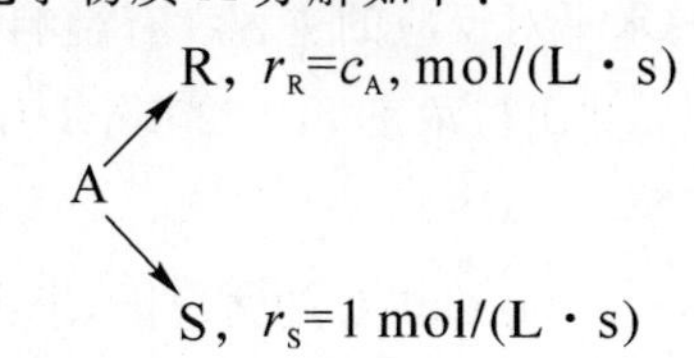

对于一个进料流 $c_{A0}=4$ mol/L,两个全混流反应器的尺寸比是多少将使 R 的收益率最大化?同时给出离开这两个反应器时 A 和 R 的组成。

考虑不同级数 A 的平行分解：

$$A \to R,\quad r_R=1$$
$$A \to S,\quad r_S=2c_A$$
$$A \to T,\quad r_T=c_A^2$$

确定可获得的期望产物的最大浓度：

(1)活塞流；

(2)全混流。

7.14 R 是所需产物，$c_{A0}=2\text{mol/L}$。

7.15 S 是所需产物，$c_{A0}=4\text{mol/L}$。

7.16 T 是所需产物，$c_{A0}=5\text{mol/L}$。

在紫外线辐射下，过程流（$v=1\ \text{m}^3/\text{min}$）中 $c_{A0}=10\ \text{kmol/m}^3$ 的反应物 A 分解如下：

$$A \to R,\quad r_R=16c_A^{0.5},\ \text{kmol/(m}^3\cdot\text{min)}$$
$$A \to S,\quad r_S=12c_A,\ \text{kmol/(m}^3\cdot\text{min)}$$
$$A \to T,\quad r_T=c_A^2,\ \text{kmol/(m}^3\cdot\text{min)}$$

我们希望为特定任务设计反应器装置。绘制所选方案，并计算转化为所需产物的原料比例以及所需反应器的体积。

7.17 产品 R 是所需物质。

7.18 产品 S 是所需物质。

7.19 产品 T 是所需物质。

已知液相分解的化学计量如下：

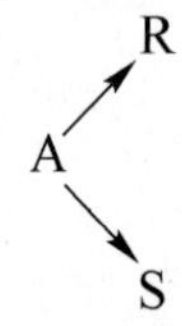

在实验室全混流反应器中的一系列稳态流动实验（$c_{A0}=100\ \text{mol/L}, c_{R0}=c_{S0}=0$）中，获得以下结果：

$c_A/(\text{mol}\cdot\text{L}^{-1})$	90	80	70	60	50	40	30	20	10	0
$c_R/(\text{mol}\cdot\text{L}^{-1})$	7	13	18	22	25	27	28	28	27	25

进一步的实验表明，c_R 和 c_S 的水平对反应的进程没有影响。

7.20 在进料 $c_{A0}=100\ \text{mol/L}$ 和出口浓度 $c_{Af}=20\ \text{mol/L}$ 的情况下，求出活塞流反应器的出口浓度 c_R。

7.21 在 $c_{A0}=200\ \text{mol/L}$ 和 $c_{Af}=20\ \text{mol/L}$ 的情况下，求出全混流反应器的出口浓度 c_R。

7.22 我们应该如何操作全混流反应器以最大限度地提高 R 的产量？分离和回收未使用的反应物是不实际的。

当A水溶液和B水溶液($c_{A0}=c_{B0}$)放在一起时,它们以两种可能的方式反应:

$$A+B \begin{cases} \nearrow R+T,\ r_R=50c_A\ \dfrac{mol}{m^3\cdot h} \\ \searrow S+U,\ r_S=100c_B\ \dfrac{mol}{m^3\cdot h} \end{cases}$$

得到活性成分(A,B,R,S,T,U)的浓度为$c_{总}=c_{A0}+c_{B0}=60\ mol/m^3$。找到所需的反应器尺寸和等物质的量进料$F_{A0}=F_{B0}=300\ mol/h$,转化率为90%时的R/S。

7.23　在全混流反应器中。

7.24　在活塞流反应器中。

7.25　在给出最高c_R的反应器中。第6章讲述这应该是A的活塞流和B的侧向进口。在这样的反应器中引入B使得c_B在整个反应器中保持恒定。

7.26　反应物A在等温间歇反应器($c_{A0}=100\ mol/L$)中分解以产生想要的R和不需要的S,并且记录以下浓度:

$c_A/(mol\cdot L^{-1})$	(100)	90	80	70	60	50	40	30	20	10	(0)
$c_R/(mol\cdot L^{-1})$	(0)	1	4	9	16	25	35	45	55	64	(71)

额外的运行表明,添加R或S不会影响形成的产品分布,只有A才会。而且,注意到A,R和S的总物质的量是恒定的。

(1)找出该反应的φ和c_A曲线;

用$c_{A0}=100\ mol/L$和$c_{Af}=10\ mol/L$的进料,找到c_R;

(2)来自全混流反应器;

(3)来自活塞流反应器;

(4)和(5):重复部分(2)和(3),修改为$c_{A0}=70\ mol/L$。

7.27　历史上称为特拉法加战役(1805)的伟大海战即将展开。海军上将维伦纽夫自豪地调查了他强大的33艘舰队,而且一路一帆风顺。纳尔逊勋爵领导下的英国舰队目前27艘舰艇。估计战斗还需要2 h,维伦纽夫才会打开另一瓶勃艮第酒,并逐点回顾他仔细思考的战斗策略。就像当时海军的战斗习惯一样,这两艘舰队将以单一的方式相互平行航行,并以相同的方向疯狂地发射大炮。现在,凭借在这类战役中的长期经验,众所周知的事实是,舰队的毁灭率与对手舰队的火力成正比。考虑到他的船只与英国人一决雌雄,维伦纽夫对胜利充满信心。维伦纽夫叹了口气,诅咒着那股讨厌的风,他从来没有在下午的打盹时间遇到这么多风。他叹了口气,"哦,好吧。"第二天早上他可以看到头条新闻:"英国舰队歼灭了……,维伦纽夫的损失……"维伦纽夫停了下来。他会损失多少船?维伦纽夫打电话给他的首席瓶塞波普波尔先生,并问这个问题。他得到了什么答案?

在这一刻,正在呼吸船尾甲板上的清新空气的纳尔逊,意识到一切都准备好了,除了一个细节,他忘记了制订他的战斗计划。他值得信赖的几个下属准将,急忙召开了一次会议,熟悉火力法则,纳尔逊厌恶整个对手的舰队(他也可以从报纸上,看到这一头条新闻)。现在肯定的是,纳尔逊在对手优势的战斗中,被击败并不丢人,只要他尽力而为,然而,他有一个私人想法应当速战速决。想有一个直接反击的可能性。

有可能“打破线路 3”，也就是与对方舰队平行路线，然后切入并将敌方舰队分成两部分，后部部分可以在前部可以转向之前被击溃，然后英国战舰重新投入战斗，现在回答这个问题，他是否应该分裂对手舰队，如果是这样，那么在哪里分裂呢？下属准将意见被粗暴地打断，准将同意考虑这个问题，并且建议纳尔逊在什么时候分裂对手舰队，以获得最大的胜利机会，并同意用这一战略预测战斗的结果，他提出了什么方案？

7.28　在进料流速为 100 L/s 的情况下，以 mol/(L・s)为单位，求出示例 7.4（见例 7.4 图）所需的两个反应器的尺寸。

第 8 章　多重反应的组合

第 7 章介绍了平行反应，本章考虑产品形成的各种反应并可能会进一步反应。这里有些例子：

$$A \longrightarrow R \longrightarrow S \longrightarrow T$$

串联

$$A+B \rightarrow R$$
$$R+B \rightarrow S$$
$$S+B \rightarrow T$$

串联平行或连续竞争

$$A \rightarrow R \rightarrow S,\quad A \searrow T,\quad R \searrow U$$

登比系统

$$A \rightleftharpoons R \longrightarrow S$$

可逆和不可逆

$$A \rightleftharpoons R \rightleftharpoons S$$

可逆

$$A \rightleftharpoons R,\quad A \rightleftharpoons S,\quad R \rightleftharpoons S$$

可逆网络

我们开发了一些较简单的系统的性能方程，并指出它们的特殊特征，例如中间体的最大值。

8.1　不可逆的一级串反应

为了便于观察，分析这些反应：

$$A \xrightarrow{k_1} R \xrightarrow{k_2} S \tag{8.1}$$

只有在光存在的情况下才能进行，它们在光被关闭的瞬间停止，并且对于给定的辐射强度，速率方程为

$$r_A = -k_1 c_A \tag{8.2}$$

$$r_R = k_1 c_A - k_2 c_R \tag{8.3}$$

$$r_S = k_2 c_R \tag{8.4}$$

我们的讨论将集中于这些反应。

8.1.1　关于产品分布的定性讨论

考虑以下两种处理含 A 的烧杯的方法：首先，将反应物均匀照射；其次，连续从烧杯中取出一部分，照射并返回烧杯；在这两种情况下辐射能的吸收速率是相同的。这两种方案如图 8.1 和图 8.2 所示。在此过程中，A 消失并形成产品物。两个烧杯中 R 和 S 的产品分布是否不同？让我们看看是否可以定性地回答这个问题的所有速率常数值。

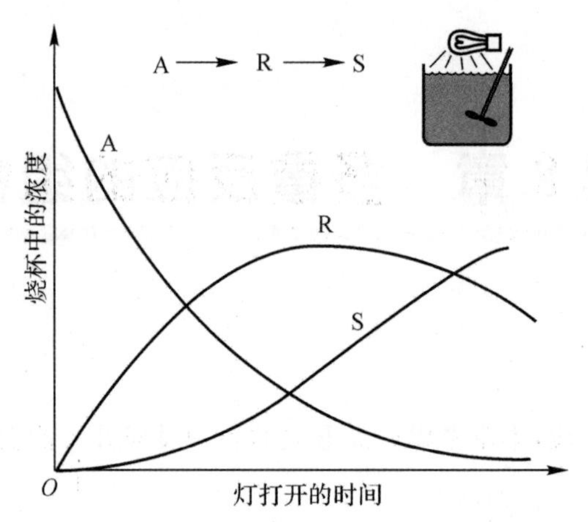

图 8.1 烧杯内容物均匀照射时的浓度-时间曲线

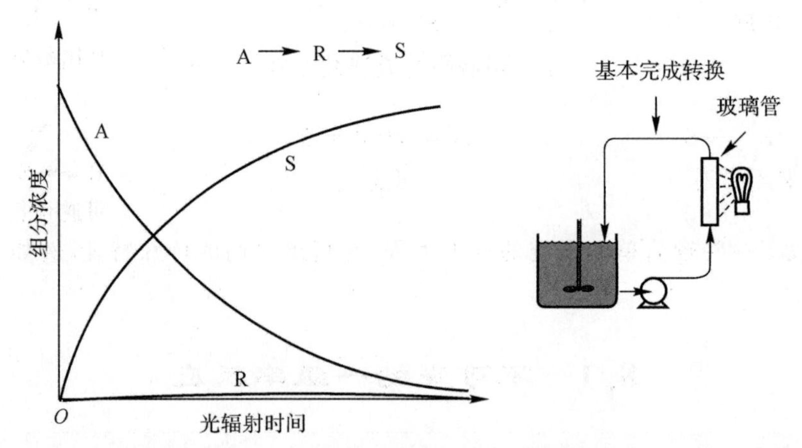

图 8.2 在任何时刻只有一小部分流体受到辐射时，烧杯内容物的浓度-时间曲线

在第一个烧杯中，当反应物全部被同时照射时，由于开始时仅存在 A，因此第一束光将单独激发 A。结果是形成了 R。在接下来光一点点变强时候，A 和 R 都会竞争。然而，A 的含量非常大，因此它将优先吸收辐射能量来分解并形成更多的 R。因此。R 的浓度将会升高，而 A 的浓度将会下降。这个过程将继续下去，直到 R 存在于足够高的浓度下，以便它可以有力地与 A 竞争辐射能量。发生这种情况时，R 将达到最大浓度。在此之后，R 的分解变得比其形成速率更快并且其浓度下降。典型的浓度-时间曲线如图 8.1 所示。

以另一种方式处理 A，将烧杯内容的一小部分被连续地移除，照射并返回到烧杯。尽管在两种情况下总吸收速率相同，但被除去的流体所接收的辐射强度更大，如果流速不是太高，很可能被照射的流体基本上完成反应。在这种情况下，A 被移除并且 S 返回到烧杯。因此，随着时间的推移，A 的浓度在烧杯中缓慢下降，S 上升，而 R 不存在。这种渐进的变化如图 8.2 所示。

这两种使烧杯中的内容物发生反应的方法会产生不同的产物分布，并且代表了可能的操作中的两种极端情况，一种极端可能形成 R，而另一种极端发生或没有 R。如何最好地表征这种行为？注意到在第一种方法中，烧杯的原料始终保持均匀，都随时间缓慢变化，而在第二种情况下，高度反应的流体流不断地与新鲜流体混合。换句话说，我们正在混合两种不同成分的流。这个讨论提出了以下规则来控制串联反应的产物分布。

> 对于串联不可逆反应，不同组成的流体混合是形成中间体的关键。如果不允许混合不同组成和不同转化阶段的流体，则可获得和所有中间体的最大可能值。　　(8.5)

由于中间体通常是所需的反应产物，因此该规则允许我们来评估各种反应器系统的有效性。例如，活塞流和间歇式操作都应该给出最大 R 产量，因为这里不存在不同组分的流体流的混合。另一方面，混合反应器不应该给出尽可能高的 R 产率，因为新鲜的纯 A 流与反应器中已经反应的流体不断地混合。

下例 8.1 说明了这一点。我们将进行定量处理，以验证这些定性结果。

[**例 8.1**] 任何一组不可逆串联反应的有利接触方式，而不仅仅是 A ⟶ R ⟶ S

如果正确操作，例 8.1 图的哪种接触方式可以产生更高浓度的中间产物，即左侧的接触方式还是右侧的接触方式？

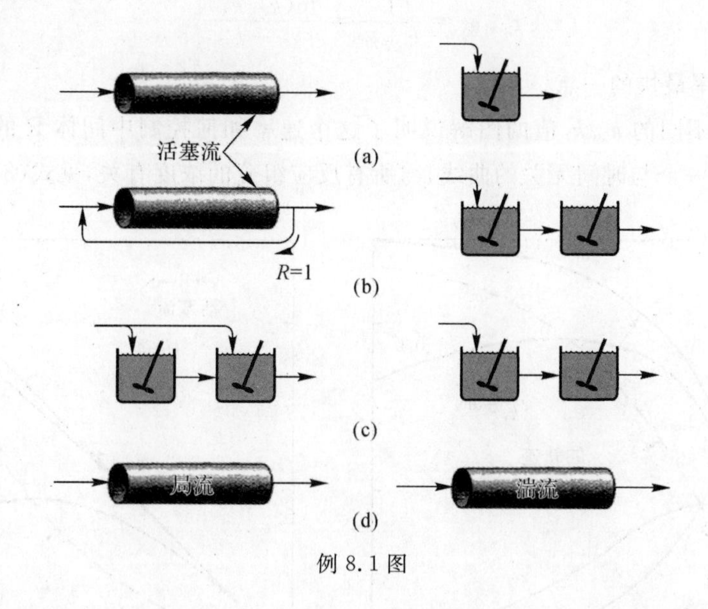

例 8.1 图

解：

着眼于串联反应的混合规则，我们推断，不同组分的物流混合程度应尽可能小。

对于图(a)：左图更好；实际上它是最好的流程方案。

对于图(b)：查看第 6 章的图 6.5、图 6.6、图 6.16 和图 6.17，我们发现对于一阶和二阶反应，左侧更接近活塞流。所以我们将其推广到任何正级反应。

对于图(c)：右图更好，因为它更接近活塞流。

对于图(d)：不同时间的流体湍流混合较少，旁路较少；因此，正确的方案更好。

建议：在接下来的定量分析中，我们验证了这个普遍且重要的规则。

8.1.2 定量处理活塞流或间歇式反应器

在第3章中,我们开发了间歇式反应器中单分子型反应的所有组分的浓度随时间变化的方程:

$$A \xrightarrow{k_1} R \xrightarrow{k_2} S$$

推导假定进料不含反应产物R或S,如果我们用时空代替反应时间,这些方程同样适用于活塞流反应器,则有

$$\frac{c_A}{c_{A0}} = e^{-k_1\tau} \qquad (3.47)或(8.6)$$

$$\frac{c_R}{c_{A0}} = \frac{k_1}{k_2 - k_1}(e^{-k_1\tau} - e^{-k_2\tau}) \qquad (3.49)或(8.7)$$

$$c_S = c_{A0} - c_A - c_R$$

中间体的最大浓度和它发生的时间由下式给出:

$$\frac{c_{R,max}}{c_{A0}} = \left(\frac{k_1}{k_2}\right)^{k_2/(k_2-k_1)} \qquad (3.52)或(8.8)$$

$$\tau_{p,最佳} = \frac{1}{k_{lg平均}} = \frac{\ln(k_2/k_1)}{k_2 - k_1} \qquad (3.51)或(8.9)$$

这也是S形成速率最快的一点。

图8.3(a)为不同的 k_2/k_1 值的图解说明了这个速率如何控制中间体R的浓度与时间曲线。图8.3(b)是一个与时间无关的曲线,与所有反应组分的浓度有关,见式(8.37)。

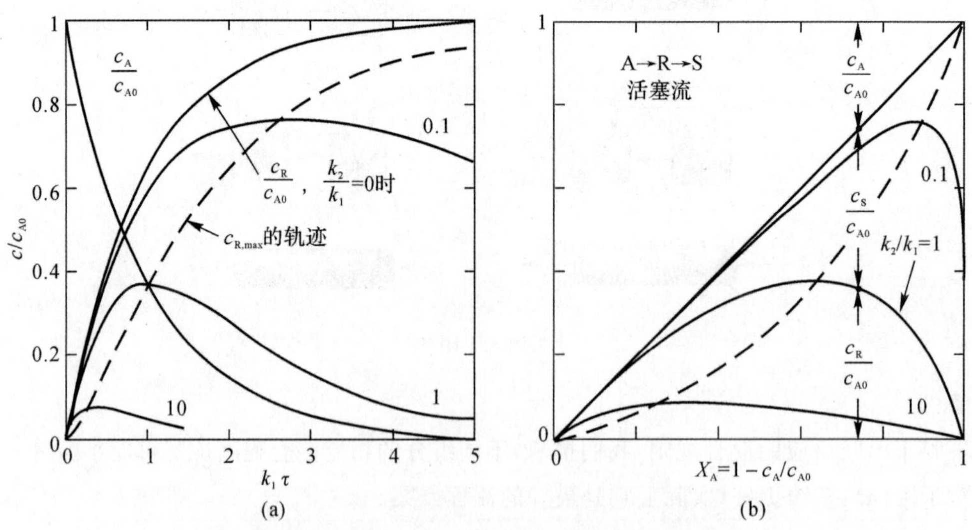

图8.3 在活塞流反应器中单分子型反应的行为

(a)浓度与时间曲线;(b)反应组分的相对浓度曲线

8.1.3 定量处理全混流反应器

绘制该反应在混合流反应器中发生时的浓度-时间曲线。这可以参考图8.4来完成。同

样，该推导将限于不含反应产物 R 或 S 的进料。

通过稳态物料平衡，我们得到了对于任何组分：

$$\text{输入} = \text{输出} + \text{通过反应转化消失} \qquad (4.1)\ \text{或}(8.10)$$

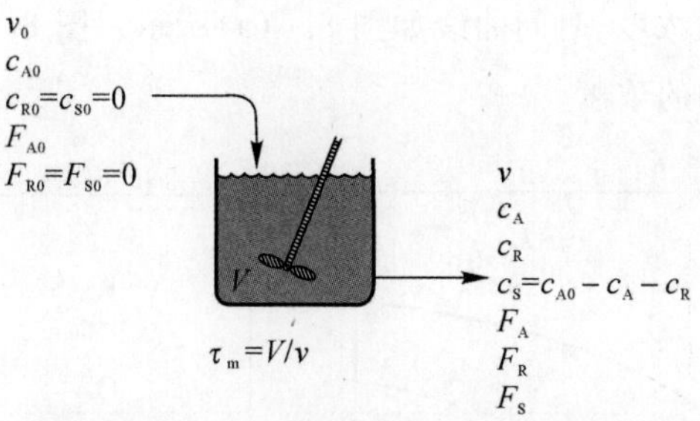

v_0
c_{A0}
$c_{R0}=c_{S0}=0$
F_{A0}
$F_{R0}=F_{S0}=0$
V
$\tau_m = V/v$
v
c_A
c_R
$c_S = c_{A0} - c_A - c_R$
F_A
F_R
F_S

图 8.4　在全混流反应器中发生的串联反应变量(进料中没有 R 或 S)

对于反应物 A 而言：

$$F_{A0} = F_A + (-r_A)V$$

或者

$$vc_{A0} = vc_A + k_1 c_A V$$

注意到：

$$\frac{V}{v} = \tau_m = \bar{t} \tag{8.11}$$

对 A 重新排列：

$$\frac{c_A}{c_{A0}} = \frac{1}{1 + k_1 \tau_m} \tag{8.12}$$

对于组分 R 来说物料平衡，则

$$vc_{R0} = vc_R + (-r_R)V$$

或者

$$0 = vc_R + (-k_1 c_A + k_2 c_R)V$$

由式(8.11)和式(8.12)重排有

$$\frac{c_R}{c_{A0}} = \frac{k_1 \tau_m}{(1 + k_1 \tau_m)(1 + k_2 \tau_m)} \tag{8.13}$$

c_s在任何时候都可以发现，有

$$c_A + c_R + c_S = c_{A0} = \text{常数}$$

可得

$$\frac{c_S}{c_{A0}} = \frac{k_1 k_2 \tau_m^2}{(1 + k_1 \tau_m)(1 + k_2 \tau_m)} \tag{8.14}$$

R 的位置和最大浓度可以通过 $dc_R/d\tau_m = 0$ 来确定：

$$\frac{dc_R}{d\tau_m} = 0 = \frac{c_{A0}k_1(1 + k_1\tau_m)(1 + k_2\tau_m) - c_{A0}k_1\tau_m[k_1(1 + k_2\tau_m) + (1 + k_1\tau_m)k_2]}{(1 + k_1\tau_m)^2(1 + k_2\tau_m)^2}$$

简化上式，即

$$\tau_{m,opt} = \frac{1}{\sqrt{k_1 k_2}} \tag{8.15}$$

通过用式(8.13)替换式(8.15),给出了 R 的相应浓度。重新排列后,可得

$$\frac{c_{R,max}}{c_{A0}}=\frac{1}{[(k_2/k_1)^{1/2}+1]^2} \tag{8.16}$$

典型的各种 k_2/k_1 值的浓度-时间曲线如图 8.5(a)所示。图 8.5(b)是一个与时间无关的图,它描述了反应物和产物的浓度。

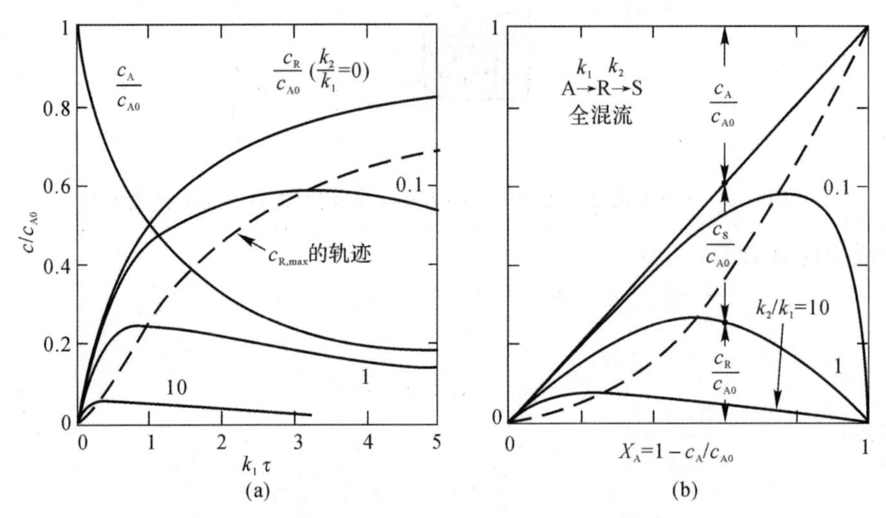

图 8.5　在全混流反应器中单分子型反应的行为曲线

(a)浓度-时间曲线;(b)反应组分的相对浓度曲线

8.1.4　性能特征,动力学研究和设计的讨论

图 8.3(a)和图 8.5(a)显示了活塞流和全混流反应器的一般时间-浓度曲线。这些数据的比较表明,除 $k_1=k_2$ 外,活塞流反应器总是需要比全混流反应器更短的时间来达到 R 的最大浓度,随着 k_2/k_1 的变化,时间差逐渐变大[见式(8.15)和式(8.9)]。另外,对于任何反应,活塞流反应器中 R 的最大可获得浓度总是高于全混流反应器中可获得的最大值[见式(8.16)和式(8.8)]。这验证了定性推理得出的结论。

图 8.3(b)和图 8.5(b)是时间无关图,显示了反应过程中物料的分布。这样的图在动力学研究中有很多的用途,因为它们允许通过将实验点与适当图上的曲线族之一相匹配,来确定 k_2/k_1。虽然未在图中示出,但可以通过 c_{A0} 和 c_A+c_R 之间的差异来找到 c_S。

图 8.6 给出了中间体 R 的分数收率曲线,它是转化率和速率常数比的函数。这些曲线清楚地表明,对于任何转化率水平,活塞流的 R 分数产率总是高于混合流的 R 分数产率。此图中的第二个重要观察点涉及 A 的转换程度。如果对于该反应,认为 k_2/k_1 小于 1,应该设计一个 A 的高转化率并且可能不需要回收未使用的反应物。但是,如果 k_2/k_1 大于 1,那么即使在低转化率下,分数产量也会急剧下降。因此,为避免获得不需要的 S 而不是 R,必须设计每次通过非常小的 A 转化率,分离 R 和回收未使用的反应物。在这种情况下,大量的材料将不得不在 A－R 分离器中处理并再循环,并且该过程的这一部分将在成本考虑方面突出。

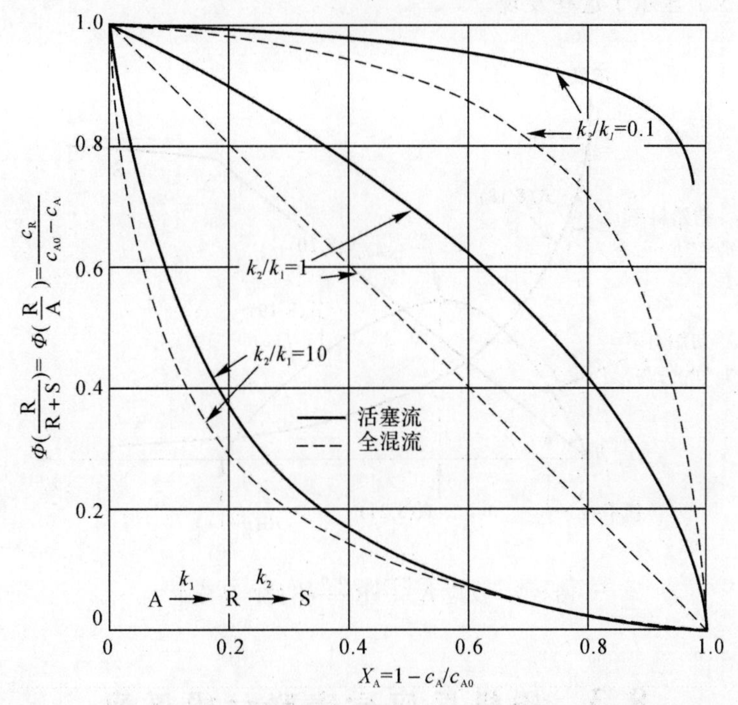

图 8.6　单分子型反应在全混流和活塞流反应器中 R 的分数收率的比较

8.2　一级反应后串联零级反应

反应：

$$A \xrightarrow[n_1=1]{k_1} R \xrightarrow[n_2=0]{k_2} S \quad \left.\begin{aligned} -r_A &= k_1 c_A \\ r_R &= k_1 c_A - k_2 \end{aligned}\right\} \tag{8.17}$$

其中，

$$K=\frac{k_2/c_{A0}}{k_1}$$

对于 $c_{R0}=c_{S0}=0$ 的间歇式或活塞流进行积分，得

$$\frac{c_A}{c_{A0}}=e^{-k_1 t} \tag{8.18}$$

和

$$\frac{c_R}{c_{A0}}=1-e^{-k_1 t}-\frac{k_2}{c_{A0}}t \tag{8.19}$$

发现中间体的最大浓度 $c_{R,max}$ 以及发生这种情况的时间为

$$\frac{c_{R,max}}{c_{A0}}=1-K(1-\ln K) \tag{8.20}$$

和

$$t_{R,max}=\frac{1}{k_1}\ln\frac{1}{K} \tag{8.21}$$

以图形方式，图 8.7 显示了这些发现。

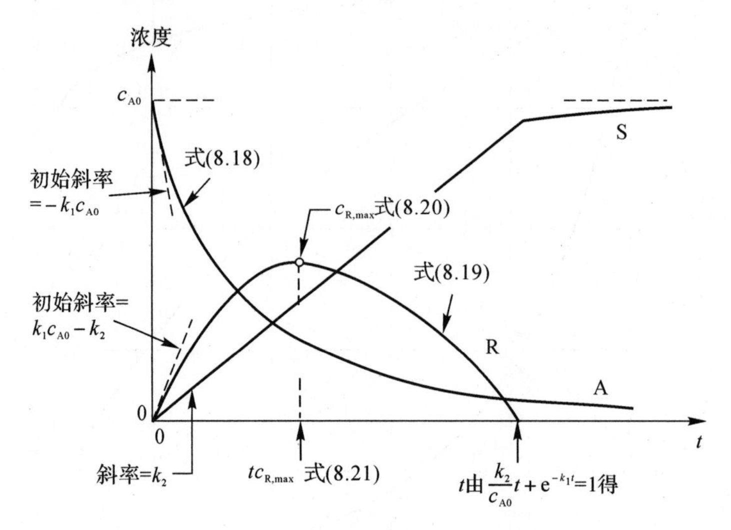

图 8.7　反应 $A\xrightarrow{n=1}R\xrightarrow{n=0}S$ 的产品分布

8.3　零级反应后串联一级反应

反应：

$$A\xrightarrow[n_1=0]{k_1}R\xrightarrow[n_2=1]{k_2}S\quad \left.\begin{array}{l}-r_A=k_1\\ r_R\begin{cases}=k_1-k_2c_R\\ =-k_2c_R\end{cases}\end{array}\right\}K=\frac{k_2}{k_1/c_{A0}} \tag{8.22}$$

对于 $c_{R0}=c_{S0}=0$ 的间歇式或活塞流进行积分，得

$$\frac{c_A}{c_{A0}}=1-\frac{k_1t}{c_{A0}} \tag{8.23}$$

和

$$\frac{c_R}{c_{A0}}\begin{cases}=\frac{1}{K}(1-e^{-k_2t})\quad \left(t<\frac{c_{A0}}{k_1}\right) & (8.24)\\ =\frac{1}{K}(e^{K-k_2t}-e^{-k_2t})\quad \left(t>\frac{c_{A0}}{k_1}\right) & (8.25)\end{cases}$$

发现中间体的最大浓度 $c_{R,Max}$ 及发生这种情况的时间为

$$\frac{c_{R,max}}{c_{A0}}=\frac{1-e^{-K}}{K} \tag{8.26}$$

和

$$t_{R,max}=\frac{c_{A0}}{k_1} \tag{8.27}$$

以图形方式，图 8.8 显示了这些发现。

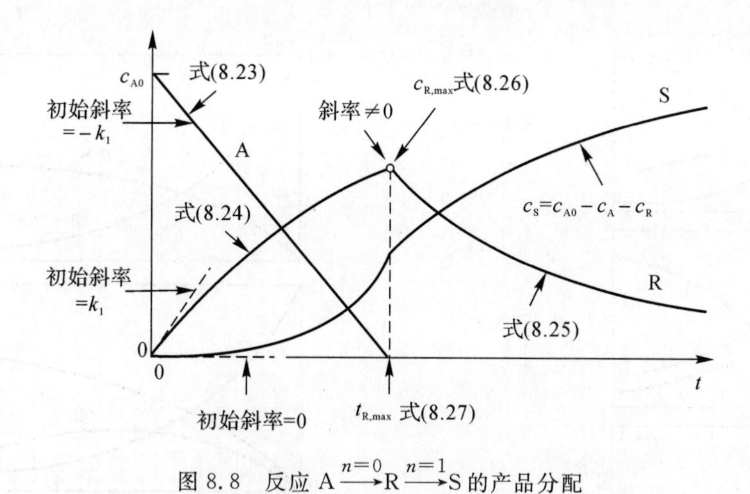

图 8.8　反应 $A \xrightarrow{n=0} R \xrightarrow{n=1} S$ 的产品分配

8.4　不同级数的连续不可逆反应

原则上，可以为不同级数的连续反应构建浓度-时间曲线。对于活塞流或间歇式反应器和全混流反应器，明显的解决方案很难获得。因此，数值方法提供了处理这种反应的最佳工具。

对于这些反应，浓度-时间曲线几乎没有普遍性，因为它们取决于进料中反应物的浓度。与平行反应一样，反应物浓度的升高有利于较高级数的反应；较低的浓度有利于较低级数的反应。这导致 $c_{R,max}$ 发生变化并且此属性可用于改进产品分布。

8.5　可逆反应

连续可逆反应方程的解即使对于一级情形也是相当困难的，因此，我们只说明几个典型案例的一般特征。考虑可逆的一级反应：

$$A \rightleftharpoons R \rightleftharpoons S \tag{8.28}$$

和

$$\begin{array}{c} T \\ \rightleftharpoons \\ B \\ \rightleftharpoons \\ U \end{array} \tag{8.29}$$

图 8.9 和图 8.10 显示了不同速率常数值下间歇式或活塞流组分的浓度-时间曲线。

图 8.9 显示了可逆串联反应中的中间体浓度不需要通过最大值，而图 8.10 显示了产物可能通过不可逆串联反应中典型的中间产物的最大浓度。然而，这些反应可能是不同的。这些图的比较表明，许多曲线的形状相似，使得难以通过实验选择反应机理，特别是如果动力学数据有点分散。区分平行和连串反应的最好线索可能是检查初始速率数据一获得的反应物非常小的转化数据。对于连串反应，S 的时间-浓度曲线具有零初始斜率，而对于平行反应，情况并非如此。

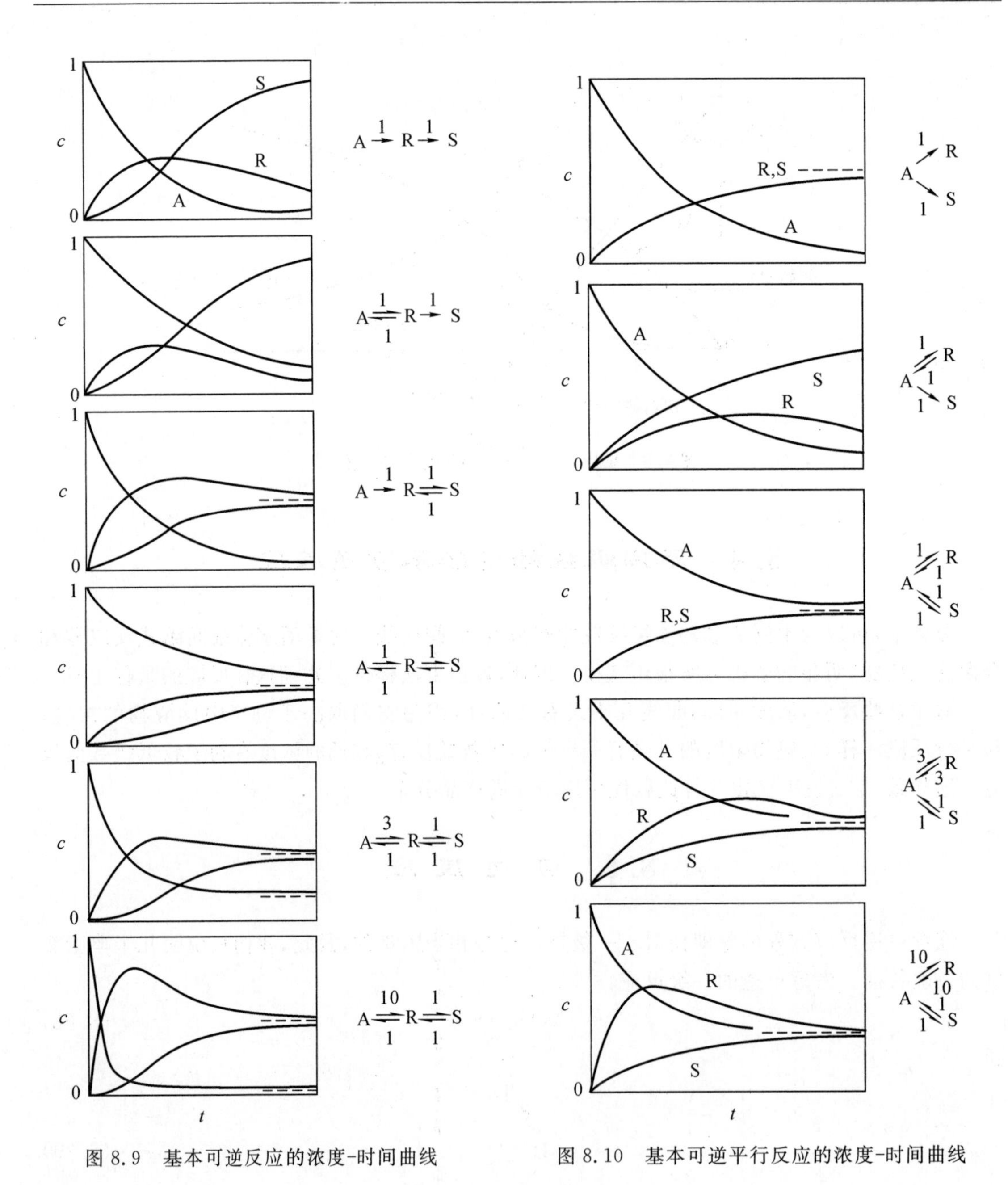

图 8.9　基本可逆反应的浓度-时间曲线　　　　图 8.10　基本可逆平行反应的浓度-时间曲线

8.6　不可逆的串并联反应

由连串步骤和平行步骤组成的多重反应称为串并联反应。从正确接触的角度来看，这些反应比已经考虑的简单反应更有趣，因为通常可能有更大的接触选择，导致产品分布的差异更大。让我们用一种代表广泛的工业重要反应的反应类型来描述。然后，将这种发现推广到其他系列平行反应。

对于反应组合，考虑反应物对化合物的连续反应。这些反应的一般形式为

$$\left.\begin{aligned} A + B &\xrightarrow{k_1} R \\ R + B &\xrightarrow{k_2} S \\ S + B &\xrightarrow{k_3} T \end{aligned}\right\} \tag{8.30}$$

或

$$A \xrightarrow{+B, k_1} R \xrightarrow{+B, k_2} S \xrightarrow{+B, k_3} T$$

式中 A 是被反应的化合物，B 是反应性物质，R，S，T 等是反应过程中形成的多取代物质。这种反应的案例可以在烃类(例如苯或甲烷)的连续取代卤化(或硝化)中形成单卤代、二卤代、三卤代等衍生物，即

$$C_6H_6 \xrightarrow{+Cl_2} C_6H_5Cl \xrightarrow{+Cl_2} \cdots \xrightarrow{+Cl_2} C_6Cl_6$$

$$C_6H_6 \xrightarrow{+HNO_3} C_6H_5NO_2 \xrightarrow{+HNO_3} \cdots \xrightarrow{+HNO_3} C_6H_3(NO_2)_3$$

$$CH_4 \xrightarrow{+Cl_2} CH_3Cl \xrightarrow{+Cl_2} \cdots \xrightarrow{+Cl_2} CCl_4$$

另一个重要的例子是向胺、醇、水和肼等质子供体类化合物中加入环氧烷烃，例如环氧乙烷，形成单烷氧基、二烷氧基、三烷氧基等衍生物，其中一些实例如下：

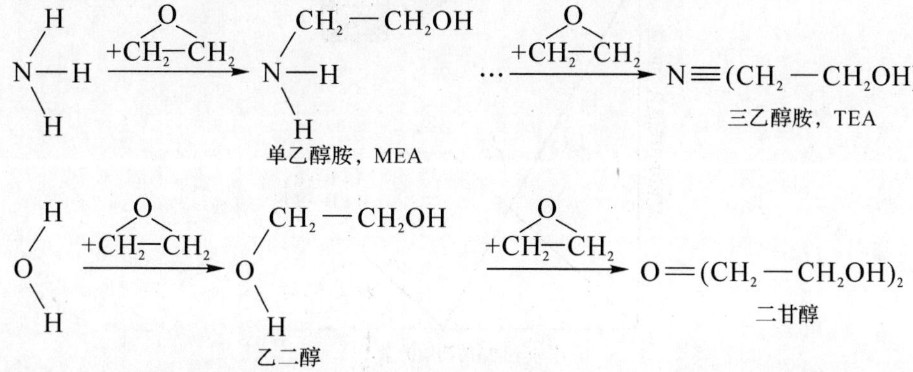

$$NH_3 \xrightarrow{+CH_2-CH_2\ (O)} (CH_2-CH_2OH)NH_2 \ \cdots \xrightarrow{+CH_2-CH_2\ (O)} N{\equiv}(CH_2-CH_2OH)_3$$

单乙醇胺，MEA　　三乙醇胺，TEA

$$H_2O \xrightarrow{+CH_2-CH_2\ (O)} (CH_2-CH_2OH)OH \xrightarrow{+CH_2-CH_2\ (O)} O{=}(CH_2-CH_2OH)_2$$

乙二醇　　二甘醇

这样的过程通常是双分子，不可逆的，因此在动力学上是二级的。当在液相中发生时，它们也基本上是恒定密度的反应。

8.6.1　两步不可逆的串并联反应

首先考虑需要第一种替代产物的两步反应。实际上，对于 n 步反应，第三步和后续反应不会有任何可察觉的程度，如果 A 与 B 的物质的量比较高(见下面的定性处理)，可以忽略。因此所考虑的反应组如下：

$$\left.\begin{aligned} A + B &\xrightarrow{k_1} R \\ R + B &\xrightarrow{k_2} R \end{aligned}\right\} \tag{8.31}$$

假设反应是不可逆的，双分子的，密度恒定的，速率表达式由下式给出：

$$r_A = \frac{dc_A}{dt} = -k_1 c_A c_B \tag{8.32}$$

$$r_B = \frac{dc_B}{dt} = -k_1 c_A c_B - k_2 c_R c_B \tag{8.33}$$

$$r_R = \frac{dc_R}{dt} = k_1 c_A c_B - k_2 c_R c_B \tag{8.34}$$

$$r_S = \frac{dc_S}{dt} = k_2 c_R c_B \tag{8.35}$$

8.6.2 关于产品分布的定性讨论

为了得到 A 和 B 根据式(8.31)反应发生的“感觉”。假设我们有两个烧杯，一个烧杯含有 A，另一个烧杯含有 B。如果我们混合 A 和 B，它在产品分布方面有什么不同？为了弄清楚，考虑以下几种混合反应物的方法：将 A 缓慢加入 B；将 B 缓慢加入 A；将 A 和 B 快速混合在一起。

(1)将 A 缓慢加入 B。对于第一种替代方法，每次将少量的 A 倒入装有 B 的烧杯中，彻底搅拌并确保 A 都反应完，并且在加入下一个之前停止反应。每次添加都会在烧杯中产生 R。但是当 R 处于过量的 B 中，它会进一步反应形成 S。结果是在缓慢加入的过程中，A 和 R 在任何时候都不会以可观的量存在。混合物中的 S 逐渐增加，B 逐渐减少。这一直持续到烧杯仅含有 S 为止。图 8.11 显示了这种逐渐变化。

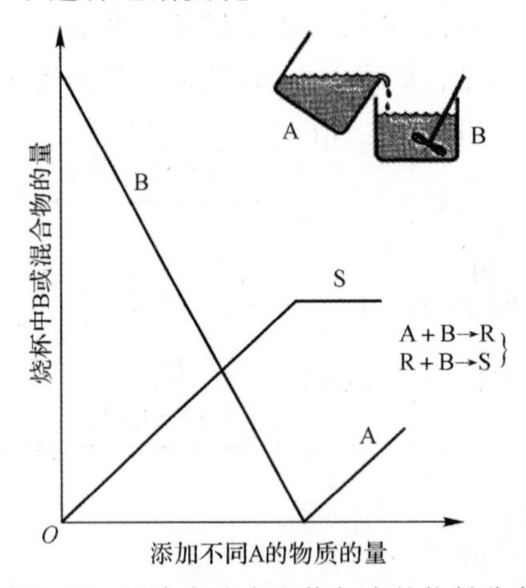

图 8.11　混合方法在 B 烧杯中的物料分布

(2)将 B 慢慢加入 A。现在将 B 一点一点倒入装有 A 的烧杯中，再次彻底搅拌，B 将用完，与 A 反应形成 R。R 不能进一步反应，因为混合物中现在没有 B 存在。随着 B 的下一次加入，A 和 R 将相互竞争加入的 B，但是由于 A 的含量非常大，它将与大部分 B 反应，产生更多的 R。这个过程将以渐进方式重复 R 的积累和 A 的消耗，直到 R 的浓度足够高，以便它可以有力地与 A 竞争加入的 B。当发生这种情况时，R 的浓度达到最大值，然后下降。最后，在 1 mol A 加入 2 mol B 后，我们得到仅含 S 的溶液。这种渐进变化如图 8.12 所示。

(3)快速混合 A 和 B。现在考虑第三个替代方案，其中两个烧杯的原料被快速混合在一起，反应速率足够慢，以致在混合物变得均匀之前不会看到明显的变化。在前几个反应增量期间，R 与大量的 A 竞争 B，因此它处于劣势。通过这一推理，我们找到了与 B 缓慢添加到 A 的混合物相同类型的分布曲线。这种情况如图 8.12 所示。

图 8.11 和图 8.12 的产品分布完全不同。如图 8.12 所示，当 A 在组成上保持均匀时，则形成 R。但是，当新鲜的 A 与部分反应的混合物混合时，如图 8.11 所示，则不形成中间体 R。但这恰恰是串联反应的行为。因此，就 A，R 和 S 而言，可以把式(8.31)看作是：

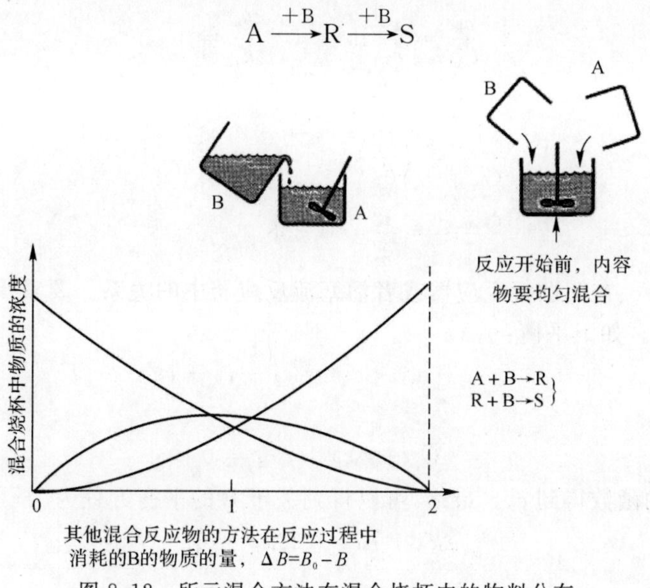

图 8.12　所示混合方法在混合烧杯中的物料分布

图 8.12 所示的第二个观察结果是，B 的浓度水平无论高还是低都不影响反应路径和产物分布。但这恰恰是同一级平行反应的行为。关于 B，式(8.31)可以看作是：

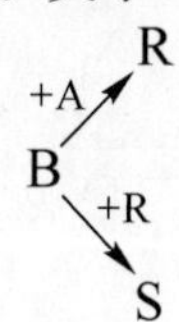

从上述讨论我们给出一般性规则：

不可逆的串联-并联反应可以根据其组成系列反应和平行反应进行分析，因为有利的产物分布的最佳接触与成分反应相同。

对于式(8.31)其中 R 是所需要的，这个规则表明，使 A 和 B 接触的最佳方式是均匀地反应 A，同时以任何方式添加 B。

这是一个很大的概括，不需要具体的速率常数值，已经可以在许多情况下显示哪些是有利的接触模式。但是，必须有适当的化学计量和速率方程形式。例 8.6 和第 10 章的许多问题都适用于这些概括。

8.6.3　定量处理活塞流或间歇式反应器

在这里，我们定量地研究了公式(8.31)的反应，认为中间物 R 是期望的产物，但是由于反应足够慢，使我们忽略反应物混合过程中存在的部分反应问题。

一般来说，取两个速率方程的比率消除时间变量，并得到产物分布的信息。因此，用式(8.34)除以式(8.32)，得到一级线性微分方程为

$$\frac{r_R}{r_A}=\frac{dc_R}{dc_A}=-1+\frac{k_2c_R}{k_1c_A} \tag{8.36}$$

其解决方法在第 3 章中给出。由于进料中不存在 R，对于 A 积分极限为 c_{A0} 到 c_A，对于 R，$c_{R0}=0$，该微分方程的解为

$$\frac{c_R}{c_{A0}}=\frac{1}{1-k_2/k_1}\left[\left(\frac{c_A}{c_{A0}}\right)^{k_2/k_1}-\frac{c_A}{c_{A0}},\quad \frac{k_2}{k_1}\neq 1\right]$$

$$\frac{c_R}{c_{A0}}=\frac{c_A}{c_{A0}}\ln\frac{c_{A0}}{c_A},\quad \frac{k_2}{k_1}=1 \tag{8.37}$$

c_R的最大值为

$$\frac{c_{R,max}}{c_{A0}}=\left(\frac{k_1}{k_2}\right)^{k_2/(k_2-k_1)},\quad \frac{k_2}{k_1}\neq 1$$

$$\frac{c_{R,max}}{c_{A0}}=\frac{1}{e}=0.368\quad \frac{k_2}{k_1}=1 \tag{8.38}$$

这给出了 c_R和 c_A在间歇流反应器或者活塞流反应器中的关系。要获得其他物质的浓度，需要进行物料衡算。如下平衡：

$$c_{A0}+c_{R0}+c_{S0}=c_A+c_R+c_S \tag{8.39}$$

或

$$\Delta c_A+\Delta c_R+\Delta c_S=0$$

通过 c_A和 c_R的函数得到 c_S。最终，可以得到关于 B 的平衡方程为

$$\Delta c_B+\Delta c_R+2\Delta c_S=0 \tag{8.40}$$

其中，可以得到 c_B。

8.6.4 定量处理，全混流反应器

用 A 和 R 给出了全混流的设计方程为

$$\tau_m=\frac{c_{A0}-c_A}{-r_A}=\frac{-c_R}{-r_R}$$

或

$$\tau_m=\frac{c_{A0}-c_A}{k_1c_Ac_B}=\frac{-c_R}{k_2c_Rc_B-k_1c_Ac_B}$$

重排，可得

$$\frac{-c_R}{c_{A0}-c_A}=-1+\frac{k_2c_R}{k_1c_A}$$

这就是微分方程式(8.36)对应的微分方程，用 c_A表示 c_R，则有

$$c_R=\frac{c_A(c_{A0}-c_A)}{c_A+(k_2/k_1)(c_{A0}-c_A)}$$

$$\frac{c_{R,max}}{c_{A0}}=\frac{1}{[1+(k_2/k_1)^{1/2}]^2} \tag{8.41}$$

关于活塞流中 A 和 B 的物料平衡式(8.39)和式(8.40)，同样适用于混合流，并用于完成在该反应器中提供完整的产物分布。

8.6.5 图形化表示

图 8.13 和图 8.14，与时间无关，由式(8.37)～式(8.41)绘制，显示了活塞流和全混流中的物料分布。如前所述，A，R 和 S 的反应类似于串联一级反应。将图 8.13 和图 8.14 与图 8.3(b)和图 8.5(b)比较，我们看到这些材料的分布都是相同的，活塞流比全混流具有更高的中间物浓度。图表上的斜率为 2 的直线显示了在曲线上到达任何特定点所消耗的 B 的量。无论是在间歇反应器一次加入，还是在半间歇反应器逐渐加入中，都没有区别；在这两种情况下，当消耗相同的 B 的量时，图表上将在同一点。

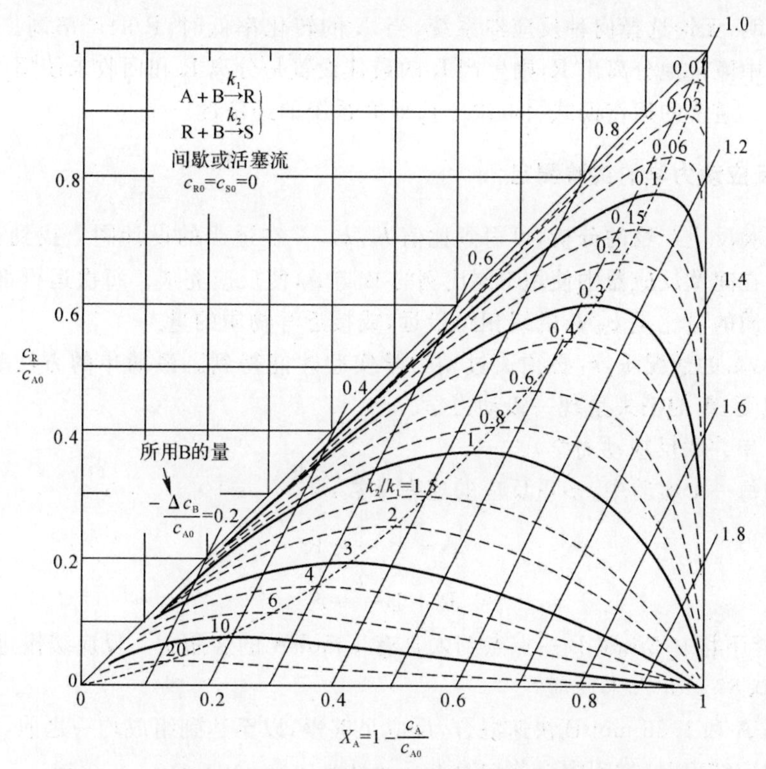

图 8.13　基本串并联反应在间歇式或活塞流反应器中的物料分配

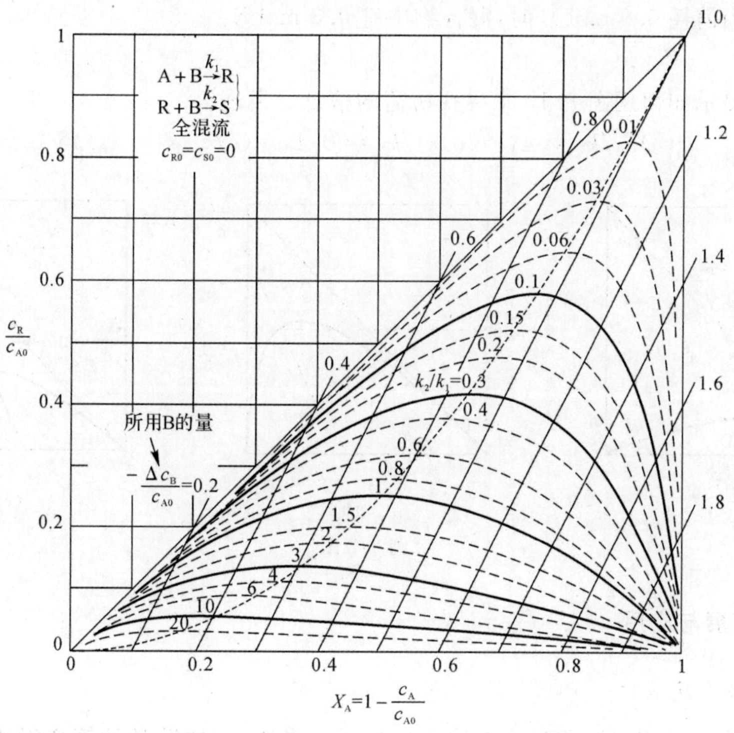

图 8.14　基本串并联反应在全混流反应器中的物料分配

这些图表明，无论选择何种反应器系统，当 A 的转化率低时，R 的产率高。因此，如果可以从产品管流中廉价地分离出 R，则生产 R 的最佳设置是分离 R 和回收未使用的 A 的过程中有少量的转换。通常的运作模式将取决于所研究系统的经济性。

8.6.6 反应动力学的实验测定

通过对实验反应产物的分析，可得到比值 k_2/k_1，并在适当的设计图上找到相应的点。最简单的方法是在间歇反应器中使用不同比例的 B 与 A，使反应完成。每次运行都可确定 k_2/k_1 的值。最佳物质的量比是 k_2/k_1 的线相距最远，或接近等物质的量。

在已知 k_2/k_1 的情况下，k_1 必须通过动力学实验才能得到。最简单的方法是使用大量的 B，在这种情况下，A 的消失呈现一级动力学。

[**例 8.2**] 串并联反应动力学

从下面的每一个实验中，多重反应的速率常数：

$$A + B \xrightarrow{k_1} R$$

$$R + B \xrightarrow{k_2} S$$

(1)在搅拌下将 0.5 mol B 一点点倒入含有 1 mol A 的烧瓶中。反应缓慢进行，当 B 完全消耗时，仍有 0.67 mol A 未反应。

(2)1 mol A 和 1.25 mol B 快速混合，反应足够慢，以至达到组成均一之前，没有任何明显的现象。当反应结束时，发现混合物中有 0.5 mol R。

(3)1 mol A 和 1.25 mol B 快速混合，反应足够慢，以致在 A、B 达到均一之前，没有任何明显的现象。当消耗 0.9 mol B 时，混合物中有 0.3 mol S。

解：

例 8.2 图显示如何用图 8.13 来寻找所需的信息。发现

$$(a)k_2/k_1 = 4,\quad (b)k_2/k_1 = 0.4,\quad (c)k_2/k_1 = 1.45$$

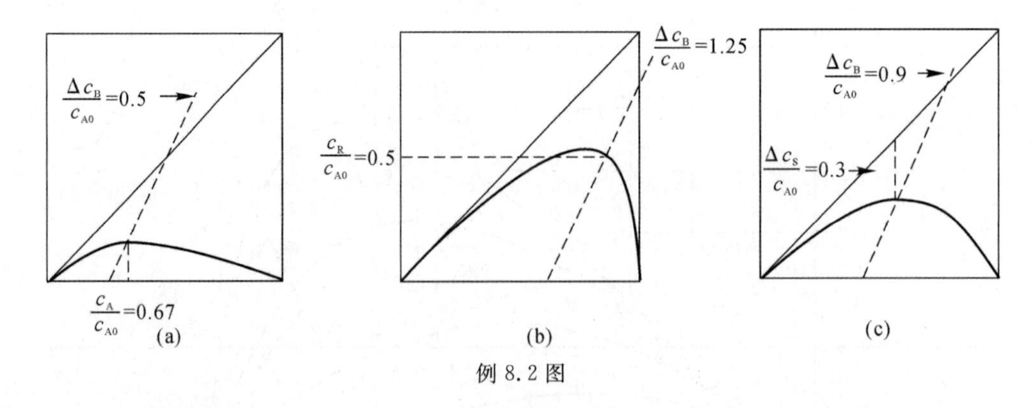

例 8.2 图

8.6.7 拓展与应用

1.3 个或多个反应

对 3 个或多个反应可以通过类似的方法分析。当然，这样数学计算变得更复杂，然而，通过选择在任何时候只需要考虑两个反应的实验条件，可以避免许多额外的劳动。图 8.15 显示

了一个反应组的产品分布曲线，即苯的逐步氯化曲线。

Catipovic 和 Levenspiel(1979)已开发表示 n 步反应序列的前 3 个步骤的图表。超过 3 步，则无法编写简单的性能图表。

其次，与双反应组一样，我们发现活塞流反应器产生的任何中间产物的最大浓度都高于全混流反应器。

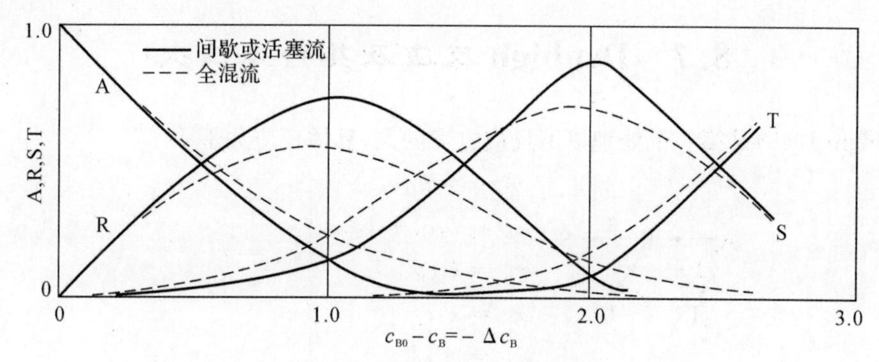

图 8.15　苯逐步氯化的产品分布

2. 聚合

聚合领域为这些想法的有效应用提供了机会。在聚合物的形成中常常发生数百甚至数千的连串反应，并且这些产物的交联类型和相对分子质量分布使得这些材料具有特定的溶解度、密度、柔韧性等物理性质。

由于单体与其催化剂的混合方式影响产品分布，如果产品具有理想的物理和化学特性，则必须非常重视这个因素。Denbigh(1947,1951)考虑了这个问题的许多方面，图 8.16 显示了反应器类型如何影响产物相对分子质量分布的各种动力学。

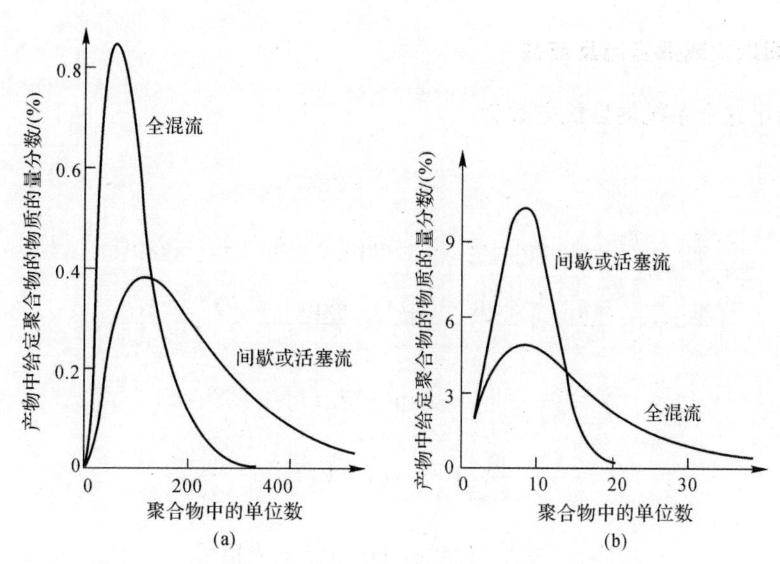

图 8.16　流动类型和动力学影响聚合物的相对分子质量分布

(a)与反应器保持时间相比，聚合反应的持续时间(活性聚合物的寿命)短；

(b)与反应器保持时间相比，聚合反应的持续时间较长，或者聚合反应没有终止反应。改编自 Denbigh(1947)

$$A+B \xrightarrow{k_1} R+U \quad C_6H_6+Cl_2 \xrightarrow{k_1} C_6H_5Cl+HCl$$
$$R+B \xrightarrow{k_2} S+U \text{ 或 } C_6H_5Cl+Cl_2 \xrightarrow{k_2} C_6H_4Cl_2+HCl$$
$$S+B \xrightarrow{k_3} T+U \quad C_6H_4Cl_2 \xrightarrow{k_3} C_6H_3Cl_3+HCl$$

其中 $k_2/k_1=1/8$，$k_3/k_1=1/240$，来自 R. B. MacMullin(1948)。

8.7 Denbigh 反应及其特殊情况

Denbigh(1958)是第一个处理以下反应方案的人，具体反应如下：

$$\begin{array}{ccc} A & \xrightarrow{1} & R & \xrightarrow{3} & S \\ \downarrow 2 & & \downarrow 4 & & \\ T & & U & & \end{array} \qquad \left.\begin{aligned} -r_A &= k_{12}c_A \\ r_R &= k_1c_A - k_{34}c_R \\ r_S &= k_3c_R \\ r_T &= k_2c_A \\ r_U &= k_4c_R \end{aligned}\right\} \begin{aligned} k_{12} &= k_1+k_2 \\ k_{34} &= k_3+k_4 \end{aligned} \tag{8.42}$$

和

$$c_{A0}+c_{R0}+c_{S0}+c_{T0}+c_{U0}=c_A+c_R+c_S+c_T+c_U \tag{8.43}$$

该反应方案的性能方程直接简化为所有特殊情况，例如

$$A\rightarrow R\rightarrow S,\quad A\rightarrow R \begin{smallmatrix}\nearrow S\\ \searrow U\end{smallmatrix},\quad A\rightarrow R\rightarrow S \ (A\searrow T),\quad A \ (\nearrow R \searrow) \rightarrow S,\quad A \begin{smallmatrix}\nearrow R\\ \searrow T\end{smallmatrix}$$

该方案在很多实际反应系统中有广泛的应用。

这些速率方程都是一级的，因此开发性能表达式并不涉及复杂的数学。在我们的处理中，不会提供详细的计算步骤，但会提供最终结果。

8.7.1 间歇式或活塞流反应器

积分给出了这个系统的性能方程为

$$\frac{c_A}{c_{A0}}=\exp(-k_{12}t) \tag{8.44}$$

$$\frac{c_R}{c_{A0}}=\frac{k_1}{k_{34}-k_{12}}[\exp(-k_{12}t)-\exp(-k_{34}t)]+\frac{c_{R0}}{c_{A0}}\exp(-k_{34}t) \tag{8.45}$$

$$\frac{c_S}{c_{A0}}=\frac{k_1k_3}{k_{34}-k_{12}}\left[\frac{\exp(-k_{34}t)}{k_{34}}-\frac{\exp(-k_{12}t)}{k_{12}}\right]+\frac{k_1k_3}{k_{12}k_{34}}+\frac{c_{R0}}{c_{A0}}\frac{k_3}{k_{34}}[1-\exp(-k_{34}t)]+\frac{c_{S0}}{c_{A0}} \tag{8.46}$$

$$\frac{c_T}{c_{A0}}=\frac{k_2}{k_{12}}[1-\exp(-k_{12}t)]+\frac{c_{T0}}{c_{A0}} \tag{8.47}$$

$$\frac{c_U}{c_{A0}} \text{ 与 } \frac{c_S}{c_{A0}}(k_3\leftrightarrow k_4 \text{ 且 } c_{S0}\leftrightarrow c_{U0}) \text{ 相同}$$

对于 $c_{R0}=c_{S0}=c_{T0}=c_{U0}=0$ 的特殊情况，上述表达式可以简化。我们也可以找到 $c_R=f(c_A)$：

$$\frac{c_R}{c_{A0}} = \frac{k_1}{k_{12} - k_{34}}\left[\left(\frac{c_A}{c_{A0}}\right)^{k_{34}/k_{12}} - \frac{c_A}{c_{A0}}\right] \tag{8.48}$$

和

$$\frac{c_{R,\max}}{c_{A0}} = \frac{k_1}{k_{12}}\left(\frac{k_{12}}{k_{34}}\right)^{k_{34}/(k_{34}-k_{12})} \tag{8.49}$$

故

$$t_{\max} = \frac{\ln(k_{34}/k_{12})}{k_{34} - k_{12}} \tag{8.50}$$

对于 $c_{R0}=c_{S0}=c_{T0}=c_{U0}=0$，系统的行为显示如图 8.17 所示。此图还显示了 $c_{R,\max}$ 以及速率常数出现的时间。

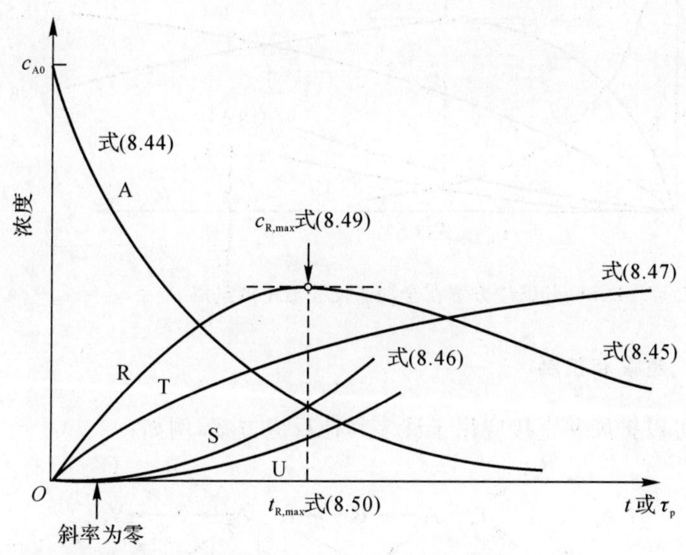

图 8.17　在活塞流反应器中的 Denbigh 反应方案的进展 $c_{R0}=c_{S0}=c_{T0}=c_{U0}=0$

8.7.2　全混流反应器

使用具有这些速率的混合流动性能方程给出：

$$\frac{c_A}{c_{A0}} = \frac{1}{(1+k_{12}\tau_m)} \tag{8.51}$$

$$\frac{c_R}{c_{A0}} = \frac{k_1\tau_m}{(1+k_{12}\tau_m)(1+k_{34}\tau_m)} + \frac{c_{R0}}{c_{A0}}\,\frac{1}{(1+k_{34}\tau_m)} \tag{8.52}$$

$$\frac{c_S}{c_{A0}} = \frac{k_1k_3\tau_m^2}{(1+k_{12}\tau_m)(1+k_{34}\tau_m)} + \frac{c_{R0}}{c_{A0}}\,\frac{k_3\tau_m}{(1+k_{34}\tau_m)} + \frac{c_{S0}}{c_{A0}} \tag{8.53}$$

$$\frac{c_T}{c_{A0}} = \frac{k_2\tau_m}{(1+k_{12}\tau_m)} + \frac{c_{T0}}{c_{A0}} \tag{8.54}$$

$$\frac{c_U}{c_{A0}} \text{ 与 } \frac{c_S}{c_{A0}} (k_3 \leftrightarrow k_4 \text{ 且 } c_{S0} \leftrightarrow c_{U0}) \text{ 相同} \tag{8.55}$$

在最佳状态：

$$\frac{c_{R,\max}}{c_{A0}} = \left(\frac{k_1}{k_{12}}\right)\frac{1}{[(k_{34}/k_{12})^{1/2}+1]^2} \tag{8.56}$$

且

$$\tau_{m,Rmax} = \frac{1}{(k_{12}/k_{34})^{1/2}} \tag{8.57}$$

在图形上，对于 $c_{R0}=c_{S0}=c_{T0}=c_{U0}=0$，图 8.18 显示了该系统的行为。

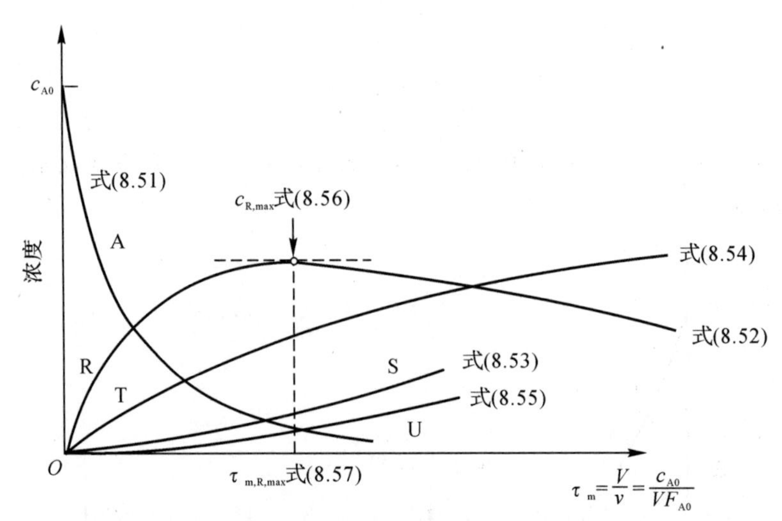

图 8.17　Denbigh 反应方案在全混流反应器中的进展 $c_{R0}=c_{S0}=c_{T0}=c_{U0}=0$

8.7.3　评论，建议和扩展

本章的方程可以扩展并直接应用于许多其他反应方案，例如：

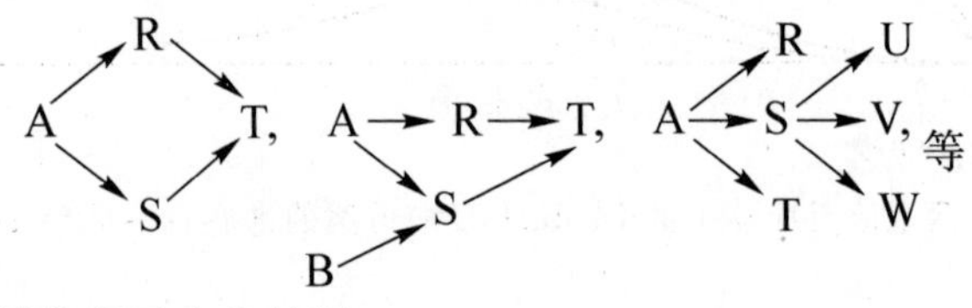

本章最后一些问题考虑了这些扩展。

仔细检查 c 对 τ 曲线的形状，可以得出速率常数的很多有用信息。这里有一些提示：

(1)查看曲线的初始斜率；测量斜率。生产材料的初始斜率是否为零？

(2)测量所有反应组分的最终浓度。

(3)找出中间体何时达到其最大浓度并测量此浓度。

(4)在寻找反应方案的模型或机理时，可以在不同的 c_{A0} 和不同的 c_{B0}/c_{A0} 上运行。

(5)如果可能的话，也可以从中间开始运行。例如，对于反应 A→R→S，从 R 开始，然后消失。

(6)如果一级串联反应的两个步骤的速率常数值相差很大，则我们可以将整体反应近似如下：

$$A \xrightarrow{k_1=100} R \xrightarrow{k_2=1} S \Rightarrow A \xrightarrow{k} S$$

其中，$k=\dfrac{1}{\dfrac{1}{k_1}+\dfrac{1}{k_2}}=0.99$。

(7)对于涉及不同反应级数的方案，可逆反应以及典型的聚合步骤非常多的方案，分析变得复杂。

(8)多反应最佳设计的关键是反应器内流体的适当接触传递和流动模式。这些要求取决于化学计量和观察到的动力学。通常,仅凭定性推理就可以确定正确的联系方案。这将在第10章中进一步讨论。但是,要确定实际的设备尺寸,需要定量考虑。

[**例8.3**] 从间歇式处理实验中评估动力学

研究人员在间歇式反应器中将硫化钠 Na_2S(A)氧化成硫代硫酸钠 $Na_2S_2O_3$(R)。测量中间体,结果见例8.3图。

(1)想出一个简单的反应网络(一级反应),来表示这种氧化反应;

(2)计算这个网络的速率常数。

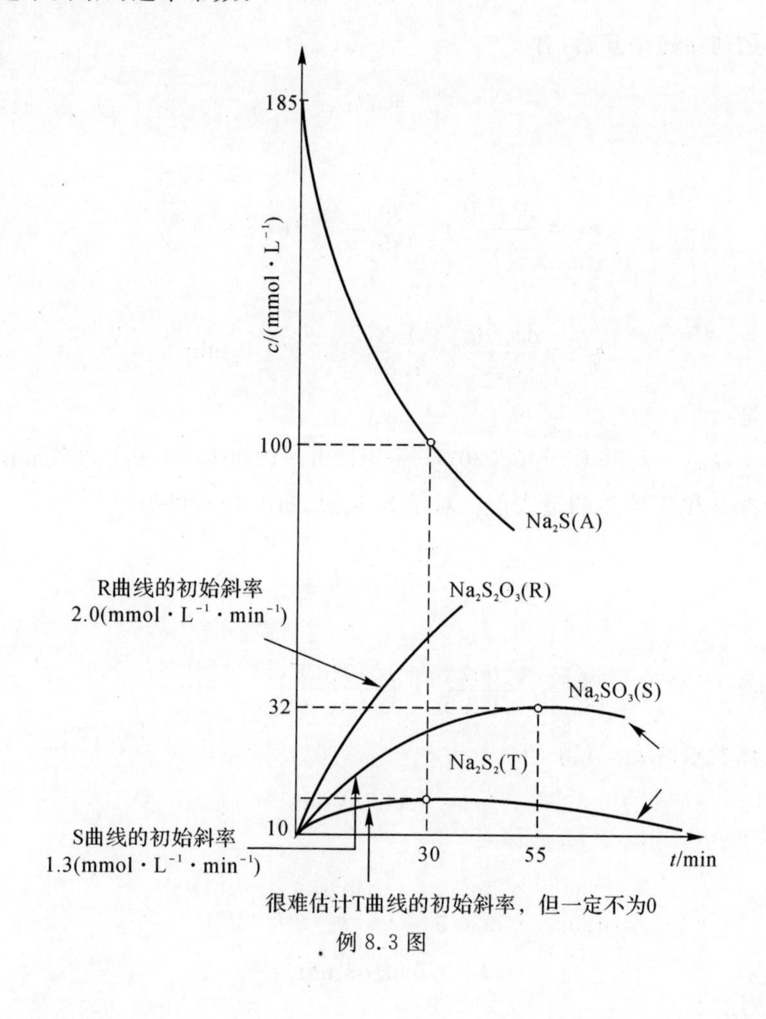

例8.3图

解:

(1)在图中寻找线索。我们首先注意到R,S和T曲线的初始斜率都是非零的,这表明这些化合物直接来自A,即

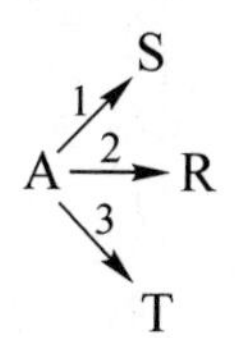

由于最终产品中没有 S 和 T,我们建议的反应方案是

$$A \xrightarrow{1} S \xrightarrow{4} R,\quad A \xrightarrow{2} R,\quad A \xrightarrow{3} T \xrightarrow{5} R \tag{a}$$

(2)计算速率常数。注意到 A 通过一级动力学消失,我们有

$$\ln\frac{c_{A0}}{c_A} = \ln\frac{185}{100} = (k_1 + k_2 + k_3)t = k_{123}t = k_{123}(30) \tag{8.30}$$

其中

$$k_{123} = 0.020\ 5\ \text{min}^{-1}$$

从形成 R 的初始速率开始,有

$$\frac{dc_R}{dt} = k_2 c_{A0}$$

或者

$$k_2 = \frac{dc_R/dt}{c_{A0}} = \frac{2.0}{185} = 0.010\ 8\ \text{min}^{-1}$$

与 S 相似,则

$$k_1 = \frac{dc_S/dt}{c_{A0}} = \frac{1.3}{1.85} = 0.007\ 0\ \text{min}^{-1}$$

所不同的是:

$$k_3 = k_{123} - k_1 - k_2 = 0.020\ 5 - 0.010\ 8 - 0.007\ 0 = 0.002\ 7\ \text{min}^{-1}$$

让我们看看 S 和 T 曲线的最大值。对于 S,通过式(8.44),可得

$$\frac{c_{S\max}}{c_{A0}} = \frac{k_1}{k_{123}}\left(\frac{k_{123}}{k_4}\right)^{k_4/(k_4-k_{123})}$$

或者

$$\frac{32}{185} = \frac{0.007\ 0}{0.020\ 5}\times\left(\frac{0.020\ 5}{k_4}\right)^{k_4/(k_4-0.020\ 5)}$$

通过反复试验求解 k_4,可得

$$k_4 = 0.009\ 9\ \text{min}^{-1}$$

与 T 相似,有

$$\frac{10}{185} = \frac{0.002\ 7}{0.020\ 5}\times\left(\frac{0.020\ 5}{k_5}\right)^{k_5/(k_5-0.020\ 5)}$$

$$k_5 = 0.0163\ \text{min}^{-1}$$

得动力学方程为

$$A \xrightarrow{1} S \xrightarrow{4} R,\quad A \xrightarrow{2} R,\quad A \xrightarrow{3} T \xrightarrow{5} R \qquad \begin{cases} k_1 = 0.007\ 0\ \text{min}^{-1} \\ k_2 = 0.010\ 8\ \text{min}^{-1} \\ k_3 = 0.002\ 7\ \text{min}^{-1} \\ k_4 = 0.009\ 9\ \text{min}^{-1} \\ k_5 = 0.016\ 3\ \text{min}^{-1} \end{cases} \tag{b}$$

习　题

8.1　从给定浓度的反应物 A 和 B 的单独进料开始（不用惰性稀释物稀释），以化学计量和速率进行竞争性连续反应，如下所示：

$$A+B \longrightarrow R_{\text{希望所需产物}} \cdots r_1$$
$$R+B \longrightarrow S_{\text{不希望产物}} \cdots r_2$$

勾画出连续和非连续操作的最佳接触模式：

(1) $r_1 = k_1 c_A c_B^2$　$r_2 = k_2 c_R c_B$　　(2) $r_1 = k_1 c_A c_B$　$r_2 = k_2 c_R c_B^2$

(3) $r_1 = k_1 c_A c_B$　$r_2 = k_2 c_R^2 c_B$　　(4) $r_1 = k_1 c_A^2 c_B$　$r_2 = k_2 c_R c_B$

8.2　在适当的条件下，A 分解如下：

$$A \xrightarrow{k_1 = 0.1\ \text{min}^{-1}} R \xrightarrow{k_2 = 0.1\ \text{min}^{-1}} S$$

R 将由 1 000 L/h 的进料产生，其中 $c_{A0}=1$ mol/L，$c_{R0}=c_{S0}=0$。

(1)多大尺寸的活塞流反应器将使 R 的浓度最大化，该反应器流出物中 R 的浓度是多少？

(2)多大尺寸的全混流反应器将使来自该反应器的流出物中的 R 的浓度最大化，以及 $c_{R,\max}$ 是多少？

将纯 A（$c_{A0}=100$ mol/L）加入全混流反应器中，形成 R 和 S，记录出口浓度见习题 8.2 表。找到适合这些数据的动力学方案。

习题 8.2 表

8.3	序号	$c_A/(\text{mol}\cdot\text{L}^{-1})$	$c_R/(\text{mol}\cdot\text{L}^{-1})$	$c_S/(\text{mol}\cdot\text{L}^{-1})$	
	1	75	15	10	
	2	25	45	30	
8.4	序号	$c_A/(\text{mol}\cdot\text{L}^{-1})$	$c_R/(\text{mol}\cdot\text{L}^{-1})$	$c_S/(\text{mol}\cdot\text{L}^{-1})$	
	1	50	33	16	
	2	25	30	45	
8.5	序号	$c_A/(\text{mol}\cdot\text{L}^{-1})$	$c_R/(\text{mol}\cdot\text{L}^{-1})$	$c_S/(\text{mol}\cdot\text{L}^{-1})$	t/min
	1	50	40	10	5
	2	20	40	40	20

8.6　在连续研磨颜料的过程中，我们公司发现太多太小和太大的颗粒从我们混合良好的研磨机中排出。也可以使用近似于塞流的多级研磨机，但事实并非如此。无论如何，在这两种研磨机中，颜料逐渐研磨成越来越小的颗粒。

目前，我们混合良好的研磨机的出料流含有 10% 过大颗粒（$d_p>147\ \mu$m）；合适大小的占

32%(d_p=38～147 μm);58%的极小颗粒(d_p<38 μm)。

(1)你能为我们现有的设备提出一个更好的研磨方案吗？它将如何给出？

(2)多级磨床呢？它会研磨到什么程度？

我们所说的“更好”是指在产品流中提供更多大小合适的颜料。此外,分离和回收切屑是不实际的。

8.7　考虑以下基元反应:

$$A+B \xrightarrow{k_1} R$$

$$R+B \xrightarrow{k_2} S$$

(1)1 mol A 和 3 mol B 快速混合在一起。该反应非常缓慢,允许在不同时间分析组成物。当 2.2 mol B 未反应时,混合物中存在 0.2 mol S。当存在的 S 量为 0.6 mol 时,混合物(A,B,R 和 S)的组成应该是什么?

(2)在不断搅拌下将 1 mol A 一点点地加入到 1 mol B 中。放置过夜然后分析,发现 0.5 mol S,关于 k_2/k_1,我们得到了什么?

(3)将 1 mol A 和 1 mol B 一起投入烧瓶并混合。在进行任何速率测量之前,反应非常迅速并完成。在分析反应产物时发现 0.25 mol S 存在。关于 k_2/k_1,我们得到了什么?

8.8　苯胺与乙醇的液相反应产生所需的单乙基苯胺和不需要的二乙基苯胺:

$$\left.\begin{array}{l} C_6H_5NH_2+C_2H_5OH \xrightarrow[H_2SO_4]{k_1} C_6H_5NHC_2H_5+H_2O \\ C_6H_5NHC_2H_5+C_2H_5OH \xrightarrow[H_2SO_4]{k_2} C_6H_5N(C_2H_5)_2+H_2O \end{array}\right\} k_1=1.25k_2$$

(1)将等物质的量进料引入间歇式反应器中,并使反应进行完全。在运行结束时找到反应物和产物的浓度。

(2)找到全混流反应器中生成的单乙二胺与二乙基苯胺的比例,乙醇与苯胺的进料比为 2∶1,乙醇的转化率为 70%。

(3)对于活塞流反应器的等物质的量进料,当单乙基苯胺的浓度达到最高时,两种反应物的转化率是多少?

8.9　单乙基苯胺也可以使用天然铝土矿作为固体催化剂在流化床中以气相形式制备。基元反应在前面的问题中显示。使用等物质的量苯胺和乙醇进料,流化床产生 3 份单乙基苯胺和 2 份二乙基苯胺,苯胺转化率为 40%。假定流化床中的气体混合流动,找到 k_2/k_1 以及反应器出口处的反应物和产物的浓度比。

在混合酶的作用下,反应物 A 转化为产物,如下:

$$A \xrightarrow[k_1]{+酶} R \xrightarrow[k_2]{+酶} S, \quad n_1=n_2=1$$

速率常数取决于系统的 pH。

(1)什么反应器设置(活塞流,全混流或分级全混流单元)和使用什么样的均匀 pH?

(2)如果可以沿着活塞流反应器改变 pH,或者以混合流动装置从一个阶段到另一个阶段改变 pH,那么你将在哪个方向改变 pH 水平?

8.10　$k_1=pH^2-8pH+23$,$k_2=pH+1$　2<pH<6,R 为所需产物

8.11　$k_1=pH+1$,$k_2=pH^2-8pH+23$　2<pH<6,S 为所需产物

8.12　邻二氯苯和对二氯苯的逐步氯化以二级速率进行，如习题 8.12 图所示。对于单进料流 $c_{A0}=2\ \mathrm{mol/L}$，$c_{B0}=1\ \mathrm{mol/L}$ 和 1,2,3 -三氯苯作为所需产物，

(1)哪一种流动反应器最好？

(2)在这个反应器中找到 $c_{R,max}$。

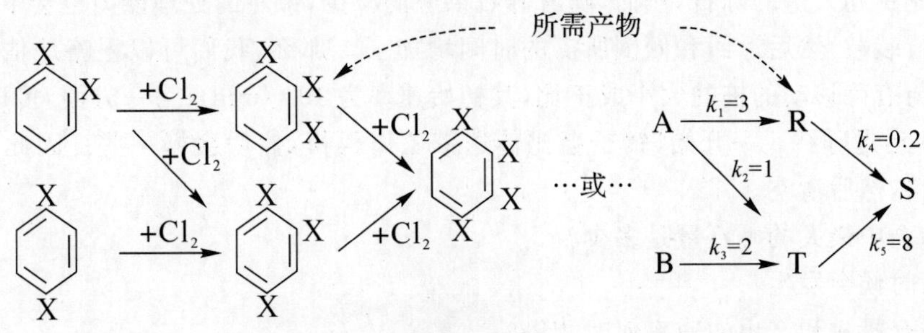

习题 8.12 图

8.13　考虑以下具有速率常数的一级分解反应，如习题 8.13 图所示。

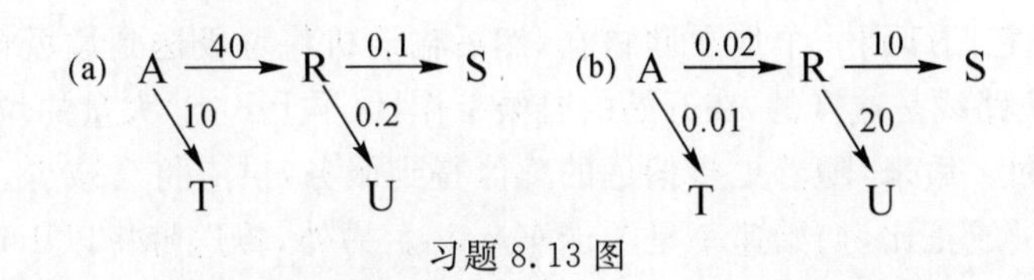

习题 8.13 图

如果在一个活塞流反应器的出口流中 $c_S=0.2c_{A0}$，那么你可以算出出口流中其他反应器组分 A，R，T 和 U 的浓度如何？

8.14　根据以下基元反应，将化学品 A 和 B 加入反应器中并反应：

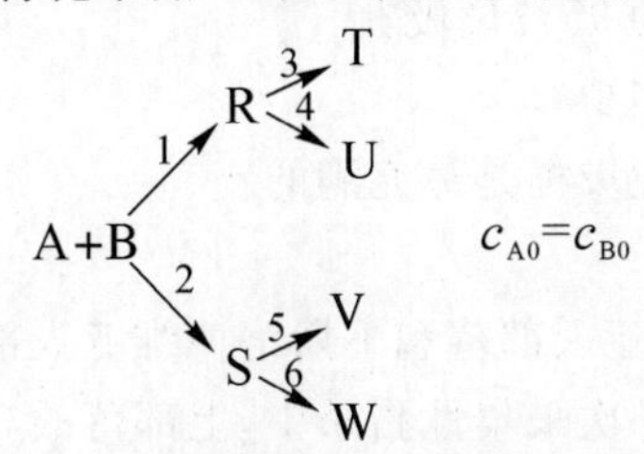

$c_{A0}=c_{B0}$

如果对混合物的分析表明这六个速率常数，你对这六个速率常数有什么理解？

$$c_T=5\ \mathrm{mol/L}\qquad c_U=1\ \mathrm{mol/L}$$

$$c_V=9\ \mathrm{mol/L}\qquad c_W=3\ \mathrm{mol/L}$$

这时：

(1)当反应不完全？

(2)当反应完全？

8.15　对于特定的催化剂和给定的温度，萘向邻苯二甲酸酐的氧化如下进行：

R
1　3
A —2→ S —4→ T

萘＝naphthalene　　$k_1=0.21\ \mathrm{s^{-1}}$

萘醌＝naphthaquinone　　$k_2=0.20\ \mathrm{s^{-1}}$

邻苯二甲酸酐＝phthalic anhydride　　$k_3=4.2\ \mathrm{s^{-1}}$

氧化产物＝oxidation products　　$k_4=0.004\ \mathrm{s^{-1}}$

什么样的反应器类型可以提供最高的邻苯二甲酸酐产量？粗略估计该产率和萘的分数转

化率有关。请注意“粗略”一词。

8.16　桑迪的岩石和砾石公司想要转移一个砾石山，估计约为 2 万吨，从院子一侧到另一侧。为此，他们打算使用电铲来填充料斗，料斗反过来又供给一个带式输送机，后者然后运送碎石到新的位置。

铲子首先铲起大量的砾石，然而，随着砾石供应的减少，铲斗的处理能力也会下降，因为从料斗移出进行装载，然后返回和倾倒所需的时间增加了。那么，我们可以粗略地估计，铲子的砾石处理率与有待移动的桩的大小成正比，其初始速率为 10 t/min。另一方面，传送带以每小时 5 t 的速率运送砾石。一开始，铲子会比传送带工作得快，然后会慢一些。因此，储物仓首先会堆积物料，然后清空。

(1)储物仓中最大的砾石量是多少？

(2)什么时候会发生？

(3)储料仓投入和产出的速率何时相等？

(4)储料仓何时变空？

8.17　设计一个大型全自动市政焚化炉。一项调查估计垃圾量为 1 440 t/d。垃圾将被一组卡车收集，并将它们卸到一个地下储物仓，然后输送机将垃圾送到垃圾箱焚烧炉。

拟议的日常收集路线是这样的，在开始的时候工作日(早上 6 点)大量的垃圾(平均 6 t/min)从附近的商业区返回。后来，随着更多偏远的郊区得到服务，供应将会减少。假设收集速率与仍要收集的垃圾数量成正比，初始速率是 1 卡车/min。另外，传送带将以 1 t/min 的速率运送垃圾到达焚烧炉。在工作日开始时，卡车将工作比输送机快；当天晚些时候，会变慢。因此，每一天都是储物仓会积累物料，然后清空。

为了评估这一操作，我们需要信息。请求出：

(1)卡车每天何时收集当天的 95%垃圾？

(2)储物仓设计的垃圾容量多少？

(3)在一天的什么时候这个垃圾桶是最充满的？

(4)储物仓在什么时候空着？

8.18　网络怪物上斯洛博维亚人部落和下斯洛博维亚人部落猎杀游戏。总是这样砸碎头骨，割喉等等杀死对手。在任何一次采集性猎杀中，上部落战士被杀死的速率与周围下部落的战士数量成正比，反之亦然。这些不友好的好战部落人的任何一次会面结束时，要么是上部落死去离开，要么是下部落的死去，但决不能两者可以同时生存。

上个星期，10 个上部落的斯洛博维亚人碰上了 3 个下部落的战士，当游戏比赛结束时，八个上部落的战士活了下来，告诉大家他们激动人心的胜利。

(1)从这次遭遇中，你如何评价上部落和下部落的战士？例如，你是否会说他们同样好，或者说一个下部落得等于 2.3 个上部落的战士战斗力，或者什么？

(2)10 名上部落与 10 名下部战士，举行不友好战争的结果是什么？

8.19　化学物质 X 是一种粉末状固体，缓慢连续地进入充分搅拌的大桶水中需要半小时。固体迅速溶解并水解成 Y，然后缓慢分解成 Z，如下：

$$Y \longrightarrow Z, \quad -r_Y = kc_Y, \quad k = 1.5\ h^{-1}$$

在整个操作过程中，槽中的液体体积保持接近 3 m^3，如果没有发生 Y 与 Z 的反应，则在半小时添加 X 后，槽中 Y 的浓度将为 100 mol/m^3。

(1)桶中 Y 的最大浓度是多少,达到这个最大值需要的时间是多少?

(2)1 h 后槽中产品 Z 的浓度是多少?

8.20　当氧气鼓泡通过含 A 液体物质的高温间歇反应器时,A 缓慢氧化以产生缓慢分解的中间体 X 和最终产物 R。实验的结果见习题 8.20 表。

习题 8.20 表

t/min	c_A/(mol·m^{-3})	c_R/(mol·m^{-3})
0	100	0
0.1	95.8	1.4
2.5	35	26
5	12	41
7.5	4.0	52
10	1.5	60
20	?	80
∞	0	100

假设在任何时候 $c_A + c_R + c_X = c_{A0}$。求出关于这种氧化的机理和动力学?提示:绘制数据并检查绘图。

8.21　化学物质 A 反应形成 R($k_1 = 6\ h^{-1}$),R 反应形成 S($k_2 = 3\ h^{-1}$)。另外,R 缓慢分解形成 T($k_3 = 1\ h^{-1}$)。如果将含有 1.0 mol/L 的 A 溶液引入间歇式反应器,需要多长时间才能达到 $c_{R,max}$ 以及 $c_{R,max}$ 会是多少?

第9章　温度与压力的影响

在寻找有利的反应条件时，我们考虑了反应器类型和大小如何影响产品转化和分布。反应温度和压力也影响反应的进展，现在我们考虑这些变量的作用。

我们遵循下述3个步骤：①我们必须找到平衡组成，反应速率和产品分布受操作温度和压力变化的影响。这将使我们能够确定最佳温度的进展。②化学反应通常伴随着热效应，我们必须知道这些会如何改变反应混合物的温度。有了这些信息，我们就能够提出一些有利的反应器和热交换系统——那些接近最佳值的系统。③考虑将选择这些经济上有利系统之一，作为最好的系统。

因此，重点在于找到最佳条件，然后看看在实际设计中如何最好地接近它们，而不是确定哪些特定反应器会做什么，让我们从单个反应的讨论开始，然后着重考虑多个反应。

9.1　单一反应

单一反应我们关心的是转化率和反应器的稳定性，不会发生产物分布问题。

热力学给出了两个重要的信息，第一个是在给定的反应程度下释放或吸收的热量，第二个是最大可能的转化。让我们简要总结这些发现。

9.1.1　热力学反应热

在温度恒定下，反应过程中释放或吸收的热量取决于反应体系的性质，反应物质的量以及反应体系的温度和压力，该热量由反应热 ΔH_r 计算得出。当不知道这一点时，在大多数情况下，可以根据已知的和列表化的有关反应物的生成热 ΔH_f 或燃烧热 ΔH_c 的热化学数据来计算。这些数据以标准温度 T_1（通常为25℃）制成表格。考虑反应：

$$aA \longrightarrow rR + sS$$

按照惯例，我们将温度为 T 时的反应热定义为：当 a mol 的 A 消失时，从环境转移到反应体系中的热量，以产生 r mol 的 R 和 s mol 的 S，并且该体系在更改前后是在相同温度和压力下测得的，即

$$aA \longrightarrow rR + sS,\quad \Delta H_{rT}\begin{cases}\text{正，吸热}\\ \text{负，放热}\end{cases} \tag{9.1}$$

9.1.2　反应热和温度

第一个问题是在知道温度为 T_1 的反应热的情况下评估温度为 T_2 的反应热。这可以通过

能量守恒定律得出：

在 T_2温度的反应过程中吸收的热量＝向反应物中添加热量以将其温度从 T_2变为 T_1＋在 T_1温度的反应过程中吸收的热量＋添加到产品中的热量使它们从 T_1返回 T_2

就反应物和产物的焓而言，则有

$$\Delta H_{r2}=-(H_2-H_1)_{\text{反应物}}+\Delta H_{r1}+(H_2-H_1)_{\text{产物}} \tag{9.3}$$

其中下标1和2分别表示在温度 T_1和 T_2下测量的量。就比热而言，有

$$\Delta H_{r2}=\Delta H_{r1}+\int_{T_1}^{T_2}\nabla C_p \mathrm{d}T \tag{9.4}$$

其中

$$\nabla C_p=rC_{pR}+sC_{pS}-aC_{pA} \tag{9.5}$$

当摩尔比热是温度的函数时，有

$$\left.\begin{aligned}C_{pA}&=\alpha_A+\beta_A T+\gamma_A T^2\\C_{pR}&=\alpha_R+\beta_R T+\gamma_R T^2\\C_{pS}&=\alpha_S+\beta_S T+\gamma_S T^2\end{aligned}\right\} \tag{9.6}$$

可得

$$\begin{aligned}\Delta H_{r2}&=\Delta H_{r1}+\int_{T_1}^{T_2}(\nabla\alpha+\nabla\beta T+\nabla\gamma T^2)\mathrm{d}T\\&=\Delta H_{r1}+\nabla\alpha(T_2-T_1)+\frac{\nabla\beta}{2}(T_2^2-T_1^2)+\frac{\nabla\gamma}{3}(T_2^3-T_1^3)\end{aligned} \tag{9.7}$$

其中

$$\left.\begin{aligned}\nabla\alpha&=r\alpha_R+s\alpha_S-a\alpha_A\\\nabla\beta&=r\beta_R+s\beta_S-a\beta_A\\\nabla\gamma&=r\gamma_R+s\gamma_S-a\gamma_A\end{aligned}\right\} \tag{9.8}$$

知道任何一个温度下的反应热以及相关温度范围内的反应物和产物的比热，就可以计算任何其他温度下的反应热。由此可以确定反应的热效应。

[**例 9.1**] 各种温度下的 ΔH_r

从 ΔH_c和 ΔH_f表中，已经计算出25℃下气相反应的标准热量为

$$\mathrm{A}+\mathrm{B}\longrightarrow 2\mathrm{R},\Delta H_{r,1\,298\,K}=-50\,000\ \mathrm{J}$$

在25℃时，反应强烈放热。但效率未达到满意程度，因为计划在1 025℃进行反应。这个温度下的 ΔH_r是多少？在该温度下反应仍然是放热的？

数据：在25～1 025℃之间，各种反应组分的平均 C_p值为

$$\overline{C_{pA}}=35\ \mathrm{J/(mol\cdot K)},\overline{C_{pB}}=45\ \mathrm{J/mol\cdot K},\overline{C_{pR}}=70\ \mathrm{J/(mol\cdot K)}$$

解：

其反应图如例9.1图所示。然后给出1 mol A，1 mol B和2 mol R的焓平衡，即

$$\begin{aligned}\Delta H_1&=\Delta H_2+\Delta H_3+\Delta H_4\\&=(n\overline{C}_p\Delta T)_{\underset{1A+1B}{\text{反应物}}}+\Delta H_{r,25℃}+(n\overline{C}_p\Delta T)_{\underset{2R}{\text{产物}}}\\&=1\times35\times(25-1\,025)+1\times45\times(25-1\,025)+(-50\,000)+2\times70\times(1\,025-25)\end{aligned}$$

得到 $\Delta H_{r,1\,025℃}=10\,000$ J。

该反应在25℃是放热的，在1 025℃是吸热的。

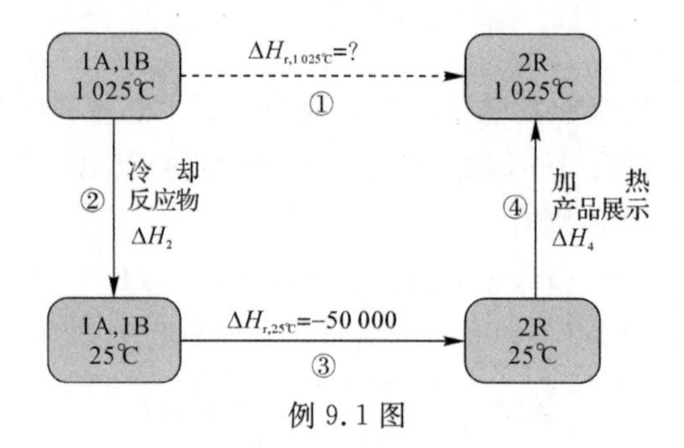

例 9.1 图

9.1.3 热力学平衡常数

根据热力学第二定律，可以计算反应系统的平衡组成。但是真正的系统不一定能实现这种转换。因此，从热力学计算的转换只能提供可获得的值。

式(9.1)在温度 T 下反应的标准自由能 $\Delta G^{\ominus}$ 定义为

$$\Delta G^{\ominus} = rG_{\mathrm{R}}^{\ominus} + sG_{\mathrm{S}}^{\ominus} - aG_{\mathrm{A}}^{\ominus} = -RT\ln K = -RT\ln \frac{\left(\frac{f}{f^{\ominus}}\right)_{\mathrm{R}}^{r}\left(\frac{f}{f^{\ominus}}\right)_{\mathrm{S}}^{s}}{\left(\frac{f}{f^{\ominus}}\right)_{\mathrm{A}}^{a}} \tag{9.9}$$

式中 f 是平衡条件下组分的逸度；$f^{\ominus}$ 是在温度 T 下任意选择的标准状态下组分的逸度，这与用于计算 $\Delta G^{\ominus}$ 的组分相同；$G^{\ominus}$ 是反应组分的标准自由能；K 是反应的热力学平衡常数。在给定温度下的标准状态通常选择如下：

气体——一个大气压下的纯组分，在这个压力下理想的气体行为非常接近；

固体——单位压力下的纯固体组分；

液体——在其蒸气压下的纯净液体；

液体的溶质——1 mol 溶液中；或在这样的稀释浓度下，活性是统一的。

为了方便，定义

$$K_f = \frac{f_{\mathrm{R}}^{r} f_{\mathrm{S}}^{s}}{f_{\mathrm{A}}^{a}},\ K_p = \frac{p_{\mathrm{R}}^{r} p_{\mathrm{S}}^{s}}{p_{\mathrm{A}}^{a}},\ K_y = \frac{y_{\mathrm{R}}^{r} y_{\mathrm{S}}^{s}}{y_{\mathrm{A}}^{a}},\ K_C = \frac{c_{\mathrm{R}}^{r} c_{\mathrm{S}}^{s}}{c_{\mathrm{A}}^{a}} \tag{9.10}$$

以及

$$\Delta n = r + s - a$$

可以为各种系统获得式(9.9)的简化形式。对于气体反应，标准状态通常选择压力为 1 atm。在这种低压下，与理想的偏差总是很小；逸度和压力是相同的，并且 $f^{\ominus} = p^{\ominus} = 1$ atm，故得

$$K = \mathrm{e}^{-\Delta G^{\ominus}/RT} = K_p \{p^{\ominus} = 1\ \mathrm{atm}\}^{-\Delta n} \tag{9.11}$$

对于理想气体的任何组分 i，则有

$$f_i = p_i = y_i \pi = C_i RT$$

可得

$$K_f = K_p \tag{9.12}$$

以及

$$K = \frac{K_p}{\{p^{\ominus} = 1\ \mathrm{atm}\}^{\Delta n}} = \frac{K_y \pi^{\Delta n}}{\{p^{\ominus} = 1\ \mathrm{atm}\}^{\Delta n}} = \frac{K_c (RT)^{\Delta n}}{\{p^{\ominus} = 1\ \mathrm{atm}\}^{\Delta n}} \tag{9.13}$$

对于参与反应的固体成分，逸度随压力的变化很小，通常可以忽略不计。于是：

$$\left(\frac{f}{f^{\ominus}} = 1\right)_{\text{固体成分}} \tag{9.14}$$

9.1.4　平衡转化率

由平衡常数决定的平衡组成随温度而变化，而根据热力学，变化率由下式给出：

$$\frac{d(\ln K)}{dT}=\frac{\Delta H_r}{RT^2} \tag{9.15}$$

对式(9.15)进行积分，看平衡常数如何随温度变化。当反应热 ΔH_r 在温度区间内被认为是恒定时，则有

$$\ln\frac{K_2}{K_1}=-\frac{\Delta H_r}{R}\left(\frac{1}{T_2}-\frac{1}{T_1}\right) \tag{9.16}$$

当必须在积分中考虑 ΔH_r 的变化时，有

$$\ln\frac{K_2}{K_1}=\frac{1}{R}\int_{T_1}^{T_2}\frac{\Delta H_r}{T^2}dT \tag{9.17}$$

其中 ΔH_r 由式(8.4)的特殊形式给出。其中下标 0 表示基准温度，有

$$\Delta H_r=\Delta H_{r0}+\int_{T_0}^{T}\nabla C_p dT \tag{9.18}$$

将式(9.17)代替式(9.18)并积分，同时使用式(9.8)给出的 C_p 的温度依赖性，可得出

$$R\ln\frac{K_2}{K_1}=\nabla\alpha\ln\frac{T_2}{T_1}+\frac{\nabla\beta}{2}(T_2-T_1)+\frac{\nabla\gamma}{6}(T_2^2-T_1^2)+$$
$$(-\nabla H_{r0}+\nabla\alpha T_0+\frac{\nabla\beta}{2}T_0^2+\frac{\nabla\gamma}{3}T_0^3)\left(\frac{1}{T_2}-\frac{1}{T_1}\right) \tag{9.19}$$

这些表达式使我们能够找到平衡常数，平衡转化率随温度的变化。

由热力学可得出以下结论。这些部分由图 9.1 说明：

(1)热力学平衡常数不受系统压力，是否存在惰性物质，以及反应动力学的影响，但受系统温度的影响。

(2)尽管热力学平衡常数不受压力或惰性气体的影响，但物质的平衡浓度和反应物的平衡转化率可能受到这些变量的影响。

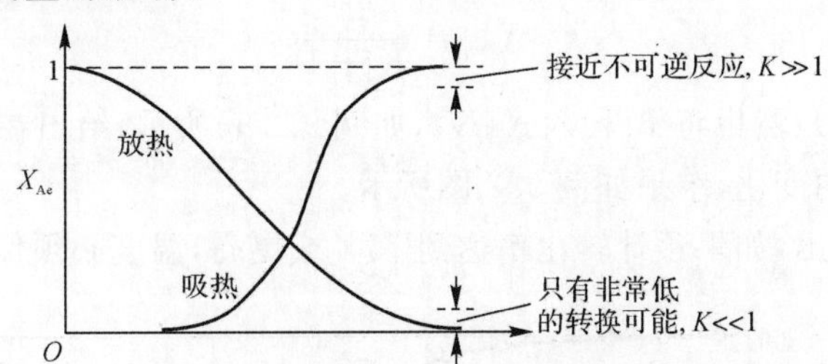

图 9.1　热力学预测温度对平衡转化率的影响(压力固定)

(3)$K\gg1$ 表示实际上完全转化是可能的，并且反应可以被认为是不可逆的。$K\ll1$ 表示反应不会进行到特别明显的程度。

(4)温度升高，吸热反应的平衡转化率上升，放热反应的平衡转化率下降。

(5)气体反应中的压力增加，当物质的量随着反应而减少时，转化率升高；当物质的量随反应增加时，转化率下降。

(6)所有反应中惰性气体的减少使得气体反应的压力增加。

［**例 9.2**］不同温度下的平衡转化率

(1)在 0～100℃之间确定初级含水反应的平衡转化率：

$$A \leftrightarrows R \begin{cases} \Delta G_{298}^{\ominus} = -14\ 130\ \text{J/mol} \\ \Delta H_{298}^{\ominus} = -75\ 300\ \text{J/mol} \end{cases} \quad C_{pA} = C_{pR} = \text{常量}$$

以温度与转化率的关系图的形式呈现结果。

(2)如果我们要获得 75%或更高的转化率，那么应该对反应器等温运行给予什么限制？

解：

(1)所有的比热都一样，$\nabla C_p = 0$ 。然后从式(9.4)得出反应热与温度无关，则有

$$\Delta H_r = \Delta H_{r,298} = -75\ 300\ \text{J/mol} \tag{i}$$

根据式(9.9)，在 25℃时的平衡常数由下式给出：

$$K_{298} = \exp(-\Delta G_{298}^{\ominus}/RT)$$
$$= \exp\left[\frac{14\ 130\ \text{J/mol}}{8.314\ \text{J/(mol·K)} \times 298\ \text{K}}\right] = 300 \tag{ii}$$

由于反应热不随温度变化，所以在任何温度 T 下的平衡常数 K 遵循式(9.16)

$$\ln\frac{K}{K_{298}} = -\frac{\Delta H_r}{8.314}\left(\frac{1}{T} - \frac{1}{298}\right)$$

重新排列，得

$$K = K_{298}\exp\left[\frac{-\Delta H_r}{R}\left(\frac{1}{T} - \frac{1}{298}\right)\right]$$

从式(i)和式(ii)中取代 K_{298} 和 ΔH_r。再重新排列，有

$$K = \exp\left[\frac{75\ 300}{RT} - 24.7\right] \tag{iii}$$

在平衡时：

$$K = \frac{c_R}{c_A} = \frac{c_{A0}X_{Ae}}{c_{A0}(1 - X_{Ae})} = \frac{X_{Ae}}{1 - X_{Ae}}$$

或者

$$X_{Ae} = \frac{K}{K+1} \tag{iv}$$

将 T 值代入式(iii)，然后将 K 代入式(iv)，如例 9.2 表所示，给出在 0～100℃范围内随温度变化的平衡转化率的变化，结果如例 9.2 图所示。

(2)从图中可以看出，如果预计转化率达到 75%或更高，温度必须保持在 78℃以下。

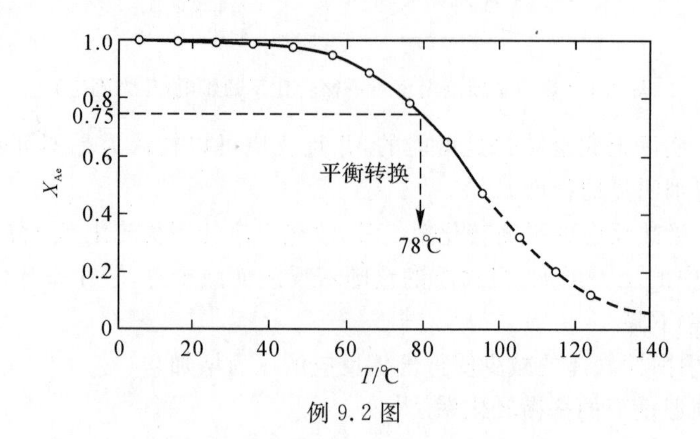

例 9.2 图

例 9.2 表　根据公式(iii)和公式(iv)计算 $X_{Ae}(T)$

选择的温度		$K=\exp\left[\frac{75\ 300}{RT}-24.7\right]$	X_{Ae}
℃	K	[式(iii)]	[式(iv)]
5	278	2 700	0.999+
15	288	860	0.999
25	298	300	0.993
35	308	110	0.991
45	318	44.2	0.978
55	328	18.4	0.949
65	338	8.17	0.892
75	348	3.79	0.791
85	358	1.84	0.648
95	368	0.923	0.480

9.1.5　一般图形设计程序

温度、组成和反应速率对任何单一均相反应都是唯一相关的，这可以通过 3 种方式之一来表示，如图 9.2 所示。其中组成-温度图是最方便的，因此我们将在整个过程中使用它来表示数据，计算反应器尺寸以及比较设计方案。

对于给定的进料(固定的 c_{A0}，c_{B0}，…)和使用关键组分的转化作为反应组成和反应程度的量度，X_A 与 T 的关系图形状如图 9.3 所示。这个曲线可以从反应的热力学一致的速率表达式(速率在平衡时必须为零)，或者通过在给定的动力学数据集上插入关于平衡的热力学信息来生成。当然，以下所有计算和预测的可靠性直接取决于该图表的准确性。因此，获得良好的动力学数据来构建这个图表势在必行。

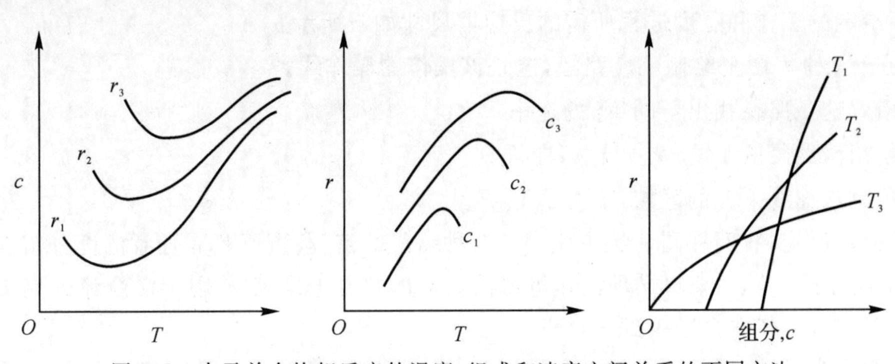

图 9.2　表示单个均相反应的温度、组成和速率之间关系的不同方法

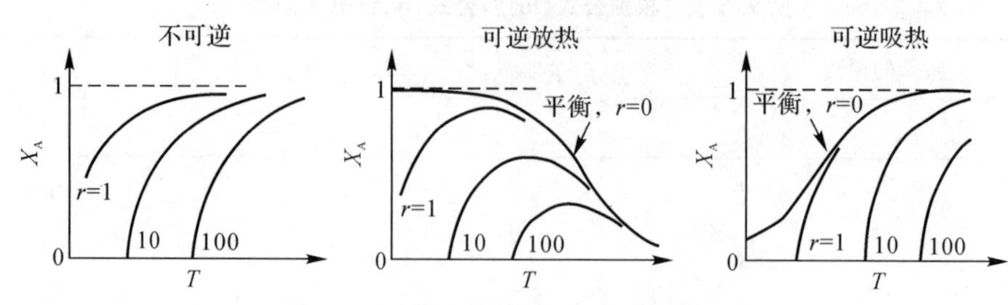

图 9.3　不同反应类型的温度-转化率图

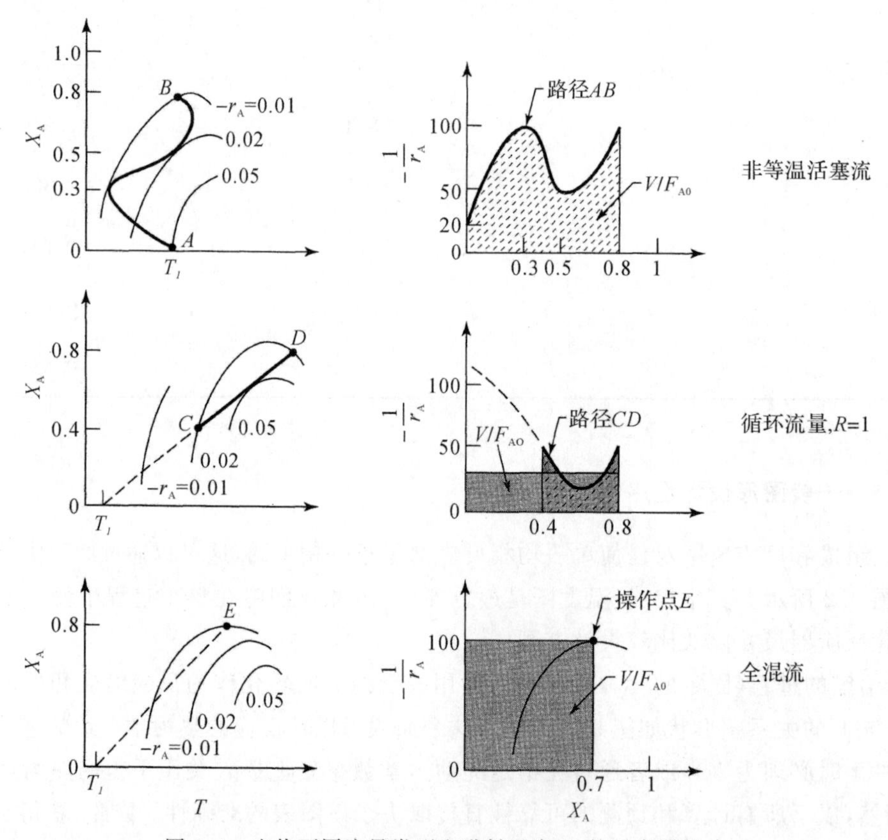

图 9.4　查找不同流量类型和进料温度 T_1 的反应器尺寸

对于给定的工作和温度进程所需的反应器尺寸如下所示：

(1)在 X_A 对 T 图上绘制反应路径，这是该操作的操作线。

(2)沿着这条路径找出不同 X_A 的速率。

(3)绘制该路径的 $1/(-r_A)$ 与 X_A 曲线。

(4)找到该曲线下方的区域，给出了 V/F_{A0}。

对于放热反应，我们在图 9.4 中说明了 3 种路径的流程：用于具有任意温度分布的活塞流的路径 AB，用于具有 50％再循环的非等温活塞流的路径 CD，以及用于混合流的点 E。请注意，对于全混流，操作线会减少到一个点。

该过程非常通用，适用于任何动力学、任何温度进程、任何反应器类型以及任何系列反应器。所以，一旦知道操作线，反应器的大小就可以找到。

[例 9.3] 从动力学数据构建转化率-温度图

使用例 9.2 的系统并以无 R 溶液开始，在间歇反应器中进行动力学实验，在 65℃下 1 min 内产生 58.1%的转化率，在 25℃下 10 min 内产生 60%的转化率。假设一级动力学可逆，求出反应速率表达式，并以反应速率为参数制备转化率-温度图。

解：

(1)积分性能公式。对于可逆一级反应，间歇式反应器的性能方程为

$$t = c_{A0}\int\frac{dX_A}{-r_A} = c_{A0}\int\frac{dX_A}{k_1 c_A - k_2 c_R} = \frac{1}{k_1}\int_0^{X_A}\frac{dX_A}{1 - X_A/X_{Ae}}$$

根据式(3.54)该积分给出：

$$\frac{k_1 t}{X_{Ae}} = -\ln\left(1 - \frac{X_A}{X_{Ae}}\right) \tag{i}$$

(2)计算速率常数。在 65℃下，从例 9.2 注意到 $X_{Ae} = 0.89$，则有式(i)为

$$\frac{k_1(1\ \text{min})}{0.89} = -\ln\left(1 - \frac{0.581}{0.89}\right)$$

或者

$$k_{1\,338} = 0.942\ \text{min}^{-1} \tag{ii}$$

同样，在 25℃下为：

$$k_{1\,298} = 0.090\,9\ \text{min}^{-1} \tag{iii}$$

假定阿伦尼乌斯温度依赖关系，这两个温度下的正向速率常数之比为

$$\frac{k_{1\,338}}{k_{1\,298}} = \frac{0.942}{0.090\,9} = \frac{k_{10}e^{-E_1/R(338)}}{k_{10}e^{-E_1/R(298)}} \tag{iv}$$

从中可以评估正向反应的活化能为 $E_1 = 48\,900$ J/mol。

请注意，此反应有两个活化能，一个用于正向反应，另一个用于连向反应。

现在是正向反应的速率常数。从式(iv)的分子或分母可以看出，首先评估 k_{10}，然后按如下所示使用，则有

$$k_1 = 34\times10^6\exp\left[\frac{-48\,900}{RT}\right] = \exp\left[17.34 - \frac{48\,900}{RT}\right]$$

注意到 $K = k_1/k_2$，因此 $k_2 = k_1/K$，其中 K 由例 9.2 的式(iii)给出。我们可以找到 k_2 的值。

总结：对于例 9.2 的可逆一级反应，则有

$$A\underset{2}{\overset{1}{\rightleftharpoons}}R;\quad K = \frac{c_{Re}}{c_{Ae}};\quad -r_A = r_R = k_1 c_A - k_2 c_R$$

平衡常数为

$$K = \exp\left(\frac{78\,300}{RT} - 24.7\right)$$

速度常数为

$$k_1 = \exp\left(17.34 - \frac{48\,900}{RT}\right),\quad \text{min}^{-1}$$

$$k_2 = \exp\left(42.04 - \frac{124\,200}{RT}\right),\ \text{min}^{-1}$$

根据这些数值，可以准备任何特定 c_{A0} 的 X_A 与 T 的图表，因此，电子计算机机算可以节省大量时间。例 9.3 图就是这样一个曲线，它是为 $c_{A0} = 1$ mol/L 和 $c_{R0} = 0$ 准备的。

由于我们正在处理一级反应,因此通过适当地重新标记速率曲线,可以将此曲线图用于任何 c_{A0} 值。因此,对于 $c_{A0}=10$ mol/L,只需简单地将该图上的所有速率值乘以 10。

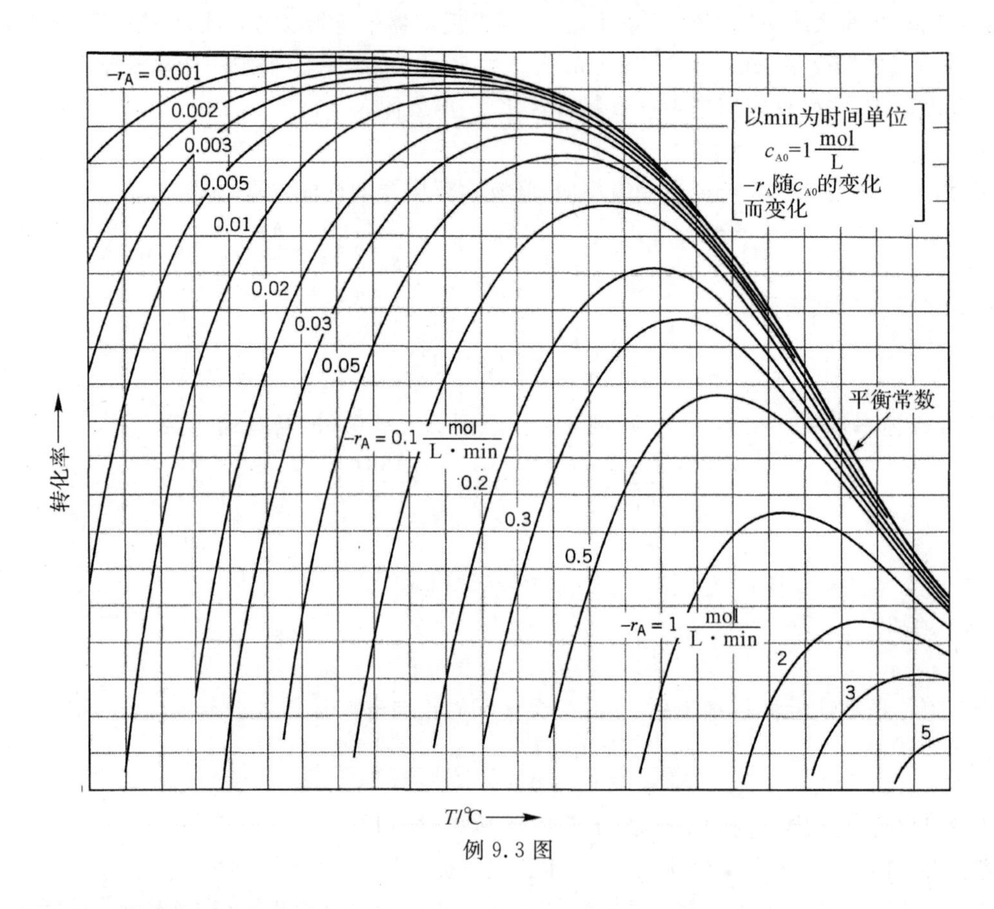

例 9.3 图

9.1.6 最佳温度研究

我们将最佳温度进程定义为对于给定的反应物转化而言最小化 V/F_{A0} 的进展。该最佳值可以是等温的或者可以是变化的温度:对于间歇式反应器,沿着活塞流反应器的长度方向及时间变化;对于一系列全混流反应器,则是逐级变化。知道这种进程很重要,因为它使我们尝试可以理想方式处理真实系统,它还使我们能够估计任何实际系统偏离理想状态的程度。

任何类型的反应器中的最佳温度进展如下:在任何组成下,其总是处于最大速率的温度。通过检查图 9.4 的 $r(T,c)$ 曲线发现最大速率的轨迹;图 9.5 显示了这种进展。

对于不可逆反应,速率总是随着温度的升高而增加,因此最高速率发生在最高允许温度。该温度由原材料或副反应可能日益增加的重要性决定。

对于吸热反应,温度升高会增加平衡转化率和反应速率。因此,与不可逆反应一样,应使用最高允许温度。

对于放热的可逆反应,情况是不同的,因为当温度升高时,两个相反的因素在起作用——正向反应速率加快但最大可达到的转化率降低。因此,一般来说,可逆的放热反应在高温下开始,该高温随着转化率的升高而降低。图 9.5 显示了这一进程,通过连接不同速率曲线的最大值可以找到它的精确值。我们称这条线为最高转化率的轨迹。

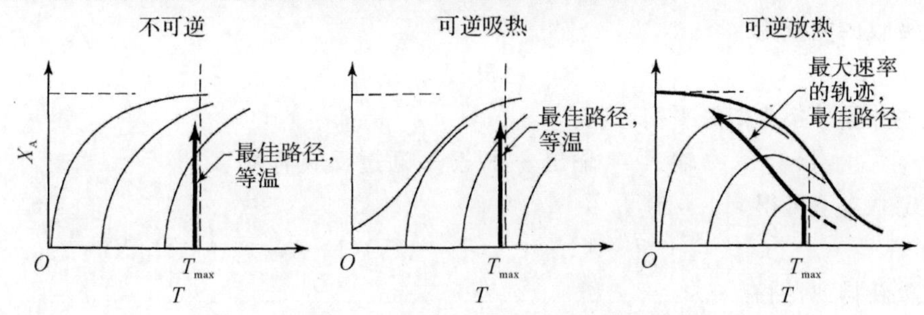

图 9.5　最小反应器尺寸的操作线

9.1.7　热效应

当反应吸收或释放的热量能显著改变反应流体的温度时，这个因素必须在设计中考虑。因此，我们需要使用物料和能量平衡表达式，式(4.1)和式(4.2)，而不是单纯的物料平衡，这是第5章到第8章所有等温操作分析的起点。

如果反应是放热的，并且如果热传递不能除去所有释放的热量，则随着转化率升高，反应流体的温度将升高。通过类似的论证，对于吸热反应，随着转化率升高，流体冷却。把这个温度变化与转化程度联系起来。从绝热操作开始，然后扩展处理范围以考虑与周围环境的热交换。

9.1.8　绝热操作

如图9.6所示，考虑全混流反应器，活塞流反应器或活塞流反应器的一部分，其中转化率为 X_A。在第5章和第6章中，选择一种成分，通常是关键反应物，作为所有物料平衡计算的基础。这里使用相同的步骤，以关键反应物A为基础。T_1，T_2 表示进入和离开流的温度。

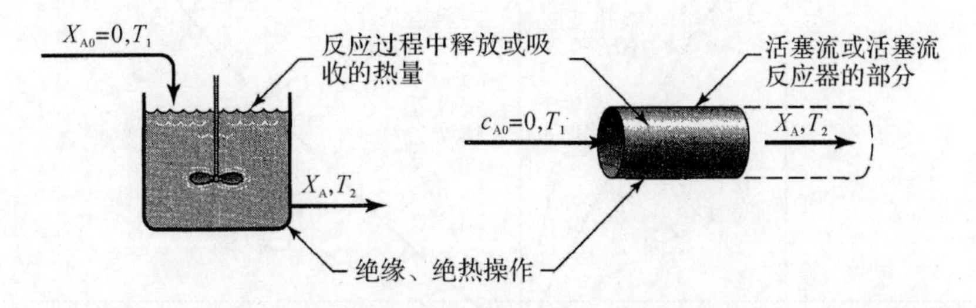

图 9.6　具有足够大热效应的绝热操作会引起反应流体的温度升高(放热)或温度降低(吸热)

C'_p，C''_p 为每摩尔进入反应物A的未反应原料流和完全转化产物流的平均比热。

H'，H'' 为每摩尔进入反应物A的未反应的进料流的焓和完全转化的产物流的焓。

ΔH_{ri} 为在温度 T_i 下，每摩尔进入反应物A的反应热。

以 T_1 作为反应焓和反应热的基准温度，我们得到以下结果。

进料焓：

$$H'_1 = C'_p(T_1 - T_1) = 0$$

流出焓：

$$H''_2 X_A + H'_2(1-X_A) = C''_p(T_2-T_1)X_A + C'_p(T_2-T_1)(1-X_A)$$

反应吸收的能量为

$$\Delta H_{r1} X_A$$

将这些数量替换为能量平衡，则有

$$\text{输入} = \text{输出} + \text{积累} + \text{通过反应消失} \tag{4.2}$$

在稳定状态下可得

$$0 = [C''_p(T_2-T_1)X_A + C'_p(T_2-T_1)(1-X_A)] + \Delta H_{r1} X_A \tag{9.20}$$

通过重新排列，则有

$$X_A = \frac{C'_p(T_2-T_1)}{-\Delta H_{r1} - (C''_p - C'_p)(T_2-T_1)} = \frac{C'_p \Delta T}{-\Delta H_{r1} - (C''_p - C'_p)\Delta T} \tag{9.21}$$

或者

$$X_A = \frac{C'_p \Delta T}{-\Delta H_{r2}} = \frac{\text{将进料流提高 } T_2 \text{ 所需的热量}}{T_2 \text{ 下反应应释放的热量}} \tag{9.22}$$

完成转化有

$$-\Delta H_{r2} = C'_p \Delta T,\ X_A = 1 \tag{9.23}$$

方程的后一种形式简单地指出，反应释放的热量，恰好平衡了将反应物从 T_1 提升到 T_2 所需的热量。

温度和转化率之间的关系，由式(9.21)或式(9.22)的能量平衡给出，如图 9.7 所示。由于这些方程的分母项的变化相对较小，所以得到的直线对于所有实际目的而言是直的。当 $C''_p - C'_p = 0$ 时，反应热与温度无关。式(9.21)和式(9.22)减少为

$$X_A = \frac{C_p \Delta T}{-\Delta H_r} \tag{9.24}$$

这些是图 9.7 中的直线。

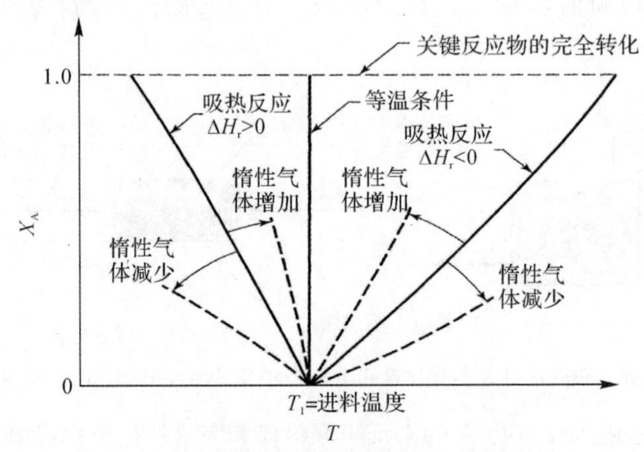

图 9.7　绝热操作的能量平衡方程的图形表示

该图说明了全混流和活塞流反应器的吸热和放热反应的能量平衡曲线形状。该图示表明，无论反应器中的任何点处的转化如何，温度都在曲线上的相应值处。对于活塞流，反应器中的流体沿着曲线逐渐移动，对于混合流，流体立即跳至其曲线上的最终值。这些是反应器的绝热操作线。随着惰性气体的增加 C_p 升高，这些曲线变得更加垂直。垂直线表示随着反应的进行温度不变。这就是第 5 章～第 7 章所处理的等温反应的特例。

给定任务所需反应器的尺寸如下。对于活塞流，将沿绝热操作线的各种 X_A 的速率制成表格，绘制 $1/(-r_A)$ 对 X_A 曲线图并进行积分。对于全混流，只需使用反应器内条件下的速率。图 9.8 所示为这个过程。

单个活塞流反应器的最佳绝热操作是通过将操作线(改变入口温度)转换到速率具有最高平均值的位置来找到的。对于吸热操作，这意味着从最高允许温度开始。对于放热反应，这意味着跨越最大速率的轨迹，如图 9.9 所示。一些试验将找到最佳的入口温度，使 V/F_{A0} 最小化。对于全混流，反应器应该在最大速率的轨迹上运行，如图 9.9 所示。

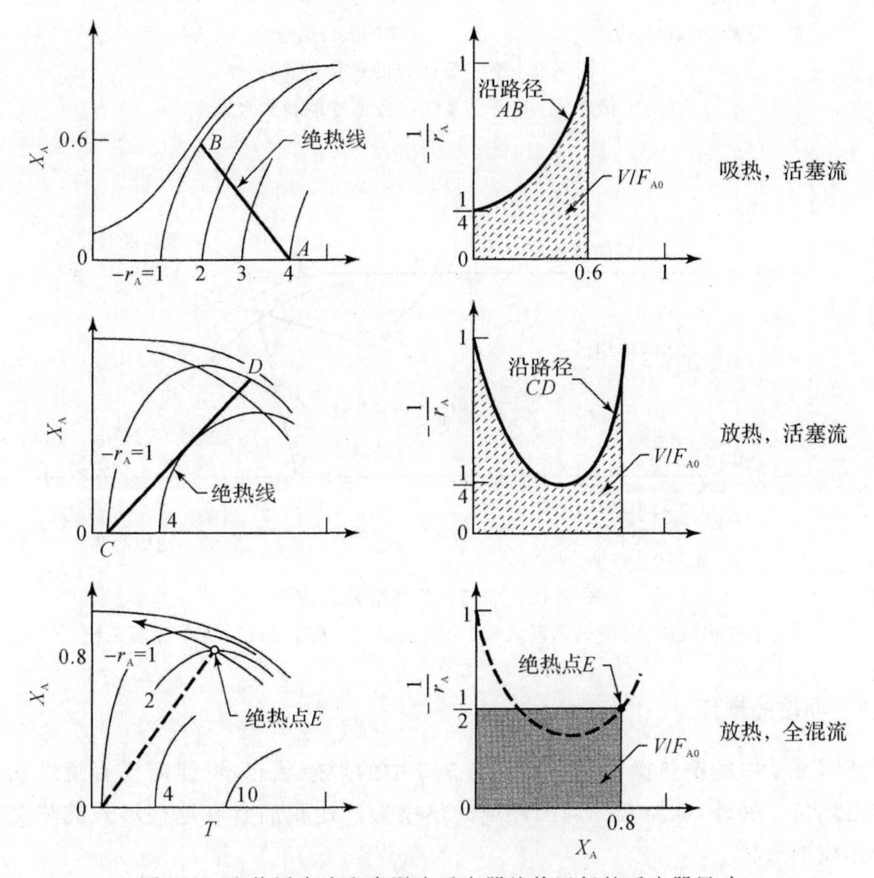

图 9.8　查找活塞流和全混流反应器绝热运行的反应器尺寸

直接从此 X_A - T 曲线中可以找到最佳的反应器类型，它使 V/F_{A0} 最小。如果速率随着转化而逐渐下降，则使用活塞流。吸热反应就是这种情况[见图 9.8(a)]，接近等温放热反应。对于在反应过程中温升较大的放热反应，速率在一些中间值 X_A 处从非常低的值上升到最大值，然后下降。这种现象是自催化反应的特征，因此循环操作是最好的。图 9.10 所示为两种情况，一种是活塞流最好，另一种情况是大循环流或全混流最好。操作线的斜率 $C_p/-\Delta H_r$ 将确定是哪一种情况。

对于混合流来说：

(1)对于小 $C_p/-\Delta H_r$(纯气态反应物)全混流最好。

(2)对于大 $C_p/-\Delta H_r$(惰性气体较多或液体系统)活塞流最好。

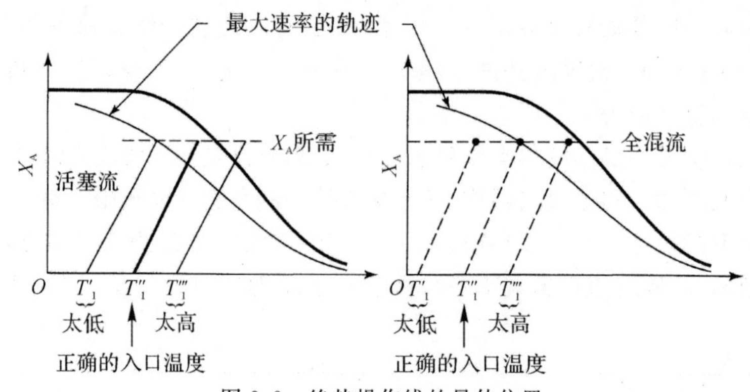

图 9.9　绝热操作线的最佳位置

（对于活塞流，需要反复试验搜索才能找到此线）

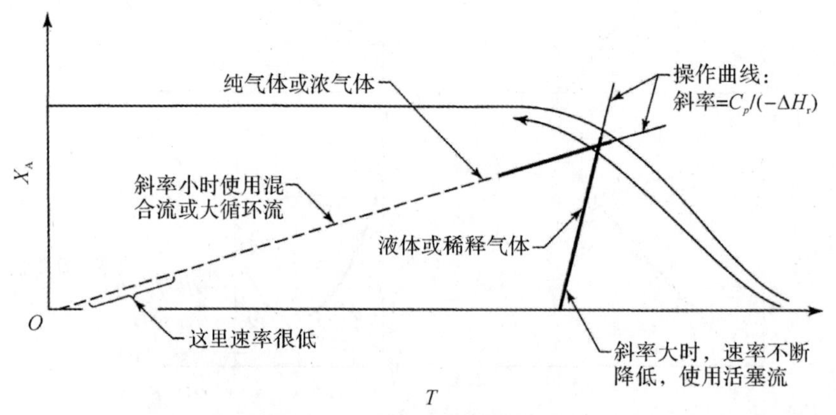

图 9.10　放热操作线的最佳位置

（对于放热反应，温度升高较大时，全混流最好；活塞流最适合于等温系统）

9.1.9　非绝热操作

为了使图 9.7 中的绝热操作线更接近图 9.5 中的理想状态，可能需要有意地从反应器中引入或排出热量。另外，需要考虑周围环境的热损失。让我们看看这些形式的热交换如何改变绝热操作线的形状。

令 Q 为每摩尔进入的反应物 A 加入反应器的总热量，并让该热量也包括对周围环境的损失。关于系统的能量平衡式(9.20)被修正为

$$Q = C''_p(T_2 - T_1)X_A + C'_p(T_2 - T_1)(1 - X_A) + \Delta H_{r1} X_A$$

重排后式(9.18)为

$$X_A = \frac{C'_p \Delta T - Q}{-\Delta H_{r2}} = \frac{\text{传热后仍需要提高进料到 } T_2 \text{ 的净热量}}{T_2 \text{ 下反应释放的热量}} \tag{9.25}$$

对于 $C''_p = C'_p$ 通常是一个合理的近似值，即

$$X_A = \frac{C_p \Delta T - Q}{-\Delta H_r} \tag{9.26}$$

在热输入与 $\Delta T = T_2 - T_1$ 成比例的情况下，能量平衡线围绕 T_1 旋转。这一变化如图 9.11 所示。添加或去除热量的其他方式会在能量平衡线上产生相应的变化。

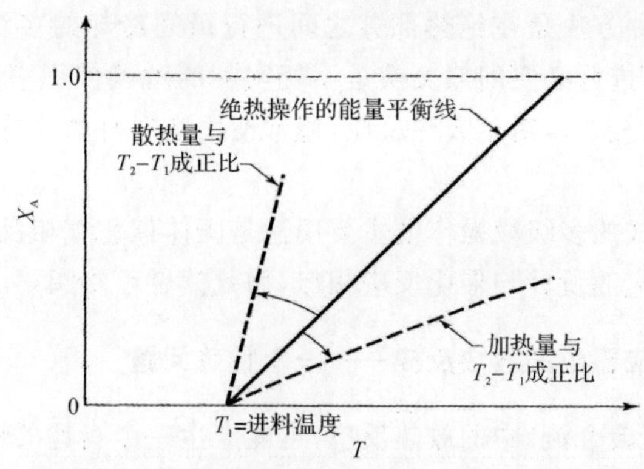

图 9.11　能量平衡方程示意图显示了由于与周围环境进行热交换而导致的绝热线移动

使用这种改进的操作线，直接从绝热操作的讨论中找到反应器尺寸和最佳操作过程。

9.1.10　评论和扩展

放热反应的绝热操作使转化温度升高。然而，期望的进展之一是温度下降。因此，可能需要非常剧烈的散热来使操作线接近理想状态，并且可能会提出许多方案来实现这一点。例如，我们可能与流入的流体进行热交换[见图 9.12(a)]，这是范・海登(van Heerden)(1953,1958)

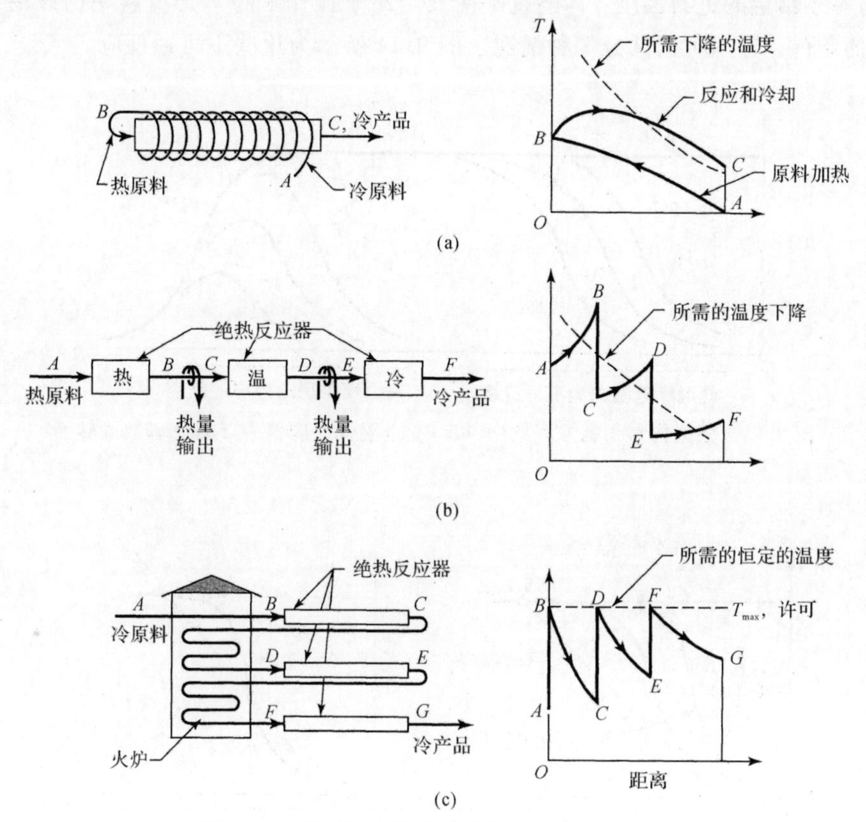

图 9.12　通过热交换达到理想温度曲线的方式

(a)和(b)放热反应；(c)吸热反应

处理的一个案例。另一种方法是在绝热部分之间进行级间冷却的多级操作[见图 9.12(b)]。一般而言,当在反应器内进行必要的热交换是不切实际的时候使用多级。气相反应通常是这种情况,其传热特性相对较差。对于吸热反应,通常使用级间再加热进行多级分离以防止温度下降太低[见图 9.12(c)]。

由于这些和其他形式的多级段操作的主要用途是固体催化气相反应,我们将在第 19 章中讨论这些操作。均相反应的设计与催化反应相似,因此读者可参阅第 19 章更进一步的研究。

9.1.11 全混流反应器中的放热反应——一个特殊问题

对于混合流(或接近混合流)中的放热反应,可能产生一个有趣的情况,即多于一个反应器组合物可以满足控制物料和能量平衡方程。这意味着我们可能不知道期望的转换级别。范·海登(1953,1958)是第一个处理这个问题的人。让我们来看看它。

首先,考虑以给定速率(固定 τ 或 V/F_{A0})供给反应物流体到全混流反应器。在每个反应器温度下,将会有一些特定的转化满足物料平衡方程式(5.11)。在低温下,这个转换率很低,在较高的温度下,转化率升高并接近平衡。在更高的温度下,我们进入下降平衡区域,因此给定 τ 的转换同样下降。图 9.13 所示为不同 τ 值的这种性能。请注意,这些线不代表操作线或反应路径。实际上,这些曲线上的任何一点都代表了物质平衡方程的一个特定解。因此它代表了全混流反应器的操作点。

现在,对于给定的进料温度 T_1,能量平衡线与用于操作 τ 的 S 形材料平衡线的交点给出反应器内的条件。这里可以区分 3 种情况。图 9.14 所示为这些不可逆反应。

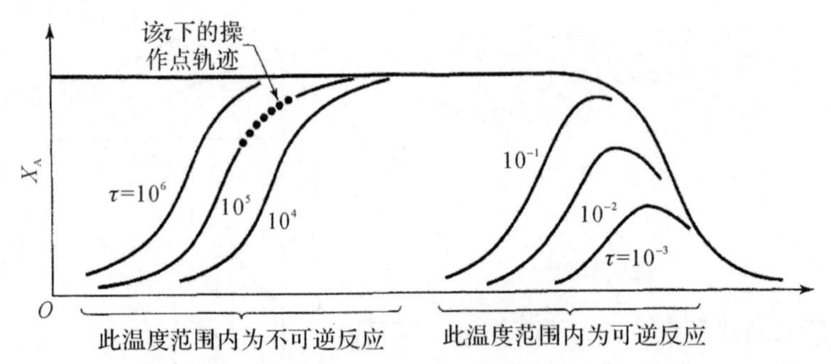

图 9.13 根据物料平衡方程式(5.11),在全混流反应器中 T 和 τ 函数的转换

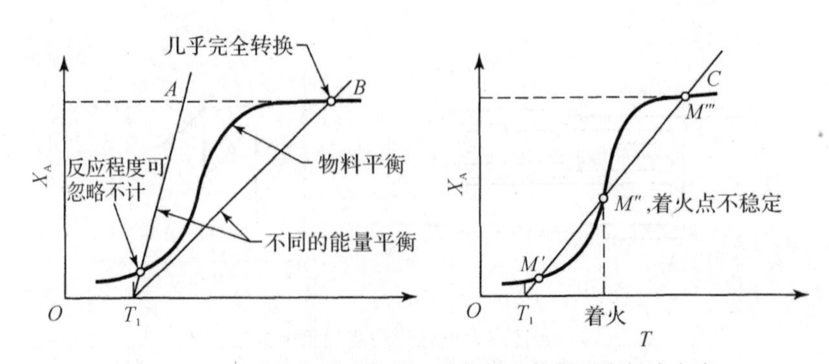

图 9.14 不可逆放热反应的 3 种能量和物料平衡解决方案

能量平衡线 T_1A 代表通过反应将热量释放不足以使反应温度升高到足以使反应自持的程度。因此，转换可以忽略不计。如果我们释放的热量足够多，流体将变热，转换基本完成。这显示为 T_1B 线。最后，线 T_1C 表示一个中间情况，它具有3个解的物料和能量平衡方程，点 M'，M'' 和 M'''。然而，M'' 点是一个不稳定的状态，因为随着温度的上升，产生的热量（伴随着快速上升的物料平衡曲线）大于反应混合物消耗的热量（能量平衡曲线）。温度升高直到达到 M'''，通过类似的推理，如果温度略低于 M''，它将继续下降直到达到 M'，因此，我们将 M'' 看作着火点。如果混合物可以升高到这个温度以上，那么反应将是自持的。

对于可逆的放热反应，同样发生3种情况，如图9.15所示。然而，在转换最大化的情况下，对于给定的 τ 值存在最佳操作温度。高于或低于此温度时，转换下降；因此，适当控制散热是必不可少的。

这里描述的反应类型发生在能量平衡线的斜率 $C_p/-\Delta H_r$ 很小的系统中。因此，热量和纯反应物的大量释放导致远离等温操作。范·海登（1953，1958）讨论并给出了这种类型的反应系统的例子。另外，虽然情况复杂得多，但气体火焰很好地说明了这里讨论的多种解决方案：未反应状态、反应状态和着火点。

反应器动力学、稳定性和启动程序对于这些自动引发的反应特别重要。例如，进料速率（τ 值）、进料组成、温度或传热速率的微小变化可能导致反应器输出从一个工作点跳到另一个工作点。

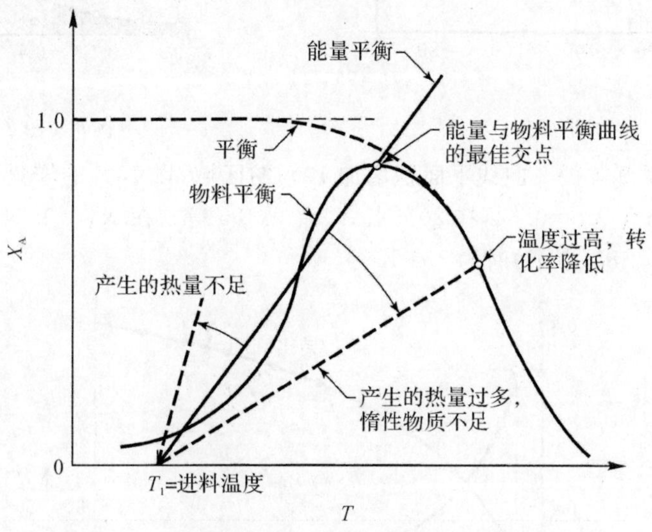

图9.15　可逆放热反应的能量和物料平衡解决方案

[例9.4] 最佳温度性能

使用活塞流反应器中的最佳温度进程进行例9.2和例9.3的反应。

(1)计算80%转化所需的空时和体积。$F_{A0}=1\,000$ mol/min，其中 $c_{A0}=4$ mol/L。

(2)绘制沿着反应器长度的温度和转化率曲线。

让最大允许工作温度为95℃。

注意图9.3是为 $c_{A0}=1$ mol/L 而不是4 mol/L 准备的。

解：

(1)最小空时。在转化率-温度图上(见图 9.3)画出最大速率的轨迹。然后，记住温度限制，绘制该系统的最佳路径[见例 9.4 图中线 $ABCDE$]并沿该路径进行图形积分以获得

$$\frac{\tau}{c_{A0}}=\frac{V}{F_{A0}}=\int_0^{0.8}\frac{dX_A}{(-r_A)_{\text{最佳路况}ABCDE}}=(\text{例 9.4 图 2 中的阴影面积})=0.405\ \text{L/(mol}\cdot\text{min)}$$

可得

$$\tau=c_{A0}\times(\text{面积})=(4\ \text{mol/L})\times(0.405\ \text{L}\cdot\text{min/mol})=1.62\ \text{min}$$

以及

$$V=F_{A0}\times(\text{面积})=(1\ 000\ \text{mol/min})\times(0.405\ \text{L}\cdot\text{min/mol})=405\ \text{L}$$

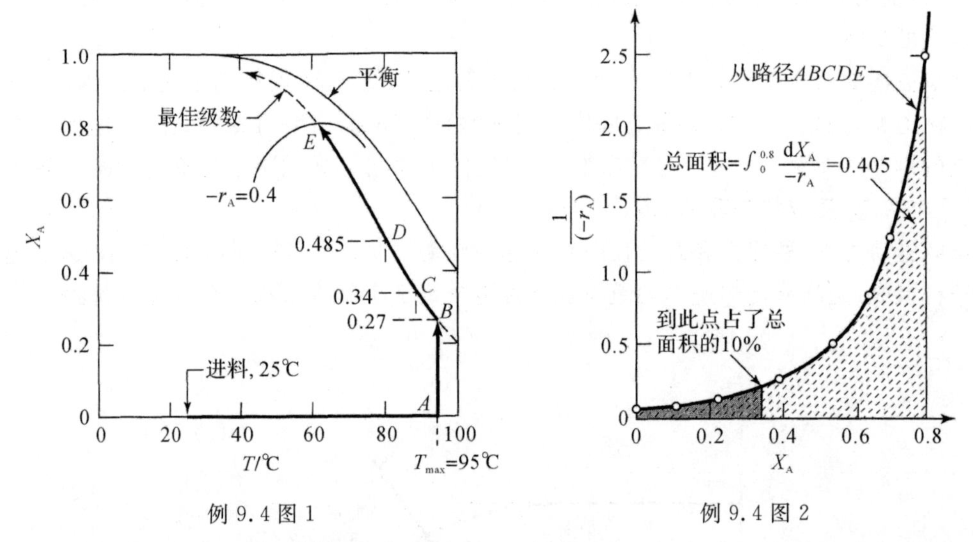

例 9.4 图 1　　例 9.4 图 2

(2)让我们在例 9.4 图 2 曲线下面积增加 10%的区域，以 10%的增量通过反应器。这个过程给出了在 10%点 $X_A=0.34$，在 20%点 $X_A=0.485$ 等。在 $X_A=0.34$(点 C)时的相应温度为 362 K，$X_A=0.485$(点 D)时为 354 K 等。

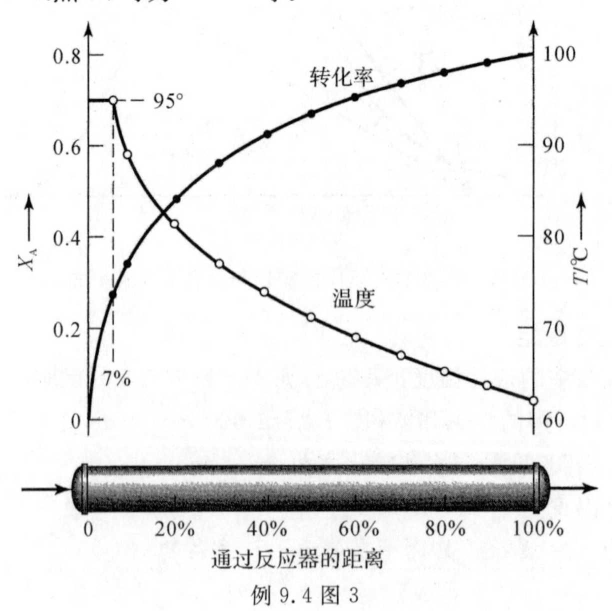

例 9.4 图 3

另外注意到温度从 95℃开始，在 $X_A = 0.27$ 时(B 点)，温度开始下降。在例 9.4 图 2 中的测量区域，我们看到 7%的流体通过反应器，以这种方式得到温度和转化率曲线，结果如例 9.4 图 3 所示。

[例 9.5] 全混流反应器最佳性能

在全混流反应器中将前述示例的浓缩 A 水溶液($c_{A0}=4$ mol/L，$F_{A0}=1\ 000$ mol/min)转化 80%。

(1)需要多大的反应器？

(2)如果进料温度为 25℃，并且产品要在此温度下取出，那么热负荷是多少？

注意：

$$C_{pA}=\frac{1\ 000\ \text{cal}}{\text{kg}\cdot\text{K}}\cdot\frac{1\ \text{kg}}{1\ \text{L}}\cdot\frac{1\ \text{L}}{4\ \text{mol}}=250\ \frac{\text{cal}}{\text{mol}\cdot\text{K}}$$

解：

(1)反应器体积。对于 $c_{A0}=4$ mol/L，我们可以使用例 9.3 图的 X_A 与 T 图表，只要我们将该图表上的所有速率值乘以 4 即可。

按照图 9.9，混合流动工作点应该位于最优点轨迹与 80%转换线相交的位置(例 9.5 图 1 中的 C 点)。这里的反应速率为

$$-r_A = 0.4\ \text{mol/(min}\cdot\text{L)}$$

从全混流反应器的性能方程式(5.11)，所需的体积为

$$V=\frac{F_{A0}X_A}{(-r_A)}=\frac{(1\ 000\ \text{mol/min})\times 0.80}{0.4\ \text{mol/min}\cdot\text{L}}=2\ 000\ \text{L}$$

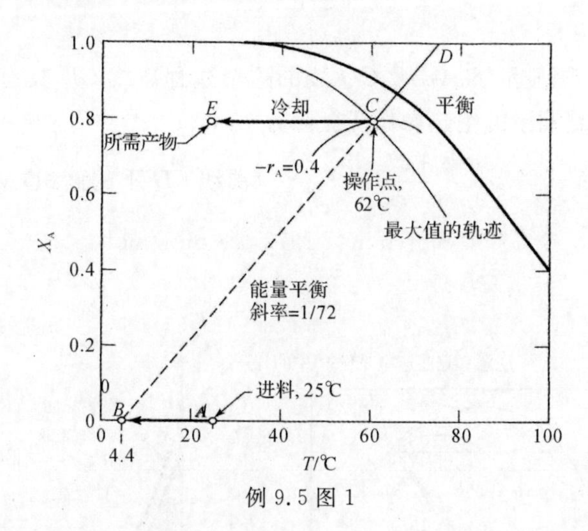

例 9.5 图 1

(2)热负荷。当然，在计算中使用焦耳；然而，由于我们正在处理水溶液，所以使用卡路里计算更简单。使用卡路里能量平衡线的斜率为

$$\text{斜率}=\frac{C_p}{-\Delta H_r}=\frac{250\ \text{cal/(mol}\cdot\text{K)}}{18\ 000\ \text{cal/mol}}=\frac{1}{72}\text{K}^{-1}$$

通过 C 点(BCD 线)画出这条线，我们看到进料必须在进入绝热反应前冷却到 20℃(从 A 点到 B 点)，同时产品必须冷却到 37℃(从 C 点到 E 点)，因此热负荷为

$$\text{预冷器}\ Q_{AB}=250\ \text{cal/mol}\cdot\text{K}\times 20\ \text{K}=5\ 000\ \text{cal/mol}$$

$$= 5\ 000\ \text{cal/mol} \times 1000\ \text{mol/min} = 5\ 000\ 000\ \text{cal/min}$$
$$= 348.7\ \text{kW}$$

$$\text{后冷器}\ Q_{CE} = 250 \times 37 = 9\ 250\ \text{cal/mol}$$
$$= 9\ 250 \times 1\ 000 = 9\ 250\ 000\ \text{cal/min}$$
$$= 645.0\ \text{kW}$$

例 9.5 图 2 显示了冷却器的两种合理安排。

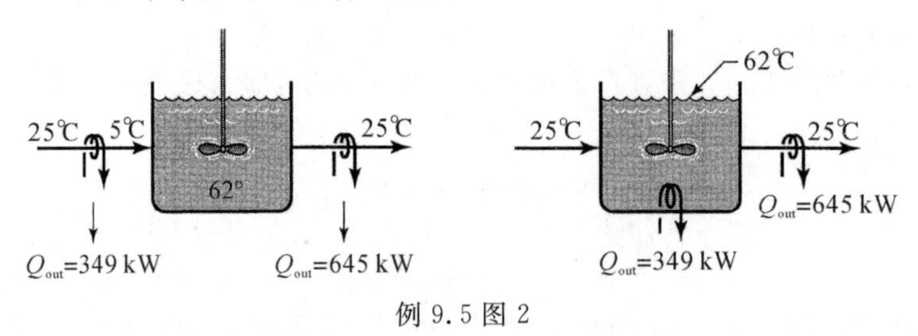

例 9.5 图 2

[**例 9.6**] 绝热活塞流反应器性能

找到绝热活塞流反应器的大小来处理例 9.5(F_{A0}=1 000 mol/min 和 c_{A0}=4 mol/L)的进料与 80%转化率反应。

解:

按照相应的步骤,绘制试验操作线[见例 9.6 图(a)],斜率为 1/72(从例 9.5),并分别比较此积分:

$$\int_0^{0.8} \frac{dX_A}{-r_A}$$

以找到最小的。例 9.6 图显示了 *AB* 及 *CD* 线的这个过程。线 *CD* 具有较小的面积,实际上更接近于最小值,因此是期望的绝热操作线。则有

$$V = F_{A0}\int_0^{0.8} \frac{dX_A}{-r_A} = F_{A0} \times (\text{曲线}\ CD\ \text{下的面积})$$
$$= 1\ 000\ \text{mol/min} \times 1.72\ \text{L} \cdot \text{min/mol}$$
$$= 1\ 720\ \text{L}$$

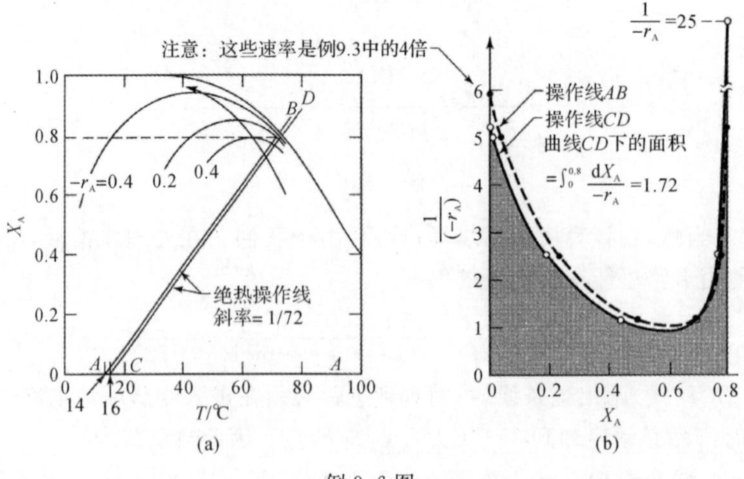

例 9.6 图

该体积比全混流反应器体积小(从例9.5),但它仍然是最小可能的四倍(从例9.4中的405 L)。

关于温度:例9.6图(a)表明,进料必须首先冷却到16℃,然后通过绝热反应器,在73.6℃和80%的转化率下离开。

[**例9.7**] 再循环绝热活塞流反应器

重复例9.6,允许回收到产品流。

解:

对于例9.6的操作线CD,我们发现在例9.7图中作为矩形$EFGH$所示的最佳回收区,则有

$$面积=(0.8-0)\times 1.5\ \text{L}\cdot\text{min/mol}=1.2\ \text{L}\cdot\text{min/mol}$$

$$V=F_{A0}\times(面积)=1\ 000\ \text{mol/min}\times 1.2\ \text{L/(mol}\cdot\text{min)}=1\ 200\ \text{L}$$

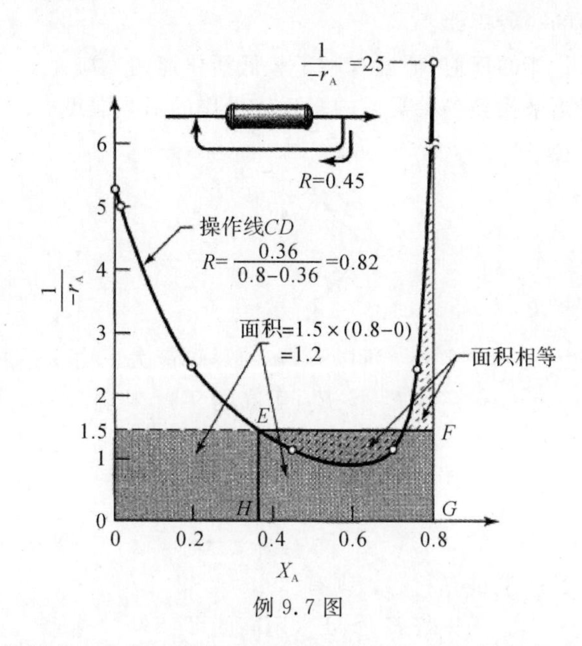

例9.7图

总结这4个例子的结果,所有这些都是用相同进料执行相同的任务。

对于最佳T下的活塞流　$V=405$ L(例9.4)

对于全混流反应器　$V=2\ 000$ L(例9.5)

对于绝热活塞流反应器　$V=1\ 720$ L(例9.6)

对于绝热循环反应器　$V=1\ 200$ L(例9.7)

9.2　多重反应

正如在第7章的导言中指出的,在多个反应中,反应器的尺寸和产物分布都受工艺条件的影响。由于反应器尺寸的问题在原理上与单一反应的原理没有什么不同,通常比获得所需的产品材料的问题不那么重要,所以让我们集中在后一个问题上。因此,我们研究如何操纵温度,以首先获得期望的产物分布,其次获得在给定空时内反应器中所需产物的最大产量。

在我们的开发中,我们忽略了浓度水平的影响,假设竞争反应都是相同的级数。第7章研

究了这种影响。

9.2.1 产品分布与温度

如果在多个反应中的两个竞争步骤具有速率常数 k_1 和 k_2，则这些步骤的相对速率由下式给出：

$$\frac{k_1}{k_2}=\frac{k_{10}\mathrm{e}^{-E_1/RT}}{k_{20}\mathrm{e}^{-E_2/RT}}=\frac{k_{10}}{k_{20}}\mathrm{e}^{(E_2-E_1)/RT}\propto \mathrm{e}^{(E_2-E_1)/RT} \tag{9.27}$$

这个速率随温度的变化而变化，取决于 E_1 是否大于或小于 E_2：

$$当\ T\ 上升时\begin{cases}如果\ E_1>E_2,k_1/k_2\ 上升,\\ 如果\ E_1<E_2,k_1/k_2\ 下降。\end{cases}$$

因此，活化能越大反应对两种反应的温度敏感性越高。这一发现导致了以下关于温度对竞争反应相对速率影响的一般规律：

高温有利于较高活化能的反应，低温有利于较低活化能的反应。

让我们应用这一规则来找到各种类型的多反应操作的适当温度。

平行反应如下：

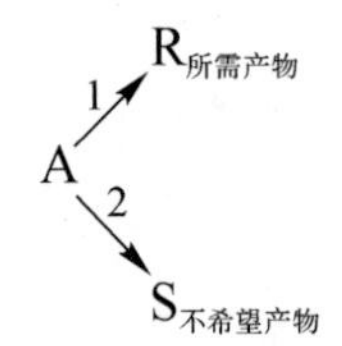

第 1 步是要升高，第 2 步是要降低，所以 k_1/k_2 将尽可能大。由上述的规则得

$$\left.\begin{aligned}&若\ E_1>E_2,用高的\ T\\&若\ E_1<E_2,用低的\ T\end{aligned}\right\} \tag{9.28}$$

连串反应：

$$\mathrm{A}\xrightarrow{1}\mathrm{R}_{所需产物}\xrightarrow{2}\mathrm{S} \tag{9.29}$$

如果 k_1/k_2 增加，R 的产生是有利的。则有

$$\left.\begin{aligned}&若\ E_1>E_2,用高的\ T\\&若\ E_1<E_2,用低的\ T\end{aligned}\right\} \tag{9.30}$$

对于一般串并联反应，我们引入另外两个考虑因素。首先，对于平行的步骤，如果一个要求是高温，另一个是低温，那么一个特定的中间温度是最好的，因为它给出了最有利的产品分布。例如，考虑反应：

$$\mathrm{A}\begin{cases}\xrightarrow{1}\mathrm{R}_{所需产物}\\ \xrightarrow{2}\mathrm{S}\\ \xrightarrow{3}\mathrm{T}\end{cases}\qquad 其中\ E_1>E_2,E_1<E_3 \tag{9.31}$$

现在，$E_1>E_2$ 需要高温，$E_1<E_3$ 需要低温，并且可以表明当温度满足以下条件时得到最有利的产品分布：

$$\frac{1}{T_{\mathrm{opt}}}=\frac{R}{E_3-E_2}\ln\left[\frac{E_3-E_1k_{30}}{E_1-E_2k_{20}}\right] \tag{9.32}$$

对于串联步骤，如果早期步骤需要高温，而后续步骤需要低温，则应使用下降的温度级数。

类似的论证适用于其他的进程。

本章最后的问题验证了一些有关 T_{opt} 的定性结果,并展示了一些可能的扩展。

9.2.2 注释

对多个反应的讨论表明,活化能的相对大小将表明哪一个温度水平或级数是有利的,正如第 7 章显示了什么浓度水平或级数和混合的最佳状态一样。虽然一般情况下,低、高、下降或上升温度的一般模式通常可以很容易地确定,但最佳的计算并不容易。

在实验中,通常与这里所概述的情况相反,我们从实验中观察产物分布,从这里我们希望找到化学计量学、动力学和最有利的操作条件。本章的推广学习应该有助于这一归纳探索。

当反应级数不同、活化能不同时,必须结合第 7 章、第 8 章、第 9 章的有关方法。杰克逊等人(1971)对这种类型的特定系统进行了研究,发现最优策略只需要调节温度或浓度这两个因素中的一个,同时另一个保持极端。调整哪一个因素取决于产品分布的变化是否更依赖于温度或浓度。

习 题

例 9.4~例 9.7 说明处理非等温反应器问题的方法。第 19 章将此方法推广到固体催化反应的多级操作。

为了加强这些概念,习题 9.1~习题 9.9 要求读者用一个或多个改变重做这些示例。在这些问题中,没有必要重做整个问题,只需指出文本和图形需要改变的地方。

9.1 对于例 9.4 的反应体系

(1)使用活塞流反应器中的最佳温度进程,找到反应物 60%转化所需的 τ。

(2)可以找到反应器流体的出口温度。

9.2 对于例 9.5 的全混流反应器系统,我们希望在最小尺寸的反应器中获得 70%的转化率。绘制您推荐的系统,并在其上标明进入和离开反应器的物流的温度以及 τ(所需的空时)。

9.3 对于例 9.4 中活塞流反应器中的最佳温度进展($c_{A0}=4$ mol/L, $F_{A0}=1\ 000$ mol/min, $X_A=0.8$, $T_{min}=5$℃, $T_{max}=95$℃)和进料和产品都在 25℃,需要多少热量来加热和冷却?

(1)进料流?

(2)反应器本身?

(3)离开反应器的物流?

9.4 我们计划保持在 40℃的活塞流反应器中进行例 9.4($c_{A0}=4$ mol/L,$F_{A0}=1\ 000$ mol/min)的反应,直至转化率达到 90%。找到所需反应器的体积。

9.5 重做例 9.4,其中 $c_{A0}=4$ mol/L 由 $c_{A0}=1$ mol/L 替代,F_{A0} 在 1 000 mol/min 下保持不变。以下 3 题条件相同。

9.6 重做例 9.5。

9.7 重做例 9.6。

9.8 重做例 9.7。

9.9 我们希望在全混流反应器中将例 9.4 的反应进行到 95%的转化率,进料浓度 $c_{A0}=$

10 mol/L 和进料速率 v=100 L/min。我们需要多大的反应器？

9.10　定性地找到最佳温度进展以使 c_s最大化，反应方案为

$$\mathrm{A}\xrightarrow{1}\mathrm{R}\xrightarrow{3}\mathrm{S}_{\text{所需产物}}\xrightarrow{5}\mathrm{T};\quad \mathrm{A}\xrightarrow{2}\mathrm{U};\quad \mathrm{R}\xrightarrow{4}\mathrm{V};\quad \mathrm{S}\xrightarrow{6}\mathrm{W}$$

数据：$E_1=10, E_2=25, E_3=15, E_4=10, E_5=20, E_6=25$。

9.11　一级反应

$$\mathrm{A}\xrightarrow{1}\mathrm{R}\xrightarrow{3}\mathrm{S}_{\text{所需产物}};\quad \mathrm{A}\xrightarrow{2}\mathrm{T};\quad \mathrm{R}\xrightarrow{4}\mathrm{U}$$

$$k_1=10^9\mathrm{e}^{-6\,000/T}$$
$$k_2=10^7\mathrm{e}^{-4\,000/T}$$
$$k_3=10^8\mathrm{e}^{-9\,000/T}$$
$$k_4=10^{12}\mathrm{e}^{-12\,000/T}$$

将在两个串联的全混流反应器以 10～90℃的任何温度运行。如果反应器可能保持在不同的温度，那么对于 S 的最大分数产率，这些温度应该是多少？找到这个分数产率。

9.12　可逆的一级气体反应

$$\mathrm{A}\underset{2}{\overset{1}{\rightleftharpoons}}\mathrm{R}$$

在全混流反应器中进行。对于在 300 K 的操作，所需反应器体积为 100 L，A 的转化率为 60%。相同进料速率和转化率但在 400 K 下操作，反应器的体积应为多少？

数据：

$$k_1=10^3\exp[-2\,416/T];$$
$$\Delta C_p=C_{p,\mathrm{R}}-C_{p,\mathrm{A}}=0;$$
$$\Delta H_r=-8\,000\ \mathrm{cal/mol}(300\ \mathrm{K}\ 时);$$
$$K=10\ (300\ \mathrm{K}\ 时)$$

物料由纯 A 组成；

总压力保持不变。

第10章　选择合适的反应器

到目前为止，我们研究的方向主要是均相反应。原因有两个：一是因为最简单的分析系统最容易理解和掌握；二是因为对于均质系统而言，良好反应器行为的规则通常可以直接应用于非均质系统。

10.1　一般规则

从本节前9章可以知道，应该以最少的计算来指导优化反应器系统。上述我们提出了6条一般规则。

规则1. 单一反应

为了使反应器体积最小化，对于 $n>0$ 的反应物保持浓度尽可能高。对于 $n<0$ 的组分保持低浓度。

规则2. 串联反应

考虑串联反应，如下所示：

$$A\rightarrow R\rightarrow S\rightarrow \cdots \rightarrow Y\rightarrow Z$$

为了使任何中间体最大化，不要混合具有不同浓度的活性成分（反应物或中间体的流体）。如图10.1所示。

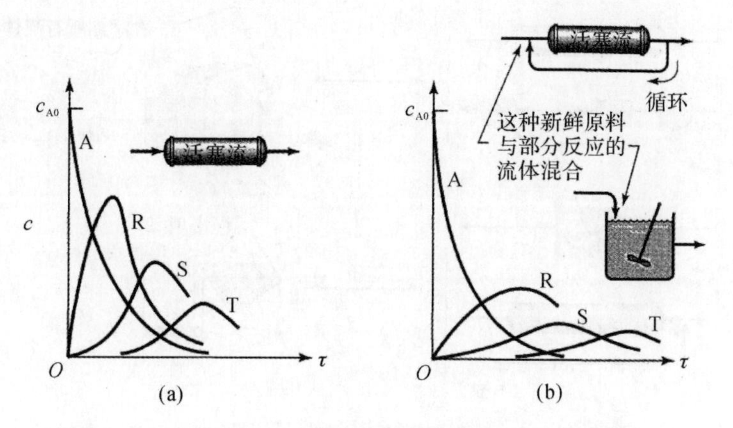

图10.1　(a)活塞流（无混合）给出了所有中间体的大部分；
(b)混合会抑制所有中间体的形成

规则3. 平行反应

考虑反应级数为 n_i 的平行反应：

$$A \xrightarrow{1} R_{\text{所需产物}} \qquad n_1\cdots\text{反应级数低}$$
$$A \xrightarrow{2} S \qquad n_2\cdots\text{中间体}$$
$$A \xrightarrow{3} T \qquad n_3\cdots\text{反应级数高}$$

为了获得最佳的产品分布：

(1)低 c_A，有利于最低级的反应；

(2)高 c_A，有利于最高级的反应；

(3)如果期望的反应是中间级数的，那么一些中间体 c_A将给出最好的产品分布；

(4)对于所有相同级数的反应，产品分布不受浓度水平的影响。

规则 4.复杂反应

这些网络可以通过将它们分解为简单的系列和简单的平行组件来进行分析。例如，对于以下基元反应，其中 R 是所需产物，分解如下：

$$\left.\begin{matrix} A+B \rightarrow R \\ R+B \rightarrow S \end{matrix}\right\} \rightarrow \begin{matrix} A \rightarrow R \rightarrow S \\ B \nearrow R,\ B \searrow S \end{matrix}$$

这种分解意味着 A 和 R 应该处于活塞状态，没有任何循环利用，而 B 可以在任何浓度水平下随意引入，因为它不会影响产品分配。

规则 5.连续与非连续操作

任何可以在连续稳态流动操作中获得的产品分布都可以在非流动操作中获得，反之亦然。图 10.2 说明了这一点。

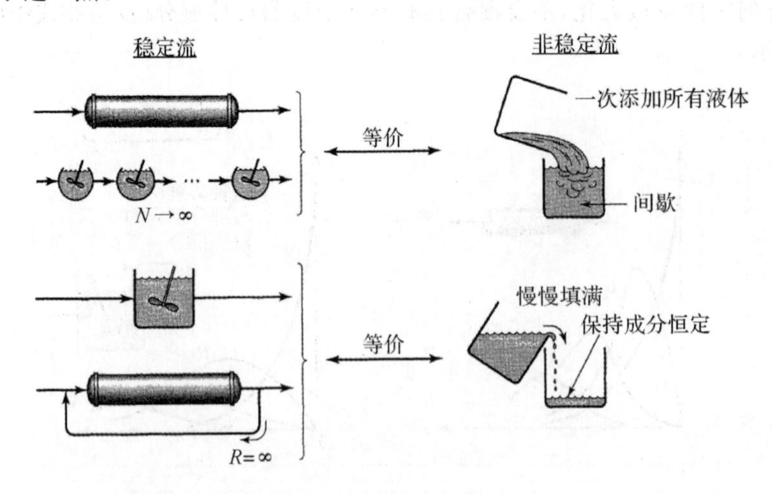

图 10.2 稳定流和非稳定流、间歇或半间歇系统的停留时间分布之间的对应关系

规则 6.温度对产品分配的影响

如下所示：

$$A \xrightarrow{1} R \xrightarrow{2} S \qquad A \begin{cases} \xrightarrow{1} R \\ \xrightarrow{2} S \end{cases} \qquad 且 \quad \begin{array}{l} k_1=k_{10}e^{-E_1/RT} \\ k_2=k_{20}e^{-E_2/RT} \end{array}$$

高温有利于反应产生较大的 E，而低温有利于反应产生较小的 E。

下面介绍这 6 条规则如何用来指导我们达到最佳状态。

10.2　反应器的最佳运行状态

在反应器操作中，“最佳”这个词可以有不同的含义。让我们看看两个特别有用的定义。

将含有反应物 A 的物流送入反应器并让 R，S，T，…形成，其中 R 是期望的产品。然后进行优化。

(1)我们可以使 R 的收益率达到最大，或者

$$\Phi=\left(\frac{R}{A}\right)_{max}=\left(\frac{形成 R 的物质的量}{消耗 A 的物质的量}\right)_{max} \tag{10.1}$$

(2)我们可能意指运行反应器系统，以使 R 的产量最大化：

$$(R)_{max}=\left(\frac{形成 R 的物质的量}{进入 A 的物质的量}\right)_{max} \tag{10.2}$$

对于串联反应，我们直接计算 R 的最大生产速率，如第 8 章所示。然而，对于平行反应，我们发现首先评估 R 的瞬时分馏产率是有用的。

$$\varphi=\left(\frac{R}{A}\right)=\left(\frac{产生 R 的物质的量}{消耗 A 的物质的量}\right)_{max} \tag{10.3}$$

然后继续寻找最佳值。最佳过程在第 7 章中已讲授。

如果未使用的反应物可以从出口物流中分离出来，再浓缩至进料条件然后再循环，则

$$(R)_{max}=\Phi(R/A)_{opt} \tag{10.4}$$

[例 10.1] TRAMBOUZE 反应(1958)

基本的反应如下：

$$A \begin{cases} \xrightarrow{0} R \\ \xrightarrow{1} S_{所需产物} \\ \xrightarrow{2} T \end{cases} \qquad \begin{array}{ll} r_R=k_0 & k_0=0.025\ mol/(L\cdot min) \\ r_S=k_1c_A & k_1=0.2\ min^{-1} \\ r_T=k_2c_A^2 & k_2=0.4\ L/(mol\cdot min) \end{array}$$

用 4 个相同尺寸的全混流反应器进行反应，可以用任意方式进行连接。进料 $c_{A0}=1$ mol/L，进料流速为 $v=100$ L/min。

由计算机计算出最优方案，以最大限度地提高 S 或 Φ(S/A)的产率，显示在图例 10.1 图 1 中。

(1)如何安排 4 个全混流系统？

(2)如果使用最佳系统，那么 4 个反应器的体积应为多少？

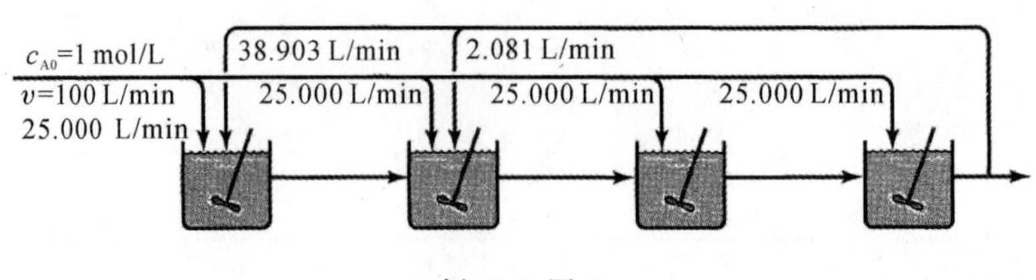

例 10.1 图 1

解：

(1)从工程角度来看，电脑解决方案看起来有点复杂。通过计算可知瞬时产率 φ(S/A)：

$$\varphi(\mathrm{S/A})=\frac{k_1c_\mathrm{A}}{k_0+k_1c_\mathrm{A}+k_2c_\mathrm{A}^2}=\frac{0.2c_\mathrm{A}}{0.025+0.2c_\mathrm{A}+0.4c_\mathrm{A}^2} \tag{i}$$

最大化 φ(S/A)，令：

$$\frac{\mathrm{d}\varphi}{\mathrm{d}c_\mathrm{A}}=0=\frac{0.2(0.025+0.2c_\mathrm{A}+0.4c_\mathrm{A}^2)-0.2c_\mathrm{A}(0.2+0.8c_\mathrm{A})}{(---)^2}$$

求解，得

$$c_\mathrm{Aopt}=0.25\ \mathrm{mol/L}$$

由等式(i)可得

$$c_\mathrm{Sopt}=\Phi(\mathrm{S/A})(c_\mathrm{A0}-c_\mathrm{Aopt})=0.5\times(1-0.25)=0.375\ \mathrm{mol/L}$$

因此，保持 4 个单元的最佳状态可以使反应达到理想最大化。其中一个设计在例 10.1 图中所示。习题 10.20 显示了另一种设计，例 10.1 图 1 也是如此。

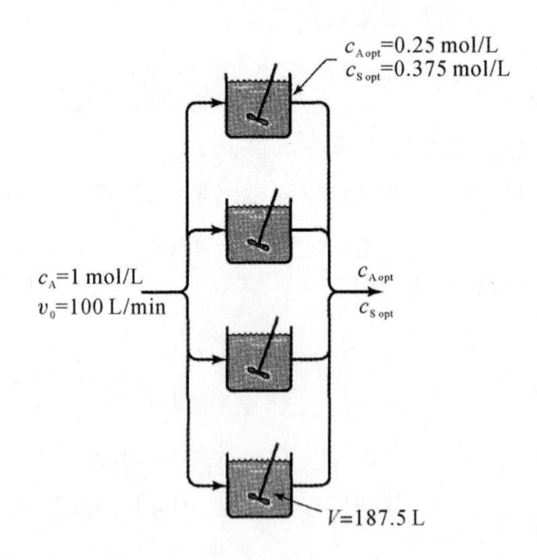

例 10.1 图 2

(2)每个全混流的体积来自性能等式：

$$\tau=\frac{V}{v}=\frac{c_\mathrm{A0}-c_\mathrm{A}}{-r_\mathrm{A}}$$

或

$$V=\frac{v(c_{A0}-c_A)}{-r_A}=\frac{100/4\times(1.00-0.25)}{0.025+0.2\times0.25+0.4\times(0.25)^2}$$

$$=187.5\ \text{L}$$

对于 4 个反应器系统，有

$$V_{\text{to总}}=187.5\times4=750\ \text{L}$$

[例 10.2] 多次反应的温度进展

考虑到以下的基元反应方案：

$$A\xrightarrow{1}R\xrightarrow{3}U\xrightarrow{5}S,\quad A\xrightarrow{2}T\xrightarrow{4}S\qquad\begin{cases}E_1=79\ \text{kJ/mol}\\E_2=113\ \text{kJ/mol}\\E_3=126\ \text{kJ/mol}\\E_4=151\ \text{kJ/mol}\\E_5=0\end{cases}$$

如果期望的产品如下，你认为选择什么样的温度级数：

(1)R；(2)S；(3)T；(4)U。

如果反应器的大小不重要？

Binns 等人(1969)报道了这种工业上重要的反应方案，并由 Husain 和 Gangiah(1976)使用。在这个问题中，我们交换了两个报告的 E 值，使问题更加有趣。

解：

(1)中间体 R 是期望的。我们希望步骤 1 快于步骤 2，希望步骤 1 快于步骤 3。

由于 $E_1<E_2$ 和 $E_1<E_3$，使用低温和活塞流。

(2)最终产品 S 是期望的。这里速率是重要的。

因此使用高温和活塞流。

(3)中间体 T 是期望的。步骤 2 与步骤 1 相比较快，而且步骤 2 与步骤 4 相比较快。

由于 $E_2>E_1$ 和 $E_2<E_4$，使用下降的温度和活塞流。

(4)中间体 U 是期望的。步骤 1 与步骤 2 相比较快，而且步骤 3 与步骤 5 相比较快。

由于 $E_1<E_2$ 和 $E_3>E_5$，使用上升的温度和活塞流。

习　题

10.1　给出这两个反应：

$$A+B\xrightarrow{1}R\qquad -r_1=k_1c_Ac_B$$

$$R+B\xrightarrow{2}S\qquad -r_2=k_2c_Ac_B$$

式中 R 是期望的产品，并且将被最大化。对习题 10.1 图中所示的 4 种方案进行评级——要么“好”要么“不太好”，不需要复杂的计算，写出理由即可。

10.2　重复习题 10.1，只需更改：

$$-r_2=k_2c_Rc_B^2$$

10.3　重复习题 10.1，只需更改：

$$-r_2=k_1c_R^2c_B$$

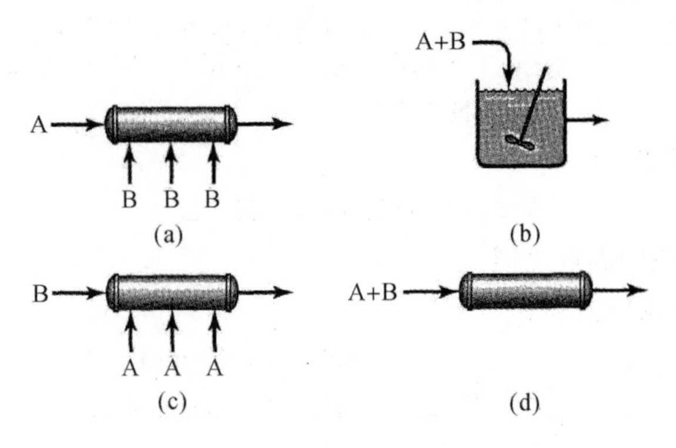

习题 10.1 图

10.4　对于反应：

$$A+B \longrightarrow R \qquad -r_1=k_1c_Ac_B$$

$$R+B \longrightarrow S \qquad -r_2=k_2c_Rc_B^2$$

式中 R 是所需产品，下列哪种运行方式间歇反应器是有利的？哪种不是？如习题10.4图所示。

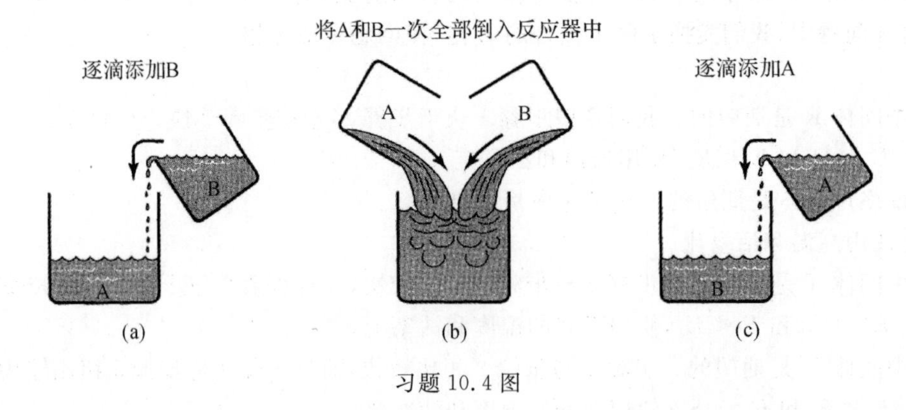

习题 10.4 图

10.5　二甲苯的氧化作用。二甲苯的剧烈氧化只是产生 CO_2 和 H_2O；然而，当氧化温和且仔细控制时，它也可以产生有价值的邻苯二甲酸酐，如习题 10.5 图所示。而且，由于爆炸的危险，反应混合物中二甲苯的含量必须保持在 1%以下。当然，这个过程中的问题是获得更好的产品分配。

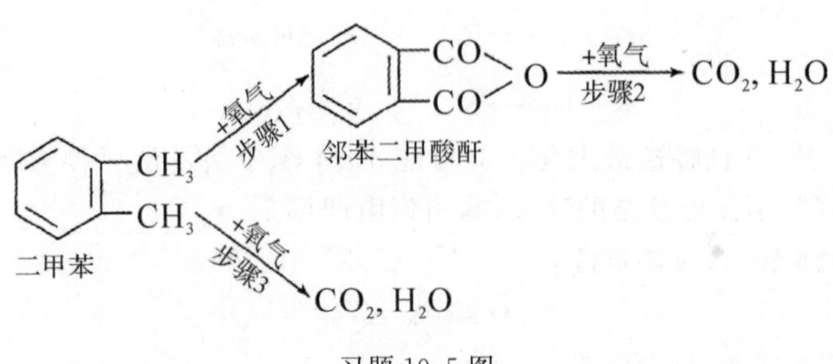

习题 10.5 图

(1)在活塞流反应器中,在最高允许温度下运行所需的三个活化能值是多少?

(2)活塞流反应器在什么情况下温度会下降?

10.6　Trambouze 反应——平行反应。给定一组 $c_{A0}=1$ mol/L 和 $v=100$ L/min 的基元反应,我们希望在选择的反应器布置中最大限度地提高分馏产率,而不是 S 的产量。

$$A \xrightarrow{0} R_{\text{所需产物}} \quad \cdots \; r_R = k_0 \qquad k_0 = 0.025\ \text{mol/(L·min)}$$

$$A \xrightarrow{1} S \quad \cdots \; r_S = k_1 c_A \qquad k_1 = 0.2\ \text{min}^{-1}$$

$$A \xrightarrow{2} T \quad \cdots \; r_T = k_2 c_A^2 \qquad k_2 = 0.4\ \text{L/(mol·min)}$$

计算机要经过多维搜索得出习题 10.6 图的结构,被命名为一个局部的最优点,或者说是一个固定点。如果存在这样的情况,我们感兴趣的是寻找全局最优。所以考虑到这一点:

(1)习题 10.6 图的安排是不是最好的?

(2)如果不是,设计一个更好的方案。画出你的计划并计算出计划使用的反应器的体积。

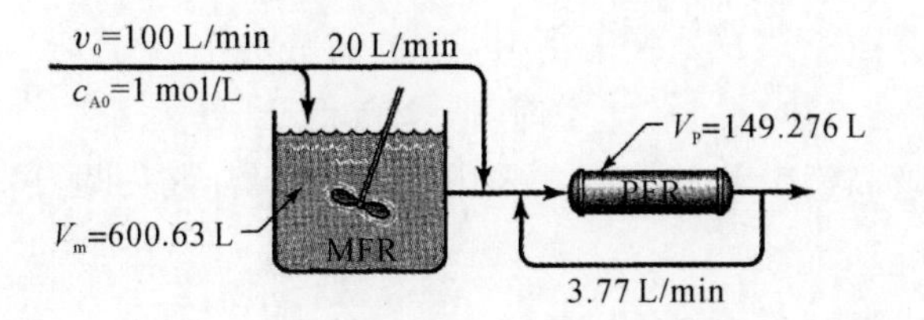

习题 10.6 图

10.7　对于习题 10.6 的一组基元反应,当 $c_{A0}=1$ mol/L,$v=100$ L/ min 时,我们希望选择的反应器布置中最大限度地提高中间产物 S 的产率(而不是分馏产率)。画出选择的反应器方案并确定 $c_{s,\max}$。

10.8　汽车防冻液。乙二醇和二甘醇被用作汽车防冻剂,并且通过环氧乙烷与水的反应产生如下:

$$H_2O + \underset{CH_2-CH_2}{\overset{O}{\wedge}} \longrightarrow \underbrace{O\langle^{CH_2-CH_2OH}_{H}}_{\text{乙二醇}}$$

$$O\langle^{CH_2-CH_2OH}_{H} + \underset{CH_2-CH_2}{\overset{O}{\wedge}} \longrightarrow \underbrace{O\langle^{CH_2-CH_2OH}_{CH_2-CH_2OH}}_{\text{二甘醇}}$$

在降低水的冰点方面,水中的 1 mol 乙二醇与另 1 mol 乙二醇同样有效;然而,以 mol 为基础,二甘醇的价格是乙二醇的两倍,所以我们希望乙二醇最大化,并且二甘醇在混合物中最小化。中国最大的防冻剂供应商之一,每年在习题 10.8 图(a)所示的反应器中生产数百万千克防冻剂。该公司的一位工程师建议他们用习题 10.8 图(b)所示类型的反应器替换它们的反应器。你对这个建议有什么看法?

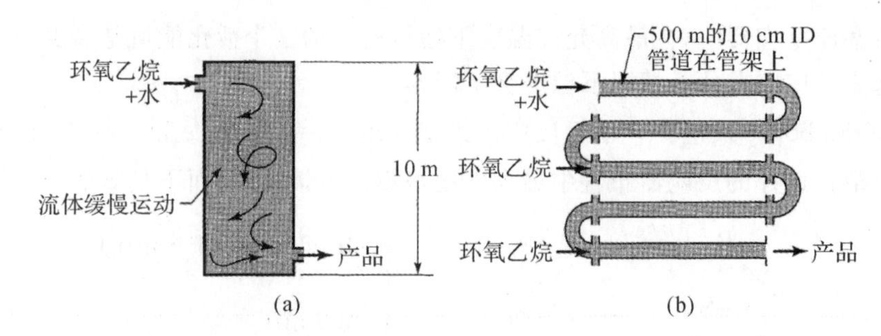

习题 10.8 图

10.9　均相催化反应。考虑基本的反应：

$A+B\xrightarrow{k}2B$，　$-r_A=kc_Ac_B$　且　$k=0.4\ L/(mol\cdot min)$

对于以下进料和反应器空时：

$$进料流量:v=100\ L/min$$

$$原料组成:\begin{cases}c_{A0}=0.45\ mol/L\\c_{B0}=0.55\ mol/L\end{cases}$$

$$空时:\tau=1\ min$$

我们想要最大化产品流中 B 的浓度。采用计算机计算，将习题 10.9 图的设计作为其最佳尝试。

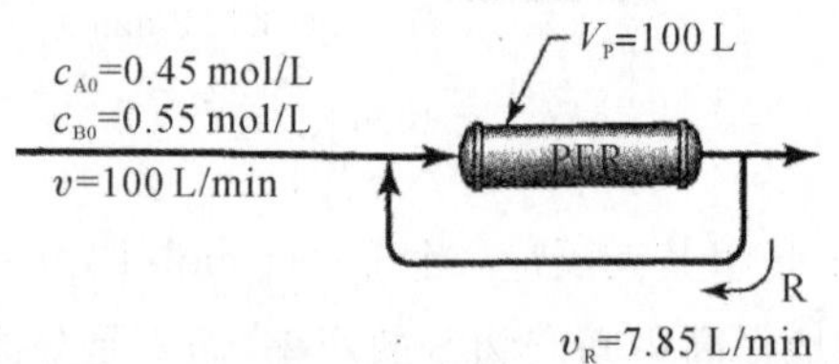

习题 10.9 图

你认为此方法是否为最佳方式？如果不是，设计一个更好的方案。不用去计算反应器大小、回收率等。只需指出一个更好的方案即可。

10.10　给可乐饮料着色。当黏稠的玉米糖浆加热时，焦糖化（变成深棕色）。但是，如果加热时间过长，则会转化为碳。

$$玉米糖浆\xrightarrow{加热}焦糖\xrightarrow{再加热}碳颗粒$$

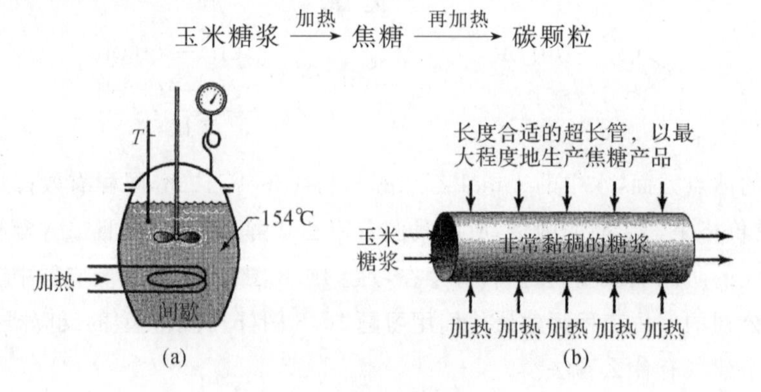

习题 10.10 图

焦糖化液体通过铁路罐车送到可乐糖浆配方设计师那里，然后他们测试溶液的质量。如果颜色过浅，则处罚；如果每单位体积的碳颗粒太多，那么整个油罐车就会被拒收。因此，在反应不足和反应过度之间存在微妙的平衡。

一批玉米糖浆在 154℃的大桶中精确加热一段时间然后迅速排出并冷却，将桶彻底清洁(非常费力)，然后重新装满。

该公司希望降低成本，并用连续流量系统取代昂贵的劳动密集型间歇式生产。当然这将是一个管式反应器(规则 2)。你怎么看他们的想法?

10.11　Denbigh 反应。我们打算进行下面的反应：

$$A \xrightarrow{1} R \xrightarrow{3} S,\quad A \xrightarrow{2} T,\quad R \xrightarrow{4} U$$

$k_1=1.0\ \mathrm{L/(mol \cdot s)}$　　二级

$k_2=k_3=0.6\ \mathrm{s^{-1}}$　　一级

$k_4=0.1\ \mathrm{L/(mol \cdot s)}$　　二级

在以下条件下的流动系统中：

进料流量：$v=100\ \mathrm{L/h}$；

原料组成：$c_{A0}=6\ \mathrm{mol/L}$，$c_{R0}=0.6\ \mathrm{mol/L}$；

我们希望最大限度地提高产品流中 c_R/c_T 的浓度比。

据报道，对这个问题的解决使用了 2 077 个连续变量，204 个整数变量，2 108 个约束，并且给出了如习题 10.11 图所示的最佳解决方案。

(1)你认为你能做得更好吗？如果是这样，你建议我们使用哪种反应器设计，以及你期望获得什么样的 c_R/c_T?

(2)如果拟希望尽量减少 c_R/c_T 的比例，你会怎么做?

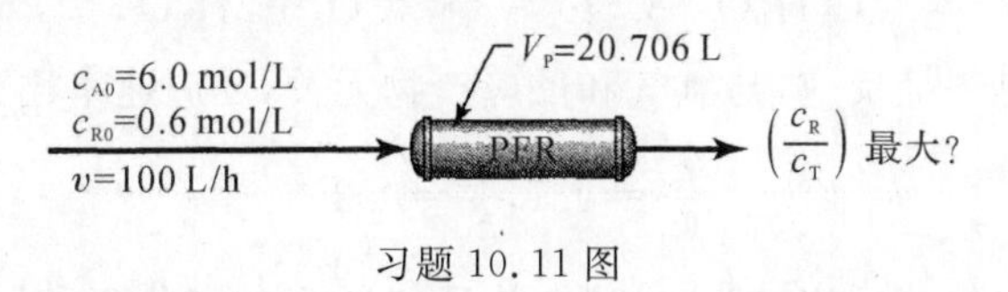

习题 10.11 图

10.12　用于均相催化反应

$$A+B \rightarrow B+B,\quad -r_A=kc_Ac_B$$

当 $c_{A0}=90\ \mathrm{mol/m^3}$，$c_{B0}=10\ \mathrm{mol/m^3}$ 时，我们希望反应物 A 的转化率大约为 44%。什么流动反应器或流动反应器的组合最好可以使所需反应器的总体积最小？没有必要尝试计算所需反应器的尺寸，只需确定最佳的反应器系统类型和应使用的流量类型即可。

10.13　只需一次更改即可重复习题 10.12。我们需要反应物 A 的 90%转化率。

10.14　只需一次更改即可重复习题 10.12。我们只需要反应物 A 的约 20%转化率。

10.15　我们希望在间歇式反应器中从 A 产生 R，运行时间不超过 2 h，温度介于 5～90℃之间。该液体一级反应体系的动力学如下：

$$A \xrightarrow{1} R \xrightarrow{2} S,\ \begin{cases} k_1 = 30e^{-20\,000/RT} & k=[\mathrm{min^{-1}}] \\ k_2 = 1.9e^{-15\,000/RT} & R=8.314\ \mathrm{J/(mol \cdot K)} \end{cases}$$

确定最佳温度(给出 $c_{R\max}$)和运行时间以及相应的 A 到 R 的转换。

10.16　反应器－分离器－循环系统—苯氯化。这里的基元反应如下：

$$C_6H_6+Cl_2 \xrightarrow{1} C_6H_5Cl+HCl\quad k_1=0.412\ \mathrm{L/(kmol \cdot h)}$$

$$C_6H_5Cl + Cl_2 \xrightarrow{2} C_6H_4Cl_2 + HCl \quad k_2 = 0.055\ L/(kmol \cdot h)$$

所需产物是一氯苯。还假定产品流中的任何未反应的苯可以根据需要彻底地分离和重新使用。

由于要求我们只使用 PFR，任何安排上最少三个，加上分离器和未使用的反应物的回收，其中最好是由计算机确定。在习题 10.16 图中显示了它们的结构。

可做到最优解吗？也可不必计算体积和流量，只需想出一个改进的方案。

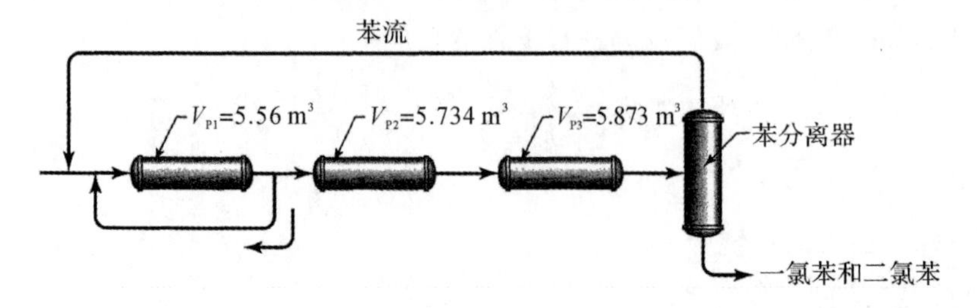

习题 10.16 图

10.17　丙烯醛生产。Adams 等人研究了丙烯在钼酸铋催化剂上催化氧化形成丙烯醛。用丙烯和氧气进料并在 460℃下反应，发生以下 3 种反应。

$$C_3H_6 + O_2 \xrightarrow{1} C_3H_4O + H_2O$$

$$C_3H_6 + 4.5O_2 \xrightarrow{2} 3CO_2 + 3H_2O$$

$$C_3H_4O + 3.5O_2 \xrightarrow{3} 3CO_2 + 2H_2O$$

反应在烯烃中都是一级反应，与氧气和反应产物无关，反应速率比为

$$\frac{k_2}{k_1} = 0.1, \frac{k_3}{k_1} = 0.25$$

如果不需要冷却来保持反应接近 460℃，并且如果不允许分离和回收未使用的 C_3H_6，那么你会使用什么类型的接触器，以及该反应器中丙烯醛的最大预期生产率应该是多少？

10.18　非等温范德维斯反应(1964 年)。考虑以下反应：

$$A \xrightarrow{1} R \xrightarrow{2} S, \quad A \xrightarrow{3} \frac{1}{2}T$$

其中
$$\begin{cases} k_1 = 5.4 \times 10^8 \exp[-66\ 275/(RT)] \quad [s^{-1}] \\ k_2 = 3.6 \times 10^3 \exp[-33\ 137/(RT)] \quad [s^{-1}] \\ k_3 = 1.6 \times 10^{10} \exp[-99\ 412/(RT)] \quad [L/(mol \cdot s)] \end{cases}$$

其中阿伦尼乌斯活化能以 J/mol 单位给出，c_R应被最大化并且 $c_{A0} = 1$ mol/L。

坚持使用 τ_i 在 0.1～20 s 之间的 3 种 MFR，可能有中间冷却，温度范围在 360～396 K 之间，计算机计算出的最佳方案在习题 10.18 图中。

(1)你喜欢这种设计吗？如果不喜欢，你建议我们对三反应器系统做什么？请保留 3 个 MFR。

(2)在最佳反应器方案(活塞流、混合流或组合)和理想的传热条件下，可以获得什么样的 c_R/c_{A0}，以及应该使用什么样的 τ？

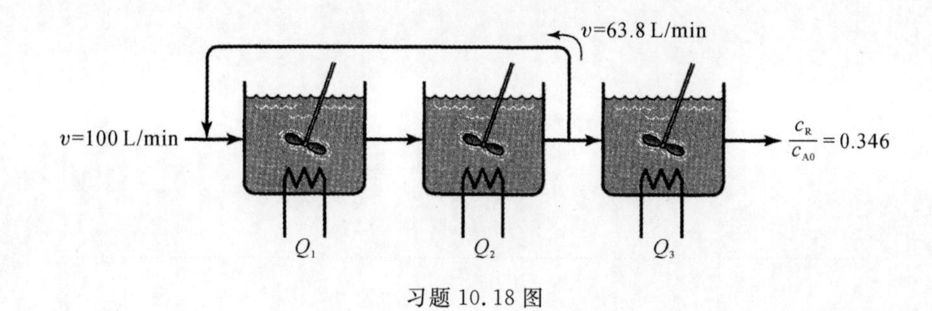

习题 10.18 图

10.19　来自萘的邻苯二甲酸酐。萘的高放热固体催化氧化生成邻苯二甲酸酐的机理为

$$A \xrightarrow{1} R \xrightarrow{3} S,\quad A \xrightarrow{2} S \xrightarrow{4} T$$

其中
$$\begin{cases} k_1 = k_2 = 2\times10^{13}\ \exp[-159\ 000/(RT)] & [h^{-1}] \\ k_3 = 8.15\times10^{17}\ \exp[-209\ 000/(RT)] & [h^{-1}] \\ k_4 = 2.1\times10^{5}\ \exp[-83\ 600/(RT)] & [h^{-1}] \end{cases}$$

其中：

A＝萘(反应物)

R＝萘醌(假定的中间体)

S＝邻苯二甲酸酐(所需产物)

T＝CO_2＋ H_2O(废品)

并且阿伦尼乌斯活化能以 J/mol 为单位给出。该反应将在 900～1 200 K 之间运行。

由计算机发现的局部最佳反应器设置显示在习题 10.19 图中。

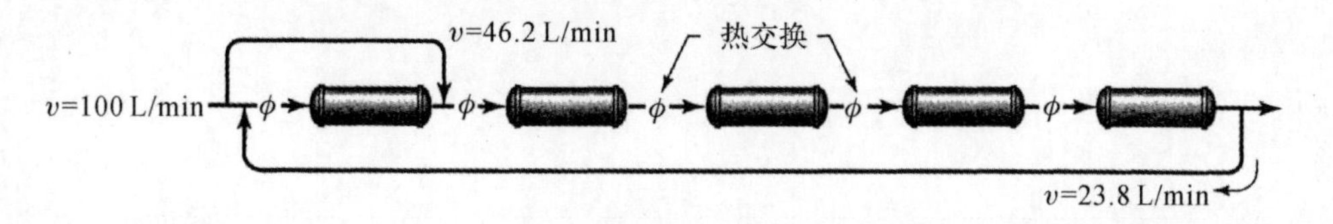

习题 10.19 图

(1)你认为这种设计合理吗？你能做得更好吗？如果可以，怎么做？

(2)如果可以将整个反应器保持在所需的任何温度和 τ 值，如果允许再循环，每摩尔萘反应可生成多少邻苯二甲酸酐？

建议：为什么不为两个极端温度确定 k_1，k_2，k_3 和 k_4 的值，看看这些值，然后继续优化？

10.20　Turton 教授不喜欢并联使用反应器，当他看到我为例 10.1 推荐的“最佳”设计时，他非常喜欢串联使用反应器，所以对于这个例子，他建议使用例 10.1 图 1 的设计，虽然没有任何流体循环。

确定可以用 Turton 设计得到的 S，Φ(S/A)的产率，并且看它是否与例 10.1 中的结果相符。

第二部分

流型、传递接触和非理想流动

第 11 章　非理想流动的基础

到目前为止，我们已经讲解了活塞流和混合流两种流动模式。这些可以给出非常不同的反应方式(反应器大小、产品分布)。在这些流动模式中，大多数情况下我们会尝试设计接近其中一个或另一个设备。因为：

(1)无论我们正在设计什么，其中一个或另一个通常是最佳的。

(2)这两种模式很容易处理。

但真正的设备总是偏离这些理想。如何解释这个？这就是本章和以后的章节的内容。总体来说，三个相互关联的因素构成了接触或流动模式：

(1)流经容器的物料的 RTD(停留时间分布)。

(2)流动物料的聚集状态，其聚集趋势和一组分子一起移动。

(3)容器中物料混合的早晚。

让我们首先定性地讨论这三个因素。然后，本章以及接下来的几章将讨论这些因素，并说明它们如何影响反应器的正常运行。

1. 停留时间分布(RTD)

偏离两种理想的流动模式可能是由流体的窜流、流体的再循环或在容器中形成停滞区域引起的。图 11.1 显示了这种行为。在所有类型的工艺设备中，如热交换器、填料塔和反应器，应避免使用这种类型的流动，因为它总是会降低设备的性能。

如果我们确切知道容器内发生了什么，如果对容器中的流体有完整的速率分布图，那么原则上应该能够预测容器作为反应器的行为。但即使是在今天，这种方法也是不切实际的。

抛开这个关于流程完整知识的目标，来看看我们实际上需要知道的是什么。在许多情况下，我们确实不需要知道很多，只需了解单个分子停留在容器中的时间，或者更准确地说，流动液体的停留时间分布。这种信息可以通过广泛使用的调查方法，即刺激响应实验轻松而直接地确定。

本章主要讨论非理想流动的停留时间分布(RTD)方法。我们展示了何时可以合法使用，如何使用以及何时不适用，可以选择什么替代方案。

在为这种非理想流动的处理开发“语言”(Danckwerts，1953)时，我们将只考虑通过容器的单一流体的稳态流动，考虑到没有反应和密度变化。

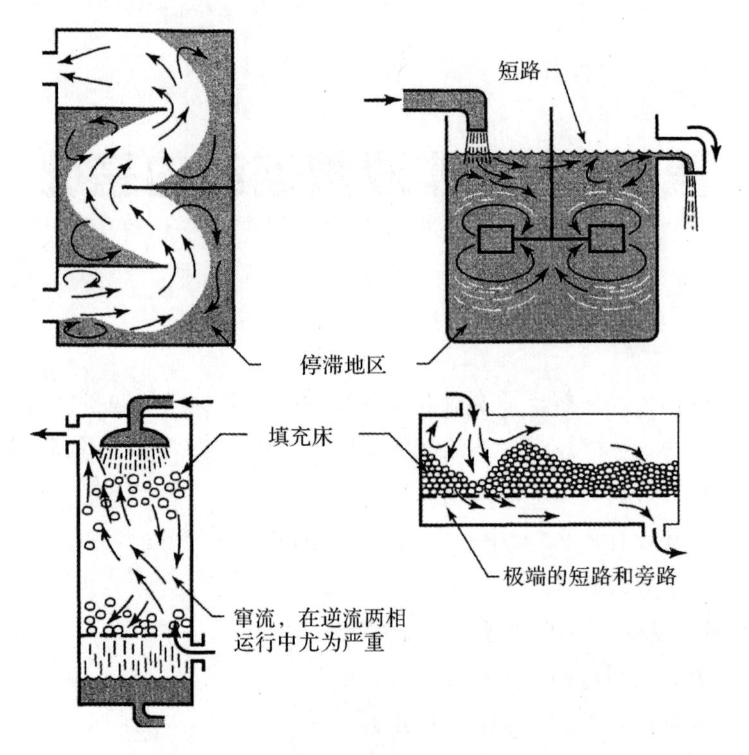

图 11.1　工艺设备中可能存在的非理想流动模型

2. 流的聚集状态

流动物质处于某种特定的聚集状态，这取决于其性质。在极端情况下，这些状态可以称为微观流体和宏观流体，如图 11.2 所示。

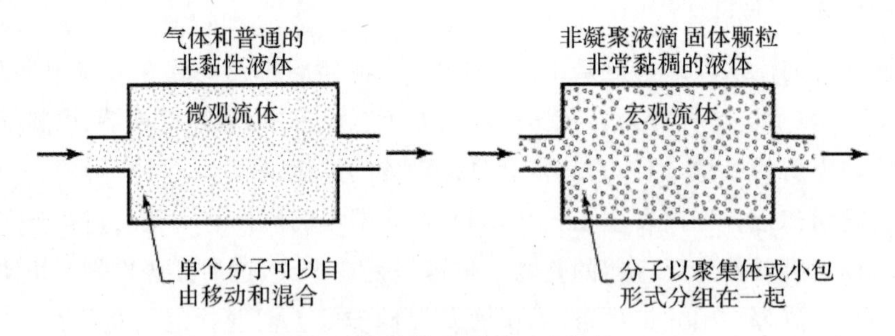

图 11.2　流体聚集的两个极端

(1)单相系统。这些介于宏观和微观流体的极端之间。

(2)两相系统。固体流总是表现为宏观流体，但是对于气体与液体反应，根据所使用的接触方案，任一相可以是宏观流体或微流体。图 11.3 显示出完全相反的行为，我们在后面的章节中对这两个反应器进行处理。

3. 提前混合

单一流动流体的元素可以在其流过容器的任意时刻混合，如图 11.4 所示。

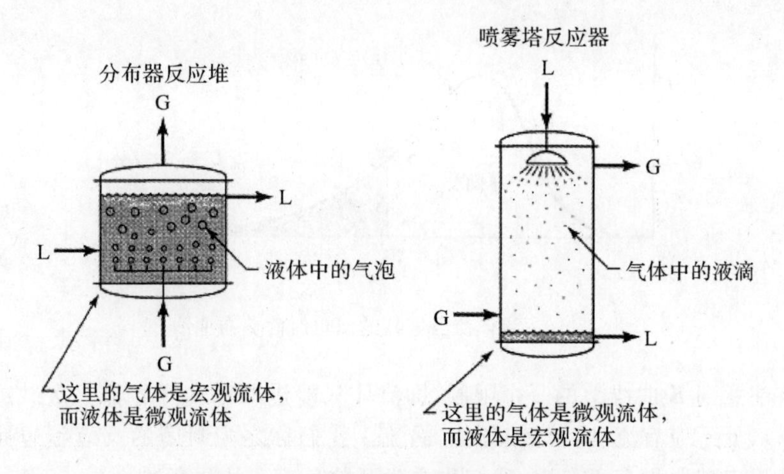

图 11.3　宏观和微观流体行为的例子

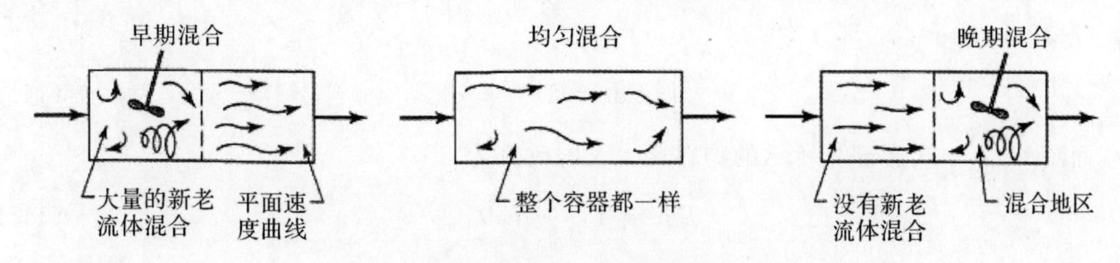

图 11.4　流体早期混合和晚期混合的示例

通常这个因素对单个流动流体的整体行为几乎没有影响。然而，对于具有两种物质进入的反应物流的系统，这可能是非常重要的，如图 11.5 所示。

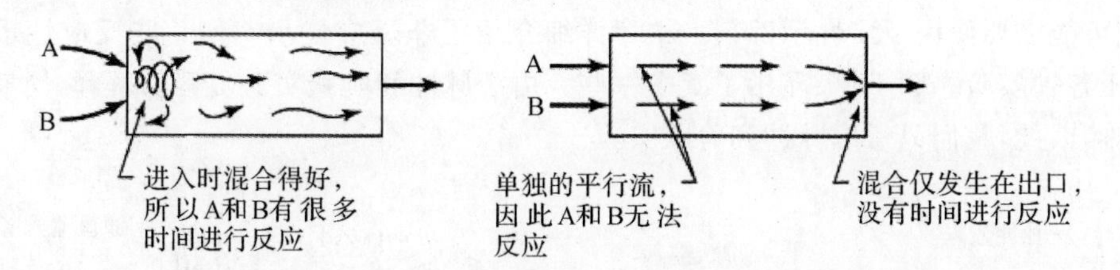

图 11.5　早期或晚期混合对反应器行为的影响

11.1　流体的停留时间分布

显而易见的是，通过反应器采取不同路线的流体元素可能需要不同的时间长度来穿过该容器。这些离开容器的流体流的时间分布称为出口时间分布(E)或流体的停留时间分布(RTD)。E 的量纲是$[t^{-1}]$。

我们发现以这样的方式表示 RTD 非常方便，即曲线下方的面积为 1 或

$$\int_0^{+\infty} E\mathrm{d}t = 1 \quad [-]$$

这个过程称为归一化分布，如图 11.6 所示。

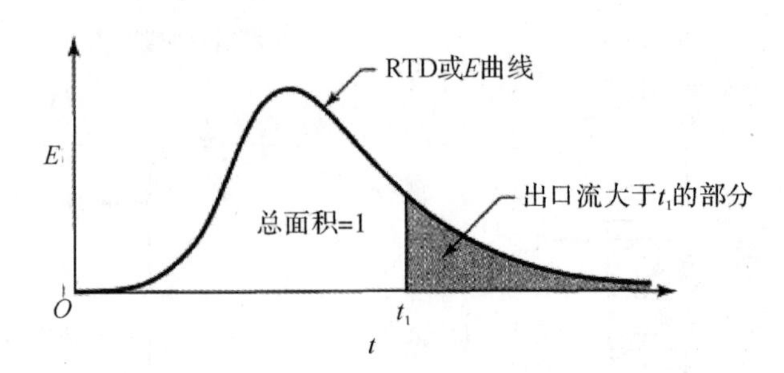

图 11.6 流体流经容器的出口时间分布曲线

我们应该注意到 E 曲线上的一个限制，即流体只能进入和离开容器一次。这意味着在入口处或容器出口处不应有流动，扩散或向上涡流。我们称之为封闭的反应釜边界条件。流体元素可以跨越反应釜边界多于一次，我们称之为开放反应釜边界条件。

通过这种表示，在 t 和 $t+\mathrm{d}t$ 之间的物料流出的分数为：$E\mathrm{d}t$ [—]

停留时间小于 t_1 的部分为

$$\int_0^{t_1} E\mathrm{d}t = 1 \quad [—] \tag{11.1}$$

而图 11.6 中阴影部分所示的物料比 t_1 大的比例为

$$\int_{t_1}^{+\infty} E\mathrm{d}t = 1 - \int_0^{t_1} E\mathrm{d}t \quad [—] \tag{11.2}$$

E 曲线是考虑非理想流动所需的分布。

11.1.1 查找 E 的实验方法(非化学方法)

找到 E 曲线的最简单和最直接的方法是使用物理或非反应性示踪剂。但是，为了达到目的，我们可能需要使用反应性示踪剂。本章详细介绍了非反应性示踪剂。非反应性示踪剂可以使用于各种实验。图 11.7 显示了其中一些。由于脉冲和阶跃实验更容易解释，周期性和随机性更难，因此，我们只考虑脉冲和阶跃实验。

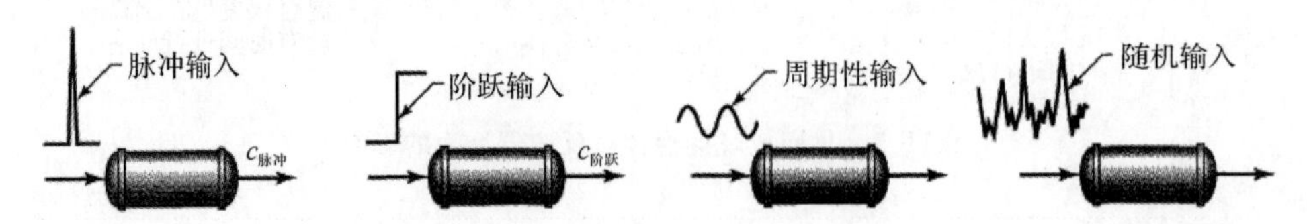

图 11.7 研究容器中流态的各种方法

现在讨论这两种用于找到 E 曲线的实验方法。然后我们展示如何在知道反应器的 E 曲线的情况下找到反应器的行为。

11.1.2 脉冲实验

让我们找到容积为 $V(\mathrm{m}^3)$ 的容器的 E 曲线，流体以速度 $v\,(\mathrm{m}^3/\mathrm{s})$ 通过该容器。为此立即在进入容器的流体中引入 M(kg 或 mol)单位的示踪剂，并记录离开容器的示踪剂的浓度-时间曲线。这是 $c_{脉冲}$ 曲线。从容器的物料平衡我们发现

$c_{脉冲}$ 曲线下方的面积：　$A = \int_0^{+\infty} c \, \mathrm{d}t \approx \sum_i c_i \Delta t_i = \frac{M}{v} \quad \left[\frac{\mathrm{kg \cdot s}}{\mathrm{m^3}}\right]$　(11.3)

$c_{脉冲}$ 曲线的均值：　$\bar{t} = \frac{\int_0^{+\infty} tc \, \mathrm{d}t}{\int_0^{+\infty} c \, \mathrm{d}t} \approx \frac{\sum_i t_i c_i \Delta t_i}{\sum_i c_i \Delta t_i} = \frac{V}{v} \quad [\mathrm{s}]$　(11.4)

所有这些都显示在图 11.8 中。

要从 $c_{脉冲}$ 曲线查找 E 曲线，只需更改浓度刻度，使曲线下的面积为 1。因此，只需将浓度读数除以 M/v 即可，如图 11.9 所示。

$$E = \frac{c_{脉冲}}{M/v} \tag{11.5a}$$

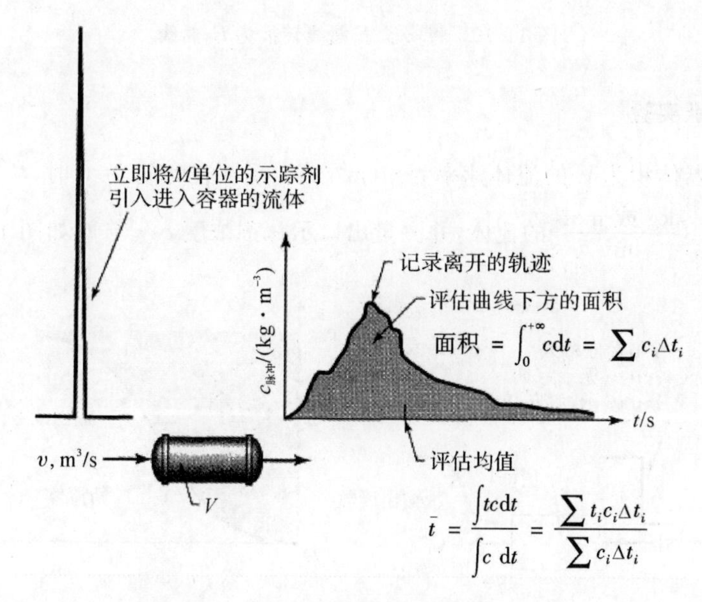

图 11.8　从脉冲跟踪实验获得的有用信息

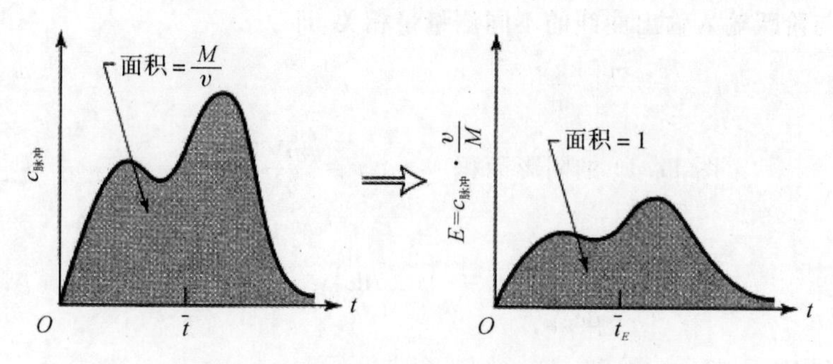

图 11.9　将实验 $c_{脉冲}$ 曲线转换为 E 曲线

我们有另一个 RTD 函数 E_θ，这里的时间是以平均停留时间 $\theta = t/\bar{t}$ 来衡量的。则有

$$E_\theta = \bar{t}E = \frac{V}{v} \cdot \frac{c_{脉冲}}{M/v} = \frac{V}{M} c_{脉冲} \tag{11.5b}$$

在处理第 13 章、第 14 章和第 15 章中的流模型时，E_θ 是一个有用的度量。图 11.10 显示

了如何将 E 转换为 E_θ。

最后提醒一下，$c_{脉冲}$ 和 E 曲线之间的关系只适用于封闭边界条件下的容器。

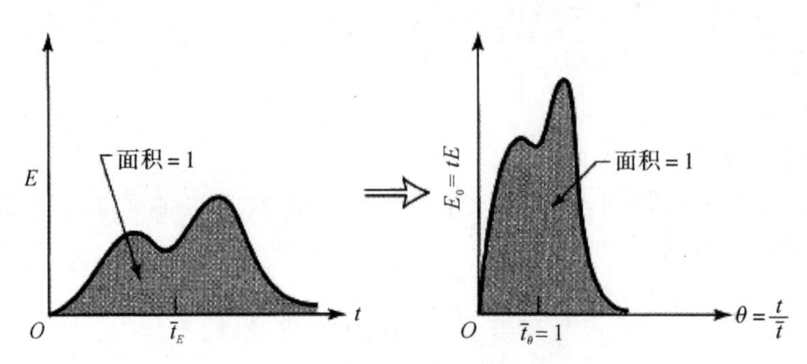

图 11.10 将实验 E 曲线转换为 E_θ 曲线

11.1.3 阶跃实验

考虑流过容器体积为 V 的流体速率为 v (m^3/s)。现在在时间 $t=0$ 时，从普通流体切换到示踪剂浓度为 $c_{max}\left[\frac{kg 或 mol}{m^3}\right]$的流体，并测量出口示踪剂浓度 $c_{阶跃}$ 与 t，如图 11.11 所示。

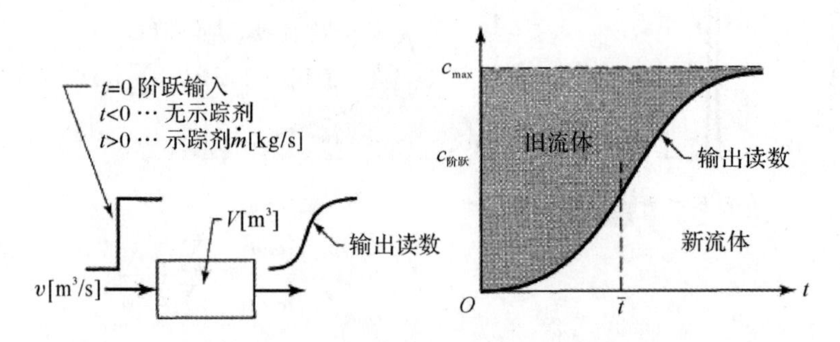

图 11.11 从阶跃跟踪器实验获得的信息

物料平衡与阶跃输入输出曲线的不同测量量相关，即

$$\left.\begin{aligned}
&c_{max} = \frac{\dot{m}}{v}\left[\frac{kg \cdot s}{m^3}\right] \\
&\text{图 11.11 的阴影面积} = c_{max}\bar{t} = \frac{\dot{m}V}{v^2}\left[\frac{kg \cdot s^2}{m^3}\right] \\
&\bar{t} = \frac{\int_0^{c_{max}} t\,dc_{阶跃}}{\int_0^{c_{max}} dc_{阶跃}} = \frac{1}{c_{max}}\int_0^{c_{max}} t\,dc_{阶跃}
\end{aligned}\right\} \tag{11.6}$$

其中 $\dot{m}$ [kg/s]是进入流体中示踪剂的流量。

$c_{阶跃}$ 曲线的无量纲形式称为 F 曲线。如图 11.12 所示，通过使示踪剂浓度从零上升到单位 1 来发现确定。

E 和 F 曲线之间的关系如下：

将 E 与 F 联系起来，想象一下稳定的白色流体流动。然后在时间 $t=0$ 时切换到红色并记录出口流中红色流体浓度的升高 F 曲线。任何时候 $t>0$ 的红色流体，只有红色流体在出口

流中比 t 停留时间短。则有

出口流中红色液体的比例＝小于 t 时刻的出口流的比例

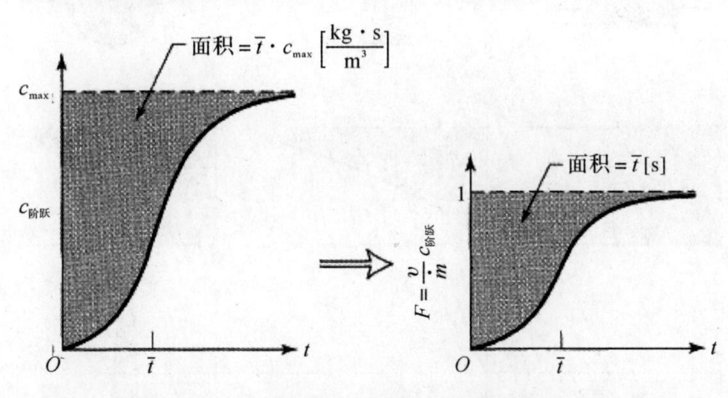

图 11.12　将实验的 $c_{阶跃}$ 曲线转换为 F 曲线

第一项只是 F 值，而第二项是由式(11.1)给出的，所以在时间 t，有

$$F=\int_0^t E\mathrm{d}t \tag{11.7}$$

对其微分，得

$$\frac{\mathrm{d}F}{\mathrm{d}t}=E \tag{11.8}$$

这种关系以图形形式显示，如图 11.13 所示。

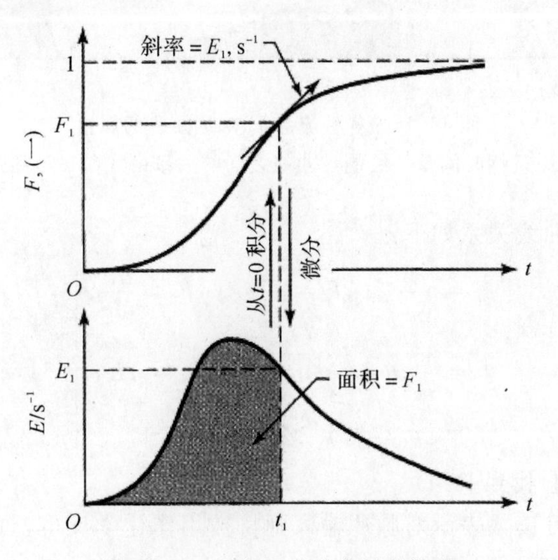

图 11.13　E 和 F 曲线之间的关系

这些关系显示了使用阶跃或脉冲输入的刺激响应实验如何方便地给出 RTD 和容器中流体的平均流速。我们应该记住，这些关系只适用于封闭的反应器。当这个边界条件不满足时，那么 $c_{脉冲}$ 和 E 曲线就会不同。对流模型的 $c_{脉冲}$ 曲线(见第 15 章)清楚地表明了这一点。

图 11.14 显示了这些曲线对于不同类型流动的形状。

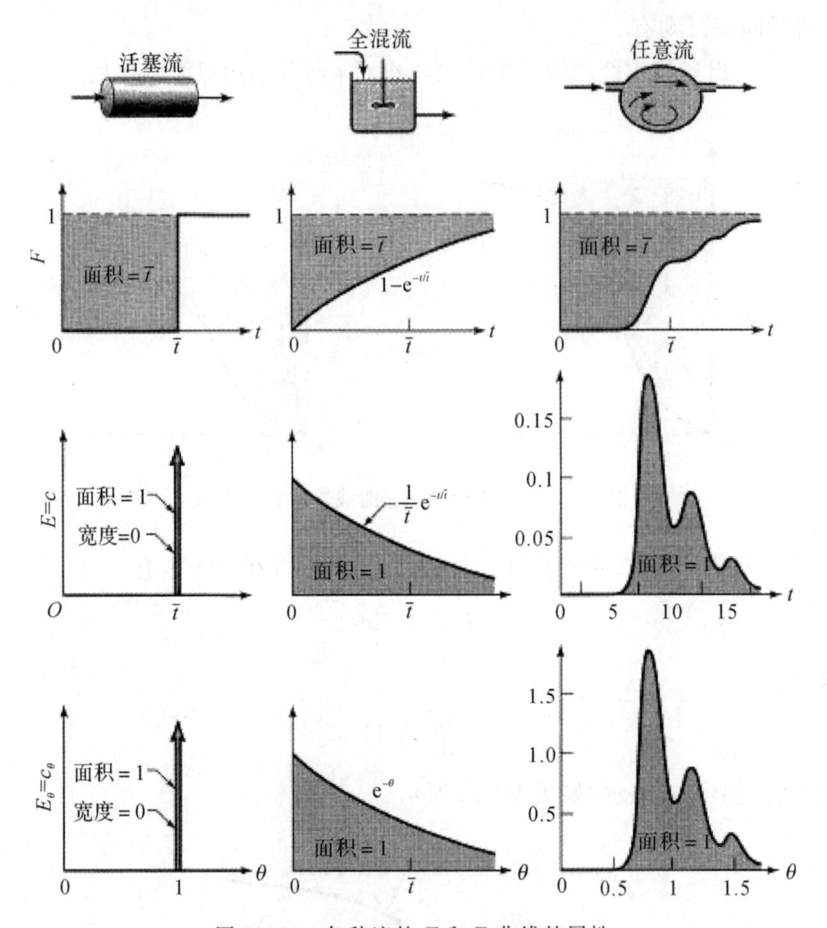

图 11.14　各种流的 E 和 F 曲线的属性

曲线以普通和无量纲时间单位绘制。曲线之间的关系由式(11.7)和式(11.8)给出。

在任何时候,这些曲线关系如下：

$$\left.\begin{aligned}&E=\frac{v}{\dot{m}}c_{\text{脉冲}},F=\frac{v}{\dot{m}}c_{\text{阶跃}},E=\frac{\mathrm{d}F}{\mathrm{d}t},\\&\bar{t}=\frac{V}{\upsilon},\theta=\frac{t}{\bar{t}},\bar{\theta}_E=1,E_\theta=\bar{t}E\\&\theta,E_\theta,F\text{ 全部无量纲},E=[\mathrm{t}^{-1}]\end{aligned}\right\}\tag{11.9}$$

[例 11.1] 通过实验找到 RTD

例 11.1 表中的浓度读数表示对脉冲输入到将被用作化学反应器的密闭容器中的连续响应。计算容器中流体的平均停留时间 t,列出并绘制出口停留时间分布 E。

例 11.1 表

t/min	$c_{\text{脉冲}}$/(mg · L^{-1})
0	0
5	3
10	5
15	5

续　表

t/min	$c_{脉冲}$/(mg·L^{-1})
20	4
25	2
30	1
35	0

解：

由式(11.4)得出平均停留时间为

$$\bar{t}=\frac{\sum t_i c_i \Delta t_i}{\sum c_i \Delta t_i}\overset{\Delta t=常量}{=\!=\!=}\frac{\sum t_i c_i}{\sum c_i}$$

$$=\frac{5\times 3+10\times 5+15\times 5+20\times 4+25\times 2+30\times 1}{3+5+5+4+2+1}=15\ \text{min}$$

浓度-时间曲线下的面积为

$$面积=\sum c\Delta t=(3+5+5+4+2+1)\times 5=100\ \text{mg}\cdot\text{min/L}$$

给出了引入示踪剂的总量。要找到 E，这条曲线下的面积必须为 1；因此，浓度读数必须除以总面积，即

$$E=\frac{c}{面积}$$

可得

$E=\frac{c}{面积}$，	t/min	0	5	10	15	20	25	30
	/min^{-1}	0	0.03	0.05	0.05	0.04	0.02	0.01

例 11.1 图是该分布的图。

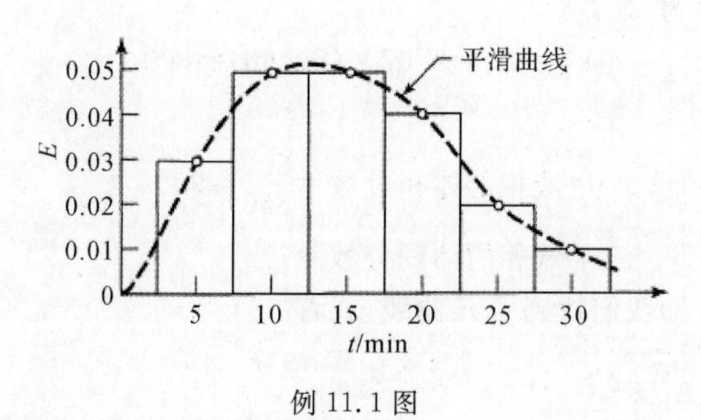

例 11.1 图

[例 11.2] 找到通过容器的液体流动的 E 曲线

一个大罐(860 L)用作气液接触器。气泡通过该容器从顶部流出，液体以 5 L/s 的速率从一端流入，另一端流出。要了解这个罐中液体的流动模式，请使用示踪剂脉冲(M=150 mg)在液体入口注入并在出口测量，如例 11.2 图所示。

(1)这是否为一个正确的实验？

(2)如果是，找出容器中的液体分数。

(3)确定液体的 E 曲线。

(4)定性地说,你认为容器内发生了什么?

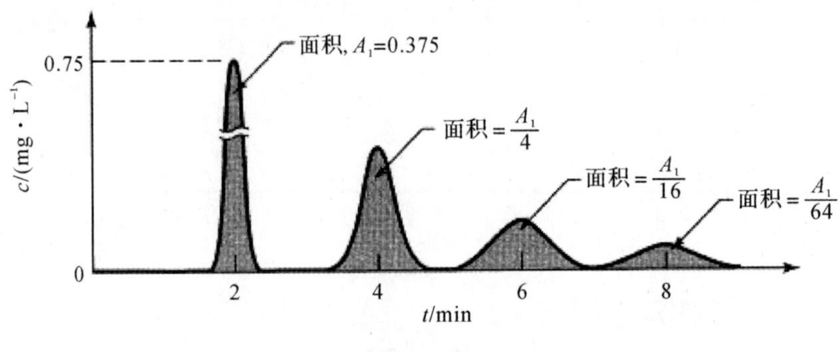

例 11.2 图 1

解:

(1)根据示踪曲线检查物料平衡。由物料平衡式(11.3)得

$$面积=\frac{M}{v}=\frac{150\mathrm{mg}}{5\mathrm{L/s}}=30\ \frac{\mathrm{mg\cdot s}}{\mathrm{L}}=0.5\ \frac{\mathrm{mg\cdot min}}{\mathrm{L}}$$

由示踪曲线可得

$$面积=A_1(1+\frac{1}{4}+\frac{1}{16}+\cdots)=0.375\times\left(\frac{4}{3}\right)=0.5\ \frac{\mathrm{mg\cdot min}}{\mathrm{L}}$$

这些值正确。结果是一致的。

(2)对于液体,式(11.4)给出:

$$\bar{t}_1=\frac{\int tc\,\mathrm{d}t}{\int c\mathrm{d}t}=\frac{1}{0.5}\left[2A_1+4\times\frac{A_1}{4}+6\times\frac{A_1}{16}+8\times\frac{A_1}{64}+\cdots\right]=2.67\ \mathrm{min}$$

此容器中的液体量为

$$V_1=\bar{t}_1v_1=2.67\times(5\times60)=800\ \mathrm{L}$$

相的体积分数为

$$液相的体积分数=\frac{800}{860}=93\%$$

$$气相的体积分数=7\%$$

(3)最后,从式(11.5)我们找到了 E 曲线,或者

$$E=\frac{c_{脉冲}}{M/v}=\frac{0.75}{0.5}c=1.5c$$

因此液体的 E 曲线如例 11.2 图 2 所示。

(4)该容器具有强烈的液体循环,可能是由上升的气泡引起的。

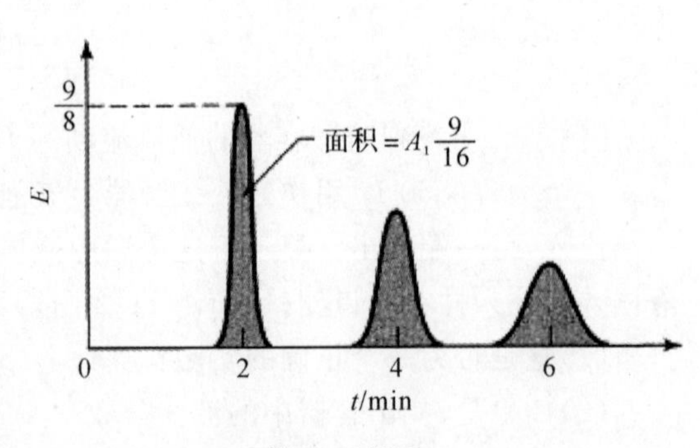

例 11.2 图 2

11.1.4 卷积积分

假设我们将如图 11.15 所示的一次性示踪信号 c_{in} 与 t 引入容器中。在通过容器时,信号将被修改以给出输出信号 c_{out} 与 t 的关系。由于

具有其特定 RTD 的流量负责此修改，因此让我们将 c_{in}，E 和 c_{out} 关联起来。重点关注示踪剂在 t 时刻离开。这显示为图 11.15 中的窄矩形 B，然后我们可以写

留在矩形 B 中的示踪剂＝所有示踪剂比 t 早进入 t'，并在容器中停留 t'

我们将示出比 t 更早进入 t' 的示踪剂作为窄矩形 A。就该矩形而言，可以写入上述等式：

留在矩形 B 中的示踪剂＝$\sum$(矩形 A 中的示踪剂)(在容器中停留约 t' 时示踪剂在 A 中的分数)

在符号和限制(缩小矩形)中，我们获得所需的关系，称其为卷积积分，有

$$c_{out}(t) = \int_0^t c_{in}(t-t')E(t')\mathrm{d}t' \tag{11.10a}$$

也有同样的形式：

$$c_{out}(t) = \int_0^t c_{in}(t')E(t-t')\mathrm{d}t' \tag{11.10b}$$

则称 c_{out} 是 E 和 c_{in} 的卷积，我们写得很简单：

$$c_{out} = Ec_{in} \quad 或 \quad c_{out} = c_{in}E \tag{11.10c}$$

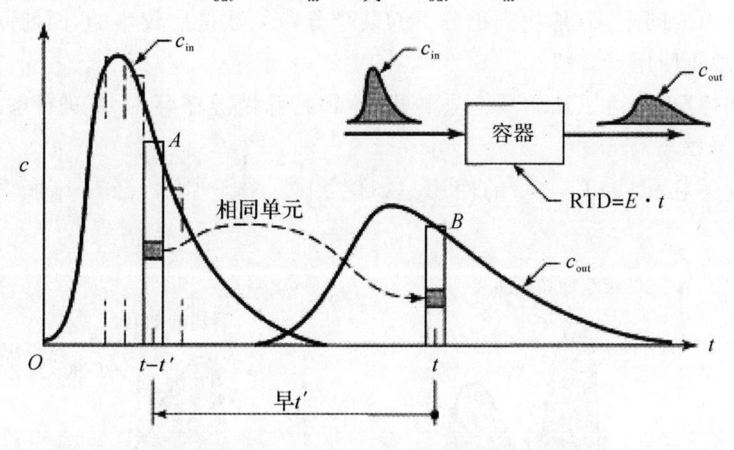

图 11.15　示意图显示了卷积积分的推导

这些工具的应用：通过应用 3 个独立*的流动单元 a，b，c 评价这个数学模型，如图 11.16 所示，它们是封闭并串联的。

问题 1：如果输入的信号 c_{in} 是已知的，并且知道出口处的时间分布函数 E_a，E_b，E_c，则 c_1 是 c_{in} 和 E_a 的卷积积分。则有

$$c_1 = c_{in}E_a, \quad c_2 = c_1E_b, \quad c_{out} = c_2E_c$$

结合

$$c_{out} = c_{in}E_aE_bE_c \tag{11.11}$$

通过这个可以来确定多区域流动单元的输出。

问题 2：如果我们测量了 c_{in} 和 c_{out}，并且知道 E_a 和 E_c，求 E_b。这种类型的问题在实际中很重要，与实验部分相比，入口部分和出口部分的示踪剂浓度都较大。

---

* 独立性，是指流体从一个容器流到另一个容器的过程中会失去其以前的状态，因此，一个快速流动的流动单元在流到另一个容器中时不会保留以前的状态，不会在另一个容器中单独地流动更快或更慢。层流不会满足该独立性需求，但单元间流体的完全(横向)混合满足此状态。

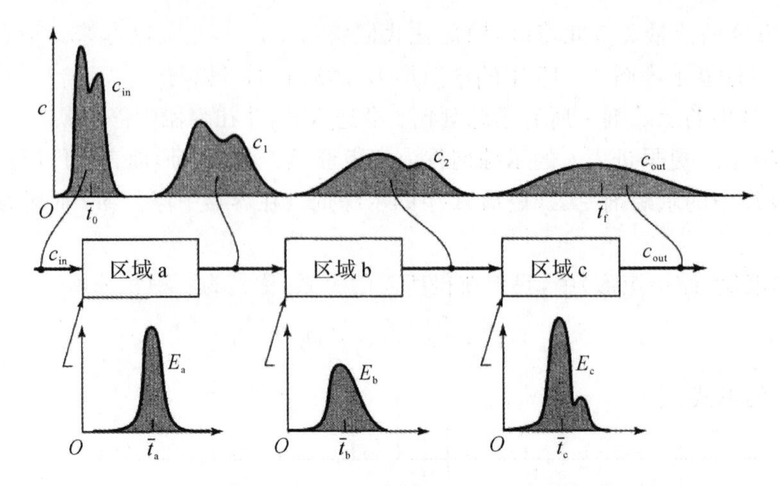

图 11.16　输入示踪信号 c_{in} 在通过三个连续区域时的修改

这是一个简单的问题，但是找到积分下的某个分布函数是比较难的，因此问题 2 的处理比问题 1 要复杂，需要使用计算机。

然而在某些情况下，可以从本质上去卷积，这种特殊情况在第 14 章进行解释。

[**例** 11.3] 卷积

我们举例说明卷积式(11.10)的使用。如例 11.3 图 1 所示，已知 c_{in} 和容器的 E 曲线，求 c_{out}。

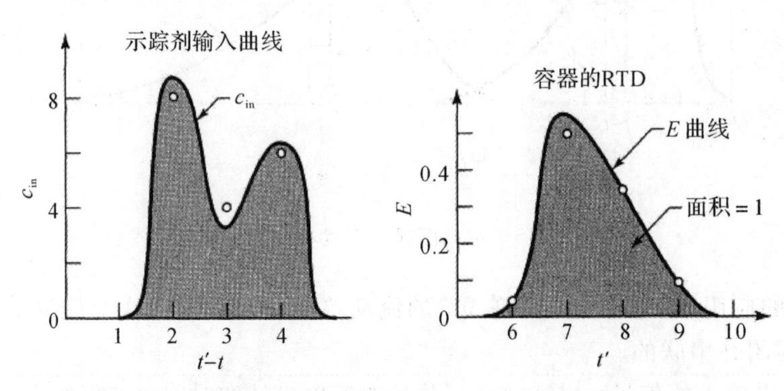

例 11.3 图 1

解：

首先需要 1 min 的时间，读出图中的数据如下：

$t'-t$	c_{in}
0	0
1	0
2	8
3	4
4	6
5	0

t'	E
5	0
6	0.05
7	0.50
8	0.35
9	0.10
10	0

注：E 曲线下的面积为 1。

现在，示踪剂的第一位在 8 min 时离开，最后一位在 13 min 时离开，应用卷积公式的离散形式可得到

t	c_{out}	
7	0	=0
8	8×0.05	=0.4
9	8×0.5+4×0.05	=4.2
10	8×0.35+4×0.5+6×0.05	=5.1
11	8×0.10+4×0.35+6×0.5	=5.2
12	4×0.10+6×0.35	=2.5
13	6×0.10	=0.6
14		=0

c_{in}，E，c_{out} 曲线的离散和连续形式如例 11.3 图 2 所示，注意到 c_{in} 曲线下的积分面积和 c_{out} 曲线下的积分面积相等。

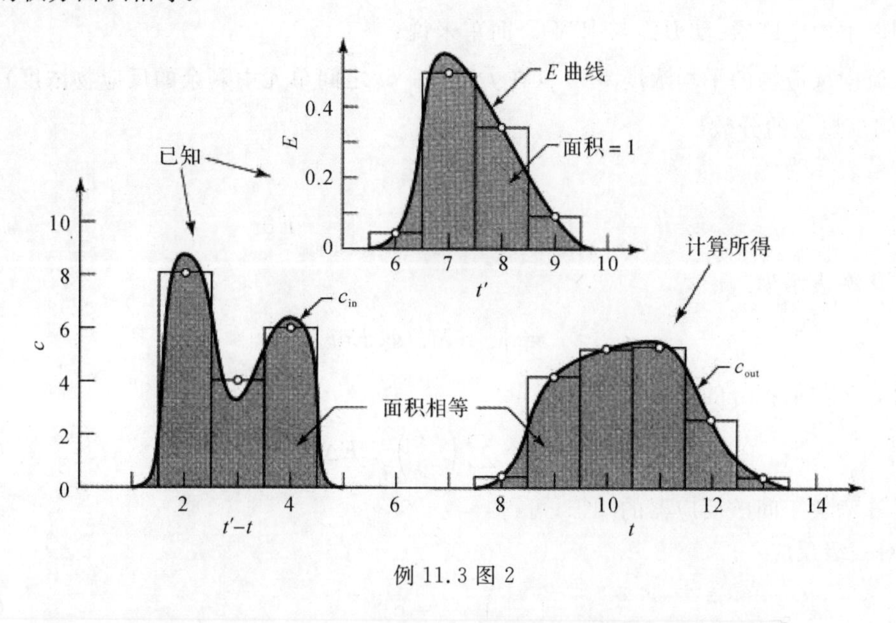

例 11.3 图 2

11.2　非理想流动反应器的转换

通过以下 4 个因素评价反应器：

(1)反应动力学；

(2)反应器内流体的 RTD；

(3)反应器中流体混合的早晚；

(4)流体是微观流体还是宏观流体。

对于活塞流或混合流的微观流体，我们已经在前几章推导出了方程式。对于中间流程，我们将在第 12 章、第 13 章和第 14 章建立适当的模型。

为了考虑微观流体混合的时间长短，考虑图 11.17 中的用于处理二级反应的反应器的两

种流动模式：

(1)由于 $n>1$，反应物以高浓度开始并快速反应；

(2)流体立即下降到低浓度。由于反应速率比最终反应物浓度下降得更快，因此，对于微观流体有

$$\left.\begin{array}{l}\text{当 } n>1 \text{ 时，后期混合对反应有利}\\ \text{当 } n<1 \text{ 时，早期混合对反应有利}\end{array}\right\} \tag{11.12}$$

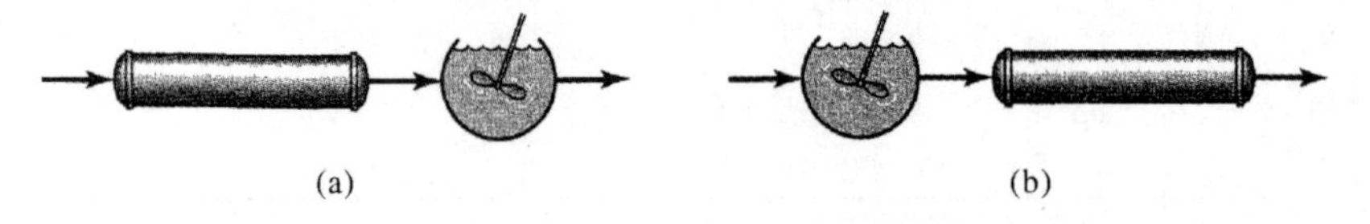

图 11.17　对于给定 RTD 可以进行的最晚和最早的混合

对于宏观流体，在反应器中不同时间段内有少量的流体滞留(由 E 函数给出)。每一处都作为间歇反应器进行反应，因此每个流体元素具有不同的组成。因此出口流体的平均组成必须考虑到以下两个因素：动力学与 RTD。简单来说：

出口流中反应物的平均浓度$=\sum$(在 t 到 $t+\mathrm{d}t$ 之间单元中剩余的反应物浓度)(在 t 到 $t+\mathrm{d}t$ 之间出口流的分数)

用符号表示为

$$\left(\frac{\bar{c}_A}{c_{A0}}\right)_{\text{出口处}} = \int_0^{+\infty}\left(\frac{c_A}{c_{A0}}\right)_{t\text{时刻流体单元}} E\,\mathrm{d}t$$

用转化率表示为

$$\bar{X}_A = \int_0^{+\infty}(X_A)_{\text{单元}}E\,\mathrm{d}t$$

用适合于数值积分的形式表示，有

$$\left(\frac{\bar{c}_A}{c_{A0}}\right) = \sum\left(\frac{c_A}{c_{A0}}\right)_{\text{单元}} E\Delta t \tag{11.13}$$

从第 3 章关于间歇反应器的知识，可得：

(1)对一级反应：

$$\left(\frac{c_A}{c_{A0}}\right)_{\text{单元}} = \mathrm{e}^{-kt} \tag{11.14}$$

(2)对二级反应：

$$\left(\frac{c_A}{c_{A0}}\right)_{\text{单元}} = \frac{1}{1+kc_{A0}t} \tag{11.15}$$

(3)对 n 级反应：

$$\left(\frac{c_A}{c_{A0}}\right)_{\text{单元}} = [1+(n-1)c_{A0}^{n-1}kt]^{1/1-n} \tag{1.16}$$

这些将被引入性能式(11.13)中，此外，在本章的后续内容中，我们将表明对于一级反应，宏观流体方程与间歇或微观流体方程相同。

我们将在第 16 章中继续讨论。

狄拉克增量函数 $\delta(t-t_0)$，可能使我们感到困惑的 E 曲线代表了活塞流。用符号表示为

$$\delta(t-t_0) \tag{11.17}$$

意思是脉冲出现在 $t=t_0$ 处，如图 11.18 所示。

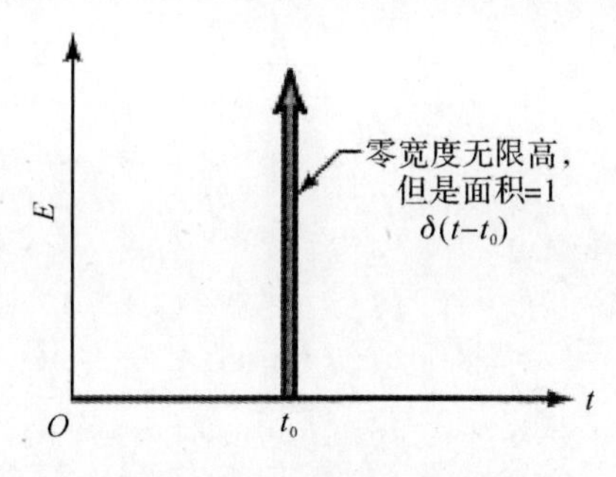

图 11.18　活塞流的 E 函数

我们需要知道这个函数的两个属性：

曲线下方的区域：

$$\int_0^{+\infty} \delta(t-t_0)\,\mathrm{d}t = 1 \tag{11.18}$$

δ 函数的任意积分：

$$\int_0^{+\infty} \delta(t-t_0) f(t)\,\mathrm{d}t = f(t_0) \tag{11.19}$$

当通过深入了解时，我们发现与 δ 函数积分要比与任何其他函数积分起来容易。例如，

$$\int_0^{+\infty} \delta(t-5)t^6\,\mathrm{d}t = 5^6 \quad (\text{只需将 } t_0 \text{ 替换为 } 5)$$

$$\int_0^{3} \delta(t-5)t^6\,\mathrm{d}t = 0$$

[例 11.4] 在非理想流动的反应器中转化

例 11.1 中的容器用作液体分解为

$$-r_A = kc_A, \quad k = 0.307\ \mathrm{min}^{-1}$$

求出在实际反应器中未转化的分数，并将其与相同大小的活塞流反应器中未转化的分数进行比较。

解：

对于密度变化可忽略的活塞流反应器，则有

$$\tau = c_{A0}\int_0^{X_A} \frac{\mathrm{d}X_A}{-r_A} = -\frac{1}{k}\int_{c_{A0}}^{c_A} \frac{\mathrm{d}c_A}{c_A} = \frac{1}{k}\ln\frac{c_{A0}}{c_A}$$

例 11.1 中的 τ 为

$$\frac{c_A}{c_{A0}} = \mathrm{e}^{-k\tau} = \mathrm{e}^{-0.307\times 15} = \mathrm{e}^{-4.6} = 0.01$$

因此，在活塞流反应器中未转化的反应物分数为 1.0%。

对于实际反应器，例 11.4 表中列出了式(11.13)给出的未转化的宏观流体。因此，实际反应器中未转化的反应物分数为

$$\frac{c_A}{c_{A0}} = 0.047$$

例 11.4 表

t	E	kt	e^{-kt}	$e^{-kt}E\Delta t$
5	0.03	1.53	0.215 4	0.215 4×0.03×5=0.032 3
10	0.05	3.07	0.046 4	0.011 6
15	0.05	4.60	0.010 0	0.002 5
20	0.04	6.14	0.002 1	0.000 4
25	0.02	7.68	0.005	0.000 1
30	0.01	9.21	0.000 1	0
已知				$\frac{c_A}{c_{A0}}=\sum e^{-kt}E\Delta t=0.0469$

从例 11.4 表中我们可以看到未转化的物料大部分来自 E 曲线的早期部分。这表明通道和短路会严重影响在反应器中实现高转化率。

值得注意的是，由于这是一级反应，我们可以将其视为微观流体或宏观流体。在这个问题中，我们将微观流体视为活塞流情况，将宏观流体视为非理想情况。

[例 11.5] 宏观流体的反应

分散的非凝聚液滴($c_{A0}=2$ mol/L)通过接触器时发生反应 A→R，$-r_A=kc_A^2$，$k=0.5$ L/(mol·min)。如果它们的 RTD 由例 11.5 图中的曲线给出，求出离开接触器的液滴中剩余的 A 的平均浓度。

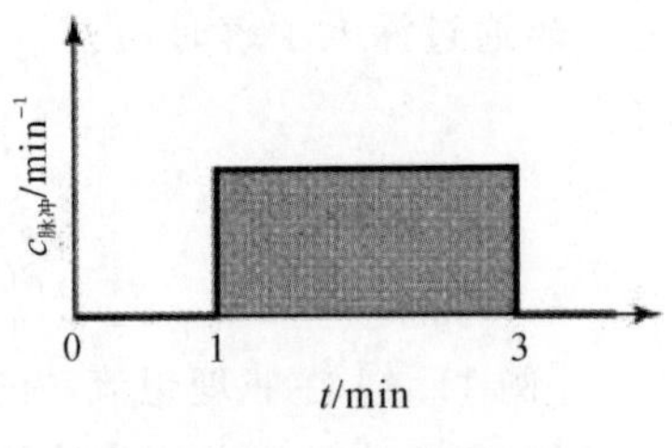

例 11.5 图

解：

式(11.13)是相关的性能方程。可得

$$-r_A=kc_A^2,\qquad k=0.5\ \text{L/(mol·min)}$$

由第 3 章的间歇方程，得

$$\frac{c_A}{c_{A0}}=\frac{1}{1+kc_{A0}t}=\frac{1}{1+0.5(2)t}=\frac{1}{1+t}$$

对于 $1<t<3$，当 $E=0.5$ 时，式(11.13)变为

$$\frac{\bar{c}_A}{c_{A0}}=\int_0^{+\infty}\frac{c_A}{c_{A0}}E\mathrm{d}t=\int_1^3\frac{1}{1+t}\cdot(0.5)\mathrm{d}t=0.5\ln 2=0.347$$

故得

$$\bar{X}_A=1-0.347=0.653,\quad 即\quad 65\%$$

习　题

11.1　输入容器的脉冲给出了习题 11.1 图所示的结果。

(1)用示踪剂曲线检查物料平衡，看看结果是否是一致的。

(2)如果结果是一致的，确定 $\bar{t}$，V 并绘制 E 曲线。

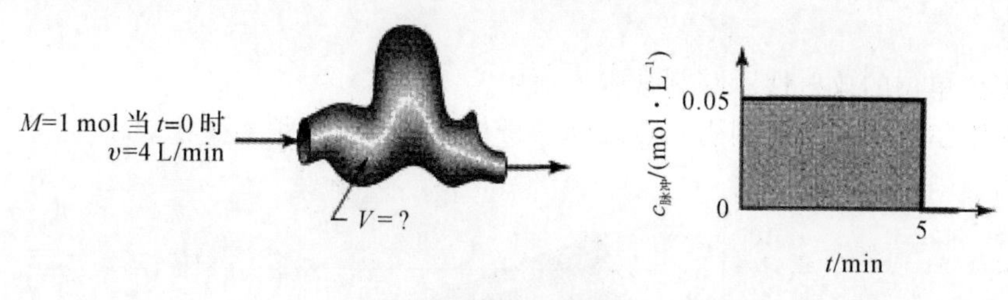

习题 11.1 图

11.2　重复习题 11.1 有一个变化：示踪剂曲线现在如习题 11.2 图所示。

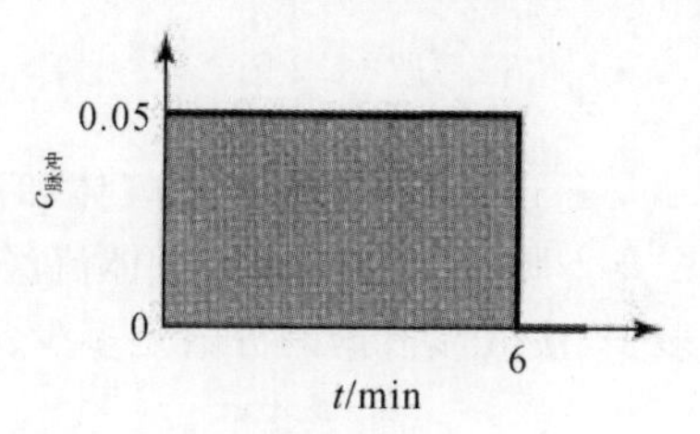

习题 11.2 图

11.3　脉冲输入容器给出的结果如习题 11.3 图所示。

(1)结果是否一致？（检查物料平衡实验示踪曲线。）

(2)如果结果一致，确定引入的示踪剂的数量 M 和 E 曲线。

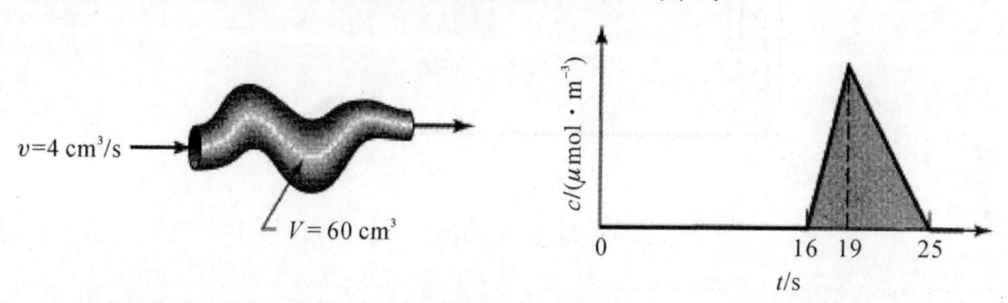

习题 11.3 图

11.4　在反应器上进行阶跃实验。结果如习题 11.4 图所示。

(1)物料平衡是否与示踪曲线一致？

(2)如果是，确定容器体积 V，$\bar{t}$，F 曲线和 E 曲线。

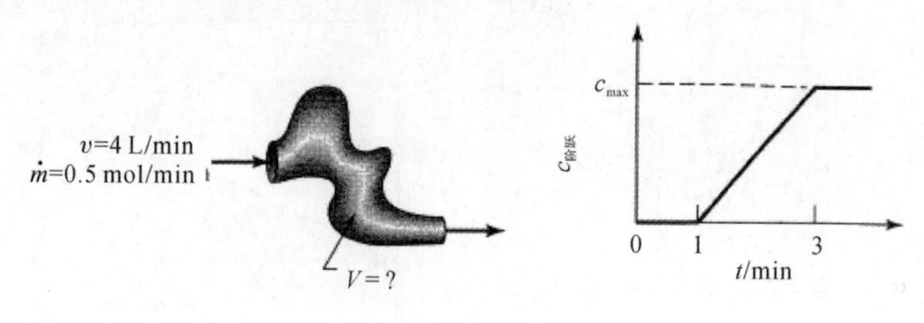

习题 11.4 图

11.5　一批放射性物质被倾倒在华盛顿汉福德的哥伦比亚河中。在博纳维尔大坝下游约 400 km 处，对流水（6 000 m³/s）进行特定放射性同位素（$t_{1/2}$＞10 年）的监测，并获得习题 11.5

图的数据。

(1)有多少单位的放射性示踪剂被引入河中?

(2)博纳维尔大坝和示踪剂引入点之间的哥伦比亚河水量是多少?

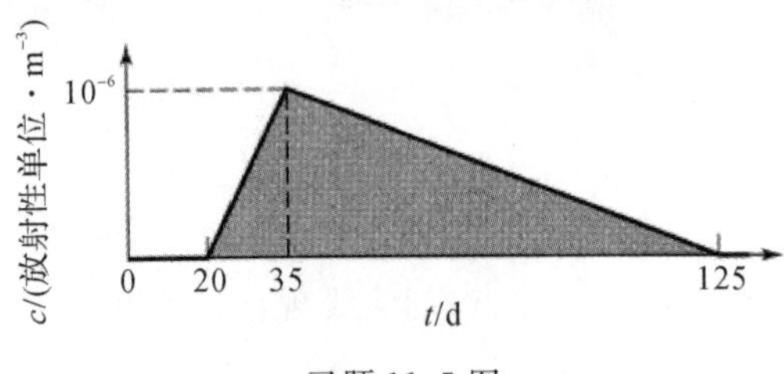

习题 11.5 图

11.6 一条管道(内径 10 cm,长 19.1 m)同时输送气体和液体。气体和液体的体积流量分别是 60 000 cm^3/s 和 300 cm^3/s。脉冲示踪剂测定液体流经管道的结果如习题 11.6 图所示。管道被气体占据的分数是多少,被液体占据的分数是多少?

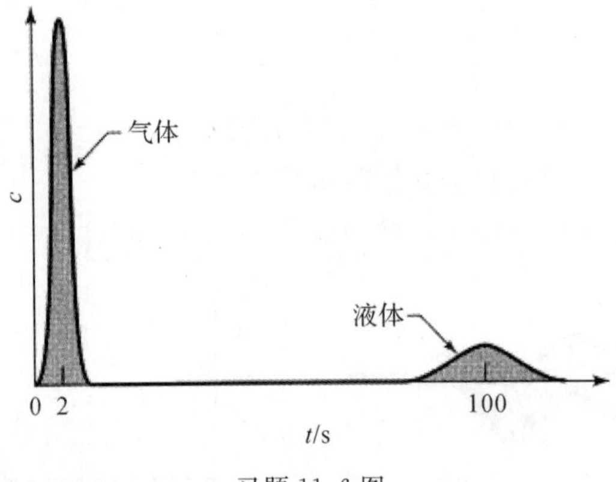

习题 11.6 图

液体宏观流体在流经容器时会根据 A→R 反应。对于习题 11.7 图～习题 11.11 图的流型和动力学,找到 A 的转化率。

11.7

$$c_{A0}=1\ \text{mol/L}$$
$$-r_A=kc_A^{0.5}$$
$$k=2\ \text{mol}^{0.5}/(\text{L}^{0.5}\cdot\text{min})$$

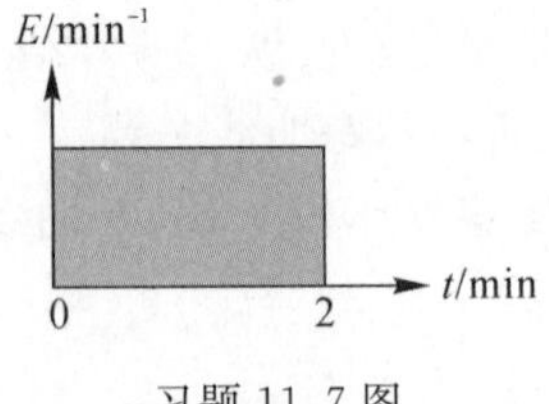

习题 11.7 图

11.8

$$c_{A0}=2\ \text{mol/L}$$
$$-r_A=kc_A^2$$
$$k=2\ \text{L/(mol}\cdot\text{min)}$$

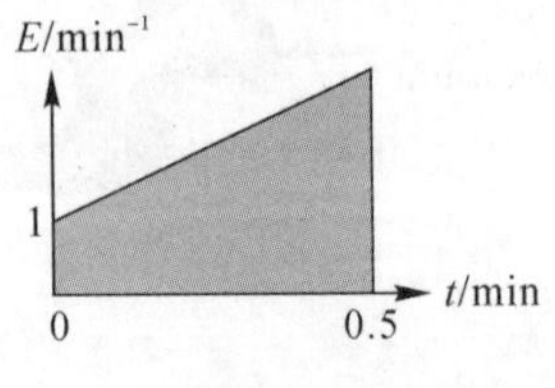

习题 11.8 图

11.9　　$c_{A0}=6\ \text{mol/L}$

$-r_A=k$

$k=3\ \text{mol/(L·min)}$

11.10　　$c_{A0}=4\ \text{mol/L}$

$-r_A=k$

$k=1\ \text{mol/(L·min)}$

11.11　　$c_{A0}=0.1\ \text{mol/L}$

$-r_A=k$

$k=0.03\ \text{moL/(L·min)}$

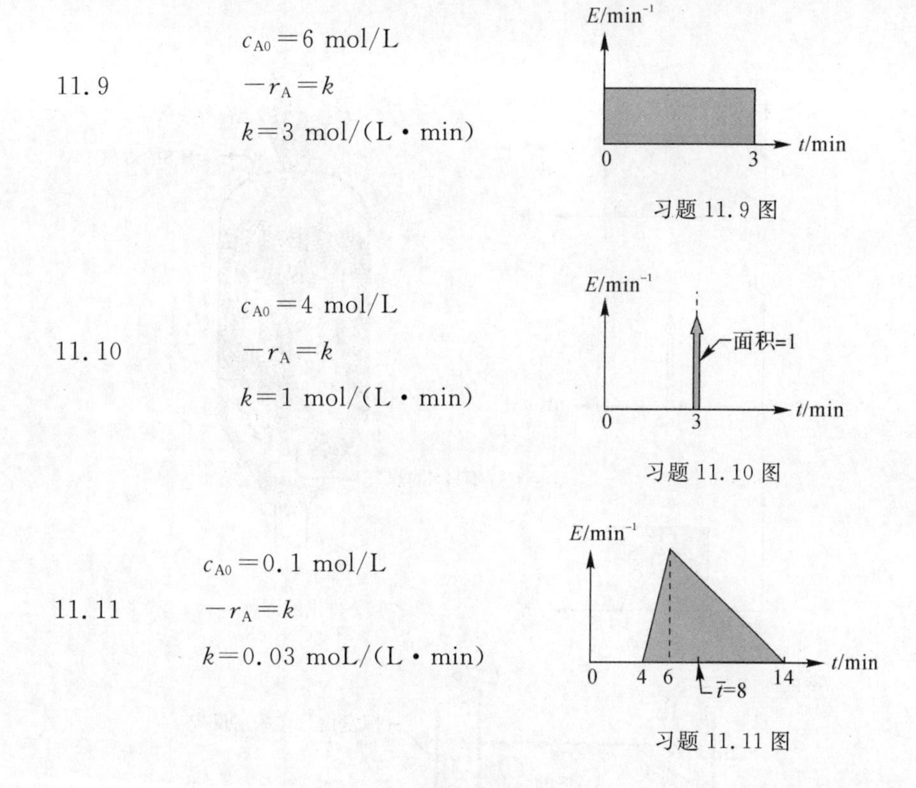

习题 11.9 图

习题 11.10 图

习题 11.11 图

11.12～11.14　通过与移动的氧化铁颗粒层接触从煤气中去除硫化氢，氧化铁颗粒层按如下方式转化为硫化亚铁：

$$Fe_2O_3 \rightarrow FeS$$

在反应器中，任何粒子中转化的氧化物的分数由其停留时间 t 和粒子完全转化所需的时间 t 决定，这由

$$1-X=\left(1-\frac{t}{\tau}\right)^3\text{，}\quad \text{当 } t<1\ \text{h}\quad \text{且}\quad \tau=1\ \text{h 时}$$

和

$$X=1\text{，}\quad \text{当 } t\geqslant 1\ \text{h 时}$$

如果接触器中固体的 RTD 近似于习题 11.12 图～习题 11.14 图中的曲线，则求出氧化铁向硫化物的转化率。

11.15　冷固体足够快地不断流入它们分散的流化床中，以便它们可以被混合使用。然后加热使它们慢慢地挥发。脱挥发作用释放气态 A，然后在通过时通过一级动力学分解床。当气体离开床层分解气体 A 停止。从下面的信息确定已分解的气体 A 的比例。

数据：

由于这是含有无云气泡大颗粒流化床，假设气体通过装置的活塞流。同时假设固体释放的气体体积比通过床层的载气体积小。

在床层的平均停留时间：$\bar{t}_s=15\ \text{min}$，$\bar{t}_R=2\ \text{s}$（有载气）

对于反应：A→产物，$-r_A=kc_A$，$k=1\ \text{s}^{-1}$

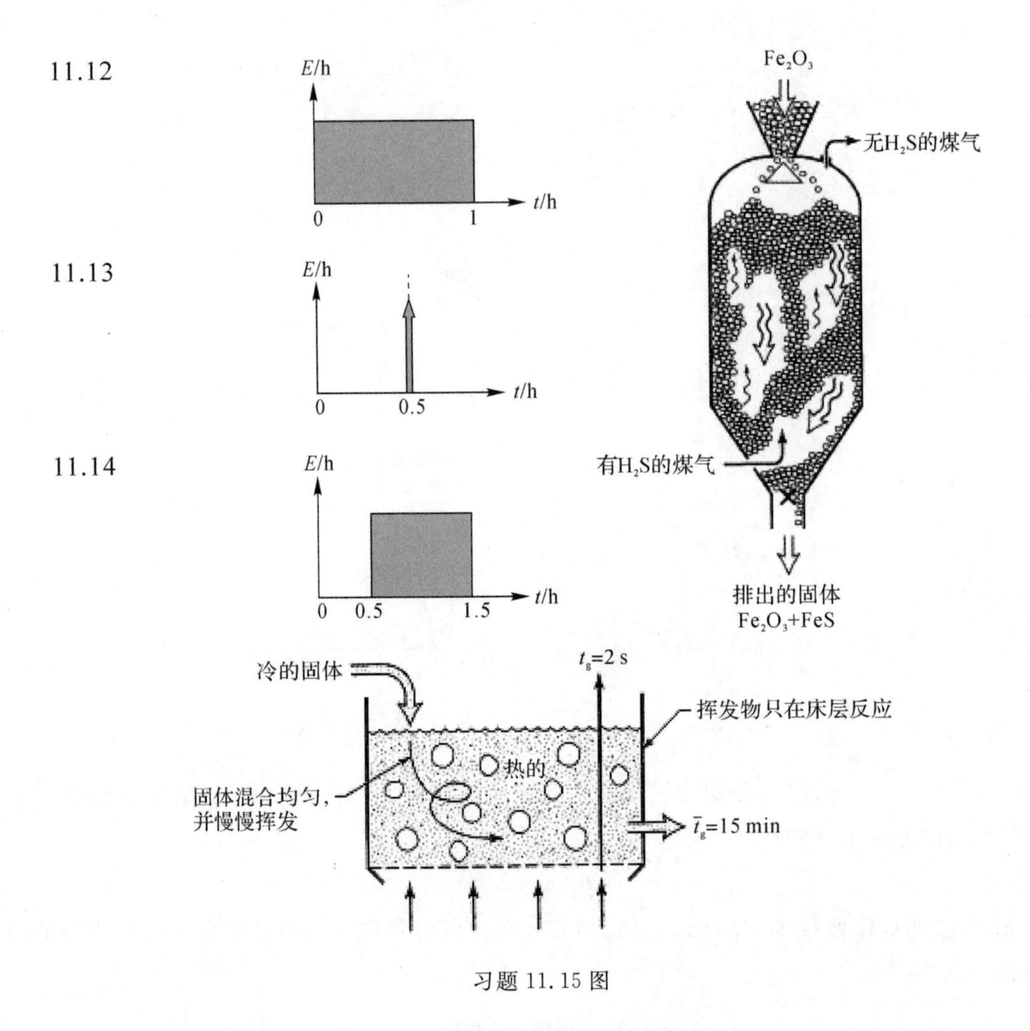

习题 11.15 图

11.16　反应物 A($c_{A0}=64\ \mathrm{mol/m^3}$)流过活塞流反应器($\tau=50$ s)，并有如下反应：

$$A \rightarrow R, \qquad -r_A = 0.005\, c_A^{1.5}, \mathrm{mol/(m^3 \cdot s)}$$

确定 A 的转化率，如果流是：

(1)微观流体；

(2)宏观流体。

第 12 章　全混流釜式模型

流动模型具有不同的复杂程度，本章的模型是超越最简单的那个级段的，是在假设活塞流和全混流的极端情况下的。在釜式模型中我们考虑反应釜和通过它的流量如下：

$$\text{总体积 } V \cdots \begin{cases} \left.\begin{array}{l} V_p \text{ 活塞流区} \\ V_m \text{ 全混流区} \end{array}\right\} V_a \text{ 有效体积} \\ V_d \text{ 容器内的死区或停滞区} \end{cases}$$

$$\text{总流量 } v \cdots \begin{cases} v_a \text{ 通过活塞流和全混流区域的有效流} \\ v_b \text{ 分流} \\ v_r \text{ 循环流} \end{cases}$$

通过比较真实的 E 曲线和管式流和釜式全混流的理论曲线各种组合，我们可以找到哪个模型最符合真正的反应釜状态。当然，这种模型的拟合不会是完美的；这种模型通常是真实釜的合理近似。图 12.1 所示为上述元素的各种组合的 E 曲线图，当然不会是所有组合。

12.1　提示、建议和可能的应用

(1)如果我们知道 M(脉冲中引入的示踪剂)，我们可以做出物料平衡检查。请记住 $M=v$(曲线的面积)。然而，如果我们只测量任意尺度的输出 C，我们就找不到 M 或者进行这种物料平衡检查。

(2)如果我们想正确地评估所有模型的所有元素(包括死角)，我们必须知道 V 和 v 。如果我们只测量工作区域，我们找不到这些停滞区的规模大小，因此在模型构建中必须忽略它们。从而

如果实际容器有死角：$\bar{t}_{obs}<\bar{t}$

如果实际容器没有死角：$\bar{t}_{obs}=\bar{t}$

其中，$\begin{cases} \bar{t}=\dfrac{V}{v} \\ \bar{t}_{obs}=\dfrac{V_{active}}{v} \end{cases}$

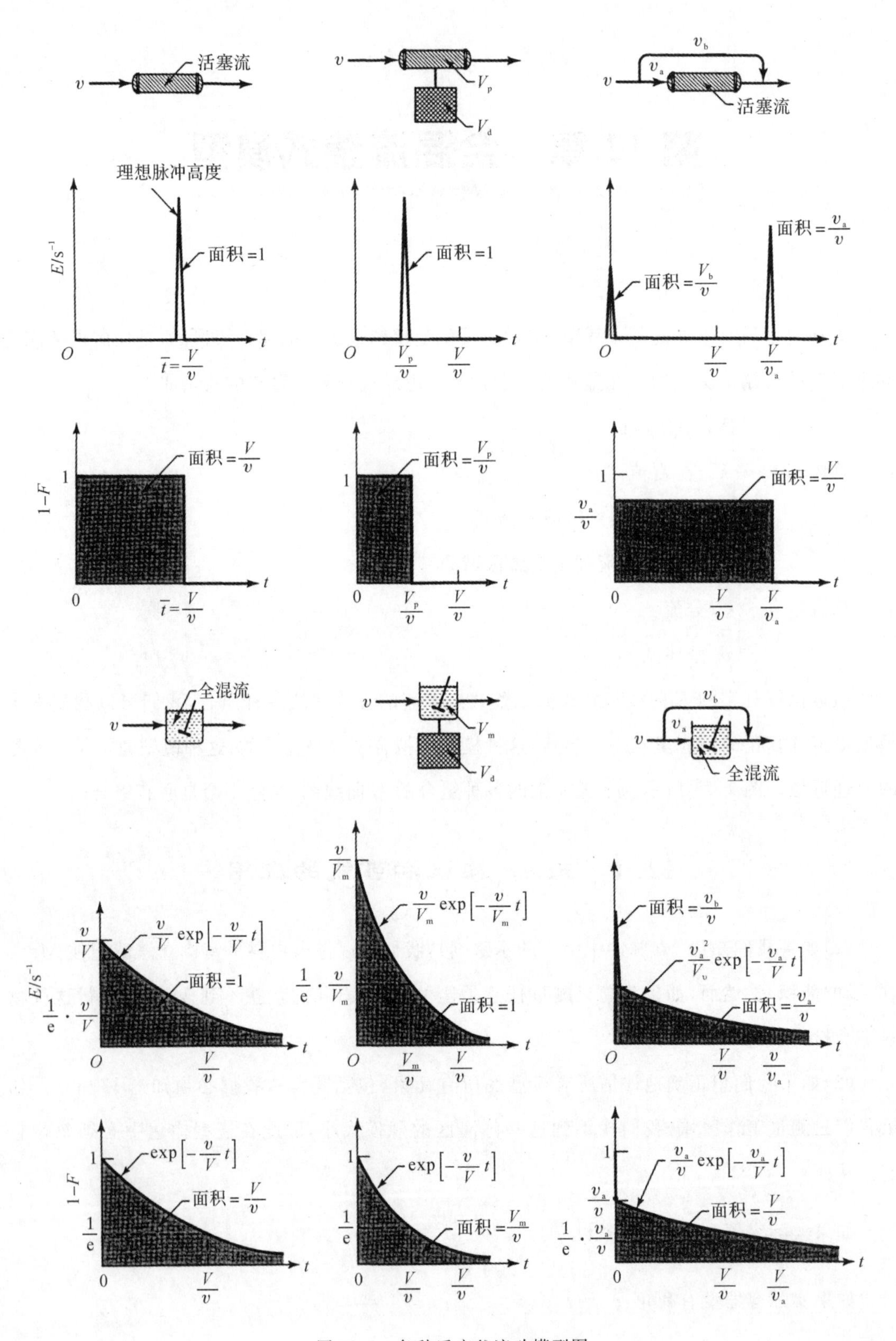

图 12.1　各种反应釜流动模型图

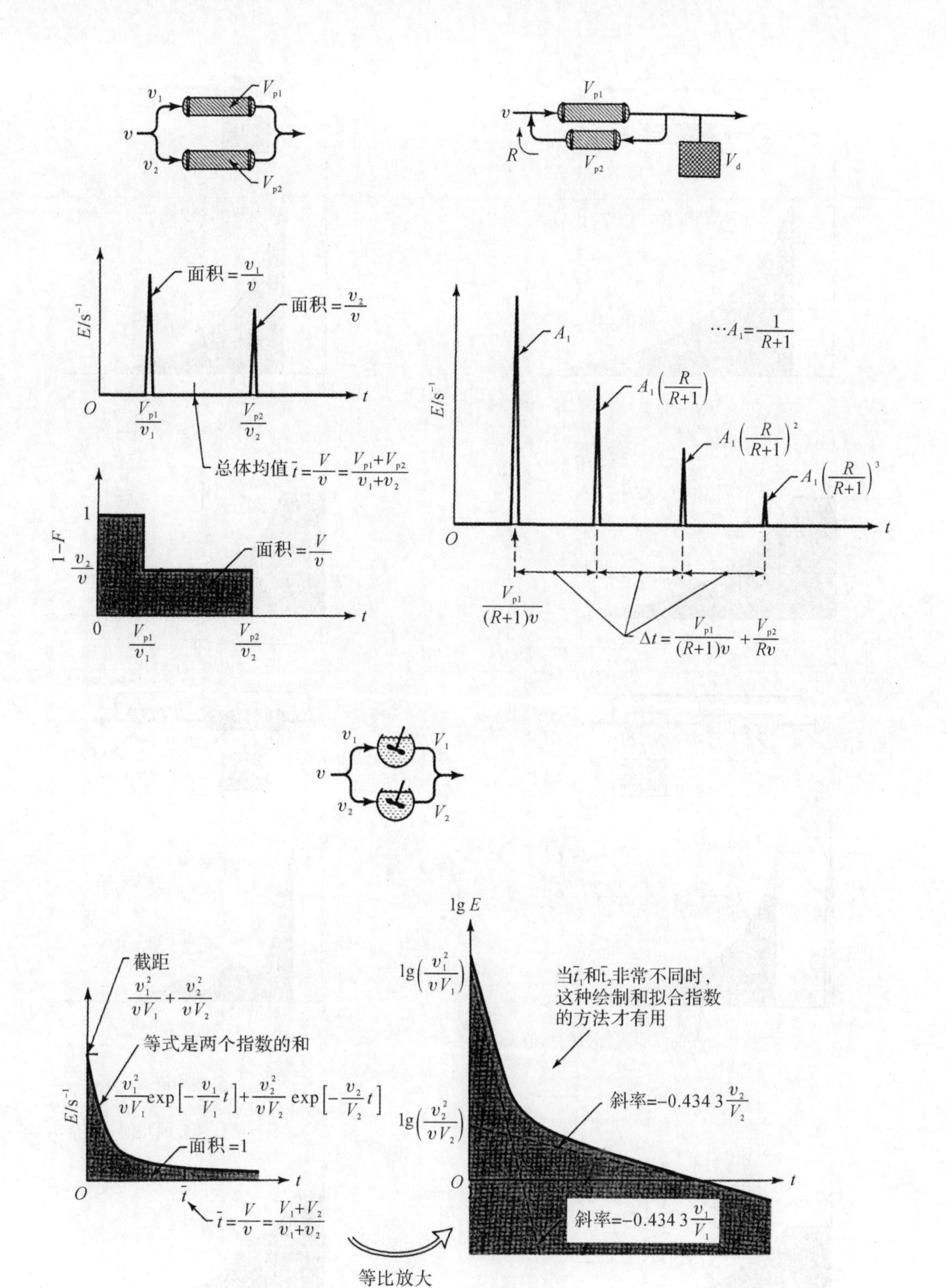

续图 12.1　各种反应釜流动模型图

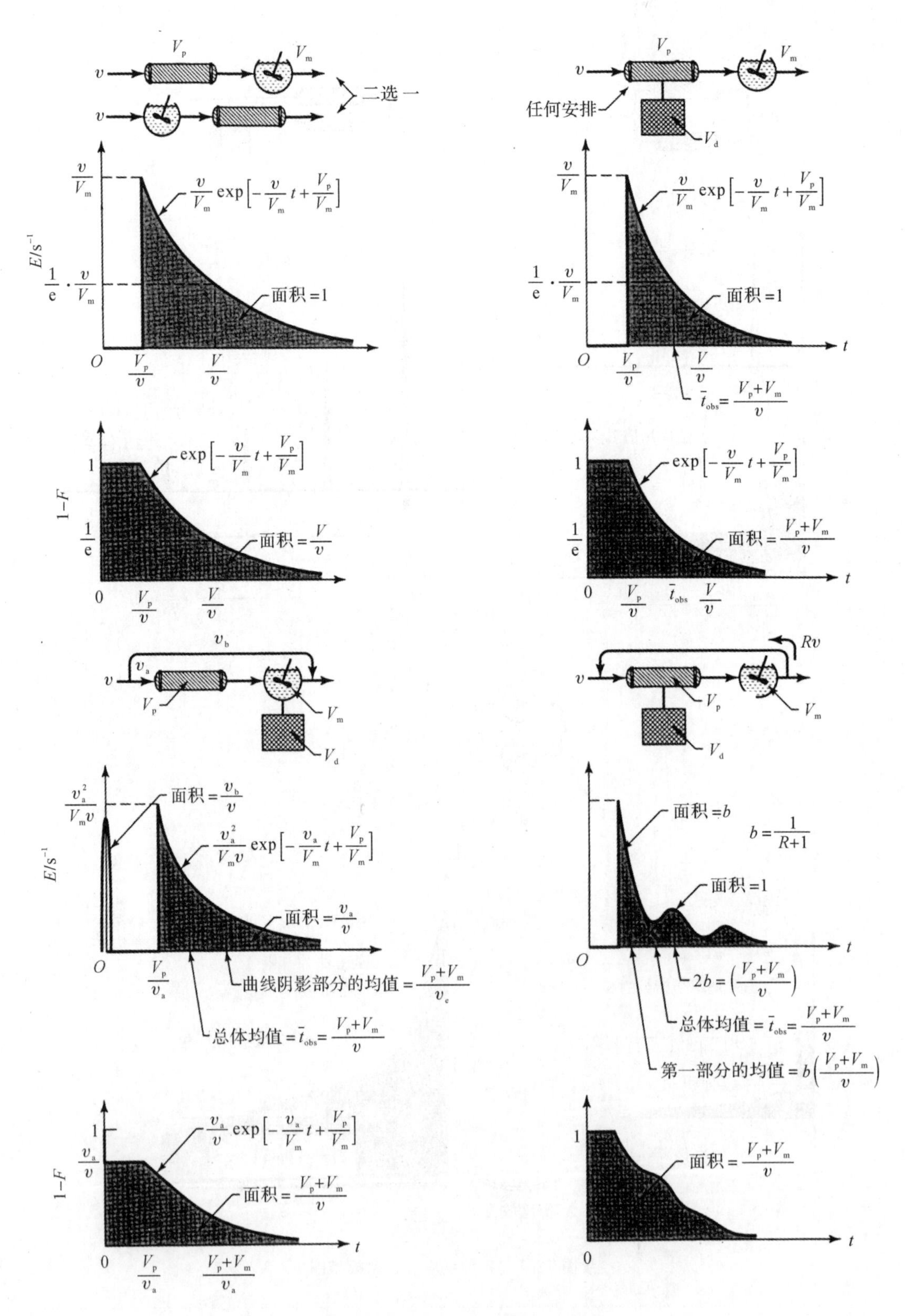

续图 12.1 各种反应釜流动模型图

(3)半对数图是计算混流室流动参数的简便工具。只需在此绘制示踪剂响应曲线,找到斜率和截距,这就得到了数量 A,B 和 C,如图 12.2 所示。

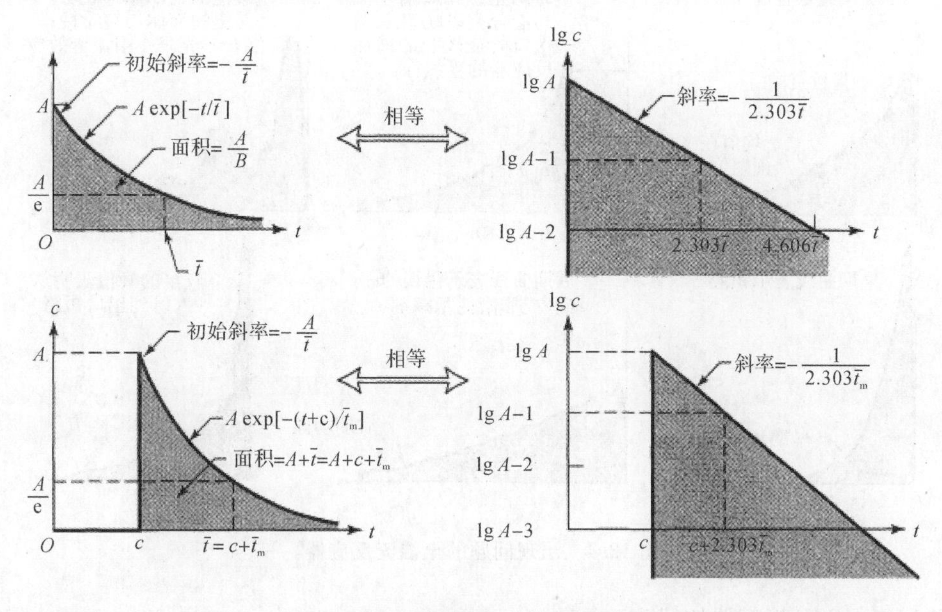

图 12.2　指数衰减示踪曲线的特性

12.2　判断反应器问题

这些组合模型对于判断目的非常有用,以查明故障并提出原因。如果我们期望活塞流并且知道 $\bar{t}=V/v$,图 12.3 显示了我们能找到的内容。

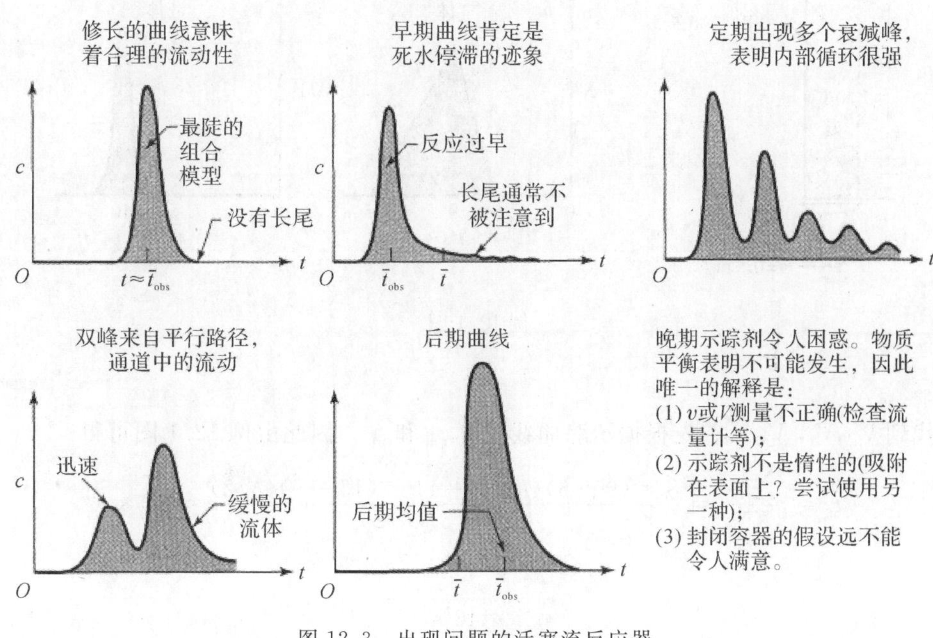

图 12.3　出现问题的活塞流反应器

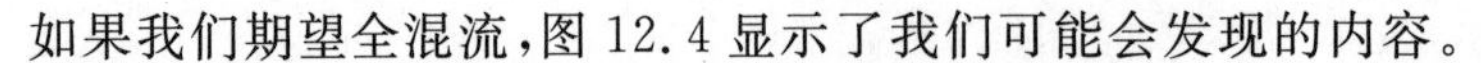

如果我们期望全混流，图 12.4 显示了我们可能会发现的内容。

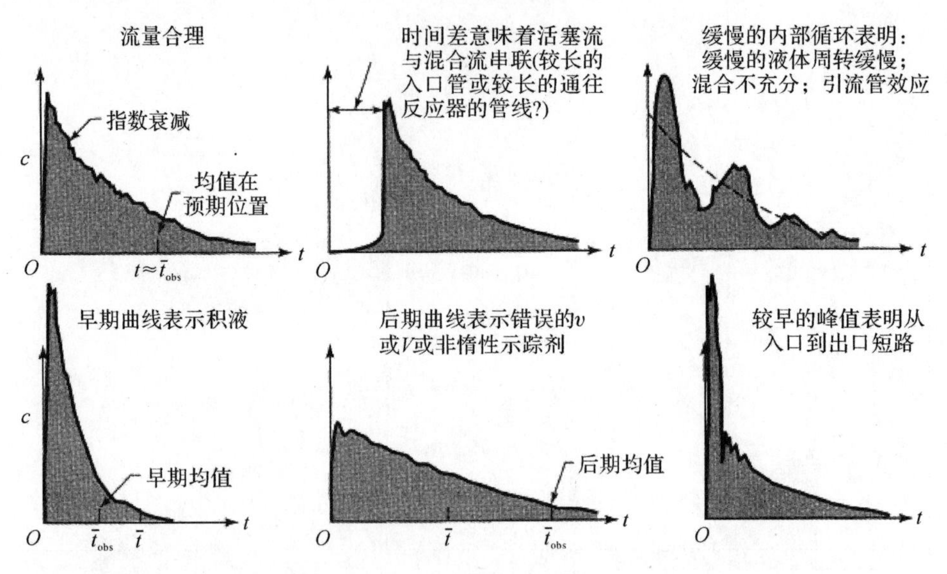

图 12.4　出现问题的全混流反应器

[**例** 12.1] G/L 接触器的行为

从测量的脉冲示踪剂响应曲线(见例 12.1 图)中，找出例 12.1 图中所示的气液接触器中的气体，流动液体和停滞液体的比例。

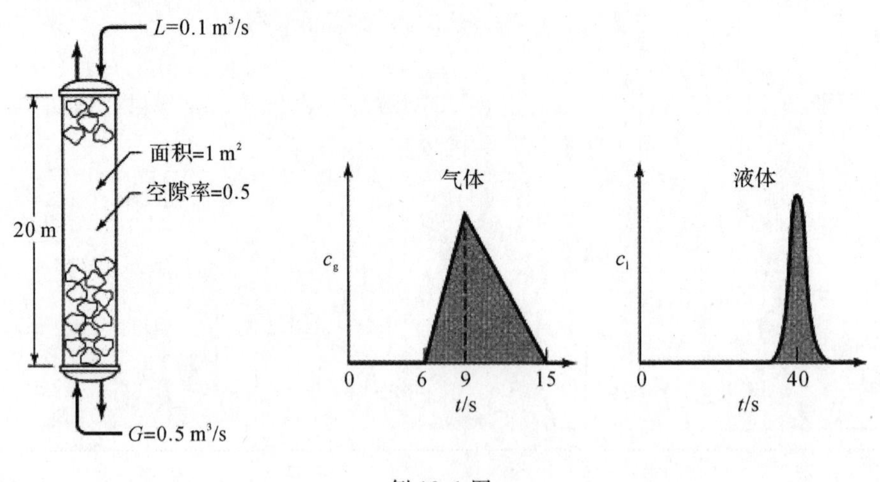

例 12.1 图

解:

要找到 V_g，V_l，V_{stag}，首先根据示踪曲线计算 $\bar{t}_g$ 和 $\bar{t}_l$。因此由例 12.1 图可得

$$\bar{t}_g=\frac{\sum tc}{\sum c}=\frac{8\times(9-6)(h/2)+11\times(15-9)(h/2)}{(15-6)(h/2)}=10\ \text{s}$$

和

$$\bar{t}_l=40\ \text{s}$$

可得

$$V_g = \bar{t}_g v_g = 10 \times 0.5 = 5\ m^3$$
$$V_l = \bar{t}_l v_l = 40 \times 0.1 = 4\ m^3$$

空隙率为

$$\left.\begin{array}{l}\text{气体空隙率}=50\% \\ \text{液体空隙率}=40\% \\ \text{停滞液体的空隙率}=10\%\end{array}\right\}$$

[**例** 12.2] 调整不正常的反应器

我们的 6 m^3 储罐反应器为一级反应 A→R 提供 75%的转化率。但是,由于反应器是用动力不足的搅拌桨搅拌的涡轮机,我们怀疑反应釜混合不完全和流动模式不佳。一个脉冲示踪剂解释了这种情况,并给出了例 12.2 图所示的流动模型。如果我们用一个强大的替换搅拌器,我们可以选择什么样的转换足以确保全混流?

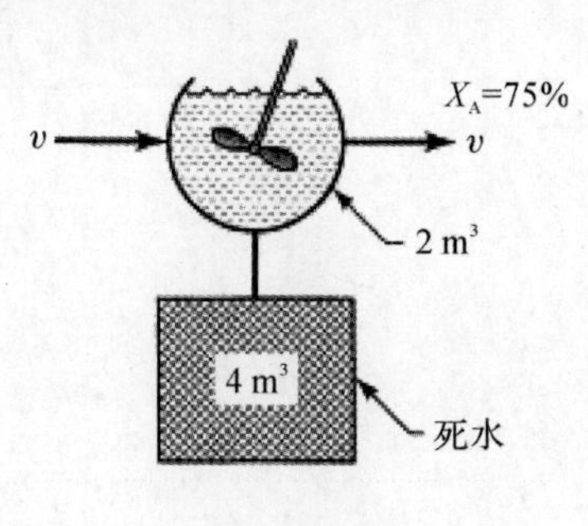

例 12.2 图

解:

$k\tau_1$ 表示此反应器,$k\tau_2$ 表示固化反应器。目前,从第 5 章的全混流,我们已经有了

$$k\tau_1 = \frac{c_{A0} - c_A}{c_A} = \frac{c_{A0}}{c_A} - 1 = \frac{1}{0.25} - 1 = 3$$

则有

$$k\tau_2 = 3k\tau_1 = 3 \times 3 = 9$$

可得

$$\frac{c_{A2}}{c_{A0}} = \frac{1}{k\tau_2 + 1} = \frac{1}{9+1} = 0.1$$

或

$$X_{A2} = 90\%$$

习　　题

12.1～12.6　将浓盐酸溶液脉冲作为示踪剂引入容器的流体中(V=1 m^3,v=1 m^3/min),并测量离开容器的流体中示踪剂的浓度。建立一个流程模型以从习题 12.1 图～习题 12.6 图中描绘的示踪剂输出数据表示容器。

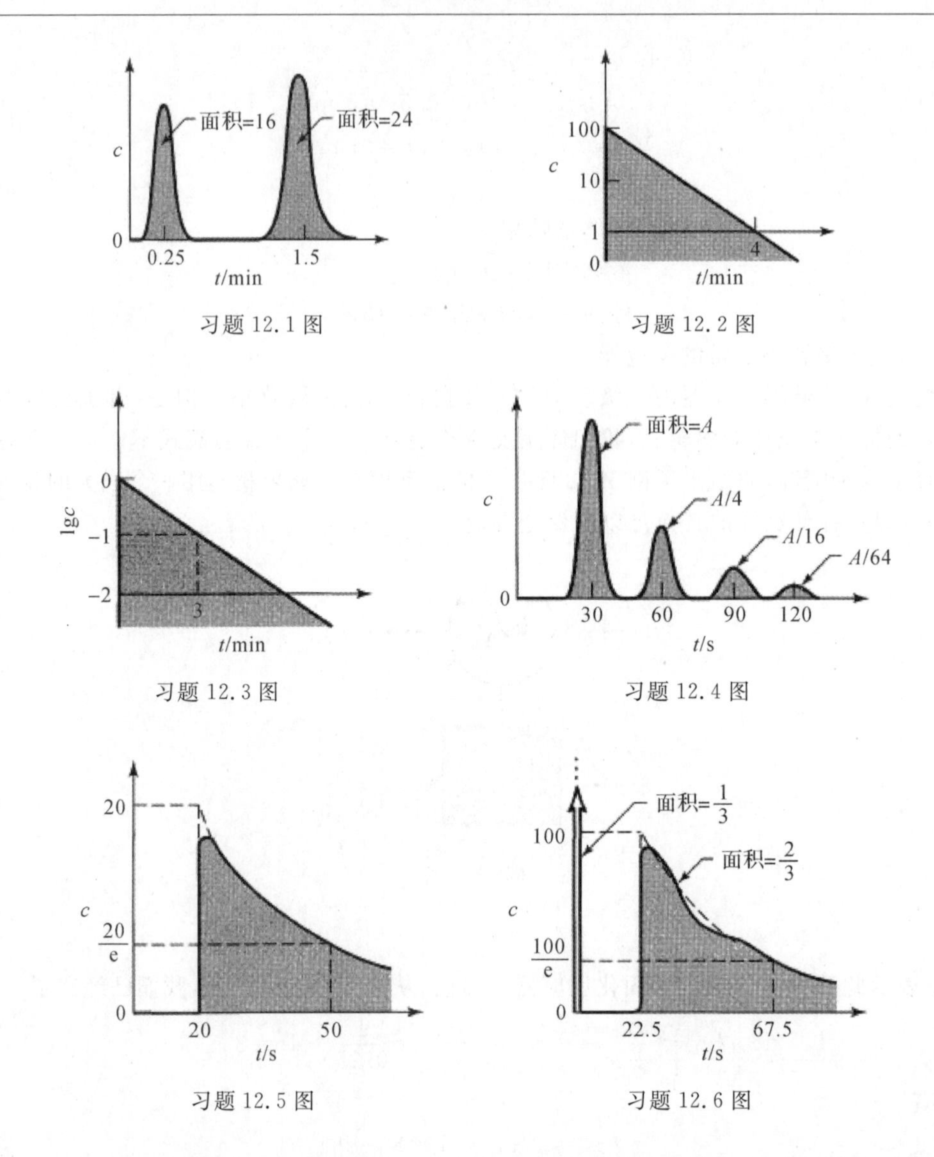

习题 12.1 图

习题 12.2 图

习题 12.3 图

习题 12.4 图

习题 12.5 图

习题 12.6 图

12.7～12.10　阶跃输入示踪剂测定(从自来水切换到盐水，测量离开容器的流体的电导率)用于探索通过容器的流体流动模式($V=1\ m^3$，$v=1\ m^3/min$)。根据习题 12.7 图～习题 12.10图的数据设计流动模型来表示容器。

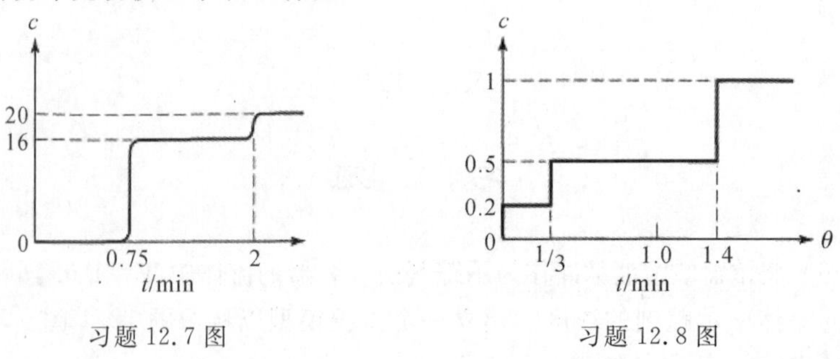

习题 12.7 图

习题 12.8 图

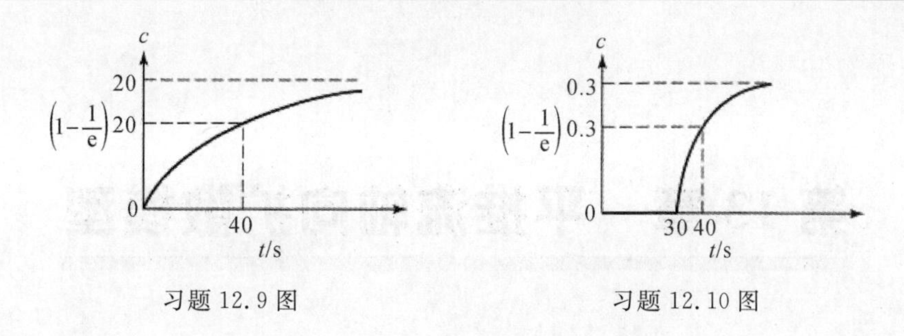

习题 12.9 图　　　　习题 12.10 图

12.11　二级水相反应 A + B → R + S 在大型罐式反应器(V=6 m^3)中进行,等摩尔进料流($c_{A0}=c_{B0}$),反应物的转化率为 60%。但是,反应器中的搅拌使流动混合不充分,但示踪试验给出了流量模型如习题 12.11 图所示。什么尺寸的全混流反应器将与目前单位尺度反应器的表现相同?

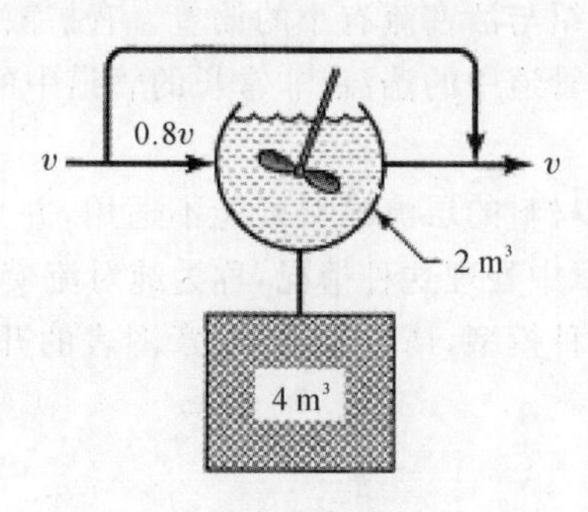

习题 12.11 图

12.12　重复例 12.2,仅仅一个变化:当前流程的模型如习题 12.12 图所示。

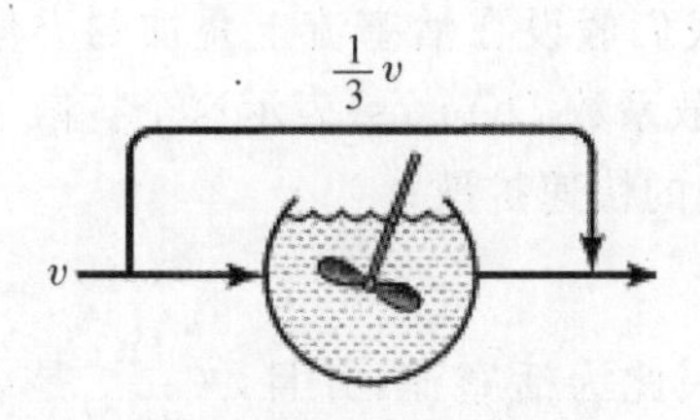

习题 12.12 图

第13章　平推流轴向扩散模型

模型对于真实容器中的流量表示、扩大规模和判断不良流量非常有用。选择不同的模型主要是取决于流体是否接近活塞流、混合流或介于两者之间。

第13章和第14章主要介绍与活塞流有小的偏差。有扩散模型和釜式串联模型两种。它们大致相同。这些模型适用于管道中的湍流、非常长的管道中的层流、填料床层、立式窑、长通道、螺旋输送机等。

对于短管中的层流或黏性材料的层流模型可能不适用，并且是抛物线速率分布偏离活塞流的主要依据。我们在第15章中处理这种情况，称为纯对流模型。

如果我们不确定要使用哪种模型，请查看第15章图表的开头，它会告诉你应该用哪个模型来表示所选的设置。

13.1　轴向扩散

假设在进入反应罐的流体中引入了理想的示踪脉冲。脉冲在穿过容器罐时扩散，并根据该模型表征扩散(见图13.1)，我们假设在活塞流上叠加的类似扩散的过程，称之为扩散或纵向扩散以区别于分子扩散。扩散系数 $D(m^2/s)$ 表示这个扩散过程。

(1)D 大意味着示踪剂曲线的快速扩散；

(2)D 小意味着缓慢扩散；

(3)$D=0$ 意味着不扩散，因此为活塞流，并且，$(\frac{D}{uL})$ 是表征整个容器中扩散的无量纲群体。

我们通过记录示踪曲线在通过反应釜的出口时的形状来评估 D 或 D/uL。特别地，我们测量：

$\bar{t}$：平均通过时间或曲线经过出口的时间；

σ^2：方差或曲线的扩散度量。

这些测试表明通过理论 $\bar{t}$ 和 σ^2 与 D 和 D/uL 直接相关。对于连续或离散数据的均值定义为

$$\bar{t}=\frac{\int_0^{+\infty} tc\,\mathrm{d}t}{\int_0^{+\infty} c\mathrm{d}t}=\frac{\sum t_i c_i \Delta t_i}{\sum c_i \Delta t_i} \tag{13.1}$$

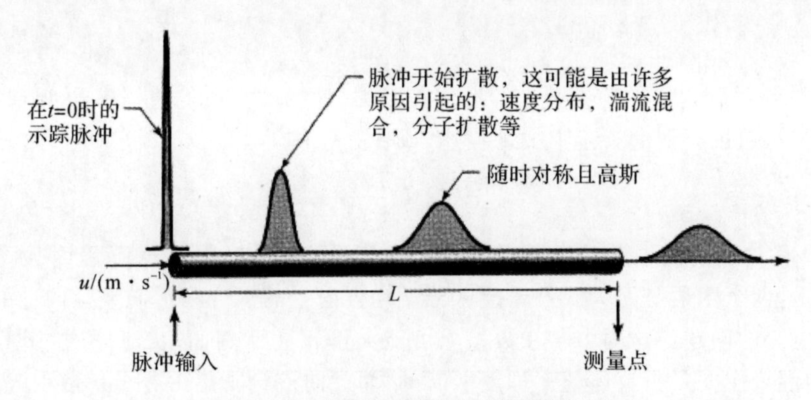

图 13.1　根据扩散模型的示踪剂分布

方差定义为

$$\sigma^2 = \frac{\int_0^{+\infty} (t-\bar{t})^2 c\mathrm{d}t}{\int_0^{+\infty} c\mathrm{d}t} = \frac{\int_0^{+\infty} t^2 c\mathrm{d}t}{\int_0^{+\infty} c\mathrm{d}t} - \bar{t}^2 \tag{13.2}$$

以离散形式表示为

$$\sigma^2 = \frac{\sum (t_i - \bar{t})^2 c_i \Delta t_i}{\sum c_i \Delta t_i} = \frac{\sum t_i^2 c_i \Delta t_i}{\sum c_i \Delta t_i} - \bar{t}^2 \tag{13.3}$$

方差表示分布通过反应釜出口时的扩散平方，单位为(时间)^2。它特别适用于将实验曲线与一系列理论曲线中的一条进行匹配，如图 13.2 所示。

考虑流体的塞流，其顶部叠加一定程度的返混，其大小与容器内的位置无关。这种情况意味着容器中不存在停滞的空穴，也不存在流体的总旁路或短路。这称为分散塞流模型，或简称"扩散模型"，图 13.3 显示了可视化的条件。随着湍流强度的变化或混合，该模型的预测范围应该从一端的塞流到另一端的混合流。因此，该模型的反应器体积介于塞流和混合流的计算体积之间。

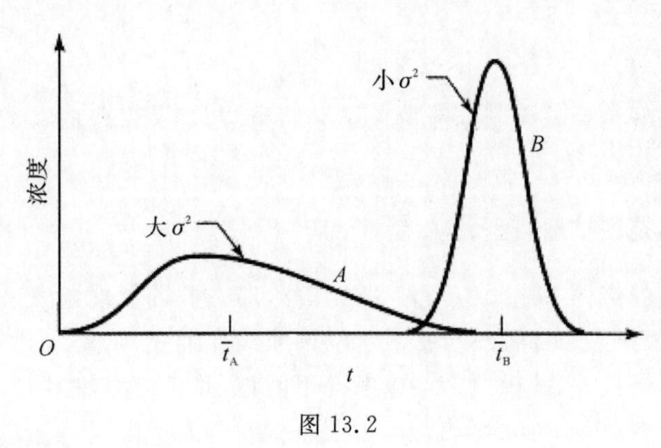

图 13.2

由于混合过程涉及材料的混合或再分布，无论是滑动还是涡流，并且由于在流体通过容器的流动过程中多次重复这一过程，我们可以认为这些扰动本质上是统计性的，有点像分子扩散。对于 x 方向的分子扩散，控制微分方程由菲克定律给出：

$$\frac{\partial c}{\partial t} = \mathscr{D}\frac{\partial^2 c}{\partial x^2} \tag{13.4}$$

$\mathscr{D}$,分子扩散系数是唯一的参数表征过程。以类似的方式,我们可以考虑所有对 x 方向流动的流体混合将通过类似的表达形式来描述,或者

$$\frac{\partial c}{\partial t} = D\frac{\partial^2 c}{\partial x^2} \tag{13.5}$$

式中,参数 D 称为纵向或轴向扩散系数,唯一地表征了流动期间的返混程度。我们使用"纵向"和"轴向"这两个术语是因为我们希望区分流动方向上的混合和横向或径向上的混合,这不是我们主要关心的问题。这两个量在数量上可能大不相同。例如,在流体通过管道的流线型流动中,轴向混合主要是由流体速率梯度引起的,而径向混合则是由分子扩散引起的。

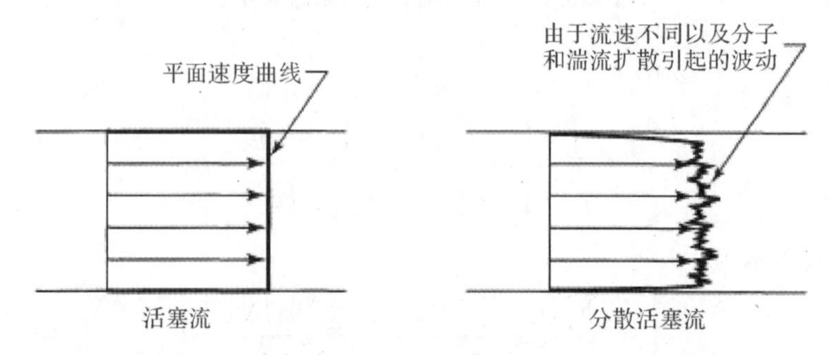

图 13.3　扩散(分散活塞流)模型表示

无量纲形式 $z=(ut+x)/L$ 和 $\theta = t/\bar{t} = tu/L$,代表这个扩散模型的基本微分方程变为

$$\frac{\partial c}{\partial \theta} = \left(\frac{D}{uL}\right)\frac{\partial^2 c}{\partial z^2} - \frac{\partial c}{\partial z} \tag{13.6}$$

无量纲组 $\left(\frac{D}{uL}\right)$,称为容器扩散系数,是测量轴向分散程度的参数。从而有

$\left(\frac{D}{uL}\right)\to 0$ 扩散忽略不计,为活塞流;

$\left(\frac{D}{uL}\right)\to \infty$ 扩散大,为全混流。

该模型通常能很好地反映出与塞流偏差不大的流动,如果流动是流线型的话,则为长填料床和管。

13.1.1　拟合小范围扩散模型,$D/uL<0.01$

如果我们在流动的流体上施加一个理想的脉冲,那么扩散会改变该脉冲,如图 13.1 所示。对于小范围的扩散(如果 D/uL 很小),扩散示踪剂曲线在通过测量点时(在测量期间)形状没有明显变化。在这些条件下,式(13.6)的求解并不困难,并且给出如图 13.1 和图 13.4 所示的式(13.7)的对称曲线,有

$$c = \frac{1}{2\sqrt{\pi(D/uL)}}\exp\left[-\frac{(1-\theta)^2}{4(D/uL)}\right] \tag{13.7}$$

这代表了一组高斯曲线,也称为误差或正态曲线。

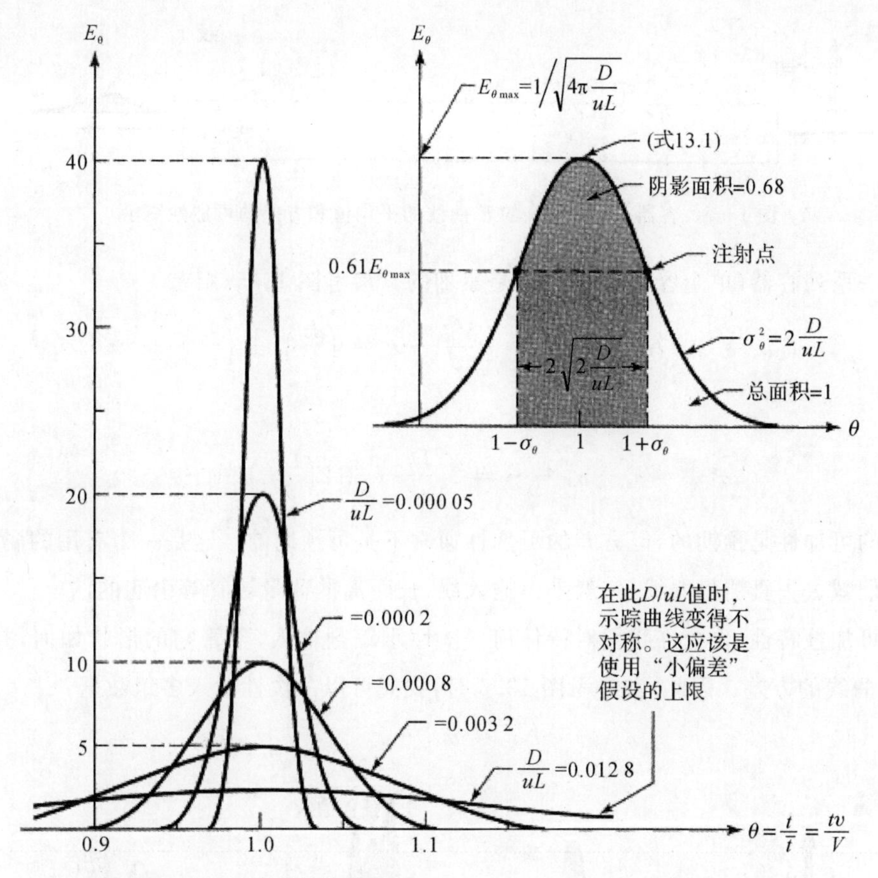

图 13.4　对于小范围的扩散式(13.7)，D/uL 和无量纲 E_θ 曲线之间的关系

代表这个体系的方程式是

$$E_\theta=\bar{t}\cdot E=\frac{1}{\sqrt{4\pi(D/uL)}}\exp\left[-\frac{(1-\theta)^2}{4(D/uL)}\right]$$

$$E=\sqrt{\frac{u^3}{4\pi DL}}\exp\left[-\frac{(L-ut)^2}{4DL/u}\right]$$

$$\bar{t}_E=\frac{V}{v}=\frac{L}{u}\quad 或\quad \bar{\theta}_E=1$$

$$\sigma_\theta^2=\frac{\sigma_t^2}{\bar{t}^2}=2\left(\frac{D}{uL}\right)\quad 或\quad \sigma^2=2\left(\frac{DL}{u^3}\right)\tag{13.8}$$

D/uL 是此曲线的一个参数。图 13.4 显示了多种从实验曲线评估这个参数的方法：通过计算它的方差，通过在拐点测量它的最大高度或宽度，或者找到包含 68%面积的宽度。

还要注意示踪剂在向下移动时如何扩散。从式(13.8)的方差表达式，则有

$$\sigma^2\propto L\qquad 或\qquad (示踪剂曲线的宽度)^2\propto L$$

对于小范围扩散，示踪剂曲线分析中的许多简化和近似都是可能的。首先，示踪剂曲线的形状对施加在容器上的边界条件不敏感，无论是闭合的还是开放的[见式(11.1)]。因此，对于封闭和开放的容器 $c_{脉冲}=E$ 和 $c_{阶跃}=F$。

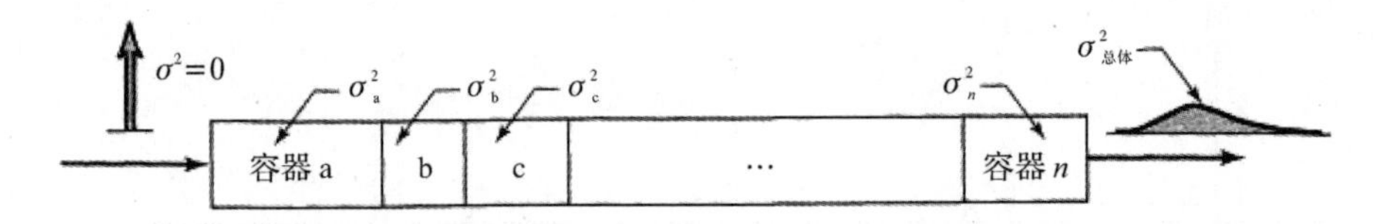

图 13.5　容器 a,b,… ,n 的 E 曲线的平均值和方差的可加性图示

对于一系列容器,单个容器的 $\bar{t}$ 和 σ^2 是累加的。参考图 13.5,则有

$$\bar{t}_{总体}=\bar{t}_a+\bar{t}_b+\cdots=\frac{V_a}{v}+\frac{V_b}{v}+\cdots=\left(\frac{L}{u}\right)_a+\left(\frac{L}{u}\right)_b+\cdots \tag{13.9}$$

和

$$\sigma^2_{总体}=\sigma_a^2+\sigma_b^2+\cdots=2\left(\frac{DL}{u^3}\right)_a+2\left(\frac{DL}{u^3}\right)_b+\cdots \tag{13.10}$$

时间的可加性是预期的,但方差的可加性通常不是可预期的。这是一个有用的属性,因为它允许我们减去失真测量曲线,一般是由输入线、长距离的测量导管等引起的。

这种可加性特性,也允许我们对待任何一次性示踪剂输入,不管它的形状如何,并从中提取容器 E 曲线的方差。因此,在参考图 13.6 时,我们可以一次性输入多组数据:

$$\Delta\sigma^2=\sigma^2_{out}-\sigma^2_{in} \tag{13.11}$$

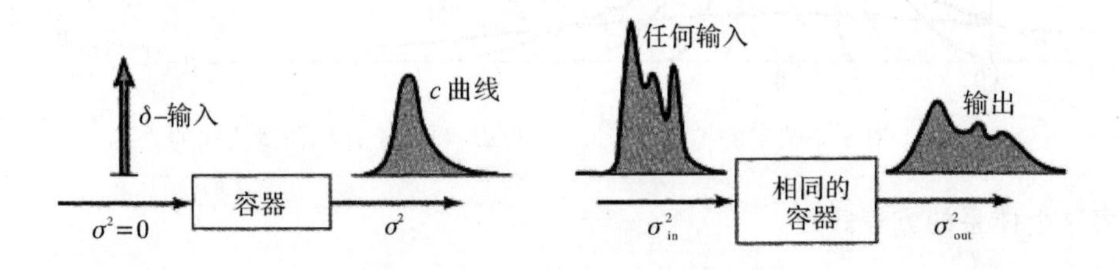

图 13.6　方差增加在两种情况下都是相同的,或者 $\sigma^2=\sigma^2_{out}-\sigma^2_{in}=\Delta\sigma^2$

阿里斯(1959)已经表明,小范围的扩散可表示为

$$\frac{\sigma^2_{out}-\sigma^2_{in}}{(\bar{t}_{out}-\bar{t}_{in})^2}=\frac{\Delta\sigma^2}{(\Delta\bar{t})^2}=\Delta\sigma^2_\theta=2\left(\frac{D}{uL}\right) \tag{13.12}$$

因此无论输入曲线的形状如何,容器的 D/uL 值都可以被找到。

这种简单处理的拟合优度只能通过更精确且更复杂的解决方案进行比较来评估。从这样的比较中,我们发现 D/uL 估计的最大误差由下式给出:

$$误差<5\%\quad\left(当\ \frac{D}{uL}<0.01\ 时\right)$$

13.1.2　与活塞流有大偏差时,$\frac{D}{uL}>0.01$

这里的脉冲响应很宽,并且它慢慢通过测量点足以让它在形状上发生变化—它在扩散—正在被测量。这给了一个非对称 E 曲线。

另一个复杂的情况出现在大 D/uL 的图像中：在容器的入口和出口发生的情况强烈影响示踪剂曲线的形状以及曲线参数与 D/uL 之间的关系。

在考虑到 2 种边界条件：当流体通过入口和出口边界（我们称为开放式）时，流体是不受干扰的，或者在容器外有向上至边界的塞流（我们称为封闭式）。这导致了 4 种边界条件的组合：封闭-封闭、开放-开放和混合（混合有 2 种）。图 13.7 显示了封闭和开放的极端情况，其 RTD 曲线被指定为 E_{CC} 和 E_{OO}。

现在只有一个边界条件给出了一个与 E 函数相同的示踪曲线，它符合第 11 章的所有数据，那就是封闭的容器。对于所有其他边界条件，不会得到适合的 RTD。

在所有情况下，我们都可以从示踪曲线的参数中评估 D/uL，然而，每条曲线都有自己的数据。以下是封闭和开放边界条件的示踪曲线。

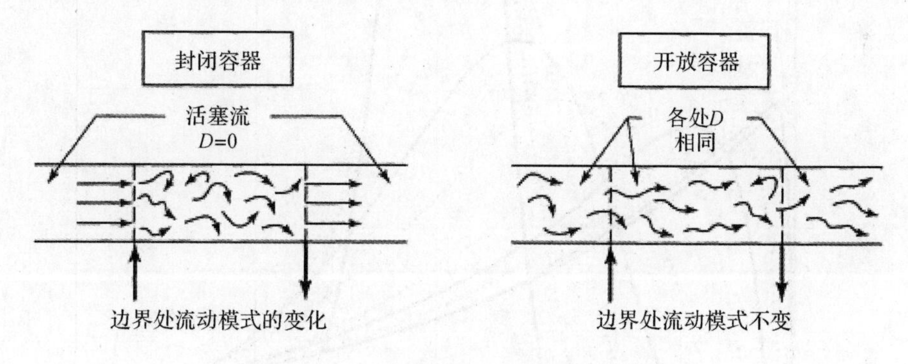

图 13.7　用于扩散模型的各种边界条件

(1)封闭容器。这里没有 E 曲线的解析表达式。但是，我们可以通过数值方法构建曲线，参阅图 13.8，或者正如范德兰（1958 年）最初所做的那样，准确评估它的均值和方差，即

$$\bar{t}_E = \bar{t} = \frac{V}{v} \quad \cdots \text{或} \cdots \quad \bar{\theta}_E = \frac{\bar{t}_E}{\bar{t}} = \frac{\bar{t}_E v}{V} = 1$$

$$\sigma_\theta^2 = \frac{\sigma_t^2}{\bar{t}^2} = 2\left(\frac{D}{uL}\right) - 2\left(\frac{D}{uL}\right)^2\left[1 - e^{-uL/D}\right] \tag{13.13}$$

(2)开放容器。这代表了一个方便且常用的实验装置，一段长的管式流（见图 13.9）。它也是 E 曲线的解析表达式不太复杂的唯一物理情况（除了小 D/uL）。结果由图 13.10 所示的响应曲线给出，并由列文斯比尔和史密斯（1957）首先导出的下列方程给出：

$$\left.\begin{aligned} E_{\theta,OO} &= \frac{1}{\sqrt{4\pi(D/uL)}}\exp\left[-\frac{(1-\theta)^2}{4\theta(D/uL)}\right] \\ E_{t,OO} &= \frac{u}{\sqrt{4\pi Dt}}\exp\left[-\frac{(L-ut)^2}{4Dt}\right] \end{aligned}\right\} \tag{13.14}$$

$$
\left.\begin{aligned}
\bar{\theta}_{E,OO} &= \frac{\bar{t}_{E_{OO}}}{\bar{t}} = 1 + 2\left(\frac{D}{uL}\right) \quad \cdots \text{或} \cdots \quad t_{E_{OO}} = \frac{V}{v}\left(1 + 2\,\frac{D}{uL}\right) \\
\sigma_{\theta,OO}^2 &= \frac{\sigma_{t,OO}^2}{\bar{t}^2} = 2\,\frac{D}{uL} + 8\left(\frac{D}{uL}\right)^2
\end{aligned}\right\} \tag{13.15}
$$

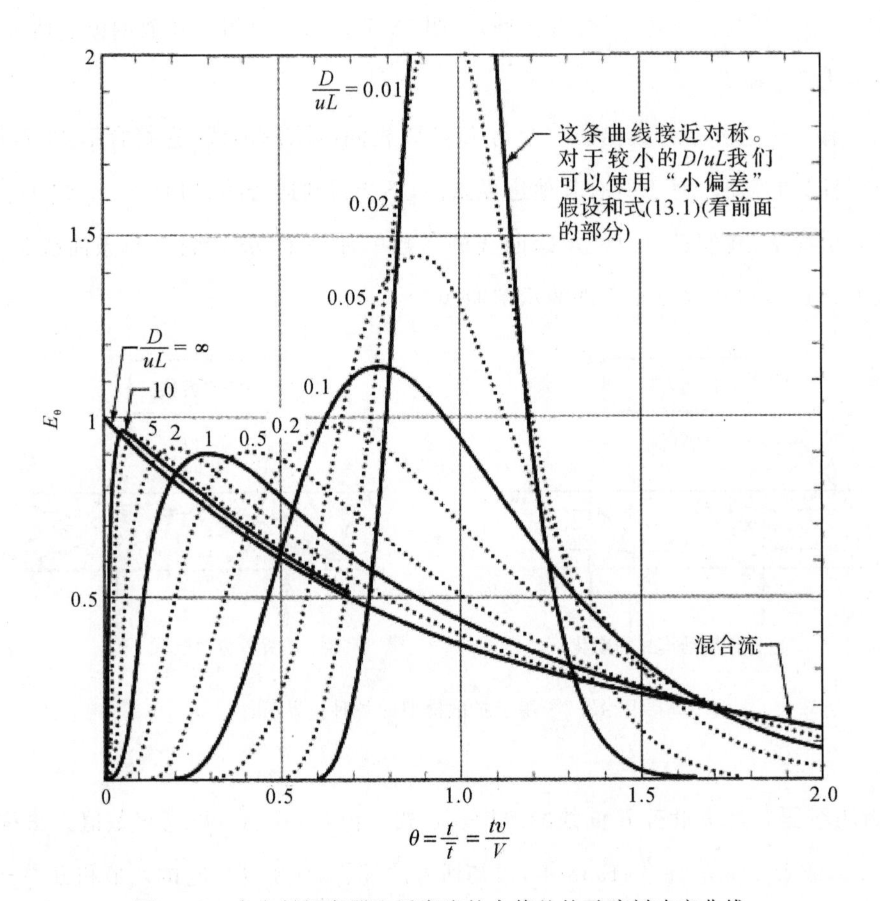

图 13.8　来自封闭容器和活塞流的大偏差的示踪剂响应曲线

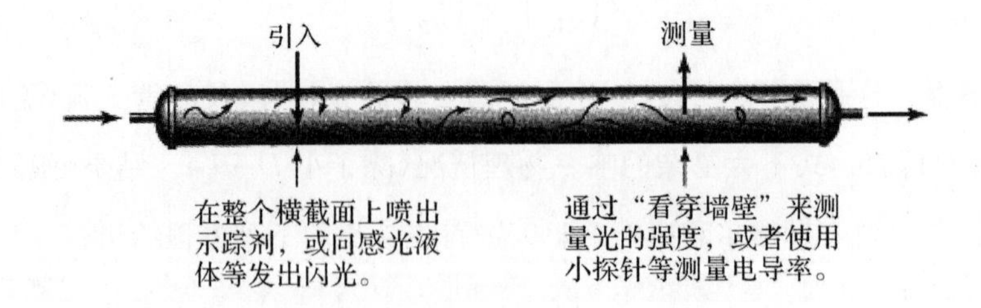

图 13.9　开放容器的边界条件

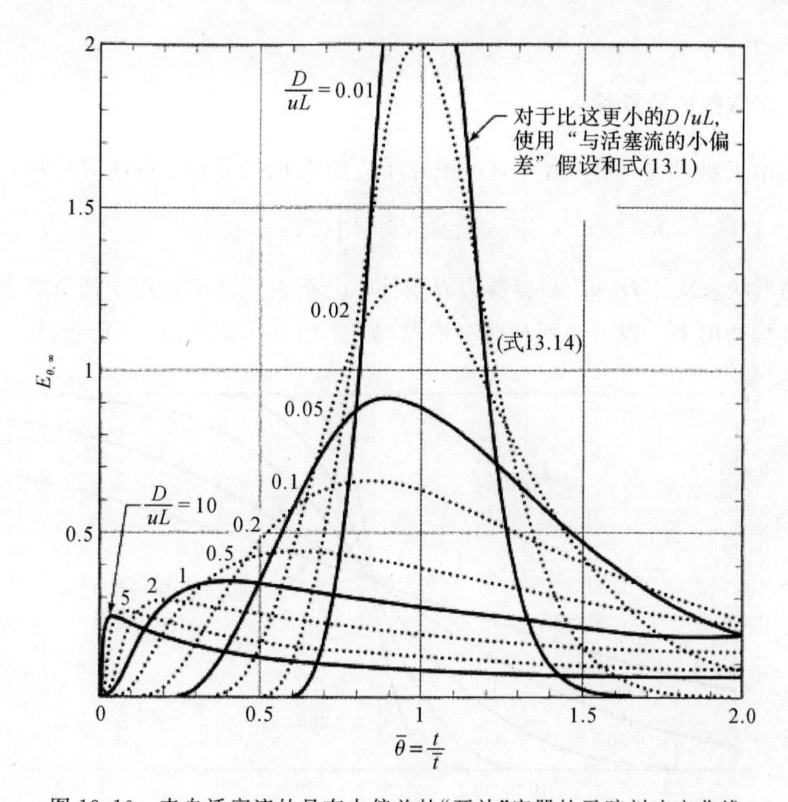

图 13.10　来自活塞流的具有大偏差的“开放”容器的示踪剂响应曲线

注释：

(1)对于小的 D/uL，不同边界条件下的曲线都接近式(13.8)的“小偏差”曲线。对于较大的 D/uL，曲线彼此的差异越来越大。

(2)评估 D/uL 与测量的示踪剂曲线或理论测量值 σ^2 相匹配。匹配 σ^2 是最简单的，但不一定是最好的；虽然它经常被使用，但一定要使用正确的边界条件。

(3)如果流量偏离塞流(D/uL 很大)，则可能是真实的反应釜不符合模型的假设(很多独立的随机波动)。是否应该使用这个模型就成了一个问题。当 $D/uL>1$ 时，我们应该注意。

(4)我们必须始终询问是否应该使用该模型。我们可以随时匹配 σ^2 值，但如果形状不正常，如下图所示，请不要使用此模型，可使用其他模型。

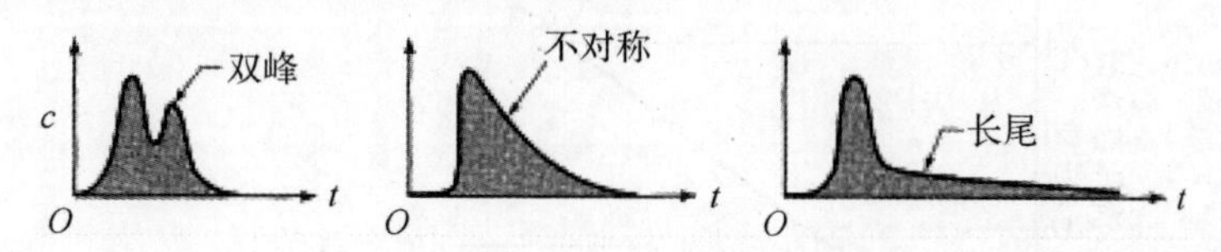

(5)对于大的 D/uL 而言，可参考的文献丰富且相互矛盾，主要是因为对容器边界发生的情况的未声明且不明确的假设。如前所述，结束条件的处理充满了数学上的微妙之处，方差的可加性值得怀疑。因为所有这些，我们在使用扩散模型时应该非常小心，特别是在如果系统没有闭合的情况下。

(6)在这里不讨论开闭或闭开边界条件的方程和曲线。这些可以在列文斯比尔(1996)中找到。

13.1.3 示踪剂的阶跃输入

这里的输出 F 曲线是 S 形的，并通过积分相应的 E 曲线获得。在任何时间 t 或 θ，有

$$F=\int_0^\theta E_\theta \mathrm{d}\theta=\int_0^t E\mathrm{d}t \tag{13.16}$$

F 曲线的形状取决于 D/uL 和容器边界条件。分析表达式不适用于任何 F 曲线，然而，它们的图可以被构造出来。以下为两种典型情况，如图 13.11 和图 13.13 所示。

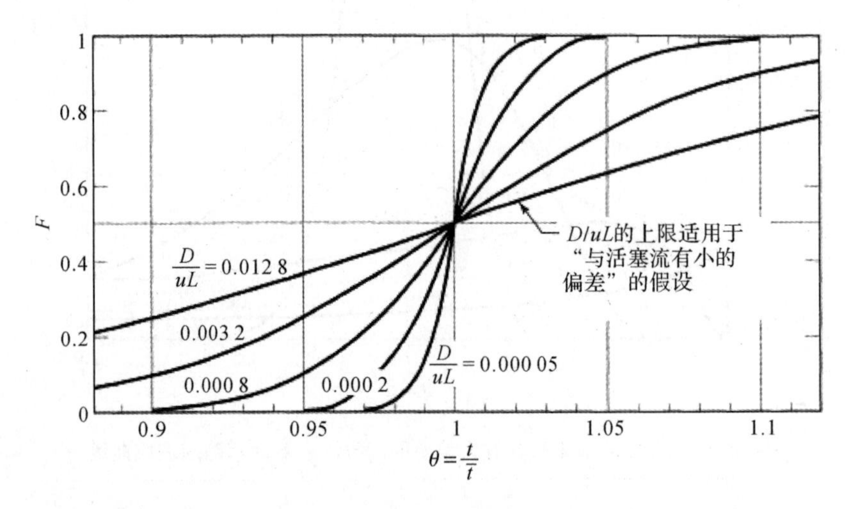

图 13.11 对于活塞流的小偏差的阶跃响应曲线

13.1.4 活塞流的小偏差，$D/uL<0.01$

从式(13.8)和式(13.16)我们可以找到如图 13.11 所示的曲线。对于这些来自塞流的小偏差我们可以通过在概率图上绘制实验数据直接找到 D/uL，如图 13.12 所示。例 13.2 详细说明了这是如何完成的。

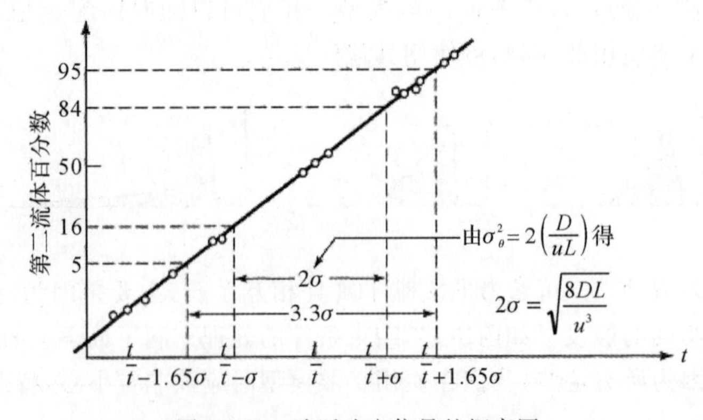

图 13.12 阶跃响应信号的概率图

13.1.5　大扩散的阶跃响应，$D/uL>0.01$

对于与活塞流的偏差较大时，必须考虑边界条件的问题，由此产生的 S 型响应曲线不对称，它们的方程式不可用，最好首先通过区分它们以给出相应的结果来进行分析 $c_{脉冲}$ 曲线。图 13.13所示为该系列曲线的一个例子。

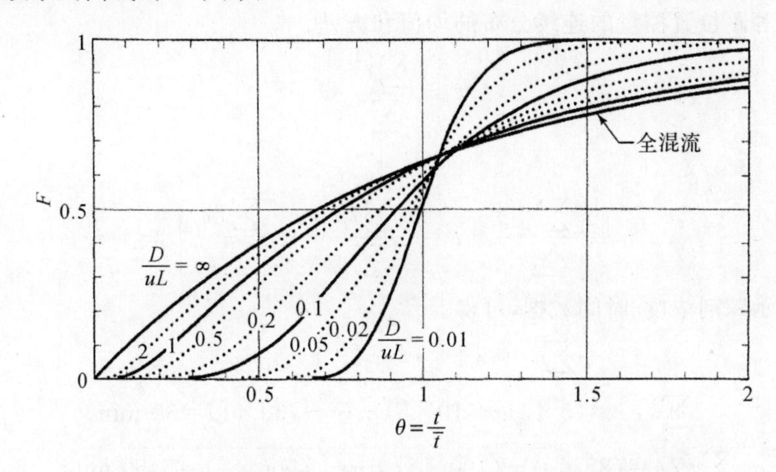

图 13.13　封闭容器中与活塞流有较大偏差的阶跃响应曲线

讨论：

(1)阶跃实验的一个直接商业应用是寻找在长管道中一个接一个流动的两种性质相似的流体之间混合污染宽度的区域。给定 D/uL 我们可以从图 13.12 的概率图中找到它。列文斯比尔(1958)给出了简化计算的设计图表。

(2)您是否应该使用脉冲或分步注射实验？有时一种实验自然更方便，原因有很多。在这种情况下，这个问题不会出现。但是当有选择时，那么脉冲实验是首选，因为它给出了更“诚实”的结果。原因是 F 曲线积分效应；它提供了一个平滑的曲线，可以很好地隐藏实际效果。例如，图 13.14 显示了给定容器的相应 E 曲线和 F 曲线。

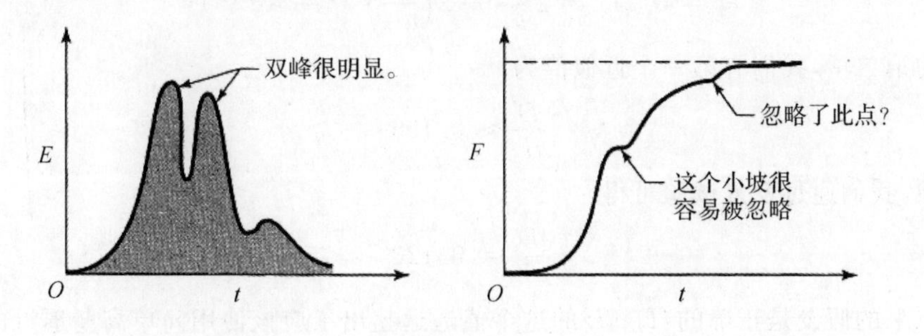

图 13.14　相同流量的 E 和 F 曲线的灵敏度

［例 13.1］$c_{脉冲}$ 曲线的 D/uL

假设第 11 章示例 11.1 的密闭容器可以很好地用扩散模型表示，计算容器扩散系数 D/uL。容器的 c 与 t 示踪剂响应为

t/min	0	5	10	15	20	25	30	35
$c_{脉冲}/(mg \cdot L^{-1})$	0	3	5	5	4	2	1	0

解：

由于该容器的 c 曲线宽且不对称，参阅例 11.1 图，让我们假设离散偏差太大，而无法使用导致图 13.4 的简化。因此，我们从式(13.18)的方差匹配过程开始。式(13.3)和式(13.4)给出了在有限个等距位置测量的连续分布的均值和方差：

$$\bar{t} = \frac{\sum t_i c_i}{\sum c_i}$$

且

$$\sigma^2 = \frac{\sum t_i^2 c_i}{\sum c_i} - \bar{t}^2 = \frac{\sum t_i^2 c_i}{\sum c_i} - \left[\frac{\sum t_i c_i}{\sum c_i}\right]^2$$

使用原始示踪剂浓度-时间数据，可得

$$\sum c_i = 3+5+5+4+2+1=20$$

$$\sum t_i c_i = (5\times3)+(10\times5)+\cdots+(30\times1)=30\ \text{min}$$

$$\sum t_i^2 c_i = (25\times3)+(100\times5)+\cdots+(900\times1)=5450\ \text{min}^2$$

故

$$\bar{t} = \frac{300}{20} = 15\ \text{min}$$

$$\sigma^2 = \frac{5\ 450}{20} - \left(\frac{300}{20}\right)^2 = 47.5\ \text{min}^2$$

且

$$\sigma_\theta^2 = \frac{\sigma^2}{\bar{t}^2} = \frac{47.5}{(15)^2} = 0.211$$

现在对于一个封闭的反应釜，式(13.13)将方差与 D/uL 相关联，即

$$\sigma_\theta^2 = 0.211 = 2\frac{D}{uL} - 2\left(\frac{D}{uL}\right)^2(1 - e^{-uL/D})$$

忽略右边的第二项，我们有第一个近似值为

$$\frac{D}{uL} \approx 0.106$$

修正忽略项，我们通过反复试验可得

$$\frac{D}{uL} = 0.120$$

我们原来的假设是正确的：D/uL 的这个值远远超出了应该使用简单高斯逼近的极限。

[**例** 13.2] F 曲线的 D/uL

冯・罗森伯格(1956)研究了正丁酸盐对苯在直径为 38 mm、长度为 1 219 mm 的填充柱中的位移，用折射率法测量了出口流中正丁酸盐的比例。绘制成图时，发现正丁酸盐的比例随时间呈 S 形。如例 13.2 图 1 所示，这是 F 曲线，为冯・罗森伯格在最低流速下的运行，其中 $u=0.006\ 7$ mm/s，即约每天 0.5 m。

找到这个系统的容器扩散系数。

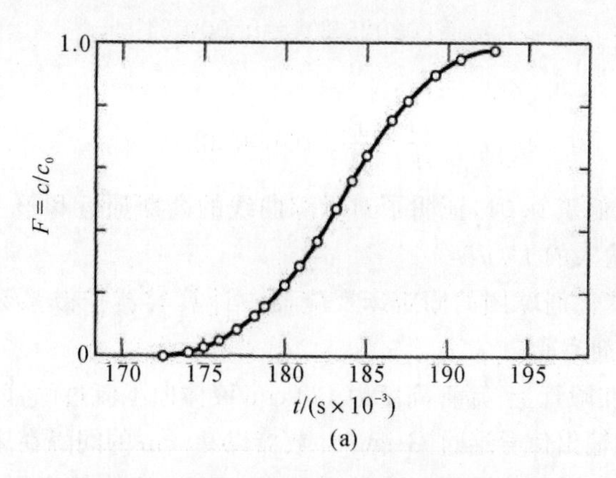

例 13.2 图 1　来自冯·罗森伯格(1956)

解:

我们不使用 F 曲线的斜率来给出 E 曲线,然后确定该曲线的扩散,而是使用概率的方法。在纸上绘制数据实际上确实接近一条直线,如例 13.2 图 2 所示。

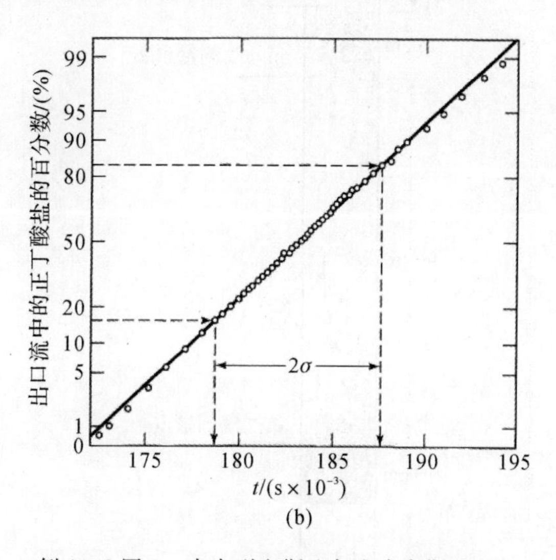

例 13.2 图 2　来自列文斯比尔和史密斯(1957)

从概率图中找出方差和 D/uL 是一件简单的事情。只需按照图 13.12 所示的步骤。因此,例 13.2 图 2 显示:

第 16 个百分点落在 $t=178\ 550$ s

第 84 个百分点落在 $t=187\ 750$ s

这个时间间隔代表 2σ,因此标准差为

$$\sigma=\frac{187\ 750-178\ 500}{2}=4\ 600\ \mathrm{s}$$

如果要找到 D,我们需要这个无量纲时间单位的标准差。则有

$$\sigma_\theta=\frac{\sigma}{\bar{t}}=(4\ 600\ \mathrm{s})\times\left(\frac{0.006\ 7\ \mathrm{mm/s}}{1\ 219\ \mathrm{mm}}\right)=0.025\ 2$$

方差为

$$\sigma_\theta^2=(0.0252)^2=0.00064$$

且由式(13.8)得

$$\frac{D}{uL}=\frac{\sigma_\theta^2}{2}=0.00032$$

注意:D/uL 的值远低于 0.01,证明了对示踪曲线的高斯逼近和整个过程的正确性。

[**例** 13.3] 一次性输入的 D/uL

在装有 0.625 cm 催化剂球团的固定床反应器中计算容器扩散系数。为此,在例 13.3 图所示的设备中进行示踪剂实验。

催化剂随意地放置在筛管上,筛管高度为 120 cm,液体向下流过筛管。放射性示踪剂的稀薄脉冲直接注入床的上方,输出信号通过 Geiger 计数器以 90 cm 的间隔在床内的两个水平记录。

以下数据适用于特定的实验运行。床层空隙率=0.4,流体的表面速率(基于空管)=1.2 cm/s,并且输出信号的方差为 $\sigma_1{}^2=39\ s^2$ 和 $\sigma_2{}^2=64\ s^2$,找到 D/uL。

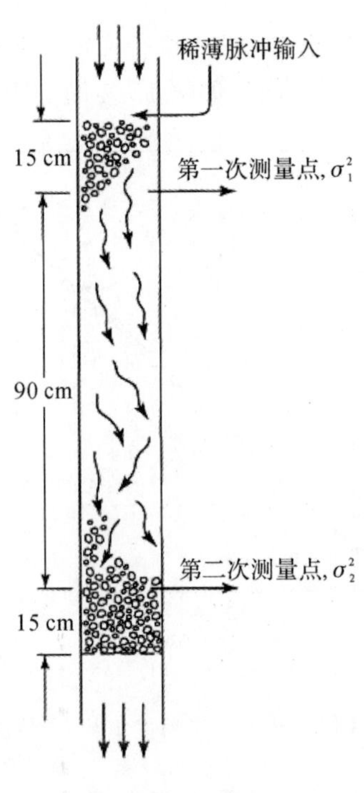

例 13.3 图

解:

Bischoff 和 Levenspiel(1962)已经表明,只要测量到至少两个或三个颗粒直径进入床层,那么敞开的容器边界条件就保持紧密。这种情况是因为测量是在床上 15 cm 处进行的,因此,该实验对应于式(13.12)保持的开放容器的一次性输入。则有

$$\Delta\sigma^2=\sigma_2^2-\sigma_1^2=64-39=25\ s^2$$

无量纲形式为

$$\Delta\sigma_\theta^2=\Delta\sigma^2\left(\frac{v}{V}\right)^2=(25\ s^2)\times\left[\frac{1.2\ cm/s}{(90\ cm)\times0.4}\right]=\frac{1}{36}$$

其扩散系数为

$$\frac{D}{uL}=\frac{\Delta\sigma_\theta^2}{2}=\frac{1}{72}$$

13.2　轴向扩散的相关性

容器扩散系数 D/uL 是两个项的乘积，即

$$\frac{D}{uL}=(\text{扩散强度})(\text{几何因素})=\left(\frac{D}{ud}\right)\left(\frac{d}{L}\right)$$

式中

$$\frac{D}{ud}=f(\text{流体性质})(\text{流动动力学})=f\left[\binom{\text{Schmidt}}{\text{no.}}\binom{\text{Reynolds}}{\text{no.}}\right]$$

$$d\text{ 是特征长度}=d_{\text{tube}}\text{ 或 }d_{\text{p}}$$

实验表明，扩散模型很好地代表填充床和管道中的流动。因此理论和实验提供了这些反应釜的 D/ud。我们在接下来的三个图表中对它们进行总结。

图 13.15 和图 13.16 显示了管道中的流动结果。这个模型代表湍流，但仅代表当管道足够长以实现示踪剂脉冲的径向均匀时管道中的流线流动。对于液体，这可能需要相当长的管道，图 13.16 显示了这些结果。请注意，分子扩散强烈影响层流中的分散速率。在低流量下它会促进分散，在更高的流量下它具有相反的效果。

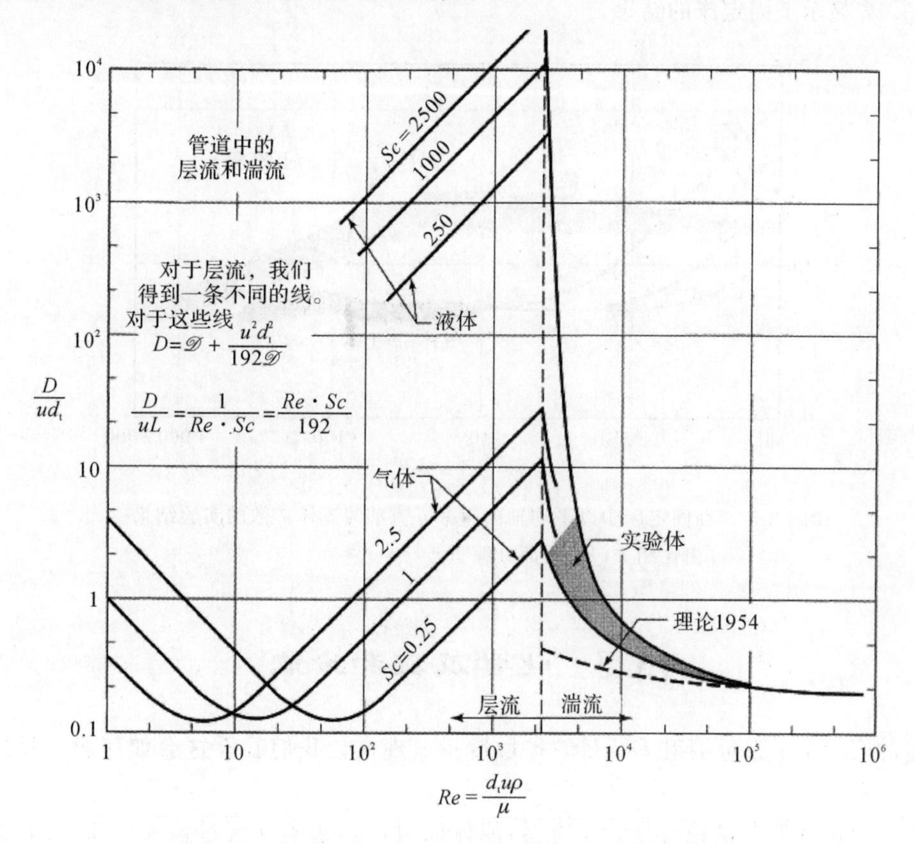

图 13.15　改编自列文斯比尔(1958b)的管道中流体的扩散相关性

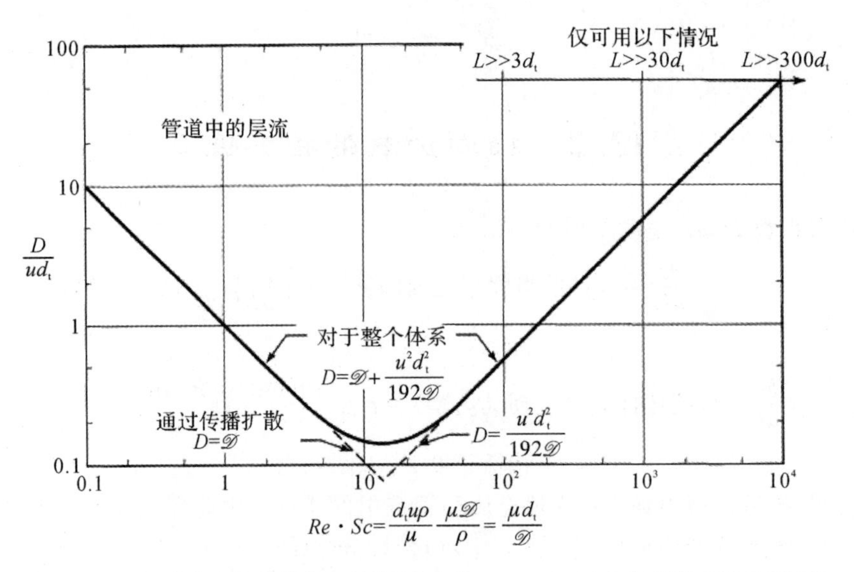

图 13.16　管道中流线扩散的相关性[由泰勒(1953,1954)和阿里斯(1956)制备]

与这些类似的相关性是,可用的或者可以获得用于在多孔或吸附固体的床中,在盘管中,在柔性通道中,用于非牛顿流体的脉动流,等等。

图 13.17 显示了固定床的结果。

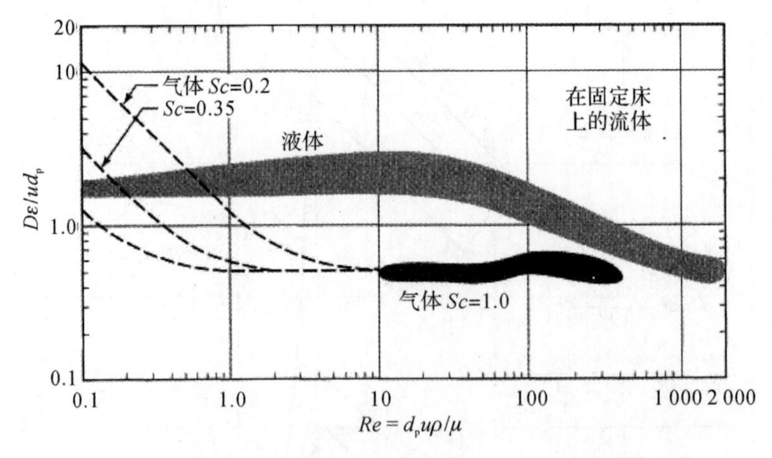

图 13.17　在固定床中以平均轴向速率 u 流动的流体扩散的实验结果
[由比绍夫(1961)部分编写]

13.3　化学反应和分散

上述讨论产生了无量纲组 D/uL 的扩散度量。现在让我们看看这会如何影响反应器的转化。

考虑一个长度为 L 的稳流化学反应器,流体以恒定的速率 u 流过该反应器,并且其中物料与分散系数 D 轴向混合。假设发生 n 级反应。

$$A \rightarrow 产物, \qquad -r_A = kc_A^n$$

通过参阅图 13.18 所示反应器的基本部分，可以确定任何反应组分的基本物料平衡：

$$输入=输出+通过反应消失+积累 \tag{4.1}$$

在稳态，对于 A 组分，有

$$(进出)_{整体流}+(进出)_{轴向扩散}+通过反应消失+积累=0 \tag{13.17}$$

各个术语(按 A mol/s)如下：

$$通过整体流进入=\left(\frac{A 的物质的量}{体积}\right)(流速)(截面积)$$

$$= c_{A,l}uS, [\mathrm{mol/s}]$$

$$通过整体流离开= c_{A,l+\Delta l}uS$$

$$通过轴向扩散进入=\frac{\mathrm{d}N_A}{\mathrm{d}t}=-\left(DS\frac{\mathrm{d}C_A}{\mathrm{d}l}\right)_{l+\Delta l}$$

$$通过轴向扩散离开=\frac{\mathrm{d}N_A}{\mathrm{d}t}=-\left(DS\frac{\mathrm{d}G}{\mathrm{d}l}\right)_{l+\Delta l}$$

$$通过反应消失=(-r_A)V=(-r_A)S\Delta l, \quad [\mathrm{mol/s}]$$

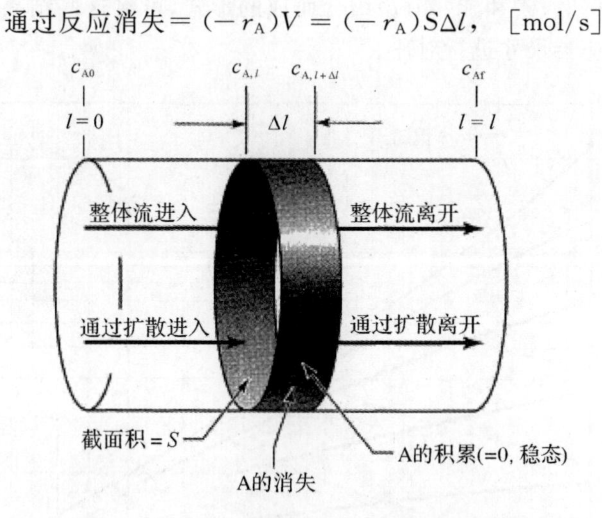

图 13.18　发生反应和扩散的密闭容器的变量

请注意，这种物料平衡与第 5 章理想活塞流反应器的差异在于包含了两个分散项，因为物料不仅通过整体流量而且通过分散进入和离开微分截面。把所有这些项代入式(13.17)，然后除以 $S\Delta l$ 就得到了

$$u\frac{(c_{A,l+\Delta l}-c_{A,l})}{\Delta l}=D\frac{\left[\left(\frac{\mathrm{d}c_A}{\mathrm{d}l}\right)_{l+\Delta l}-\left(\frac{\mathrm{d}c_A}{\mathrm{d}l}\right)_{l}\right]}{\Delta l}+(-r_A)=0$$

现在，微积分的基本极限过程表明，对于任意的量 Q 它是一个光滑的连续的 1 的函数：

$$\lim_{l_2\to l_1}\frac{Q_2-Q_1}{l_2-l_1}=\lim_{\Delta l\to 0}\frac{\Delta Q}{\Delta l}=\frac{\mathrm{d}Q}{\mathrm{d}l}$$

取极限 $\Delta l\rightarrow 0$，可得

$$u\frac{\mathrm{d}c_A}{\mathrm{d}l}-D\frac{\mathrm{d}^2c_A}{\mathrm{d}l^2}+kc_A^n=0 \tag{13.18a}$$

在 $z=l/L$ 和 $\tau=\bar{t}=L/u=V/v$ 的无量纲形式中，该表达式变为

$$\frac{D}{uL}\frac{\mathrm{d}^2c_A}{\mathrm{d}z^2}-\frac{\mathrm{d}c_A}{\mathrm{d}z}-k\tau c_A^n=0 \tag{13.18b}$$

就分数转换而言，有

$$\frac{D}{uL}\frac{\mathrm{d}^2X_A}{\mathrm{d}z^2}-\frac{\mathrm{d}X_A}{\mathrm{d}z}+k\tau c_{A0}^{n-1}(1-X_A)^n=0 \tag{13.18c}$$

该表达式表明，反应物 A 在通过反应器时的分数转化率由 3 个无量纲组——反应速率组 $k\tau c_{A0}^{n-1}$、扩散组 D/uL 和反应级数 n 控制。

(1)一级反应。式(13.18)已由 Wehner 和 Wilhelm(1956)对一级反应进行了解析求解。对于具有任何进出条件的容器，解决方案如下：

当
$$\frac{c_A}{c_{A0}}=1-X_A=\frac{4a\exp\left(\frac{1}{2}\frac{\mu L}{D}\right)}{(1+a)^2\exp\left(\frac{a}{2}\frac{\mu L}{D}\right)-(1-a)^2\exp\left(-\frac{a}{2}\frac{\mu L}{D}\right)}$$

$$a=\sqrt{1+4k\tau(D/\mu L)} \tag{13.19}$$

图 13.19 是将式(13.19)和式(5.17)组合而成的形式，可将这些结果以图形表示，并允许塞流和分散塞流的反应器尺寸进行对比。

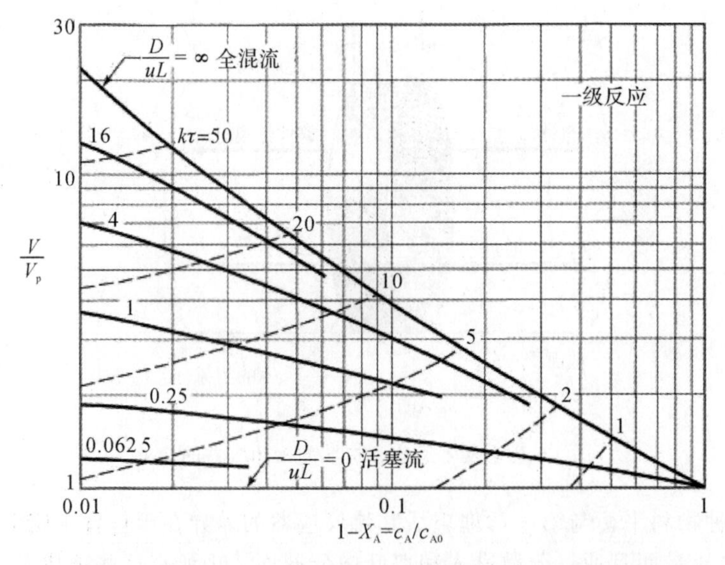

图 13.19 一级反应 A →产品的实际反应器和活塞流反应器的比较
[假设膨胀可忽略不计；来自 Levenspiel 和 Bischoff(1959,1961)]

对于活塞流的微小偏差，D/uL 变小，E 曲线接近高斯，因此，在展开指数项并去掉高阶项时，式(13.19)可简化为

$$\frac{c_A}{c_{A0}}=\exp\left[-k\tau+(k\tau)^2\frac{D}{uL}\right] \tag{13.20}$$

$$=\exp\left(-k\tau+\frac{k^2\sigma^2}{2}\right) \tag{13.21}$$

式(13.20)与式(5.17)比较了接近活塞流的实际反应器与活塞流反应器的性能。因此，相同转换所需的大小比例由下式给出，即

$$\frac{L}{L_p}=\frac{V}{V_p}=1+(k\tau)\frac{D}{uL}\quad (\text{相同的 } c_{A\,out}) \tag{13.22}$$

而相同反应器尺寸的出口浓度比为

$$\frac{c_A}{c_{Ap}}=1+(k\tau)^2\frac{D}{uL}\quad (\text{相同的 } V \text{ 或 } \tau) \tag{13.23}$$

(2)n 级反应。图 13.20 是封闭容器中二级反应式(13.18)解的图示。它的使用方式与一级反应的图表相似。为了估计不同于一级和二级反应的反应器性能，我们可以在图 13.19 和图 13.20 之间进行推断或插值。

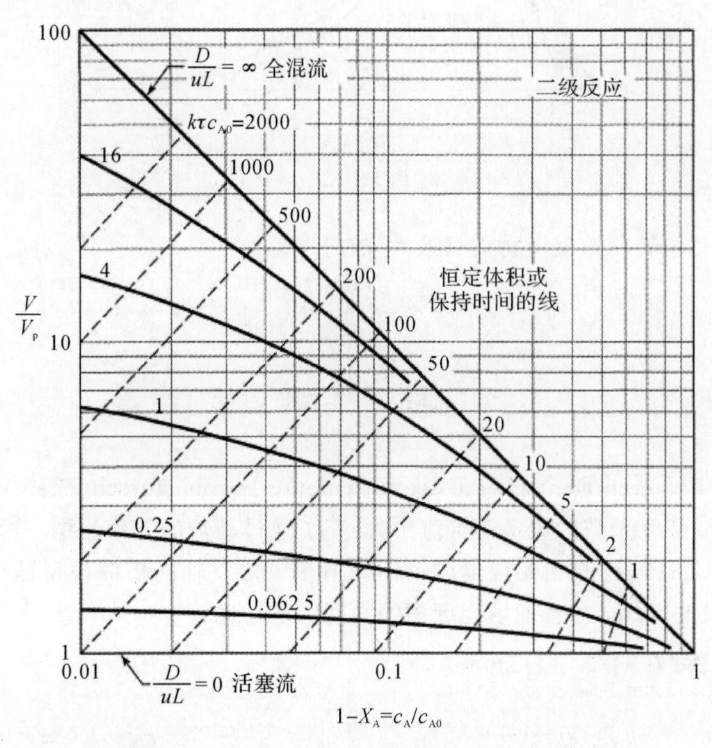

图 13.20　二级反应的实际和活塞流反应器的比较

[假设膨胀忽略不计；来自 Levenspiel 和 Bischoff(1959,1961)]

[例 13.4] 扩散模型的转化率

重做第 11 章的例 11.3，假设扩散模型是反应器内流动的良好表示。比较两种方法计算出的转化率并加以评述。

解：

通过实验发现的方差与扩散模型的方差匹配，由例 13.1 可得

$$\frac{D}{uL}=0.12$$

实际反应器的转化情况见图 13.19。因此，沿着 $k\tau=0.307\times15=4.6$ 线从 $c/c_0=0.01$ 到 $D/uL=0.12$，我们发现反应物未转化的比例大约为

$$\frac{c}{c_0}=0.035 \text{ 或 } 3.5\%$$

注释：例 13.4 图显示，除了长尾以外，扩散模型曲线的中心趋势在很大程度上比实际曲线大。另外，实际曲线中有更多的短寿命物料离开容器。

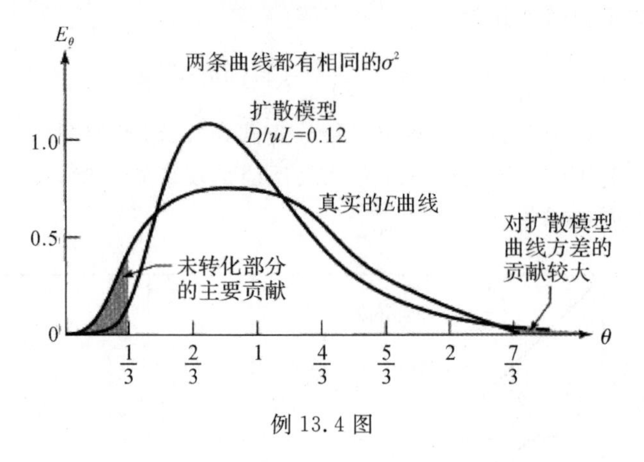

例 13.4 图

因为这对保持未转化的反应物贡献最大，故得

$$\left(\frac{c}{c_0}\right)_{\text{实际}} = 4.7\% > \left(\frac{c}{c_0}\right)_{\text{扩散模型}} = 3.5\%$$

习　题

13.1　VDEh（Veren Deutscher Eisenhiittenleute Betriebsforschungsinstitut 研究所）通过将 Kr－85 注入 688 m^3 炉的风口的气流中，研究了通过高炉的气体流型。习题 13.1 图显示了 1969 年 9 月 12 日运行的相关数量的草图和清单。假设轴向扩散模型适用于高炉中的气流，请将高炉中段的 D/ud 与普通填充床中的预期值进行比较。

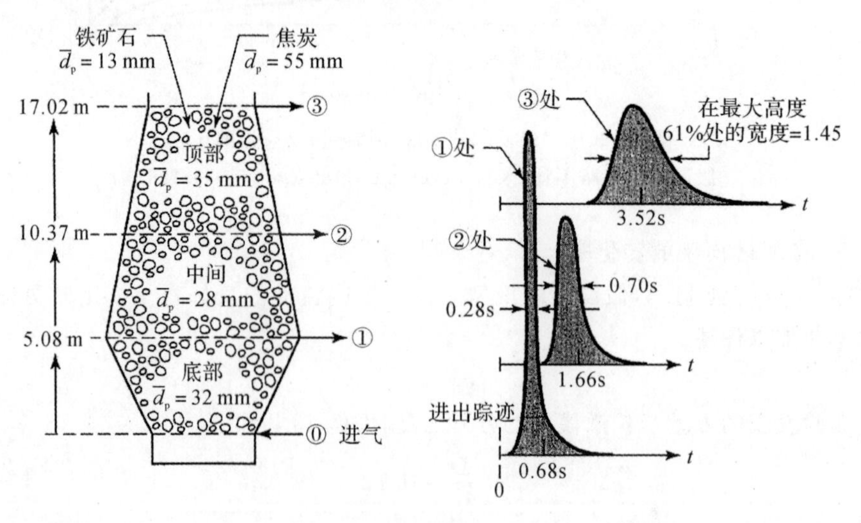

习题 13.1 图

13.2　丹麦最长的河流古德纳就值得研究，可使用放射性 Br－82 在这条河流的各个段进行了脉冲示踪剂测试。从下表报告的测量值中，找出距托林和乌德鲁姆之间的河段上游

8.7 km的轴向扩散系数,见习题13.2表。

习题13.2表

t/h	c/(mol·L^{-1})	t/h	c/(mol·L^{-1})
3.5	0	5.75	440
3.75	3	6	250
4	25	6.25	122
4.25	102	6.5	51
4.5	281	6.75	20
4.75	535	7	9
5	740	7.25	3
5.25	780	7.5	0
5.5	650		

13.3　RTD研究是由Jagadeesh和Satyanarayana(IEC/PDD 11 520,1972)在管式反应器(L=1.21 m,内径35 mm)中进行的。在反应器入口处迅速注入一股NaCl溶液(5 N),并在出口处进行混合测量。从下表给出的结果计算出容器的扩散数和挡板占用的反应器体积分数,见习题13.3表。

习题13.3表

t/s	试样中的NaCl的浓度/(mol·L^{-1})	
0～20	0	
20～25	60	
25～30	210	
30～35	170	
35～40	75	(v=1 300 mL/min)
40～45	35	
45～50	10	
50～55	5	
55～70	0	

13.4　将脉冲放射性Ba-140注入10 in管道(内径25.5 cm)长293 km,用于从科罗拉多州兰格里市向犹他州盐湖城泵送石油产品(u=81.7 cm/s,Re=24 000)。估算示踪剂超过1/2 $c_{\max}$的流体通过的时间,并将您计算出的值与报告的五次运行平均895 s的通过时间进行比较。从高斯分布的值表中,$c>c_{\max}/2$出现在$\bar{\theta}\pm1.18\sigma_\theta$。这可能是有用的信息。

13.5　注入的示踪剂材料与它的载液一起以分散塞流沿长而直的管道向下流动。在管道的A点,示踪剂的扩散为16 m。在距离A下游1 km的B点,其扩散距离为32 m。您如何估

计其扩散点位于 C 点，距离 A 点下游 2 km？

13.6 一家精炼厂通过一条内径 10 cm 的管道将产品 A 和 B 依次泵送到 100 km 远的接收站。A 和 B 的平均性能为 $\rho=850\ \text{kg/m}^3$，$\mu=1.7\times10^{-3}\text{kg/m}\cdot\text{s}$，$\mathscr{D}=10^{-9}\ \text{m}^2/\text{s}$，流体以 $u=20$ cm/s 的流量流动，生产线中没有储油罐，储罐或管道回路，只是弯曲。估算下游100 km 处 16%～84%的污染宽度。

13.7 煤油和汽油以 1.1 m/s 的速率通过一条 1 000 km 长的内径 25.5 cm 管道连续泵。给定 50%/50%混合物的运动黏度 $\mu/\rho=0.9\times10^{-6}\ \text{m}^2/\text{s}$，计算管道出口处的 5%/95%～95%/5%污染宽度。

13.8 水从湖中抽出，流经泵，然后沿长管湍流流动。一小段示踪剂(不是理想的脉冲输入)进入湖泊的进气管，并在相距 L(m)的管道中的两个位置处被记录下来。记录点之间流体的平均停留时间为 100 s，两个记录信号的方差为

$$\sigma_1^2=800\ \text{s}^2$$

$$\sigma_2^2=900\ \text{s}^2$$

没有端效应且长度为 $L/5$ 的该管段的理想脉冲响应的扩散是多少？

13.9 去年秋天，我们的办公室收到了关于在俄亥俄河沿岸大鱼死亡的投诉，这表明有人向河里排放了剧毒物质。我们位于俄亥俄州辛辛那提和朴次茅斯(相距 119 mil)的水质监测站，报告说，大量的苯酚正顺流而下，我们强烈怀疑这是造成污染的原因。这个人花了 9 h 才通过朴次茅斯监测站，其浓度在星期一上午 8:00 达到峰值。大约 24 h 后，该人在辛辛那提达到顶峰，花了 12 h 才通过该监测站。

苯酚在俄亥俄河的许多地方都使用过，它们距辛辛那提的距离如下：

Ashland，KY－下游 150 in	Marietta，OH－303
Huntington，WV－168	Wheeling，WV－385
Pomeroy，OH－222	Steubenville，OH－425
Parkersburg，WV－290	Pittsburgh，PA－500

你怎么看可能的污染源？

13.10 长度为 12 m 的管道填充有 1 m 的 2 mm 材料，9 m 的 1 cm 材料和 2 m 的 4 mm 材料。如果流体需要 2 min 才能流过该床，则估计输入此填充床的脉冲的输出 C 曲线的变化。假设恒定的床层空隙度和恒定的分散强度由 $D/ud_\text{p}=2$ 给出。

13.11 在流动反应器中研究了均相液体反应的动力学，为了近似活塞流，长 48 cm 的反应器装有 5 mm 无孔小球。如果平均停留时间为 1 s，转化率为 99%，请计算一级反应的速率常数

(1)假设液体以活塞流形式通过反应器

(2)考虑实际流量与活塞流的偏差

(3)如果不考虑活塞流的偏差，计算出的 k 的误差是什么？

数据：床层空隙率 $\varepsilon=0.4$；

颗粒雷诺数 $Re_\text{p}=200$。

13.12 用于热裂解的管式反应器是在假定活塞流的条件下设计的。怀疑非理想流动可能是现在被忽略的重要因素，让我们对其作用进行粗略估计。为此，假设在 2.5 cm 内径的管状反应器中进行等温操作，使用雷诺数为 10 000 的流动流体。裂化反应约为一级。如果计算

表明，在 3 m 长的活塞流反应器中可以实现 99%的分解，那么如果考虑到非理想流动，实际反应器必须多长时间？

13.13　计算表明，活塞流反应器将提供 99.9%的水溶液反应物转化率。但是，我们的反应器具有如习题 13.13 图所示的 RTD。如果 $c_{A0}=1\ 000$ mol/L，反应是一级，我们可以预期反应器中的出口浓度是多少？根据力学 $\sigma^2 = a^2/24$，以 a 为底的对称三角形绕其重心旋转。

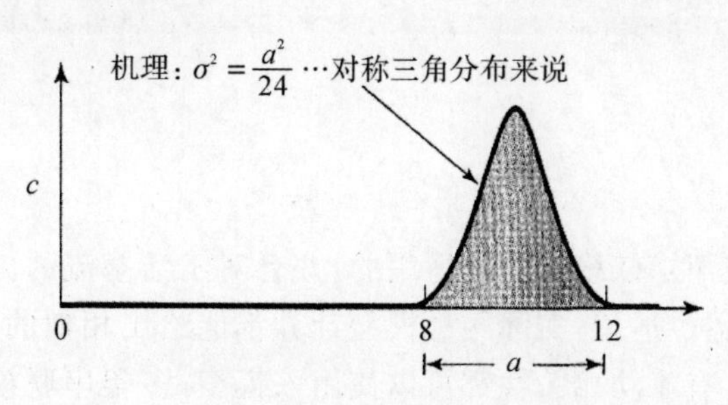

习题 13.13 图

第 14 章　多釜串联模型

无论何种反应器，使用扩散模型都是适用的，并且对于活塞流的偏差不会太大；多釜串联模型对于所有实际反应器也适用，实际两种模型计算都能给出相似的结果。扩散模型的优点在于，实际反应器中的所有流动相关性都可以使用该模型；多釜串联模型的优点在于，它是计算上最简单的，而且可以用于任何反应动力学模型。

14.1　脉冲响应实验和 RTD

图 14.1 显示了我们正在考虑的系统。定义：

$\theta_i = \dfrac{t}{\bar{t}_i}$ = 基于每个反应釜平均停留时间 $\bar{t}_i$ 的无量纲时间；

$\theta = \dfrac{t}{\bar{t}}$ = 基于所有 N 个反应釜的平均停留时间 $\bar{t}_i$ 的无量纲时间，

由

$$\theta_i = N\theta \quad \cdots \quad 且 \quad \cdots \quad \bar{\theta}_i = 1, \bar{\theta} = 1$$

在任何特定时间，由第 11 章的式(11.11)有：$E_\theta = \bar{t}E$。

1. 对于第一个反应釜

考虑一个稳定流 v 进出第一个理想的体积为 V_1 的全混流单元。在时间 $t=0$ 时，向容器中注入示踪剂脉冲，使其均匀分布在容器中，其浓度为 c_0。

因此，在引入示踪剂之后的任何时刻都可以做出示踪剂的物料平衡方程，示踪率的消失速率、输入、输出速率关系为

示踪率的消失速率＝输入速率－输出速率

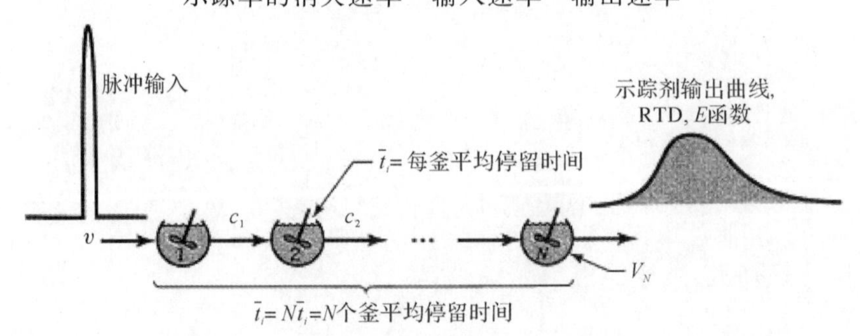

图 14.1　多釜串联模型

用符号表示为

$$V_1\frac{dc_1}{dt}=0-vc_1\quad\left[\frac{\text{示踪剂的物质的量}}{\text{s}}\right]$$

c_1是第一个反应釜中的示踪剂浓度，分离变量积分，可得

$$\int_{c_0}^{c_1}\frac{dc_1}{c_1}=-\frac{1}{\bar{t}_1}\int_0^t dt$$

或

$$\frac{c_1}{c_0}=e^{-t/\bar{t}_1}$$

由于这一 c/c_0 对 t 曲线的面积为 $\bar{t}_1$，因此可以找到 E 曲线，所以上式可以改写为

$$\bar{t}_1E_1=e^{-t/\bar{t}_1}\quad[-]\quad N=1 \tag{14.1}$$

2. 对于第二个反应釜

c_1为进入的浓度，c_2为离开的浓度，物料平衡给出了示踪剂的物质的量表示式：

$$V_2\frac{dc_2}{dt}=v\cdot\underbrace{\frac{c_0}{\bar{t}_1}e^{-t/\bar{t}_1}}_{c_1}-vc_2\quad\left[\frac{\text{示踪剂的物质的量}}{\text{s}}\right]$$

分离变量并积分，得

$$\bar{t}_2E_2=\frac{t}{\bar{t}_2}e^{-t/\bar{t}_2}\quad[-]\quad N=2 \tag{14.2}$$

3. 对于第 N 个反应釜

以此类推，通过拉普拉斯变换来完成，计算推导会变得简单些。

4. RTD

时间和无量纲时间的 RTD，均值和方差首先由 MacMullin 和 Weber(1935)推导出来，并由式(14.3)总结：

$$\bar{t}E=\left(\frac{t}{\bar{t}}\right)^{N-1}\frac{N^N}{(N-1)!}e^{-tN/\bar{t}}\quad\cdots\ \bar{t}=N\bar{t}_i\ \cdots\ \sigma^2=\frac{\bar{t}^2}{N} \tag{14.3a}$$

$$\bar{t}_iE=\left(\frac{t}{\bar{t}_i}\right)^{N-1}\frac{1}{(N-1)!}e^{-t/\bar{t}_i}\quad\cdots\ \bar{t}_i=\frac{\bar{t}}{N}\ \cdots\ \sigma^2=N\bar{t}_i^2 \tag{14.3b}$$

$$E_{\theta_i}=\bar{t}E=\frac{\theta_i^{N-1}}{(N-1)!}e^{-\theta_i}\quad\cdots\ \sigma_{\theta_i}^2=N \tag{14.3c}$$

$$E_\theta=(N\bar{t}_i)E=N\frac{(N\theta)^{N-1}}{(N-1)!}e^{-N\theta}\quad\cdots\ \sigma_\theta^2=\frac{1}{N} \tag{14.3d}$$

从图形上看，这些公式如图 14.2 所示。RTD 曲线的特性如图 14.3 所示。

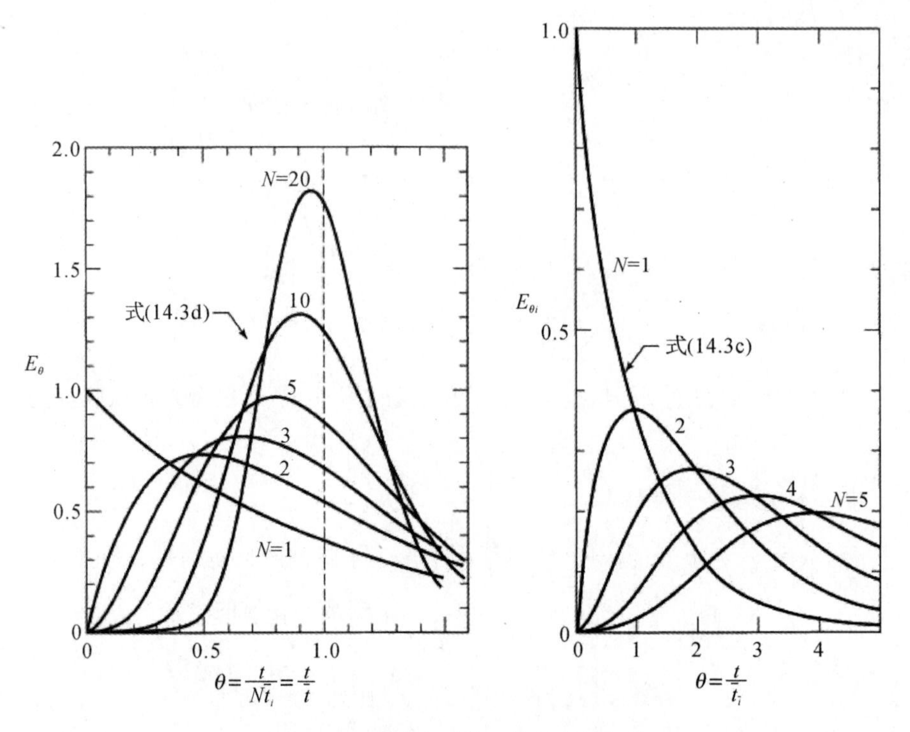

图 14.2　多釜串联模型停留时间曲线

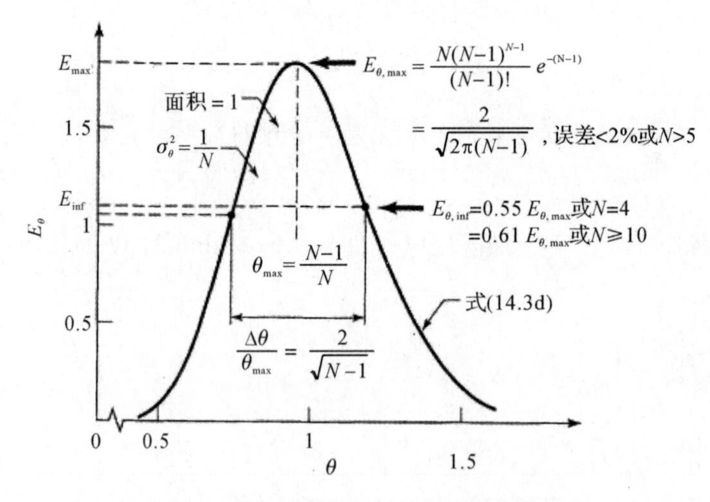

图 14.3　多釜串联模型停留时间曲线的性质

5. 注释和扩展

(1)独立性。如果将 M 个反应釜和 N 个反应釜串联(所有体积大小相同)，则各个均值和方差(以普通时间为单位)是相加的，即

$$\bar{t}_{M+N}=\bar{t}_M+\bar{t}_N\cdots \quad \text{且} \quad \cdots\sigma^2_{M+N}=\sigma^2_M+\sigma^2_N \tag{14.4}$$

由于这个属性，我们可以将输入流与循环流结合起来。因此，该模型对于处理循环系统也变得有用。

(2)一次性示踪剂输入。如果我们将任何一次性示踪剂输入到 N 个反应釜,如图 14.4 所示,那么由式(14.3)和式(14.4)可得

$$\Delta\sigma^2 = \sigma_{\text{out}}^2 - \sigma_{\text{in}}^2 = \frac{(\Delta\bar{t})^2}{N} \tag{14.5}$$

由于每个反应釜单元的独立性,很容易评估添加或减少时,反应釜中 c 曲线的变化情况。因此,该模型在处理循环流量和封闭再循环系统时非常有用。让我们简单看看这些应用。

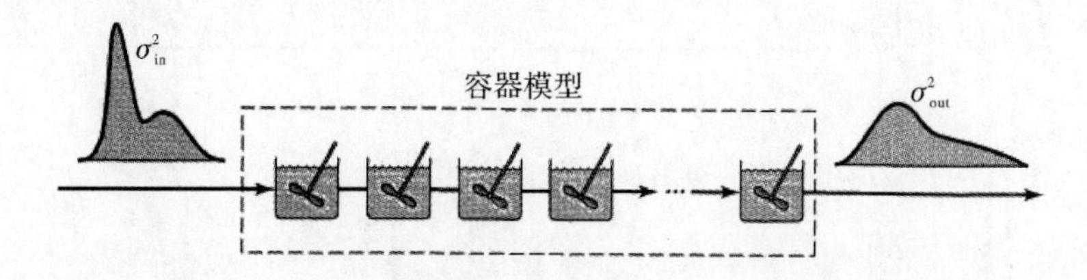

图 14.4　一次性示踪剂输入与输入、输出和反应釜数的关系

(3)封闭的再循环系统。如果我们将信号 δ 引入 N 级系统,如图 14.5 所示,记录仪将在第一次、第二次相等停留时间,测量示踪剂浓度。换句话说,它可以测量穿过 N 个反应釜、$2N$ 反应釜等的示踪物浓度。实际上它测量的是所有这些信号的叠加。

为了获得这些系统的输出信号,可以简单地叠加第一次、第二次和后续通过反应釜数的贡献值。如果 m 是通过的反应釜次数,那么我们可以由式(14.3)得

$$\bar{t}_i c_{\text{脉冲}} = e^{-t/\bar{t}_i} \sum_{m=1}^{+\infty} \frac{(t/\bar{t}_i)^{mN-1}}{(mN-1)!} \tag{14.6a}$$

$$c_{\theta_i,\text{脉冲}} = e^{-\theta_i} \sum_{m=1}^{+\infty} \frac{\theta_i^{mN-1}}{(mN-1)!} \tag{14.6b}$$

$$c_{\theta,\text{脉冲}} = N e^{-N\theta} \sum_{m=1}^{+\infty} \frac{(N\theta)^{mN-1}}{(mN-1)!} \tag{14.6c}$$

图 14.5 显示了最终的浓度 c 曲线。作为式(14.5)的扩展形式的示例,5 个反应釜串联,则有

$$c_{\text{脉冲}} = \frac{5}{\bar{t}} e^{-5t/\bar{t}_i} \left[\frac{(5t/\bar{t})^4}{4!} + \frac{(5t/\bar{t})^9}{9!} + \cdots \right] \tag{14.7a}$$

$$c_{\theta_i,\text{脉冲}} = e^{-\theta_i} \left[\frac{\theta_i^4}{4!} + \frac{\theta_i^9}{9!} + \frac{\theta_i^{14}}{14!} + \cdots \right] \tag{14.7b}$$

$$c_{\theta_i,\text{脉冲}} = 5e^{-5\theta} \left[\frac{(5\theta)^4}{4!} + \frac{(5\theta)^9}{9!} + \cdots \right] \tag{14.7c}$$

其中括号中的术语表示来自第一釜、第二釜和连续多釜的示踪剂浓度。

循环反应系统,可以通过扩散模型同样得到相应结果。

(4)流通的循环反应釜。对于相对较快的再循环反应体系,整个系统作为一个大型搅拌槽运行;因此观察到的示踪信号仅仅是再循环模式的叠加以及理想搅拌槽的指数衰减。如图 14.6 所示,其中 c_0 假设为均匀分布在系统中的示踪剂的浓度。

这种形式的曲线在封闭再循环系统中遇到，其中示踪剂被分解，并通过反应单元阶梯过程或在使用放射性示踪剂的系统中移除。生物体内的药物注射后，也会产生这种叠加信号，因为药物不断被生物体反应消除掉。

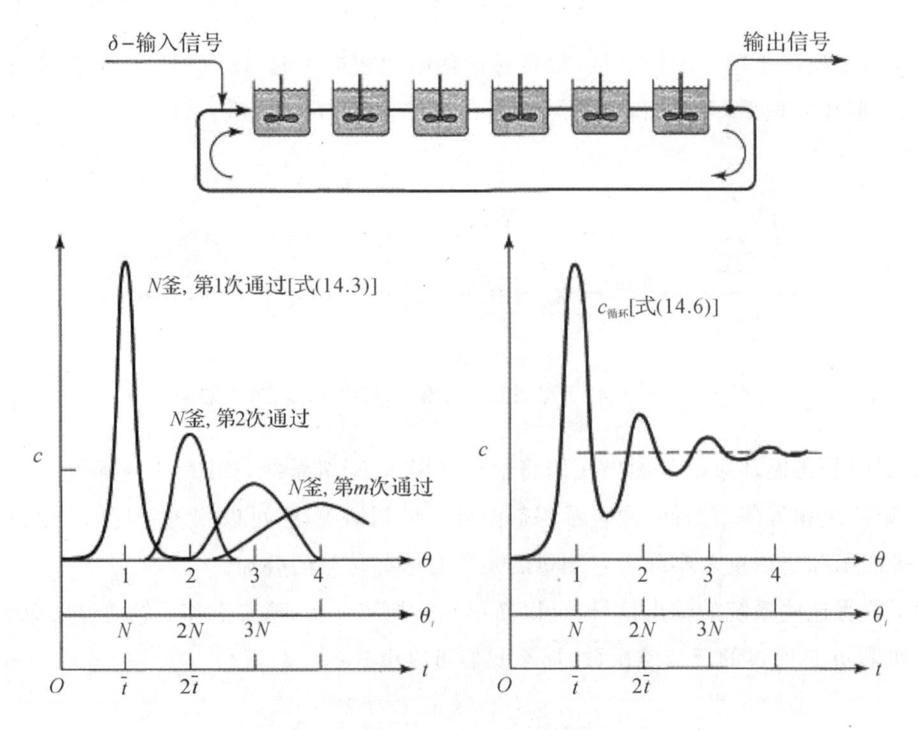

图 14.5　循环反应系统示踪剂信号曲线

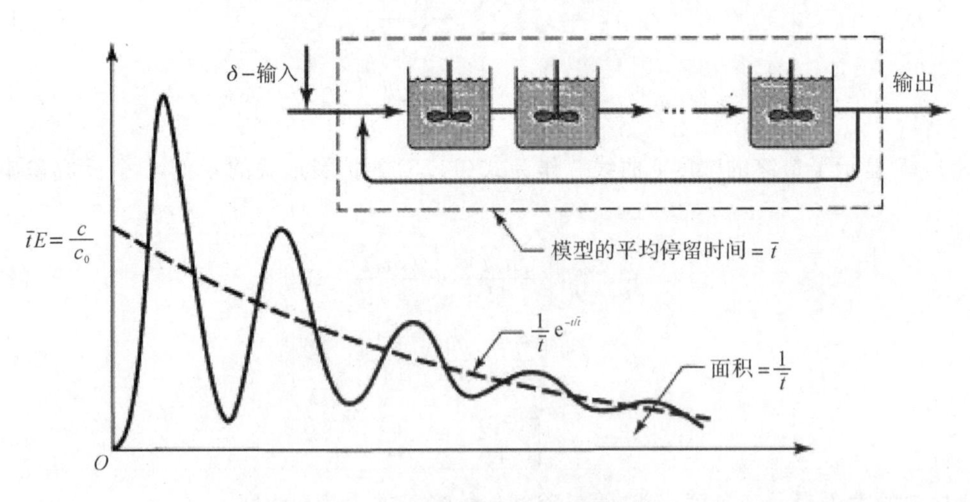

图 14.6　缓慢流通的再循环曲线

(5)阶跃响应实验和 F 曲线。一系列 N 个理想搅拌釜的输出 F 曲线以各种形式表示，由式(14.8)给出：

$$F = 1 - e^{-N\theta}\left[1 + N\theta + \frac{(N\theta)^2}{2!} + \cdots + \frac{(N\theta)^{N-1}}{(N-1)!} + \cdots\right]$$

$$F = 1 - e^{-\theta_i}\left[1 + \theta_i + \frac{\theta_i^2}{2!} + \cdots + \frac{\theta_i^{N-1}}{(N-1)!} + \cdots\right]$$

反应釜的数量：
- 对于一个反应釜，使用第1项
- N=2时
- N=3时
- N釜时

(14.8)

其图形如图 14.7 所示。

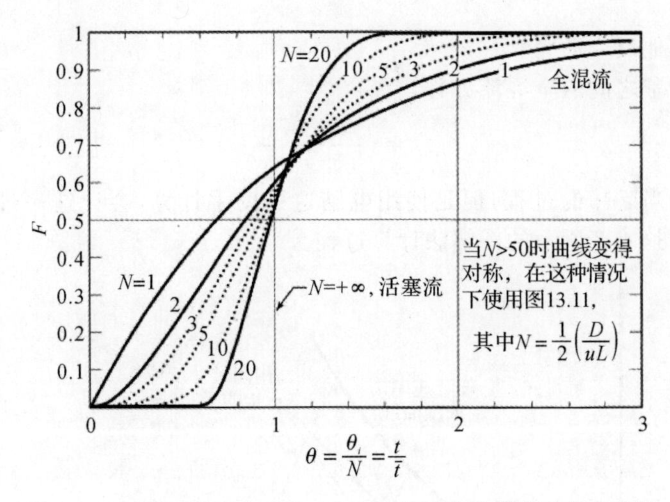

图 14.7　MacMullin 和 Weber(1935)的多釜串联模型的 F 曲线

14.2　化学反应釜等价转换过程

14.2.1　一级反应

第 6 章给出了转换方程，因此对于一个反应釜中的一级反应来说，有

$$\frac{c_A}{c_{A0}} = \frac{1}{1 + k\bar{t}_i} = \frac{1}{1 + k\bar{t}}$$

N 个反应釜串联，有

$$\frac{c_A}{c_{A0}} = \frac{1}{(1 + k\bar{t}_i)^N} = \frac{1}{\left(1 + \frac{k\bar{t}}{N}\right)^N} \tag{14.9}$$

图 6.5 给出了与活塞流反应器性能的对比。

对于与活塞流的较小偏差（N 较大），与活塞流的比较给出：

相同 $c_{A\text{final}}$：
$$\frac{V_{N釜}}{V_p} = 1 + k\bar{t}_i = 1 + \frac{k\bar{t}_i}{2N}$$

相同 V：
$$\frac{c_{A,N釜}}{c_{Ap}} = 1 + \frac{(k\bar{t})^2}{2N}$$

这些公式适用于微观流体和宏观流体。

14.2.2 微观

流体的二级反应， A→R 或 A+B→R 且 $c_{A0}=c_{B0}$

对于流经 N 个串联反应釜的微观流体，见式(6.8)：

$$c_N = \frac{1}{4k\tau_i}\left\{-2+2\sqrt{\begin{matrix}\vdots \\ -1\cdots+2\sqrt{-1+2\sqrt{1+4c_0k\tau_i}}\end{matrix}}\right\}N$$

图 6.6 将性能与活塞流性能进行了比较。

14.2.3 微观

流体的所有其他反应动力学。

求解每个反应釜之间的全混流方程，有

$$\bar{t}_i = \frac{c_{Ai-1} - c_{Ai}}{-r_i} \tag{14.10}$$

计算是一个相当乏味的过程，但是使用电脑这一助手计算，会让这一过程变得简单。另外，我们可以使用图 14.8 所示的图解法计算过程。

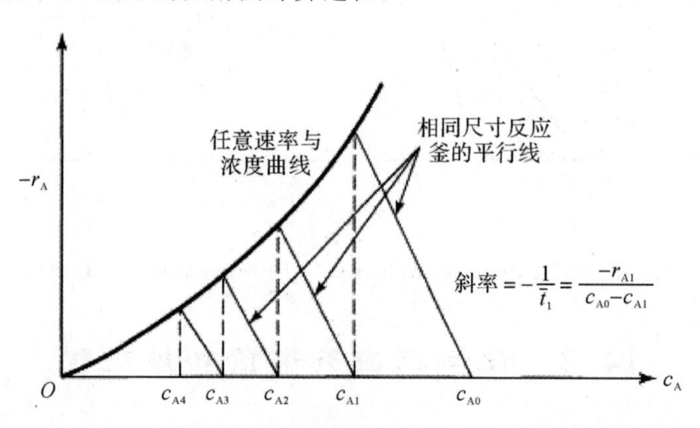

图 14.8 以图解法评估任意动力学的 N 个反应釜的性能

14.2.4 宏观流体的等效化学转换

宏观流体方程在均相反应中很少使用。但是，如果我们确实需要他们将 N 个反应釜的式(11.3)和式(14.3)结合起来，则可得

$$\frac{c_A}{c_{A0}} = \frac{N^N}{(N-1)!\bar{t}_N}\int_0^{+\infty}\left(\frac{c_A}{c_{A0}}\right)_{间歇}\cdot t^{N-1}e^{-tN/\bar{t}}dt \tag{14.11}$$

这些方程可能不适用于均相系统。然而，它们对于非均相系统尤其是 G/S 系统来说是非常重要的。

[**例** 14.1] 对酒庄的修改

一个 32 m 长的小口径管道，从酿酒厂的发酵室延伸到装满瓶子的地窖。有时是红葡萄酒通过管道泵送，有时是泵送的白葡萄酒，并且每当开关转换时，形成少量的“红白混合”8 瓶酒。由于酿酒厂的一些扩充建设，管道长度将不得不增加到 50 m。对于相同的葡萄酒流量，每次改变流量时，我们可能会得到多少瓶“红白混合酒”？

解：

如例 14.1 图所示。

开始：　$L_1=32$ m　$\sigma_1=8$　$\sigma_1^2=64$

较长管：　$L_2=50$ m　$\sigma_2=?$　$\sigma_2^2=?$

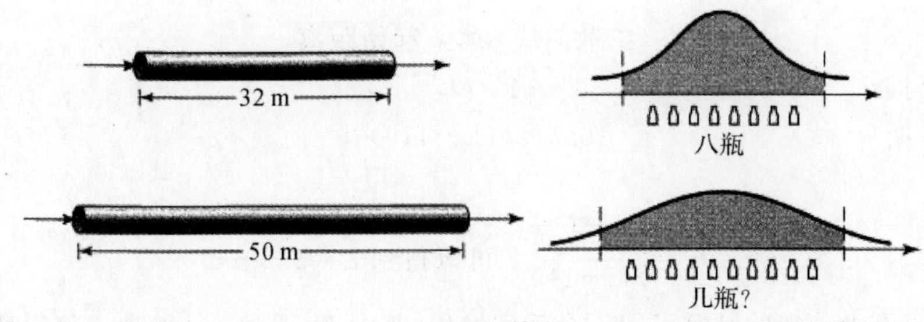

例 14.1 图

对于来自活塞流的微小偏差，式(14.3) $\sigma^2 \propto N$ 或 $\sigma^2 \propto L$。

故
$$\frac{\sigma_2^2}{\sigma_1^2}=\frac{L_2}{L_1}=\frac{50}{32}$$

故
$$\sigma_2^2=\frac{50}{32}\times(64)=100$$

故　$\sigma_2=10$ 或我们可以得到 10 瓶混合酒

[**例** 14.2] 河流污染的情况

去年春天，我们的办公室收到了俄亥俄河沿岸大量鱼类死亡的投诉，表明有人已将剧毒物质排入河流。我们位于俄亥俄州辛辛那提和朴次茅斯的水监测站(相距 119 in)报告说，一大块苯酚正在沿着河流流下，我们深信这是造成污染的原因。通过朴次茅斯监测站的苯酚检测需要约 10.5 h，其浓度高峰出现在星期一早上 8:00。大约 26 h 后，苯酚浓度在辛辛那提达到高峰，持续 14 h 才能完全通过这个监测站并消失。

苯酚在俄亥俄河的许多地方使用，它们离辛辛那提的距离如下：

Ashland，KY—上游 150 mil　　Marietta，OH—303
Huntington，WV—168　　Wheeling，WX—385
Pomeroy，OH—222　　Steubenville，OH—425
Parkersburg，WV—290　　Pittsburgh，PA—500

关于可能的污染源，你能得出何种结论？

解：

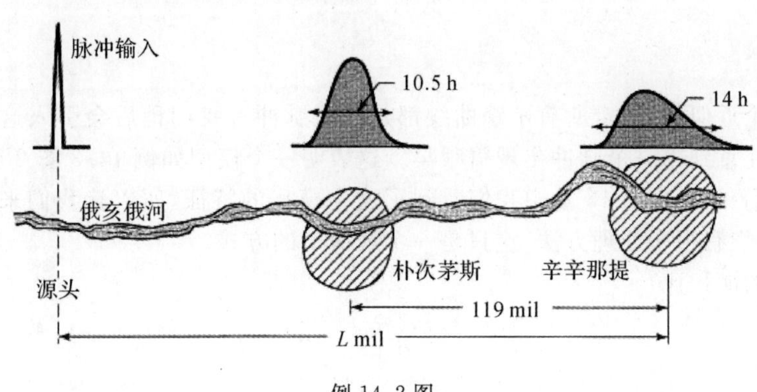

例 14.2 图

让我们先画出已知的信息，如例 14.2 图所示。假设注入完美的苯酚脉冲，根据任何合理的流量模型，无论是扩散还是多釜串联模型中，则有

$$\sigma^2 \propto (\text{起始距离})$$

或

$$(\text{扩散曲线}) \propto \sqrt{\text{起始距离}}$$

故　从辛辛那提：　　$14 = kL^{1/2}$

故　从朴次茅斯：　　$10.5 = k(L-119)^{1/2}$

两者相除，有

$$\frac{14}{10.5} = \sqrt{\frac{L}{L-119}} \quad \text{可以得到 } L = 272 \text{ mol}$$

注释：由于有毒苯酚的倾倒可能不会瞬间发生，其中 $L \leqslant 272$ mil 的地方值得怀疑，或

Ashland
Huntington ←
Pomeroy

这种解决方案假设俄亥俄河的不同河段具有相同的流量和扩散特征（合理），并且在辛辛那提 272 mil 范围内没有可疑支流加入俄亥俄河。这是一个不可靠的假设。查看卡纳沃河上西弗吉尼亚州查尔斯顿的地图就知道这是不对的。

[**例** 14.3] 依据 RTD 曲线的流动模型

让我们利用一个多釜串联模型以拟合例 14.3 图 1 所示的 RTD。

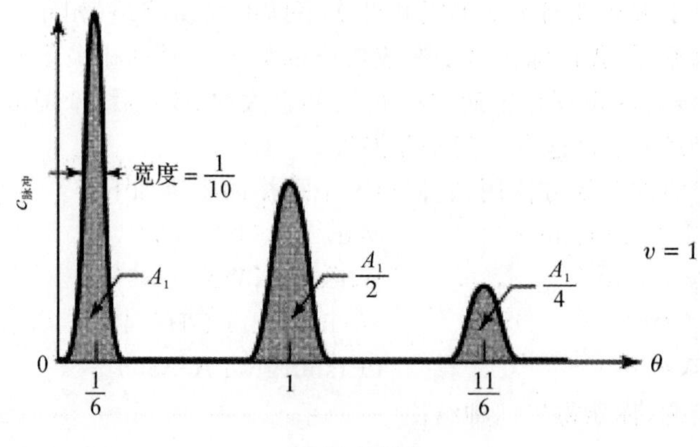

例 14.3 图 1

解：

作为第一个近似值，假定所有示踪曲线都是理想脉冲。我们稍后会引入这个假设的误差波动。接下来注意到第一个脉冲出现得很早。这表明一个模型如例 14.3 图 2 所示，其中 $v=1, V_1+V_2+V_d=1$。在第 12 章中我们看到了这个模型的特征，所以让我们来拟合它。还应该指出的是，我们有很多处理方法，这只是一个最简单的方式。

前两个峰的面积比：

$$\frac{A_2}{A_1} = \frac{1}{2} = \frac{R}{R+1} \quad \cdots R=1$$

从第一个峰的位置：

$$\frac{V_1}{(R+1)v}=\frac{V_1}{(1+1)}=\frac{1}{6}\quad \cdots V_1=\frac{1}{3}$$

两峰之间的时间：

$$\Delta t=\frac{5}{6}=\frac{(1/3)}{(1+1)\times 1}+\frac{V_2}{1\times 1}\quad \cdots V_2=\frac{2}{3}$$

由于 V_1+V_2 加起来为 1，所以没有滞留体积，所以此时我们的模型简化为例 14.3 图 3。现在放宽活塞流假设，并采用多釜串联模型。由图 14.3 得

$$\frac{\Delta\theta}{\theta_{\max}}=\frac{1/10}{1/6}=\frac{2}{\sqrt{N-1}}\quad \cdots N=12$$

所以我们的模型最终如例 14.3 图 4 所示。

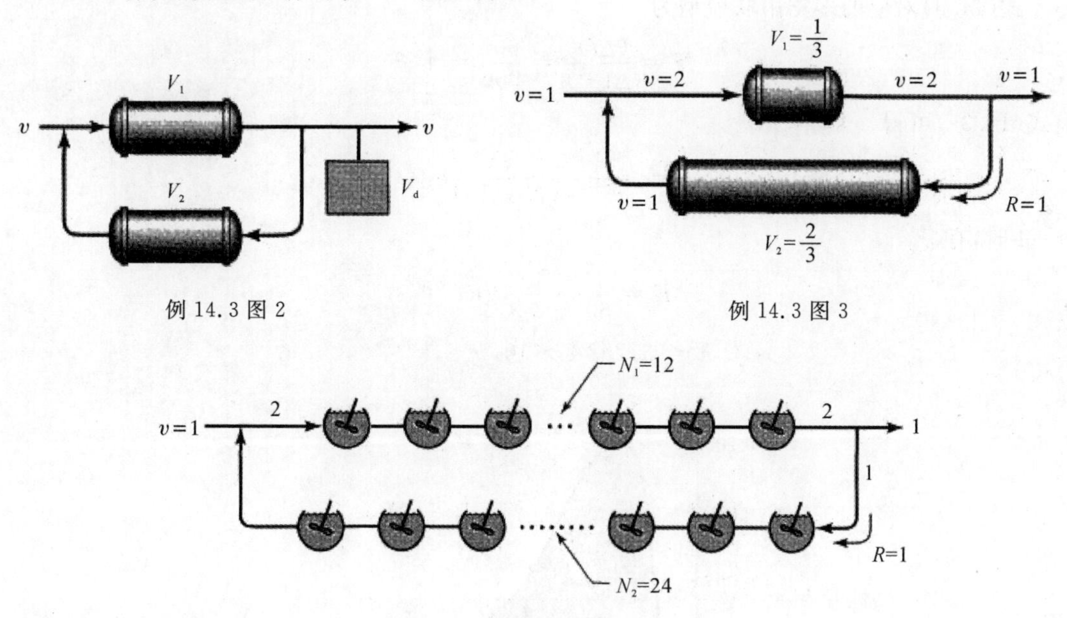

例 14.3 图 2　　例 14.3 图 3

例 14.3 图 4

14.2.5　绕过反卷积的复杂过程

假设为了研究通过这一反应釜的流量，得到的是测量过程存在误差的输入和输出示踪曲线，从而找到反应釜的 E 曲线。一般来说，这需要反卷积(参阅第 11 章)；但是，如果我们有一个流量模型，其参数与其方差具有一一对应的关系，那么我们可以使用一个非常简单的快捷方式来找到反应釜的 E 曲线。

例 14.4 说明了这种方法。

[例 14.4] 找到反应釜中示踪剂输入后的 E 曲线

给定 c_{in} 和 c_{out}，以及这些示踪曲线的位置和流动，如例 14.4 图 1 所示，估计容器的 E 曲线。我们假设多釜串联模型能合理地代表反应釜中的流量。

解：

对于反应釜，由例 14.4 图 1，有

$$\Delta\bar{t}=280-220=60\ \text{s}$$

$$\Delta(\sigma^2)=1\,000-100=900\ \text{s}$$

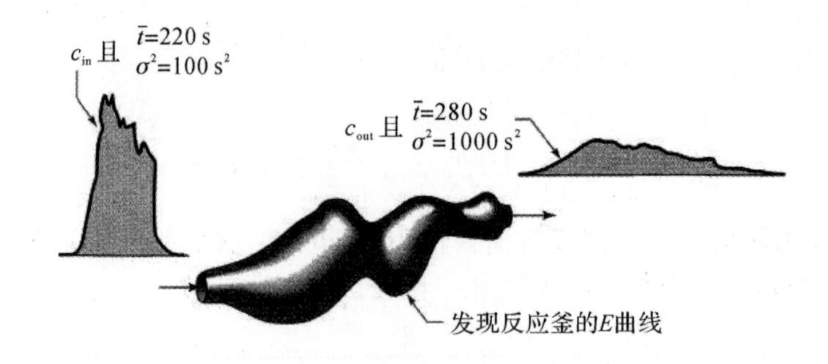

例 14.4 图 1

式(14.3)对应的多釜串联模型为

$$N=\frac{(\Delta\bar{t})^2}{\Delta(\sigma^2)}=\frac{60^2}{900}=4\ 釜$$

由式(14.3a)可得

$$E=\frac{t^{N-1}}{\bar{t}^N}\cdot\frac{N^N}{(N-1)!}\mathrm{e}^{-tN/\bar{t}}$$

$N=4$ 时,有

$$E=\frac{t^3}{60^4}\cdot\frac{4^4}{3\times2}\mathrm{e}^{-4\,t/60}$$

$$E=3.292\,2\times10^{-6}t^3\mathrm{e}^{-0.066\,7\,t}$$

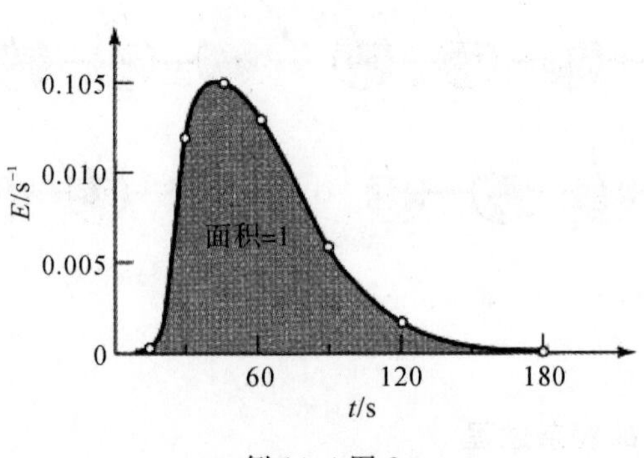

例 14.4 图 2

例 14.4 图 2 显示了该 E 曲线的形状。

习　　题

14.1　将多釜串联模型的混合过程输出数据拟合到脉冲输入。

t	0～2	2～4	4～6	6～8	8～10	10～12
c	2	10	8	4	2	0

14.2　流体以稳定的速率通过 10 个表现良好的串联全混釜反应器。示踪剂脉冲被引入到第一个反应器中,并且在该示踪剂离开系统时,

最大浓度=100 mmol/L

示踪剂持续滞留=1 min

如果 10 个反应釜与原来的 10 个反应釜串联连接，会是什么结果？计算：

(1)20 个釜离开示踪剂的最大浓度？

(2)示踪剂分布？

(3)示踪剂相对分布如何随反应釜的数量而变化？

14.3　从 1955 年 12 月 25 日的《纽约时报》杂志上，我们读到："美国财政部报告称，印制美元钞票花费 1/8 美分，而现在流通的十亿又四分之一美元，每年更换 10 亿美元。"假设这些钞票以恒定的速率连续地投入流通，并且随机地将它们退出流通，而不考虑受货币状况的影响。

假设一系列新的美元钞票在给定的时刻流通，而不是原来的钞票。

(1)随时会有多少新的美元钞票流通？

(2)21 年后，还有多少旧美元钞票会流通？

14.4　在谈到前面的问题时，假设在一个工作日中，一伙造假者投入了 100 万美元的假基础票据。

(1)如果开始未检测到，作为时间函数的流通时长是多少？

(2)10 年后，这些假钞中有多少仍会流通？

14.5　重复习题 13.13，用多釜串联模型而不是扩散模型解决它。

14.6　完全悬浮的细固体物流($v=1\ m^3/min$)通过两个串联的全混流反应器，每个反应器含有 1 m^3 的浆液。一旦颗粒进入反应器就开始转换成产物并在两分钟后完成。当颗粒离开反应器时，反应停止。这个系统中有多少颗粒完全转化为产品？

14.7　利用多釜串联模型拟合习题 14.7 图的 RTD 曲线。

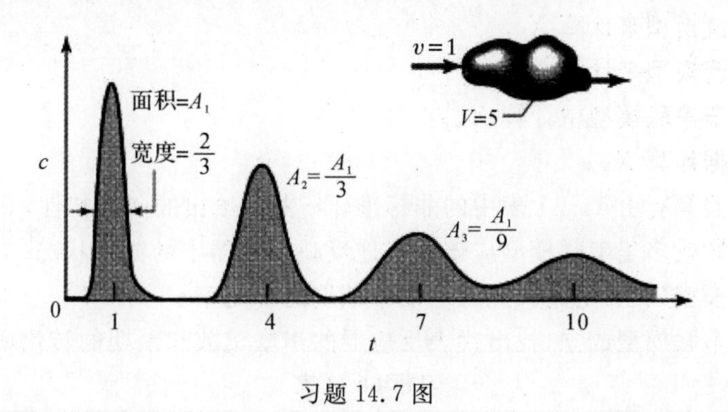

习题 14.7 图

14.8　从脉冲输入到容器中，可获得以下输出信号：

t/min	1	3	5	7	9	11	13	15
浓度/(mol·L^{-1})	0	0	10	10	10	10	0	0

我们想用多釜串联模型，表示通过微元的数量。确定要使用的反应釜数量。

14.9　强放射性废液存储在简单的小直径(例如，20 m×10 cm)的稍微倾斜的长管状的"安全罐"中。为了避免"热点"的沉淀和发展，并且在取样内容物之前确保均匀性，流体在这些管道中反复再循环。为了对这些罐内的流动进行建模，引入了示踪剂脉冲并记录了习题 14.9 图的曲线。为此系统建立一个合适的模型并评估参数。

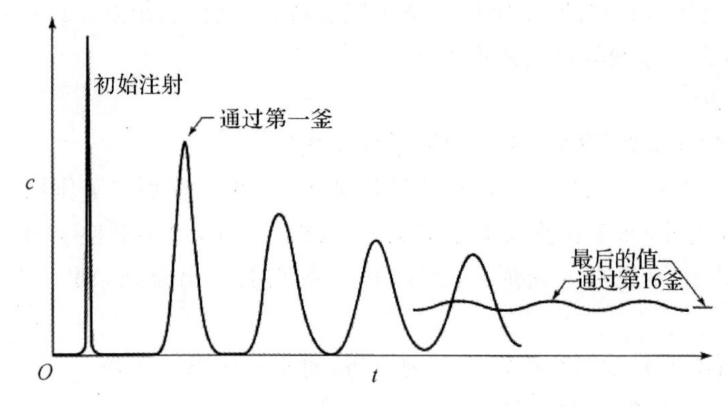

习题 14.9 图　一个封闭循环系统的响应停留时间分布 RTD

14.10　具有多个分隔板的反应器应用于下列反应：

$$A \to R \quad 且 \quad -r_A = 0.05\, c_A, mol/(L \cdot min)$$

脉冲示踪剂测试给出以下输出曲线：

t/min	0	10	20	30	40	50	60	70
浓度读数/$(mol \cdot L^{-1})$	35	38	40	40	39	37	36	35

(1)找到 c 对 t 曲线下的面积。

(2)找出 E 对 t 曲线。

(3)计算 E 曲线的方差。

(4)这一容器等效于多少个全混流反应釜串联在一起?

(5)假设活塞流模型来计算 X_A。

(6)假设全混流模型来计算 X_A。

(7)假设在多釜串联模型中计算 X_A。

(8)直接从数据计算 X_A。

14.11　反应器具有由 14.11 表中的非标准化 c 曲线给出的流动特性，并且通过该曲线的形状，我们认为扩散或多釜串联模型应该很好地反映反应器中的流动状况。

(1)假设扩散模型成立，则查找此反应器中预期的转化率。

(2)假设多釜串联模型成立，找出代表反应器的串联釜数和预期的转化率。

习题 14.11 表

t/min	示踪剂浓度/$(mol \cdot L^{-1})$	t/min	示踪剂浓度/$(mol \cdot L^{-1})$
0	0	10	67
1	9	15	47
2	57	20	32
3	81	30	15
4	90	41	7
5	90	52	3
6	86	67	1
8	77	70	0

(3)通过直接使用示踪曲线查找转化率。

(4)讨论这些结果的差异,并说明你认为哪一个结果最可靠。

数据:若发生的基本液相反应是 A + B→产物,其中 B 的量足够大,因此反应基本上是一级反应。另外,如果存在活塞流,反应器中的转化率将为 99%。

第 15 章　层流对流模型

当管道足够长并且流体不是非常黏稠时，可以使用扩散或多釜串联模型来表示这些容器中的流动模式。对于黏性流体，层流具有其特征抛物线速率分布流形。由于黏度高，在较快和较慢的流体微元之间会存在轻微的径向扩散。在理想情况下，可以假定流体的每个微元都通过其邻近黏性带动流动，而不会通过分子扩散的相互作用。因此，停留时间的不同仅由速率变化引起，该流程如图 15.1 所示。本章将讨论这个模型。

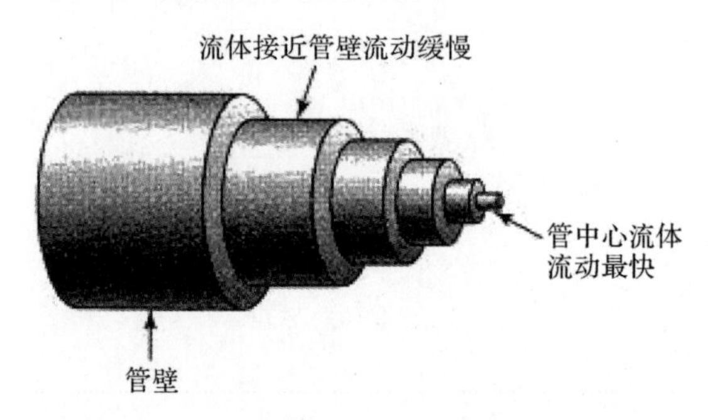

图 15.1　管中流体流动层流模型

15.1　层流模型及其 RTD

15.1.1　从理论上判断模型的使用

要解决的第一个问题是，“在特定情况下应该使用哪种模型？”如何确定使用哪个模型更合适？只需确定图 15.2 中所使用流体（施密特数），流动条件（雷诺数）和容器几何形状（L/d_t），通过图表确定为层流状态。在图 15.2 中，$\mathscr{D}/ud_t$ 由分子扩散产生的无因次数。纯层流扩散体系，并不是工业上常用的体系，一般此时流体流动非常缓慢。

一般气体可能处于扩散状态，而不是纯粹的层流状态。非常黏稠的液体（如聚合物）才可能处于纯层流状态。如果系统处于各种层流和湍流状态的交界处，就要用边界层理论及方程来解决问题。

要强调的是，使用正确类型的模型非常重要，因为 RTD 对于不同的状态曲线是完全不同的。图 15.3 所示为这些状态下典型的 RTD 曲线。

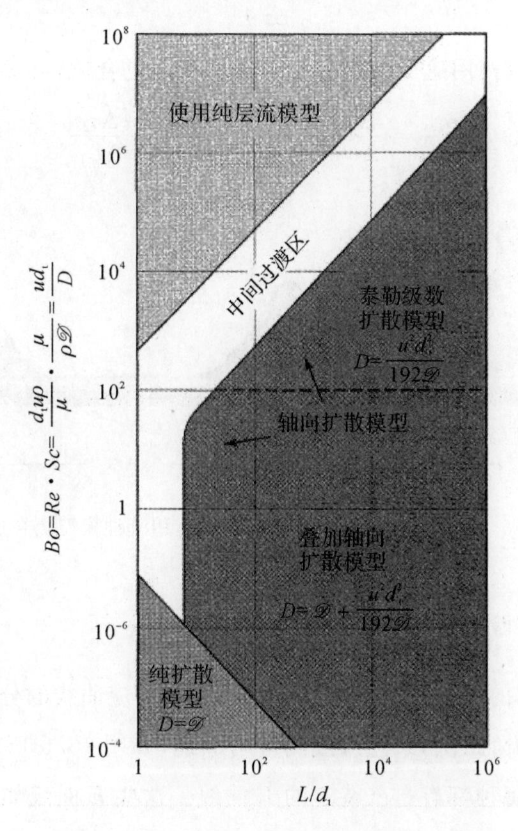

图 15.2　不同条件下适用的流体模型分布图

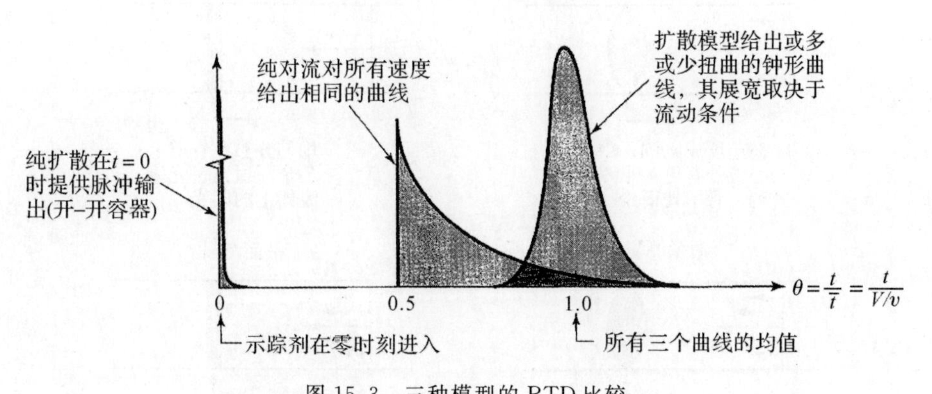

图 15.3　三种模型的 RTD 比较

15.1.2　从实验中判断模型使用

实验中选择模型主方法是通过示踪剂的脉冲输入和输出分布曲线测定实现的。如图 15.4 所示。扩散或多釜串联模型都是包含随机流体流动的模型。因此，由式(13.8)或式(14.3)，我们看到方差会随反应器轴向距离线性增长：

$$\sigma^2 \propto L \tag{15.1}$$

其中，层流模型是一个有确定解析解的模型；其测试示踪剂的扩散随着距离线性增长，即

$$\sigma \propto L \tag{15.2}$$

当 σ 值达到 3 时，可以使用这个参数来判定哪个模型更合适，可参阅图 15.4。

$$\frac{\Delta\sigma_{12}^2}{\Delta L_{12}} = \frac{\Delta\sigma_{23}^2}{\Delta L_{23}} \quad 或 \quad \frac{\Delta\sigma_{12}}{\Delta L_{12}} = \frac{\Delta\sigma_{23}}{\Delta L_{12}} \tag{15.3}$$

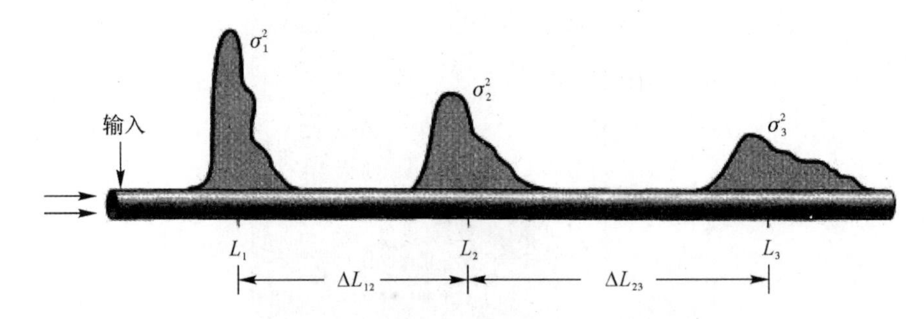

图 15.4　示踪剂曲线分布可以表明使用哪种模型更合适

15.1.3　脉冲响应实验和管道层流的 E 曲线

示踪剂引入流动流体的方式和测量方式会对示踪剂响应曲线的分布形状产生影响。有两种主要方式——脉冲法和阶跃法，来注入或测量示踪剂，如图 15.5 所示。我们有 4 种边界条件组合，如图 15.6 所示，每种都有自己特定的 E 曲线。这些 E 曲线如图 15.7 所示。

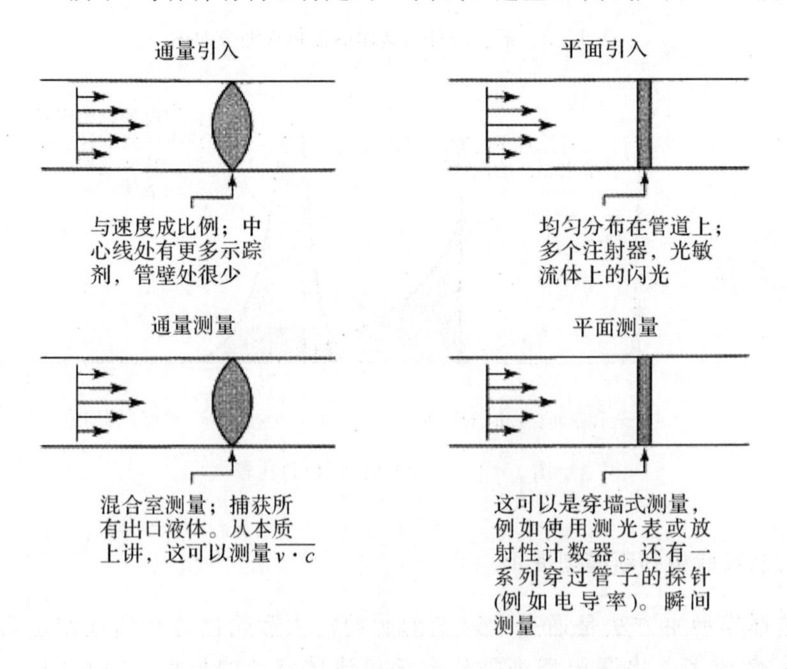

图 15.5　引入和测量示踪剂的各种方式

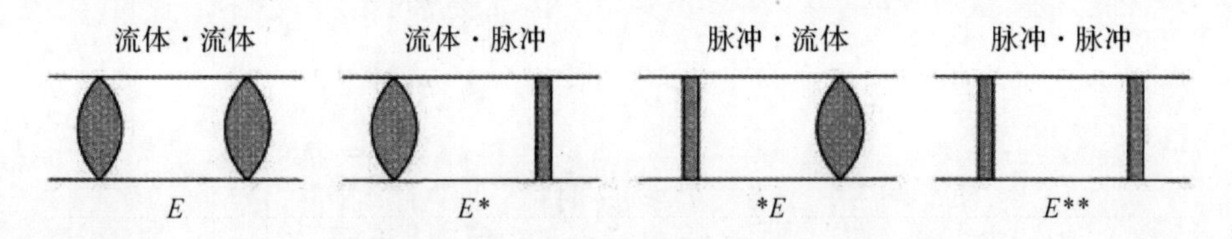

图 15.6　不同输入-输出信号组合方式

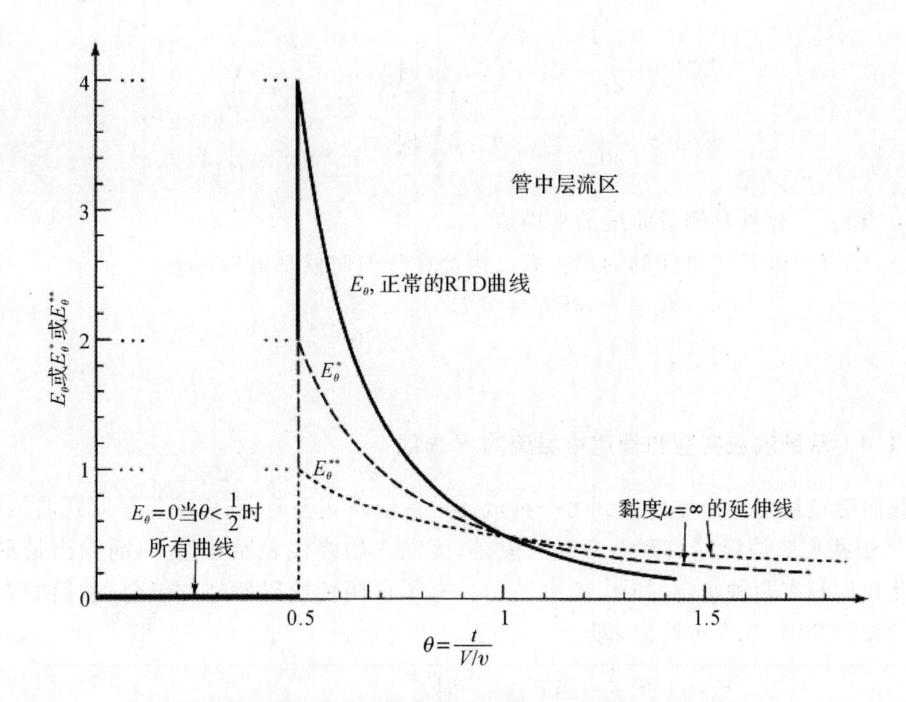

图 15.7　注意输出曲线变化依赖于如何引入和测量示踪剂的方式

从图 15.7 中可以看出，E 曲线，E^* 曲线和 E^{**} 曲线彼此完全不同。

(1)E 曲线是用于反应器的适当响应曲线；它是第 11 章中曾处理研究的曲线，代表了反应釜中的 RTD。

(2)E^* 曲线和 $^*E$ 曲线总是等效相同的，所以我们从现在开始称它们为 E^* 曲线。对平面边界条件的一种校正会将此曲线转换为适当的 RTD。

(3)E^{**} 曲线需要两次校正——一次校正进入，一次校正退出——将其转换为适当的 RTD。

确定 E^* 曲线或 E^{**} 曲线而不是 E 曲线可能更简单。但是，在将它们称为 RTD 之前，要将这些测量的示踪曲线转换为 E 曲线。

流体具有抛物线速率分布的管道，各种脉冲响应曲线如下：

$$\left.\begin{array}{lll} E=\dfrac{\bar{t}^2}{2t^3} \quad 当 \quad t\geqslant\dfrac{\bar{t}}{2}时 & 且 & \left.\begin{array}{l}\mu_1=\bar{t}=\dfrac{V}{v}\\ \mu_\theta=1\end{array}\right\} \\ E_\theta=\dfrac{1}{2\theta^3} \quad 当 \quad \theta\geqslant\dfrac{1}{2}时 & & \\ E^*=\dfrac{\bar{t}}{2t^2} \quad 当 \quad t\geqslant\dfrac{\bar{t}}{2}时 & 且 & \left.\begin{array}{l}\mu^*=\infty\\ \bar{t}=\dfrac{V}{v}\\ \theta=t/\dfrac{V}{v}\end{array}\right\} \\ E_\theta^*=\dfrac{1}{2\theta^2} \quad 当 \quad \theta\geqslant\dfrac{1}{2}时 & & \\ E^{**}=\dfrac{1}{2t} \quad 当 \quad t\geqslant\dfrac{\bar{t}}{2}时 & 且 & \left.\begin{array}{l}\mu^{**}=\infty\\ \bar{t}=\dfrac{V}{v}\\ \theta=t/\dfrac{V}{v}\end{array}\right\} \\ E_\theta^{**}=\dfrac{1}{2\theta} \quad 当 \quad \theta\geqslant\dfrac{1}{2}时 & & \end{array}\right\} \tag{15.4}$$

式中 μ,μ^* 和 μ^{**} 分别是测量曲线的平均值。

注意:E, E^* 和 E^{**} 之间的简单关系。因此在任何时候都可以写为

$$\left.\begin{array}{l} E_\theta^{**}=\theta E_\theta^*=\theta^2E_\theta \\ E^{**}=\dfrac{t}{\bar{t}}E^*=\dfrac{t^2}{\bar{t}^2}E \end{array}\right\},式中 \quad \bar{t}=\frac{V}{v} \tag{15.5}$$

15.1.4 阶跃响应实验和管道中层流的 F 曲线

当我们通过从一种流体切换到另一种流体进行阶跃实验时,我们获得了阶跃曲线(参见第11章),从中我们应该能够找到 F 曲线。但是,该输入始终代表通量输入,而输出是平面或通量。因此我们只有两种组合,如图15.8所示。有了这两种边界条件的组合,它们的方程和图形在式(15.6)和图15.9中给出,即

$$\left.\begin{array}{l} F=1-\dfrac{1}{4\theta^2},当\,\theta\geqslant\dfrac{1}{2}时 \\ F^*=1-\dfrac{1}{2\theta},当\,\theta\geqslant\dfrac{1}{2}时 \end{array}\right\} \quad 其中 \quad \theta=t/\frac{V}{v} \tag{15.6}$$

每条 F 曲线都与其对应的 E 曲线相关。因此,在任何时间 t_1 或 θ_1:

$$F^*=\int_0^{t_1}E_t^*\,\mathrm{d}t=\int_0^{\theta_1}E_\theta^*\,\mathrm{d}\theta \quad 且 \quad E_1^*=\left.\frac{\mathrm{d}F^*}{\mathrm{d}t}\right|_{t_1} \quad , \quad E_\theta^*=\left.\frac{\mathrm{d}F^*}{\mathrm{d}\theta}\right|_{\theta_1} \tag{15.7}$$

E 和 F 之间的关系相似。

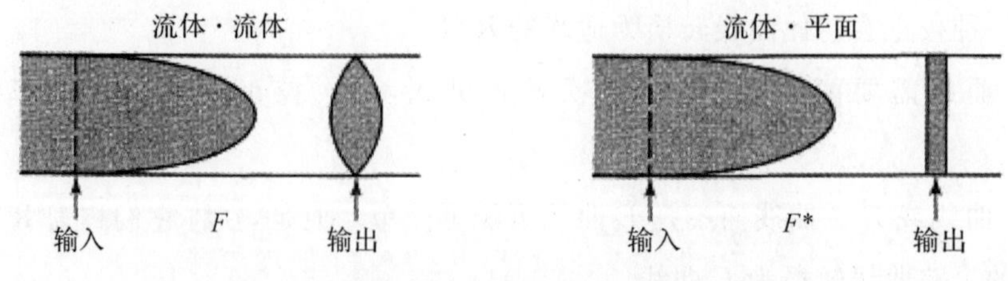

图15.8 两种不同的测量输出曲线的方法

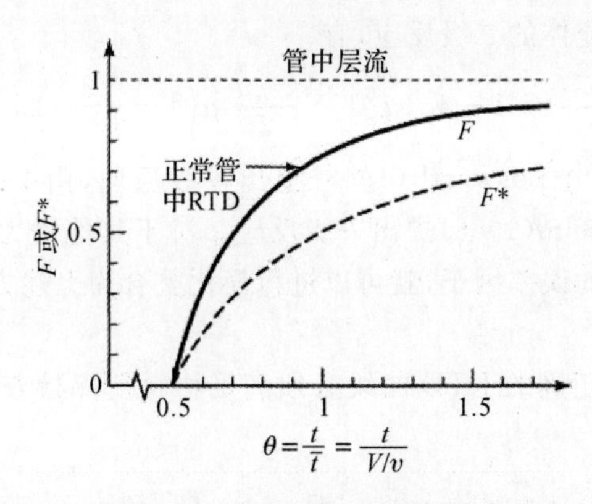

图 15.9　给出不同 F 曲线输出的不同适用测量方法

15.1.5　非牛顿和非圆形管道的 E 曲线

由于塑料和非牛顿流体非常黏稠，通常用本章的层流模型进行处理。目前，已经研究解决了大部分牛顿流体的 E 曲线测试，还进行了部分非牛顿流体测试，包括幂律流体、塑性聚合物等也有完整的数据。液膜下降、平行板间流动和反应釜断面线测量数据获得的 E 曲线和相应的图表可以在 Levenspiel(1996)的书中找到。

15.2　层流流动反应器中的化学反应

15.2.1　单一 n 阶反应

在纯层流状态(分子扩散可忽略)，流体的每个微元遵循其自身的流线，且不与相邻元素混合，本质上这就类似宏观流体的流动一致性特性。从第 11 章得到转换表达式为

$$\frac{c_A}{c_{A0}} = \int_0^{+\infty} \left(\frac{c_A}{c_{A0}}\right)_{\text{流体单元}} \cdot E\mathrm{d}t$$

零级反应　$\dfrac{c_A}{c_{A0}} = 1 - \dfrac{kt}{c_{A0}}$ $\left(当\, t \leqslant \dfrac{c_{A0}}{k}\, 时\right)$

一级反应　$\dfrac{c_A}{c_{A0}} = \mathrm{e}^{-kt}$

二级反应　$\dfrac{c_A}{c_{A0}} = \dfrac{1}{1 + kc_{A0}t}$

对于管道中层流牛顿流体的零级反应，式(15.8)积分给出，有

$$\frac{c_A}{c_{A0}} = \left(1 - \frac{k\bar{t}}{2c_{A0}}\right)^2 \tag{15.9}$$

对于管道中层流牛顿流体的一级反应，有

$$\frac{c_A}{c_{A0}} = \frac{\bar{t}^2}{2}\int_{\bar{t}/2}^{\infty} \frac{\mathrm{e}^{-kt}}{t^3}\mathrm{d}t = y^2\mathrm{ei}(y) + (1-y)\mathrm{e}^{-y}, \quad y = \frac{k\bar{t}}{2} \tag{15.10}$$

式中 $\mathrm{ei}(y)$ 是指数积分，请参阅第 16 章。

对于管道中层流牛顿流体的二级反应，有

$$\frac{c_A}{c_{A0}} = 1 - kc_{A0}\bar{t}\left[1 - \frac{kc_{A0}\bar{t}}{2}\ln\left(1 + \frac{2}{kc_{A0}\bar{t}}\right)\right] \tag{15.11}$$

这些性能表达式首先由 Bosworth(1948)提出零级反应，由 Denbigh(1951)提出二级反应，以及由 Cleland 和 Wilhelm(1956)提出一级反应。对于其他动力学，通道形状或流体类型在通用表达式中插入适当的误差因子，就可以进行简化整合为上述方程。

注释：

(1)测试 RTD 曲线。正确的 RTD 曲线必须满足物料衡算检查(计算的零点和第一个时刻应与测量值一致)：

$$\int_0^{+\infty} E_\theta \mathrm{d}\theta = 1 \quad 且 \quad \int_0^{+\infty} \theta E_\theta \mathrm{d}\theta = 1 \tag{15.12}$$

本章的 E 曲线对于非牛顿流体和所有形状的流体都满足这个要求。

(2)方差和其他 RTD 描述要相符。

(3)图 15.10 显示与 n 阶反应的活塞流的比较。

该图显示即使在高转化率 X_A 下，对流不会显著降低反应器性能。这个结果不同于轴向扩散和多釜串联模型。

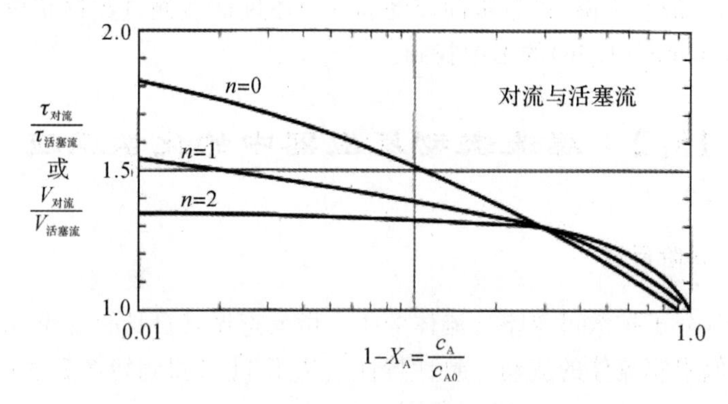

图 15.10　对流相对于活塞流对于转化率的影响

5.2.2　层流中的复杂反应

考虑一个两步的一级串联不可逆反应：

$$\mathrm{A} \xrightarrow{k_1} \mathrm{R} \xrightarrow{k_2} \mathrm{S}$$

由于层流方程表示与活塞流的偏差，所形成的中间体的量将少于活塞流的量。让我们来看看这种情况。

A 的消失由复杂的式(15.10)给出，R 的形成和消失由更复杂的方程给出。建立产品分布关系，数值求解，并将结果与活塞流和全混流的结果进行比较，如图 15.11 所示。

该图表明，层流的中间体比活塞流少一些，大约是从活塞流到全混流的 20%。

我们应该能够将这些发现，推广到其他更复杂的反应体系，例如双组分多步反应、聚合和非牛顿幂律流体等。

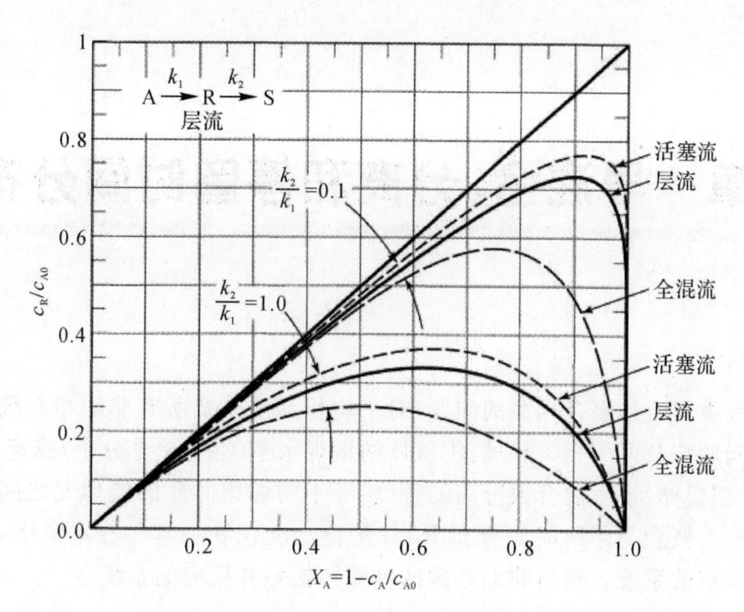

图 15.11　与活塞流（见图 8.13）和全混流（见图 8.14）的曲线相比，层流的典型产品分布曲线

习　题

黏性液体在通过管式反应器的同时进行反应，其中预期流动遵循层流模型。如果反应器中的活塞流能够提供 80% 的转化率，我们可以期望在这个反应器中进行什么转化？

15.1　反应遵循零级动力学。

15.2　反应是二级反应。

15.3　假设活塞流，我们计算出一个 12 m 长的管式反应器，对于二级反应 A → R 将产生 96% 的 A 转化率。但是，流体非常黏稠，并且流动将是强层流的，因此我们期望对流模型，而不是活塞流模型来表示流动。我们应该使反应保持多长时间以确保 96% 的 A 转化率？

15.4　具有接近水的物理性质（$\rho=1\ 000\ \mathrm{kg/m^3}$，$\wp=10^{-9}\ \mathrm{m^2/s}$）的 A 水溶液（$c_{A0}=1$ mol/L）通过一级均相反应（A→R，$k=0.2\ \mathrm{s^{-1}}$）以 100 mm/s 流过管式反应器（$d_t=50$ mm，$L=5$ m）。计算离开该反应器的流体中 A 的转化率。

15.5　物理性质接近水（$\rho=1\ 000\ \mathrm{kg/m^3}$，$\wp=10^{-9}\ \mathrm{m^2/s}$）的 A 水溶液（$c_{A0}=50\ \mathrm{mol/m^3}$）通过二级反应（$k=10^{-3}\ \mathrm{m^3/mol\cdot s}$）以 10 mm/s 流过管式反应器（$d_t=10$ mm，$L=20$ m）。找到该反应器中反应物 A 的转化率。

15.6　我们想要模拟流动通道中的流体流动。为此，我们在流道上分别安置了三个测量点 A，B 和 C。我们在点 A 的上游注入示踪剂，流体流过点 A，B 和 C，结果如下：在 A 处示踪剂截面宽度是 2 m，在 B 处示踪剂截面宽度是 10 m，在 C 处示踪剂截面宽度是 14 m。你会试图用什么类型的流动模型来表示这种流动：扩散，对流，多釜串联，如果这些都不是？给出你的理由。

第16章　早混合、分离和停留时间分布RTD

在反应过程中与流体混合相关的问题，对于均相系统以及所有非均相系统中的极快反应很重要。这个问题涉及两个交叉领域：①流体的微观水平（混合单个分子）或宏观水平（混合团块，团体或分子聚集体）发生混合或分离的程度；②不同停留时间的流体元之间早混合和晚混合的问题。这两个概念与停留时间分布RTD的概念交织在一起。在本章中，我们首先处理单一流体均相反应的系统。然后我们处理两种流体接触并反应的系统。

16.1　单一流体的自混合

16.1.1　分离程度

液体或气体的正常状态是微流体元的状态，以前关于均相反应的所有讨论都基于这种假设。现在让我们考虑在间歇，活塞流和全混流反应器中依次处理单个反应性宏观流体，并让我们看看这种聚集状态如何导致与微流体元的行为不同。

1. 间歇反应器

由于每个凝集流体元或宏观流体元，其本身可以视为小体积的间歇反应器，所有凝集流体元中的转化是相同的，对于间歇操作分离程度是不会影响转换或产品分配。

2. 活塞流反应器

由于活塞流可以被看作是小批量反应器连续通过容器的流动，宏观和微观流体行为一样，反应停留时间也一样，产品组成也会一致。

3. 全混流反应器微观流体混合

当如图16.1所示处理含有反应物A的微流体时，反应物浓度即刻下降至反应器中的最低平均值。换句话说，我们无法判断分子在反应器中是新进入，还是之前就加入的。对于这个系统，反应物的转化率可以通过均相反应方法找到，即

$$X_A = \frac{(-r_A)V}{F_{A0}} \tag{5.11}$$

或者在没有密度变化的等容情况下，有

$$\frac{c_A}{c_{A0}} = 1 - \frac{(-r_A)\bar{t}}{c_{A0}} \tag{16.1}$$

式中$\bar{t}$是流体在反应器中的平均停留时间。

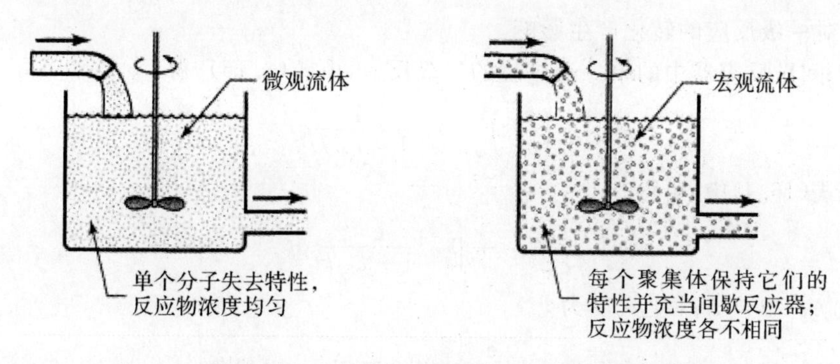

图 16.1　在全混流反应器中微观流体和宏观流体的行为差异

4. 全混流反应器宏观流体混合

当宏观流体进入全混流反应器时，宏观流体微元中的反应物浓度不会立即下降至低值，而是以与在间歇式反应器中相同的方式降低。其停留时间可以通过相邻微元测定获得。全混流反应器中宏观流体的性能方程由下式表示：

$$1-\overline{X}_A=\frac{\bar{c}_A}{c_{A0}}=\int_0^{+\infty}\left(\frac{c_A}{c_{A0}}\right)_{批量}E\mathrm{d}t \qquad (11.13)或(16.2)$$

式中

$$E\mathrm{d}t=\frac{v}{V}\mathrm{e}^{-vt/V}\mathrm{d}t=\frac{\mathrm{e}^{-t/\bar{t}}}{\bar{t}}\mathrm{d}t \qquad (16.3)$$

把式(16.3)代入式(16.2)则有

$$1-\overline{X}_A=\frac{\bar{c}_A}{c_{A0}}=\int_0^{+\infty}\left(\frac{c_A}{c_{A0}}\right)_{批量}\frac{\mathrm{e}^{-t/\bar{t}}}{\bar{t}}\mathrm{d}t \qquad (16.4)$$

这是确定全混流反应器中宏观流体转化率的一般方程式。一旦给出了反应动力学，就可以求解。考虑各种反应级数。

(1)对于间歇反应器中的零级反应，第 3 章给出，有

$$\left(\frac{c_A}{c_{A0}}\right)_{批量}=1-\frac{kt}{c_{A0}} \qquad (3.31)$$

代入式(16.4)，并积分可得

$$\frac{\bar{c}_A}{c_{A0}}=1-\frac{kt}{c_{A0}}(1-\mathrm{e}^{-c_{A0}/kt}) \qquad (16.5)$$

(2)对于间歇反应器中的一级反应，第 3 章给出，有

$$\left(\frac{c_A}{c_{A0}}\right)_{批量}=\mathrm{e}^{-kt} \qquad (3.11)$$

代入式(16.4)，可获得

$$\frac{\bar{c}_A}{c_{A0}}=\frac{1}{\bar{t}}\int_0^{+\infty}\mathrm{e}^{-kt}\mathrm{e}^{-t/\bar{t}}\mathrm{d}t$$

积分给出全混流反应器中宏观流体转化率的表达式为

$$\frac{\bar{c}_A}{c_{A0}}=\frac{1}{1+kt} \qquad (16.6)$$

该方程与微观流体获得的方程相同，见式(5.14a)。我们得出这样的结论：流体元的分离

程度是不会对一级反应的转化产生影响。

(3)对于间歇反应器中的单一反应物的二级反应,由式(3.16),得

$$\left(\frac{c_A}{c_{A0}}\right)_{批量} = \frac{1}{1 + c_{A0}kt} \tag{16.7}$$

将上式代入式(16.4)中,可得

$$\frac{\bar{c}_A}{c_{A0}} = \frac{1}{\bar{t}}\int_0^{+\infty} \frac{e^{-t/\bar{t}}}{1 + c_{A0}kt}dt$$

令 $\alpha = 1/c_{A0}k\bar{t}$, $\theta = t/\bar{t}$, 上式变为

$$\frac{\bar{c}_A}{c_{A0}} = \alpha e^{\alpha}\int_{\alpha}^{+\infty} \frac{e^{-(\alpha+\theta)}}{\alpha + \theta}d(\alpha + \theta) = \alpha e^{\alpha} ei(\alpha) \tag{16.8}$$

这是宏观流体在全混流反应器中二级反应的表达式。由 $ei(\alpha)$表示的积分称为指数积分,它是一个仅与 α 有关的函数,其值在许多积分表中都有。表 16.1 给出了一组 $ei(x)$和 $Ei(x)$的值。我们将在本书的后面用到本表。

表 16.1 指数积分族中的两个指数积分

这是两个有用的指数积分

$$\begin{cases} Ei(x) = \int_{-\infty}^{x} \frac{e^u}{u}du = 0.577\,21 + \ln x + x + \frac{x^2}{2 \cdot 2!} + \frac{x^3}{3 \cdot 3!} + \cdots \\ ei(x) = \int_{x}^{+\infty} \frac{e^{-u}}{u}du = -0.577\,21 - \ln x + x - \frac{x^2}{2 \cdot 2!} + \frac{x^3}{3 \cdot 3!} - \cdots \end{cases}$$

x	$Ei(x)$	$ei(x)$	x	$Ei(x)$	$ei(x)$	x	$Ei(x)$	$ei(x)$
0	$-\infty$	$+\infty$	0.2	−0.821 8	1.222 7	2.0	4.954 2	0.048 90
0.01	−4.017 9	4.037 9	0.3	−0.302 7	0.905 7	2.5	7.073 8	0.024 91
0.02	−3.314 7	3.354 7	0.5	0.454 2	0.559 8	3.0	9.933 8	0.013 05
0.05	−2.367 9	2.467 9	1.0	1.895 1	0.219 4	5.0	40.185	0.001 15
0.1	−1.622 8	1.822 9	1.4	3.007 2	0.116 2	7.0	191.50	0.000 12

对于 $x \geqslant 10$

$$\begin{cases} Ei(x) = e^x\left[\frac{1}{x} + \frac{1}{x^2} + \frac{2!}{x^3} + \frac{3!}{x^4} + \cdots\right] \\ ei(x) = e^{-x}\left[\frac{1}{x} - \frac{1}{x^2} + \frac{2!}{x^3} - \frac{3!}{x^4} + \cdots\right] \end{cases}$$

式(16.8)可以与对应的微流体式(5.14)进行比较,则有

$$\frac{c_A}{c_{A0}} = \frac{-1 + \sqrt{1 + 4c_{A0}k\bar{t}}}{2c_{A0}k\bar{t}} \tag{16.9}$$

(4)对于 n 级反应,间歇式反应器中的转化率可以通过第 3 章的方法求出,如下式所示:

$$\left(\frac{c_A}{c_{A0}}\right)_{批量} = [1 - (n-1)c_{A0}^{n-1}kt]^{1/(1-n)} \tag{16.10}$$

将上式代入式(16.4)中,可以得到宏观流体 n 级反应的转化率。

16.1.2 性能差异:混合早晚、宏观流体和微观流体、活塞流反应器和全混流反应器

图 16.2 显示了全混流反应器中宏观流体和微观流体的性能差异,它们清楚地表明,流体元分离程度的提高改善了反应级数大于 1 的反应器性能,但降低了反应级数小于 1 的反应器

性能。见表16.2。

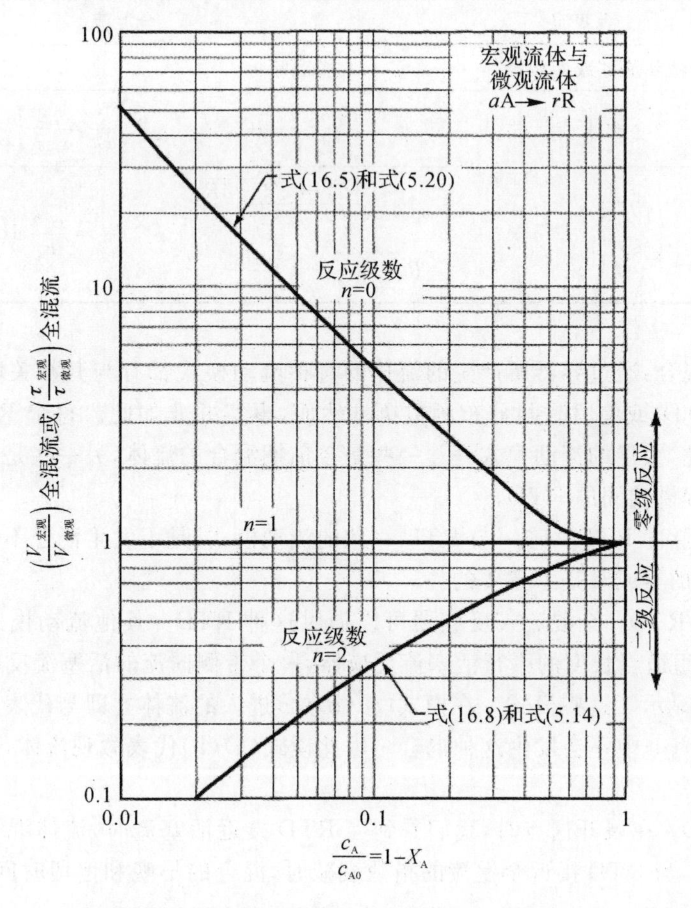

图16.2 全混流反应器中微观流体和宏观流体的不同级数反应的性能比较

表16.2 理想反应中 ε=0 的宏观流体和微观流体的转换方程

	活塞流	全混流	
	微观流体或宏观流体	微观流体	宏观流体
一般动力学	$\tau=\int_{c_0}^{c}\frac{dc}{-r}$	$\tau=\frac{c_0-c}{-r}$	$\frac{\bar{c}}{c_0}=\frac{1}{\tau}\int_0^{+\infty}\left(\frac{c}{c_0}\right)_{批量}e^{-t/\tau}dt$
n级反应 $(R=c_0^{n-1}k\tau)$	$\frac{c}{c_0}=[1+(n-1)R]^{1/(1-n)}$ $R=\frac{1}{n-1}\left[\left(\frac{c}{c_0}\right)^{1-n}-1\right]$	$\left(\frac{c}{c_0}\right)^n R+\frac{c}{c_0}-1=0$ $R=\left(1-\frac{c}{c_0}\right)\left(\frac{c_0}{c}\right)^n$	$\frac{\bar{c}}{c_0}=\frac{1}{\tau}\int_0^{+\infty}[1+(n-1)c_0^{n-1}$ $kt]^{1/(1-n)}e^{-t/\tau}dt$
零级反应 $\left(R=\frac{k\tau}{c_0}\right)$	$\frac{c}{c_0}=1-R, R\leqslant 1$ $c=0, R\geqslant 1$	$\frac{c}{c_0}=1-R, R\leqslant 1$ $c=0, R\geqslant 1$	$\frac{\bar{c}}{c_0}=1-R+Re^{-1/R}$
一级反应 $(R=k\tau)$	$\frac{c}{c_0}=e^{-R}$ $R=\ln\frac{c_0}{c}$	$\frac{c}{c_0}=\frac{1}{1+R}$ $R=\frac{c_0}{c}-1$	$\frac{\bar{c}}{c_0}=\frac{1}{1+R}$ $R=\frac{c_0}{c}-1$

续　表

一般动力学	活塞流	全混流	
	微观流体或宏观流体	微观流体	宏观流体
	$\tau=\int_{c_0}^{c}\frac{dc}{-r}$	$\tau=\frac{c_0-c}{-r}$	$\frac{\bar{c}}{c_0}=\frac{1}{\tau}\int_0^{+\infty}\left(\frac{c}{c_0}\right)_{批量}e^{-t/\tau}dt$
二级反应 ($R=c_0k\tau$)	$\frac{c}{c_0}=\frac{1}{1+R}$ $R=\frac{c_0}{c}-1$	$\frac{c}{c_0}=\frac{-1+\sqrt{1+4R}}{2R}$ $R=\left(\frac{c_0}{c}-1\right)\frac{c_0}{c}$	$\frac{\bar{c}}{c_0}=\frac{e^{1/R}}{R}ei\left(\frac{1}{R}\right)$

流体的早晚混合：通过容器所产生的流体的每种流动模式都有与其相关联的明确定义的停留时间分布(RTD)或停留时间分布函数 E。然而，事实并非如此。每个 RTD 都没有特定的流动模式。因此，大量的流动模式——一些是较前期混合的流体，另一些是较后期的混合流体——可能能够提供相同的 RTD。

(1)理想化的脉冲 RTD。唯一与 RTD 一致的流动模式，是不发生混合不同停留时间的流体，此时流体混合的早或晚是不重要的。

(2)指数衰减 RTD。全混流式反应器可以提供这种 RTD。其他流动模式也可以给出这种 RTD，例如，一组适当长度的平行活塞流反应器，一个带侧向流的活塞流反应器或这些反应器组合。图 16.3 显示了这些模式。在模式(a)(b)中，进入的流体立即与代表不同时间的物料混合，而在模式(c)(d)中不会发生这种混合。因此模式(a)(b)代表微观流体，而模式(c)(d)代表宏观流体。

(3)任意 RTD。在展开这点时，我们看到当 RTD 接近活塞流时，流体混合的早晚对转化率几乎没有影响。当 RTD 接近全混流的指数衰减时，混合的早晚和停留时间状态，也就会变得十分重要。

对于任何 RTD 来说，一个极端的表现分别为宏观流体和微观流体，而式(16.2)给出了这种情况下的性能表达式。另一个极端是早混合微观流体，这种情况的表达式由 Zwietering (1959)得出，但很难使用。尽管这些极端情况给出了真实反应器的预期转化率的上限和下限，但是开发一个合理接近真实反应器的模型，然后计算来自该模型的转化率的做法，通常更简单并可取。这是在图 13.20 中对轴向扩散的二级反应所做的实际情况。我们假设沿着整个反应器发生相同程度的混合。

16.1.3　单一流体研究结果总结

(1)影响反应器性能的因素。一般来说，可得

$$性能:X_A或\ \varphi\left(\frac{R}{A}\right)=f(动力学,RTD,分离程度,早混合) \tag{16.11}$$

(2)动力学或反应级数的影响。分离和混合时间影响反应物的转化率为

对于 $n>1$ 的 $X_{宏观流体}$ 和 $X_{微观流体的晚混合}>X_{微观流体的早混合}$

对于 $n<1$，不等式是可逆的；对于 $n=1$ 的转化率不受这些因素的影响。这一结果表明，分离和晚混合可改善 $n>1$ 的转化率，并降低 $n<1$ 的转化率。

(3)混合因子对非一级反应的影响。分离在活塞流中不起作用，然而，随着 RTD 从活塞

流转向全混合,它对反应器性能的影响也就会越来越显著。

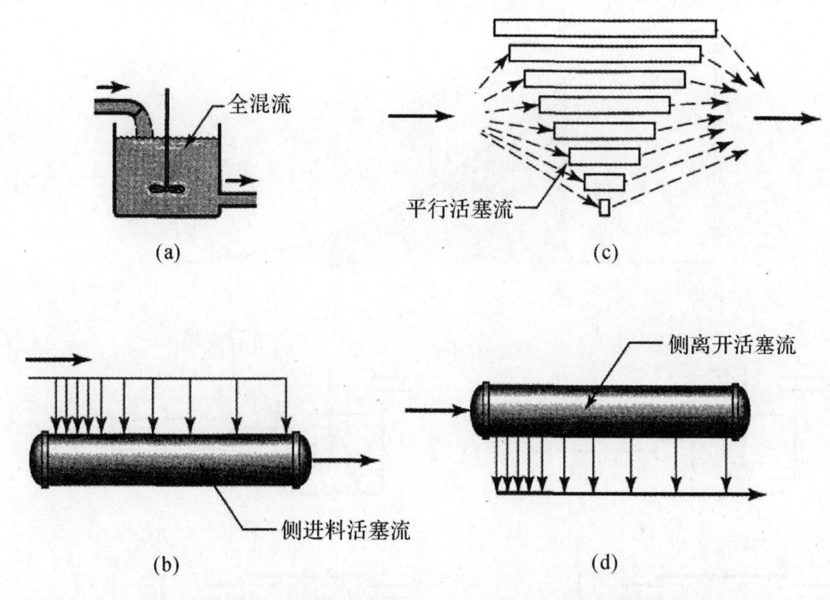

图 16.3　4 种接触模式都可以给出相同的指数衰减 RTD

情况(a)(b)代表最早混合,而情况(c)(d)代表不同时间的流体物料的最晚混合

(4)转化率水平的影响。在低转化水平下,X_A 对 RTD、混合时间和分离不敏感。在中间转化率水平,RTD 开始影响 X_A;然而,混合时间和分离仍然没有什么效果。例 16.1 就是这种情况。最后,在高转化率水平下,所有这些因素都可能发挥重要作用。

(5)对产品分布的影响。虽然在处理单一反应时通常可以忽略分离和早晚混合时间,但多级反应并不如此,因为这些因素对产物分布的影响可能占主导地位,即使在低转化水平下也是如此。

以自由基聚合为例。当一个自由基在反应器内部和周围形成时,会引发极快的反应链,往往在几分之一秒内进行数千步。局部反应速率和转化率因此可以非常高。在这种情况下,反应和生长分子的直接环境,以及因此导致流体的分离状态会极大地影响形成的聚合物的类型。

[**例** 16.1] 分离和混合时间对转化的影响

在例 16.1 图给出 RTD 的反应器中发生二级反应。计算此图中显示的流程方案的转化率。为了简单起见,对于每个单元取 $c_0=1$,$k=1$ 和 $\tau=1$。

解:

方案 A:参阅例 16.1 图(a),对于全混流反应器,有

$$\tau = 1 = \frac{c_0 - c_1}{kc_1^2} = \frac{1 - c_1}{c_1^2}$$

则

$$c_1 = \frac{-1+\sqrt{1+4}}{2} = 0.618$$

对于活塞流反应器,有

$$\tau = 1 = -\int_{c_1}^{c_2} \frac{dc}{kc^2} = \frac{1}{k}\left(\frac{1}{c_2} - \frac{1}{c_1}\right)$$

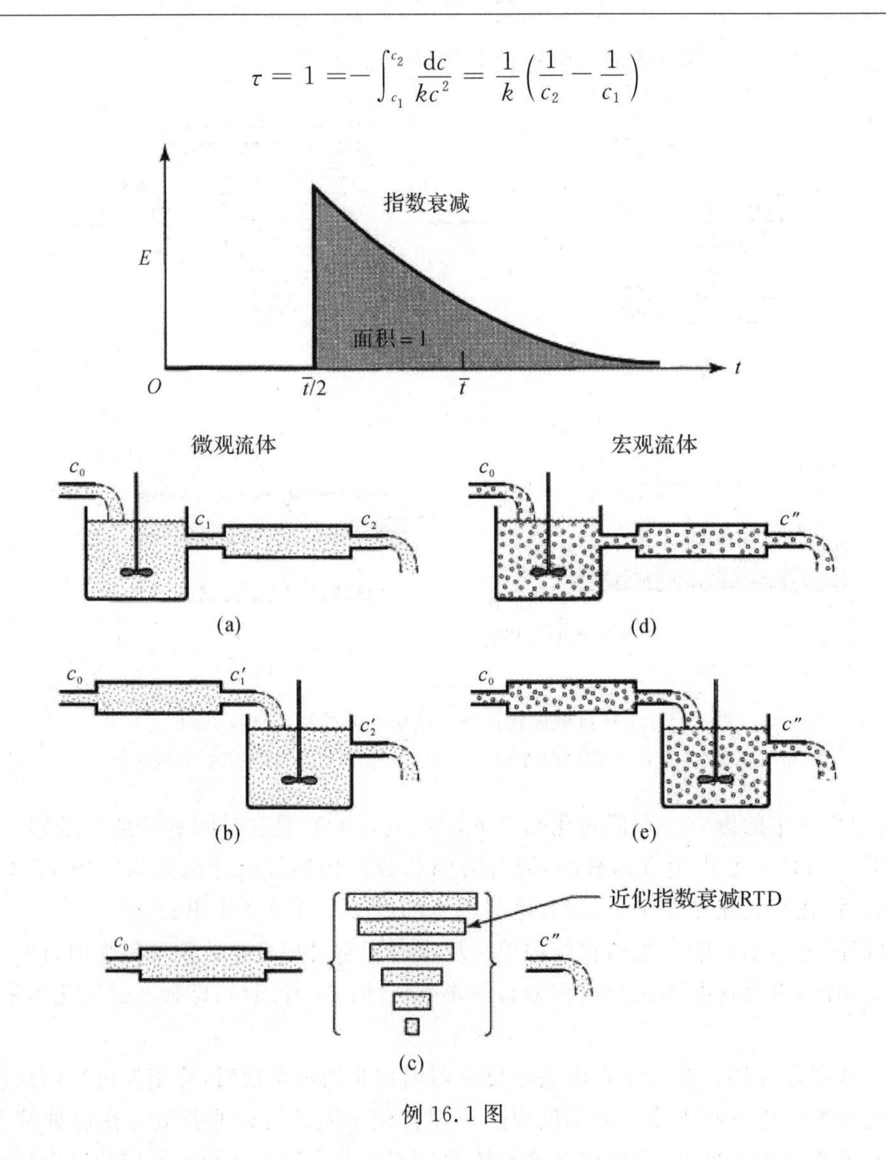

例 16.1 图

可得微观流体的早混合： $c_2 = \frac{c_1}{c_1 + 1} = \frac{0.618}{1.168} = 0.382$

方案 B:参阅例 16.1 图(b),我们有活塞流反应器：

$$\tau = 1 = -\int_{c_0}^{c'_1} \frac{dc}{kc^2} = \frac{1}{c'_1} - 1$$

可得

$$c'_1 = 0.5$$

对于全混流反应器：

$$\tau = 1 = \frac{c'_1 - c'_2}{kc'^2_2} = \frac{0.5 - c'_2}{c'^2_2}$$

可得微观流体的晚混合： $c'_2 = 0.366$

方案 C, D 和 E:根据图 12.1,两个相同尺寸的塞式混流反应器系统的出口时间分布函数为

$$\left.\begin{aligned}&E=\frac{2}{\bar{t}}\mathrm{e}^{1-2t/\bar{t}}, &\text{当}\frac{t}{\bar{t}}>\frac{1}{2}\text{时}\\&E=0, &\text{当}\frac{t}{\bar{t}}<\frac{1}{2}\text{时}\end{aligned}\right\}\rightarrow E=\begin{cases}\frac{2}{\bar{t}}\mathrm{e}^{1-2t/\bar{t}}, & \frac{t}{\bar{t}}>\frac{1}{2}\\0, & \frac{t}{\bar{t}}<\frac{1}{2}\end{cases}$$

则式(16.3)可化为

$$c''=\int_{\bar{t}/2}^{+\infty}\frac{1}{1+c_0kt}\cdot\frac{2}{\bar{t}}\mathrm{e}^{1-2t/\bar{t}}\mathrm{d}t$$

在两个反应器系统中平均停留时间 $\bar{t}=2$ min,从而有

$$c''=\int_{1}^{+\infty}\frac{\mathrm{e}^{1-t}}{1+t}\mathrm{d}t$$

用 x 替代 $1+t$,可以得到指数积分：

$$c''=\int_{2}^{+\infty}\frac{\mathrm{e}^{2-x}}{x}\mathrm{d}x=\mathrm{e}^{2}\int_{2}^{+\infty}\frac{\mathrm{e}^{-x}}{x}\mathrm{d}x=\mathrm{e}^{2}\,\mathrm{ei}(2)$$

由表 16.1 可知,我们可以得到 $\mathrm{ei}(2)=0.048\ 90$。

微观流体的晚混合,或宏观流体的早晚混合：$c''=0.362$。

这个例子的结果证实了上面的陈述：对于反应级数大于 1 的反应,宏观流体和晚混合微观流体比早混合微观流体转化率更高。转化率水平很低时差别很小；然而,随着转化率接近 1,这种差异也就会愈加明显。

16.1.4　单一流体讨论的扩展

1. 部分分离

有多种处理中间分离程度的方法,例如 ：

分离强度模型——Danckwerts(1958)

合并模型——Curl (1963), Spielman 和 Levenspiel (1965)

两个环境和融化的冰块模型——Ng and Rippin (1965) 和 Suzuki (1970)

这些方法在 Levenspiel(1972)中讨论过。

2. 流体元的停留时间

让我们估计一个流体元保留其形态的时间。首先,通过拉伸或折叠(层流行为)或由挡板,搅拌器等产生的湍流将所有大型流体元分解成更小的微元流体,并且依据混合理论,估计此分散所需的时间。最后通过分子扩散的作用失去它们的起始形态,爱因斯坦分析估计时间是

$$t=\frac{(\text{单元尺寸})^2}{(\text{扩散系数})}=\frac{d^2_{\text{流体元}}}{\mathscr{D}}\tag{16.12}$$

因此, 1 μm 大小的水大约会在很短的时间内失去其形态：

$$t=\frac{(10^{-4}\,\mathrm{cm})^2}{10^{-5}\,\mathrm{cm}^2/\mathrm{s}}=10^{-3}\,\mathrm{s}\tag{16.13a}$$

而尺寸为 1.0 mm 且黏度为水的 100 倍的黏性聚合物单元(室温下为 10～30 W 机油)会长时间保持其特性：

$$t=\frac{(10^{-1}\,\mathrm{cm})^2}{10^{-7}\,\mathrm{cm}^2/\mathrm{s}}=10^{5}\,\mathrm{s}\approx 30\mathrm{h}\tag{16.13b}$$

一般来说,普通流体的行为就像微观流体,非常黏稠的材料和发生非常快的反应的系统属

于宏观流体形态。

在下面的章节中，我们将这些微观和宏观流体的概念应用于各种非均相的系统。

16.2 两种易混溶流体的混合

这里我们考虑即将两种完全混溶的反应物流体 A 和 B 混合在一起的混合过程。当两种可混溶的流体 A 和 B 混合时，我们通常假定它们首先形成均匀的混合物，然后再反应。然而，当 A 和 B 变得均匀所需的时间相对于发生反应的时间不短时，在混合过程中发生反应，此时混合的问题变得重要。非常快速的反应或非常黏稠的反应流体就是这种情况。

为了解释发生的情况，假设我们有 A 和 B，每个都可以用作微观流体，然后用作宏观流体。在一个烧杯中将微 A 与微 B 混合，并在另一个烧杯中将宏 A 与宏 B 混合，并让它们反应。我们发现了什么？微 A 和微 B 符合预期，发生反应。然而，在混合宏观流体时，不会发生反应，因为 A 的分子不能接触 B 的分子。这两种情况如图 16.4 所示。这对于处理混合行为中的两个极端来说非常重要。

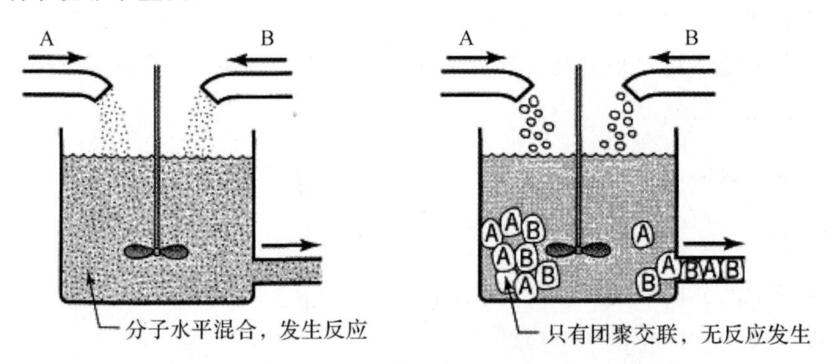

图 16.4 A 和 B 反应中微流体和宏流体行为的差异

一个真实的系统如图 16.5 所示，具有富 A 流体区域和富 B 流体区域。

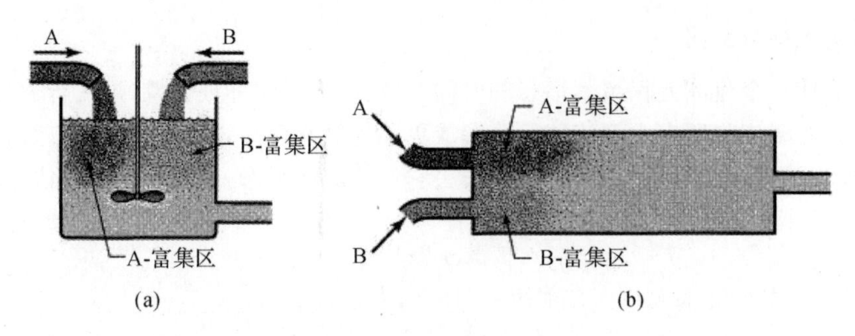

图 16.5 两种易混合流体在反应器中混合时的部分分离

尽管部分宏观分离过程需要增加反应器尺寸，但这不是唯一的条件。例如，当反应物是黏性流体时，它们在搅拌器或间歇式反应器中的混合通常是使一种流体分离。结果，在反应器中以不同的速率发生，反应产生不均匀的产品，无法商业化生产。在单体必须与催化剂紧密混合的聚合反应中就是这种情况。对于这样的反应，适当的混合是最重要的。同时，反应速率和产物均匀性与输入到流体的搅拌混合能量通常是相关的。

对于快速反应，由于造成宏观流体分离所需的反应器尺寸增加是次要的，而其他影响更为重要。例如，如果反应产物是固体沉淀物，沉淀颗粒的尺寸可能受反应物混合速率的影响，这是分析实验室众所周知的事实。又例如，热气体反应混合物可能含有可观量的理想气体，为了回收该组分，气体可能必须冷却。但是温度下降会引起反应平衡的不利变化，为了避免这种情况，冷却气体产物必须非常迅速才会有利。

16.2.1　复合反应中的产品分布

当混合两种反应物流体时发生复合反应，在达到均匀性之前这些反应进行到一定的程度时，产物及时分离可能影响产物分布。考虑均相竞争平行反应，当 A 和 B 倒入间歇反应器时发生以下反应：

$$\left.\begin{aligned} A+B &\xrightarrow{k_1} R \\ R+B &\xrightarrow{k_2} S \end{aligned}\right\} \tag{16.14}$$

如果反应足够慢，使反应发生之前容器内各物质混合均匀，则产物 R 的最大量由 k_2/k_1 比值控制。这种情况在第 8 章中讨论过，我们可以假定微流体的行为。但是，如果流体非常黏稠或反应速率足够快，它们将出现在高 A 浓度和高 B 浓度区域之间的富集区域，如图 16.6 所示。高反应速率区将包含比周围流体更高浓度的 R。但是从第 8 章对这一反应的定性处理中我们知道，A 和 R 中的任何非均匀性都会抑制 R 的形成。因此，部分反应物的分离会抑制中间体的形成。

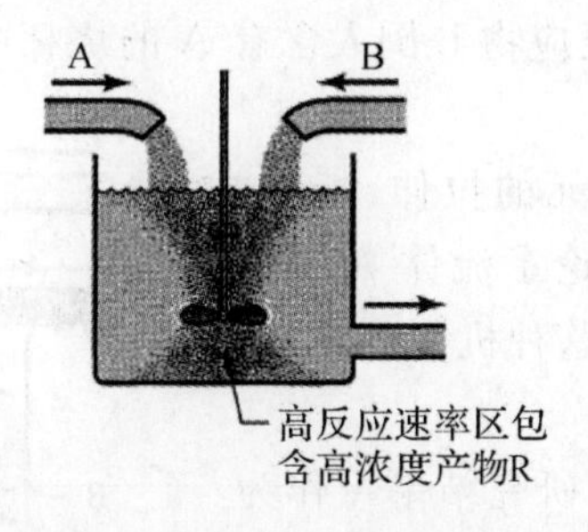

图 16.6　当反应速率非常高时，非均相区存在于反应器中这种条件对于从反应中获得高收率的中间体 R 是不利的

为了提高反应速率，反应区会变窄，在极限情况下，无限快速的反应发生在 A 富集区和 B 富集区的界面上，R 只会在这个面上形成。如果在反应面形成一个 R 分子，它开始随机扩散进入 A 区，永远不会回到 B 区，它将不会做出进一步反应，同时将被保存下来；但是，如果它开始扩散进入 B 区，或者在任何时间通过反应面进入 B 区，则它将与 B 反应形成 S。有趣的是，经过 Feller(1957)博弈相关的概率计算，我们可以证明，随着分子扩散次数越来越大，R 分子进入 B 区的概率都将变大。无论 R 的分子开始选择什么样的扩散模式，这个发现都是成立的。图 16.7 所示为典型反应界面处的物质浓度。

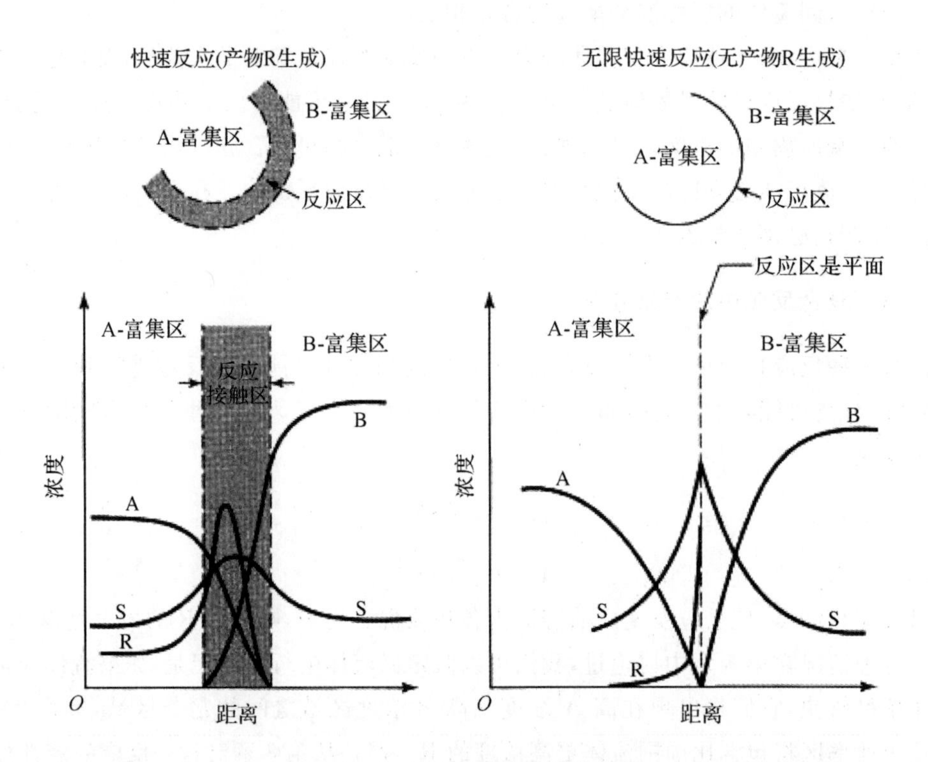

图 16.7　反应组分的浓度分布图

复合反应的这种行为研究，为均相体系中的不均匀性研究提供有力的证据。它已被 Paul 和 Treybal(1971)使用，他们将反应物 B 倒入含有 A 的烧杯中，并测量了式(16.14)的快速反应所形成的产物 R 的量。

Ottino(1989,1994)从流体元的拉伸、折叠、细化和最终扩散混合等方面讨论了流体 A 和 B 的混合问题。图 16.8 试图说明这种机制，我们对本章的讨论将不做更多的展开。

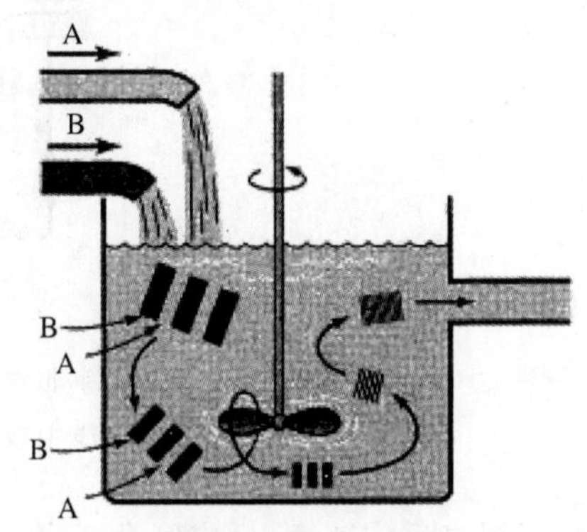

图 16.8　非常黏稠的 A 和 B 片材的反应搅拌过程拉伸，折叠和变薄

当反应非常快时，上述观察研究结果可作为选择和设计有利于中间体形成的反应设备的指导。可通过以下方式实现反应物和产物均匀化：

(1) 通过剧烈搅拌混合使反应区尽可能大；

(2) 尽可能好地将 B 扩散在 A 中，而不是 B 扩散于 A；

(3) 降低反应速率。

第三部分

固体催化反应

第 17 章　非均相反应简介

本书的第三部分讨论了各种非均相系统化学反应器的动力学和设计，每章考虑一个不同的反应系统(关于非均相系统和均相系统的讨论，请参阅第 1 章)。对于这些系统来说，除了均相系统中通常考虑的因素外，还必须考虑两个复杂因素：①我们面临的问题是速率表达式的复杂性；②两相系统接触模式的复杂性。下面依次简要地讨论这些问题。

1. 速率方程的复杂性

由于存在多个相，因此物料从相到相的转移，也必须在宏观速率方程中予以考虑。因此，除了通常的化学动力学术语之外，通常的速率表达式还将包含质量转移传递项。这些质量转移项，在不同种类的非均相系统中的类型和数量上是不同的，因此，没有普遍适用性的单一的速率表达式，下面为列举的一些实例。

[**例** 17.1] 碳颗粒在空气中的燃烧

讲出该过程涉及多少速率步骤。动力学由下式给出：

$$C+O_2 \longrightarrow CO_2$$

忽略可能形成的 CO。

解：

从例 17.1 图我们看到，涉及两个串联的步骤：将氧气传递到表面，然后在颗粒表面发生反应。

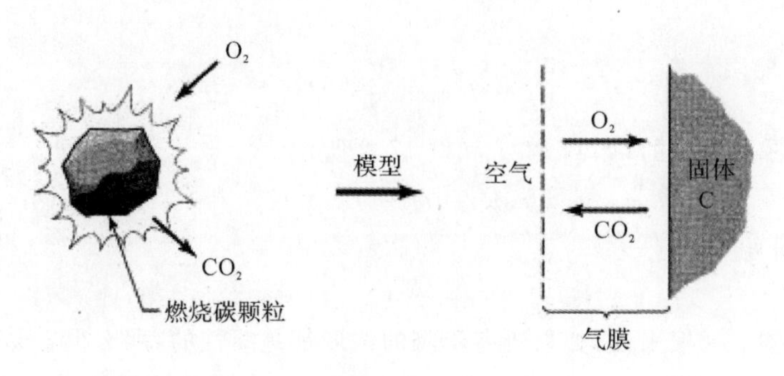

例 17.1 图

[**例** 17.2] 有氧发酵

当气泡通过含有分散的微生物并被微生物吸收以生产产品材料的液体罐时，请列出有多少速率步骤参与反应。

解：

从例 17.2 图我们看到，有多达 7 个可能的速率步骤，只有一个涉及反应。

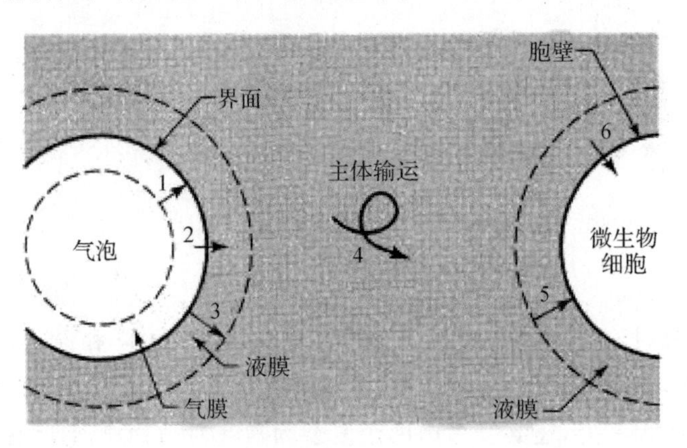

例 17.2 图

要获得整体速率表达式，请在相同的计量单位基础上（依据燃烧颗粒的单位表面，发酵罐的单位体积，单位体积的细胞等）写出各个速率步骤，有

$$-r_{A}=-\frac{1}{V}\frac{dN_{A}}{dt}=\frac{\text{A 反应的物质的量}}{\text{反应流体体积}\cdot\text{时间}}$$

或

$$-r'_{A}=-\frac{1}{W}\frac{dN_{A}}{dt}=\frac{\text{A 反应的物质的量}}{\text{固体质量}\cdot\text{时间}}$$

或

$$-r''_{A}=-\frac{1}{S}\frac{dN_{A}}{dt}=\frac{\text{A 反应的物质的量}}{\text{界面面积}\cdot\text{时间}}$$

现在将所有传质和反应步骤化成相同的速率形式，然后合并，可得

$$\frac{\text{A 反应的物质的量}}{\text{时间}}=(-r_{A})V=(-r'_{A})W=(-r''_{A})S$$

或

$$r_{A}=\frac{W}{V}r'_{A},r''_{A}=\frac{V}{S}r_{A},r'_{A}=\frac{S}{W}r''_{A}$$

如果这些步骤是串联的，如例 17.1 和例 17.2 所示：

$$r_{\text{整体}}=r_{1}=r_{2}=r_{3}$$

如果它们并行，则有

$$r_{\text{整体}}=r_{1}+r_{2}$$

考虑串联步骤。一般来说，如果所有步骤的浓度都是线性的，那么很容易将它们组合在一起。但是，如果任何步骤都是非线性的，那么将会得到一个混乱的整体表达式。因此，我们可以尝试以各种方式绕过这个非线性步骤。通过一阶表达式对 c_A 曲线取近似 r_A 关系式，可能是最有用的方法。

另外，在合并速率时，我们通常不知道中间条件下物料的浓度，所以这些是我们在合并速率时可以消除的浓度项。例 17.3 显示了这一点。

[例 17.3] 线性过程的整体速率

稀浓度的 A 通过停滞的液膜扩散到由 B 组成的平面上，并反应产生 R，R 随后扩散回主体液相。建立液/固反应的整体速率表达式如下：

$$A(l) + B(s) \rightarrow R(l)$$

反应发生在此平面上，如例 17.3 图所示。

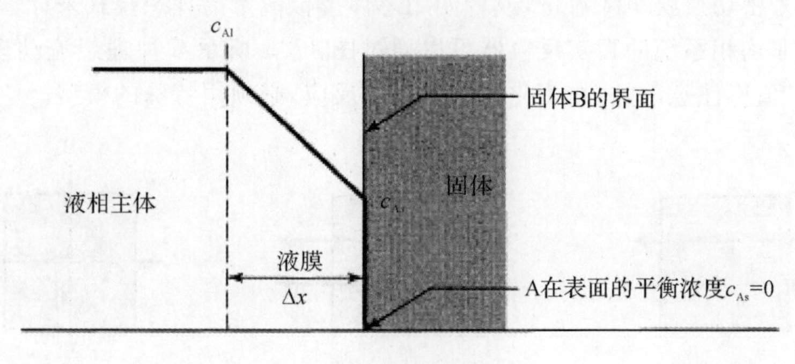

例 17.3 图

解：

通过扩散，A 到表面的速率为

$$r''_{A1} = \frac{1}{S}\frac{dN_A}{dt} = -\frac{\mathscr{D}}{\Delta x}(c_{Al} - c_{As}) = k_1(c_{Al} - c_{As}) \tag{17.1}$$

对于 A 而言，反应是一级的，所以基于单位表面：

$$r''_{A2} = \frac{1}{S}\frac{dN_A}{dt} = k'' c_{As} \tag{17.2}$$

在稳定状态下，到达表面的流速等于表面的反应速率（串联步骤），则有

$$r''_{A1} = r''_{A2}$$

结合式(17.1)和式(17.2)，得

$$k_1(c_{Al} - c_{As}) = k'' c_{As}$$

其中

$$c_{As} = \frac{k_1}{k_1 + k''} c_{Al} \tag{17.3}$$

把式(17.3)代入式(17.1)或式(17.2)，然后消除无法测量的 c_{As}，则有

$$r''_{A1} = r''_{A2} = r''_A = -\frac{1}{\frac{1}{k_1} + \frac{1}{k''}} c_{Al} = -k_{整体} c_{Al}, \quad \left[\frac{mol}{m^2 \cdot s}\right]$$

注释：这个结果表明 $1/k_1$ 和 $1/k''$ 是加和性阻力，所以只有当速率是驱动力的线性函数，且过程是串联时，才允许以此计算。

[例 17.4] 非线性过程的整体速率

重复例 17.3：让反应步骤相对于 A 为二级，或

$$r''_{A2} = -k'' c_A^2$$

解：

如例 17.3 中所做的那样，结合反应步骤以消除 c_{As}，现在并不那么简单，给出

$$-r''_{A}=-r''_{A1}=-r''_{A2}=\frac{k_1}{2k''}(2k''c_{A1}+k_1-\sqrt{k_1^2+4k''k_1c_{A1}}),\quad \left[\frac{mol}{m^2\cdot s}\right]$$

2. 两相系统的接触模式

两相接触的方法有很多,每个设计方程都是独一无二的。这些理想流动模式的设计方程可以在没有太多困难的情况下得出。但是,当实际流量显著偏离这些值时,我们可以做以下两件事:开发模型来密切反映实际流量,或者使用总体虚拟流量的理想模式来计算性能。幸运的是,大多数用于非均相系统的真实反应器可以通过图 17.1 所示 5 种理想流动模式之一,来进行较好的近似。值得注意的是,在流化床中发生的反应,必须用特殊的模型。

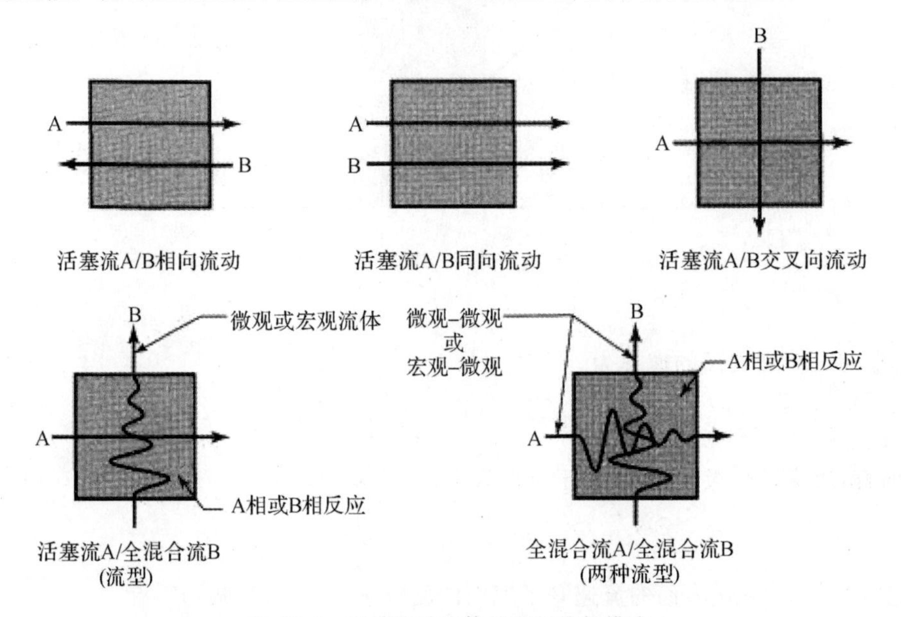

图 17.1　两种流动流体的理想接触模式

3. 流动模型建模的总结

在反应器设计和放大中,选择一个能够合理代表我们设置的流动模型非常重要。一般任意挑选一个不具代表性的模型,然后用计算机进行 n 级精度计算,当设计和放大并不符合我们的预测时,情况就会变得复杂。需要注意的是,一个简单的特征代表性合理的模型,其计算结果或许会比过程特征代表性差的精确模型更好。通常一个好的流动模型,随着放大而变化的差异较小,这也可以反映模型成功与失败之间的差异。

习　题

17.1　气态反应物 A 通过气膜扩散,并根据可逆的一级反应在固体表面上反应,其中 c_{Ae} 是与固体表面平衡的 A 的浓度。建立 A 反应速率的表达式,考虑传质和反应步骤:

$$-r''_{A}=k''(c_{As}-c_{Ae})$$

17.2　例 17.4 给出了膜质量转移的最终速率表达式,后面是平面表面反应的二级速率表达式。请推导出这个表达式并证明它是正确的。

17.3　在淤浆反应器中，纯反应物气体鼓泡通过含有悬浮催化剂颗粒的液体。让我们根据薄膜理论来考察涉及的动力学，如习题 17.3 图所示。因此，为了到达固体的表面，进入液体的反应物必须通过液膜扩散到液体主体中，然后通过围绕催化剂颗粒的膜扩散。在颗粒表面，反应物根据一级动力学生成产物。根据这些阻力推导出反应速率的表达式。

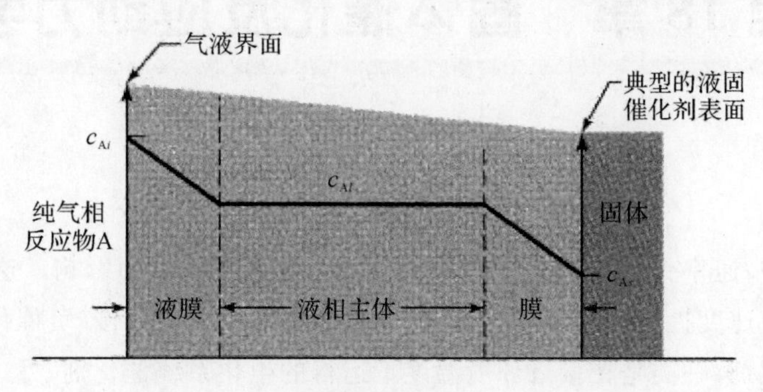

习题 17.3 图

第18章　固体催化反应动力学

在许多反应中，速率受到既不是反应物也不是生成物的物质的影响。这种被称为催化剂的材料可以使反应速度提高一百万倍或更多，也可以使反应速度减慢(负催化剂)。

有两大类催化剂：一类是在接近环境温度下运行的生化系统催化剂，另一类是在高温下运行的人造催化剂。

生化催化剂称为酶，在生物化学世界和生物体中随处可见，此外，在我们的身体里，数百种不同的酶和其他催化剂一直在忙碌着，维持着我们的生命。我们将在第27章讨论这些催化剂。

人造催化剂主要是固体，通常旨在引起高温破裂或材料合成。这些反应在许多工业过程中起着重要作用，如甲醇、硫酸、氨和各种石化产品、聚合物、油漆和塑料的生产。据估计，今天生产的所有化学产品中超过50%是使用催化剂制造的。这些材料的反应速率以及使用它们的反应器是本章和第19～22章的关注内容。

考虑石油。由于它由许多化合物(主要是碳氢化合物)的混合物组成，其在极端条件下的处理将导致各种变化同时发生，产生一系列化合物，一些是理想的，另一些是不理想的。虽然催化剂很容易将反应速度加快一千倍或一百万倍，但是当遇到各种反应时，催化剂最重要的特征是其选择性。它只会改变某些反应的速度，通常是单一的反应，而不会影响其他反应。因此，在适当的催化剂存在下，主要含有所需物质的产物可以从给定的进料中获得。

以下是一些一般性意见：

(1)选择促进反应的催化剂尚不清楚，因此，实际上可能需要广泛的试验和"错误"来产生令人满意的催化剂。

(2)复制良好的催化剂的化学结构并不能保证生成的固体将具有任何催化活性。这一观察表明，正是物理或晶体结构以某种方式赋予材料催化活性。将催化剂加热到某一临界温度以上可能会导致催化剂失去活性(通常是永久性的)，这一事实加强了这一观点。因此，目前对催化剂的研究主要集中在固体的表面结构上。

(3)为了解释催化剂的作用，认为反应物分子以某种方式改变，激励或影响以在靠近催化剂表面的区域中形成中间体。目前，已经提出了各种理论来解释这一行动的细节。在一种理论中，中间体被看作是反应物分子与表面区域的结合；换句话说，分子以某种方式附着在表面上。在另一种理论中，分子被认为是向下移动到靠近表面的大气中，受到表面力的影响。在这种观点下，分子仍然是可移动的，但是经过修饰的。第三种理论认为，在催化剂表面形成活性络合物、自由基。然后这个自由基再回到主气流中，在最终被破坏之前触发与新鲜分子的一系列反应。与前两种认为反应发生在表面附近的理论相反，该理论将催化剂表面简单地看作是自由基的发生器，反应发生在气体的主体中。

(4)就过渡态理论而言，催化剂减少了反应物必须通过以形成产物的势能势垒。这种势能势垒下降如图 18.1 所示。

(5)尽管催化剂可能会加速反应，但它绝不会决定反应的平衡或终点。这仅由热力学决定。因此，无论有没有催化剂的情况下，反应的平衡常数总是相同的。

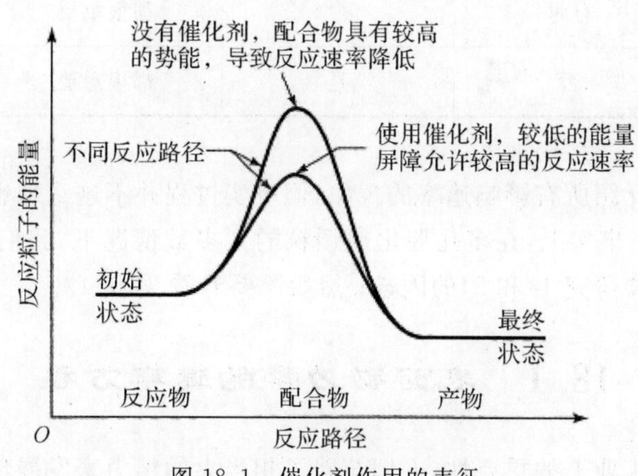

图 18.1　催化剂作用的表征

(6)由于固体表面产生催化活性，所以易于处理的材料中的易于接近的大表面是理想化的。通过多种方法，每立方厘米催化剂可以获得相当大的活性表面积。

虽然固体催化剂存在许多问题，但我们只考虑那些与设计中所需的动力学速率方程的发展有关的问题。我们只是假设有一种催化剂可以促进特定的反应。我们希望评估这种材料存在下反应物的动力学行为，然后将这些信息用于设计。

动力学体系的范围如下：

考虑浸泡在反应物 A 的多孔催化剂颗粒。作为整体颗粒的 A 的反应速率可以取决于：

1)表面动力学，或颗粒表面，内部或外部发生的情况。这可能涉及将反应物 A 吸附到表面上，在表面上反应或将产物解吸回到气流中。

2)孔扩散阻力可能导致颗粒内部缺少反应物。

3)粒子或粒子内的温度梯度 ΔT。这是由于反应过程中放热或吸收大。

4)颗粒外表面与主气流之间的薄膜 ΔT。例如，粒子在整个温度中可以是均匀的，但比周围的气体热。

5)薄膜扩散阻力或颗粒周围气膜上的浓度梯度。

对于气体/多孔催化剂体系，缓慢的反应仅受 1)的影响，在更快的反应速度下 2)可能会降低反应速度，然后 3)或 4)进入，5)不太可能限制总体反应速度。在液体系统中这些影响级数是 1)，2)，5)，很少有 3)或 4)。

在不同的应用领域(催化动力学之外)，这 5 种因素的不同组合也产生影响。我们通常遇到的情况见表 18.1。

表 18.1 影响颗粒反应速率的因素

速率影响因素	多孔催化剂颗粒	催化剂涂层表面	燃烧一滴燃料	细胞和简单生物
表面反应	是	是	否	是
孔隙扩散	是	是	否	可能
颗粒 ΔT	不太可能	否	否	否
膜 ΔT	有时	很少	都很重要	否
膜传质	否	是	都很重要	可以是

虽然在这里我们介绍所有影响速率的现象，但事实过程并不这么理想，我们必须在任何时候关注所有 5 个因素。事实上，在多孔催化剂颗粒的大多数情况下，我们只需考虑 1)和 2)因子。这里让我们来主要研究 1)和 2)的因素；然后简要看看 3)和 4)。

18.1 表面动力学的速率方程

由于催化反应在工业上的重要性，人们花费了相当大的精力来发展理论，从中可以合理地发展动力学方程。对于我们的目的来说，最有用的假设是反应发生在催化剂表面的活性位上。这三个步骤被认为是在表面连续发生的。

步骤 1:分子被吸附到表面并附着到活性位点。

步骤 2:然后它与另一个分子在相邻位点上反应，其中一个来自气相 。

步骤 3:产品从表面解吸，然后离开该部位。

此外，假定参与这三个过程的所有种类的分子、自由反应物和自由产物以及位点连接反应物、中间体和产物都处于平衡状态。

从各种假设机制导出的速率表达式都是

$$\text{反应速率}=\frac{(\text{动力项})(\text{驱动力或平衡位移})}{(\text{阻力项})}$$

对于反应

$$\mathrm{A+B \rightleftharpoons R+S, K}$$

在惰性气体材料 U 存在下发生，A 吸附时的速率表达式为

$$-r''_{\mathrm{A}}=\frac{k(p_{\mathrm{A}}-p_{\mathrm{R}}p_{\mathrm{S}}/Kp_{\mathrm{B}})}{(1+K_{\mathrm{A}}p_{\mathrm{R}}p_{\mathrm{S}}/Kp_{\mathrm{B}}+K_{\mathrm{R}}p_{\mathrm{R}}+K_{\mathrm{S}}p_{\mathrm{S}}+K_{\mathrm{U}}p_{\mathrm{U}})^2} \tag{18.1a}$$

当 A 和 B 的相邻位点连接的分子之间的反应控制时，速率表达式为

$$-r''_{\mathrm{A}}=\frac{k(p_{\mathrm{A}}p_{\mathrm{B}}-p_{\mathrm{R}}p_{\mathrm{S}}/K)}{(1+K_{\mathrm{A}}p_{\mathrm{A}}+K_{\mathrm{B}}p_{\mathrm{B}}+K_{\mathrm{R}}p_{\mathrm{R}}+K_{\mathrm{S}}p_{\mathrm{S}}+K_{\mathrm{U}}p_{\mathrm{U}})^2} \tag{18.1b}$$

而对于 R 的解吸，控制它成为

$$-r''_{\mathrm{A}}=\frac{k(p_{\mathrm{A}}p_{\mathrm{B}}/p_{\mathrm{S}}-p_{\mathrm{R}}/K)}{1+K_{\mathrm{A}}p_{\mathrm{A}}+K_{\mathrm{B}}p_{\mathrm{B}}+KK_{\mathrm{R}}p_{\mathrm{A}}p_{\mathrm{B}}/p_{\mathrm{S}}+K_{\mathrm{S}}p_{\mathrm{S}}+K_{\mathrm{S}}p_{\mathrm{S}}+K_{\mathrm{U}}p_{\mathrm{U}}} \tag{18.1c}$$

每一个详细的反应机理及其控制因素都有其相应的速率方程，涉及 3～7 个任意常数，即 K 值。出于各种原因，我们不打算使用此类方程式。因此，我们不讨论它们的派生。这些是由豪根和沃森(1947)、科里根(1954，1955)、瓦拉斯(1959)等人提供的。

现在，就接触时间或空时而言，大多数催化转化数据可以通过相对简单的一级或者 n 级速率表达式进行充分拟合(Prater，Lago，1956)。既然如此，我们为什么要选择一个非常复杂的符合数据的速率表达式呢？

下述讨论总结了支持和反对使用简单的经验动力学方程的论点。

1. *真实和可预测性*

支持寻找实际机制的最有力的论据是，如果我们找到一个可以真正代表所发生情况的机制，那么推断出新的、更有利的运行条件就更加安全。这是一个有力的论据。其他的观点，比如以生产更好的催化剂为最终目标来增加催化机理的知识，与现有的特定催化剂的设计工程师无关。

2. *寻找机制的问题*

为了证明我们有这样一种机制，我们必须证明，表示机制的速度方程式的曲线系列比其他系列的数据要好得多，所有其他系列可以不使用。由于每个速率控制机制都可以任意选择大量参数(3～7 个)，因此需要使用非常精确和可重现的数据，这是一个非常广泛的实验程序，这本身就是一个很大的问题。我们应该记住，选择适合甚至最适合数据的机制还不够好。在实验误差方面完全可以解释差异。从统计角度来看，这些差异可能并不“显著”。不幸的是，如果一些替代机制同样适合这些数据，那么我们必须认识到，选择的方程只能被认为是一个很好的拟合，而不是代表现实的一个。承认了这一点，我们没有理由不使用最简单和最容易处理的拟合方程。事实上，除非使用更复杂的两个方程有很好的原因，否则如果两者都适合数据，我们应该总是选择两者中较简单的一个。Chou(1958)对 Hougen 和 Watson(1947)中的共二聚体例子进行了统计分析和评论，其中对 18 种机制进行了检查，说明从动力学数据中寻找正确机制的困难，并表明即使在进行得最仔细的实验程序中，实验误差的大小也很可能掩盖各种机制所预测的差异。

因此，几乎不可能有把握地确定哪种机制是正确的。

3. *电阻的组合问题*

假设我们找到了这种表面现象的正确机理和合成速率方程。将此步骤与其他任何阻力步骤(如膜扩散的孔隙)结合起来是相当不实际的。当必须这样做时，最好用一个等价的一阶表达式来代替多常数速率方程，然后将其与其他反应步骤结合起来，得到一个整体速率表达式。

4. *表面动力学概述*

从这一讨论中我们得出结论，使用最简单的关联速率表达式，即一级或 n 级动力学，来表示表面反应是足够好的。

关于质疑活性位点方法有效性的其他评论，提出了反应器设计中使用的动力学方程的形式，并提出了活性部位理论的实际用途，请参阅韦勒(1956)和布达特(1956)提出的相反观点 。

18.2 孔隙扩散阻力与表面动力学相结合

单圆柱孔，一级反应，即

先考虑一个长度为 L 的圆柱形孔洞，反应物 A 扩散到孔洞中，在表面发生一级反应：

$$A \longrightarrow \text{产品} \quad \text{且} -r''_A = -\frac{1}{S}\frac{dN_A}{dt} = k''c_A \tag{18.2}$$

在孔壁处反应，产物扩散到孔外，如图 18.2 所示。这个模型将在后续进行讲解。在图 18.3 中详细地显示了进出任何孔隙截面的物质流动。在稳态条件下，给出了反应物 A 的物料平衡：

$$\text{输出} - \text{输入} + \text{反应消失} = 0 \tag{4.1}$$

或者用图 18.3 所示的量：

$$-\pi r^2 \mathscr{D}\left(\frac{dc_A}{dx}\right)_{out} + \pi r^2 \mathscr{D}\left(\frac{dc_A}{dx}\right)_{in} + K''c_A(2\pi r\Delta x) = 0$$

重排可得

$$\frac{\left(\frac{dc_A}{dx}\right)_{out} - \left(\frac{dc_A}{dx}\right)_{in}}{\Delta x} - \frac{2k''}{\mathscr{D}r}c_A = 0$$

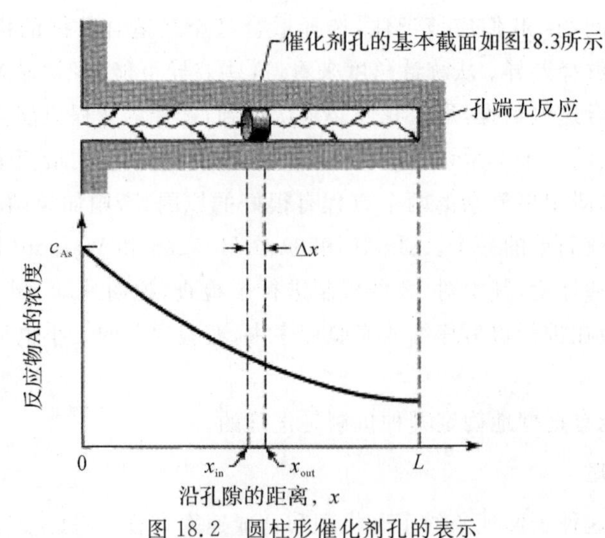

图 18.2 圆柱形催化剂孔的表示

当 Δx 接近零[参阅等式(13.18a)的等式]时取得该极限，可得

$$\frac{d^2c_A}{dx^2} - \frac{2k''}{\mathscr{D}r}c_A = 0 \tag{18.3}$$

注意，一级化学反应以催化剂孔壁的单位表面积表示，因此 k'' 的单位为长度/时间(见式 1.4)。一般来说，不同基础上的速率常数之间的相互关系由下式给出：

$$kV = k'W = k''S \tag{18.4}$$

对于圆柱形催化剂孔来说，有

$$k = k''\left(\frac{\text{表面积}}{\text{体积}}\right) = k''\left(\frac{2\pi rL}{\pi r^2 L}\right) = \frac{2k''}{r} \tag{18.5}$$

因此体积单位式(18.3)变成

$$\frac{\mathrm{d}^2 c_{\mathrm{A}}}{\mathrm{d}x^2} - \frac{k}{\mathscr{D}} c_{\mathrm{A}} = 0 \tag{18.6}$$

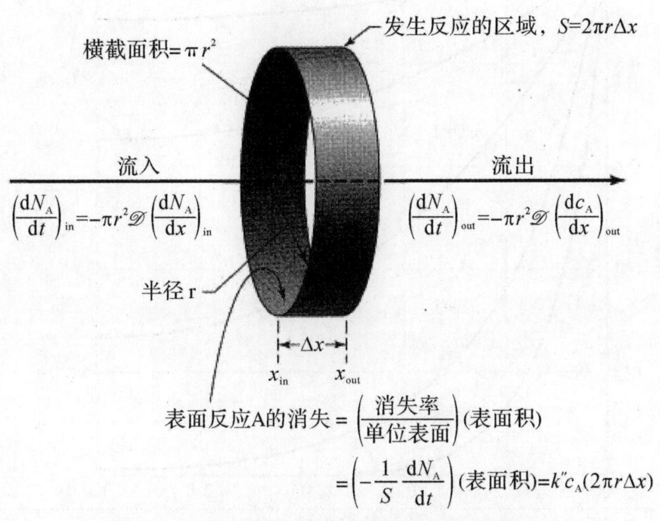

图 18.3　设置催化剂孔隙基本层的物料平衡

这是一个常见的线性微分方程，其一般解决方案为

$$c_{\mathrm{A}} = M_1 \mathrm{e}^{mx} + M_2 \mathrm{e}^{-mx} \tag{18.7}$$

式中

$$m = \sqrt{\frac{k}{\mathscr{D}}} = \sqrt{\frac{2k''}{\mathscr{D}r}}$$

M_1 和 M_2 是常数。在求这些常数时，我们将解决方案局限于这一系统。我们通过指定所选模型的具体内容来做到这一点，这个过程需要清楚地了解模型代表什么。这种模型被称为问题的边界条件。由于要计算两个常数，我们必须找到并指定两个临界条件。在孔隙入口处有

$$x = 0, c_{\mathrm{A}} = c_{\mathrm{As}} \tag{18.8a}$$

孔的内端，没有流量或材料移动，即

$$x = L \ \frac{\mathrm{d}c_{\mathrm{A}}}{\mathrm{d}x} = 0 \tag{18.8b}$$

通过对式(18.7)和式(18.8)进行适当的数学处理，可得

$$M_1 = \frac{c_{\mathrm{As}} \mathrm{e}^{-mL}}{\mathrm{e}^{mL} + \mathrm{e}^{-mL}},\ M_2 = \frac{c_{\mathrm{As}} \mathrm{e}^{mL}}{\mathrm{e}^{mL} + \mathrm{e}^{-mL}} \tag{18.9}$$

空隙内的反应物浓度为

$$\frac{c_{\mathrm{A}}}{c_{\mathrm{As}}} = \frac{\mathrm{e}^{m(L-x)} + \mathrm{e}^{-m(L-x)}}{\mathrm{e}^{mL} + \mathrm{e}^{-mL}} = \frac{\cosh m(L-x)}{\cosh mL} \tag{18.10}$$

式中，cosh 为双曲余弦函数。

这种进入孔隙的浓度逐渐下降如图 18.4 所示，这被认为取决于 mL，称为 Thiele 模量。为了测量反应速率由于孔扩散阻力而降低了多少，定义有效因子的量如下：

有效系数

$$\mathscr{D}=\frac{(\text{孔内实际平均反应速率})}{(\text{如果不因孔隙扩散而减慢的速率})}=\frac{\overline{r_A},\text{扩散}}{r_A,\text{无扩散阻力}} \tag{18.11}$$

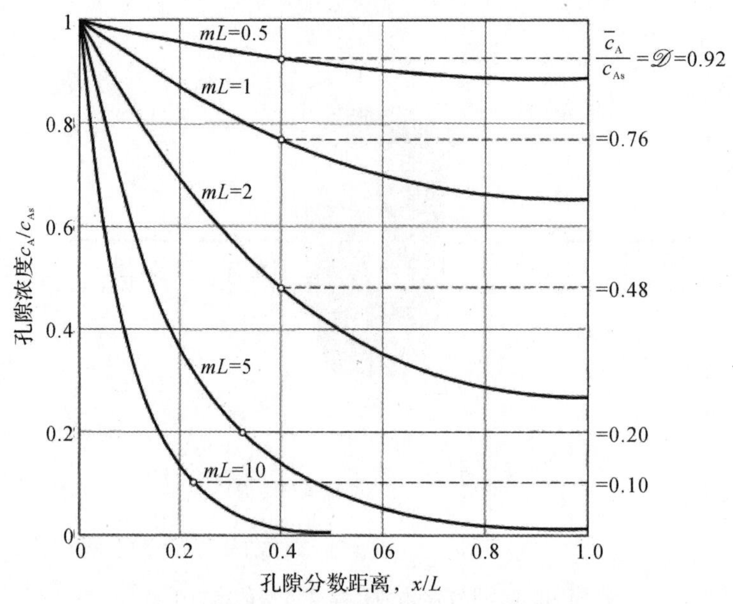

图 18.4　催化剂孔内反应物浓度的分布和平均值与参数

$mL=L\sqrt{k/\mathscr{D}}$ 函数关系

特别是，对于一级反应 $\psi\mathscr{D}=c_A/c_{As}$，因为速率与浓度成正比。从式(18.10)评估孔隙中的平均速率。式(18.10)给出关系为

$$\mathscr{D}_{\text{一级反应}}=\frac{c_A}{c_{As}}=\frac{\tanh mL}{mL} \tag{18.12}$$

这在图 18.5 中用实线表示。通过这个图我们可以判断孔扩散是否会改变反应速率，并且表明这取决于 Thiele(mL)是大还是小。

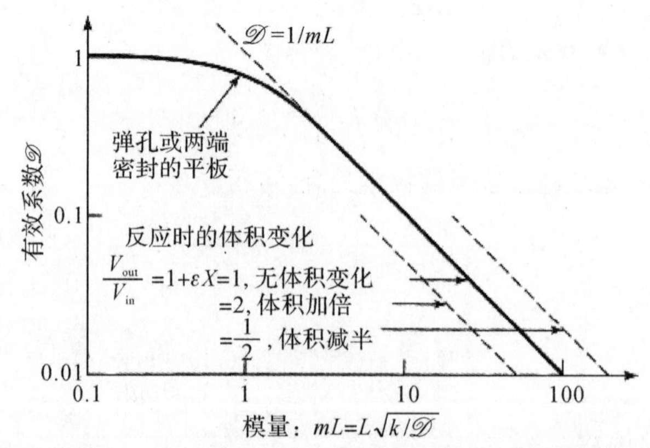

图 18.5　由 Aris(1957)和 Thiele(1939)编制的有效因子与参数 mL 或 M_T 的函数关系，称为 Thiele 模量

对于小 mL 或 $mL<0.4$，我们看到 $\mathscr{D}=1$，反应物的浓度在孔内不会明显下降；因此孔扩散阻力可忽略。这也可以通过注意 $mL=L\sqrt{k/\sigma}$ 的小值来验证 意味着要么是短孔，慢反应，要么是快速扩散，所有这三种因素都倾向于降低扩散阻力。

对于大 mL 或 $mL>4$，我们发现 $\mathscr{D}=1/mL$，即反应物浓度进入孔隙时迅速下降至零，因此扩散极大地影响反应速率。我们称之为强孔隙阻力的体系。

18.3　多孔催化剂颗粒

单个孔隙的结果可以近似各种形状的颗粒如球体、圆柱体等。对于这些系统，可以采用以下方法。

(1)使用适当的扩散系数。通过流体在多孔结构中的有效扩散系数。替换分子扩散系数 $\mathscr{D}$；Weisz(1959)给出了多孔固体中气体和液体的代表值。

(2)粒径的测量。为了求气体穿透到所有内表面的有效距离，我们定义了粒子的特征尺寸。

$$L=\begin{cases}(\text{颗粒体积 / 反应物可穿透的外表面})\text{，任何粒子形状}\\ \text{厚度 }/2\text{，用于平板}\\ R/2\text{，对于圆柱体}\\ R/3\text{，对于球体}\end{cases} \tag{18.13}$$

(3)反应速率测定。催化体系中，反应速率可以用许多等效方式表示。例如，对于一级动力学，表达式如下：

$$\text{基于反应器中空隙的体积}\ -r_A=-\frac{1}{V}\frac{dN_A}{dt}=kc_A,\left[\frac{\text{mol}}{\text{m}^3\cdot\text{s}}\right] \tag{18.14}$$

$$\text{基于催化剂颗粒的重量}\ -r'_A=-\frac{1}{W}\frac{dN_A}{dt}=k'c_A,\left[\frac{\text{mol}}{\text{m}^3\cdot\text{s}}\right] \tag{18.15}$$

$$\text{基于催化剂表面}\ -r''_A=-\frac{1}{S}\frac{dN_A}{dt}=k''c_A,\left[\frac{\text{mol}}{\text{m}^3\cdot\text{s}}\right] \tag{18.16}$$

$$\text{基于催化剂颗粒的体积}\ -r'''_A=-\frac{1}{V_p}\frac{dN_A}{dt}=k'''c_A,\left[\frac{\text{mol}}{\text{m}^3\cdot\text{s}}\right] \tag{18.17}$$

$$\text{基于反应器总容积}\ -r''''_A=-\frac{1}{V}\frac{dN_A}{dt}=k''''c_A,\left[\frac{\text{mol}}{\text{m}^3\cdot\text{s}}\right] \tag{18.18}$$

使用任何定义都很方便。然而，对于基于单位质量和颗粒单位体积的多孔催化剂颗粒速率，r' 和 r''' 是有用，因此对于 n 级反应：

$$-r'_A\left[\frac{\text{molA}}{(\text{kg})\cdot\text{s}}\right]=k'c_A^n\ \text{其中，}\ k'=\left[\frac{(\text{m}^3)^n}{(\text{mol A})^{n-1}(\text{kg})\cdot\text{s}}\right]$$

$$-r'''_A\left[\frac{\text{molA}}{(\text{m}^3)\cdot\text{s}}\right]=k'''c_A^n\ \text{其中，}\ k'''=\left[\frac{(\text{m}^3)^n}{(\text{mol A})^{n-1}(\text{m}^3)\cdot\text{s}}\right] \tag{18.19}$$

(4)Thiele(1939)和 Aris(1957)采用与单个圆柱形孔隙相似的方法，将 $\mathscr{D}$ 与 M_T 联系起来，得到不同颗粒形状如下：

$$\left.\begin{array}{l} A \rightarrow R \\ -r'''_A = k'''c_A \,\mathscr{E} \\ \uparrow \text{mol/(m}^3\cdot\text{s)} \end{array}\right\} \cdots 其中,\ \mathscr{E} \begin{cases} = \dfrac{1}{M_T}\cdot \tanh M_T & (18.20) \\ = \dfrac{1}{M_T}\cdot \dfrac{I_1(2M_T)}{I_0(2M_T)} \quad \leftarrow 贝塞尔函数 & (18.21) \\ = \dfrac{1}{M_T}\cdot\left(\dfrac{1}{\tanh 3M_T}-\dfrac{1}{3M_T}\right) & (18.22) \end{cases}$$

$$M_T = L\sqrt{k'''/\mathscr{D}_e} \tag{18.23}$$

这些关系如图 18.6 所示。如果已知 $\mathscr{D}_e$,k''',可以从 M_T 和图 18.6 中找到反应速率。然而,如果我们想从一个实验中评估 k''',在这个实验中,我们测量了一个速率,我们不确定这个速率是否被扩散阻力减慢了。

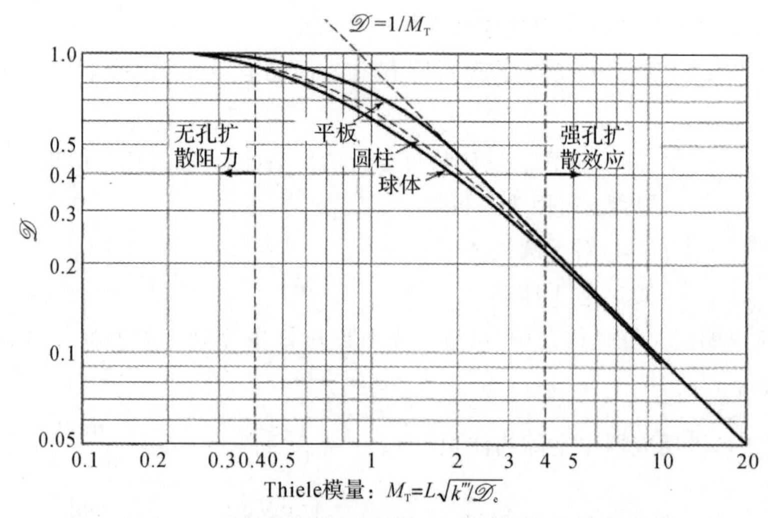

图 18.6 不同形状多孔颗粒的有效因子与 M_T 的关系

(5)从实验中发现孔隙阻力效应。在这里定义另一个模量,它只包括可观察和可测量的量。这就是所谓的 Wagner - Weisz - Wheeler 模数 M_W,则有

$$M_W = M_T^2\mathscr{E} = L^2\,\frac{(-r'''_A/c_A)_{obs}}{\mathscr{D}_e} \tag{18.24}$$

称之为瓦格纳模量。

(6)孔隙阻力极限。当反应物完全渗透到颗粒中并将其所有表面浸润时,颗粒处于无扩散状态。这发生在 $M_T<0.4$ 或 $M_W<0.15$ 时。

在另一个极端情况下,当粒子的中心缺少反应物而未被使用时,粒子处于强孔隙阻力状态。这发生在 $M_T>4$ 或 $M_W>4$ 时。

图 18.6 和图 18.7 显示了这些情况。

(7)不同尺寸的粒子。比较尺寸为 R_1 和 R_2 的粒子的现象,我们发现在无扩散状态,有

$$\frac{r'_{A1}}{r'_{A2}} = \frac{\mathscr{E}_1 k' c_A}{\mathscr{E}_2 k' c_A} = \frac{\mathscr{E}_1}{\mathscr{E}_2} = 1$$

在强扩散阻力的状态下,有

$$\frac{r'_{A1}}{r'_{A2}}=\frac{\mathscr{E}_1}{\mathscr{E}_2}=\frac{M_{T2}}{M_{T1}}=\frac{R_2}{R_1} \tag{18.25}$$

因此，速率与粒径成反比。

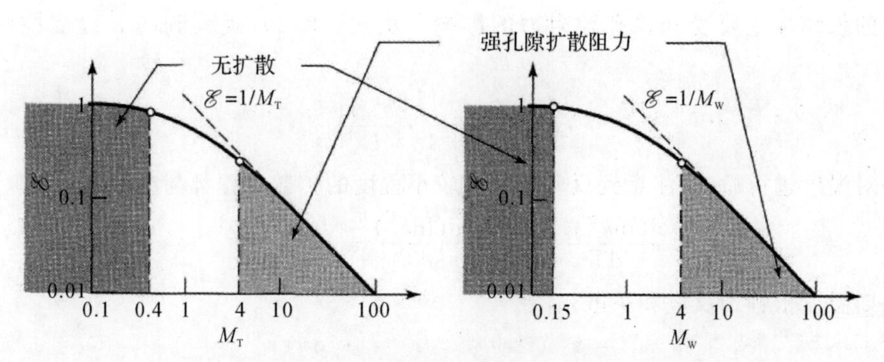

图 18.7　显示了可忽略的和强孔隙扩散阻力的极限

扩展：

这种基本处理有很多扩展，这里我们只解其中几种。

(1)对于由不同形状和尺寸的颗粒混合物组成的催化剂床。Aris(1957)表明正确的平均有效系数为

$$\overline{\mathscr{E}}=\mathscr{E}_1 f'_1+\mathscr{E}_2 f'_2+\cdots$$

式中，f'_1，f'_2是尺寸为1，2，…的颗粒在混合物中的体积分数。

(2)摩尔体积变化。随着反应过程中流体密度(膨胀)的减小，分子从孔中流出量的增加使反应物扩散到孔中变得更难，因此 $\mathscr{D}$ 降低。另一方面，体积收缩导致净摩尔流量进入孔中，因此增加0。对于一级反应，Thiele(1939)发现这种流量简单地移动 $\mathscr{D}$ 与 M_T 曲线如图18.5所示。

(3)任意反应动力学。如果 Thiele 模量推广为

$$M_T=\frac{(-r'''_{As})L}{\left[2D_e\int_{c_{Ae}}^{c_{As}}(-r'''_A)\mathrm{d}c_A\right]^{1/2}},\ c_{Ae}=(\text{平衡浓度}) \tag{18.26}$$

那么所有形式的速率方程的 $\mathscr{E}$r 与 M_T 曲线紧密地遵循一级反应的曲线。这个广义模数如下：对于一级可逆反应，有

$$M_T=L\sqrt{\frac{k'''}{\mathscr{D}_e X_{Ae}}} \tag{18.27}$$

对于 n 级不可逆反应，有

$$M_T=L\sqrt{\frac{(n+1)k'''c_{As}^{n-1}}{2\mathscr{D}_e}} \tag{18.28}$$

在强孔隙阻力区域中，n 级反应以意想不到的方式表现。结合 n 级速率和式(18.28)的广义模数可得

$$-r'''_A=k'''c_{As}^n\mathscr{E}=k'''c_{As}^n\cdot\frac{1}{M_T}=k'''c_{As}^n\cdot\frac{1}{L}\sqrt{\frac{2\mathscr{D}}{(n+1)k'''c_{As}^{n-1}}}$$

$$=\left(\frac{2}{n+1}\cdot\frac{k'''\mathscr{D}_e}{L^2}\right)^{1/2}c_{As}^{(n+1)/2} \tag{18.29}$$

因此，在强孔隙扩散的情况下，n 级反应表现为$(n+1)/2$级或0级变成1/2级。

$$\begin{gathered}\text{第 1 级保持第 1 级}\\ \text{第 2 级变成第 1.5 级}\\ \text{第 3 级数变成第 2 级数}\end{gathered} \tag{18.30}$$

反应温度的依赖性主要受到强孔隙阻力的影响。从式(18.29)观察到的 n 级反应的速率常数为

$$k'''_{\text{obs}} = \left(\frac{2}{n+1} \cdot \frac{k''' \mathscr{D}_{\text{e}}}{L^2}\right)^{1/2}$$

取对数并对温度进行微分,注意到反应速率和较小程度的扩散过程都与温度有关,即

$$\frac{\mathrm{d}(\ln k'''_{\text{obs}})}{\mathrm{d}T} = \frac{1}{2}\left[\frac{\mathrm{d}(\ln k''')}{\mathrm{d}T} + \frac{\mathrm{d}(\ln \mathscr{D}_{\text{e}})}{\mathrm{d}T}\right] \tag{18.31}$$

阿伦尼乌斯温度依赖于反应和扩散,有

$$k''' = k'''_0 \mathrm{e}^{-E_{\text{真实}}/RT}, \ \mathscr{D}_{\text{e}} = \mathscr{D}_{\text{e0}} \mathrm{e}^{-E_{\text{扩散}}RT}$$

代入式(18.31),则有

$$E_{\text{obs}} = \frac{E_{\text{真实}} + E_{\text{扩散}}}{2} \tag{18.32}$$

由于气相反应的活化能通常相当高,比如说 80～240 kJ,而扩散的活化能很小(室温下约 5 kJ 或 1 000℃下 15 kJ),则有

$$E_{\text{obs}} \approx \frac{E_{\text{真实}}}{2} \tag{18.33}$$

这些结果表明,由强孔隙阻力影响的反应活化能大约是真实活化能的一半。

孔隙扩散阻力。对于一阶表面反应,公式(18.34)中以紧凑的形式总结了我们的发现:

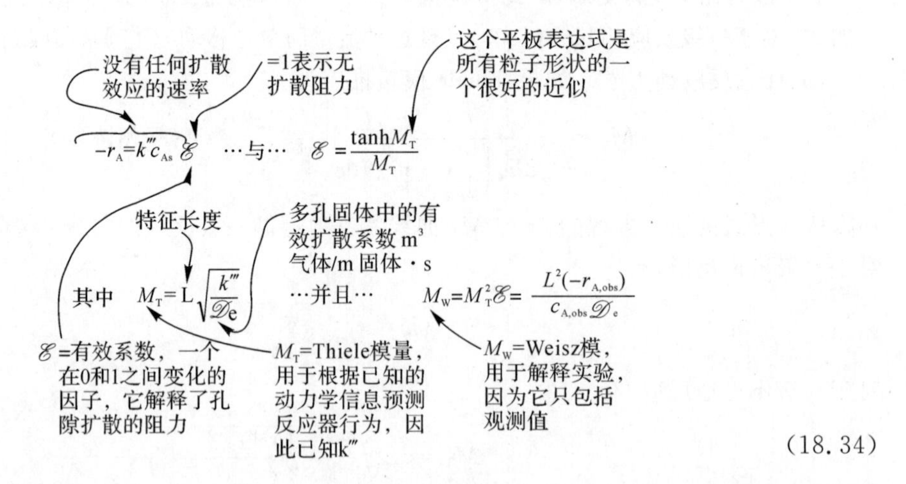

(18.34)

要了解孔隙阻力如何影响速率,就要计算 M_T 或 M_W,然后从上述方程或图中找到 $\mathscr{D}$ 并插入速率方程中。

理想的加工范围:细小固体颗粒没有孔扩散阻力,但难以使用(设想粉末填充床的压降)。另一方面,大颗粒床具有小的 Δp,但容易处于强孔隙扩散的状态,其中大部分颗粒的内部未被使用。

对于最有效的操作,我们想要的是使用最大的粒径,它仍然没有扩散阻力或 $M_T = 0.4$,$M_W = 0.15$。

18.4　反应过程中的热效应

当反应太快时，颗粒中释放(或吸收)的热量不能迅速去除，以保持颗粒接近流体温度，则非等温效应发生。在这种情况下，可能遇到两种不同的温度效应：

(1)粒子内 ΔT。颗粒内可能存在温度变化。

(2)薄膜 ΔT。颗粒可能比周围的流体更热(或更冷)。

对于放热反应，热量被释放并且颗粒比周围流体更热，因此非等温速率总是高于散装流条件下测得的等温速率。但是，对于吸热反应，非等温速率低于等温速率，因为颗粒比周围流体更冷。

因此我们的第一个结论是：如果热颗粒不会发生热冲击或催化剂表面的烧结或选择性降低的有害影响，那么我们会利用放热反应中的非等温行为。另外，我们会想要抑制这种吸热反应的现象。

下述的简单计算说明了可能存在的非等温效应。

(1)对于薄膜 ΔT，我们把通过薄膜的热去除率等同于球团内部反应产生的热量。则有

$$Q_{生成} = (V_{球团})(-r'''_{A,obs})(-\Delta H_r)$$

$$Q_{移除} = hS_{球团}(T_g - T_s)$$

我们发现

$$\Delta T_{薄膜} = (T_g - T_s) = \frac{L(-r'''_{A,obs})(-\Delta H_r)}{h} \tag{18.36}$$

其中 L 是颗粒的特征尺寸。

(2)对于颗粒内物体，Prater(1958)对任何颗粒几何形状和动力学的简单分析都给出了所需的表达式。由于粒子内的温度和浓度用相同形式的微分方程(Laplace 方程)表示，所以 Prater 表明 T 和 c_A 分布必须具有相同的形状；因此在颗粒 x 中的任何点，有

$$-k_{eff}\frac{dT}{dx} = \mathscr{D}_e\frac{dc_A}{dx}(-\Delta H_r) \tag{18.37}$$

和整个颗粒：

$$\Delta T_{颗粒} = (T_{中心} - T_s) = \frac{\mathscr{D}_e(c_{As} - c_{A,中心})(-\Delta H_r)}{k_{eff}} \tag{18.38}$$

式中，k_{eff}是颗粒内的有效热导率。

(3)对于颗粒内的温度梯度，Carberry(1961)，Weisz 和 Hicks(1962)等人计算了相应的非等温有效因子曲线。图 18.8 所示以无量纲形式说明了这些曲线，并且显示该形状与图 18.6 的等温曲线非常相似，但有例外。对于只有在孔隙阻力刚刚开始的放热反应时，有效因子可能会大于 1。

然而，对于气固体系，Hutchings 和 Carberry(1966)和 McGreavy 及其同事表明，如果反应速度足以引入非等温效应，则温度梯度主要发生在气膜上，而不是在颗粒内。因此我们可能会期望在任何粒子内部 ΔT 变得明显之前，找到一个重要的薄层 ΔT。

对于图 18.8 的详细版本，其显示了 B 与 M_T和 B 与 M_W，以及处理非等温反应器的问题，参见第 22 章 Levenspiel(1996)的。

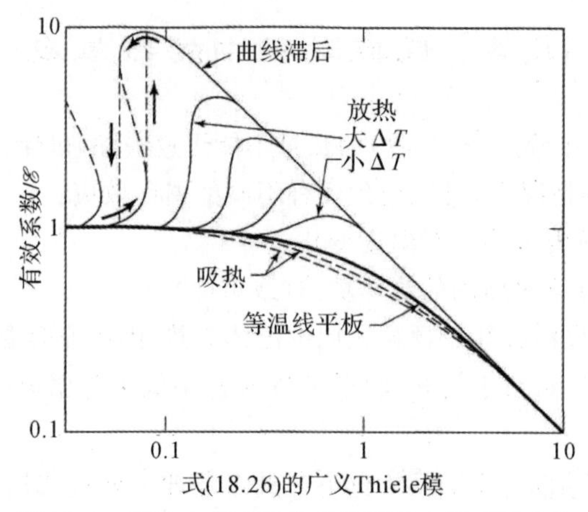

图 18.8 颗粒内温度变化的非等温有效系数曲线

18.5 含多孔催化剂颗粒反应器的性能方程

1. 对于活塞流

取一小片 PFR,然后根据第 5 章对均相反应的分析,我们得到了图 18.9 所示的情况。

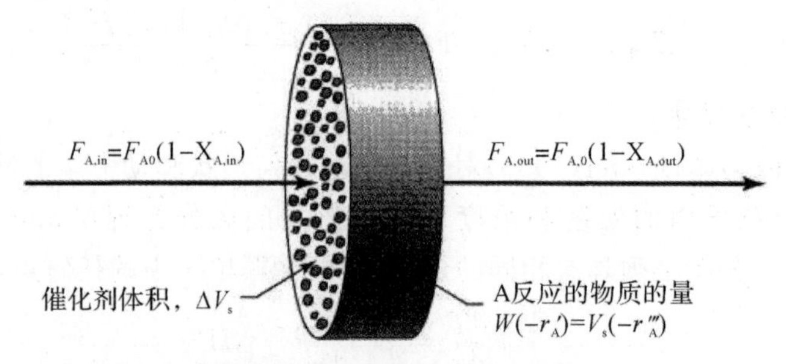

图 18.9 固体催化活塞流反应器的基本切片

在稳定状态下,反应物 A 的物料平衡给出:

$$\text{输入} = \text{输出} + \text{积累} \quad \left[\frac{\text{mol A}}{\text{s}}\right] \tag{18.39}$$

即

$$F_{A0} - F_{A0}X_{A\,in} = F_{A0} - F_{A0}X_{A\,out} + (-r_A')\Delta W$$

微分得

$$F_{A0}\,dX_A = (-r_A')\,dW = (-r_A''')\,dV_s \tag{18.40}$$

整个反应器上积分得

$$\frac{W}{F_{A0}} = \int_0^{X_{Aout}} \frac{dX_A}{-r_A'} \text{ 或 } \frac{V_s}{F_{A0}} = \int_0^{X_{Aout}} \frac{dX_A}{-r_A'''} \tag{18.41}$$

注意这个方程与式(5.13)对于均相反应的相似性。为了对比

$$\frac{Wc_{A0}}{F_{A0}} = \tau' \quad \left[\frac{\text{kg}\cdot\text{s}}{\text{m}^3}\right] \tag{18.42}$$

$$\frac{V_s c_{A0}}{F_{A0}} = \tau''' \quad \left[\frac{m^3 \cdot s}{m^3}\right] \tag{18.43}$$

对于一阶催化反应，式(18.41)变为

$$k'\tau' = k'''\tau''' = (1+\varepsilon_A)\ln\frac{1}{1-X_{Aout}} - \varepsilon_A X_{Aout}[-] \tag{18.44}$$

2. 对于全混流

在对第 5 章进行分析之后，我们已经有了 ε_A 值，即

$$\left.\begin{aligned}\frac{W}{F_{A0}} &= \frac{X_{Aout}-X_{Ain}}{(-r'_{Aout})}\\ \frac{V_s}{F_{A0}} &= \frac{X_{Aout}-X_{Ain}}{(-r'''_{Aout})}\end{aligned}\right\} \tag{18.45}$$

对于 $c_{Ain}=c_{A0}$ 和 $\varepsilon_A \neq 0$ 的一级反应，有

$$k'\tau' = k'''\tau''' = \frac{X_{Aout}(1+\varepsilon_A X_{Aout})}{1-X_{Aout}} \tag{18.46}$$

3. 对于含有一批催化剂和一批气体的反应器

$$\left.\begin{aligned}\frac{t}{c_{A0}} &= \frac{V}{W_s}\int\frac{dX_A}{-r'_A}\\ \frac{t}{c_{A0}} &= \frac{V}{V_s}\int\frac{dX_A}{-r'''_A} \quad \left[\frac{m^3 \cdot s}{mol}\right]\end{aligned}\right\} \tag{18.47}$$

4. 简单性能方程的扩展

催化反应有许多应用，其中固体 f 的分数随反应器中高度 z 的变化而变化(见图 18.10)。

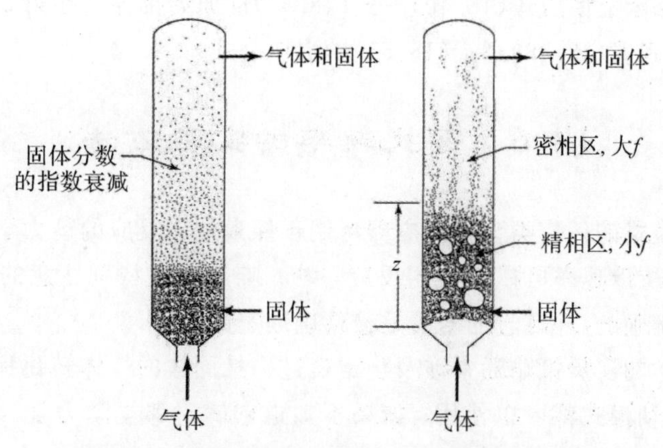

图 18.10　固体分数 f 随高度变化的催化反应器

对于这些情况，性能方程可能以不同的方式进行表达。以 u_0 作为通过垂直反应器的表观气速(固体不存在时的速度)，图 18.11 显示了通过反应器的薄片中发生的情况。稳态物料平衡给出，即

A 的输入＝A 的输出＋A 的消失

用符号表示为

$$u_0 A c_{A0}(1-X_{Ain}) = u_0 A c_{A0}(1-X_{Aout}) + (-r'''_A) f A \Delta z$$

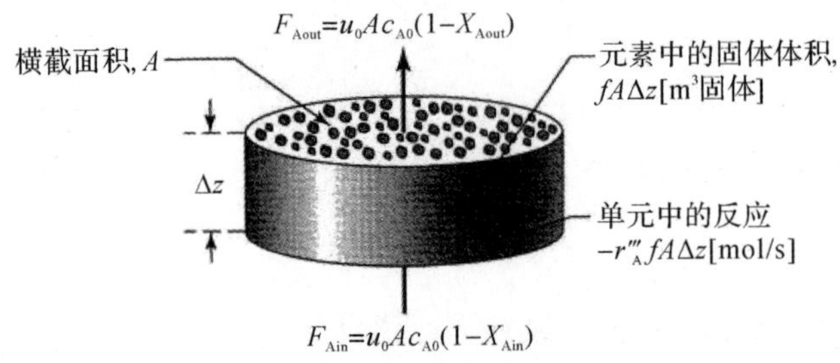

图 18.11　催化反应器有固体碎片的截面图

微分得

$$\frac{c_{A0}\,\mathrm{d}X_A}{-r'''_A}=\frac{f\,\mathrm{d}z}{u_0} \tag{18.48}$$

积分得

$$c_{A0}\int_0^{X_A}\frac{\mathrm{d}X_A}{(-r'''_A)}=\frac{1}{u_0}\int_0^H f\,\mathrm{d}z \tag{18.49}$$

对于一级反应，这个表达式可以简化为

$$(1+\varepsilon_A)\ln\frac{1}{1-X_A}-\varepsilon_A X_A=\frac{k'''}{u_0}\int_0^H f\,\mathrm{d}z \tag{18.50}$$

对于 $\varepsilon_A=0$ 的特殊情况，f 是恒定的，催化剂床的高度是 H，则有

$$\left.\begin{aligned}-\frac{\mathrm{d}c_A}{\mathrm{d}z}&=f\frac{k'''c_A}{u_0}\\ \ln\frac{c_{A0}}{c_A}&=\frac{k'''fH}{u_0}\end{aligned}\right\} \tag{18.51}$$

下一章将在填充床上使用式(18.40)～式(18.47)的原始推导。在第 20 章中，当处理悬浮固体反应器时，会用到式(18.48)到式(18.51)的引申公式。

18.6　寻找速率的实验方法

具有已知接触模式的任何类型的反应器可用于探索催化反应的动力学。由于这些反应中仅存在一种流体相，所以速率可以与均相反应一样。唯一需要特别注意的是确保所使用的性能公式在尺寸上是正确的，并且它的术语是被精确地定义。

研究催化动力学的实验策略通常涉及稳定流过一批固体的气体转化程度。只要选择的模式是已知的，任何流动模式都可以使用；如果不知道它属于那类动力学。也可以使用间歇式反应器。接下来我们讨论下面的实验设备：

(1)微分(流动)反应器；

(2)积分(活塞流)反应器；

(3)全混流反应器；

(4)用于气体和固体的间歇式反应器。

1. 微分反应器

当我们选择考虑反应器内所有点的速率恒定时，我们使用微分反应器。由于速率取决于浓度，因此这种假设通常只适用于小型转化或浅层小型反应。但是，这种情况也不一定会发生，例如，对于反应器可能较大的缓慢反应，或对于组成变化可能较大的零级动力学。

对于微分反应器中的每次运行，平推流性能方程变为

$$\frac{W}{F_{A0}}=\int_{X_{Ain}}^{X_{Aout}}\frac{dX_A}{-r'_A}=\frac{1}{(-r'_A)_{平均}}\int_{X_{Ain}}^{X_{Aout}}dX_A=\frac{X_{Aout}-X_{Ain}}{(-r'_A)_{平均}} \tag{18.52}$$

从中找到每次运行的平均速率。因此每次运行直接给出反应器中平均浓度的速率值，经过一系列运行就可以得出速率与浓度数据，然后可以分析速率方程。

例 18.2 说明了所提出的方法。

2. 积分反应器

当反应器内反应速率的变化非常大以至于我们选择考虑这些变化时，我们使用积分反应器。由于速率是受浓度影响的，所以当反应物流体的组成在通过反应器时显著变化时，速率会发生很大变化。我们可以按照下述方法来寻找速率方程。

(1)积分分析。在这里，一个具有相应速率方程的特定机制通过积分基本性能方程来给出，与式(5.17)类似，即

$$\frac{W}{F_{A0}}=\int_{0}^{X_A}\frac{dX_A}{-r'_A} \tag{18.53}$$

式(5.20)和式(5.23)是方程的综合形式。式(5.17)是简单的动力学方程，而例 18.3 说明了这个过程。

(2)微分分析。积分分析为测定一些较简单的速率表达式提供了一个的快速过程。然而，这些表达式较为复杂的速率表达中就不太适用。在这些情况下，微分分析方法变得更加方便。该程序与第 3 章中描述的微分方法非常类似。因此，通过微分式(18.53)可得

$$-r'_A=\frac{dX_A}{dW/F_{A0}}=\frac{dX_A}{d(W/F_{A0})} \tag{18.54}$$

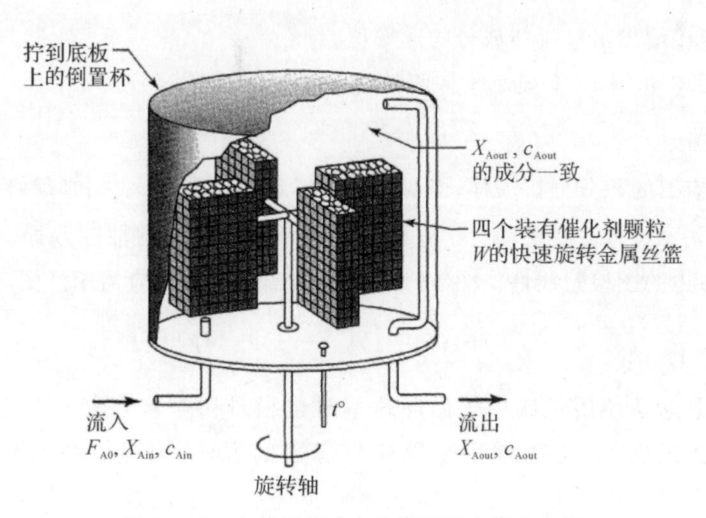

图 18.12　卡伯里篮式实验混流反应器示意图

例 18.3 说明了这个过程。

3. 全混流反应器

全混流反应器需要整个流体的状态是保持均匀的，尽管在初步考虑使用气固系统（微分接触除外）来接近理想可能看起来很困难，但这种接触实际上是可行的。Carberry(1964)设计了一个简单的实验装置，可以实现这一目标 。它被称为篮网式全混流反应器 ，如图 18.12 所示。Carberry(1969)给出了篮网式反应器的设计变化和使用参考。另一种接近全混流的装置是 Berty(1974)开发的设计，如图 18.13 所示。还有另一种设计是带有循环反应器的设计。这将在下一节中讨论。

对于全混流反应器，性能方程式变为

$$\frac{W}{F_{A0}}=\frac{X_{Aout}}{-r'_{Aout}}$$

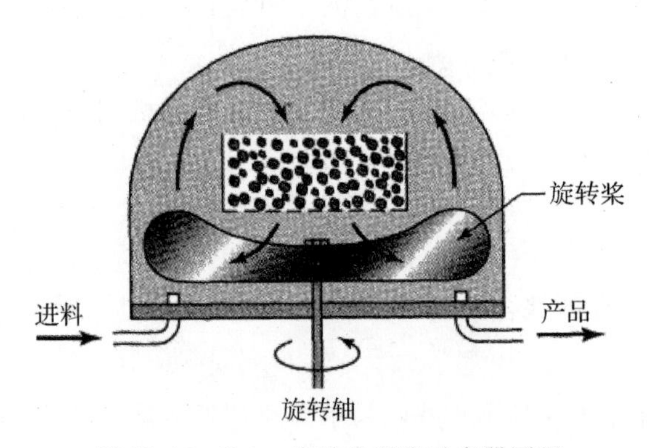

图 18.13　Berty 实验全混流反应器原理

从中得出速率

$$-r'_{Aout}=\frac{F_{A0}X_{Aout}}{W} \tag{18.55}$$

因此，每次运行直接给出出口流体成分的速率值。

例 5.1～例 5.3 和例 18.6 显示了如何处理这些数据。

4. 循环反应器

与对积分反应器的积分分析一样，当我们使用循环反应器时，我们必须将特定的动力学方程式放入参考中。该过程需要将动力学方程插入到循环反应器的性能方程中并进行积分，然后，方程左边和右边的图检验线性。图 18.14 所示为实验循环反应器示意图，则有

$$\frac{W}{F_{A0}}=(R+1)\int_{(R/R+1)X_{Af}}^{X_{Af}}\frac{dX_A}{-r'_A} \tag{6.21}$$

尽管如此，这些数据在使用低或中等循环速率时也很难讲解释，所以我们忽视这个情况。但是，如果循环比足够大，可以使用全混流反应器的方法（直接评估每次运行的速率）。因此，高循环比提供了近似混流的方法，它本质上是一个塞流装置。但要注意的是，决定回收比例的问题可能会很严重。Wedel 和 Villadsen(1983)和 Broucek(1983)研究了这个反应器的局限性。

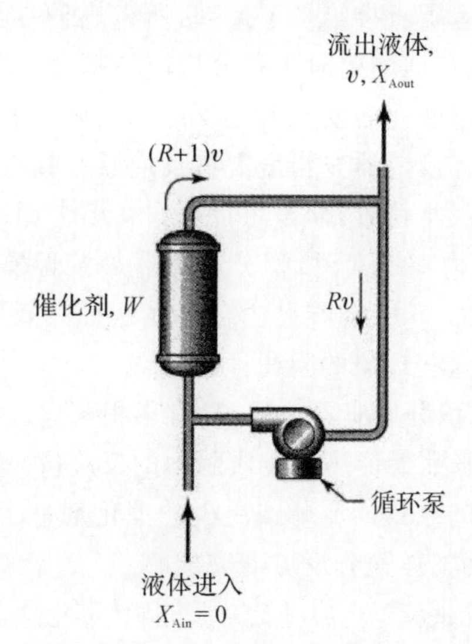

图 18.14　实验循环反应器,当循环比足够大,近似为全混流

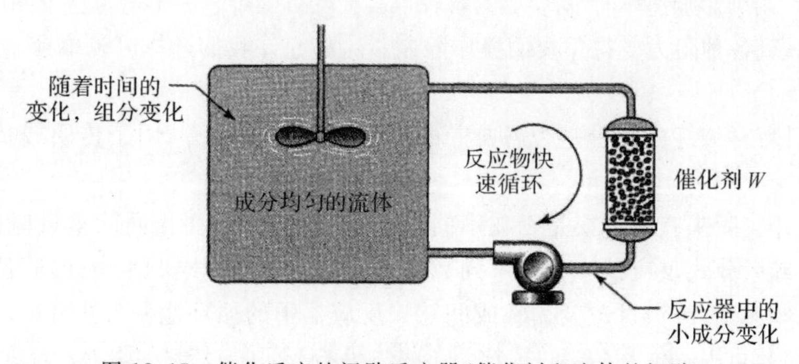

图 18.15　催化反应的间歇反应器(催化剂和流体的间歇)

5. 间歇反应器

图 18.15 概述了使用一批催化剂和一批流体的实验反应器的主要特点。在这个系统中,我们随着时间的推移改变组成,并用间歇反应器性能方程来解释结果。

$$\frac{t}{c_{A0}} = \int_0^{X_A} \frac{dX_A}{-r_A} = \frac{V}{W}\int \frac{dX_A}{-r'_A}, V = \text{气体体积} \tag{18.56}$$

该过程类似于均相间歇式反应器。为了确保有意义的结果,流体的组成必须在整个系统中随时保持均匀。这要求催化剂每次通过的转化率很小。

没有流通的循环反应器变成间歇式反应器。Butt 等人(1962)使用了这种类型的间歇式反应器。

6. 实验反应器的比较

(1)积分反应器的温度变化很大,特别是气固系统,即使在壁面处冷却。当寻找速率表达式时,这很可能使得这种反应器的动力学测量结果毫无价值。篮式反应器在这方面是最好的。

(2)积分反应器可用于模拟具有所有传热和传质效应的较大填充床单元的操作,尤其适用于进料和产品由多种材料组成的系统。

(3)由于微分和全混流反应器直接给出了速率,所以它们在分析复杂反应体系时更有用。除了简单的动力学形式之外的任何测定对于积分反应器都会变得不切实际。

(4)微分反应器所需的小量转化需要比其他反应器类型更准确的成分测量。

(5)具有大量再循环的循环反应器充当全混流反应器并具有其优点。实际上,为了使热效应最小化,催化剂不必全部在一个位置,而是可以分布在整个循环回路中。

(6)在探索传热和传质的物理因素时,积分反应器最接近模拟较大的固定床;然而,篮式反应器,循环反应器和间歇式 G/S 反应器更适合寻找这种热效应的限制,避免这些效应发生的体系,研究反应动力学不受这些现象的阻碍。

(7)间歇式 G/S 反应器与积分反应器一样,具有累积效应,因此可用于跟踪多个反应的进展。在这些反应器中,更容易研究无传热和传质阻力的反应(简单地增加循环速率),并且减缓反应进程也很简单(使用较大间歇式的流体或更少的催化剂);然而,固定床及其所有配合物的直接建模最好的方法是使用整体积分反应器完成。

(8)由于易于解释其结果,全混流反应器可能是研究固体催化反应动力学的最有吸引力的装置。

7. 确定控制阻力和速率方程

当不止一个阻力影响速率时,对实验的解释也就会变得困难。为了避免这个问题,我们应该在初步运行中先找到各种阻力变得重要的操作限制。这将允许我们选择可以单独研究阻力的操作条件。

(1)薄膜阻力。最好先查看是否需要考虑任何类型的膜阻力(用于传质或传热)。这可以通过多种方式完成。

1)可以设计实验来查看转换是否在不同的气体速度,但是在相同的重量时间变化。这是通过在积分式或微分式反应器中使用不同数量的催化剂达到相同的重量-时间值,通过改变篮式反应器的纺丝速率,或通过改变循环或间歇式反应器中的循环速率来实现的。

2)如果有数据可用,我们可以通过式(18.36)的估计来计算膜对传热的阻力是否重要,通过比较基于颗粒体积的一阶速率常数和该类型流动的传质系数来计算膜对传质的阻力是否重要。

对于流体以相对速度 u 流过单个粒子 Froessling(1938)给出:

$$\frac{k_g d_p}{\mathscr{D}} = 2 + 0.6 Re^{1/2} Sc^{1/3} = 2 + 0.6 \left(\frac{d_p u \rho}{\mu}\right)^{1/2} \left(\frac{\mu}{\rho \mathscr{D}}\right)^{1/3}$$

而流体通过粒子填充床 Ranz(1952)给出:

$$\frac{k_g d_p}{\mathscr{D}} = 2 + 1.8 Re^{1/2} Sc^{1/3},\ Re > 80$$

因此我们粗略地认为

$$\left.\begin{aligned} k_g &\sim \frac{1}{d_p} \quad \text{对于小的 } d_p \text{ 和 } u \\ k_g &\sim \frac{u^{1/2}}{d_p^{1/2}} \quad \text{对于大的 } d_p \text{ 和 } u \end{aligned}\right\} \tag{18.57}$$

此时,可以以较薄膜所受阻力为例,则有

$$k'''_{obs} V_p \text{ 与 } k_g S \tag{18.58}$$

如果两个项的数量级相同,我们可能会怀疑气膜阻力会影响速率。另外,如果 $k_{obs} V_p$ 比 $k_g S_{ex}$ 小得多,我们可以忽略通过膜的传质阻力。例 18.1 说明了这种类型的计算。该例子的结果证实了我们之前的理论,即膜传质阻力不可能对多孔催化剂起作用。

(2)非等温效应。我们可能会预料温度梯度会发生在气膜或颗粒内。然而,前面的讨论表明,对于气-固系统来说,最可能影响速率的因素是气膜上的温度梯度。因此,如果实验显示不存在气膜阻力,那么我们可以预计颗粒处于其周围流体的温度,因此,可以假定等温条件。阅例 18.1。

(3)孔隙阻力。有效性因素解释了这种阻力。基于单位质量的催化剂,则有

$$-r'''_A = k''' c_A^n \mathscr{E}$$

其中 $\mathscr{E} = \frac{1}{M_T}$。

孔隙阻力的存在可以通过以下确定:

(1)如果 $\mathscr{D}$ 是已知的,则计算孔隙阻力。

(2)比较不同颗粒大小的速率。

(3)注意到随着温度升高反应的活化能下降,加上可能的反应级数变化。

18.7　多阶反应中的产品分布

通常,固体催化的反应是多重反应。在形成的各种产品中,通常情况下只有一种是所需要的,而要使这种材料的产量最大化。在这种情况下,产品分配问题是最重要的。

本节我们介绍强孔隙扩散如何改变各种类型反应的真实瞬时分馏产率;然而,我们已在第 7 章计算反应器中具有特定流体流动模式的总分馏率。另外,我们不会考虑薄膜对传质阻力的影响,因为这种影响不会影响速率。

1. 单反应物的双路径分解

(1)无孔隙扩散阻力。考虑平行路径分解:

$$A \begin{cases} \nearrow R\text{(希望的)}, & r_R = k_1 c_A^{a_1} \\ \searrow S\text{(不希望的)}, & r_R = k_1 c_A^{a_2} \end{cases} \tag{18.59}$$

其中,催化剂表面任意单元的瞬时分馏产率为

$$\varphi_{\text{真实}}\left(\frac{R}{R+S}\right) = \frac{r_R}{r_R + r_S} = \frac{1}{1 + (k_2/k_1) c_A^{a_2 - a_1}} \tag{18.60}$$

对于一级反应:

$$\varphi_{\text{真实}} = \frac{1}{1 + (k_2/k_1)} \tag{18.61}$$

(2)强孔隙扩散阻力。在此条件下,有

$$r_R = k_1 c_{Ag}^{a_1} \cdot \mathscr{E}_1 = k_1 c_{Ag}^{a_1} \cdot \frac{1}{M_T}$$

由式(18.29)得

$$r_R \approx k_1 c_{Ag}^{a_1} \cdot \frac{1}{L}\left[\frac{4\mathscr{D}_e}{(a_1 + a_2 + 2)(k_1 + k_2) c_{Ag}^{a_1 - 1}}\right]^{1/2}$$

对 r_s 使用类似的表达式,并将这两个代入 φ 给出的定义式中,有

$$\varphi_{obs} = \frac{r_R}{r_R + r_S} = \frac{1}{1 + (k_2/k_1) c_{Ag}^{(a_2 - a_1)/2}} \tag{18.62}$$

对于等阶反应或一级反应:

$$\varphi_{obs} = \frac{1}{1 + k_2/k_1} \tag{18.63}$$

由于第 7 章中的规则表明,同一次序的竞争反应的产物分布不应受孔隙或反应器中 A 的浓度变化的影响。

2.连串反应

当所需产物可以进一步分解时,考虑连续的一级分解:

$$A \longrightarrow R \longrightarrow S$$

当 c_A不在催化剂颗粒的内部下降时,得到真正的速率为

$$\left.\begin{aligned} \varphi_{obs} &= \varphi_{真实} \\ \left(\frac{k_2}{k_1}\right)_{obs} &= \left(\frac{k_2}{k_1}\right)_{真实} \end{aligned}\right\} \tag{18.64}$$

强孔隙扩散阻力。类似于从式 18.2 开始使用适当的动力学速率表达式的分析给出了反应器中任何点的主气流(或孔口)中材料的浓度比。因此,微分表达式(惠勒,1951)为

$$\frac{dc_{Rg}}{dc_{Ag}} = -\frac{1}{1+\gamma} + \gamma\frac{c_{Rg}}{c_{Ag}},\ \gamma = \left(\frac{k_2}{k_1}\right)^{1/2} \tag{18.65}$$

对于 c_A从 c_{A0}到 c_{Ag}的全混流,由 $c_{R0}=0$,可得

$$c_{Rg} = \frac{1}{1+\gamma}\cdot\frac{c_{Ag}(c_{A0}-c_{Ag})}{c_{Ag}+\gamma(c_{A0}-c_{Ag})} \tag{18.66}$$

对于活塞流,与 $c_{R0}=0$ 积分,得

$$\frac{c_{Rg}}{c_{A0}} = \frac{1}{1+\gamma}\cdot\frac{1}{1-\gamma}\left[\left(\frac{c_{Ag}}{c_{A0}}\right)^{\gamma} - \frac{c_{Ag}}{c_{A0}}\right] \tag{18.67}$$

比较式(18.66)和式(18.67)在相应的孔隙中无阻力的表达式,式(8.41)和式(8.37)显示,这里 A 和 R 的分布由具有真速率比的平方根的反应给出,并且增加了将 c_{Rg}除以 $1+y$ 的修改。R 的最大收益同样受到影响。因此,对于活塞流方程式(8.8)或式(8.38)被修改为

$$\frac{c_{Rg,max}}{c_{A0}} = \frac{\gamma^{\gamma/(1-\gamma)}}{1+\gamma},\ \gamma = \left(\frac{k_2}{k_1}\right)^{1/2} \tag{18.68}$$

全混流方程式(8.15)或式(8.41)被修改为

$$\frac{c_{Rg,max}}{c_{A0}} = \frac{1}{(1+\gamma)(\gamma^{1/2}+1)^2} \tag{18.69}$$

表 18.2 表明,在对孔中的扩散具有强抵抗力的情况下,R 的产量大约会减半。

表 18.2　一级反应中孔内扩散的作用

k_2/k_1	活塞流的 $c_{Rg,max}/c_{A0}$			全混流的 $c_{Rg,max}/c_{A0}$		
	无阻力	强阻力	减少百分比	无阻力	强阻力	减少百分比
1/64	0.936	0.650	30.6	0.790	0.486	38.5
1/64	0.831	0.504	39.3	0.640	0.356	44.5
1/4	0.630	0.333	47.6	0.444	0.229	48.5
1	0.368	0.184	50.0	0.250	0.125	50.0
4	0.157	0.083	47.2	0.111	0.057	48.5
16	0.051	0.031	38.2	0.040	0.022	44.5

关于由扩散效应引起的产品分布变化的全部内部，请参阅 Wheeler(1951)。

3. 实际催化剂的扩展

到目前为止，我们认为催化剂颗粒只有一个孔径。然而，真正的催化剂具有各种尺寸的孔。例如通过压缩多孔粉末制备的粒料。这里在每个颗粒内的团聚颗粒和小孔之间存在大的开口。作为第一个近似值，我们可以用两个孔径来表示这种结构，如图 18.16 所示。我们通过 α 来定义多孔结构的分支程度，则有

$\alpha=0$ 表示无孔粒子；

$\alpha=1$ 表示具有一个孔径大小的颗粒；

$\alpha=2$ 表示具有两个孔径的颗粒；

那么每个真正的多孔颗粒都可以用 α 的某个值来表征。

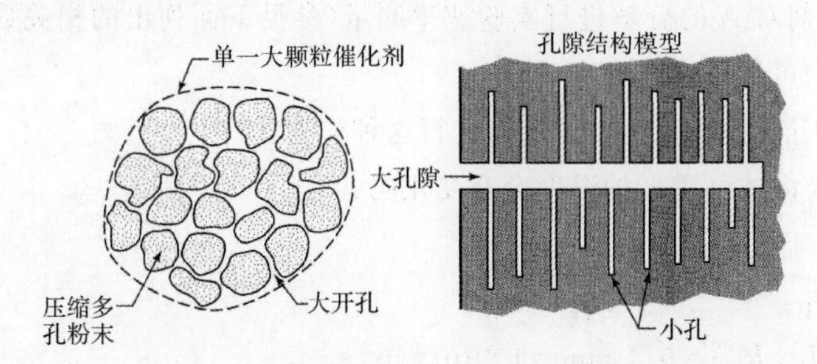

图 18.16　具有两种尺寸孔隙的多孔结构作为压缩多孔粉末颗粒的模型

现在，对于一个大小的孔隙中的强孔隙扩散，我们已经知道，对于多重反应的反应级数，活化能和 k 比将与真实值不同。因此由式(18.30)和式(18.32)，得

$$\alpha=1\begin{cases} E_{\text{obs}}=\dfrac{1}{2}E_{\text{diff}}+\dfrac{1}{2}E \\ n_{\text{obs}}=1+\dfrac{n-1}{2} \\ \left(\dfrac{k_2}{k_1}\right)_{\text{obs}}=\left(\dfrac{k_2}{k_1}\right)^{1/2}\cdots \text{对于并列反应} \end{cases} \tag{18.70}$$

Carberry(1962a,b)，Tartarelli(1968)等人已经将这种类型的分析延伸到其他 α 值和可逆反应。因此，对于两种尺寸的孔隙，其中反应主要发生在较小的孔隙中(因为在那里有更多的面积)，而两种尺寸的孔隙都具有较强的孔隙扩散阻力，则有

$$\alpha=2\begin{cases} E_{\text{obs}}=\dfrac{3}{4}E_{\text{diff}}+\dfrac{1}{4}E \\ n_{\text{obs}}=1+\dfrac{n-1}{4} \\ \left(\dfrac{k_2}{k_1}\right)_{\text{obs}}=\left(\dfrac{k_2}{k_1}\right)^{1/4}\cdots \text{对于并列反应} \end{cases} \tag{18.71}$$

对于任意的多孔结构：

$$\alpha\begin{cases}E_{\text{obs}}=\left(1-\dfrac{1}{2^{\alpha}}\right)E_{\text{diff}}+\dfrac{1}{2^{\alpha}}E\\ n_{\text{obs}}=1+\dfrac{n-1}{2^{\alpha}}\\ \left(\dfrac{k_2}{k_1}\right)_{\text{obs}}=\left(\dfrac{k_2}{k_1}\right)^{1/2^{\alpha}}\cdots\text{对于并列反应}\end{cases}\tag{18.72}$$

上述表明，对于大 α 而言，扩散所起的作用也就尤为重要，因为观察到的活化能减少到扩散的能量，并且反应级数接近一致。因此，对于具有未知 α 的给定多孔结构，真实 k 速率的唯一可靠估计值将来自孔隙扩散。另一方面，在强大的孔隙阻力和可忽略的孔隙阻力下找到 k 值的实验比值能得出 α 的值。这样就可以揭示催化剂的孔结构几何形状。

[**例 18.1**]速率控制机理

用特定的催化剂对 A 的分解进行实验速率测量(参见下面列出的相关数据)：

(1)膜传递阻力可能影响速率吗?

(2)在强孔隙扩散的情况下，是否可以进行这种流动?

(3)你认为颗粒内或气膜上的温度会有变化吗?

数据：

对于球形颗粒：

$d_p=2.4\ \text{mm},L=R/3=0.4\ \text{mm}=4\times10^{-4}\ \text{m}$

$D_e=5\times10^{-5}\ \text{m}^3/\text{h}\cdot\text{m}$(有效质量电导率)

$k''=1.6\ \text{kJ/h}\cdot\text{m}^2\cdot\text{K}$(有效导热系数)

对于颗粒周围的气膜：

$h=160\ \text{kJ/h}\cdot\text{m}^2\cdot\text{K}$(传热系数)

$k_g=300\ \text{m}^3/\text{h}\cdot\text{m}^2$(传质系数)

对于反应：

$\Delta H_r=-160\ \text{kJ/mol}$(放热)

$c_{Ag}=20\ \text{mol/m}^3$(在 1 atm 和 336℃下)

$-r'''_{A,\text{obs}}=10^5\ \text{moL/h}\cdot\text{m}^3$

假设反应是一级。

解：

(1)薄膜传质式(18.58)带入数值，可得

$$\frac{k'''_{\text{obs}}V_p}{k_gS_{ex}}=\frac{(-r'''_{A,\text{obs}}/c_{Ag})(\pi d_p^3/6)}{k_g(\pi d_p^2)}=\frac{-r'''_{A,\text{obs}}}{c_{Ag}k_g}\cdot\frac{d_p}{6}$$

$$=\frac{10^5\text{mol/h}\cdot\text{m}^3}{(20\ \text{mol/m}^3)(300\ \text{m}^3/\text{h}\cdot\text{m}^2)}\times\frac{2.4\times10^3\ \text{m}}{6}$$

$$=\frac{1}{150}$$

所观察到的速率远低于膜传质速率。因此，膜传质阻力不影响反应速率。

(2)强大的孔隙扩散。式(18.24)和图 18.7 测定强孔扩散。则有

$$M_{W}=\frac{(-r'''_{A})_{obs}L^{2}}{\mathscr{D}_{e}c_{Ag}}=\frac{(10^{5}\,mol/h\cdot m^{3})(4\times10^{-4}\,m)^{2}}{(5\times10^{-5}\,m^{3}/h\cdot m)(20\,mol/m^{3})}=16$$

(3)非等温操作,温度变化的上限估计值由式(18.36)和式(18.38)给出,因此在颗粒内,有

$$\Delta T_{max,颗粒}=\frac{\mathscr{D}_{e}(c_{Ag}-0)(-\Delta H_{r})}{k_{eff}}$$

$$=\frac{(5\times10^{-5}\,m^{3}/h\cdot m)(20\,mol/m^{3})(160\,kJ/mol)}{(1.6\,kJ/h\cdot m\cdot K)}$$

$$=0.1℃$$

穿过气膜:

$$\Delta T_{max,膜}=\frac{L(-r'''_{A,obs})(-\Delta H_{r})}{h}$$

$$=\frac{(4\times10^{-4}\,m)(10^{5}\,mol/h\cdot m^{3})(160\,kJ/mol)}{(160\,kJ/h\cdot m^{2}\cdot K)}$$

$$=40℃$$

这些估计表明,颗粒的温度接近一致,但可能比周围的流体温度高。这个例子的结果所使用的系数接近实际气固系统观察到的系数,所得结论验证了本章的讨论。

[例 18.2]微分反应器的速率方程

催化反应:

$$A\longrightarrow 4R$$

在含有 0.01 kg 催化剂的活塞流反应器中在 3.2 atm 和 117℃下操作,并使用由 20 L/h 纯未反应 A 的部分转化产物组成的进料。结果如下:

序号	1	2	3	4
$c_{Ain}/(mol\cdot L^{-1})$	0.100	0.080	0.060	0.040
$c_{Aout}/(mol\cdot L^{-1})$	0.084	0.070	0.055	0.038

找到这个反应的速率方程。

解:

由于平均浓度的最大变化为 8%,我们可以认为这是一个微分反应器,因此应用式(18.52)找到反应速度。基于纯 A 在 3.2 atm 和 117℃的所有运行转换,则有

$$c_{A0}=\frac{N_{A0}}{V}=\frac{p_{A0}}{RT}=\frac{3.2\,atm}{(0.082\,L\cdot atm/mol\cdot K)(390K)}=0.1\,mol/L$$

$$F_{A0}=c_{A0}v=(0.1\,mol/L)(20\,L/h)=2\,mol/h$$

由于反应过程中密度会发生变化,因此浓度和转化率变为

$$\begin{cases}\dfrac{c_{A}}{c_{A0}}=\dfrac{1-X_{A}}{1+\varepsilon_{A}X_{A}}\\[2ex] X_{A}=\dfrac{1-c_{A}/c_{A0}}{1+\varepsilon_{A}(c_{A}/c_{A0})}\end{cases}$$

其中,在纯 A 下,选择 $\varepsilon_{A}=3$。

例 18.2 图显示了计算的细节。如图 18.2 所示，绘制$-r'_A$与c_A之间形成的一条通过原点的直线，表示一阶分解。然后可以从该图中得到以摩尔数 A 为单位反应的反应速率，则有

$$-r'_A = -\frac{1}{W}\frac{dN_A}{dt} = \left(96\ \frac{L}{h \cdot kg}\right)\left(c_A\ \frac{mol}{L}\right)$$

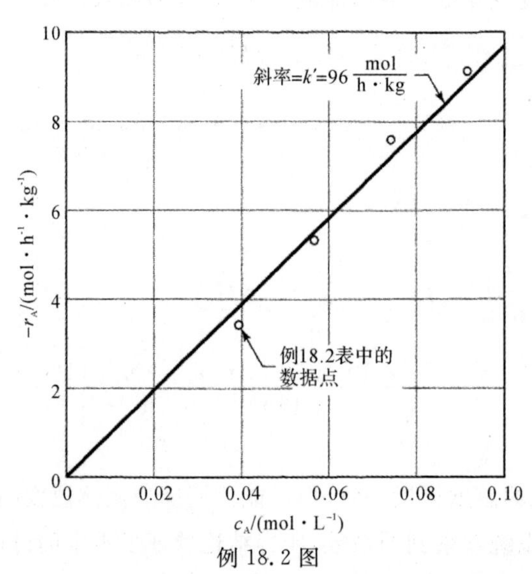

例 18.2 图

例 18.2 表给出了计算结果。

例 18.2 表

$\frac{c_{Ain}}{c_{A0}}$	$\frac{c_{Aout}}{c_{A0}}$	$c_{Aav}/(mol \cdot L^{-1})$	$X_{Ain}=\frac{1-\frac{c_{Ain}}{c_{A0}}}{1+\varepsilon_A \frac{c_{Ain}}{c_{A0}}}$	$X_{Aout}=\frac{1-\frac{c_{Aout}}{c_{A0}}}{1+\varepsilon_A \frac{c_{Aout}}{c_{A0}}}$	$\Delta X_A = X_{Aout}-X_{Ain}$	$-r'_A=\frac{\Delta X_A}{W/F_{A0}}$
1	0.84	0.092	$\frac{1-1}{1+3}=0$	$\frac{1-0.84}{1+3(0.84)}=0.045\ 5$	0.045 5	$\frac{0.0455}{0.01/2}=9.1$
0.8	0.70	0.075	0.058 8	0.096 8	0.038 0	7.6
0.6	0.55	0.057 5	0.1429	0.169 8	0.026 9	5.4
0.4	0.38	0.039	0.272 7	0.289 7	0.017 1	3.4

[**例 18.3**]积分反应器的速率方程

催化反应：

$$A \longrightarrow 4R$$

在活塞流反应器中使用不同量的催化剂和 20 L/h 的纯 A 进料在 3.2 atm 和 117℃下进行研究。记录流出物流中 A 的浓度如下。

序号	1	2	3	4
催化剂/kg	0.020	0.040	0.080	0.160
$c_{Aout}/(mol \cdot L^{-1})$	0.074	0.060	0.044	0.029

(1)使用积分方法分析找出这个反应的速率方程；

(2)重复(1)，使用微分分析方法。

解：

(1)积分分析。从例 18.2 我们已经得到

$$c_{A0}=0.1\ \text{mol/L},\ F_{A0}=2\ \text{mol/h},\ \varepsilon_A=3$$

由于浓度在反应过程中会发生显著变化，所以实验性的反应器应被视为一个积分反应器。假设为一级反应。用活塞流等式(18.44)给出：

$$k'\frac{c_{A0}W}{F_{A0}}=(1+\varepsilon_A)\ln\frac{1}{1-X_A}-\varepsilon_A X_A$$

并将 ε_A，c_{A0} 和 F_{A0} 替换为数值：

$$\left(4\ln\frac{1}{1-X_A}-3X_A\right)=k'\left(\frac{W}{20}\right)$$

括号中的两项应该相互成比例，k' 是比例常数。对例 18.3 表 1 中的数据点进行评估，并绘制如例 18.3 图 1 所示的图，我们发现它们之间存在线性关系。因此，我们可以得出结论，一阶速率方程与数据吻合得很好。根据例 18.3 图 1 计算 k'，可得

$$-r'_A=\left(95\ \frac{\text{L}}{\text{h}\cdot\text{kg}}\right)\left(c_A,\ \frac{\text{mol}}{\text{L}}\right)$$

例 18.3 表 1

$X_A=\frac{c_{A0}-c_A}{c_{A0}+3c_A}$	$4\ln\frac{1}{1-X_A}$	$3X_A$	$\left(4\ln\frac{1}{1-X_A}-3X_A\right)$	W/kg	$\frac{W}{20}$
0.080 8	0.337 2	0.2424	0.0748	0.2	0.001
0.142 9	0.616 0	0.428 7	0.1873	0.04	0.002
0.241 5	1.108 0	0.72 45	0.3835	0.08	0.004
0.379	1.908	1.137	0.771	0.16	0.008

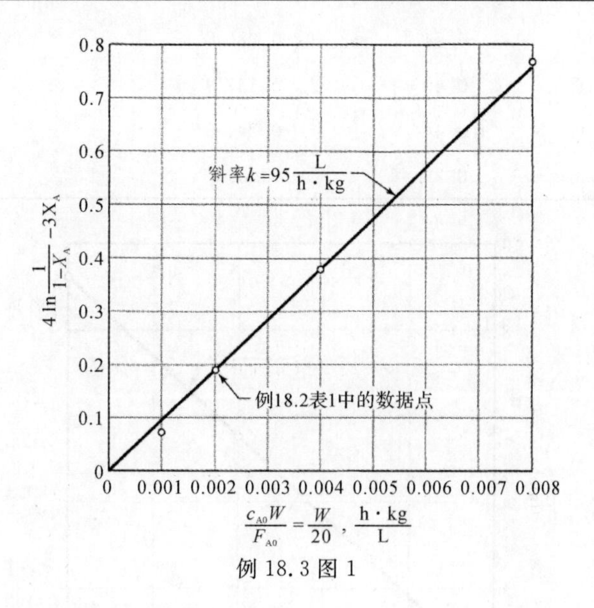

例 18.3 图 1

(2)微分分析。公式(18.54)显示反应速率由 X_A 对 W/F_{A0} 曲线的斜率给出。基于例 18.3 图 2 中测量斜率的制表(见例 18.3 表 2)显示了在不同的温度下的反应速率，根据例 18.3 图 3 中 $-r'_A$ 与 c_A 的线性关系，得到速率方程：

$$-r'_A=\left(93\ \frac{\text{L}}{\text{h}\cdot\text{kg}}\right)\left(c_A,\ \frac{\text{mol}}{\text{L}}\right)$$

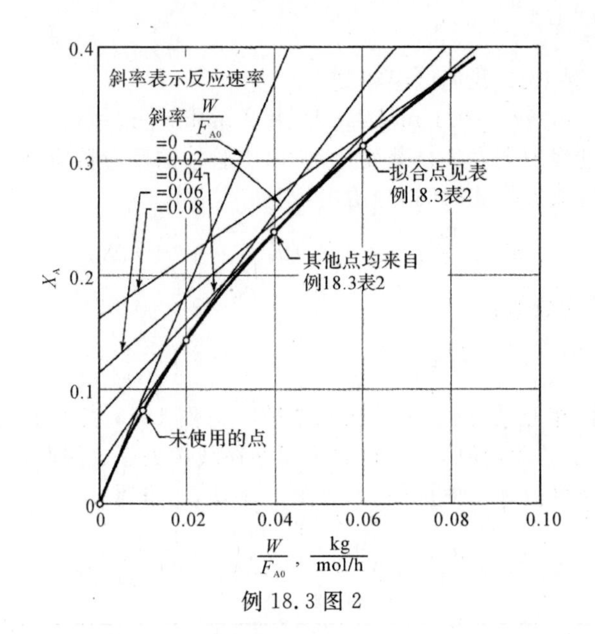

例 18.3 图 2

例 18.3 表 2

W	$\frac{W}{F_{A0}}$	$\frac{c_{Aout}}{c_{A0}}$	$X_A=\frac{1-\frac{c_A}{c_{A0}}}{1+\varepsilon_A\frac{c_A}{c_{A0}}}$	$-r'_A=\frac{dX_A}{d\left(\frac{W}{F_{A0}}\right)}$（由例 18.3 图 2 得）
0	0	1	0	$\frac{0.4}{0.043}=9.3$
0.02	0.01	0.74	0.080 8	未用的
0.04	0.02	0.60	0.142 9	5.62
0.8	0.04	0.44	0.241 5	4.13
0.16	0.08	0.29	0.379	2.715

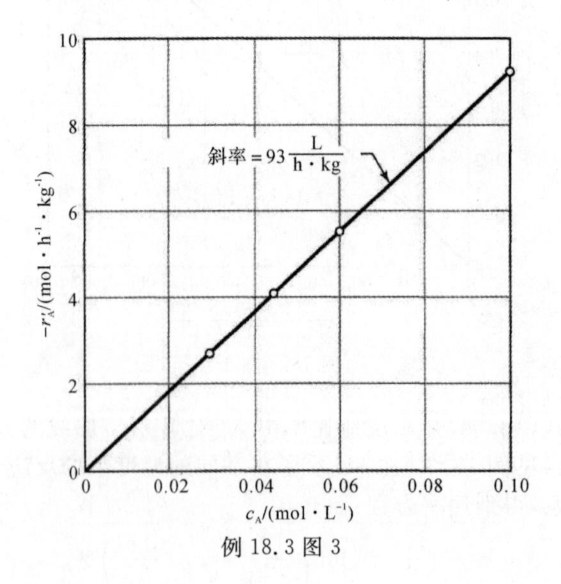

例 18.3 图 3

[**例 18.4**] 基于速率方程的活塞流反应器尺寸

考虑例 18.2 中的催化反应。使用该反应的速率方程，确定固定床反应器(假设为活塞流)中，在 3.2 atm 和 117℃条件下，2 000 mol/h 纯 A 的进料，A 转化为 R 的转化率为 35%时所需的催化剂量。

解：

所需的催化剂量由活塞流的一阶速率表达式(式 18.44)给出。因此

$$W=\frac{F_{A0}}{kc_{A0}}\left[(1+\varepsilon_A)\ln\frac{1}{1-X_A}-\varepsilon_A X_A\right]$$

将例 18.2 中的所有已知值代入，得

$$W=\frac{2\ 000\ \frac{\text{mol}}{\text{h}}}{\left(96\ \frac{\text{L}}{\text{h}\cdot\text{kg}}\right)\left(0.1\ \frac{\text{mol}}{\text{L}}\right)}\left(4\times\ln\frac{1}{0.65}-1.05\right)$$

$$=140\ \text{kg}$$

[**例 18.5**] 基于速率浓度数据的活塞流反应器尺寸

对于例 18.2 的反应，假设下列速率浓度数据可用

$c_A/(\text{mol}\cdot\text{L}^{-1})$	0.039	0.057 5	0.075	0.092
$-r'_A/(\text{mol}\cdot\text{h}^{-1}\cdot\text{kg}^{-1})$	3.4	5.4	7.6	9.1

在 3.2 atm 下，不使用速率方程直接从这些数据中找出在 117℃(或 $c_{A0}=0.1$ mol/L，$\varepsilon_A=3$)下使 2 000 mol/h 纯 A 的转化率为 35%所需的固定床尺寸。

注意：这种速率可以从微分反应器(见例 18.2 表)或其他类型的实验反应器中获得。

解：

要在不使用速率-浓度关系解析表达式的情况下找到所需的催化剂量，需要对活塞流性能方程进行积分，有

$$\frac{W}{F_{A0}}=\int_0^{0.35}\frac{dX_A}{-r'_A}$$

例 18.5 表

$-r'_A$(已知)	$\frac{1}{-r'_A}$	c_A(已知)	$X_A=\frac{1-c_A/0.1}{1+3c_A/0.1}$
3.4	0.294	0.039	0.281 2
5.4	0.186	0.057 5	0.156 3
7.6	0.131 6	0.075	0.077 8
9.1	0.110	0.092	0.022 75

所需的 $1/-r'_A$ 与 X_A 数据在例 18.5 表中确定并绘制在例 18.5 图中。然后以图形方式积分得出

$$\int_0^{0.35}\frac{dX_A}{-r'_A}=0.073\ 5$$

$$W=\left(2\ 000\ \frac{\text{mol}}{\text{h}}\right)\left(0.073\ 5\ \frac{\text{h}\cdot\text{kg}}{\text{mol}}\right)=147\ \text{kg}$$

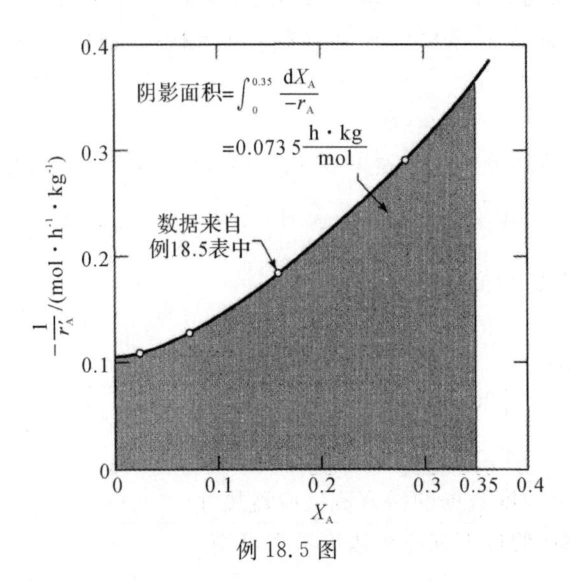

例 18.5 图

[**例 18.6**] 全混流反应器尺寸

对于例 18.2 的反应，在 3.2 atm 和 117℃下，以 2 000 mol/h 纯 A 进料，测定 A 转化为 R 转化率为 35%(假设为全混流)的固定床反应器中催化剂的量。对于该温度下的反应

$$A\longrightarrow 4R,\ -r'_A=96c_A,\ \text{mol}/(\text{kg}\cdot\text{h})$$

解：

在转化率为 35%时，反应物的浓度是

$$c_A=c_{A0}\left(\frac{1-X_A}{1+\varepsilon_A X_A}\right)=0.1\times\left(\frac{1-0.35}{1+3\times 0.35}\right)=0.031\ 7$$

对于全混流反应器式(18.45)，则有

$$\frac{W}{F_{A0}}=\frac{X_{Aout}-X_{Ain}}{-r'_{Aout}}=\frac{X_{Aout}-X_{Ain}}{k'c_{Aout}}$$

$$W=2\ 000\times\left(\frac{0.35-0}{96\times 0.031\ 7}\right)=230\ \text{kg}$$

[**例 18.7**]传质阻力的计算

注：如预期的那样，全混流反应器需要比平推流反应器需要更多的催化剂。

如果我们知道催化剂是多孔的，在控制阻力方面，在篮式全混流反应器中得到的例 18.7 表的动力学数据最合理的解释是什么？假定等温条件。

例 18.7 表

颗粒直径/mm	反应物离开浓度/(mol·L⁻¹)	篮式反应器的纺丝速率	测量反应速率 $-r'_A$/(mol·h⁻¹·kg⁻¹)
1	1	高	3
2	1	低	1
3	1	高	1

解：

观察膜阻力或孔阻力是如何减缓反应速度的。

运行 2 和 3 使用不同的纺丝速率，但具有相同的反应速率。因此，对于较大的颗粒，不考虑薄膜扩散。但等式(18.57)表明，如果薄膜阻力对大颗粒不重要，则对小颗粒也不重要。因此，薄膜阻力不影响速率。

比较运行 1 和运行 2 或 3 可以看出：

$$-r'_A \propto \frac{1}{R}$$

式(18.25)则表明我们处于强孔隙阻力状态。因此，我们的最终结论是

(1)可忽略膜阻力；

(2)强孔隙有扩散阻力。

习　题

18.1　在 Lumphead 实验室时，可以通过观察反应器获取反应器动力学数据。它由装有 30 cm 高度活性催化剂的 5 cm ID 玻璃柱组成。这是一个微分还是一个积分反应器？

18.2　固体催化的一级反应 $\varepsilon=0$ 在篮式全混流反应器中以 50%转化发生。如果反应器尺寸变为 3 倍，而其他所有条件(温度、催化剂用量、进料组成和流量)保持不变，那么转化率是多少？

18.3　下面的反应动力学数据 $A \longrightarrow R$ 是在实验固定床反应器中使用不同数量的催化剂和固定进料速率 $F_{A0}=10$ kmol/h 获得：

w/kg	1	2	3	4	5	6	7
X_A	0.12	0.20	0.27	0.33	0.37	0.41	0.44

(1)找到 40%转化率下的反应速率。

(2)在设计进料速率为 $F_{A0}=400$ kmol/h 的大型固定床反应器时，需要多少催化剂才能转化 40%。

(3)在(2)中，如果反应器使用较大的产品流循环，需要多少催化剂。

将含有 A(2 mol/m³)的气体以 1 m³/小时的速率送入具有循环回路的活塞流反应器(0.02 m³ 回路体积，3 kg 催化剂)，测量反应器系统的输出成分(0.5 mol/m³)。在以下情况中，找到分解 A 的速率方程。确保在最终表达式中给出 $-r'_A$，c_A 和 k' 的单位。

18.4　非常大的循环，$A \longrightarrow R$，$n=1/2$。

18.5　非常大的循环，$A \longrightarrow 3R$，$n=1$，50%A－50%惰性物质。

18.6　循环，$A \longrightarrow 3R$，$n=2$，25%A－75%惰性物质。

气体 A 在实验反应器中反应($A \longrightarrow R$)。从以下各种条件中的转换数据中找到反应的速率方程。

18.7	$v_0/(m^3 \cdot h^{-1})$	3	2	1.2	全混流 $c_{A0}=10$ mol/m³ $W=4$ g
	X_A	0.2	0.3	0.5	

	w/g	0.5	1.0	2.5	活塞流
18.8					$c_{A0}=60\ mol/m^3$
	c_A	30	20	10	$v=3\ L/min$

以下动力学数据在实验型 Carberry 型篮式反应器中获得，该反应器在桨叶中使用100 gm的催化剂，从不同的流速运行：

$A \longrightarrow R$	$F_{A0}/(mol \cdot min^{-1})$	0.14	0.42	1.67	2.5	1.25
$c_{A0}=10\ mol/m^3$	$c_A/(mol \cdot m^3)$	8	6	4	2	1

18.9　确定固定床反应器中 1 000 mol/min($c_{A0}=8\ mol/m^3$进料)75%转化时所需的催化剂量。

18.10　求全混流的催化剂量 W，$X_A=0.90$，$c_{A0}=10\ mol/m^3$，$F_{A0}=1\ 000\ mol/min$。

如果化学计量和速率由下式给出，当1 000 m³/h 的纯气态 A($c_{A0}=100\ mol/m^3$)的转化率达到 80%时，则在固定床反应器中需要多少催化剂可以实现？

A($c_{A0}=100\ mol/m^3$)的 80%转化率：

18.11　$A \longrightarrow R$，$-r'_A=\dfrac{50c_A}{1+0.02c_A}\dfrac{mol}{kg \cdot h}$

18.12　$A \longrightarrow R$，$-r'_A=8c_A^2\ \dfrac{mol}{kg \cdot h}$

18.13　含有 A 和 B 的气体进料($v_0=10\ m^3/h$)通过填充有催化剂($W=4\ kg$)的实验反应器。发生如下反应：

$$A+B \longrightarrow R+S,\quad -r'_A=0.6c_Ac_B\ \frac{mol}{kg \cdot h}$$

如果进料含有 $c_{A0}=0.1\ mol/m^3$和 $c_{B0}=10\ mol/m^3$，则计算反应物的转化率。

18.14　西得克萨斯的汽油在填充有硅铝要解催化剂的管式反应器中裂解。液体进料($mW=0.255$)被汽化，加热，在 630℃和 1 atm 下进入反应器，并且在反应器内具有足够的温度控制保持接近该温度。裂解反应遵循一级动力学，并给出多种平均 $mW=0.070$ 的产物。一半进料裂解为 60 m³ 液体/(m³·h)的进料速率。在工业中，这种进料速度的测量方法称为液体每小时的空间速率，即 LHSV=60 h⁻¹。找出这个裂化反应的一级速率常数 k'和 k'''。

数据：液体进料的密度：$\rho_l=869\ kg/m^3$

固定床堆积密度：$\rho_b=700\ kg/m^3$

催化剂颗粒密度：$\rho_s=950\ kg/m^3$

18.15　固体催化反应 A→3R 的动力学实验在 8 atm 和 700℃下在篮式全混流反应器中进行，反应器的容积为 960 cm³，含有 1 克直径 $d_p=3$ mm 的催化剂。由纯 A 组成的进料以不同的速率引入反应器中，并测量出口流中 A 的分压。结果如下：

进料速度/(L·h⁻¹)	100	22	4	1	0.6
p_{Aout}/p_{Ain}	0.8	0.5	0.2	0.1	0.05

找到一个速率方程来表示这个尺寸的催化剂上的反应速率。

18.16　"Eljefe"(负责人)决定采取一些措施来改善一级固体催化液相反应的低转化率($X_A=0.80$)。在不使用昂贵的催化剂来作为填充半空反应器，而是通过在当前的立式固定床反应器中增加一些复杂的管道来节省资金。当我看到机械师为他准备的东西时(见习题18.16 图)，我告诉"Eljefe"它看起来不正确。但他只说了一句："好的，你为什么不告诉我这种安排会带来什么样的转变呢?”请解释。

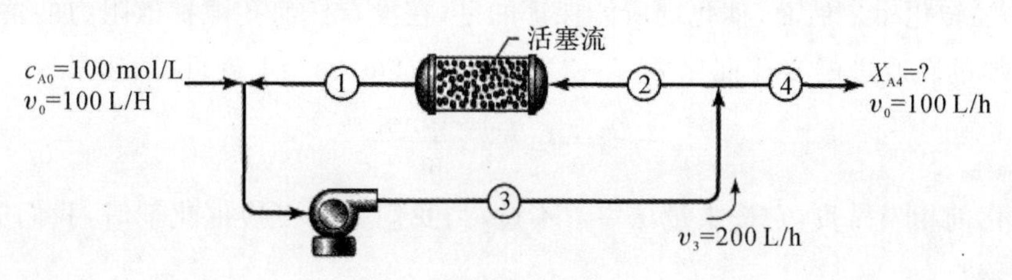

习题 18.16 图

18.17　在回收率很大的循环反应器中研究了二级反应 A→R,记录了以下数据:

反应器的容积:1 L

所用催化剂的重量:3 g

反应器进料:$c_{A0}=2$ mol/L;

$v_0=1$ L/h;

出口流条件:$c_{Aout}=0.5$ mol/L。

(1)找出这个反应的速率常数并给出单位。

(2)无循环,在填充床反应器中,1 000 L/h 且浓度 $c_{A0}=1$ mol/L 的进料转化率为 80%时需要多少催化剂?

(3)如果反应器填充 1 份催化剂到 4 份惰性固体中,重复(2)。这种惰性添加剂有助于保持等温条件并减少可能的热点温度过高。

注意:假设整个过程都是等温的。

18.18　一个小型实验固定填料床反应器($W=1$ kg)使用非常大的产品回收流,得到以下动力学数据:

A ⟶ R	$c_A/(\mathrm{mol\cdot m^{-3}})$	1	2	3	6	9
$c_{A0}=10$ mol/m³	$v_0/(\mathrm{L\cdot h^{-1}})$	5	20	65	133	540

进料流量为 1 000 mol/h,$c_{A0}=8$ mol/m³,求在以下两种情况下,75%转化率所需的催化剂量:

(1)不存在出口流体循环的固定床反应器;

(2)在高循环率的固定床反应器中。

18.19　催化速率研究使用闭环间歇式 G/S 反应器(见习题 18.19 图)。为此,将含有反应物的原料气引入系统并迅速循环通过催化剂回路。从下面的组成-时间数据找到一个以 mol/(g·min)为单位的动力学方程来表示这个反应:

t/min	0	4	8	16	36	609 K
π_0/atm	1	0.75	0.67	0.6	0.55	2A ⟶ R

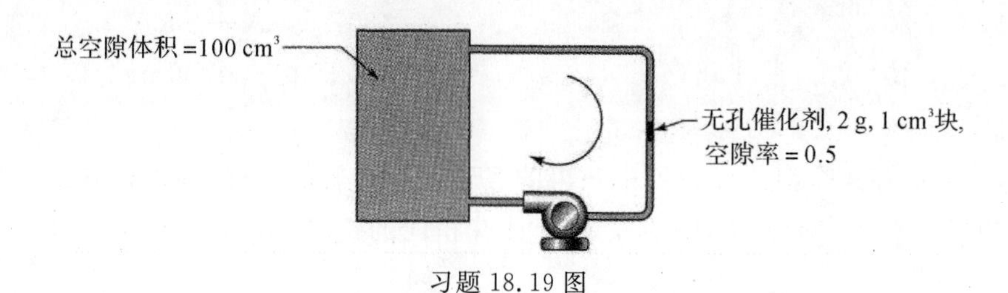

习题 18.19 图

18.20　我们的固定床反应器在 10 atm 和 336 ℃下运行气相反应 A ⟶R，并且给出纯 A 进料的 90%转化率。然而，催化剂所能保证的是，在没有任何孔隙扩散阻力的情况下，我们的反应将在他的新改进的多孔催化剂[$\mathscr{E}=2\times10^{-6}\,\mathrm{m^3/(m\cdot s)}$]上进行，其速率为

$$-r'''_A=0.88c_A\ \frac{\mathrm{mol}}{\mathrm{m^3\cdot s}}$$

这种催化剂相当昂贵，它按重量出售。不过，当我们下次更换催化剂时，我们应该订购多大的催化剂球？

18.21　反应 A ⟶R 在多孔催化剂颗粒上进行[$d_p=6$ mm，$\mathscr{E}\mathscr{D}_e=10^{-6}\,\mathrm{m^3/(m\cdot s)}$]。如果反应物浸没颗粒的浓度为 100 mol/m³，无扩散动力学由下式给出：

$$-r'''_A=0.1c_A^2\ \frac{\mathrm{mol}}{\mathrm{m^3\cdot s}}$$，那么孔隙扩散阻力减缓的速率是多少？

18.22　在不存在孔扩散阻力的情况下，如下所述进行特定的一级气相反应（在 400℃和 1 atm下）：

$$-r'''_A=10^{-6}\,\mathrm{mol/(cm^3\cdot s)}$$

什么尺寸的球形催化剂颗粒[$D_e=10^{-3}\,\mathrm{cm^3/(cm\cdot s)}$]可以保证孔隙效应不会影响反应速度？

在实验全混流反应器中进行了 A 的一级分解。找出孔隙扩散在这些运行中所起的作用；实际上，确定运行是在无扩散、强阻力或中间条件下进行的。

18.23

d_p/mm	W/kg	c_{A0}/(mol·L⁻¹)	v/(L·min⁻¹)	X_A
3	1	100	9	0.4
12	4	300	8	0.6

A ⟶R

18.24

d_p/mm	W/kg	c_{A0}/(mol·L⁻¹)	v/(L·min⁻¹)	X_A
4	1	300	60	0.8
8	3	100	160	0.6

A ⟶R

18.25

d_p/mm	W/kg	c_{A0}/(mol·L⁻¹)	v/(L·min⁻¹)	X_A
2	4	75	10	0.2
1	6	100	5	0.6

A ⟶R

18.26　从以下数据中求出一级反应的活化能：

d_p/mm	c/A	$-r'_A$/(mol·kg⁻¹·h⁻¹)	T/K
1	20	1	480
2	40	1	480
2	40	3	500

A ⟶R　$c_{A0}=50$ mol/L

18.27　从循环式全混流反应器中获得的习题 18.27 表的数据，你可以看出多孔催化剂的阻力影响吗？在所有运行中，离开的流量具有相同的组成，并且整个过程的条件都是等温的。

习题 18.27 表

催化剂用量/kg	颗粒直径/mm	给定进料流量 /$(L \cdot h^{-1})$	循环利用率	测定反应速率$-r'_A$ /$(mol \cdot kg^{-1} \cdot h^{-1})$
1	1	1	高	4
4	1	4	更高	4
1	2	1	更高	3
4	2	4		3

18.28　在300℃条件下，在循环流很大的填料固定床反应器中进行的实验给出了以下一级催化分解 A ⟶R ⟶S 的结果。在最佳条件下(始终在300℃)，我们期望的 $c_{R,max}/c_{A0}$ 是多少？你建议我们如何获得这一结果(大的或小的流型和粒度是多少)？

d_p/mm	$W/F_{A0}/(kg \cdot mol^{-1} \cdot h)$	$c_{R,max}/c_{A0}$	
4	1	0.5	无循环
8	2	0.5	

18.29　用篮式全混流反应器对固体催化分解 A ⟶R ⟶S 进行的实验得到了习题18.29表的结果。在最佳反应条件下(始终在300°C)，我们可以预期 R 的最大浓度是多少？你建议如何获得 R 的最大浓度。

习题 18.29 表

多孔颗粒直径/mm	T/℃	$W/F_{A0}/(kg \cdot mol^{-1} \cdot h)$	$c_{Rmax}/c_{A0}/(\%)$
6	300	25	23
12	300	50	23

18.30　$c_{A0}=10\ mol/m^3$ 的反应物 A 将通过固定床催化反应器，在反应器中将 A 分解成 R 或 S。为最大限度地形成 R，A 分解90%，确定：

(1)是在强孔隙扩散条件下进行，还是在无扩散条件下进行；

(2)是否使用塞流或全混流(高循环)

(3)在出口流中预期的 c_R。

当没有孔隙扩散阻力时，分解动力学由下式给出：

$$A \nearrow R \quad r'_R=2c_A$$
$$A \searrow S \quad r'_S=3c_A$$

18.31　固定床反应器通过一级催化反应 A ⟶R 将 A 转化为 R。对于9 mm 颗粒，反应器在强孔隙扩散阻力状态下操作，转化率为63.2%。如果这些颗粒被18 mm 颗粒代替(以减少压降)，这将如何影响转换率？

18.32　我们想要建立一个充满了1.2 cm 多孔催化剂颗粒[$\rho_s=2\ 000\ kg/m^3$，$\mathscr{D}_e=2\times 10^{-6}\ m^3/(m \cdot s)$]的固定床反应器，以处理1 m^3/s 的原料气(1/3A，1/3B，1/3 惰性)在336℃

和 1 atm 下进行，使转化率达到 80%。使用无扩散阻力的细催化剂颗粒的实验表明：

$$A+B \longrightarrow R+S,\ n=2,\ k'=0.01\ m^6/(mol \cdot kg \cdot s)$$

我们需要使用多少催化剂？

18.33　在全混流反应器中，在 1 atm 和 336℃下，用 10 g 的 1.2 mm 催化剂颗粒和 4 cm^3/s的纯 A 进料，一级反应的转化率为 80%：

$$A \longrightarrow R,\ \Delta H_r=0$$

我们希望设计一个商业规模的反应器，在上述温度和压力下将大量进料实现 80%的转化率。对于 1 mm 颗粒的流化床（假定混合气体流动）和 1.5 cm 颗粒的固定床，我们应该选择哪一种以尽量减少所需的催化剂量？在这个选择中有多少优势？

补充数据：

对于催化剂颗粒：

$$\rho_s=2\ 000\ kg/m^3 \quad \mathscr{D}_e=10^{-6}\ m^3/(m \cdot s)$$

在水溶液中，反应物 A 与正确的催化剂接触，通过基元反应 A ⟶2R 转化为产物 R。查找出固定床反应器中，浓度 $c_{A0}=10^3\ mol/m^3$，浓量 10^4 mol/h 的进料实现 90%转化率所需的催化剂量。对于这个反应：

18.34　$k'=8\times10^{-4}\ m^3/(m^3 \cdot s)$（固定床）

18.35　$k''=2\ m^3/(m^3 \cdot s)$（固定床）

其他数据 k''：

多孔催化剂颗粒的直径为 6 mm；

A 在颗粒中的有效扩散系数$=4\times10^{-8}\ m^3/(m \cdot s)$；

填料固定床的空隙=0.5；

填料固定床的堆积密度=2 000 kg/m^3。

18.36　一级催化反应 A(l)⟶R(l)在狭长的垂直反应器中运行，液体向上流动通过催化剂颗粒的流化床。操作开始时当催化剂颗粒直径为 5 mm，转化率为 95%。催化剂易碎且缓慢磨损，颗粒收缩，产生的细粉末从反应器中洗出。几个月后，每个 5 mm 的球体缩小到 3 mm的球体。假设液体为塞流，这个时候应该如何转化？

(1)颗粒是多孔的，反应物易于接触（无孔扩散阻力）。

(2)颗粒是多孔的，在任何尺寸下都能提供很强的孔扩散阻力。

18.37　目前，我们正在充满 6 mm 大小均匀颗粒铂的固定床反应器中运行我们的催化一级反应。一家催化剂生产商建议我们用 6 mm 颗粒（由 0.06 mm 的熔融颗粒组成）代替我们的催化剂，颗粒间的空隙率约为 25%。如果这些新颗粒在它们的大空隙中（颗粒之间）没有孔扩散阻力，但是如果颗粒仍处于强扩散阻力状态，这种变化将如何影响所需催化剂的重量和反应器体积？

18.38　假设我们只将球形颗粒的外层浸渍到 0.3 mm 的厚度，而不是用铂均匀地浸渍整个多孔颗粒（见问题 18.37）。假设我们一直处于强孔扩散状态，我们通过这种改变节省了多少铂金？

18.39　由于催化反应 A ⟶R 具有高放热性，并且速度与温度相关，因此如习题 18.39 图所示，将浸入水槽中的长管式流动反应器用于获得基本等温动力学数据。在 0℃和 1 atm 下的纯 A 以 10 cm^3/s 的速度流过该管，并且在不同的位置分析流体组成。

确定在 0°C 和 1 atm 下运行的活塞流反应器的尺寸，纯 A 的进料速率为 100 kmol/h，A 到 R 的转化率为 50%。

与进料输入的距离/m	0	12	24	36	48	60	72	84	(∞)
A 分压/mmHg	760	600	475	390	320	275	240	215	150

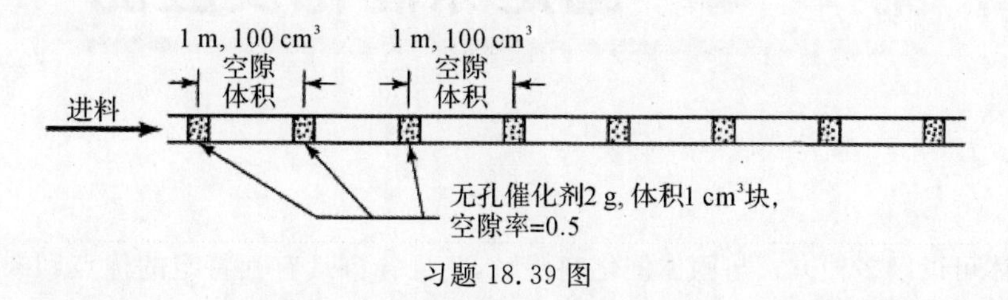

习题 18.39 图

18.40　如习题 18.19 图所示的闭环实验 G/S 间歇系统用于研究催化反应 A ⟶ 2R 的动力学。纯 A 被引入系统中，并在 0℃和 1 atm 下以 10 cm³/s 的速度循环。

对该流进行分析，结果如下：

时间/min	0	2	4	6	8	10	12	14	(∞)
A 分压/mmHg	760	600	475	290	320	275	240	215	150

(1)确定在 0℃和 1 atm 下运行的塞流反应器的尺寸，以 100 kmol/h 的进料速率实现 A 到 R 的 50%转化率。

(2)重复(1)，修改为在闭环中存在 1 atm 的惰性气体，以使起始处的总压力为 2 atm。

第 19 章　固定床催化反应器

反应气体可以以多种方式与固体催化剂接触，并且各自具有其特定的优点和缺点。图 19.1 所示为这种接触模式。这些反应器可分为两大类，图 19.1(a)(b)(c)为固定床反应器，图 19.1(d)(e)(f)为流化床反应器。图 19.1(g)中的移动床反应器是一个中间案例，它体现了固定床和流化床反应器的一些优点和一些缺点。让我们比较一下这些反应器类型的优点。

(1)在穿过固定床时，气体大致呈活塞流。与鼓泡流化床不同的是，流化过程复杂且不为人所熟知，但肯定与塞流相差很远，并且有相当多的旁路。从有效接触的角度来看，这种现象并没有达到要求，并且需要更多的催化剂来实现高气体转化率，而且大大降低了在连续反应中可以形成的中间产物的数量。因此[如果反应器中的有效接触是有效的，那么对固定床是有利的。]

(2)大型固定床的温度有效控制可能是困难的，因为这样的系统具有低导热性。因此，在大量放热的反应中，热点或移动的热点温度可能会升高，这可能破坏催化剂。与此相反，固体在流化床中的快速混合是容易进行且可控制的，实际上是等温操作。因此，如果要在较小的温度范围内限进行操作，由于反应的易爆性或由于产品分布的考虑，流化床都是有利的。

(3)由于堵塞和高压降，固定床不能使用非常小尺寸的催化剂，而利用小尺寸颗粒。因此，对于其中孔和膜扩散可能影响速率的反应，具有剧烈气固接触的流化床和小颗粒将更有效地使用催化剂。

(4)如果由于催化剂快速失活而必须频繁地进行处理(再生)，那么液态流态化状态允许它很容易地从一个单元泵送到另一个单元。与固定床操作相比，流化接触的这一特性为此类固体提供了一定的优势。

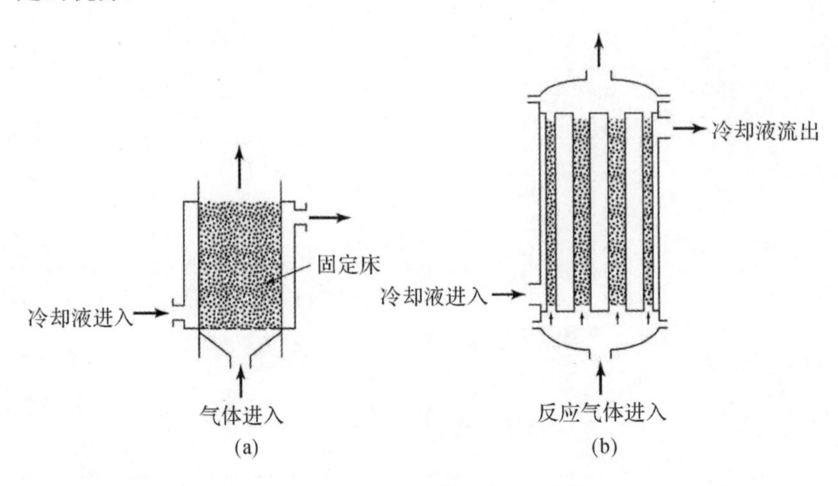

图 19.1　各种类型的催化反应器

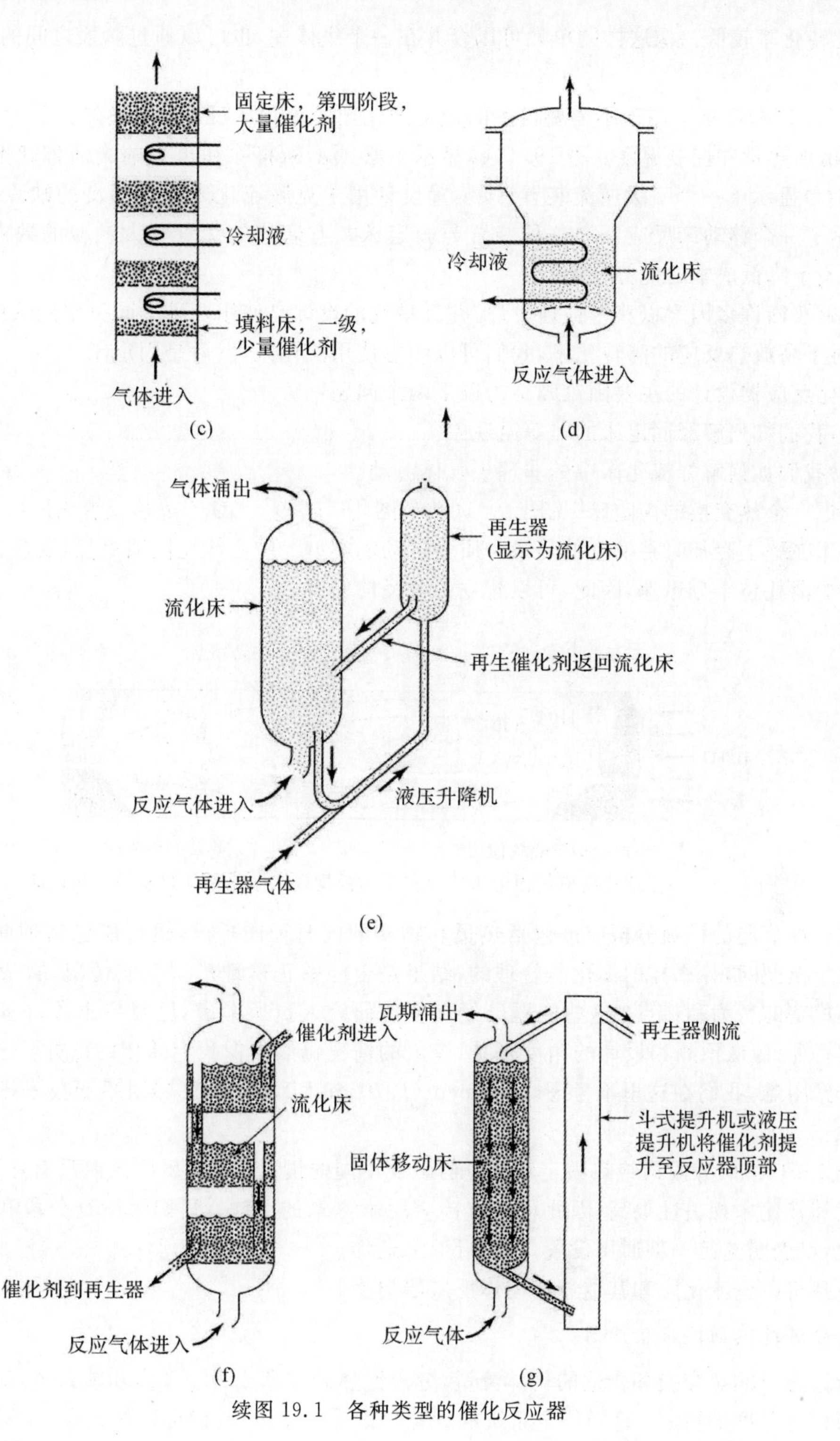

续图 19.1　各种类型的催化反应器

考虑到这些要点，可以参考图 19.1。图 19.1(a)是典型固定床反应器，体现了其中的优点和缺点。图 19.1(b)显示了如何通过增加冷却面积来显著减少热量。图 19.1(c)显示了中间冷却如何进一步控制温度。注意，在反应速度最快的第一级段，由于催化剂存在量少于其他级段，因此转化率较低。像这样的单元可以合并在一个集体中，也可以通过阶段之间的热交换保持独立。

图 19.1(d)显示了用于不需要再生的稳定催化剂的流化床反应器。换热器管浸在床中以除去或增加热量并控制温度。图 19.1(e)显示了必须不断移除和再生的失活催化剂的操作。图 19.1(f)显示了一个三级逆流装置，该装置设计用于克服流化床接触不良的缺点。图 19.1(g)显示了一个移动床反应器。这种装置与固定床共有塞流的优点和大颗粒的缺点，但也与流动床关于降低成本的优势相关。

必须权衡许多因素以获得最佳设计，并且最优的设计是使用两种不同类型的反应器串联。例如，对于高放热反应的高转化率，我们可以考虑使用流化床，然后是固定床。

催化反应器设计的主要困难归结为以下两个问题：

(1)我们如何解释固定床的非等温现象？

(2)我们如何解释流化床中的非理想气体流动。

考虑一个热交换的固定床[见图 19.1(a)和图 19.1(b)]。对于放热反应，图 19.2 显示了当固定床在壁上冷却时将发生的热量和质量运动的类型。中心线比围墙更热，反应速度更快，反应物的消耗也十分迅速，因此，可以建立各种径向梯度。

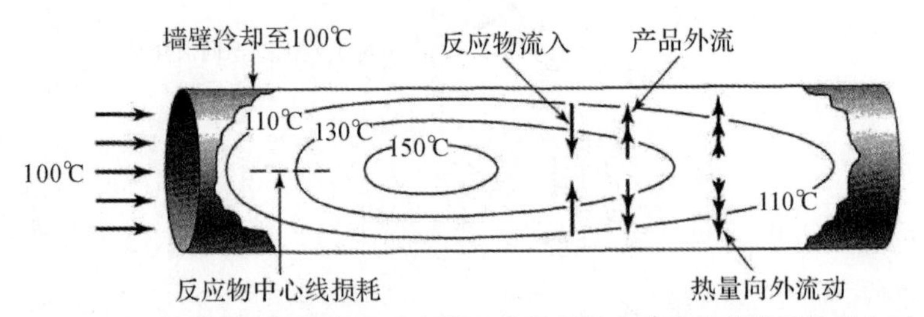

图 19.2　用于放热反应的固定床反应器中的温度场产生热量和物质的径向运动

对这种情况的详细分析应该包括热量和物质的同时径向扩散，也可能包括轴向扩散。在建立数学模型时，什么样的简化是合理的，结果是否能够正确地模拟真实情况，解决方案是否表明不稳定的行为和热点？这些问题已经被多位研究人员所考虑，已经提出了许多精确的解决方案；然而，从预测和设计的角度来看，今天的情况仍然不像我们希望的那样。这个问题的处理非常困难，我们在这里不考虑。Froment(1970)和 Bischoff(1990)对最新技术进行了很好的回顾。

图 19.1(c)的分段式绝热固定床反应器呈现不同的情况。由于反应区内没有热量传递，所以温度和转化率相关性很高，因此可以直接应用第 9 章的方法。我们将检查分段和传热的多种变化，以表明这是一种通用设置，可以近似为最佳。

下述将讨论流化床和其他悬浮固体反应器类型。

1.分级绝热固定床反应器

通过适当的热交换和合适的气体流量，分段绝热固定床成为一个多功能系统，这样就可以实现对任意温度的控制。这样一个系统的计算和设计很简单，我们可以做预期，实际操作将会严格遵循这些预测。

我们用任何动力学单反应 A ⟶R 说明了设计过程。这个过程可以很简单地扩展到其他反应类型。我们先考虑采用不同的运行方式来操作反应器。我们先考虑运行这些反应器的不同方法，然后比较这些方法，这样就可以比较得出优劣。

(1)带中间冷却的分级固定床(塞流)。在第 9 章的推理表明，我们希望反应条件遵循最佳的反应过程温度。如图 19.3 所示，由于具有许多的路线可供选择，因此可采用最优的路线。

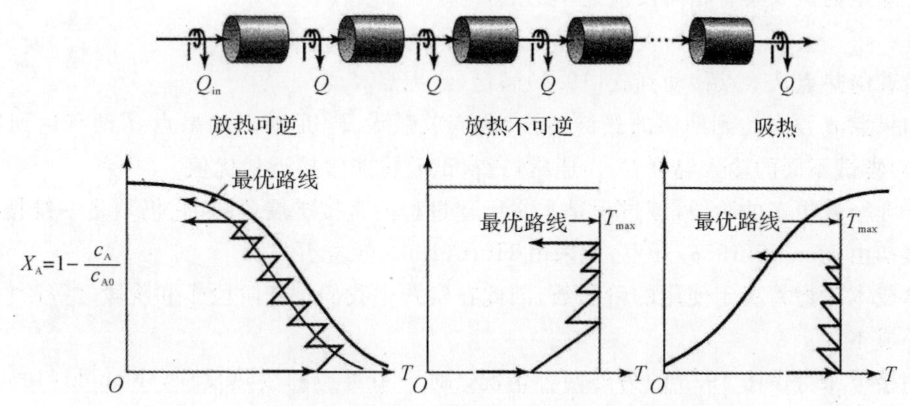

图 19.3　显示分级固定床如何接近最佳温度过程的示意图

对于任何预设数量的阶段数，操作的优化简化为使实现给定转换所需的催化剂总量最小化。让我们说明可逆放热反应的两级段操作过程。具体的方法如图 19.4 所示。在这个图中我们希望最小化 $1/-r'_A$ 与 X_A 曲线下的总面积，从 $X_A=0$ 到 X_{A2}(X_{A2} 为一些固定或所需的转化率)。在寻找这个最佳值时，我们可以随意设定三个变量：进料温度(点 T_a)，第一级段使用的催化剂量(b 点沿绝热方向)和中间冷却量(c 点沿 bc 线方向)。我们能够将这种三维搜索(三个阶段的三维搜索，等等)简化为一维搜索，仅猜测 T_a。程序如下：

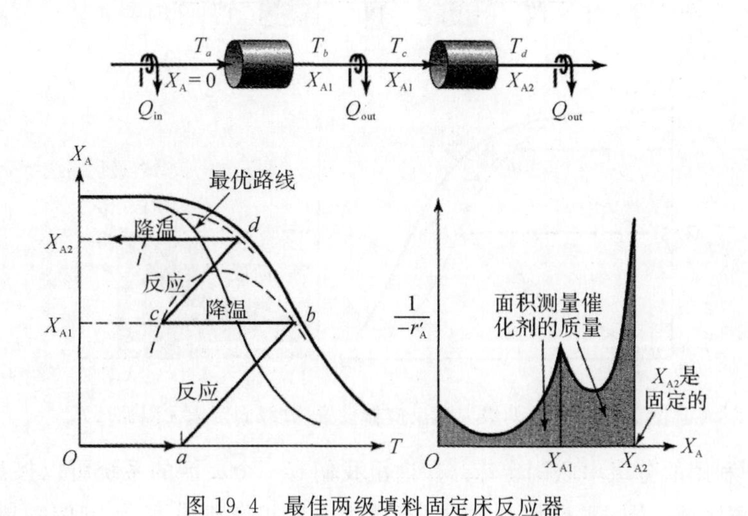

图 19.4　最佳两级填料固定床反应器

1)计算 T_a。

2)沿着绝热线移动，直到满足以下条件：

$$\int_{in}^{out} \frac{\partial}{\partial T}\left(\frac{1}{-r'_A}\right) dX_A = 0 \tag{19.1}$$

这给出了图 19.4 中的点 b，因此第一级段所需的催化剂量以及该级段的出口温度。特别是在初步设计中,使用方程式的标准可能不太一致。

一个简单的选择是运用试错法进行试验。通常有几个相对较好的试验可以避免低速率,可达到最佳的反应状态。

3)冷却至与点 b 具有相同反应速率的点 c,则有

$$(-r'_A)_{离开反应器} = (-r'_A)_{进入下一个反应器} \tag{19.2}$$

4)沿着绝热点从 c 点移动到式(19.1)满足,给出点 d。

5)如果点 d 没有达到期望的最终转换,我们就假设 T_a 足够。如果点 d 没有达到期望的最终转换,尝试不同的输入温度 T_a。通常,三次试验将非常接近最优值。

对于 3 个或更多的阶段,该过程是本文所述过程的直接扩展,并且它仍然是一维搜索。这个程序最初由 Konoki(1956)开发,后来由 Horn(1961)独立开发。

总体成本考虑将决定使用的阶段数,因此在实践中我们检查阶段 1 和阶段 2 等阶段,直到获得最小成本。

我们接下来考虑图 19.3 的另外两种情况。对于不可逆的放热反应,Konoki(1956)也提出了最佳操作的标准。对于吸热反应,最佳标准尚未确定。在所有这些情况下,一般不会采用低比率区进行相关试验。

(2)分级串联全混流反应器。对于非常高的回收利用,分级循环反应器可以处理混合流。如图 19.5 所示,在这种情况下,反应器应在最佳温度曲线上运行,通过矩形的最大化找到各阶段中催化剂的最佳分布(见图 6.9～图 6.11)。实际上,我们需要对催化剂进行选择,使 $KLMN$ 的面积最大化,从而使图 19.5 中的阴影面积最小化。

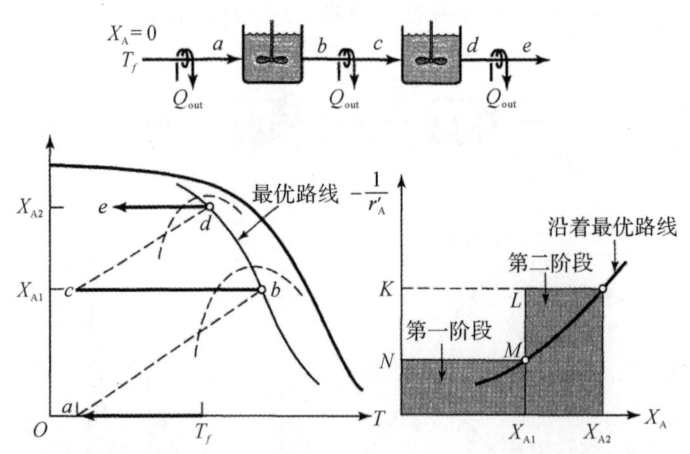

图 19.5　最佳两级混流反应器设置(分级固定床无限循环)

(3)有循环利用的分级串联固定床。在这里我们有一个灵活的系统可以接近全混流,因此可以避免低速率区域。图 19.6 所示为循环速率 $R=1$ 和进料温度 T_f 的两级段操作。直接扩展到 3 个或更多阶段。

Konoki(1961)提出了最佳操作的标准;然而,在初步设计中,选用最初所设计的可接近最优的操作。

在循环操作中,热交换器可以放在不同的位置,而不会影响反应器中发生的反应。图 19.6 说明了其中的一种;图 19.7 显示了其他替代方案。最佳位置取决于操作的方便性,以及哪个

位置的传热系数更高，进行选择[这里要特别注意的是图 19.7(a)的交换器布置比图 19.7(b)的布置具有更高的流体流量]

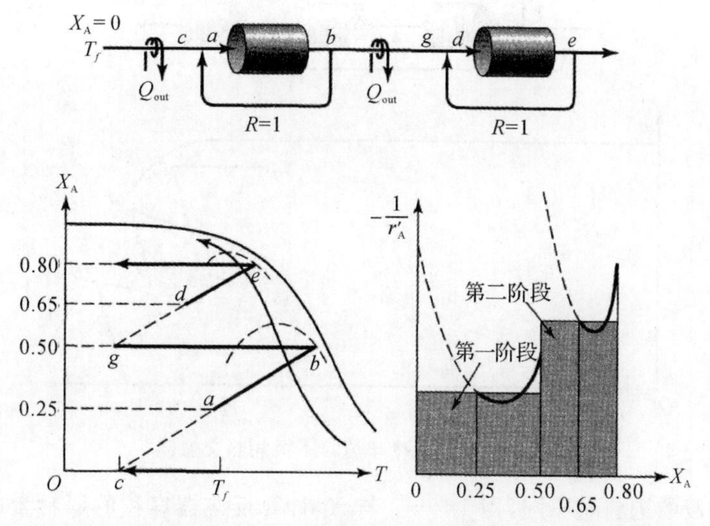

图 19.6　带循环的最佳两级固定床反应器(所示的转换表示两个阶段的循环比 $R=1$)

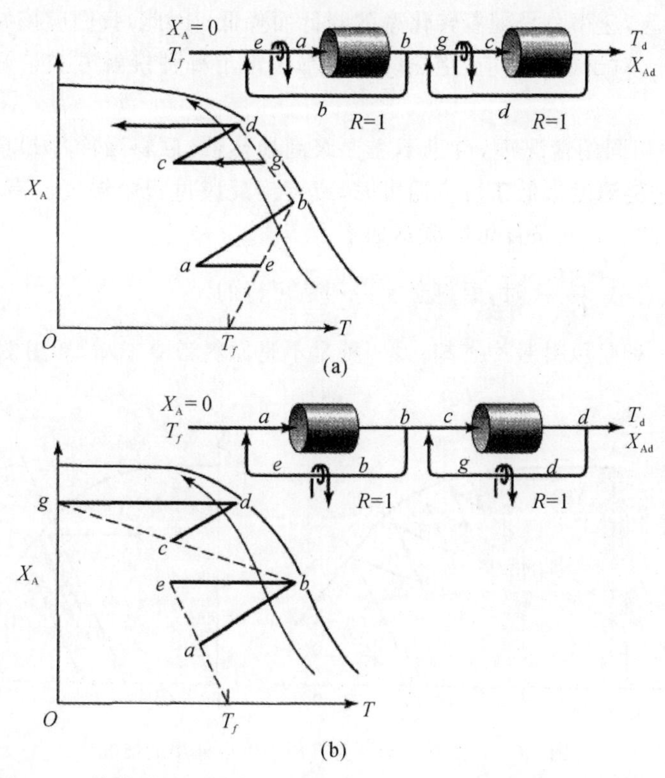

图 19.7　换热器的不同位置，同时保持与图 19.6 相同的反应器条件

(4)原料激冷冷却。消除级间换热器的一种方法是在反应器的第二级和后续阶段直接适当添加冷原料。程序见图 19.8。Konoki(1960)和 Horn(1961b)给出了这种安排的最佳操作

准则，但形式有所不同。他们发现级间冷却的程度由方程式 2 给出。如图 19.8 所示。

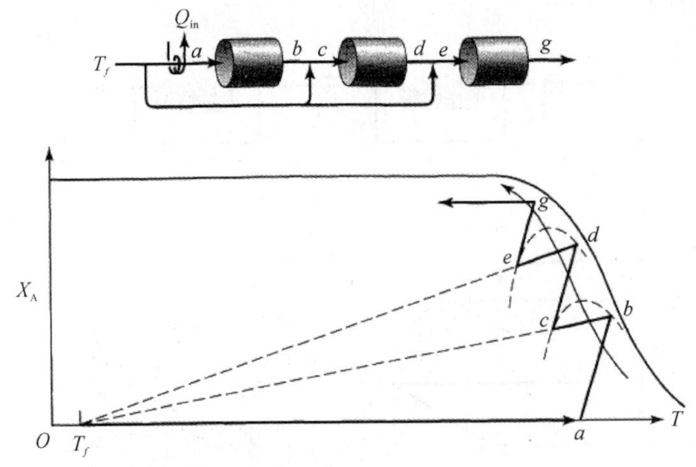

图 19.8　冷态冷却消除了级间热交换器

由于每个阶段的进料量不同，用 $1/-r'_A$ 与 X_A 计算反应器容积的原料激冷冷却曲线更加复杂。我们也可以用惰性液体原料激冷冷却。这将影响 $1/-r'_A$ 对 X_A 和 T 对 X_A 曲线。

(5)接触系统的选择。存在多种选择，可以选择一个最佳的方案。

1)对于吸热反应，速率总是随着转化率的降低而降低；因此，我们应该始终使用无循环的塞流(参见第 9 章)。对于放热反应，绝热线的斜率决定了哪种接触方式最好。其余的条件也与放热反应相关。

2)在其他条件相同的情况下，由于不需要级间换热器，原料激冷冷却具有成本较低的优点。然而，只有当进料温度远低于反应温度时，或者当反应过程中温度没有太大变化时，原料激冷冷却才是实用的。这些条件可以概括如下：

当 $T_{反应物} - T_f > \dfrac{-\Delta H_r}{C_p}$ 时，原料激冷冷却是可行的。

有两种情况：一种是原料激冷态却；另一种是不是原料激冷态却，如图 19.9 所示。

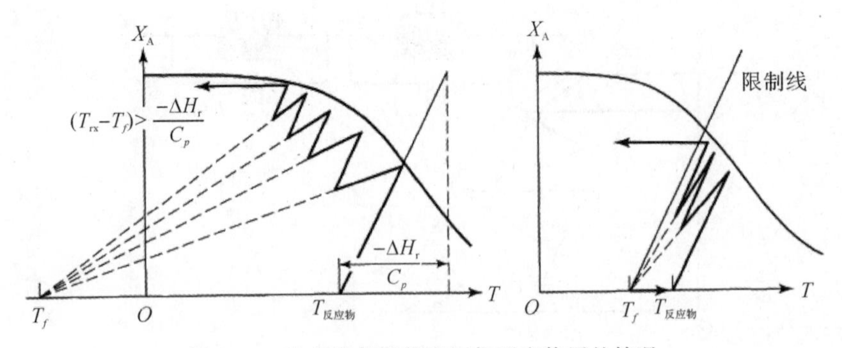

图 19.9　冷态冷却可能有用但不应使用的情况

3)对于放热反应，如果绝热线的斜率较低(反应过程中升温较大)，则有利于避免速率非常低的低温条件，因此使用高循环接近混流。另外，如果斜率较高(反应过程中温升较小)，则转化率会随着转化率下降而使用塞流。通常，对于纯气态反应物，绝热的斜率很小；对于稀释气体或液体来说它是很大的。例如，考虑一个反应物，其中 $C_p=40\ \mathrm{J/(mol\cdot K)}$ 和 $\Delta H_r=-120\ 000\ \mathrm{J/mol}$，惰性物质 $C_p=40\ \mathrm{J/(mol\cdot K)}$。

对于纯反应气体：

$$斜率=\frac{C_p}{-\Delta H_r}=\frac{40}{120\ 000}=\frac{1}{3\ 000}$$

对于稀释 1%的反应气体：

$$斜率=\frac{C_p}{-\Delta H_r}=\frac{4\ 000}{120\ 000}=\frac{1}{30}$$

用于 1 摩尔液体溶液：

$$斜率=\frac{C_p}{-\Delta H_r}=\frac{4\ 000}{120\ 000}=\frac{1}{30}$$

这些情况的绝热线如图 19.10 所示，并说明了这一点。

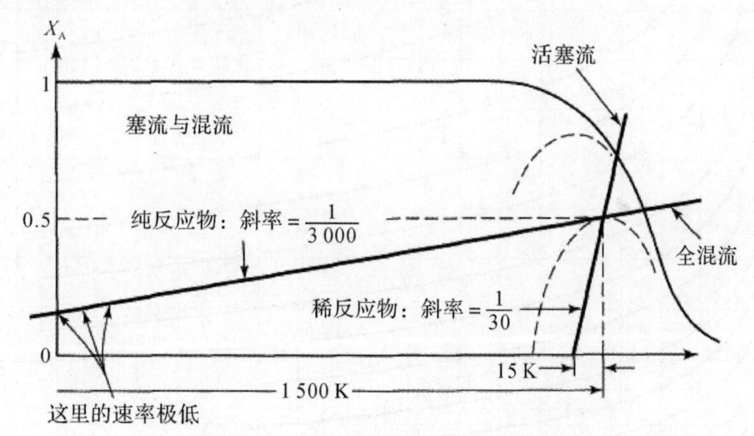

图 19.10　表示出了为什么塞流用于陡峭的绝热管线，而混合流（具有大循环的固定床）用于小斜率管线

4）对于分级反应器中的放热反应，上述讨论可总结如下：

对于纯天然气的高回收接近混流。

对于不需要大量预热的稀释气体使用平推流。

对于需要大量预热以使气流达到反应温度的稀释气体（或溶液）可使用原料激冷冷却操作。

2. 单固定床反应器一系列问题的初步探讨

单一催化固定床反应器设计用于处理 100 mol 反应物 A 并产生产物 R。进料气体在 2.494 MPa 和 300 K 下进入，最大允许温度为 900 K，除非另有说明，需要产物流在 300 K，图 19.11 给出了放热反应的热力学和动力学。准备一张草图，显示打算使用的系统的详细信息：

（1）反应器类型：活塞流、循环或全混流（∞循环）；

（2）所需的催化剂量；

（3）在反应器之前，反应器本身和反应器之后的热负荷；

（4）所有流动的温度。

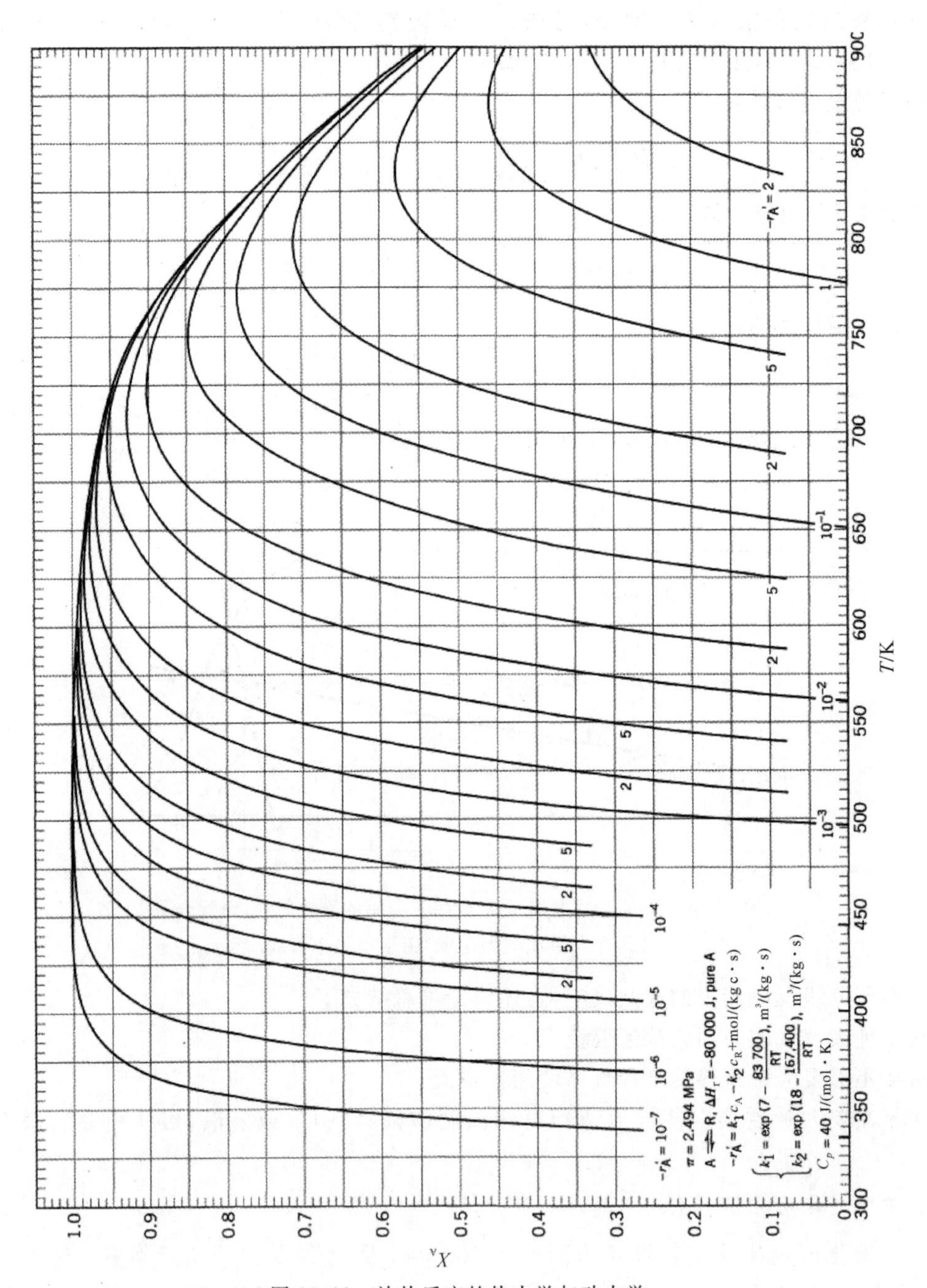

图 19.11　放热反应的热力学与动力学

例 19.1 处理一个案例,习题 19.13～习题 19.16 处理另外 4 个案例。在所有这些问题中,假设:

(1)处理理想的气体。

(2)在任何温度下,所有材料的 C_p＝40 J/mol · K。这意味着(从例 9.1)ΔH_r在所有温度下具有相同的值。

[**例 19.1**] 单层绝热固定床系统的设计

设计一个由 1 mol A 和 7 mol 惰性气体组成的进料 80％转化率的方案。

解：

先确定绝热线的斜率。8 mol 的 A 进入，则有

$$C_p = [40\ \text{J/(mol·K)} \times 8\ \text{mol}] = 320\ \text{J/[(mol A+inerts)·K]}$$

可得，绝热线的斜率为

$$\frac{C_p}{-\Delta H_r} = \frac{320}{80\ 000} = 0.004 = \frac{1}{250}$$

在图 19.11 中绘制各种绝热图，似乎例 19.1 图 1 上显示的看起来最好。所以现在列出图 19.11 中的 X_A 和 $1/(-r'_A)$，见例 19.1 表。

例 19.1 表

X_A	$-r'_A/(\text{mol·kg}^{-1}\text{·s}^{-1})$	$1/(-r'_A)/(\text{kg·s·mol}^{-1})$
0.8	0.05	20
0.78	0.1	10
0.70	0.2	5
0.60	0.225	4.4
0.50	0.2	5
0.26	0.1	10
0.10	0.05	20
0	0.03	33
	（以上各值）÷8	（以上各值）×8

这直接告诉我们应该使用循环反应器。可得

$$\frac{W}{F_{A0}} = \frac{X_A}{-r'_A} = 0.8 \times (6 \times 8) = 38.4\ \text{kg·s/mol}$$

或者

$$W = 38.4F_{A0} = 100 \times 38.4 = 3\ 840\ \text{kg}$$

例 19.1 图 2 中的循环比为 $R=1$。

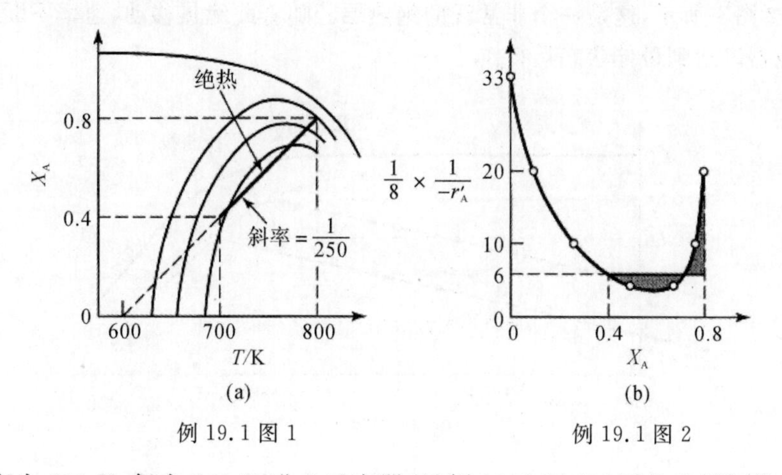

例 19.1 图 1　　例 19.1 图 2

进料温度为 300 K，但在 600 K 进入反应器（见例 19.1 图 1），因此必须加热。从而

$$Q_1 = nC_p\Delta T = 800\ \text{mol/s} \times 40\ \text{J/(mol·K)} \times (600-300)\text{K} = 9.6 \times 10^6\ \text{J/s}$$

产物流在 800 K 离开反应器，因此必须冷却到 300 K：

$$Q_2 = nC_p\Delta T = 800\ \text{mol/s} \times 40\ \text{J/mol} \cdot \text{K} \times (300 - 800)\text{K} = -16 \times 10^6\ \text{J/s}$$

我们在例 19.1 图 3 中展示了我们的推荐设计。

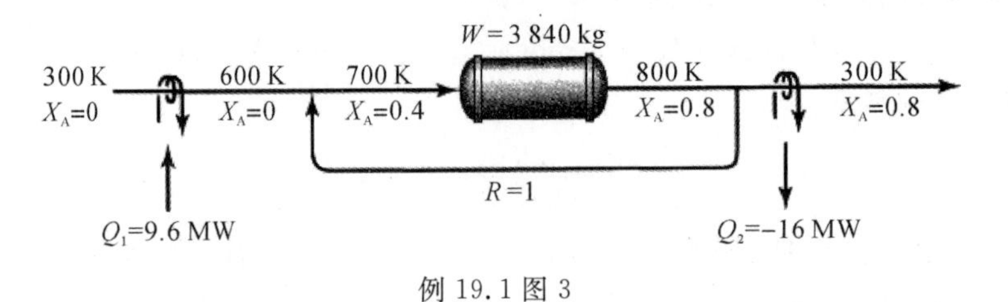

例 19.1 图 3

一系列处理串联(连串)反应器问题的初步讨论如下：

设计两个填充催化剂的固定床反应器用于处理 100 mol 反应物 A 以生产 R 产品。进料气体在 2.49 MPa 和 300 K 下进入，$T_{max}=900$ K，$T_{min}=300$ K，除非另有说明，否则产品流在 300 K 以下，图 19.11 给出了放热反应的热力学和动力学。准备一份推荐的设计草图并展示。

(1)所选择的流动方式：堵塞、循环(给出 R 值)或混合($R>5$)。除非问题表明允许在各阶段之间注入冷流体，否则不要考虑在各阶段之间注入冷流体。

(2)每个级段所需的催化剂质量。

(3)换热器的位置和作用。

(4)水流的温度。

[**例 19.2**] 两个绝热固定床系统的设计

制定一个好的设计方案，将纯 A 进料进入两个固定床，转化率达到 85%。

解：

先确定绝热线的斜率，并在图 18.11 中画出可得

$$\text{斜率} = \frac{C_p}{-\Delta H_r} = \frac{40}{80\ 000} = \frac{1}{2\ 000}$$

如例 19.2 图 1 所示，这是一个非常浅的绝热层。随着此绝热移动，速率不断增加，因此使用混合流反应器以达到最佳状态运行。

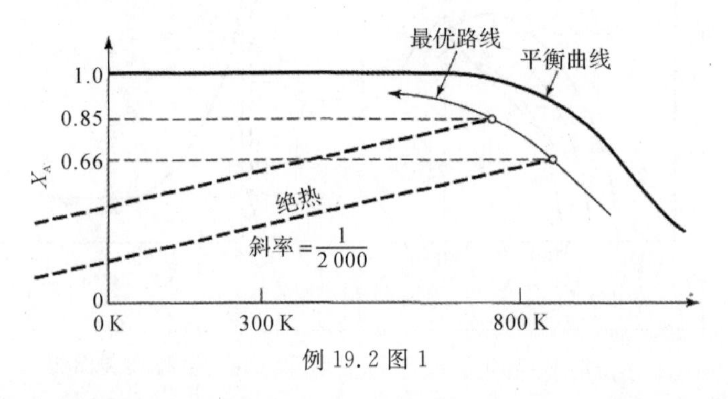

例 19.2 图 1

为了尽量减少所需催化剂的数量，第 6 章说使用矩形最大化的方法，因此将 X_A 与 $1/(-r'_A)_{opt}$ 列成表，见例 19.2 表。

例 19.2 表

X_A	$(-r'_A)_{opt}/(mol\cdot kg^{-1}\cdot s^{-1})$	$1/(-r'_A)_{opt}/(kg\cdot s\cdot mol^{-1})$
0.85	0.05	20
0.785	0.1	10
0.715	0.2	5
0.66	0.28	3.6
0.58	0.5	2
0.46	1.0	1

使用如例 19.2 图 2 所示的矩形最大化方法，然后由性能方程可得

$$\frac{W}{F_0}=X_A\frac{1}{(-r_A)_{opt}}=\text{（例 19.2 图 2 中的阴影面积）}$$

我们有

$$W_1=F_{A0}(\text{面积})_1=100\times2.376=237.6\ \text{kg}$$
$$W_2=F_{A0}(\text{最优线路})_2=100\times3.819=381.9\ \text{kg}$$

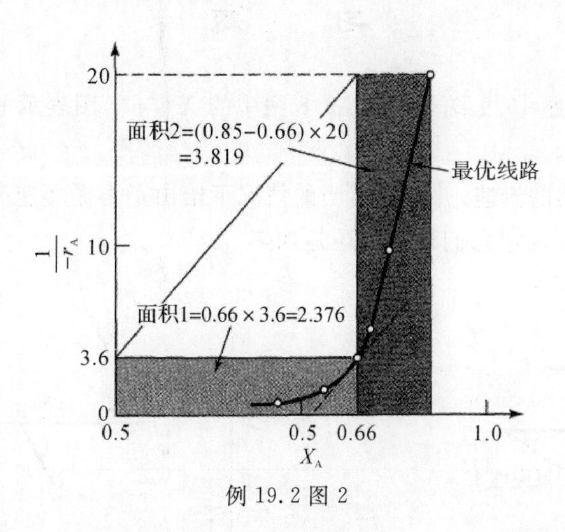

例 19.2 图 2

现在对于热交换：

(1)对于第一个反应器。如果我们想在将原料引入第一个反应器之前进行冷却原料处理，我们必须冷却

$$820-2\ 000\times0.6=-380\ \text{K}$$

远低于绝对零度。但这是不可能实现的，所以我们必须在再循环反应器回路内某处冷却它，如例 19.2 图 3 所示。但是，无论处于哪种反应装置中，所需的加热或冷却量是相同的。

为了在 820 K 下达到 66%的转化率，每摩尔 A 所需的热量为

$$(820-300)\times40+0.66\times(-80\ 000)=-32\ 000\ \text{J/mol}$$

但是对于 100 mol/s 的加料：

$$Q_1=(32\ 000\ \text{J/mol})\times(100\ \text{mol/s})=-3.2\ \text{MW(冷却)}$$

(2)对于第二个反应器。要从 820 K 时 $X=0.66$ 达到在 750 K 时 $X=0.85$，需要

$$(750-820)\times 40+(0.85-0.66)\times(-80\ 000)=-18\ 000\ \text{J/mol}$$

因此对于 100 mol/s 的加料：

$$Q_2=-18\ 000\times 100=-1.8\ \text{MW(冷却)}$$

类似地，交换器需要将出口流从 750 K 冷却到 300 K：

$$Q_3=100\times 40\times(300-750)=-1.8\ \text{MW}$$

所以我们推荐的设计如例 19.2 图 3 所示。

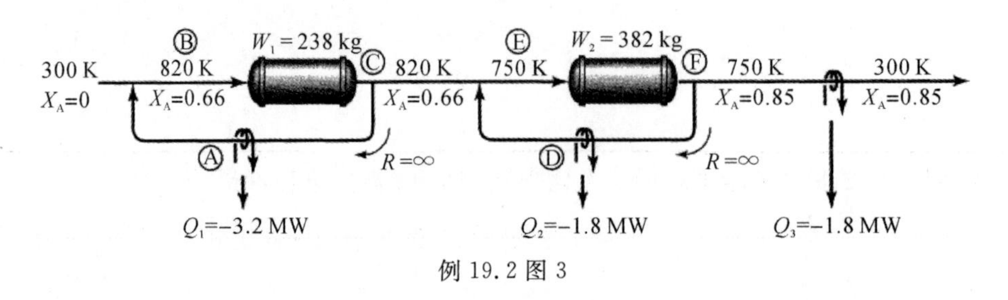

例 19.2 图 3

注：交换器 Q_1 可以放置在 A，B 或 C 处，交换器 Q_2 可以放置在 D，E 或 F 处。

习　　题

19.1～19.8　用习题 19.1 图～习题 19.8 图中的 X_A 与 T 图表示的两个反应器系统的流程图，并在示意图上显示。

(1)每 100 mol 流体的流速，并且在适当的情况下给出了再循环速率。

(2)换热器的位置并确定它们是冷却还是加热。

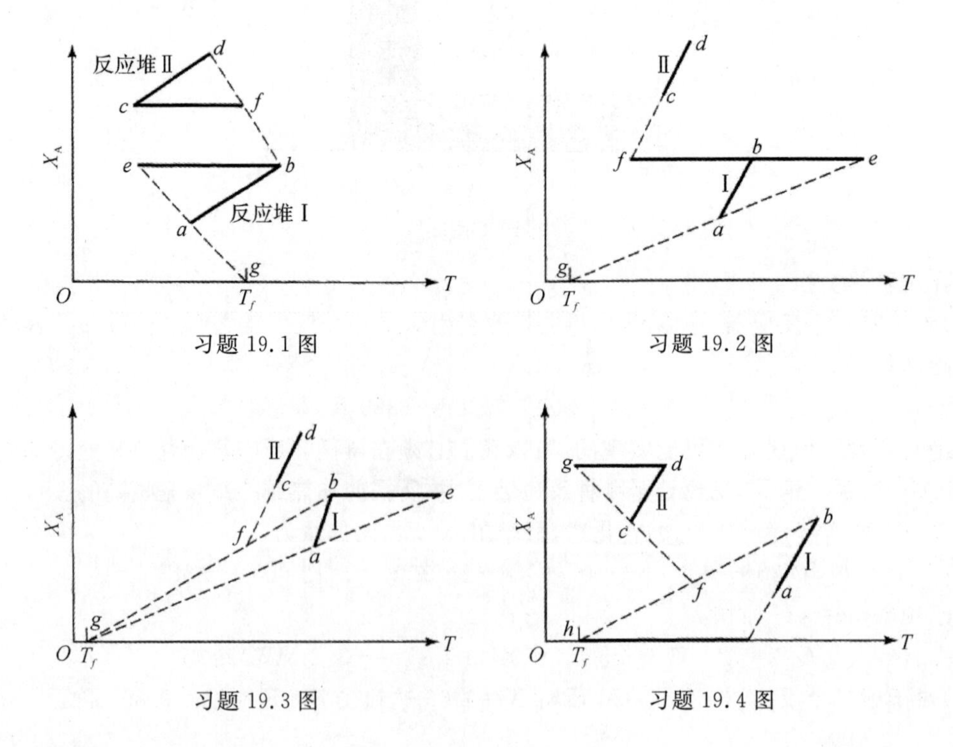

习题 19.1 图　　习题 19.2 图

习题 19.3 图　　习题 19.4 图

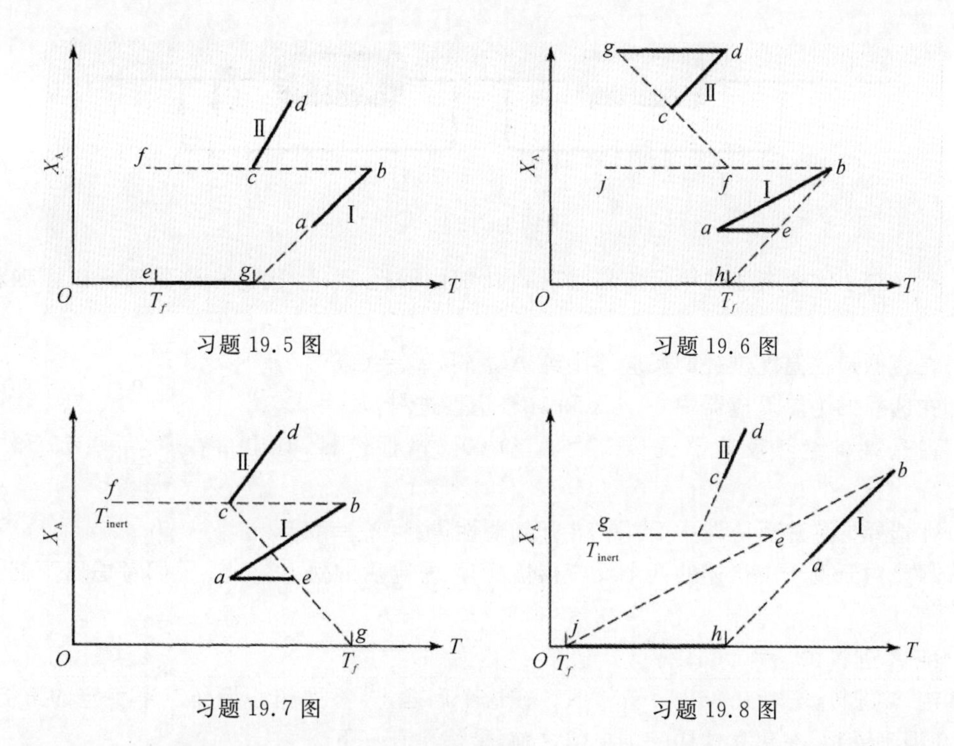

习题 19.5 图　　习题 19.6 图

习题 19.7 图　　习题 19.8 图

19.9～19.12 绘制两个固定床反应器系统的 X_A 与 T 图，如习题 19.9 图～习题 19.12 图所示。用于放热反应，其中：

(1)转化率：$X_{A1}=0.6$，$X_{A2}=0.9$。

(2)再循环比例：$R_1=2$，$R_2=1$。

热交换器都对反应流体进行冷却。

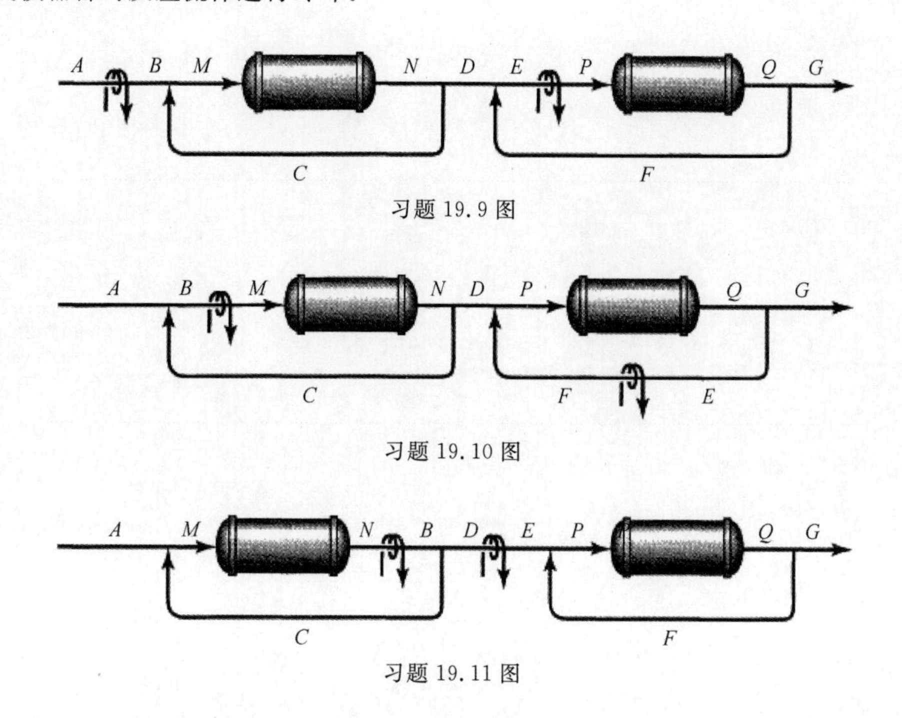

习题 19.9 图

习题 19.10 图

习题 19.11 图

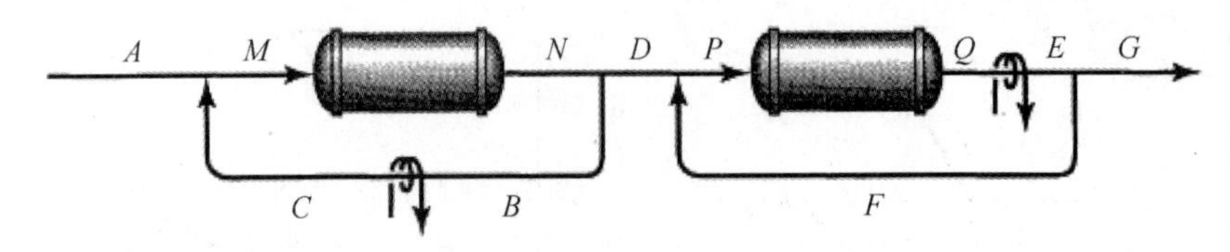

习题 19.12 图

19.13　对于文中概述的单反应器情况以及前面的例 19.1，我们在这里考虑以下四种备选方案：

(1)在遵循最佳温度进程的反应器中纯 A 进料，$X_A=0.85$。

(2)在选择的绝热反应器中 50%A 和 50%惰性进料，$X_A=0.70$。

(3)向选择的绝热反应器提供 20%A 和 80%惰性进料，其出口在 $X_A=0.75$ 和 $T=$ 825 K。

(4)在选择的绝热反应器中 5%A 和 95%惰性进料，$X_A=0.5$。

19.14　对于例子中概述的两个反应器情况，以及随后的例 19.2，让我们考虑以下五个备选方案：

(1)纯 A 进料，$X_A=0.85$。

(2)纯 A 进料，$X_A=0.85$，$T=550$ K。在这个问题上，不要担心操作点不稳定的可能性。为了避免遇到麻烦，在建立这样一个单位之前，最好检查一下。

(3)20%A 和 80%惰性进料，$X_A=0.85$。

(4)40%A 和 60%惰性进料，$X_A=0.95$。

(5)5%A 和 95%惰性进料，$X_A=0.95$(尝试原料激冷冷却进料)。

第 20 章　具有悬浮固体催化剂的反应器和各种类型的流化反应器

邻苯二甲酸酐的形成是高度放热的，即使采用最佳的设计，从固定床反应器除去热量也是不太可能实现的，并且可能导致温度失控，熔毁反应器甚至爆炸。如果这些反应器的设计师在机器设备进行时要时刻保持在岗，那么将不会有设计师对此进行设计。

流化床的悬浮和快速混合固体的发明完全避免了这种危险情况。这是因为固体和大型散热器(固体)的快速混合会使床层温度变化非常缓慢，并且很容易控制。

另一个问题——催化剂配方的不断完善之下，催化剂的反应速率也会越来越快。但要有效地使用整个催化剂体积，我们必须保持 Thiele 模量，即

$$M_{\mathrm{T}}=L\sqrt{\frac{K'''}{\mathscr{D}_{\mathrm{e}}}}<0.4$$

这意味着使用越来越小的粒子，因为 K''' 越来越大。

这导致我们使用悬浮固体。还要注意，使用这些非常有效的催化剂，反应气体所需的停留时间变得非常短，例如对于大型 30 m 高的反应器也许只要几秒钟。

图 20.1 显示了从固定床到 BFB 到 TF 到 FF 到 PC 反应器的转变。

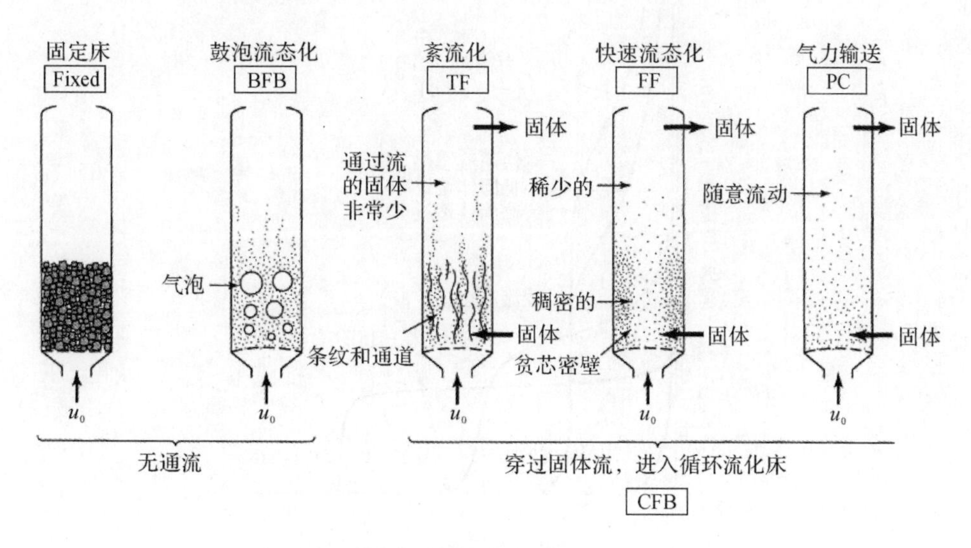

图 20.1　从低气速到极高气速的 G/S 接触状态

20.1 悬浮固体反应器的背景资料

这是一个很大的主题,但我们只进行简短的介绍,只谈及一些关键点。参阅 Kunii 和 Levenspiel(1991)更完整的介绍。

Geldart(1973)和 Abrahamson(1978)研究了不同种类的固体在流化过程中的行为,并提出了我们称之为 Geldart 分类的简单固体分类,即 Geldart A,B,C,D。这些在图 20.2 中显示和描述。

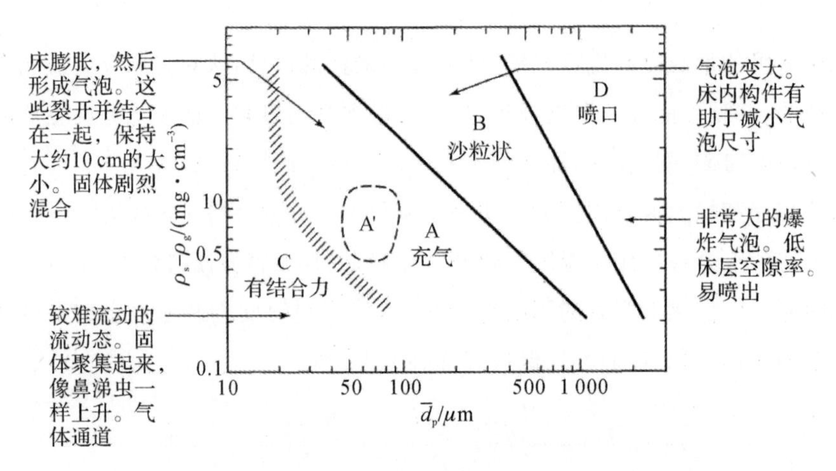

图 20.2 BFB 中固体颗粒的 Geldart 分类

按图 20.2 来考虑垂直容器中固体的分布。设 f 是容器高度 z 处固体的体积分数。如图 20.3 所示,当气流速度越来越快时,固体会扩散到整个容器中。

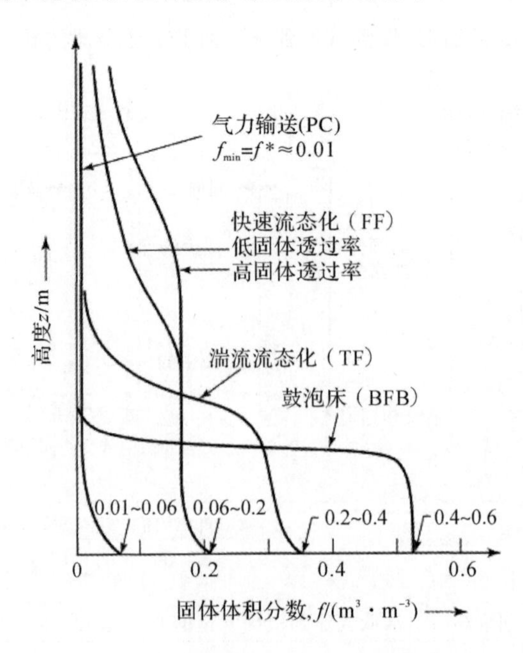

图 20.3 各种接触状态下的固体分布

1. G/S 接触制度

为了说明现有的接触状态，我们考虑尺寸为 d_p 的固体，在横截面积为 A 的床层中，以表观气速 u_0（见图 20.4）供气。

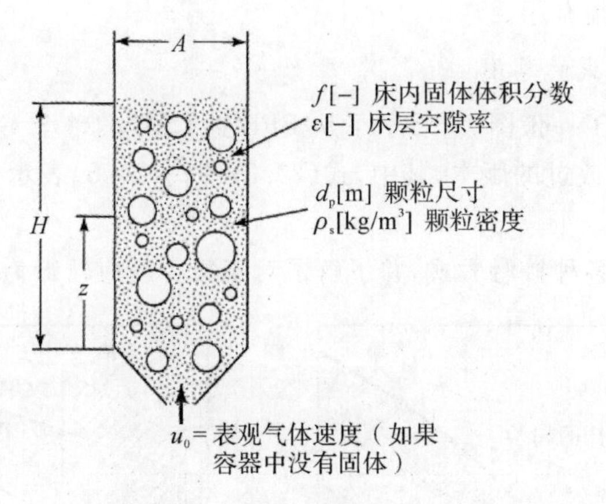

图 20.4　悬浮固体床的示意图

为了简化方程式，我们先定义两个无量纲量：

$$d_p^* = d_p\left[\frac{\rho_g(\rho_s-\rho_g)g}{\mu^2}\right]^{1/3} \tag{20.1}$$

$$u^* = u\left[\frac{\rho_g^2}{\mu(\rho_s-\rho_g)g}\right]^{1/3} = \frac{Re_p}{d_p} \tag{20.2}$$

$$Re_p = u^* d_p^*$$

2. 最小流化速度

当压降超过固体质量时，固体将悬浮。当气体速度超过最小流化速度 u_{mf} 时会发生这种情况。该速度由 Ergun(1952) 给出，无量纲形式为

$$150(1-\epsilon_{mf})u_{mf}^* + 1.75(u_{mf}^*)^2 d_p^* = \epsilon_{mf}^3 (d_p^*)^2 \tag{20.3}$$

3. 终端速度

当气体速度超过所谓的最终速度 u_t 时，单个颗粒被吹出床外。Haider 和 Levenspiel (1989) 给出了这个球形粒子的速度为

$$u_t^* = \left[\frac{18}{(d_p^*)^2} + \frac{0.591}{(d_p^*)^{1/2}}\right]^{-1} \tag{20.4}$$

对于不规则形状的球形颗粒 Φ_s，有

$$u_t^* = \left[\frac{18}{(d_p^*)^2} + \frac{2.335-1.744\Phi_s}{(d_p^*)^{1/2}}\right]^{-1} \tag{20.5}$$

粒子球形 Φ_s 被定义为

$$\Phi_s = \left(\frac{球面面积}{粒子表面面积}\right)_{相同体积} \tag{20.6}$$

对于细小颗粒，我们通过屏幕分析来评估尺寸，得出了 d_{scr}。但 d_{scr} 和 d_p 之间没有一般关系。对于压降的考虑，我们只能说：

(1) $d_p = \Phi_s d_{scr}$：不规则颗粒，尺寸不长或不短。

(2) $d_p \approx d_{scr}$：对于尺寸稍长但长度比不超过 2∶1 的不规则颗粒（例如鸡蛋）。

(3)$d_p \approx \Phi_s^2 d_{scr}$:对于尺寸较短但长度比不小于 1∶2 的不规则颗粒(例如枕头)。

虽然单个颗粒会被比 u_t 更快的气流夹带,但这一发现并不会延伸到颗粒流化床。在 BFB 中,气体速度可以比 u_t 大很多倍,而固体携带量很少。因此,当固体的夹带变得明显时,单粒子末速度在估计中不是很有用。

4. 显示 G/S 联系方式的总图

格雷斯(1986)编制了一张图表,展示了从 BFB 到 CFB 的整个 G/S 系统的预期行为。图 20.5 显示的图是一个修改过的版本,其中,式(20.3)~式(20.5)表示床层何时流动,以及固体何时开始从容器中携带。

我们现在详细研究各种接触方式,并了解了对于每个反应器行为有用的预测。

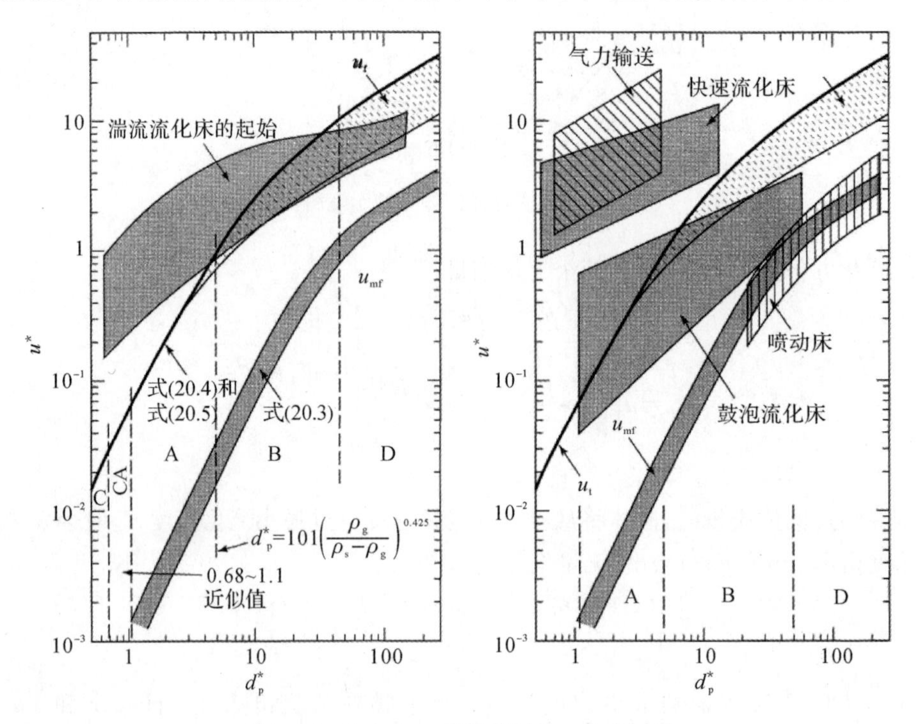

图 20.5　整个 G/S 接触范围的一般流型图

20.2　鼓泡流化床 BFB

将气体向上通过由细颗粒组成的床层,对于表面(或入口)气体速度 u_0,大大超过此最小值时,床会呈现沸腾的液体,并且大气泡迅速通过床层上升。在这种状态下,我们有鼓泡流化床 BFB。特别用于固体催化气相反应的工业反应器通常作为气体速度为 $u=5\sim30\ u_{mf}$ 的鼓泡床运行。

计算结果表明,鼓泡床中的转化率可能随塞流的变化而不同于混合流(见图 20.6),多年来令人困惑的是,我们无法精确预测新情况的发生。因此,扩大规模是存在风险与不确定性的。

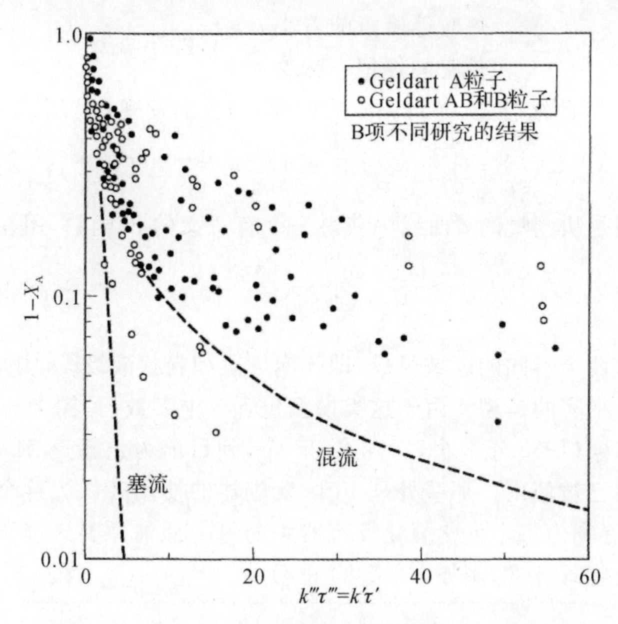

图 20.6　反应物在 BFB 中的转化率通常低于塞流和混合流
[改编自 Kunii 和 Levenspiel(1991)]

人们很快就认识到,这种困难源于对床层中接触和流动模式缺乏了解。实际上,大部分固体被上升的气泡气体绕过。这使人们认识到,对床层行为的充分预测必须等待床层的合理流动模型。

由于鼓泡床表现出与理想接触的严重偏差,而不仅仅是与其他单相反应器(固定床、管等)那样微小的偏离,因此了解如何解决流动特性这一问题具有指导意义,人们已经尝试了各种各样的方法,下面依次对这些方法进行解释说明。

1. 离散单元体串联模型

最初建模时,尝试了简单的单参数模型。但是,这些模型无法解释远远低于混合流所体现的状态,因此大多数工作人员已经放弃了这种方法。

2. RTD 模型

下一类模型依靠 RTD 来计算转换率。但是,由于气体的催化反应速率取决于其附近的固体量,所以气泡气体的有效速率常数低,乳化气体的有效速率常数较高。因此,假设所有气体元素(慢速和快速移动)在每个级段中都花费相同的时间,任何简单地试图从 RTD 和固定速率常数计算转化率的模型,正如我们在处理流化床中气体接触的细节时所表明的那样,但这个假设是不稳定的,因此直接使用 RTD 预测转化率,这在第 11 章为线性系统开发的方法是非常不充分的。

3. 接触时间分布模型

为了克服这个困难,仍然使用 RTD 给出的信息,提出了一种模型,假设气体停留在气泡相的速度越快,乳液较慢。Gilliland 和 Knudsen(1971)使用了这种方法,并提出有效速率常数取决于床层中气体元素的停留时间,则有

$$\left.\begin{array}{l}\text{短暂停留意味着小 } k \\ \text{长时间停留意味着大 } k\end{array}\right\} \text{或 } k = k_0 t^m$$

其中 m 是拟合参数。因此结合式(20.11)～式(20.13)我们发现：

$$\frac{\bar{c}_A}{c_{A0}} = \int_0^{+\infty} e^{-kt} E dt = \int_0^{+\infty} e^{-k_0 t(m+1)} E dt \tag{20.7}$$

这种方法的问题是从测量的 c 曲线中获得一个有意义的 E 函数，用在式(20.7)中这种方法也不经常使用。

4. 两区域模型

认识到鼓泡床由两个不同的区域组成，即气泡级段和乳状液级段，实验人员花费了大量的精力来开发基于这一事实的模型。由于这类模型包含 6 个参数(见图 20.7)，因此进行了许多简化和特殊情况的探索(1962 年 8 个，1972 年 15 个，到目前为止超过 24 个)，甚至图 20.7 的完整六参数模型也有已被使用。那些处理 FCC 反应器的使用者认为这个模型非常适合他们的数据。但是，他们必须为每个催化裂化反应器中的每个原油原料选择不同的参数值。但是还有一些参数值没有物理意义，例如 V_1 或 V_2 的负值。

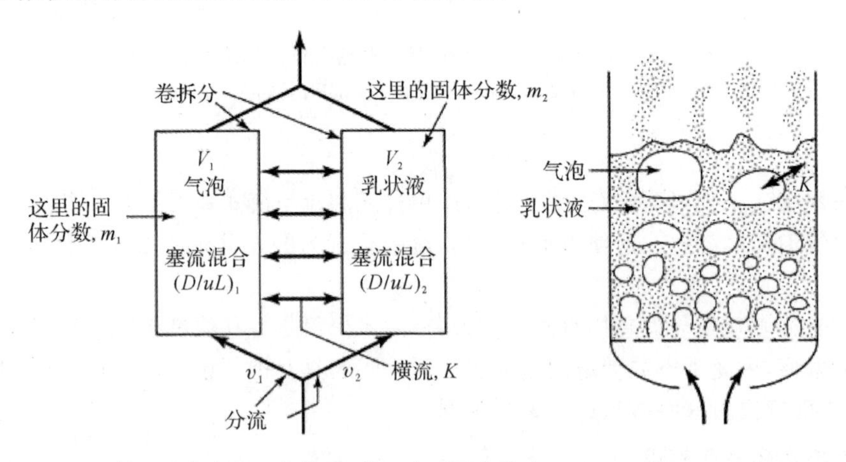

图 20.7　表示鼓泡流化床的两相模型，其 6 个可调参数为 $v_1, V_1, (D/uL)_1, (D/uL)_2, m_1, K$

在这种情况下，我们也应该抛弃这种类型的模型，因为这种模型给出了完美的拟合，但没有任何预测，也没有任何理解。原因是我们不知道如何为新条件进行参数赋值。因此，这只是一个曲线拟合模型，我们理应有更好的方式。

5. 流体动力学模型

前面方法的结果令人沮丧，这使我们得出结论：如果我们希望开发一个合理的预测流模型，我们就必须更多地了解床层上发生的事情。特别是我们必须更多地了解气泡上升的行为，因为这个行为可能会造成很大的干扰作用。

在这方面，有两个事态发展特别重要。首先是 Davidson 在流化床中单个上升气泡附近流动的卓越理论发展和实验验证[详见 Davidson 和 Harrison(1963)]，否则流化床处于最小流化条件。他发现气泡的上升速度 u_{br} 只取决于气泡的大小，而气泡附近的气体行为只取决于气泡上升的相对速度和乳化中气体上升的相对速度 u_e。在极端情况下，他发现了完全不同的行为，如图 20.8 所示。对于催化反应，我们只对细颗粒床感兴趣，所以我们要忽略大颗粒极值。

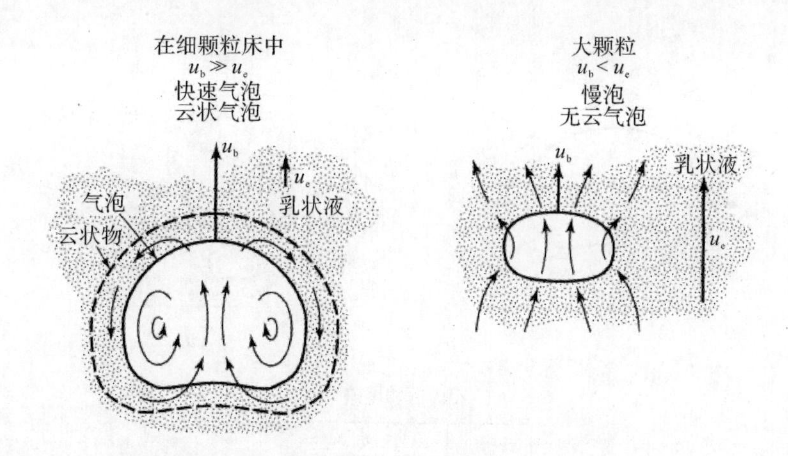

图 20.8　高炉煤气上升气泡附近的气流极限

现在，因为细颗粒床气体在气泡内循环，并在气泡周围形成一层薄云，因此气泡气体形成一个漩涡环，并与床层中的其他气体保持分离。

例如，如果气泡的上升速度是乳化气体的 25 倍(在某些工业操作中，这一比例为 100 或更高，所以并不罕见)，那么云层厚度仅为气泡直径的 2%。这是我们感兴趣的地方。

关于单个气泡的第二个发现是，每一个上升的气泡后面都拖着一串固体。我们用 α 表示这个尾流：

$$\alpha=\left(\frac{\text{尾迹体积}}{\text{气泡体积}}\right)\cdots\begin{cases}\alpha\text{ 在 }0.2\sim2.0\text{ 之间变化}\\ \text{依靠研究性学习}\end{cases} \tag{20.8}$$

参见 Rowe 和 Partridge(1962，1965)的相关研究也会发现这一点。

20.3　BFB 的 K-L 模型

基于上述发现，可以开发流体动力学流动模型来表示 BFB。让我们考虑并开发其中最简单的一种 K-L BFB 模型。

将过量的气体向上通过由微粒组成的床层。有了足够大的床的直径，我们得到了一个自由的快速气泡床。为了简化，假设如下：

(1)气泡都是球形的，都是相同的大小 d，都遵循戴维森模型。因此，床层包含由乳状液升起的薄云所环绕的气泡。我们忽略气体通过云的上升，因为云的体积与气泡的体积相比较小。这就是 $u_b \gg u_e$ 的情况(见图 20.8)。

(2)乳状液保持在最低流化条件下，因此相对 G/S 速度在乳液中保持恒定。

(3)每个气泡拖拽着它后面的固体尾迹。这会在床中产生固体循环，在气泡后向上流动，并在床的其他地方向下流动。如果这种固体下流速度足够快，那么乳液中的气体上流受到阻碍，实际上是停止运动，甚至会产生相反方向远移。已经观察和记录了这种气体下流，并且发生在

$$u_0>(3\sim11)u_{mf}$$

我们可以忽略乳液中气体的上下流动，图 20.9 展示了这个模型。

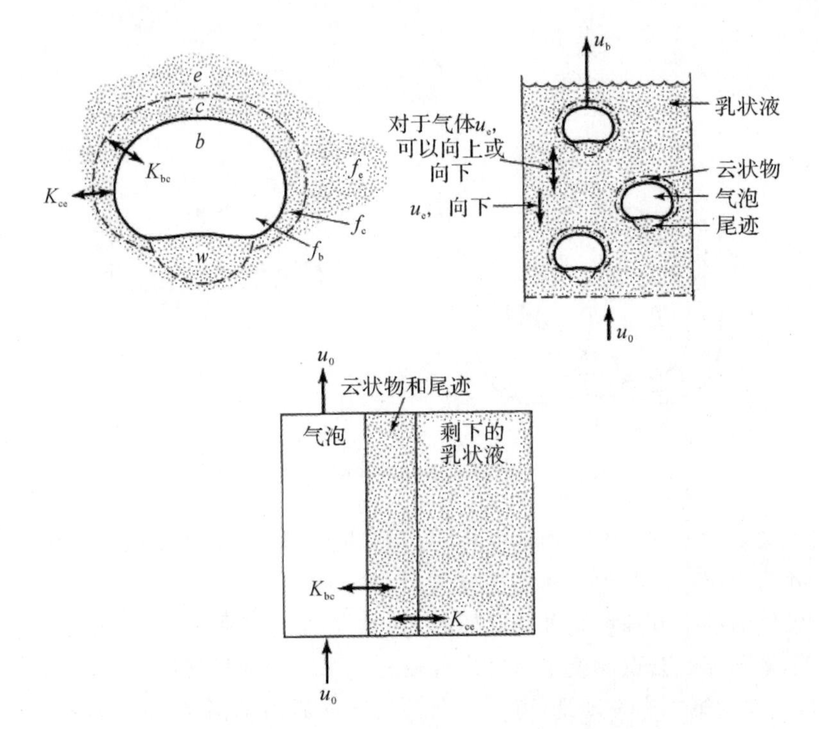

图 20.9　描述 K-L 鼓泡气流化床的模型和符号

令

u_0=床上气体的表面速度,m^3 气体/(m^2 · s)；

d=直径,m；

ε=床层空隙率；

下标 b,c,e,w 分别指气泡、云、乳胶和尾迹；

下标 m、mf 和 f 分别指填料床、最小流化和鼓泡流化床条件。

本质上,给定 u_{mf},e_{mf},u_0,a 和床层中的有效气泡尺寸 d_b,这个模型会告诉床层流动的所有其他特性、区域体积、交换率以及反应器行为。

1. 天然气和固体燃料的物料平衡

从 Kunii 和 Levenspiel(1991)得出床层的物料平衡：

$$u_{br}=0.711(gd_b)^{1/2} \quad u_{mf}\text{下床层中单个气泡的上升速度}$$

（g：重力加速度=9.8m/s²）　　(20.9)

$$u_b=u_0-u_{mf}+u_{br},\text{m/s} \quad \text{鼓泡床中气泡的上升速度} \tag{20.10}$$

$$\delta=\text{气泡中的床层分数},\frac{m^3}{m^3} \tag{20.11}$$

$$\delta=\frac{u_0-u_{mf}}{u_b}=1-\frac{u_{br}}{u_b},\text{且因为 } u_b \gg u_{mf},\text{所以我们可以认为 } \delta\approx\frac{u_0}{u_b} \tag{20.12}$$

关系如下：

$$H_{m}(1-\epsilon_{m})=H_{mf}(1-\epsilon_{mf})=H_{f}(1-\epsilon_{f})$$

$$1-\delta=\frac{1-\epsilon_{f}}{1-\epsilon_{mf}}=\frac{H_{mf}}{H_{f}}\cdots H=\text{高度}$$

$$u_{s}=\frac{\alpha\delta u_{b}}{1-\delta-\alpha\delta},\text{m/s}\cdots\text{乳化固体下流}$$

$$u_{e}=\frac{u_{mf}}{\epsilon_{mf}}-u_{s},\text{m/s}\cdots\text{乳化气上升速度(可以是+或-)}$$

使用 Davidson 的气泡云循环的理论表达式和 Higbie 理论进行云乳化扩散，然后发现气泡和云之间的气体交换是

$$K_{bc}=4.50\left(\frac{u_{mf}}{d_{b}}\right)+5.85\left(\frac{\mathscr{D}^{1/2}g^{1/4}}{d_{b}^{5/4}}\right)=\frac{\text{b 与 c 或 c 与 b 之间的交换体积}}{\text{气泡体积}},\text{s}^{-1} \tag{20.13}$$

$$K_{ce}=6.77\left(\frac{\epsilon_{mf}\mathscr{D}u_{br}}{d_{b}^{3}}\right)^{1/2}=\frac{\text{互通式立体交叉}}{\text{气泡体积}},\text{s}^{-1} \tag{20.14}$$

$$f_{b}=0.001\sim0.01=\frac{\text{气泡中固体的体积}}{\text{床体积}}\cdots\text{实验粗略估计} \tag{20.15}$$

$$f_{c}=\delta(1-\epsilon_{mf})\left(\frac{3u_{mf}/\epsilon_{mf}}{u_{br}-u_{mf}/\epsilon_{mf}}+\alpha\right)=\frac{\text{云状物和尾流中的固体体积}}{\text{床体积}} \tag{20.16}$$

$$f_{e}=\overbrace{(1-\epsilon_{mf})(1-\delta)}^{(1-\epsilon_{f})}-f_{c}-f_{b}=\frac{\text{其余乳化液中的固体体积}}{\text{床体积}} \tag{20.17}$$

$$f_{b}+f_{c}+f_{e}=f_{total}=1-\epsilon_{f} \tag{20.18}$$

$$H_{BFB}=H_{f}=W/\rho_{s}A(1-\epsilon_{f}) \tag{20.19}$$

2. 在催化反应中的应用

在我们的发展中，我们提出了两个假设：

(1)我们忽略了气体通过云层的流动，因为对于快速气泡来说，云层体积非常小。

(2)我们忽略了向上或向下通过乳状液的气体流动，因为这个流动比通过气泡的流动要小得多。

实际上，我们认为乳化气体是停滞不前的。当然，对于气泡具有浓厚云层(气泡不太大且速度也不快)，或者流过乳状液的流体显著的床层[u_0 接近 u_{mf}，因此其中 $u_0\approx(1\sim2)u_{mf}$]，可以发展更多的通用表达式。但是，对于快速泡沫，强烈鼓泡精细颗粒床，上述假设是合理的。

接下来我们来看看如何在这样的床层上计算性能。

(1)一级反应如下：

$$\text{A}\rightarrow\text{R},\ r_{A}'''=k'''c_{A},\ \frac{\text{mol}}{\text{m}^3\cdot\text{s}}\quad(k''':\ \text{m}^3/(\text{m}^3\cdot\text{s})) \tag{20.20}$$

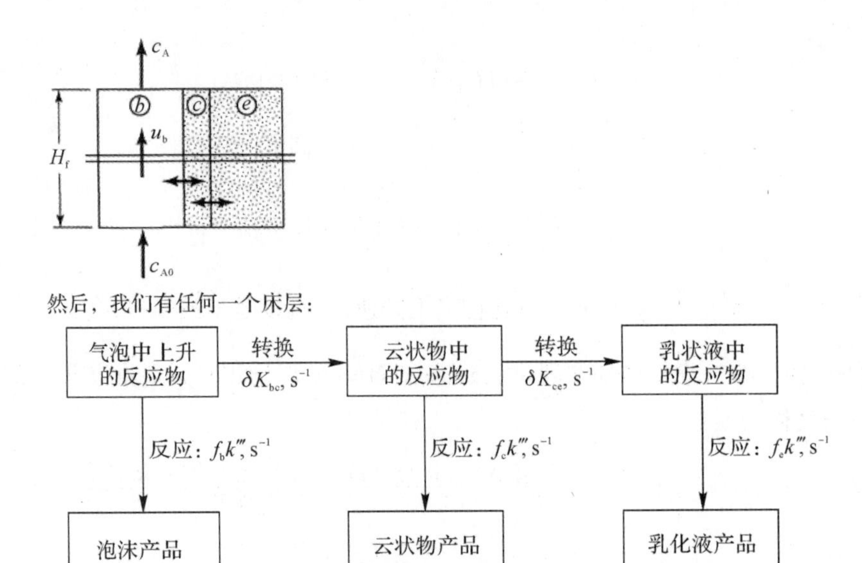

考虑这 5 种平行阻力，消除云和乳状液的浓度，并从底部到顶部进行积分：

$$\ln\frac{c_{A0}}{c_A}=k'''\tau'''=\underbrace{\frac{\left[f_b k'''+\cfrac{1}{\cfrac{1}{\delta\cdot K_{bc}}+\cfrac{1}{f_c k'''+\cfrac{1}{\cfrac{1}{\delta\cdot K_{ce}}+\cfrac{1}{f_e k'''}}}}\right]}{f_{total}}}_{\text{流化床有效速率常数}}\cdot\underbrace{\frac{f_{total}H_{BFB}}{u_0}}_{r''',\ \mathrm{m^3\cdot s/m^3}}$$

5种阻力（指括号内各项）

(20.21)

我们还发现气体的平均组成大约是(摘自木村教授的《个人通讯》)：

$$\bar{c}_A,\text{除云固体}=\frac{c_{A0}-c_A}{k'''\tau'''}=\frac{c_{A0}X_A v_0}{k'''V_s}=\frac{c_{A0}X_A v_0}{k'W}$$

单独的固体，W/ρ_s（指 V_s）

(20.22)

这个量对非催化的 G/S 反应很重要，因为固体看到并与 c_A 反应。

现在让我们看看固定床反应器。假设塞流 $K_{bc}\longrightarrow\infty$，$K_{cec}\longrightarrow\infty$，则式(20.21)简化为

对于活塞流

$$\ln\frac{c_{A0}}{c_{Ap}}=k'''\tau'''=\frac{k'''H_p(1-\epsilon_p)}{u_0}-k'\tau'=\frac{k'W}{u_0A_t} \tag{20.23}$$

$$\bar{c}_{Ap}=\frac{c_{A0}-c_{Ap}}{k'''\tau'} \tag{20.24}$$

通过比较式(20.21)和式(20.23)、式(20.22)和式(20.24)可知，流化床可视为活塞流反应器。

(2)评论。性能方程式(20.21)中括号内的五项表示传质和反应的复杂串并联阻力：

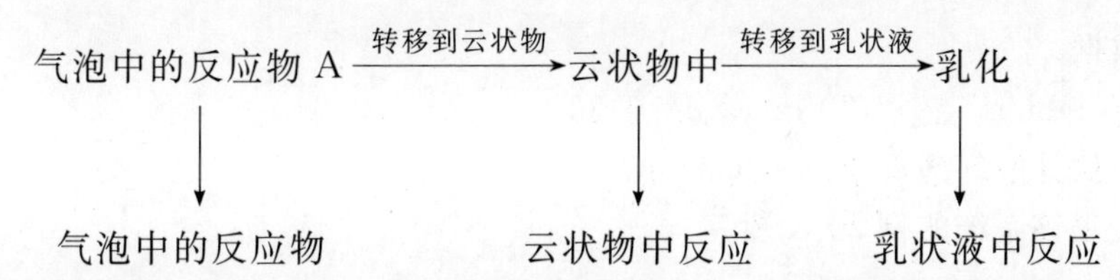

对于非常快速的反应(较大的 k'''值),只有很少的 A 可以达到乳状液和前两项占主导地位的程度。对于慢反应而言,后一项变得越来越重要。

由于气泡大小是控制除 k'''以外的所有速率量的一个量,如图 20.10 所示,我们可以将流化床的性能绘制为 d_b的函数。请注意,由于泡沫气体的大量旁路,较大的 d_b表现出较差的性能,而且床层的性能在混合流以下会显著下降。

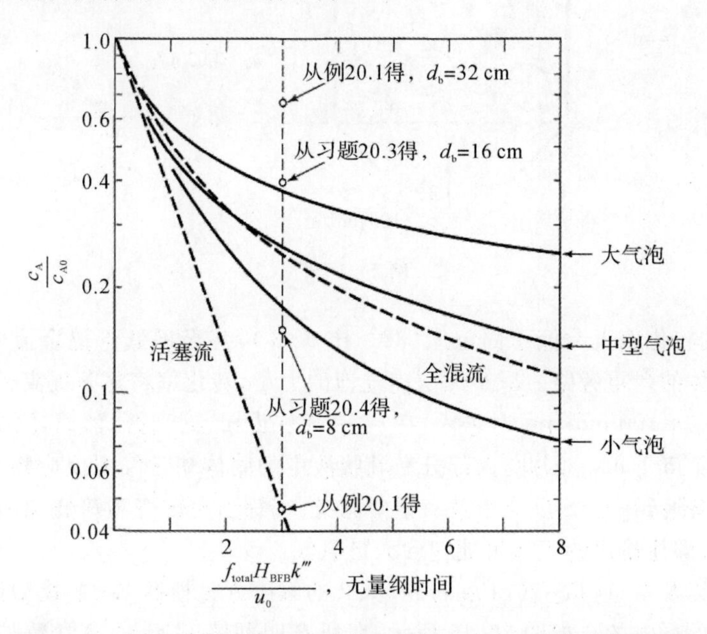

图 20.10　根据公式(20.21)确定的作为气泡大小函数的流化床性能比较了塞流和混合流的预测结果

对于多重反应,这种流动的影响更加严重。因此,对于串联反应来说,形成的中间产物的量降低,并且通常是非常剧烈的。

最后,所得结论也是十分简短。为了帮助理解如何使用它,请看下面的例子。

[**例 20.1**] BFB 中的一级催化反应

反应物气体($u_0=0.3$ m/s,$v_0=0.3\pi$ m³/s)向上通过一个直径为 2 m 的流化床($u_{mf}=0.03$ m/s,$\epsilon_{mf}=0.5$),该流化床含有 7 t 催化剂($W=7\,000$ kg,$\rho_s=2\,000$ kg/m³)反应过程如下:

$$A\longrightarrow R,\quad -r'''_A=k'''c_A\cdots\quad 当\quad k'''=0.8\ \frac{m^3}{m^3\cdot s}\quad 时$$

(1)计算反应物的转化率。

(2)找出 A 的合适平均浓度。

(3)如果气体向下流过固体,我们将有一个固定床。假设有气体塞流,求出这种情况下反应物的转化率。

其他数据：

$c_i = 100\ \text{mol/m}^3, c_{zj} = 20\ \text{m}^2/\text{s}, a = 0.33$

床层中估计的气泡尺寸：$d = 0.32\ \text{m}$。

参见代表该系统的例 20.1 图。

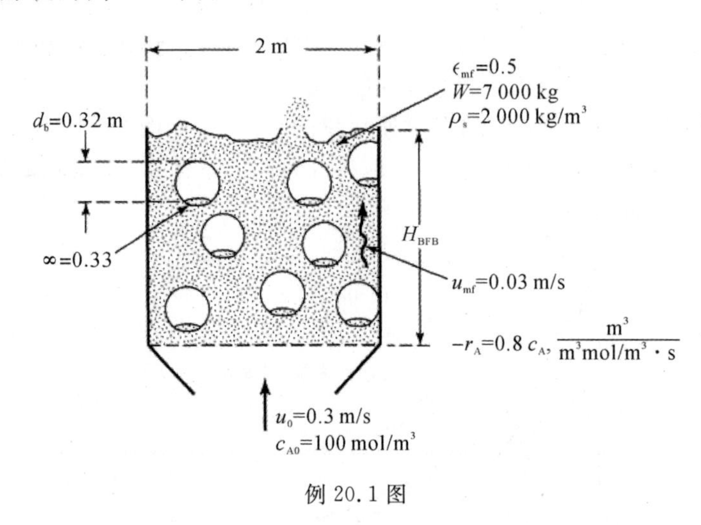

例 20.1 图

(1)流化床的转化率大大低于固定床(32%比 95%)，甚至远低于混合流(75%)。这来自大气泡中反应气体的严重旁路。减小床层内气泡的大小，转化率将显著提高。

(2)气体在 $c_{A0} = 100\ \text{mol/m}^3$ 时进入，在 $c_A = 68\ \text{mol/m}^3$ 时离开；然而，固体中 A 的浓度要低得多，即 $c_A = 11\ \text{mol/m}^3$。因此，大部分在乳状液中的固体缺乏气态反应物。这类发现对于快速气泡床非常普遍，在 G/S 反应中具有重要意义。因此，在燃烧和焙烧细固体时，所需氧气量是十分巨大的，即使排出的气体可能包含大量氧气。

(3)例 20.1 以及本章习题 20.1 和习题 20.2 的解决方案根据 K－L 模型说明了转换是如何受到气泡大小的影响的。如图 20.11 所示，在所有四种情况下，速率常数是相同的，催化剂固定在 7 t，所以 $k'''\tau''' = f_{total} H_{BFB} k'''/u_0$。

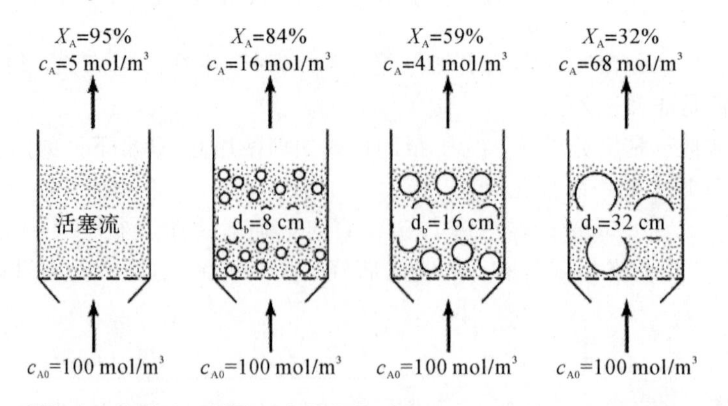

图 20.11　不同气泡大小给出不同的反应器性能(例 20.1 和习题 20.3 和习题 20.4 中的数据)

3. 流化床中的多重反应和产物分布

对于 Denbigh 反应体系，可以开发类似于单一的一级反应的推导：

$$A \xrightarrow{1} R \xrightarrow{3} S,\quad A \xrightarrow{2} T,\quad R \xrightarrow{4} U$$

$$A \to R \to S,\quad A \nearrow^{R}_{\searrow S},\quad A \to R \to S \;(A \to S),\quad A \to R \to S \;(A \to T),\quad A \to R \nearrow^{R}_{\searrow S}$$

这些推导太过于烦琐，在这里不列举，Levenspiel(1996)的第 25 章中有涉及。为了说明一般的发现，让我们举一个例子：

$$A \xrightarrow{k'''_1} R \xrightarrow{k'''} S \begin{cases} k''' = 0.8\ \mathrm{m^3/(m^3 \cdot s)} \\ k'''_3 = 0.025\ \mathrm{m^3/(m^3 \cdot s)} \end{cases}$$

假设这些反应发生在具有类似于例 20.1 的气体流量的 BFB 反应器中。

让我们看看需要多少催化剂可以实现 BFB 中不同尺寸的气泡。结果如图 20.12 所示。

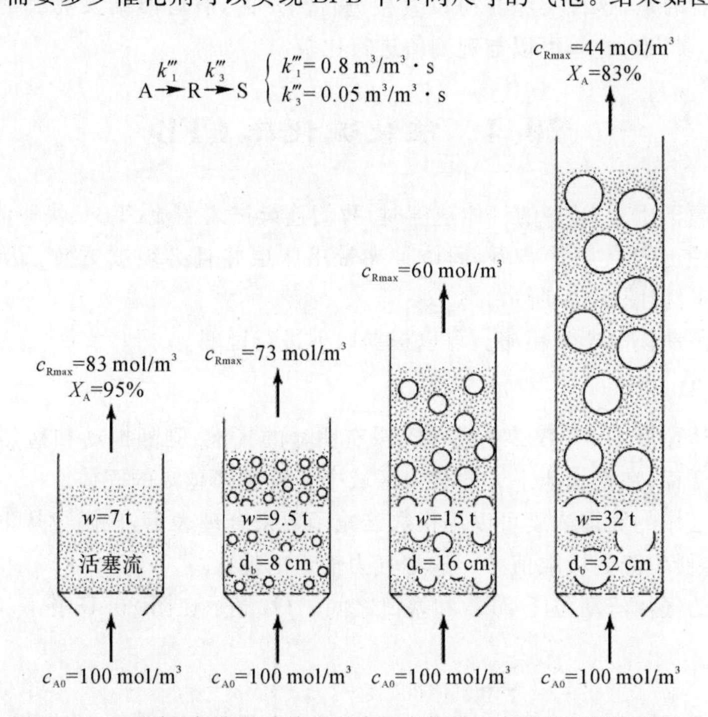

图 20.12　不同的气泡尺寸给出了中间产物最大产量的不同床层尺寸

计算结果验证了鼓泡流化床的一般结果：

(1)BFB 总是需要比固定床更多的催化剂才能达到给定的反应物转化率，或达到 c_{Rmax}。

(2)对于串联反应，与固定床相比，BFB 总是产生较低的中间物产率。

(3)对于相同反应级数的平行反应，固定床和 BFB 中的产物分布是相同的。

4. 关于 BFB 的最终备注

本章提出的表达式表明，如果我们知道 ε_{mf}，估计 a 并测量 u_{mf} 和 u_0，那么所有流量和区域体积可以根据一个参数来确定，即气泡大小。图 20.9 所示为可视化的模型，使用这个模型计算化学反应器的行为是简单和直接的，该模型的特点是其一个参数可以根据被测对象和被观测对象进行检验。

最近已经提出了各种其他流体动力学模型，使用了其他假设的组合：

(1)床层内气泡大小随高度变化；

(2)可忽略的气泡云阻力；

(3)可忽略的云乳化阻力；

(4)非球形的气泡。

在所有情况下，这些流体动力学模型的基本原理基于以下观察：具有相同固体和气体流速的床层可以根据床径、分配器设计、挡板布置等产生大气泡或小气泡；因此，气泡尺寸必须作为模型中的主要参数输入。这个论点的结果是，在给定的床层条件下，不考虑不同气泡大小的模型肯定是不充分的。

这类模型的效果应该是显而易见的。例如，即使这些模型中最简单的模型(这里考虑的模型)也会给出意想不到的预测结果(例如床层中的大部分气体可能正在向下流动)，随后将对其进行验证。更重要的是，这种类型是可以直接进行测定的，有可能结果被证实是错误的，因为它的一个参数——气泡大小，可以与观测值进行比较。

20.4 催化流化床 CFB

在气体速度高于用于 BFB 的气体速度时，我们连续进入湍流(TB)、快速流化(FF)和气动输送(PC)状态。在这些接触状态下，固体被夹带出床层并且必须被更换。因此，在连续操作中，我们有 CFB 床，如图 20.1 所示。

这些流型的流动模型非常粗略。可以根据以下进行说明。

1. 湍流床(TB)

在更高的气体速度下，BFB 转变成 TB，没有明显的气泡、剧烈搅动和猛烈的固体运动，密相床的颗粒逐渐变稀，在密相床上方的贫瘠区域中发现越来越多的固体。

床层上部的区域的固体浓度可以用指数衰减函数来合理表示，该函数从下贫区 f_d 的值开始，在无限高的容器中降到极限值 f^*，这是气力输送的值。

密集区域内的气体流动位于 BFB 和塞流之间。TB 显示在图 20.13 中。

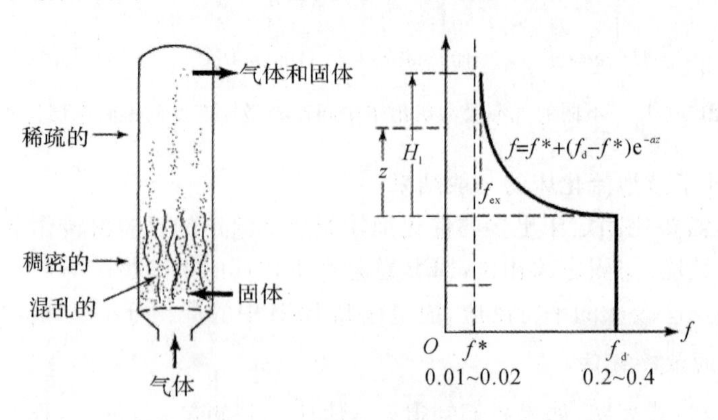

图 20.13　湍流床及其固体分布

对于密集的区域没有开发出合理的流量模型。这里需要进一步说明。

在粗颗粒和细颗粒的床层中，人们可以观察到具有不同高度的固体分布——在密集区域和贫瘠区域之间以及密相区表面有明显区别，如图 20.14 所示。这种行为更典型的是流化燃烧器，而不是催化反应系统。

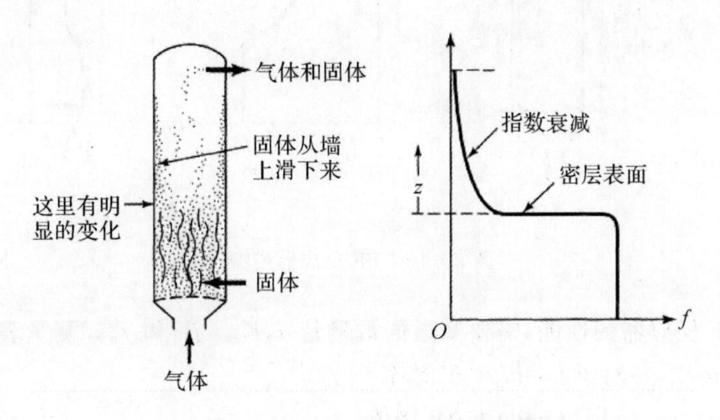

图 20.14　TB 颗粒大小分布的特性

2. 快速流化床(FF)

在更高的气体速度下(见图 20.5)，床层进入 FF 状态。这种改变的一个性能是固体颗粒的夹带急剧增加，则有

$$u_{\text{TB-FF}}=1.53\sqrt{\frac{(\rho_s-\rho_g)gd_p}{\rho_g}}$$

在 FF 状态下，容器下部的固体运动变得不那么混乱，并且似乎沉降到由更密集的环形或壁区包围的倾斜堆芯中。而上部的相关区域仍然保持其衰减的行为。

图 20.15 显示了整个 FF 床层和横截面的固体颗粒分布。代表 FF 床的模型如图 20.16 所示。

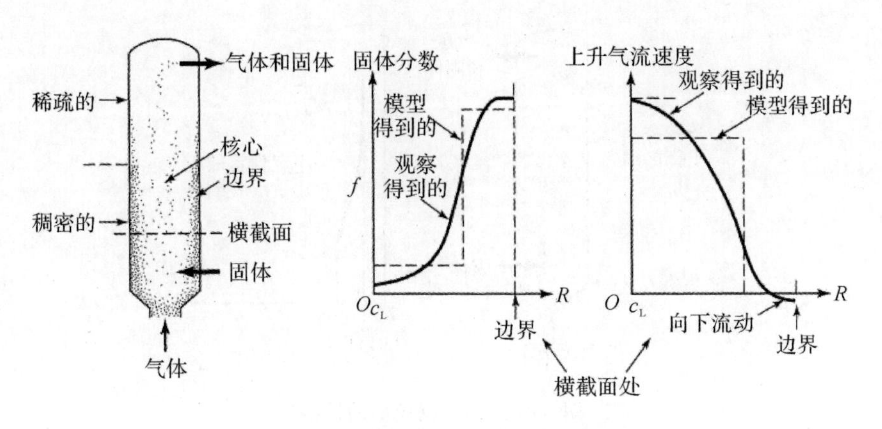

图 20.15　FF 床颗粒大小分布的特性

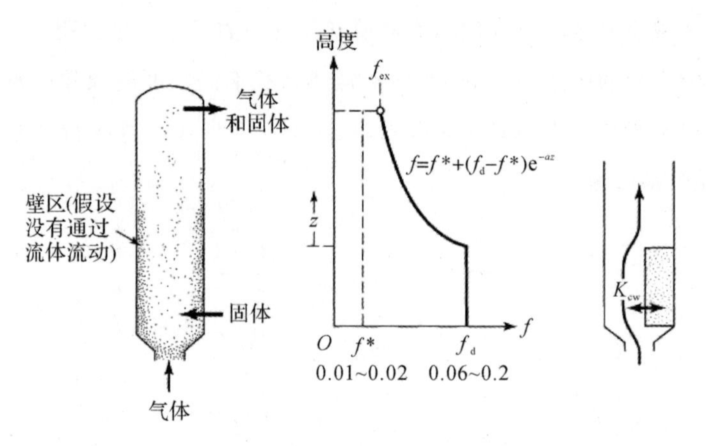

图 20.16　FF 反应器模型

为了预测 FF 反应器的性能，需要知道的数量是 a，K_{cw}，f^* 和 f_d。测量表明：

$u_0 a = 2 \sim 4\ s^{-1}$　　对于 Geldart A 固体

$= 5\ s^{-1}$　　对于 Geldart AB 固体

$= 7\ s^{-1}$　　对于 Geldart B 固体

Kunii 和 Levenspiel(1995)总结了 f^* 和 f_d 的测量值。K_{cw}的值尚未被测量。我们今天可以做的是从 BFB 的 K_{bc}和 K_{ce}中估计它们的数量级，所以目前我们无法预测反应器的性能。但是，要了解如何进行物质平衡和转换计算，可参见 Kunii 和 Levenspiel(1997)给出的数值例子。

3. 气动输送(PC)

最后，在最高的气体速度下，超过了阻塞速度。在这上面，床层是用气动输送的。这种过渡速度依赖于固体流速，根据 Bi 和 Fan(1991)的研究，这种过渡速度发生在：

$$\frac{u_{FF-PC}}{\sqrt{g d_p}} = 21.6\left(\frac{G_s}{\rho_g u_{FF-PC}}\right)^{0.542} (d_p^*)^{0.315}$$

在 PC 体系中，颗粒在反应器中分布较好，没有壁面或下流式区域，但固相分数随高度增加略有下降，所以我们可以假设固体和气体在容器中的活塞流，其模型如图 20.17 所示。

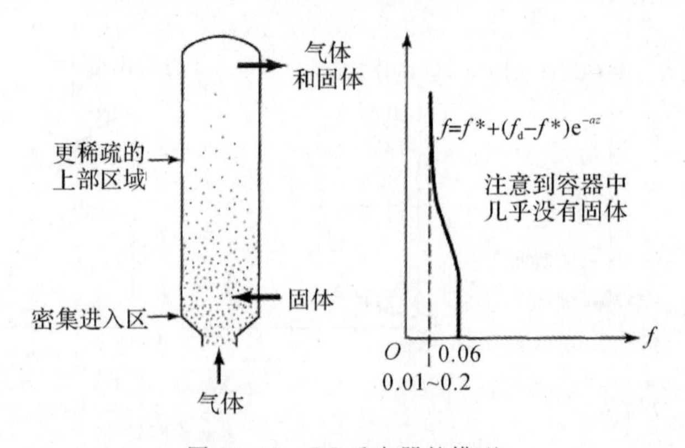

图 20.17　PC 反应器的模型

4. 催化裂化流化床(CFB)

流化催化裂化反应器,简称"催化裂化器"或 FCC 反应器,是当今社会最重要的大型反应器之一。一般来说每个这样的装置每天处理约 6 000 m^3(40 000 桶)的原油,生产汽油,柴油燃料和喷气式飞机燃料,为发动机提供动力。当今世界上大约有 420 个 FCC 反应器,日夜运转以满足社会的需求。

这些反应器吸收长链碳氢化合物并将其裂解,产生大量短链碳氢化合物。说明如下:

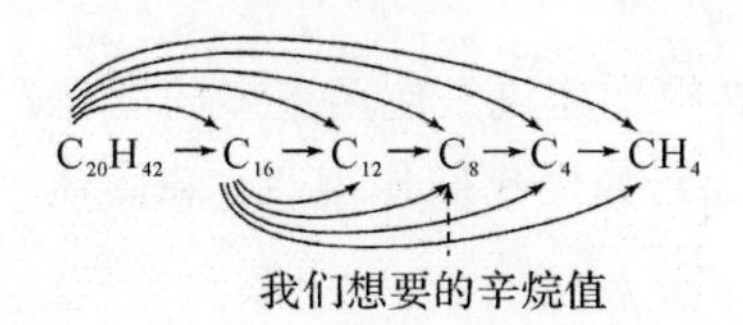

最初的催化裂化器是在 20 世纪 40 年代初发明的,是化学工程对第二次世界大战的最重要贡献之一。然而,那些早期的装置没有使用有选择性的催化剂,并且由于它们与塞流有很大的偏差,所以几乎没有任何中间产物。

在 20 世纪 60 年代,更好的(更具选择性)和更具活性的催化剂被创造出来,所需的油气反应时间因此减少到了几秒钟,因此发明了上流式 FF 反应器。接近活塞流使设计者更好地控制产品分布,并允许生产更大比例的所需产品,例如汽车燃料的辛烷值。随着这一技术的发展,世界上大部分的 BFB 都被切割成废料,用上流式 FF 反应器代替。

到 2000 年的时候,工程师们仍然想要做得更好。为什么?因为将所需产品的产量增加 1%将使每个反应器的年利润增加 100 万美元,达到 200 万美元。如图 20.16 所示,上流式 FF 反应器的催化剂和气体壁区实际上是停滞或下降的,并且这导致与活塞流的偏差。

如何避免这种情况?显而易见的答案是使用下流 FF 反应器。它们可以在非常高的气体速度下运行,并保持接近活塞流。

今天这个领域正在进行着许多令人兴奋的研究,在不远的将来,我们可能会看到许多上流式短接触时间 FCC 装置被下流式装置所取代。这样做的回报将是巨大的。

5. 关于流化床的备注

在这里,我们勾画了三种 CFB 及其一般性能,但是,我们没有提出它们的表观性能方程。原因是今天它们的合理模型的参数是不确定的。因此,基于这些模型的预测同样是不确定的。但仍然可以看到一般的物质平衡和表现方程的形式,参见 Kunii 和 Levenspiel(1991,1997)。

20.5　喷射流冲击混合反应器

这里的想法是迫使两种流体:一种是反应物,另一种是非常热的载热体或催化剂,以非常高的速度撞击,从而在高温下剧烈混合和反应。

对于全气体产品,产品流被快速冷却,而对于气固产品,旋流器分离两相,然后气体被快速冷却。使用"快速"这个词,指的是整个操作混合、反应、分离和速冷操作在 0.1～0.3 s 内完成。

该反应器以其 1～10 s 的气体停留时间作为石油催化裂化的主要反应器,对快速流态化技术提出了挑战。有人认为,较高的裂解温度和较短的停留时间将使反应产物的分布更加均匀。

另一个应用是超快分解纤维素和其他生物质废料。工业试验表明，可以将约 75％的木材转化为油，并且将大约 70％的锯末转化为具有轻质发动机油稠度的含油液体。目前正在进行大量的研究（来自 Bergougnou，1998）。

习　题

20.1　在例 20.1 中提出转换的建议是使用更多的固体。因此，对于相同的床直径（2 m）和相同的平均气泡尺寸（0.32 m），如果我们使用 X_A 和固体 c_A 观察到的气体的平均浓度，条件如下：

（1）14 t 催化剂；

（2）21 t 催化剂。

20.2　在例 20.1 中，转换非常低且不令人满意。一个改进的建议是将挡板插入床中，从而减小有效的气泡尺寸。找到 X_A，条件如下：

（1）d_b＝ 16 cm；

（2）d_b＝ 8 cm。

20.3　在例 20.1 中，改善性能的另一个建议是使用较浅的床，保持 W 不变，从而降低表观气体速度。如果我们将床的横截面积加倍（从而使 $u_0=15$ cm/s），则找到 X_A：

（1）保持 d_b 在 $d_b=32$ cm 不变；

（2）通过适当的挡板使 $d_b=8$ cm。

20.4　在例 20.1 中，还有一个建议是使用更窄更高的床，保持 W 不变。根据这个建议，如果我们将床横截面积减半（从而使 $u_0=60$ cm/s）并保持 $d_b=32$ cm，则找到 X_A。

20.5　例 20.1 表明，具有 32 cm 泡沫的 7 t 床产生了 32％的转化率。假设我们用惰性固体稀释催化剂 1∶1，最终得到 14 t 床。这会如何影响反应物的转化？它会高于还是低于 32％？

20.6　Mathis 和 Watson 报道了在催化剂的流化床和固定床中催化转化异丙基苯：

$$C_9H_{12}+O_2\xrightarrow{\text{催化剂}}C_6H_5OH+(CH_3)_2O+C$$

异丙苯　　苯酚丙酮

在非常稀薄的异丙基苯-空气混合物中，动力学对异丙基苯来说基本上是一级可逆的，平衡转化率为 94％。在固定床试验（$H_m=76.2$ mm）中使用气体下流（$u_0=64$ mm/s），发现异丙苯的转化率为 60％。但是，在相同流量的气体以相同流量上流时，固体会流动（$u_{mf}=6.1$ mm/s），气体的气泡直径约为 13.5 mm。你期望在这些条件下能找到什么样的转换？

估计值：

$$\epsilon_m=0.4,\epsilon_{mf}=0.5,D_{cumene\text{-}air}=2\times10m^2/s;\alpha=0.33$$

20.7　计算流化床反应器中硝基苯催化氢化为苯胺的转化率。

$$\underset{(A)}{C_6H_5NO_2(g)}+3H_2(g)\xrightarrow[270℃]{催化剂}\underset{(R)}{C_6H_5NH_2(g)}+2H_2O(g)$$

数据：

$H_m=1.4$ m	$\rho_c=2.2$ g/cm^3	$d_b=10$ cm
$d_t=3.55$ m	$\mathscr{D}_{eff}=0.9$ cm^2/s	$\alpha=0.33$
$T=270℃$	$u_{mf}=2$ cm/s	$\epsilon_m=0.4071$
	$u_0=30$ cm/s	$\epsilon_{mf}=0.60$

我们计划使用过量的氢气，在这种情况下我们可以忽略膨胀，并且可以假设简单的一级动力学：

$$A\longrightarrow R\quad -r'''_A=k'''c_A\quad 且\quad k'''=1.2\ \text{cm}^3/(\text{cm}^3\cdot\text{s})$$

20.8 在实验室固定床反应器（$H_m=10$ cm 和 $u_0=2$ cm/s）中，对于一级反应 $A\longrightarrow R$，转化率为 97%。

(1)确定该反应的速率常数 k'''。

(2)在大型流化床试验工厂（$H_m=100$ cm 和 $u_0=20$ cm/s）中，估算的气泡尺寸为 8 cm 时的转化率是多少？

(3)在(2)的条件下，固定床中的换算是什么？

数据：来自实验，$u_{mf}=3.2$ cm/s，$\epsilon_{mf}\approx\epsilon_m=0.5$

　　来自文献，$\mathscr{D}\approx\mathscr{D}_e=3\times10^{-5}$ cm^2/s，$\alpha=0.34$

第21章　催化剂失活

上述可知，假定催化剂促进反应的有效性保持不变。但通常情况并非如此，在这种情况下，活性通常随着催化剂的使用而降低。有时这种下降非常迅速，以 s 为单位；有时候它很慢，在使用数月后才需要进行再生或更换。在任何情况下，随着催化剂失活，不断更新或更换催化剂是必需的过程。

如果失活迅速且由表面的沉积和物理阻塞引起，则该过程通常称为结垢失活。去除这种固体被称为再生。催化裂化期间的碳沉积是结垢的常见例子：

$$C_{10}H_{22} \longrightarrow C_5H_{12} + C_4H_{10} + C\downarrow_{\text{催化剂}}$$

如果催化剂表面通过不易去除的物质在活性位点上化学吸附而缓慢改性，则该过程通常称为中毒。在可能的情况下恢复活动称为重新激活。如果吸附是可逆的，那么操作条件的改变可能足以使催化剂再活化。如果吸附不可逆，那就是永久性中毒。这可能需要对表面进行化学再处理或完全替代废催化剂。

失活对于所有位点可能是均匀的，也可能是选择性的，在这种情况下，提供大部分催化剂活性的活性中心优先受到攻击和失活。

我们将使用“失活”一词来描述所有类型的催化剂的衰变，无论是快衰变还是慢衰变；我们将调用任何沉积在表面上的材料来降低它的毒性。

本章主要介绍失活催化剂的操作，依次考虑：

(1)催化剂失活机理；

(2)催化剂失活速率和性能方程的形式；

(3)如何从实验中发展出合适的速率方程；

(4)如何从实验中发现机制；

(5)一些设计结论。

虽然这是一个相当复杂的课题，但从实际工业角度来看，它仍然非常重要，下面进行详细介绍。

21.1　催化剂失活机理

观察到的多孔催化剂颗粒的失活取决于许多因素：实际的失活反应、孔扩散减慢、有毒物质作用于催化剂表面的方式等等。需要依次考虑分析这些因素。

1. 失活反应

广义而言，催化剂中毒失活可以通过以下方式发生：①反应物可能会产生沉积在表面上并使其失活的副产物，这称为平行失活。②反应产物可能会分解或进一步反应以产生随后沉积在表面上并使其失活的材料，这称为连串失活。③进料中的杂质可能沉积在表面上并使其失活，这被称为并行(平行)反应失活。

如果称 P 为沉积在表面上并失活的表面材料，可以将这些反应表示为

(1)平行失活：

$$A \rightarrow R \rightarrow P\downarrow \quad 或 \quad A \begin{matrix} \nearrow R \\ \searrow P\downarrow \end{matrix} \tag{21.1}$$

(2)连串失活：

$$A \rightarrow R \rightarrow P\downarrow \tag{21.2}$$

(3)并行(平行)反应失活：

$$\left.\begin{matrix} A \rightarrow R \\ P \rightarrow R\downarrow \end{matrix}\right\} \tag{21.3}$$

这 3 种失活反应的关键区别在于，沉积分别取决于反应物、产物和进料中某些其他物质的浓度。由于这些物质的分布随粒料中的位置而变化，因此失活的位置将取决于发生哪种衰变反应。

催化剂失活的第 4 种方法是由催化剂暴露于极端条件引起的催化剂表面的结构改性或烧结。这种类型的失活取决于催化剂在高温环境中的时间，并且由于它不受气流中物质的影响，我们称其为独立失活。

2. 孔扩散

对于颗粒，孔隙扩散可能很大程度影响催化剂衰变的进展。首先考虑平行失活。从第 18 章我们知道反应物可以均匀地分布在整个颗粒中($M_r<0.4$ 并且 $\mathscr{E}=1$)或者可以在靠近外表面找到($M_r>4$ 并且 $\mathscr{E}<1$)。因此，毒素将以相似的方式均匀沉积，无孔隙阻力，并且在外部具有强大的孔隙阻力。在非常强的扩散阻力的极端情况下，颗粒外部的薄壳会中毒。随着时间的推移，这个壳变厚，失活前向内移动。我们称为中毒的壳模型。

其次考虑连串失活。在强孔隙阻力的情况下，颗粒内产物 R 的浓度高于外部。由于 R 是毒物的来源，后者在颗粒内部会以更高的浓度沉积。因此，我们可以从内到外对系列催化剂停用，避免已经中毒催化剂的影响。

最后考虑并行(平行)反应失活。无论反应物和产品的浓度如何，来自进料的毒物与表面反应的速率都决定了它的沉积位置。对于一个较小的毒物速率常数，毒物均匀地穿透颗粒并以相同的方式使催化剂表面的所有元素失活。因为一个大的速率常数中毒发生在小球的外部，毒素到达表面，在颗粒表面发生高速率的持续中毒。

上述讨论表明，根据发生的衰变反应的类型和孔隙扩散因子的值，失活的进展可能以不同的方式发生。对于平行和连串中毒，主反应的 Thiele 模量是相关的孔扩散参数。对于并行反应，失活的 Thiele 模量是主要参数。颗粒内的非等温效应也可能导致位置失活的变化，特别是当失活是由于高温导致的表面改性引起时。

3. 影响失活的其他因素

许多其他因素可能会影响观察到的催化剂活性变化。这些包括通过沉积固体、平衡或可

逆中毒(其中一些活性总是存在)和再生作用(这通常使催化剂具有活性但产生不了相关作用)的孔口堵塞。

最重要的是,观察到的失活可能是由于同时工作的许多过程造成的。例如,通过毒素 P_1,迅速固定大多数活性位点,然后由 P_2 缓慢攻击其余位点。

尽管所有这些因素的可能影响都应该在实际情况中进行检查,但在介绍时,我们将集中讨论前两个因素:失活反应和孔隙扩散。有大量的案例可以说明如何处理更完整的问题。

21.2 催化剂失活速率和性能方程

催化剂颗粒在任何时间的活性定义如下:

$$a=\frac{\text{颗粒转化反应物 A 的速率}}{\text{颗粒与新颗粒的反应速率}}=\frac{-r'_{A}}{-r'_{A0}} \tag{21.4}$$

就沉淀流体而言,A 的反应速率应该为以下形式:

$$(\text{反应速率})=f_1(\text{主流温度})\cdot f_3(\text{干流浓度})\cdot f_5(\text{催化剂颗粒的当前活性}) \tag{21.5}$$

类似地,催化剂颗粒失活的速率可写为

$$(\text{失活率})=f_2(\text{主流温度})\cdot f_4(\text{干流浓度})\cdot f_6(\text{催化剂颗粒的现状}) \tag{21.6}$$

根据 n 级动力学、Arrhenius 温度依赖性和等热条件,式(21.5)成为主要反应:

$$-r'_{A}=k'c_A^n a=k'_0 e^{-E/RT}c_A^n a \tag{21.7}$$

对于通常依赖于气相物质浓度的失活,式(21.6)变为

$$\frac{-da}{dt}=k_d c_i^m a^d=k_{d0}e^{-E_d/RT}c_i^m a^d \tag{21.8}$$

其中 d 称为失活级数,m 测量浓度依赖性,E_d 是失活的活化能或温度依赖性。

对于不同的衰变反应,我们可能会期望上述方程有不同的形式。从而

用于平行失活 $(A\longrightarrow R;A\longrightarrow P\downarrow)$

$$\left.\begin{aligned}-r'_{A}&=k'c_A^n a\\ -\frac{da}{dt}&=k_d c_A^m a^d\end{aligned}\right\} \tag{21.9}$$

用于连串失活 $(A\longrightarrow R\longrightarrow P\downarrow)$

$$\left.\begin{aligned}-r'_{A}&=k'c_A^n a\\ -\frac{da}{dt}&=k_d c_R^m a^d\end{aligned}\right\} \tag{21.10}$$

用于并行失活 $(A\longrightarrow R;P\longrightarrow P\downarrow)$

$$\left.\begin{aligned}-r'_{A}&=k'c_A^n a\\ -\frac{da}{dt}&=k_d c_P^m a^d\end{aligned}\right\} \tag{21.11}$$

用于独立失活(浓度独立) $(A\longrightarrow R;P\longrightarrow P\downarrow)$

$$\left.\begin{aligned}-r'_{A}&=k'c_A^n a\\ -\frac{da}{dt}&=k_d a^d\end{aligned}\right\} \tag{21.12}$$

在某些反应中,如异构化和裂化,失活可能由反应物和产物引起,或者

$$\begin{aligned}&A\longrightarrow R\\ &A\longrightarrow P\downarrow \quad \text{且} \quad -\frac{da}{dt}=k_d(c_A+c_R)^m a^d\\ &R\longrightarrow P\downarrow\end{aligned} \tag{21.13}$$

由于 c_A+c_R 对于特定的原料保持不变,因此这种失活类型如式(21.12)可简化为单独的

方程式。

虽然上面的 n 级表达式非常简单,但它们足以涵盖许多迄今使用的失活方程[参见 Szepe 和 Levenspiel(1968)]

1. 实验中的速率方程

用于研究失活催化剂的实验装置分为两类:固定床和流动床催化。图 21.1 所示为这类设备。

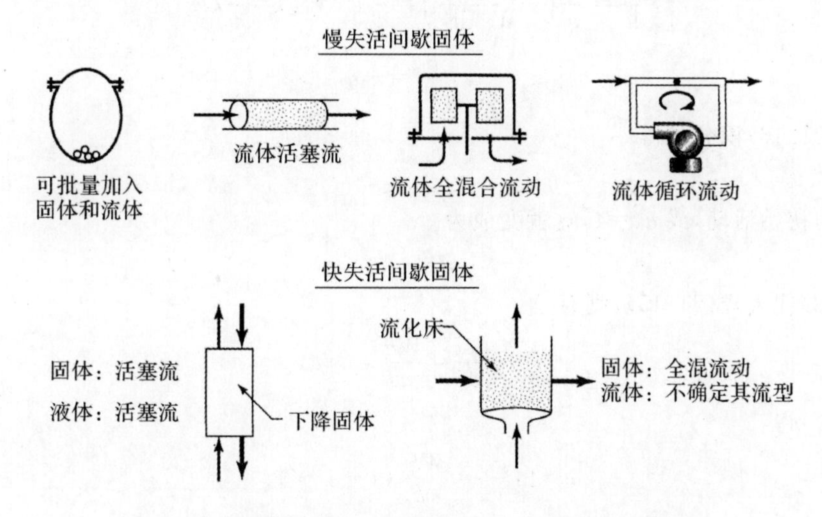

图 21.1　慢速失活会在实验中使用固定床和流动床设备

由于实验的简便性,间歇式固定床设备很受欢迎,然而,它们只能在失活足够慢时(数分钟或更长时间)才能使用,以便在耗尽催化剂之前获得关于变化的流体组成的足够数据。当停用非常迅速时(约几秒或更短),则必须使用流动固体系统。这类催化剂的活性半衰期可短至 0.1 s。

寻找相关的速度方程就类似于同类探索新反应机理:从最简单的动力学形式开始,看看它是否适合数据。如果没有,可以尝试使用另一个动力学表单等等。这里主要的困难是我们有一个额外的因素,活性的控制。可以采用最简单的速率方程先进行表示。

下述章节中将对固定床设备进行详细介绍,然后简要介绍流动床系统。

现在我们发现方便使用的间歇式固定床反应器的类型取决于失活表达式 da/dt,这一表达式是否与浓度有关依情况而定。当不依赖于浓度时,可以使用任何类型的间歇式固体床系统,并且可以简单地进行分析,但是当依赖于浓度时,除非使用一种特定类型的反应器(其中 c_A 被迫随时间保持不变),否则对实验结果的分析会变得非常复杂和困难。现在依次介绍这两类实验设备。

2. 间歇固定床反应器:确定独立失活速率

让我们说明如何解释图 21.1 中各种间歇式固定床反应器的实验,以及如何通过测定独立失活的最简单等式形式的拟合来判别这些反应器的基本性能方程式。

$$-r'_A=k'c_Aa \quad 且 \quad \varepsilon_A=0 \tag{21.14a}$$

$$-\frac{da}{dt}=k_da \tag{21.14b}$$

这代表了一级反应和一级失活，另外，它们不依赖于浓度。

(1)间歇的批次固体和流体交替进料。在这里，需要制定一个关于气体浓度随时间变化的表达式。使用时间作为整个运行过程中的一个独立变量，式(21.14)变为

$$\frac{dc_A}{dt}=\frac{W}{v}\left(-\frac{1}{W}\frac{dN_A}{dt}\right)=\frac{W}{v}(-r'_A)=\frac{W}{v}k'c_Aa \tag{21.15}$$

$$-\frac{da}{dt}=k_da \tag{21.16}$$

由式(21.16)积分可得

$$a=a_0e^{-k_dt} \tag{21.17}$$

并为单位的初始活动，或 $a_0=1$，这就变成为

$$a=e^{-k_dt} \tag{21.18}$$

将式(21.18)代入式(21.15)，则有

$$-\frac{dc_A}{dt}=\frac{Wk'}{v}e^{-k_dt}c_A \tag{21.19}$$

分离和整合，得

$$\ln\frac{c_{A0}}{c_A}=\frac{Wk'}{vk_d}(1-e^{-k_dt}) \tag{21.20}$$

该表达式表明，即使在无限时间，反应物在不可逆反应中的浓度也不会降至零，而是受反应速率和失活速率控制，或者

$$\ln\frac{c_{A0}}{c_{A\infty}}=\ln\frac{Wk'}{vk_d} \tag{21.21}$$

结合上述两个表达式并重新排列，则有

$$\ln\ln\frac{c_A}{c_{A\infty}}=\ln\frac{Wk'}{vk_d}-k_dt \tag{21.22}$$

如图 21.2 所示曲线提供了这种速率形式的测定。

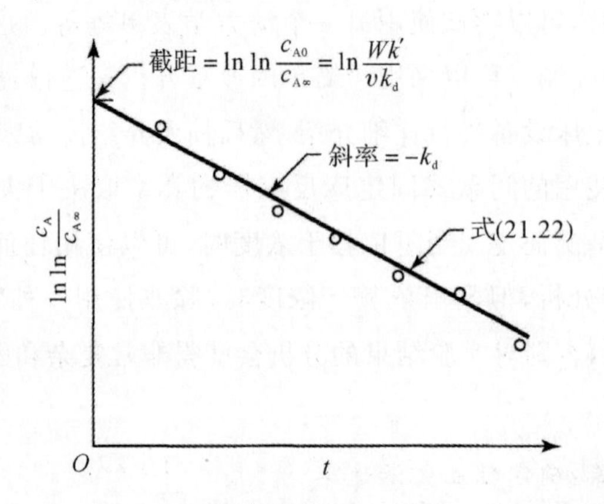

图 21.2 使用固定床间歇反应器测定式(21.14)的动力学表达式

当反应和失活的特征时间在同一数量级时，间歇式反应器可作为实际应用的装置。如果

他们不是，并且如果失活速率相对较慢，则 $c_{A\infty}$ 变得非常低并且难以准确测量。这个比例可以由实验者通过适当选择 W/v 来控制。

(2)间歇进料的固体和液体混合，恒流量流体。将式(21.14a)的速率插入混合流的性能表达式中，得

$$\tau'=\frac{Wc_{A0}}{F_{A0}}=\frac{W}{v}=\frac{c_{A0}-c_A}{k'ac_A} \tag{21.23}$$

重排，得

$$\frac{c_{A0}}{c_A}=1+k'a\tau' \tag{21.24}$$

在式(21.24)活性随时间的推移而变化。为了消除这个变化，整合式(21.14b)[见式(21.18)]并插入到式(21.24)。则有

$$\frac{c_{A0}}{c_A}=1+k'e^{-k_d t_{\tau'}} \tag{21.25}$$

重新排列以更有用的形式给出，有

$$\ln\left(\frac{c_{A0}}{c_A}-1\right)=\ln(k'\tau')-k_d t \tag{21.26}$$

这个表达式显示出口处的反应物浓度如何随时间上升，而图 21.3 的曲线提供了该动力学方程的测定。如果数据落在一条直线上，然后斜率和截距产生方程式(21.14)的两个速率常数。

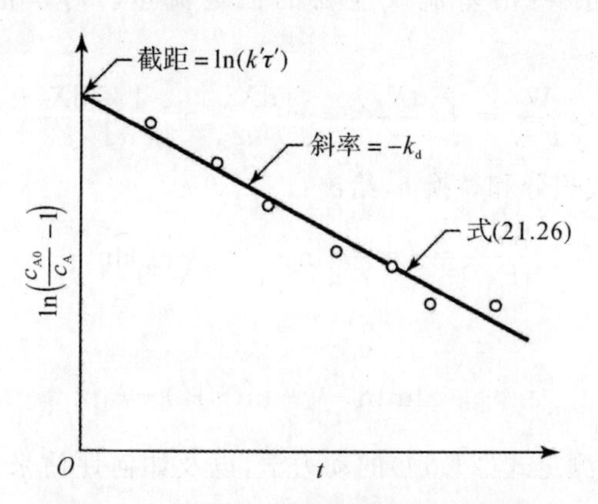

图 21.3　式(21.14)的动力学表达式的测定
使用稳定状态全混合的流体床流动数据

用固体和稳定状态的混合流体测试等式(21.14)的动力学表述式。我们可以注意到，这个和后续的批次流化态生是基于伪稳态假设。这假设条件随着时间变化足够缓慢以使系统在任何时刻处于稳定状态。由于只有在失活不太快的情况下这种假设是合理的。

(3)批次催化剂固体加料，流体混合流量可变(保持 c_A 固定)。对于混合反应器中的稳定流动，则有

$$\frac{c_{A0}}{c_A}=1+k'e^{-k_d t_{\tau'}}$$

为了保持 c_A 恒定，流速必须随着时间慢慢改变。事实上，它必须降低，因为催化剂失活。因此，这种情况下的变量是 r' 和 t。重新排列可得到

$$\ln\tau'=k_d t+\ln\left(\frac{c_{A0}-c_A}{k'c_A}\right) \tag{21.27}$$

图 21.4 显示了如何测定式(21.14)的动力学表达式。

实际上,在式(21.14)中的动力学或任何其他的动力学中,使用变流量在超过恒流量并没有太多的优势。式(21.14)或任何其他独立的停用。但是,对于其他失活动力学来说,这个反应器系统是最有用的,因为它允许我们将三个因子 c,T 和 a 分开并一次研究它们。

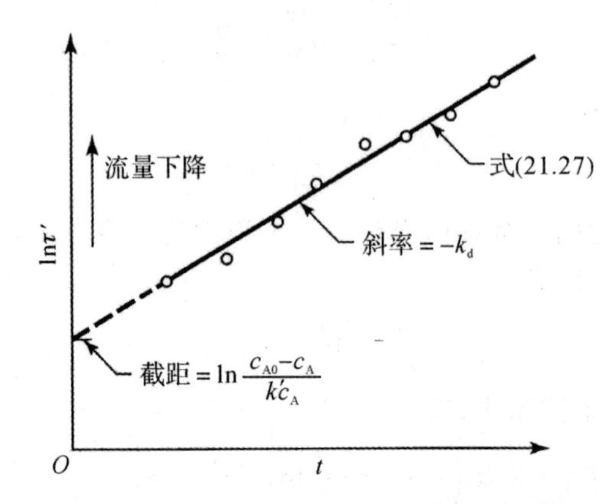

图 21.4　式(21.14)的动力学表达式的测定使用一批固体并改变流体流量在全混流反应器中的流动以保持 c_A 恒定

(4)间歇批次固体进料,活塞流反应器的恒定流量。对于活塞流,性能方程结合式(21.14a)变成

$$\frac{W}{F_{A0}}=\int\frac{dX_A}{-r'_A}=\int\frac{dX_A}{k'ac_A}=\frac{1}{k'a}\int\frac{dX_A}{c_A} \tag{21.28}$$

用式(21.8)的表达式积分和替换 a,给出:

$$\frac{Wc_{A0}}{F_{A0}}=\tau'=\frac{1}{k'a}\ln\frac{c_{A0}}{c_A}=\frac{1}{k'e^{-k_dt}}\ln\frac{c_{A0}}{c_A} \tag{21.29}$$

在重新排列时,有

$$\ln\ln\frac{c_{A0}}{c_A}=\ln(k'\tau')-k_dt \tag{21.30}$$

图 21.5 显示了如何测定式(21.14)的动力学,以及如何评估来自这类反应器数据的速率常数。

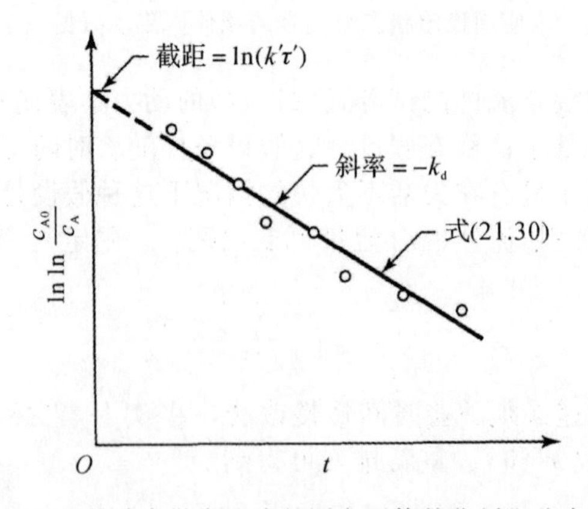

图 21.5　公式(21.14)的动力学表达式的测定固体催化剂和稳态活塞流体的流体

(5)间歇固体进料,流体流量可变(保持 $c_{A,out}$ 固定)。在活塞流反应器的任何时刻,式(21.29)适用。因此,注意到 $-r'$ 和 t 是我们获得的两个变量,经过变换之后,有

$$\ln\tau' = k_d t + \ln\left(\frac{1}{k'}\ln\frac{c_{A0}}{c_A}\right) \tag{21.31}$$

图 21.4 给出了一个修改[式(21.31)的最后一项给出的截距],它展示了如何使用此设备测定式(21.14)的动力学表达式。到目前为止,我们已经说明了如何使用间歇式,活塞流或全混流来搜索特定速率形式的速率常数如式(21.14)。

只要失活是独立于浓度的,活性和浓度效应就可以耦合给出解析解,并且上述任何实验装置将给出简单的易于解释的结果。因此,上述分析可以扩展到任何反应级数 n 和任何停用级 d,只要 $m=0$,或者对于

$$\left.\begin{aligned} -r'_A &= k' c_A^n a \\ -\frac{da}{dt} &= k_d a^d \end{aligned}\right\} \tag{21.32}$$

如果失活取决于浓度,或者 $m\neq 0$,那么浓度和活性效应不会分离,分析将会变得困难,除非使用了适当的实验装置,有意选择这些装置以便分离这些因素。如上所述,通过减慢进料流速来保持 c_A 恒定的反应器是这种装置。它们可以用来找出反应的速率常数:

$$\left.\begin{aligned} -r'_A &= k' c_A^n a \\ -\frac{da}{dt} &= k_d c_A^m a^d \end{aligned}\right\} \tag{21.33}$$

以及平行、连串和并行失活[见 Levenspiel(1972,1996)]。

3. 孔扩散阻力如何扭曲失活催化剂反应动力学

考虑球形粒子反应率方案:

$$\left.\begin{aligned} -r'_A &= k' c_A a \\ -\frac{da}{dt} &= k_d c_A^m a^d \end{aligned}\right\} \quad 其中 \quad k'\rho_s = k''' \tag{21.34}$$

对于没有失活但具有或不具有孔扩散阻力的情况,这些速率表达式变为

$$\left.\begin{aligned} -r'_A &= k' c_A \mathscr{E} \\ a &= 1 \end{aligned}\right\} \tag{21.35}$$

$$\left.\begin{aligned} &\mathscr{E}=1,\text{没有扩散减速} \\ &\mathscr{E}=\frac{1}{M_T},\ M_T = L\sqrt{\frac{k'''}{\mathscr{D}_e}},\text{对于强扩散阻力} \end{aligned}\right\} \tag{21.36}$$

失活后,式(21.34)变为

$$\left.\begin{aligned} -r'_A &= k' a c_A \mathscr{E} \\ -\frac{da}{dt} &= k_d a^d \end{aligned}\right\} \tag{21.37}$$

$$\left.\begin{aligned} &\mathscr{E}=1,\text{没有扩散减速} \\ &\mathscr{E}=\frac{1}{M_{Td}},\ M_{Td} = L\sqrt{\frac{k'''a}{\mathscr{D}_e}} = M_T a^{1/2},\text{对于强扩散阻力} \end{aligned}\right\} \tag{21.38}$$

随着时间的推移,由式(21.37)可得

$$\left.\begin{aligned} a&=\exp(-k_{d}t)\text{，当 } d=1 \text{ 时}\\ a&=[1+(d-1)k_{d}t]^{1/(1-d)}\text{，当 } d\neq 1 \text{ 时}\end{aligned}\right\} \tag{21.39}$$

这些表达式表明在强孔隙扩散阻力的情况下减少[见式(21.39)]，导致 M_{Td} 也减小。这意味着随着时间的推移 ε 会增加，如图 21.6 所示。但是，随着时间的推移，反应速率也会降低。

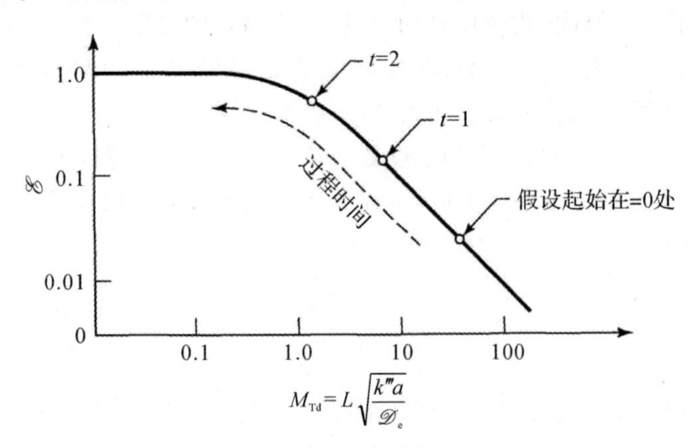

图 21.6　随着催化剂失活，有效因子随时间增加：批次 S /塞流 G

4. 强扩散阻力体系中的性能方程

有很多不同形式的失活率，试图导出他们的表观方程式是费时费力的。我们用一种最简单的速率形式来解释，即

$$\left.\begin{aligned} -r'&=k'c_{A}a\\ -\frac{da}{dt}&=k_{d}a\end{aligned}\right\} \tag{21.14}$$

对于批次 S/平推流 G 整合各种扩散失活方式见表 21.1。

表 21.1　为平推流 G/批次 S 的性能方程，先用简单系统得到式(21.14)

	没有抵抗孔隙扩散	强烈抵抗孔隙扩散
没有钝化	$\ln\frac{c_{A0}}{c_A}=k't'\cdots(21.40a)$ 第 5,18 章	$\ln\frac{c_{A0}}{c_A}=\frac{k't'}{M_\tau}\cdots(21.41b)$ 第 18 章
钝化	$\ln\frac{c_{A0}}{c_A}=(k'a)t'\cdots(21.42c)$ $=k't'\cdot\exp(-k_d t)$	$\ln\frac{c_{A0}}{c_A}=\frac{(k'a)t'}{M_{Td}}\cdots(21.43d)$ $\frac{k't'}{M_T}\cdot\exp\left(-\frac{k_d t}{2}\right)$

对于给定的 k'，t'，换句话说对于给定的处理速率，图 21.7 表明了 c_A 在出口处随着时间而上升，或者转换随着时间而减少。

5. 注释

(1)对于混流，我们可以得到与上述相同的方程和图表进行以下更改：

$$\ln\frac{c_{A0}}{c_A}\Rightarrow\frac{c_{A0}-c_A}{c_A}$$

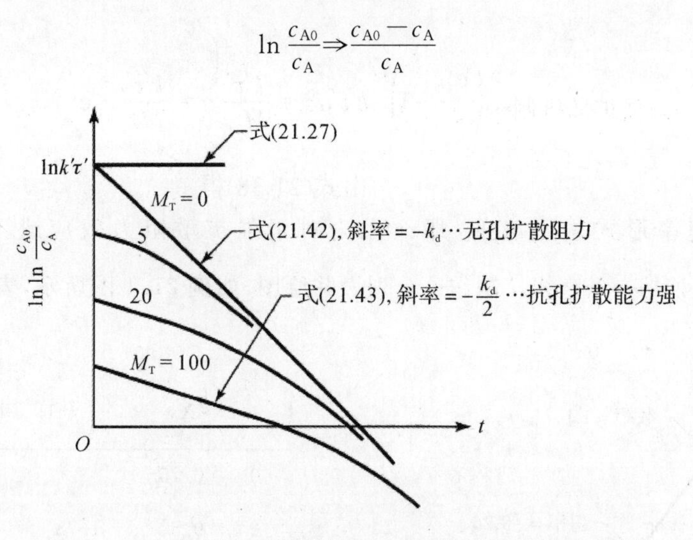

图 21.7　具有失活和孔扩散阻力反应器性能随时间而降低

(2)对于其他反应命令和停用命令可以使用类似的方程式针对上述 4 种动力学方案进行设计计算。例如，对于反应批次 S/混流 G，见式(18.28)：

$$t'''=\frac{c_{A0}-c_A}{k'''ac_A^2\varepsilon}\text{且 } a=e^{-k_dt},M_T=L\sqrt{\frac{3k'''c_{A0}}{2\mathscr{D}e}}$$

(3)一级系统的图 21.7 显示无扩散机制转换减少，在较强的孔扩散阻力的情况下比相对缓和的速度更缓慢。这个结果通常适用于所有类型的反应器和反应动力学。

[例 21.1] 在阻力存在的情况下解释动力学数据中孔隙扩散的阻力和失活

在固定床中研究反应物(A ⟶R)的催化分解，反应器填充 2.4 mm 颗粒并使用非常高的再循环率产品气体(假设混流)。下述给出长时间运行的结果和附加数据。

找到反应动力学和失活动力学的同时找到无扩散和有强孔扩散阻力体系的关系：

t/h	0	2	4	6
X_A	0.75	0.64	0.52	0.39

$\mathscr{D}=5\times10^{-10}\ m^3/(m\cdot s)$

$\rho_s=1\ 500\ kg/m^3$

$\tau'=4\ 000\ kg\cdot s/m^3$

解：

在运行过程中可能会发生失活，因此请猜测或尝试安装数据以最简单的速率形式表示这种情况，或者

$$\left.\begin{aligned}-r'_A&=k'c_Aa\\-\frac{da}{dt}&=k_da\end{aligned}\right\}$$

这种速率形式和混流的性能方程类似于表 21.1。

$$\text{在强扩散机制中}\cdots\left(\frac{c_{A0}}{c_A}-1\right)=k'\tau'a=k'\tau'e^{-k_dt}\qquad\text{(i)}$$

$$\text{强扩散机制}\cdots\left(\frac{c_{A0}}{c_A}-1\right)=k'\tau' a\mathscr{E}=\frac{k'\tau'}{M_{Td}}a=\frac{k'\tau'}{M_T}\cdot e^{k_d\cdot\frac{t}{2}} \tag{ii}$$

（图示注：$a \leftarrow e^{k_d t}$；$e^{k_d\cdot\frac{t}{2}} \leftarrow a^{1/2}$；$M_{Td} \to M_T$ 由式(21.38)得）

如果这个速率形式是正确的，那么无论对于强扩散阻力效应或不扩散阻力效应 $\ln\left(\frac{c_{A0}}{c_A}-1\right)-t$ 应该是一条直线。制作这个列表并绘图，如例 21.1 图所示，表明上述速率形式适合数据。

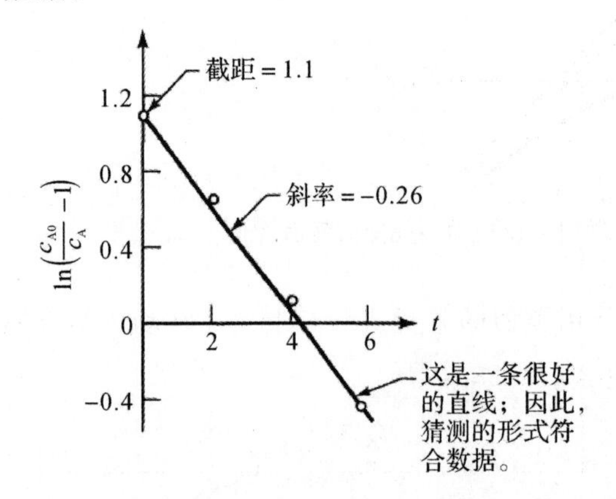

t	X_A	$\frac{c_{A0}}{c_A}-1$	$\ln\left(\frac{c_{A0}}{c_A}-1\right)$
0	0.75	3	1.10
2	0.64	1.78	0.58
4	0.52	1.08	0.08
6	0.39	0.64	−0.45

例 21.1 图

让我们接下来看看失活反应在无扩散体系或强扩散体系是否自发进行。

(1)假设没有扩散阻力的介入。则有式(i)：

$$\ln\left(\frac{c_{A0}}{c_A}-1\right)=\ln(k'\tau')-k_d t$$

由例 21.1 图可得

$$\left.\begin{array}{l}\text{截距}=1.1\\ \text{斜率}=-0.26\end{array}\right\}\quad \text{故}\left\{\begin{array}{l}k'=7.5\times10^{-4}\,\dfrac{m^3}{kg\cdot s}\\ k_d=0.26\,h^{-1}\end{array}\right.$$

现在检查 Thiele 模量以确认我们确实处于扩散状态。

在无阻力环境下，在 $t=0$ 时：

$$M_T=L\sqrt{\frac{k'''}{\mathscr{D}_e}}=\frac{2.4\times10^{-3}}{6}\sqrt{\frac{(7.5\times10^{-4})\times1\,500}{5\times10^{-10}}}=18.9$$

这个值表明对孔隙扩散有很强的抵抗力，这与我们最初的假设不相符，因此，我们原来的猜测是错误的。

(2)猜想如果这种流动在强扩散阻力中，则等式(ii)就变为

$$\ln\left(\frac{c_{A0}}{c_A}-1\right)=\ln\left(\frac{k'\tau'}{M_T}\right)-\frac{k_d}{2}t$$

由例 21.1 图可得

$$\left.\begin{array}{l}\text{截距}=1.1\\ \text{斜率}=-0.26\end{array}\right\}\ \text{故}\left\{\begin{array}{l}\ln\left(\dfrac{k'\tau'}{M_T}\right)=1.1\\ k_d=0.52\text{h}^{-1}\end{array}\right.$$

由截距可得

$$\frac{k'\tau'}{M_T}=3.0$$

故得

$$k'=9\frac{L^2\rho_s}{(\tau')^2\mathscr{D}_e}=9\times\frac{(2.4\times10^{-3}/6)^2\times1\ 500}{(4\ 000)^2\times(5\times10^{-10})}=0.27\ \frac{\text{m}^3}{\text{kg}\cdot\text{s}}$$

检查 Thiele 模量，$t=0$ 时：

$$M_T=L\sqrt{\frac{k'\rho_s}{\mathscr{D}_e}}=\frac{2.4\times10^{-3}}{6}\sqrt{\frac{0.27\times1\ 500}{5\times10^{-10}}}=360$$

这个 Thiele 模量值代表了强大的孔隙扩散阻力。这个与我们原先的猜测是一致的。

可得最终的速率方程：

1)在无扩散情况下(对于非常小的 d)失活：

$$-r'_A=0.27c_Aa,\frac{\text{mol}}{\text{kg}\cdot\text{s}}\quad\text{且}\quad-\frac{\text{d}a}{\text{d}t}=0.52a,\text{h}^{-1}$$

2)具有失活的强孔隙阻力体系(对于大的 d)：

$$-r'_A=0.27c_Aa\mathscr{E},\quad\text{且}\quad-\frac{\text{d}a}{\text{d}t}=0.52a$$

$$\mathscr{E}=\frac{1}{M_{Td}}=\frac{1}{L}\sqrt{\frac{5\times10^{-10}}{0.27\times1\ 500a}}=\frac{1.11\times10^{-6}}{La^{1/2}}$$

结合所有给出的方程，有

$$-r'_A=\frac{3\times10^{-7}}{L}c_Aa^{1/2},\frac{\text{mol}}{\text{kg}\cdot\text{s}}\quad\cdots\text{且}\cdots\quad-\frac{\text{d}a}{\text{d}t}=0.52a,\text{h}^{-1}$$

注意：在强孔隙扩散体系中，反应速率较低而且催化剂活性低。实际上，如果可以的话，这里使用的催化剂在没有扩散阻力反应的情况下速率将是正常速率的 360 倍。

对这个例子给我们留下了这样的印象：即使是这样最简单的方程形式的分析，都是相当复杂的。这表明它是不适合在这个简介的文本中，也可以尝试处理的更复杂的速率方程形式。

21.3　催化剂设计

当反应流体流过一批失活催化剂时，转化反应在运行过程中将逐渐下降，稳定状态将不能保持。如果反应条件随时间缓慢变化，那么平均转换期间通过计算不同时间的稳态转换可以找到一个稳定运行时间区间并累加。那么可以用积分均值符号表示为

$$\overline{X}_A=\frac{\int_0^{t_{run}}X_A(t)\text{d}t}{t_{run}}\tag{21.40}$$

当转化率持续降低时，反应将会停止，催化剂也许被丢弃或再生，并重复该循环。例 21.2 说明了这一种计算类型。

失活催化剂存在下述两个重要和实际的问题：

(1)反应自发问题:如何在反应催化剂稳定期间,最好地运行反应器。因为温度是影响反应和失活的最重要变量,这个问题可以归结为在反应其间找到最佳温度。

(2)再生问题:何时停止运行并丢弃或再生催化剂。一旦第一个问题得到解决,这个问题很容易处理。用于一系列运行时间和最终催化剂处理。(注:时间和最终活动的每一对值产生相应的平均转换。)

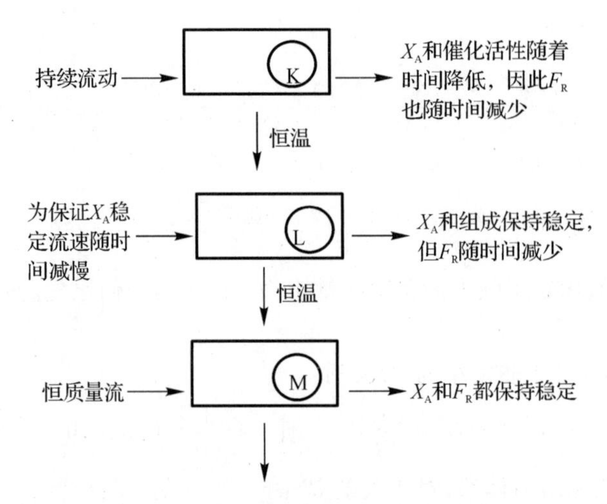

图 21.8　一批失活催化剂的三种可能的反应方式

操作问题可以被理解为一个简单的动力学方程:

$$-r'_A=k'c_A^n a=(k'_0 e^{-E/RT})c_A^n a \tag{21.41}$$

$$-\frac{da}{dt}=k_d a^d=(k_{d0} e^{-E_d/RT})a^d \tag{21.42}$$

请注意这里的限制条件,即失活与浓度无关。

考虑一下操作问题。对于相当缓慢的失活,我们可以使用一批催化剂,选择 3 种方式之一运行反应器,如图 21.8 所示,无论选择何种策略,式(21.41)和式(21.42)的速率的性能方程通过求解以下表达式获得:

$$\frac{W}{F_{A0}}=\int_0^{X_A}\frac{dX_A}{k_0 e^{E/RT}c_A^n a} \tag{21.43}$$

且

$$\int_1^a \frac{da}{a^d}=k\int_0^t dt \tag{21.44}$$

综合性能方程有以下多种形式:

(1)对于活塞流或全混流:

(2)给定 $n=1,2,...$;

(3)给定 $d=0,1,2,3$;

其中一些在 Levenspiel(1996)的第 32 章中给出。我们在这里不予赘述。

一般来说我们可以通过解式(21.40)式(21.43)和式(21.44)来估计 X_A 的值。通过图 21.8我们可以得到Ⓚ与 X_A 都随时间减少。对于Ⓛ,由于其随着时间的推移而降低,所以进给速度也必须降低,以保证任何时候都存在:

$$\frac{F_{A0}}{a}=f_{A0,\text{initial}} \tag{21.45}$$

我们可以近似得到Ⓜ是最佳的。则式(21.43)变为

$$\frac{W}{F_{A0}}=\frac{1}{k'ac_{A0}}\int_0^{X_A}\frac{dX_A}{(1-X_A)^n} \tag{21.46}$$

因此,$k'ac_{A0}$应该随着温度的升高保持不变。这意味着在无孔隙扩散阻力的情况下,我们必须随着时间改变 T,即

$$k'a=\text{常数在任何液体中是稳定} \tag{21.47}$$

$$\frac{k'a}{T^n}\text{气体在理想的几级反应中是稳定的} \tag{21.48}$$

在强扩散体系中必须随时间改变温度:

$$k'a\mathscr{D}_e\ \text{气体对于液体是稳定的} \tag{21.49}$$

$$\frac{k'a\mathscr{D}_e}{T^{n+1}}\text{气体在理想气体的几级反应中是稳定的} \tag{21.50}$$

讨论如下:

当ⓀⓁⓂ为最佳值时所有问题都解决了,我们可以得出以下结论:

(1)给定 $\overline{X}_A$ 和任何 a_{final} 的最长运行时间,如果停止反应与反应相比温度非常敏感,那么最优的选择是随着时间的推移,温度不断上升,以保持时间的转换反应器不变,因此使用方案Ⓜ,最终以最高允许温度 T^* 结束反应,如图 21.9 所示,参阅 Szepe(1966,1968,1971)。

(2)如果应用Ⓚ或Ⓛ则反应时与停止反应对温度不是很灵敏,这将方便很多。但是要是反应在最高允许温度的稳定状态下进行。

(3)对于浓度依赖于催化剂活性的失活将随反应器中的位置而变化的反应。最佳的反应条件是温度随着沿反应器的位置以及随时间而变化。这是一个难以分析的情况。

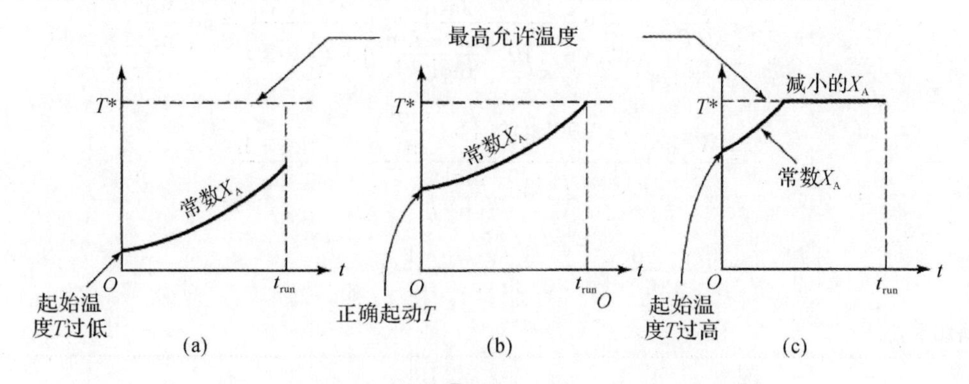

图 21.9　显示了方案Ⓜ的正确和不正确的起始温度

(4)对于使催化剂很快失活的反应床是不实用的,并且必须使用固流系统。在这里我们不使用这种系统。这些系统在 Levenspiel(1996)的第 33 章中得到了应用。

[**例** 21.2] 在固定床反应器中的失活

我们计划在固定床反应器中进行 A 到 R 的异构化,(加料为纯 A,$F_{A0}=5$ kmol/h,W 为

1 t催化剂，$p=3$ atm，$T=730$ K)。考虑到催化剂的失活，反应 120 d，然后进行催化剂的再生。

(1)绘制转换和活性与时间的关系；

(2)找出反应 120 d 的 $\overline{X}_A$ 值。

解：

c_A以 mol/m³ 的反应速率被描述为

$$-r'_A=0.2c_A^2 a \ \frac{\text{mol}}{\text{kg}\cdot\text{h}}$$

失活速率由下式给出：

(1) $-\dfrac{da}{dt}=8.312\,5\times10^{-3},\quad d^{-1}$

该式适用于加料中含有杂质。

(2) $-\dfrac{da}{dt}=10^{-3}(c_A+c_R)a,\quad d^{-1}$

这表明反应物和产物都会中毒，从而使得空隙扩散阻力不影响失活速率。

(3) $-\dfrac{da}{dt}=3.325a^2,\quad d^{-1}$

该式适用于相当强的孔扩散阻力。

(4) $-\dfrac{da}{dt}=666.5a^3,\quad d^{-1}$

该式适用于强的孔扩散阻力。

最终综合式(1)(2)(3)和(4)，可得等式

$$-r'_A=0.2c_A^2 a \ \frac{\text{mol}}{\text{kg}\cdot\text{h}}$$

$$c_{A0}=\frac{\rho_A}{RT}=\frac{3\text{atm}}{\left(82.06\times10^{-6}\dfrac{\text{m}^3\cdot\text{atm}}{\text{mol}\cdot\text{K}}\right)\times(730\text{K})}=50\ \frac{\text{mol}}{\text{m}^3}$$

$$\tau'=\frac{Wc_{A0}}{F_{A0}}=\frac{(1\,000\text{kg})\times\left(50\ \dfrac{\text{mol}}{\text{m}^3}\right)}{\left(5\,000\ \dfrac{\text{mol}}{\text{h}}\right)}=10\ \frac{\text{kg}\cdot\text{h}}{\text{m}^3}$$

$$=\int_{c_{A0}}^{c_A}\frac{dc_A}{0.2c_A^2 a}=\frac{1}{0.2a}\left(\frac{1}{c_A}-\frac{1}{c_{A0}}\right)$$

或重新组合为

$$X_A=1-\frac{c_A}{c_{A0}}=\frac{100a}{1+100a} \tag{i}$$

我们现在替换方程式中的活动项式(i)。

(1) $-\int_1^a da = 8.312\,5\times10^{-3}\int_0^t dt$

或者

$$a=1-8.312\,5\times10^{-3}t \tag{ii}$$

将式(ii)代入式(i)，如例 21.2 图所示，在给定不同 t 值的情况下求出 X_A。

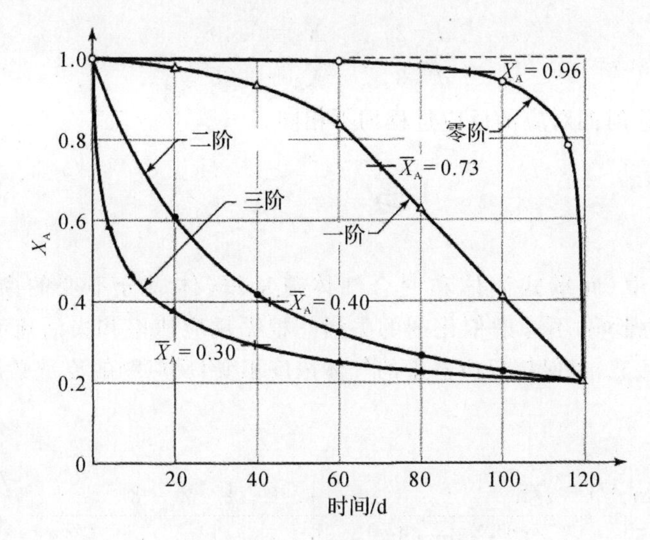

例 21.2 图　失活性随时间的改变

(2)移项并合并同类项得

$$\left[-\frac{da}{dt}=10^{-3}(c_A+c_R)a\right]$$

$$\int_a^1 \frac{da}{a} = 0.05\int_0^t dt$$

或者

$$a=e^{-0.05t} \tag{iii}$$

将式(iii)代入式(i)，对于不同给定的 t 值估计 X_A 的值并在例 21.2 图中找到相应的曲线。

(3)移项并合并同类项，得

$$\left(-\frac{da}{dt}=3.325a^2\right)$$

$$\int_1^a \frac{da}{a^2} = 3.325\int_0^t dt$$

$$a=\frac{1}{1+3.325t} \tag{iv}$$

将式(iv)代入式(i)，在例 21.2 图中得到相应的曲线，则有

$$-\frac{da}{dt}=666.5a^3$$

(4)移项并合并同类项，得

$$a=\frac{1}{\sqrt{1+333t}} \tag{v}$$

从例 21.2 图中我们可以通过图像分析得到在 120 d 内，X_A 的初始值为 0.99，终值为 0.20，则有

$$d=0,\quad \overline{X}_A=0.96$$

$$d=1,\quad \overline{X}_A=0.73$$

$$d=2,\quad \overline{X}_A=0.40$$
$$d=3,\quad \overline{X}_A=0.30$$

上式表明不同的反应时间对应的反应过程均不相同。

习　题

在釜式反应器中(间歇式固体和混合气体流量)气体成分不变的条件下研究温度对 $A \longrightarrow R$ 反应催化的影响,不考虑催化剂的失活。根据反应速率和失活速率的数据我们可以得出什么结果?请注意,以保持反应器中的气体浓度不变,反应物的流量必须降低到初始值的约 5%。

21.1　序号 1

$c_{A0}=1$ mol/L　t/h	0	1	2	3
$X_A=0.5$　$\tau'(3\cdot\text{min}\cdot\text{L}^{-1})$	1	e	e^2	e^3

序号 2

$c_{A0}=2$ mol/L　t/h	0	1	2	3
$X_A=0.667$　$\tau'(3\cdot\text{min}\cdot\text{L}^{-1})$	2	2e	$2e^2$	$2e^3$

21.2　序号 3

$c_{A0}=2$ mol/L　t/h	0	1	2	3
$X_A=0.5$　$\tau'(3\cdot\text{min}\cdot\text{L}^{-1})$	1	e	e^2	e^3

序号 4

$c_{A0}=20$ mol/L　t/h	0	0.5	1	1.5
$X_A=0.8$　$\tau'(3\cdot\text{min}\cdot\text{L}^{-1})$	1	e	e^2	e^3

21.3　在汽车的催化转化器中,CO 和碳氢化合物存在被废气氧化的现象。不幸的是这些反应器的有效性随着使用而减少。这一现象是由萨默斯和萨默斯研究的 Hegedus 在 J. Catalysis(1978)通过加速老化在钯浸渍的多孔颗粒固定床转换器上进行测定的。从下面显示的碳氢化合物转化报告数据需要说明催化剂存在失活现象:

t/h	5	10	15	20	25	30	35	40
X	0.57	0.53	0.52	0.50	0.48	0.45	0.43	0.41

该问题是由 Dennis Timberlake 提出来的。

21.4　使用具有非常高循环速率的再循环反应器来研究动力学特定的不可逆催化反应,$A \rightarrow R$。对于稳流体系的进料速率($t'=2$ kg·s/L)我们可以获得以下数据:

t/h	1	2	4
X_A	0.889	0.865	0.804

转化率的下降表明我们使用的催化剂存在失活现象。查找反应和失活的速率方程哪些符合这些数据。

21.5　可逆的催化反应:

$$A \rightleftharpoons R,\ X_{Ae}=0.5$$

在间歇反应器中进行催化剂的衰减(间歇-固体,间歇-流体)。从反应和失活的动力学可以得到以下数据:

t/h	0	0.25	0.5	1	2	(+∞)
$c_A/(\text{mol}\cdot\text{L}^{-1})$	1.000	0.901	0.830	0.766	0.711	0.684

21.6　以下关于不可逆反应的动力学数据是通过衰减获得的间歇式反应器中的催化剂(间歇式固体,间歇式流体):

$c_A/(\text{mol}\cdot\text{L}^{-1})$	1.000	0.802	0.675	0.532	0.422	0.363
t/h	0	0.25	0.5	1	2	(∞)

21.7　使用新鲜催化剂时,固定床反应器在 600 K 下运行。四周后当温度达到 800 K 时,反应器关闭重新激活催化剂。另外,在任何瞬间反应器都是等温的。猜想在最佳反应条件下催化剂的活性可以保持多久。

新鲜催化剂的反应速率如下:

$$-r_A = kc_A^2,\quad k = k_0 e^{-7\,200/T}$$

失活的速率为未知。

我们的反应 A ⟶R 是在一个大的固定床反应器进行,催化剂颗粒失活速率缓慢并且在强度方面表现良好的孔扩散方式。新鲜催化剂颗粒转化率为 88%;然而,250 d 后转换率下降到 64%。在转换率下降到 50%反应能持续多久?

21.8　有人建议,我们用非常小的颗粒代替这些大颗粒催化剂,并且完全以无扩散方式操作并在相同转化率的条件下使用更少的催化剂。在这样的条件下转化率从 88%降至 64%能反应多久?

21.9　一个固定床反应器?

21.10　流化固体反应器(假定混流流动)?

21.11　在强孔扩散条件下,反应 A ⟶R 的催化剂在 700℃缓慢失活在一级速率下进行,则有

$$-r'_A = 0.030 c_A a,\quad [\text{mol/g}\cdot\text{min}]$$

失活是由于进料中不可避免的和不可除去的痕量杂质的强烈吸收造成的,从而有三级失活动力学:

$$-\frac{da}{dt} = 3a^3,\quad [1/\text{d}]$$

我们以 10 kg、100 m/min 将 A 投入 8 atm、700℃的反应器,直到催化剂的活性降到初始值的 10%,然后回收循环利用催化剂。

(1)该反应能进行多久?

(2)该反应的转化率为多少?

21.12　在烃的催化脱氢中,催化剂活性失活是由于活性表面上的碳沉积。让我们在一个特定的系统中研究这个过程。

气态进料($10\%CH_4$ - 90%惰性成分,$p=1$ atm,$T=555$℃)以 1.1 kg · h/m^3 的速度流过氧化铝反应床。

丁烷通过一级反应分解:

$$C_4H_{10} \longrightarrow C_4H_8 \longrightarrow C$$

C_4H_{10} ↘ 其他气体

该反应随时间变化如下：

t/h	0	1	2	3	4	5
X_A	0.89	0.78	0.63	0.47	0.34	0.26

检查0.55 mm的颗粒显示出碳相同程度沉积在反应器的入口和出口处，表明失活的转化过程是独立的。由此建立失活和反应的速率方程。

这个方程是根据 Kunugita 等人提供的信息设计的。

过氧化氢霉对过氧化氢的分解反应：

$$H_2O_2 \xrightarrow{\text{催化剂}} H_2O + \frac{1}{2}O_2$$

并且该反应的动力学将通过实验进行评估其中稀释的 H_2O_2 流过硅藻土颗粒的固定床浸渍固定化酶。

根据 Krishnaswamy 和 Kitterell 报道的以下数据，发展速率表达来表示这一点分解，无论在无扩散状态还是在强孔隙扩散体系中，都是首选的催化剂。请注意，在所有反应中催化剂活性都随反应时间的延长而降低。

21.13　E 的改性：

$\tau'=4100\ \text{kg}\cdot\text{s/m}^3$

$\bar{d}_p=72\times10^{-6}\ \text{m}$

$\rho_s=630\ \text{kg/m}^3$

$\mathscr{D}_e=5\times10^{-10}\ \text{m}^3/(\text{m}\cdot\text{s})$

运行时间	X_A
0	0.795
1.25	0.635
2.0	0.510
3.0	0.397
4.25	0.255
5.0	0.22
6.0	0.15
7.0	0.104

21.14　B 的改性：

$\tau'=4560\ \text{kg}\cdot\text{s/m}^3$

$\bar{d}_p=1.45\times10^{-3}\ \text{m}$

$\rho_s=630\ \text{kg/m}^3$

$\mathscr{D}_e=5\times10^{-10}\ \text{m}^3/(\text{m}\cdot\text{s})$

运行时间	X_A
0.25	0.57
1.0	0.475
2.0	0.39
3.0	0.30
4.25	0.23
5.0	0.186
6.0	0.14
7.0	0.115

21.15　在 730 K 下进行 A 到 R 的异构化(原子在分子中重排)催化剂的失活速率以二级反应表示，即

$$-r'_A=k'c_A^2a=200c_A^2a,[\text{mol/(h·g)}]$$

由于反应物和产物分子在结构上相似，因此失活是由 A 和 R 引起的。由于没有扩散效应，因此失活速率可以表示为

$$-\frac{da}{dt}=k_d(c_A+c_R)a=10(c_A+c_R)a,\quad [d^{-1}]$$

我们计划运行含有 1 t 的催化剂的充床反应器持续反应 12 d，使用填料为纯 A，$F_{A0}=$ 5 kmol/h温度为 730 K 和压力为 3 atm，($c_{A0}=0.05$ mol/L)：

(1)首先估计$-da/dt$，t'的值，然后表达出$1-X_A$；

(2)反应初始转化率为多少？

(3)反应终止时转化率为多少？

(4)12 d 中平均转化率为多少？

第 22 章　气液固催化的反应：滴流床、泥浆反应器和三相流化床

这些多相反应属于这种类型：

$$A(g \xrightarrow{溶解} l) + B(l) \xrightarrow{固体上的催化剂} 产物$$

它们有多种反应方式，如图 22.1 所示的固定床接触器使用大的固体颗粒，浆体反应器的悬浮固体很细，而流化床可以根据流量而定。

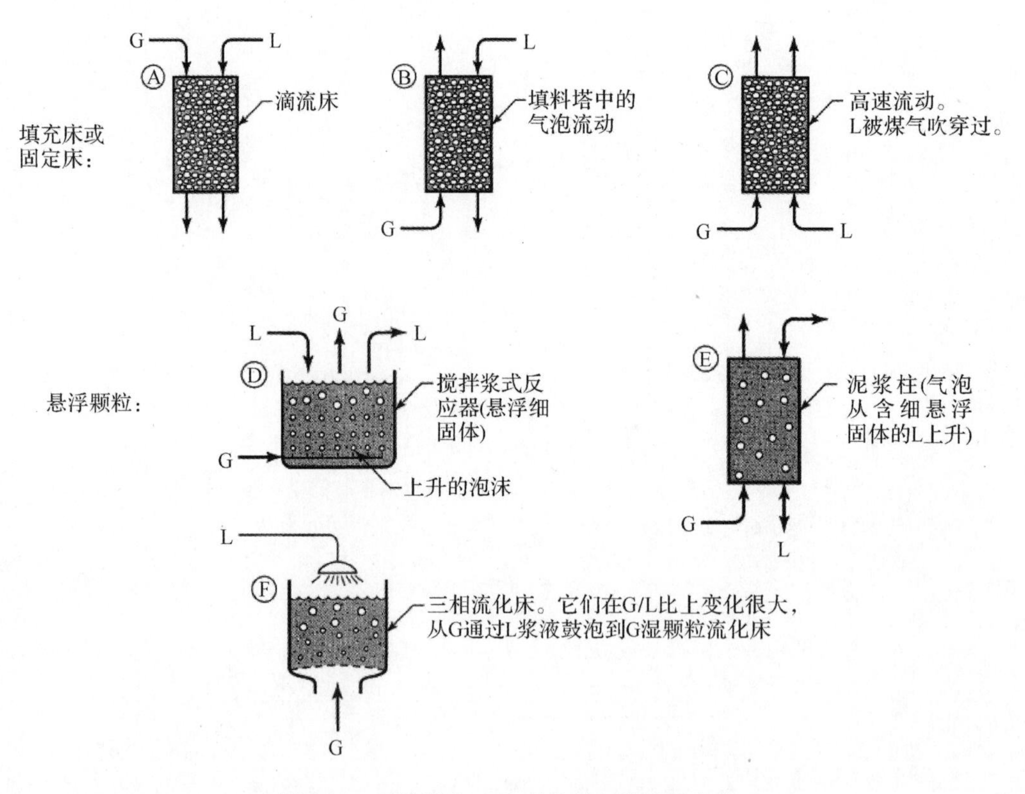

图 22.1　固体催化 G/L 反应的各种运行方式

流动模式：总体而言，所有其他条件相同时，逆流方向的塞流是最理想的流动模式，最不理想的是混流。

22.1　一般速率方程

考虑以下反应和化学计量:

$$A(g\longrightarrow l)+bB(l)\xrightarrow{\text{催化剂的表面上}}\text{产物}\cdots b=\left(\frac{\text{mol B}}{\text{mol A}}\right) \tag{22.1}$$

$$\left.\begin{aligned}-r'''_A&=k'''_A c_A c_B\\ -r'''_B&=k'''_B c_A c_B\end{aligned}\right\}\quad\text{其中,}\quad\left.\begin{aligned}-r'''_A&=-r'''_B/b\cdots\text{mol}/(\text{m}^3\cdot\text{s})\\ -k'''_A&=-k'''_B/b\cdots\text{m}^6/(\text{mol}\cdot\text{m}^3\cdot\text{s})\end{aligned}\right\}$$

气体反应物必须首先溶解在液体中,那么两种反应物必须扩散或移动到催化剂表面以发生反应。因此阻力转移穿过 G/L 界面,然后到固体表面进行反应。为了得到速率方程,可以借鉴双膜理论,使用以下术语:

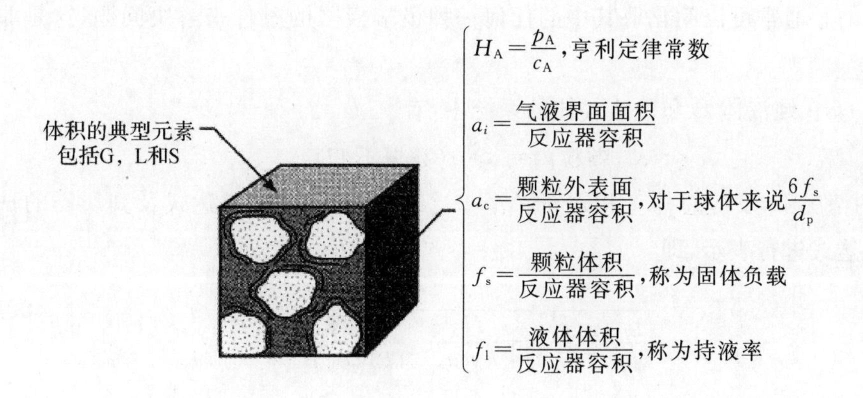

$$\begin{cases}H_A=\dfrac{p_A}{c_A}\text{,亨利定律常数}\\ a_i=\dfrac{\text{气液界面面积}}{\text{反应器容积}}\\ a_c=\dfrac{\text{颗粒外表面}}{\text{反应器容积}}\text{,对于球体来说}\dfrac{6f_s}{d_p}\\ f_s=\dfrac{\text{颗粒体积}}{\text{反应器容积}}\text{,称为固体负载}\\ f_l=\dfrac{\text{液体体积}}{\text{反应器容积}}\text{,称为持液率}\end{cases}$$

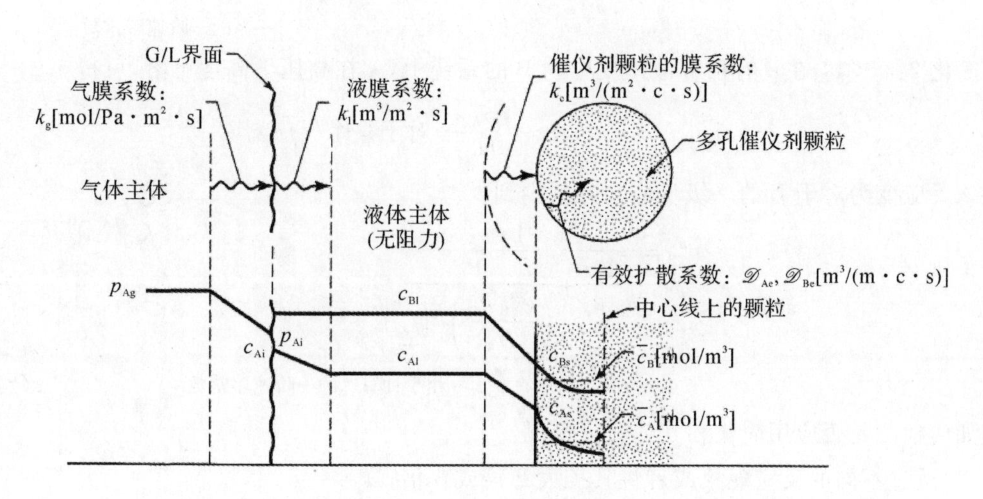

图 22.2　示意图显示了 G/L 在固体催化剂表面反应的阻力

如图 22.2 所示以图形方式显示的阻力。我们可以写出来遵循的一般速率方程:

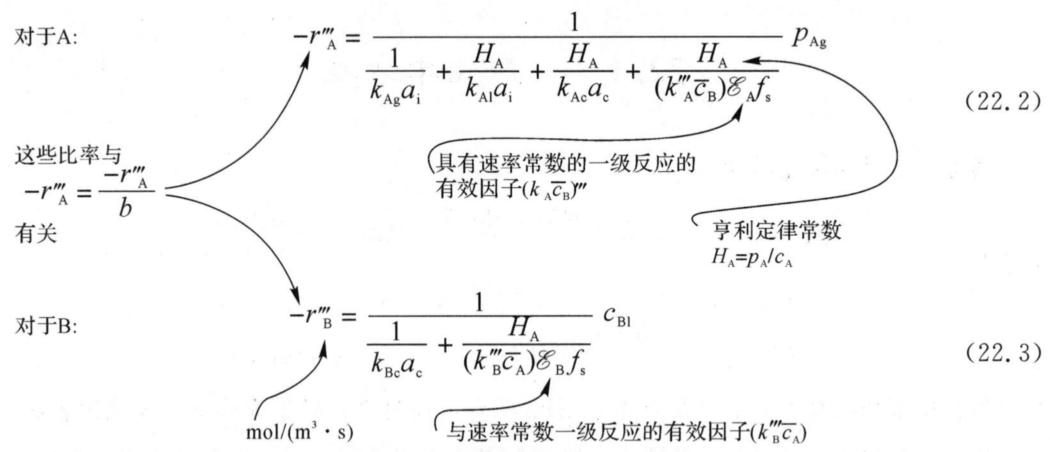

现在我们可以根据式(22.2)或式(22.3)得到反应速率方程。但即使在已知所有系统参数(k,a,f 等)的情况下,我们仍然无法解决这些问题,因为 $\overline{c}_B$ 在式(22.2)中是未知的,$\overline{c}_A$ 在式(22.3)中是未知的。通常可以简化取其中的任何一种极端极限的条件来解决问题,这是非常有用的。

简化 1:$c_{Bl} \gg c_{Al}$ 在纯液体 B 和微溶气体的系统中,有

$$c_{Bs}=\overline{c}_B,颗粒内=c_{Bl}\cdots(数据不变)$$

在 c_B 稳定的情况下,反应总体上相对于 A 是一级的。上述速率表达式及其所需的试验都可以用一个表达式进行表示,即

$$-r'''_A=\frac{1}{\dfrac{1}{k_{Ag}a_i}+\dfrac{H_A}{k_{Al}a_i}+\dfrac{H_A}{k_A c a_c}+\dfrac{H_A}{(k'''_A\overline{c}_{Bl})\mathscr{E}_A f_s}} \tag{22.4}$$

A的一阶速率常数

简化 2:$c_{Bl} \ll c_{Al}$ 在具有稀释液体反应物 B 的系统中,A 在高压下高度可溶,可得

$$c_{Al}=\frac{p_{Ag}}{H_A}\cdots对于整个反应器$$

该反应变为对于 B 的一级反应并且减少到:

$$-r'''_B=\frac{1}{\dfrac{1}{k_{Bc}a_c}+\dfrac{1}{\left(\dfrac{k'''_B p_{Ag}}{H_A}\right)\mathscr{E}_B f_s}} \tag{22.5}$$

mol/(m³ · s)

用于计算$\mathscr{E}_B$的一阶速率常数

如何检测是否应用简化和其他极限情况?

(1)通过不同的反应现象或者将其扩大 2 倍或 3 倍;

(2)用比常规小的数据与式(22.4)或式(22.5)式比较可以得到。

若 r'''式(22.4)$\ll r'''$式(22.5),则 c_{BL} 应用了简化 1。

若 r'''式(22.4)$\gg r'''$式(22.5),则式(22.5)给出了简化速率。

(3)几乎总是有一个或其他极端情况可以适用。

22.2　过量组分 B 存在的模型方程

所有类型的接触器——滴流床、浆液反应器和流化床、均可同时作用。重要的是识别流动模式的接触相和 A,B 组分哪个过量。首先考虑过量的 B,这里液体的流动模式并不重要,我们只考虑气相的流动模式,则有以下情况。

1. 混流 G/任何流量 L(过量 B)

这里我们有图 22.3 所示的情况。关于整个反应器的物质平衡由下式给出,即

$$\underbrace{F_{A0}X_A}_{\substack{\text{I} \\ \text{A 的消} \\ \text{失速率}}}=\underbrace{\frac{1}{b}F_{B0}X_B}_{\substack{\text{II} \\ \text{B 的消} \\ \text{失速率}}}=\underbrace{(-r'''_A)V_r}_{\substack{\text{III} \\ \text{反应} \\ \text{速率}}} \tag{22.6}$$

结合Ⅰ和Ⅲ或Ⅱ和Ⅲ,问题很容易解决。

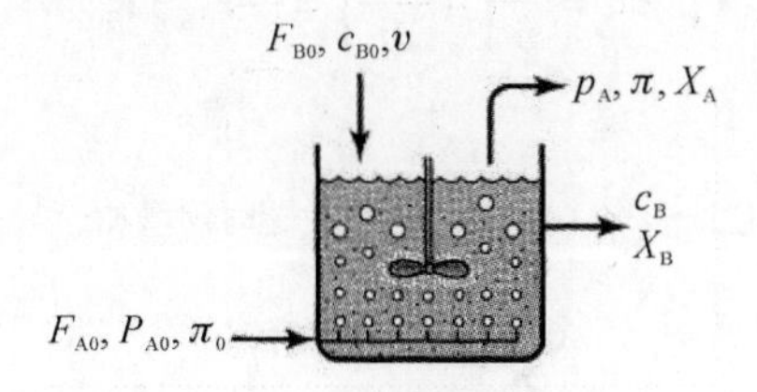

图 22.3　气体鼓泡通过流化床,故气体处于全混流

2. 平推流 G/任何流量 L(过量 B)

随着 B 过量,c_B在反应器中的浓度几乎保持恒定,如图 22.4 所示,即使 A 在气体流过反应器在气相中的浓度发生变化。对于如图 22.4 所示的薄片反应器,可得

$$F_{A0}\,dX_A=(-r'''_A)\,dV_r \tag{22.7}$$

$$1-X_A=\frac{p_A(\pi_0-p_{A0})}{p_{A0}(\pi_0-p_A)}\xlongequal{\text{只有稀释}}\frac{p_A\pi_0}{p_{A0}\pi}\xlongequal[\pi=\text{常数}]{\text{稀释}}\frac{p_A}{p_{A0}} \tag{22.8}$$

$$-dX_A=\frac{\pi(\pi_0-p_{A0})\,dp_A}{p_{A0}(\pi-p_A)^2}\xlongequal{\text{稀释}}\frac{\pi_0\,dp_A}{p_{A0}\pi}\xlongequal[\pi=\text{常数}]{\text{稀释}}\frac{dp_A}{p_{A0}} \tag{22.9}$$

根据上式,在整个反应器中有

$$\frac{V_r}{F_{A0}}\int_0^{X_A}\frac{dX_A}{(-r'''_A)}\quad\text{且}\quad F_{A0}X_A=\frac{F_{B0}}{b}X_B \tag{22.10}$$

（$(-r'''_A)$ 处注:此处用$\overline{c}_B$；$\frac{F_{B0}}{b}$ 处注:$\frac{v}{b}c_{B0}-c_B$）

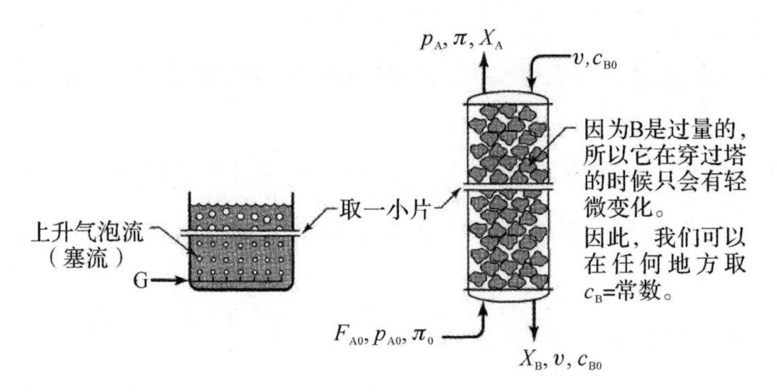

图 22.4　气体在这两个接触器中活塞流上升

3. 混流 G / 批次 L(过量 B)

随着 L 的流动，当 B 过量时，其组成保持大致恒定。然而，对于一批 L，其组成随着 B 的使用的变化而缓慢变化如图 22.5 所示，在任何时候 B 在反应器中都大致恒定。因此任何时间 t 的物质平衡都会变成下式：

$$F_{A0}X_A \text{ 和 } = \frac{V_1}{b}\left(-\frac{dc_B}{dt}\right) = (-r''''_A)V_r \tag{22.11}$$

$\text{mol/(m}^3\cdot\text{s)}$

Ⅰ　　　Ⅱ　　　Ⅲ

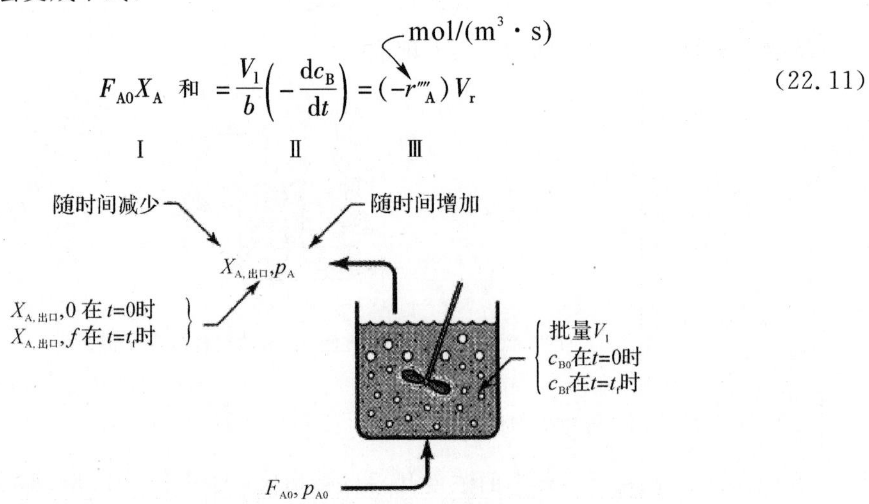

图 22.5　B 过量，气体鼓泡通过一批流体

物料随时间的实际反应过程如下：

选取多个 c_B 值	从Ⅲ开始计算	从Ⅰ和Ⅱ计算
c_{B0}	$(-r_A)_0$	$X_{A,出口,0}$
—	—	—
—	—	—
c_{Bf}	$(-r_A)_f$	$X_{A,出口,f}$

由式(22.2)和式(22.3)或式(22.1)和式(22.2)可求出时间 t：

$$t=\frac{V_1}{bV_r}\int_{c_{Bf}}^{c_{B0}}\frac{dc_B}{(-r'''_A)}=\frac{V_1}{bF_{A0}}\int_{c_{Bf}}^{c_{B0}}\frac{dc_B}{X_{A,出口}} \tag{22.12}$$

如图 22.6 所示。

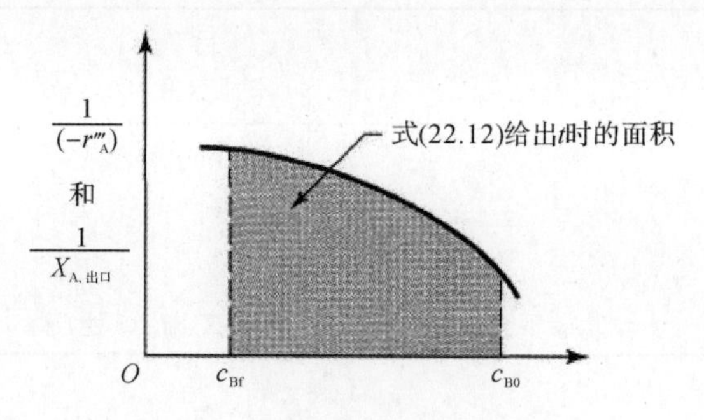

图 22.6　物料随时间的反应关系

4. 平推流 G /间歇式 L(过量 B)

根据之前的例子,B 的浓度随时间变化缓慢,任何原料气体流过反应器时可将 B 的浓度视为桓定值,如图 22.7 所示。

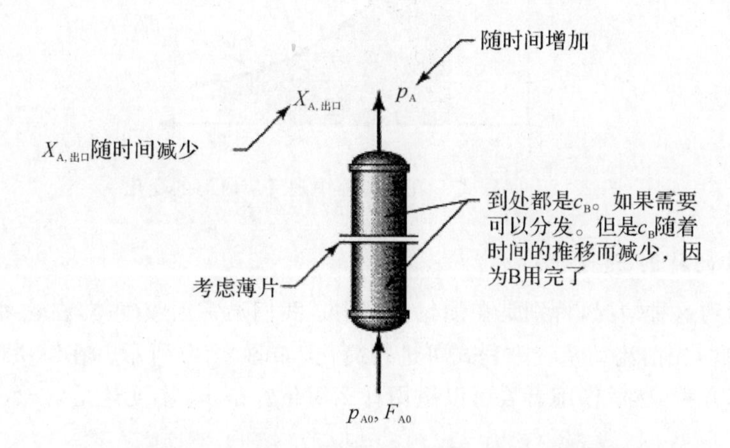

图 22.7　活塞流反应器气体通过定量的流体接触

假设在实际应用中,在短时间间隔内 B 的浓度在接触器片上不变,则物料平衡为

$$F_{A0}\,dX_A=(-r'''_A)\,dV_r \tag{22.13}$$

积分给出 A:

$$\frac{V_r}{F_{A0}}=\int_0^{X_{A,出口}}\frac{dX_A}{(-r'''_A)} \tag{22.14}$$

对于 B 可以这样计算:

$$F_{A0}X_{A,出口}=\frac{V_l}{b}\left(-\frac{dc_B}{dt}\right),\quad\left[\frac{mol}{s}\right]$$

整理后可以得到时间的关系式为

$$t=\frac{V_l}{bF_{A0}}\int_{c_{Bf}}^{c_{B0}}\frac{dc_B}{X_{A,出口}} \tag{22.15}$$

整个过程见下表:

选择 c_B	已知 $X_{A,出口}$ 求解式(22.14)
c_{B0}	$X_{A,出口}(t=0)$
—	—
—	—
c_{Bf}	$X_{A,出口}(t处)$

等式(22.15)得到反应随时间的关系图,如图 22.8 所示。

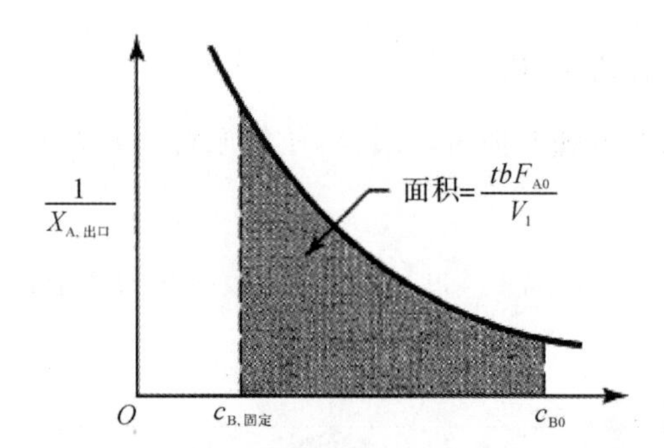

图 22.8　间歇式 L 在反应器中随反应时间的变化

5. 纯气态 A 的特例(过量 B)

人们经常遇到这种情况,特别是在加氢过程中。我们通常回收气体,在这种情况下,p_A 和 c_A 保持不变;因此,先前流动系统方程式可进行简化,如图 22.9 所示。在解决问题时,我们通常写下物料衡算方程,然后仔细看看可以适用什么简化? 是 p_A 不变还是 c_A 不变?

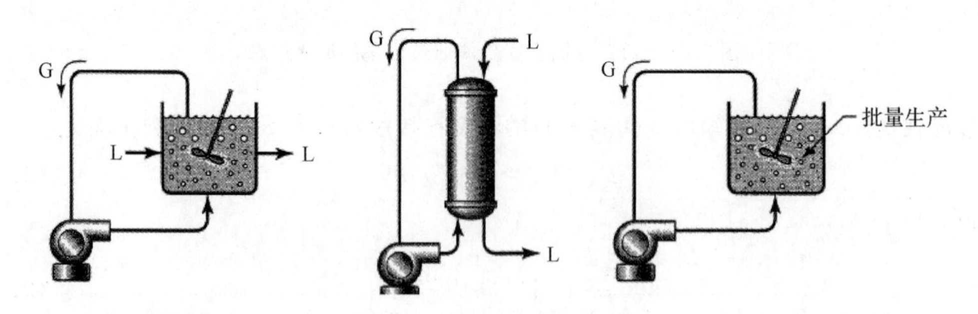

图 22.9　气体 A 的重组和回收

6. 评论

到目前为止所使用的速率表达式,基于 A 和 B 的一级反应表达式。如何处理更一般的速率问题,例如:

$$A(g)+bB(l)\xrightarrow{\text{固体催化剂}}\cdots,\ -r'''_A=-\frac{r'''_B}{b}=k'''_A c_A^n c_B^m \tag{22.16}$$

为了能够简单地将化学步骤与传质步骤结合起来,我们必须用一级方程对上面的速率方程近似简化,则有

$$-r'''_A = k'''_A c_A^n c_B^m \Rightarrow -r'''_A = [(k'''_A \bar{c}_B^m) \bar{c}_A^{n-1}] c_A$$

反应发生的平均值　　(22.17)

这种方法并不完全令人满意，但它是我们能做得最好的。因此除了式(22.4)，我们可以用下式来表示速率：

$$-r''''_A = \frac{1}{\frac{1}{H_A k_{Ag} a_i} + \frac{1}{k_{Al} a_i} + \frac{1}{k_{Ac} a_c} + \frac{1}{(k'''_A \bar{c}_B^m \bar{c}_A^{n-1}) \mathscr{E}_A f_a}} \tag{22.18}$$

22.3　过量组分 A 的性能方程

这里气体的流动模式是不重要的。我们所需要考虑的是液体流动模式。

1. 平推流 L /任何流量 G(塔式和固定床操作)

给出总的物质平衡方程为

$$\frac{V_r}{F_{B0}} = \int_0^{X_B} \frac{dX_B}{-r''''_B} \quad 其中 \quad 1 - X_B \approx \frac{c_B}{c_{B0}} \tag{22.19}$$

由式(22.5)给出

2. 混流 L/任何流量 G(各种类型的反应罐)

该性能等式可以简化为

$$\frac{V_r}{F_{B0}} = \frac{X_B}{-r'''_B} \tag{22.20}$$

（X_B：$1-\frac{c_B}{c_{B0}}$；$-r'''_B$：由式(22.5)给出）

3. 间歇式流 L/任意流 G

由于 A 过量可认为 A 随时间是恒定的，则可得 B 的方程为

$$-\frac{dc_B}{dt} = -r_B = \frac{V_r}{V_l}(-r''''_B) \cdots 且 \cdots t = \int_0^t \frac{dc_B}{-r_B} \tag{22.21}$$

22.4　使用哪种接触界面的反应器

选择一个好的反应器取决于以下 3 种因素：一个好的反应器取决于以下因素：

(1)控制阻力的速率表达式；

(2)一种界面交换模式相对于另一种模式的优点(一种接触方式的优点)；

(3)所需辅助设备的差异。

考虑这 3 种因素的整体经济因素，将决定其中设置和反应器类型哪个是最好的。下面可依次简要地分析这些因素。

(1)速率：我们应该倾向于考虑那些最慢的界面反应器速率。例如，如果主要阻力位于 G/L 薄膜中，则使用大表面积界面接触反应器。

如果阻力位于 L/S 边界，则使用较大固体外表面，从而使用较大的 f_S 或小颗粒。

如果存在孔隙扩散阻力，则使用微小的颗粒。

从预测来看，我们可以通过引入所有传输系数(k_g，k_l)和系统参数(a_i，a_s)，来找到速率方程中最慢的步骤，然后看看哪个阻力项占优势。不但这些数量值通常不是众所周知的。

从实验中，我们可以改变速率表达式中的相应因素。例如：

1)固体催化剂装载量(单独改变 f_s，只改变速率表达式的最后的阻力)；

2)催化剂颗粒的大小(同时影响 a_s 和$\mathcal{L}$)；

3)液体的搅拌强度(影响传质速率的条件)；

4)π，c_B，p_A。应该知道哪个因素对速率影响显著，哪个因素不显著。

通过适当选择颗粒大小来提高速率中最薄弱的一步，装载方式和反应器类型会严重影响整个流程的整体经济效益。

(2)接触：限流元件的塞流，不超过限流元件的塞流，肯定比混流好。然而，除了非常高的转化率，这个因素是次要的。

(3)配套设备：泥浆(浆态)反应器可以使用非常细的催化剂颗粒，但是这可能导致的问题是催化剂与液体分离困难。滴流床不会有这个问题，这是滴流床的一大优点。但是，滴流床中的这些大颗粒使得反应速率很低。因而，滴流床只适用于以下情况：

对多孔固体非常缓慢的反应或即使是大颗粒固体也不会出现孔隙扩散的限制，可用于非多孔催化剂涂覆颗粒上的非常快的反应。

总体而言，滴流床更简单，浆料反应器通常具有更高的速率，而流化床介于两者之间。

22.5 应用示例

下述介绍这些反应器应用的简要举例。

(1)石油馏分的催化氢化去除硫杂质。氢在液体中非常可溶；在使用高压时，杂质以低浓度存在于液体中，这些因素都会导致极端的情形(过量组分 A)。

(2)液态烃与空气或氧气的催化氧化。因为氧气在液体中不易溶解，而碳氢化合物以高浓度存在时，很容易达到极端情形(过量组分 B)。

(3)催化脱除工业废水中溶解的有机物以氧化作为生物氧化的替代物。这里氧气在水中溶解很小，但有机废物也以低浓度存在。因此其中的动力学不是很明确。苯酚的催化氧化是这种操作的一个例子。

(4)通过吸附或反应去除空气污染物。这些操作通常会产生一个极端(过量组分 B)。

下面的说明性例子和许多问题都是适用的。来自 Ramachandran 和 Choud-harry 文献(1980)。

[**例** 22.1] 丙酮的加氢鼓泡反应器

含水丙酮($c_{B0}=1\ 000\ \text{mol/m}^3$，$v_l=10^{-4}\ \text{m}^3/\text{s}$，)和氢气(1 atm，$v_g=0.04\ \text{m}^3\text{g/s}$，$H_A=36\ 845\ \text{Pa}\cdot\text{m}^3/\text{mol}$)通入到一个长长的底部，用多孔雷诺镍填充的细长柱(高为 5 m，截面积为 0.1 m^2)。

装有催化剂[$d_p=5\times10^{-3}$ m，$\rho_s=4\ 500\ \text{kg/m}^3$，$f_s=0.6$，$D_e=8\times10^{-10}\ \text{m}^3/\text{m}\cdot\text{s}$]并保持在 14℃，如例 22.1 图所示，在这些条件下，得到丙酮的氢化反应：

$$\underset{(A)}{H_2}(g \longrightarrow l) + \underset{(B)}{CH_3COCH_3}(l) \xrightarrow{催化剂} CH_3CHOHCH_3$$

速率表达式为

$$-r'_A = -r'_B = k' c_A^{1/2} c_B^0 \quad 且 \quad k' = 2.35\times10^{-3}\,\frac{m^3}{kg\cdot s}\left(\frac{mol}{m^3}\right)^{1/2}$$

丙酮在该反应中转化为什么?

根据数据,质量传递速率可近似为

$$(k_{Ai}a_i)_{g+1} = 0.02\,\frac{m^3}{m^3\cdot s} \qquad k_{Ac}a_c = 0.05\,\frac{m^3}{m^3\cdot s}$$

煤气的总量+液膜电导

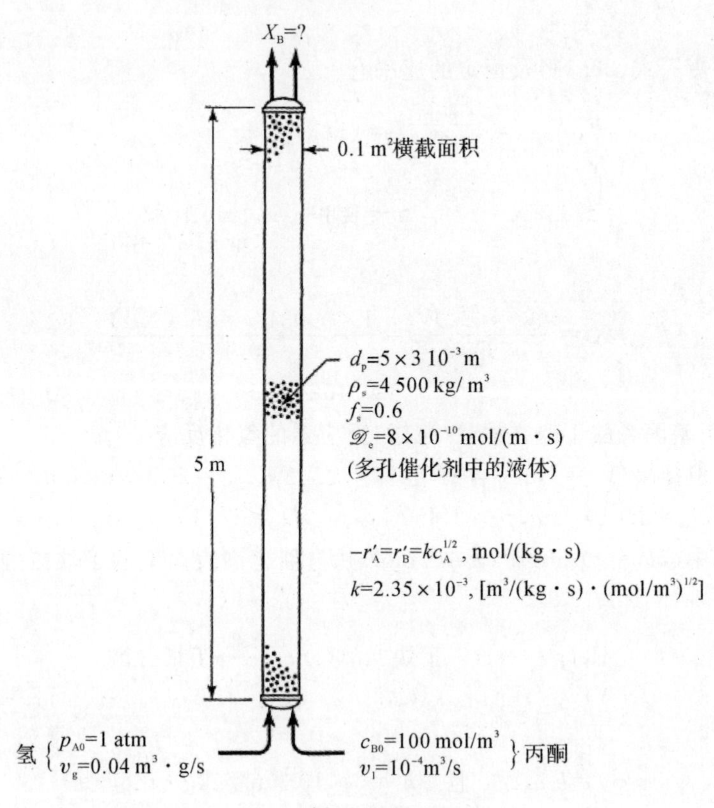

例 22.1 图

解:

在使用方程做塞流所需的积分之前,考虑以下情况:

$c_{B0}=1\ 000 mol/m^3$,而 c_A 由下式得到:

$$c_A = \frac{p_A}{H_A} = \frac{101\ 325}{36\ 845} = 2.75\ mol/m^3$$

比较数据可得 $c_B \gg c_A$,因此取极端 1(过量 B)

处理纯氢气问题:p_A 通过填充柱始终是保持恒定的。而且由于速率仅依赖于 c_A 而不是 c_B,这意味着整个反应速率是恒定的。

此时我们再来看看速率，从式(18.28)我们可以明确相关的反应：

$$M_T = L\sqrt{\frac{n+1}{2}\cdot\frac{k' c_A^{n-1}\rho_s}{\mathscr{D}_e}}$$

$$=\frac{5\times10^{-3}}{6}\sqrt{\frac{1.5}{2}\cdot\frac{(2.35\times10^{-3})\times2.75^{-1/2}\times4\ 500}{8\times10^{-10}}}=64.4$$

$$故\ \mathscr{E}=\frac{1}{64.4}=0.015\ 5$$

将所有已知数据代入式(22.18)可得

$$-r''''_A=\frac{1}{\underbrace{\frac{1}{0.02}}_{58\%}+\underbrace{\frac{1}{0.05}}_{23\%}+\underbrace{\frac{1}{(2.35\times10^{-3})\times(2.75)^{-1/2}\times0.015\ 5\times0.6\times4\ 500}}_{19\%}}$$

然后根据物料平衡等式(22.11)及恒定的速率有

$$\underbrace{F_{A0}X_A}_{意义不大}=\underbrace{\frac{F_{B0}X_B}{b}}_{使用F_{B0}=v_1c_{B0}=10^{-4}t1000=0.1\ mol/s这个术语}=(-r''''_A)V_r$$

重新整合可得

$$X_B=\frac{b(-r''''_A)V_r}{F_{B0}}=\frac{1\times0.031\ 7\times(5\times0.1)}{0.1}$$

$$=0.158，或\ 16\%$$

[例 22.2] 甲基丙烯酸丁酯在泥浆(浆态)反应器的氢化反应

将氢气鼓入搅拌罐($V_r=2\ m^3$)含有液体丁炔二醇($c_{BQ}=2\ 500\ mol/m^3$)加入钯-浸渍-多孔催化剂颗粒[$d_p=5\times10^{-5}\ m$，$\rho_s=1\ 450\ kg/m^3$，$D_e=5\times10^{-10}\ m^3/(m\cdot s)$，$f_s=0.005\ 5$]。氢气溶解在液态中($H_A=14\ 800\ Pa\cdot m^3/mol$)并与催化剂表面上的丁炔二醇反应如下(见例22.2图1)：

$$\underset{(A)}{H_2}(g\longrightarrow l)+\underset{(B)}{丁炔二醇(l)}\xrightarrow{催化剂}丁烯二醇$$

在 35℃，有

$$-r'_A=k'c_Ac_B\quad 且\quad k'=5\times10^{-5}m^6/(kg\cdot mol\cdot s)$$

未使用的氢气被再压缩并再循环，并且整个操作发生在 1.46 atm 和 35°C。

反应物转化率 90%需要多长时间?

根据已知：

质量转换速率可表示为

$$\underbrace{(k_{Ai}a_i)_{g+l}}_{气膜和液膜的总和}=0.277\ \frac{m^3}{m^3\cdot s}\quad k_{Ac}=4.4\times10^{-4}\frac{m^3}{m^3\cdot s}$$

解：

先比较 c_A 和 c_B：

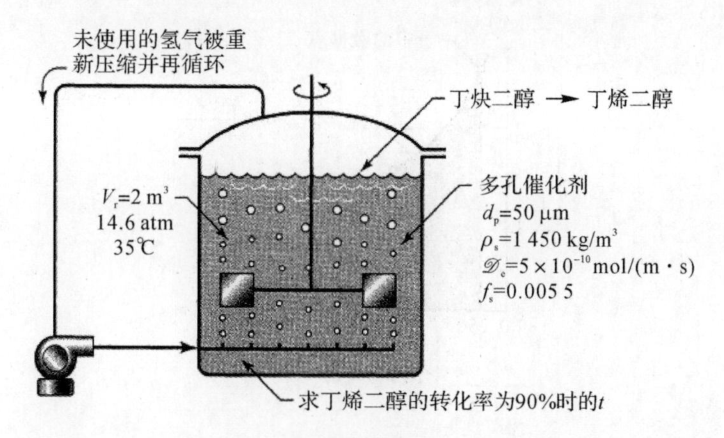

例 22.2 图 1

$$\left.\begin{array}{l} c_A==\dfrac{p_A}{H_A}=\dfrac{1.46\times 101\ 325}{14\ 800}=10\ \text{mol/m}^3 \\ c_{B0}=2500\ \text{and}\ c_{Bf}=250\text{mol/m}^3 \end{array}\right\}\begin{array}{l}\text{在批处理开始和结束时都运行}\\ c_B\gg c_A\text{；因此，系统处于极限 1。}\end{array}$$

虽然 c_A 在整个批次运行中保持不变，但 c_B 没有，所以 c_B 的转化率随着时间变化。因此，测定这个速率。

在 c_B 的任何特定值处，有

$$a_c=\frac{6f_s}{d_p}=\frac{6\times 0.005\ 5}{5\times 10^{-5}}=660\ \text{m}^2/\text{m}^3$$

因为

$$k_{Ac}a_c=4.4\times 10^{-4}\times 660=0.29\ \frac{\text{m}^3}{\text{mol}\cdot\text{s}}$$

$$M_T=L\sqrt{\frac{k'c_B\rho_s}{\mathscr{D}_e}}=\frac{5\times 10^{-5}}{6}\sqrt{\frac{(5\times 10^{-5})c_B\times 1\ 450}{5\times 10^{-10}}}=0.1c_B^{1/2} \tag{i}$$

代入式(22.18)，可得

$$-r'''_A=\cfrac{1}{\cfrac{1}{0.277}+\cfrac{1}{0.29}+\cfrac{1}{(5\times 10^{-5})c_B\times(1\ 450)\mathscr{E}_A\times 0.005\ 5}}\frac{14.6\times 101\ 325}{14\ 800}$$

$$=\cfrac{1}{0.705\ 84+\cfrac{250.8}{c_B(\mathscr{E}\text{在}M_T=0.1c_{B\text{处}}^{1/2})}} \tag{ii}$$

选择多个 c_B 值	由式(i)得	由式(18.6)得	由式(ii)得	$1/(-r''''_A)$
2 500	5	0.19	0.810 5	1.23
1 000	3.16	0.29	0.636 7	1.57
250	1.58	0.5	0.368 7	2.71

由式(22.12)可得出反应时间：

$$t=\frac{V}{bV_r}\int_{c_{Bf}}^{c_{B0}}\frac{dc_B}{(-r''''_A)} \tag{22.12}$$

当 b 取 1，$V_l=V_r$ 时，做曲线如图例 22.2 图 2 所示，并根据曲线画出下面的区域：

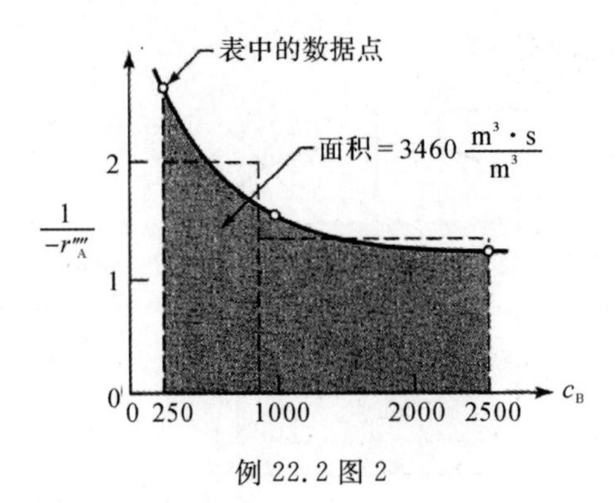

例 22.2 图 2

习　　题

22.1　滴流床氧化稀乙醇水溶液(2%～3%)，在滴流床反应器中，在 10 atm 压下通过纯氧的作用生成乙酸，用钯-氧化铝催化剂颗粒填充并保持在 30℃。根据 Sato 等人文献，其反应如下进行：

$$\underset{(A)}{O_2(g \longrightarrow l)} + \underset{(B)}{CH_3CH_2OH(l)} \xrightarrow{\text{催化剂}} CH_3COOH(l) + H_2O$$

反应速率表示为

$$-r'_A = k'c_A, k' = 1.77 \times 10^{-5} \, m^3/(kg \cdot s)$$

在气体和液体被送入下列系统中的反应器的顶部找出乙醇分解成乙酸的转化率：

气流：$v_g = 0.01 \, m^3/s, H_A = 86\,000 \, Pa \cdot m^3/mol$

液体流：$v_l = 2 \times 10^{-4} \, m^3/s, c_{B0} = 400 \, mol/m^3$

反应堆：5 m 高，0.1 m^2 横截面，$f_s = 0.58$

催化剂：$d_p = 5 \, mm, \rho_s = 1\,800 \, kg/m^3$

$-\mathscr{D}_e = 4.16 \times 10^{-10} \, m^3/(m \cdot s)$

动力学：$k_{Ag}a_i = 3 \times 10^{-4} mol/(m^3 \cdot Pa \cdot s), k_{Al}a_i = 0.02 \, s^{-1}$

$k_{Ac} = 3.86 \times 10^{-4} m/s$

22.2　泥浆(浆态)柱氧化反应器。乙醇的氧化不使用滴流床反应器(见前面的问题)，让我们考虑使用泥浆(浆态)反应器。对于这种类型的反应单位有

$$(k_{Ag}a_i)_{g+l} = 0.052 \, s^{-1}, k_{Ac} = 4 \times 10^{-4} \, m/s$$

$$d_p = 10^{-4} \, m, f_g = 0.05, f_l = 0.75, f_s = 0.2$$

从上面的问题中获取所有流量值和其他值，然后查找该反应器中乙醇的预期分数转化率。

22.3　泥浆罐(浆态反应器)加氢反应。预测葡萄糖向山梨糖醇的转化，在使用 200 atm 和 150℃的纯氢气的搅拌淤浆反应器中进行。所用的催化剂是多孔雷诺镍，在这些条件下 Brahme 和 Doraiswamy 报道了这一反应过程如下：

$$H_2(g \longrightarrow l) + \text{葡萄糖}, C_6H_{12}O_6(l) \xrightarrow{\text{固体催化剂}} \text{山梨醇}, C_6H_{14}O_6(l)$$

$$-r'_A = -r'_B = k'c_A^{0.6}c_B, k' = 5.96 \times 10^{-6} \frac{mol}{kg \cdot s}\left(\frac{m^3}{mol}\right)^{1.6}$$

数据:

气流:$v_g=0.2\ m^3/s, H_A=277\ 600\ Pa\cdot m^3/mol$

液体流:$v_l=0.01\ m^3/s, c_{B0}=2\ 000\ mol/m^3$

反应器:$V_r=2\ m^3, f_s=0.056$

催化剂:$d_p=10\ \mu m, \rho_s=8\ 900\ kg/m^3, \mathscr{D}_e=2\times10^{-9}\ m^3/(m\cdot s)$

动力学:$(k_{Ag}a_i)_{g+1}=0.05\ s^{-1}, k_{Ac}=10^{-4}\ m/s$

22.4　多级鼓泡加罩塔加氢。在之前的问题中,转化为山梨糖醇并没有想象中那么高,所以可以考虑替代方案的设计,使用气体和液体通过狭长的上流横截面为0.25 m^2的多级塔和含有悬浮固体的8 m高的塔($d_p=10^{-3}$ m和$f_s=0.4$)。在这种情况下转化率将达到多少?

$$数据:(k_{Ag}a_i)_{g+1}=0.025\ s^{-1}, k_{Ac}=10^{-5}\ m/s$$

在之前讨论的问题中所有的数值都不改变。

22.5　三相流化床加氢。苯胺将在浸渍有多孔黏土颗粒和镍催化剂的三相流化床中被氢化。充分搅拌的一批液体通过加热保持在130℃,通过流化床的交换管,以及在1 atm下通过床剧烈鼓泡并高速通过床层。

在1 atm下剧烈地并且高速地产生。根据Govindarao 和 Murthy(1975),在这些条件下反应如下进行:

$$\underset{(A)}{\underline{3H_2(g\longrightarrow l)}}+2\underset{(B)}{\underline{C_6H_5NH_2(l)}}\xrightarrow[\text{催化剂}]{\text{Ni}}C_6H_{11}NHC_6H_5+NH_3$$

以及

$$-r'_A=k'c_A, k'=0.05\ m^3/(kg\cdot s)$$

找出这批苯胺转化率为90%所需的时间。

数据:

气流:纯H_2,1 atm, $H_A=28\ 500\ Pa\cdot m^3/mol$

液体流:$c_{B0}=1\ 097\ mol/m^3$

反应器:$f_g=0.10,\ f_l=0.65,\ f_s=0.25$

催化剂:$d_p=300\ \mu m, \rho_s=750\ kg/m^3$

$\mathscr{D}_e=8.35\times10^{-10}m^3/(m\cdot s)$

动力学:$(k_{Ag}a_j)_{g+1}=0.04\ s^{-1}, k_{Ac}=10^{-5}\ m/s$

假定气体流中NH_3的分数在任何时候都非常小。

22.6　气液泡管式反应器加氢。考虑一个不同的设计来实现前一个问题的氢化,其中一个使用半长悬浮的3 mm催化剂颗粒($f_s=0.4, f_t=0.5, f_g=0.1$)。一批液体苯胺通过外部循环换热器(反应器外部的回路中的液体体积等于反应器的总体积),并且氢气通过柱子鼓泡。找出本单位苯胺转化率达到90%所需的时间。

数据:$(k_{Ag}a_i)_{g+1}=0.02\ s^{-1}, k_{Ac}=7\times10^{-5}m/s$

这里没有提到的所有其他值都保持不变。

22.7　滴流床气体吸收器一反应器。使气体和水通过保持在25℃的高度多孔活性炭床来从气体中去除二氧化硫。在这个系统中,二氧化硫和氧气溶解在水中并且在固体上反应产生三氧化硫:

$$SO_2(g \longrightarrow l) + \frac{1}{2}O_2(g \longrightarrow l) \xrightarrow{\text{固体上}} SO_3(l)$$

且

$$-r_{SO_2} = k' c_{O_2}, k' = 0.015\ 53\ m^3/(kg \cdot s)$$

在以下条件下查找从气流中去除的二氧化硫部分：

气流：$v_g = 0.01\ m^3/s, \pi = 101\ Pa$

液体流：$SO_2 = 0.2\%, H = 380\ 000\ Pa \cdot m^3/mol$

反应器：$v_l = 2 \times 10^{-4}\ m^3/s$

催化剂：2 m 高，0.1 m^2（横截面积），$f_s = 0.6$

动力学：$(k_i a_i)_{g+l} = 0.01\ s^{-1}, k_c = 10^{-5}\ m/s$

22.8　在泥浆（浆态）反应器中氢化。例 22.2 的间歇氢化需要大约 1 h 才能运行。可假设在实际操作中，我们可以在该单元中每天运行八批流体。因此，从长远来看，每 3 h 处理一批流体。运行此反应的另一种方式是以使得丁炔二醇转化率达到 90% 的速率连续进料搅拌反应器。这两个处理速度如何在长期比较？F_{B0}连续/F_{B0}批量得出答案。假定在间歇式和连续操作中液体进料组成，气体组成，压力，传质和化学速率是相同的。

第 23 章　液-液反应动力学

出于非均相流体反应的发生了 3 个原因，首先这个反应的产物可能是固相。这种反应很多，在实际应用的有机合成的所有化学工业领域均可找到。液-液反应的一个例子是用硝酸和硫酸的混合物，硝化有机物以形成诸如硝化甘油等物质。液态苯和其他烃与氯气的氯化是气液反应的另一个例子。在无机领域，我们制造氨基化钠，一种固体，由气态氨和液态钠制成，即

$$NH_3(g) + Na(l) \xrightarrow{250℃} NaNH_2(s) + \frac{1}{2}H_2(g)$$

也可以进行流体-流体反应以促进从流体中去除不需要的组分。因此，通过向水中加入合适的材料可以加速水对溶质气体的吸收，水将与被吸收的溶质反应。表 23.1 显示了用于各种溶质气体的试剂。使用流体-流体系统的第三个原因是为了获得均匀多重反应的产品分布大大改善，而不是单独使用单一相。让前两个原因都涉及原来存在于不同级段的材料的反应。以下因素将决定我们如何处理这一过程。

表 23.1　用于各种溶质气体的试剂

溶质气体	试剂
CO_2	碳酸盐
CO_2	氢氧化物
CO_2	乙醇胺
CO	亚铜胺络合物
CO	氯化亚铜铵
SO_2	臭氧-H_2O
SO_2	$HCrO_4$
SO_2	KOH
SO_2	H_2O
Cl_2	$FeCl_2$
Cl_2	乙醇胺
H_2S	$Fe(OH)_3$
H_2S	H_2SO_4

续　表

溶质气体	试剂
C_2H_4	KOH
C_2H_4	磷酸三烷基酯
Olefins	亚铜铵配合物
NO	$FeSO_4$
NO	$Ca(OH)_2$
NO	H_2SO_4
NO_2	H_2O

注：改编自特勒(1960)。

(1)总体速率表达。由于在发生反应之前，两个分离相中的物质必须相互接触，所以传质和化学反应速率都将进入总体速率表达式。

(2)平衡溶解度。反应组分的溶解度将限制它们从相到相的移动。这个因素肯定会影响速率方程的形式，因为它会决定反应是在一个还是两个级段发生。

(3)界面接触方式。在气液体系中，半间歇和逆流接触方案占主导地位。在液-液体系混流(混合器-定居者)和批次接触，除了计数器和并发接触之外。

可以想象出速率，平衡和接触模式的存在多种的排列；然而，从技术的广泛使用角度来看，其中只有一些是重要的。

1. 速率方程

为了便于记忆，尽管我们所说的 G/L 反应同样适用于 L/L 反应，但还是遵循 G/L 反应做出的结论。此外，让我们假设气体 A 可溶于液体中，但 B 不会进入气体。因此 A 在进行反应之前必须进入液相，并且仅在该级段发生反应。

现在反应的整体速率表达式必须考虑传质阻力(使反应物聚集在一起)和化学反应步骤的阻力。由于这些阻力的相对大小可能有很大差异，因此我们要考虑的所有可能性。

我们的分析考虑了以下二级反应：

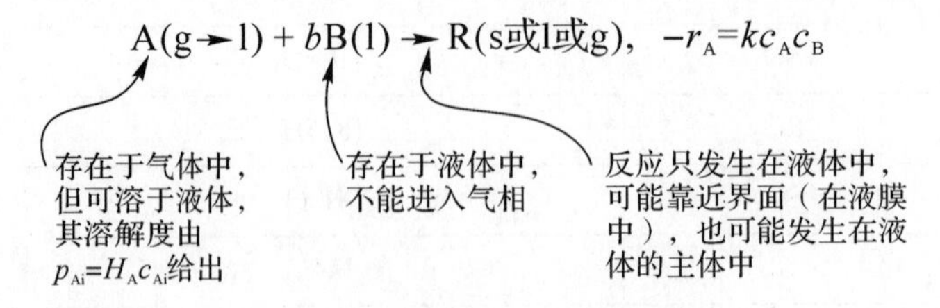

为了表示考虑接触器 V_r 的单位体积，其气体、液体和固体：

$$f_l=\frac{V_l}{V_r},f_g=\frac{V_g}{V_r},\varepsilon=f_l+f_g,$$

$$a_l=\frac{S}{V_l},a=\frac{S}{V_r}$$

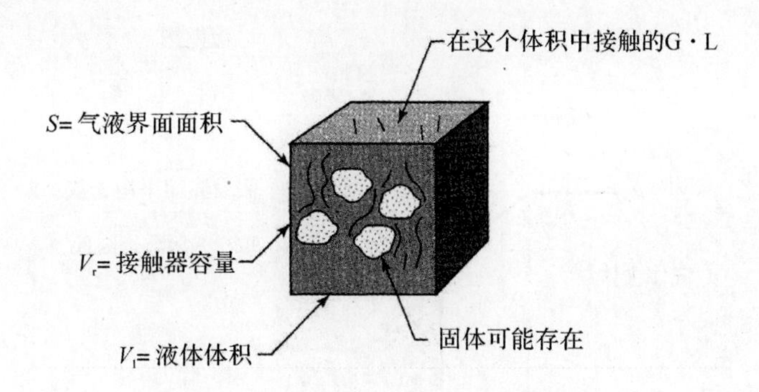

反应速率的表达式有很多，则有

$$\left.\begin{aligned} -r'''_A &= -\frac{1}{V_r}\frac{dN_A}{dt} \\ -r_{Al} &= -\frac{1}{V_l}\frac{dN_A}{dt} \\ -r''_A &= -\frac{1}{S}\frac{dN_A}{dt} \end{aligned}\right\} \tag{23.1}$$

这些速率是相关的。

$$r'''V_r = r_l V_l = r''S$$

或

$$r''' = f_l r_l = ar''$$

由于反应物 A 必须从气体转移到液体才能发生反应，所以扩散阻力进入该速率。在这里，我们将根据两部理论来发展一切。其他理论可以并且已经被使用，然而，尽管给出了基本相同的结果，但数学计算会比较繁复。

2. A 的直接传质(吸收)速率方程

表达式中，有两个串联的阻力、气膜阻力和液膜阻力。因此，如图 23.1 所示，A 从气体转移到液体的速率由速率表达式给出，对于气膜：

$$r_A = k_{Ag}(p_A - p_{Ai}) \quad \text{或} \quad -r''''_A = k_{Ag}a(p_A - p_{Ai}) \tag{23.2}$$

（其中 k_{Ag} 单位为 $\frac{mol}{m^2 \cdot Pa \cdot s}$，$k_{Ag}a$ 单位为 $\frac{mol}{m^3 \cdot Pa \cdot s}$）

和液膜

$$r''_A = k_{Al}(c_{Ai} - c_A) \quad \text{或} \quad -r''''_A = k_{Al}a(c_{Ai} - c_A) \tag{23.3}$$

（其中 k_{Al} 单位为 $\frac{m^3}{m^2 \cdot s}$，$k_{Al}a$ 单位为 $\frac{m^3}{m^3 \cdot s}$）

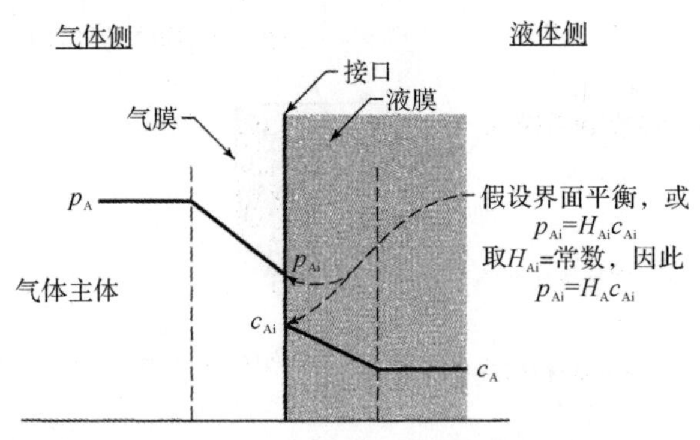

图 23.1　基于两种理论建立直接传质的速率方程

结合等式是为了消除未知界面条件 $p_{Ai}=H_A c_{Ai}$，我们得到了吸收体中任何点的直接传质的最终速率表达式为

$$-r''''_A=\frac{1}{\dfrac{1}{k_{Ag}a}+\dfrac{H_A}{k_{Al}a}}(p_A-H_A c_A) \quad \left(\frac{\text{Pa}\cdot\text{m}^3}{\text{mol}}\right) \tag{23.4}$$

3.传质和反应速率方程

在这里我们有 3 个要考虑的因素：气膜中发生了什么；在液膜中发生了什么；在液体的主体中发生了什么，如图 23.2 所示。速率方程的各种特殊形式可以取决于速率常数 k，k_g 和 k_l 的相对值，反应物的浓度比 p_A/c_B 和亨利定律常数 H_A。结果表明有 8 种情况考虑从快速的反应速率（传质控制）到非常慢的反应速率的另一个极端（无须考虑传质阻力）。

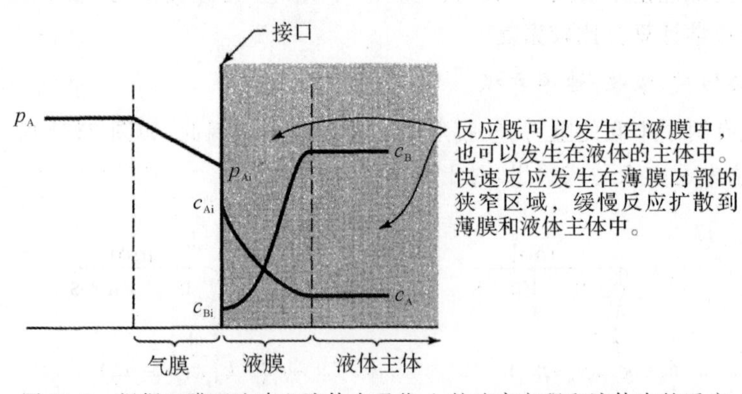

图 23.2　根据双膜理论建立液体中吸收 A 的速率方程和液体中的反应

8 种特殊情况下，每种情况都有其特定的速率方程，从快速到非常缓慢的反应如下：

情况 A：低 c 瞬时反应。

情况 B：高 c_B 的瞬间反应。

情况 C：液膜中的快速反应，低 c_B。

情况 D：在液膜中快速反应，具有高 c。

$$A(g)+bB(l)\rightarrow 产物(l)$$

对应的反应速率和传质速率的完整范围。

情况 E 和 F：在薄膜和主体中发生反应的中间速率的液体。

情况 G：主体中的反应缓慢但具有膜阻力。

情况 W：反应慢，且无传质阻力。

图 23.3 显示了这 8 个案例。

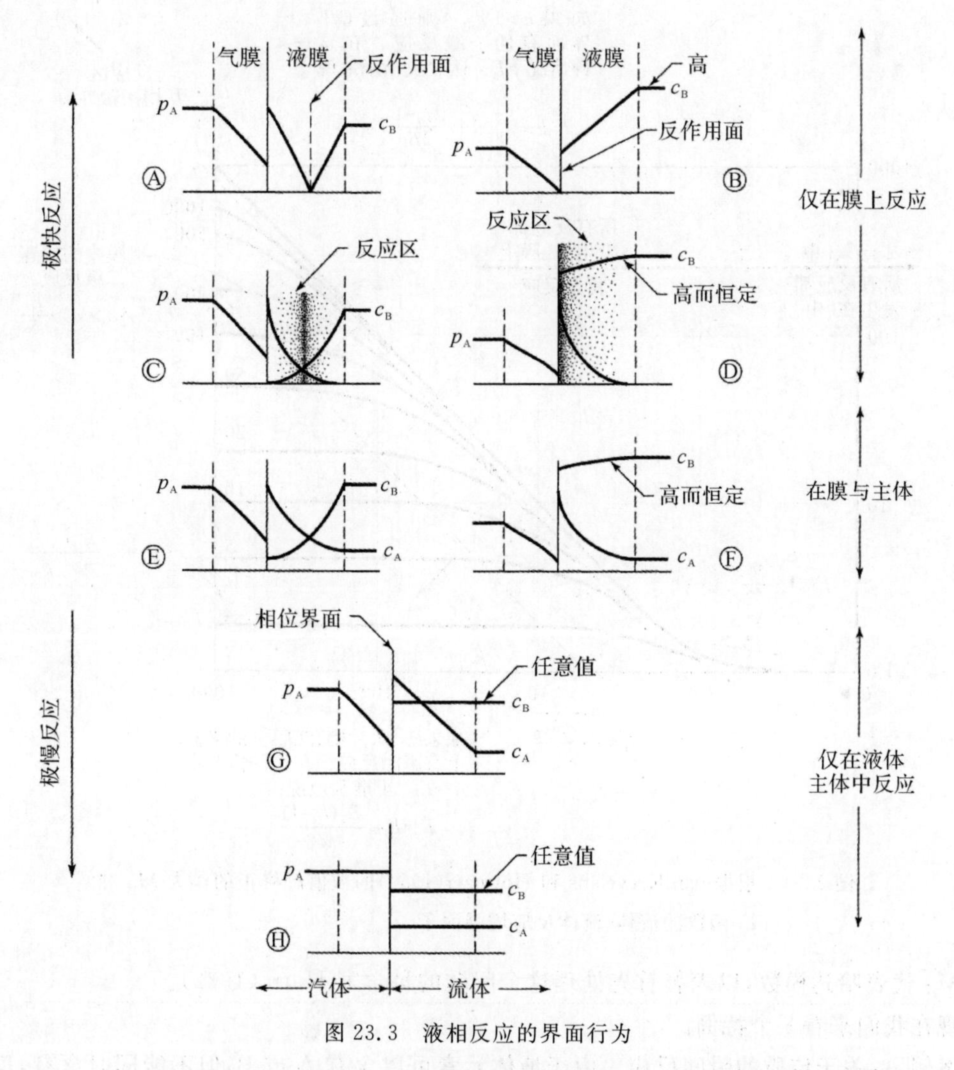

图 23.3　液相反应的界面行为

在介绍一般速率方程后，讨论这些特殊情况并在稍后介绍它们的特定速率方程：

$$-r''''_A=\frac{1}{\underbrace{\frac{1}{k_{Ag}a}}_{\text{气膜阻力}}+\underbrace{\frac{H_A}{k_{Al}aE}}_{\text{液膜阻力}}+\underbrace{\frac{H_A}{kc_Bf_l}}_{\text{液体体积阻力}}}p_A \tag{23.5}$$

当液体膜内发生反应时，气体中 A 的吸收比直接传质的吸收大。因此，在液体薄膜的两个边界处具有相同的浓度：

$$(\text{液膜增强因子}),E=\left(\frac{\text{反应发生时 A 的吸收率}}{\text{直接传质的吸收率}}\right)\text{两个例子中的 } c_{Ai},c_A,c_{Bi},c_B \text{ 相同} \tag{23.6}$$

E 的值总是大于或等于 1。现在唯一的问题是评估增强因子 E。图 23.4 显示了 E 依赖于两个量：

$$E_i = (\text{极限快反应的增强因子}) \tag{23.7}$$

$$M_H^2 = (\text{与通过薄膜的最大传输相比，薄膜中的最大可能转换}) \tag{23.8}$$

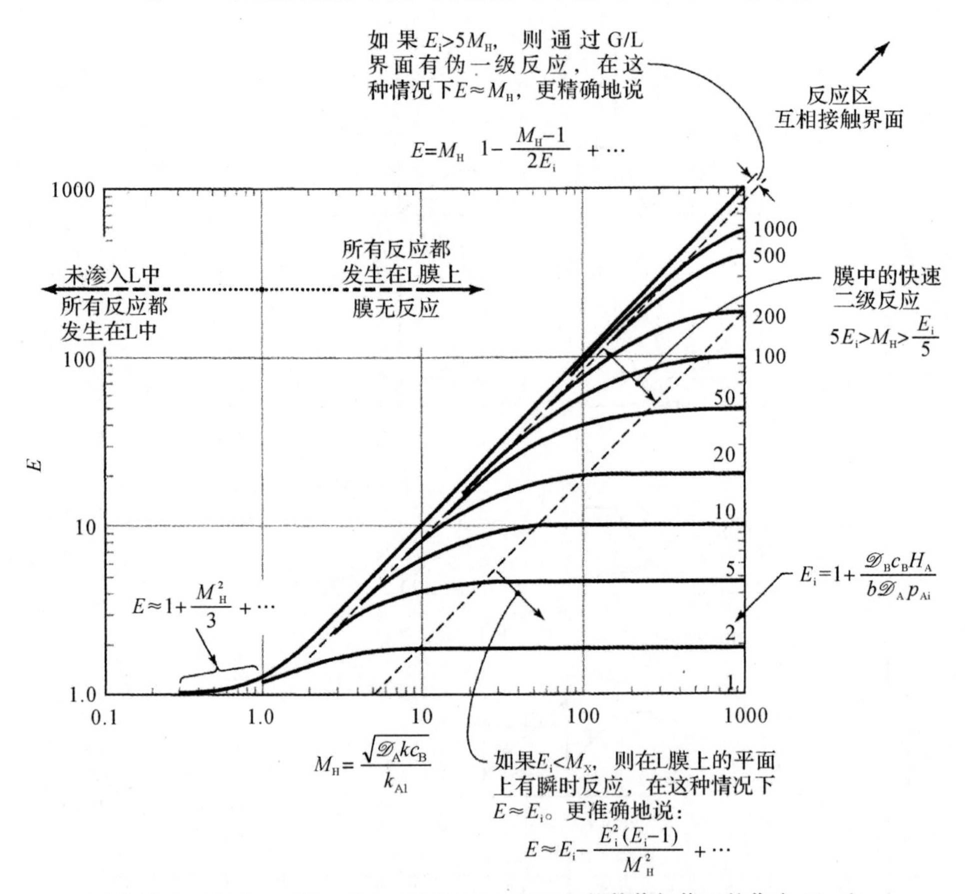

图 23.4 根据 van Krevelens 和 Hoftijzer(1954)的数值解修正的作为 M_H 和 E_i 函数的流体-流体反应增强因子

M_H 代表哈达模数，以表彰首先处理这个问题的科学家 Hatta(1932)。

现在我们来看 8 个特例。

案例 A：关于传质的瞬间反应。由于液体元素可以含有 A 或 B，但不能同时含有，反应将发生在含 A 和含 B 液体之间的平面上。另外，由于反应物必须扩散到这个反应平面，因此 A 和 B 的扩散速率将决定速率，所以 p_A 或 c_B 的变化会使平面以某种方式移动(见图 23.5)。在稳定状态下，B 向反应区的流速为 b。

乘以 A 流向反应区的流量，则有

$$-r''_A=-\frac{r''_B}{b}=\underbrace{k_{Ag}(p_A-p_{Ai})}_{\text{气膜上的A}}=\underbrace{k_{Al}(c_{Ai}-0)\frac{x_0}{x}}_{\text{液体薄膜上的A}}=\underbrace{\frac{k_{Bl}}{b}(c_B-0)\frac{x_0}{x_0-x}}_{\text{液膜中的B}} \tag{23.9}$$

式中 k_{Ag} 和 k_{Al}，k_{Bl} 是气相和液相的传质系数。液体侧系数用于无化学反应的直接传质，因此基于通过整个厚度为 x_0 的膜的流量。在界面处，p_A 和 c_A 之间的关系由分配系数给出，称为气

液系统的亨利定律常数，则有

$$p_{\mathrm{Ai}} = H_{\mathrm{A}} c_{\mathrm{Ai}} \tag{23.10}$$

例 A 低 c_{B}，例 B 高 c_{B}［见式(23.17)］。

另外，由于膜内物质的运动仅通过扩散而传达的，因此 A 和 B 的传递系数与 l 有关，即

$$\frac{K_{\mathrm{Al}}}{K_{\mathrm{Bl}}} = \frac{\mathscr{D}_{\mathrm{A}}/x_0}{\mathscr{D}_{\mathrm{Bl}}/x_0} = \frac{\mathscr{D}_{\mathrm{Al}}}{\mathscr{D}_{\mathrm{Bl}}} \tag{23.12}$$

消除未测量的中间体 $x, x_0, p_{\mathrm{Ai}}, c_{\mathrm{Ai}}$；由等式我们获得了式(23.9)、式(23.10)和式(23.12)：

$$\text{案例 A:}\left(k_{\mathrm{Ag}} P_{\mathrm{A}} > \frac{k_{\mathrm{Bl}} c_{\mathrm{B}}}{b}\right) \quad -r''_{\mathrm{A}} = -\frac{1}{S}\frac{\mathrm{d}N_{\mathrm{A}}}{\mathrm{d}t} = \frac{\dfrac{\mathscr{D}_{\mathrm{Bl}}}{\mathscr{D}_{\mathrm{Al}}}\dfrac{c_{\mathrm{B}}}{b} + \dfrac{p_{\mathrm{A}}}{H_{\mathrm{A}}}}{\dfrac{1}{H_{\mathrm{A}} k_{\mathrm{Ag}}} + \dfrac{1}{k_{\mathrm{Al}}}} \tag{23.13}$$

例如，对于可忽略不计的气相阻力的特殊情况，例如，如果使用气相中的纯反应物 A，则 $p_{\mathrm{A}} = p_{\mathrm{A}}$；或 $k_{\mathrm{g}} \to \infty$，在这种情况下，式(23.13)调整为

$$-r''_{\mathrm{A}} = k_{\mathrm{Al}} c_{\mathrm{Ai}} \left(1 + \frac{\mathscr{D}_{\mathrm{Bl}} c_{\mathrm{B}}}{b \mathscr{D}_{\mathrm{Al}} c_{\mathrm{Ai}}}\right) \tag{23.14}$$

案例 B：瞬时反应；高 c_{B}。回到图 23.5 所示的一般情况，如果 B 的浓度升高，或者更准确地说，如果

$$k_{\mathrm{Ag}} p_{\mathrm{A}} \leqslant \frac{k_{\mathrm{Bl}}}{b} c_{\mathrm{B}} \tag{23.15}$$

那么这个条件，结合方程如图 23.5 所示，要求反应区移动并停留在界面处而不是留在液膜中。这在图 23.5 中示出。当发生这种情况时，气相控制的阻力和速率不受 B 浓度进一步增加的影响。此外，式(23.9)简化为

$$\text{案例 B:}\left(k_{\mathrm{Ag}} p_{\mathrm{A}} \leqslant \frac{k_{\mathrm{Bl}} c_{\mathrm{B}}}{b}\right) \quad -r''_{\mathrm{A}} = -\frac{1}{S}\frac{\mathrm{d}N_{\mathrm{A}}}{\mathrm{d}t} = k_{\mathrm{Ag}} p_{\mathrm{A}} \tag{23.16}$$

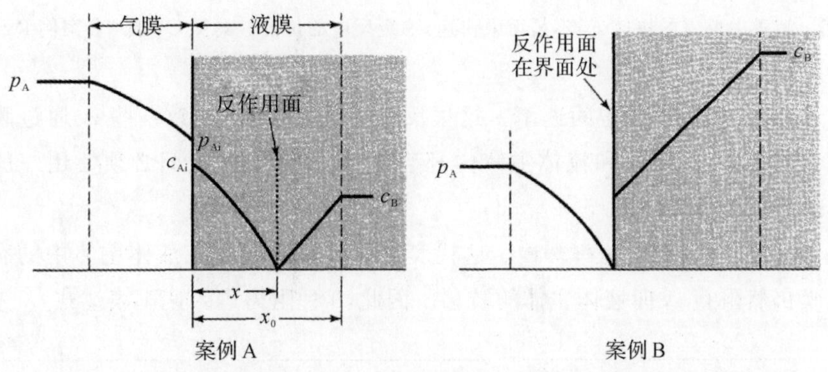

图 23.5　通过双膜理论可见的反应物浓度对于任意次数的无限快速不可逆反应 A+bB→产物

式(23.17)说明了情况 A 或情况 B 在任何情况下都适用。则有

$$\begin{aligned} &\text{若 } k_{\mathrm{Ag}} p_{\mathrm{A}} \geqslant \frac{k_{bl}}{b} c_{\mathrm{B}}\text{，则用式(B) 中的情况 A} \\ &\text{若 } k_{\mathrm{Ag}} p_{\mathrm{A}} \geqslant \frac{k_{bl}}{b} c_{\mathrm{B}}\text{，则用式(B) 中的情况 B} \end{aligned} \tag{23.17}$$

案例 C:快速反应;低 c_B。现在情况 A 的反应平面现在扩展到 A 和 B 都存在的反应区。但是,反应速率足够快,以致该反应区完全保留在液膜中。因此,没有 A 进入液体的主体进行反应。

由于一般速率方程中的最后一个阻力项,式(23.5),可以忽略不计(大 K),这种情况的速率形式为·

$$-r'''_A = \frac{1}{\dfrac{1}{k_{Ag}a} + \dfrac{H_A}{k_{Al}aE}} p_A \tag{23.18}$$

案例 D:快速反应;高 c_B,因此与 A 相关的伪一级速率。对于 c_B 在膜内不明显下降的特殊情况,其可以被认为是始终不变的,并且二级反应速率(情况 C)简化为一级速率表达式更容易解决。从而,一般速率表达式,式(23.5)减至

$$-r'''_A = \frac{1}{\dfrac{1}{k_{Ag}a} + \dfrac{H_A}{\sqrt[a]{\mathscr{D}_A k c_B}}} \tag{23.19}$$

图 23.6 显示为情况 C 和 D。

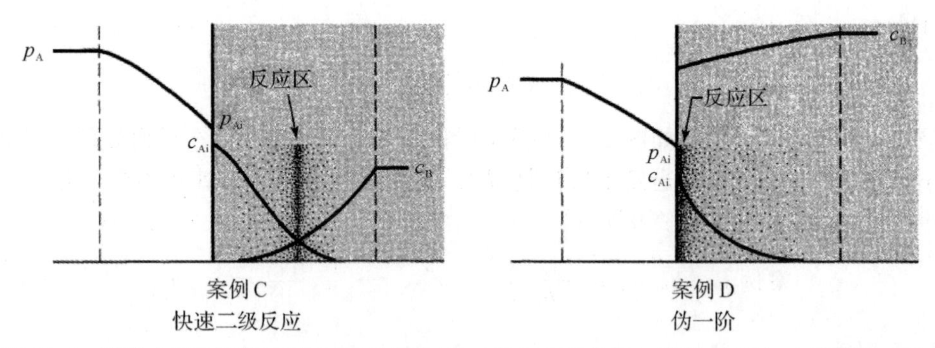

图 23.6 液膜中反应的快速(但不是无限快速)二级反应的位置。案例 C—低 c_B,案例 D—高 c_B

案例 E 和 F:关于传质的中间速率。这里反应速率足够慢,以致一些 A 通过膜扩散到流体的主体中。因此,A 在膜内和流体主体内都起作用。在这里,我们必须使用一般的速率表达式以及它的 3 个阻力,式(23.5)。

情况 G:关于传质的反应速率缓慢。这代表了所有反应发生在液体主体中的有特定的情况;然而,该膜仍然阻止 A 向液体主体的转移。因此,3 种阻力进入速率表达式:

$$-r''' = \frac{1}{\dfrac{1}{k_{Ag}a} + \dfrac{H_A}{R_{Al}a} + \dfrac{H_A}{k_{SB}f_l}} \tag{23.20}$$

情况 H:无限慢反应。在这里传质阻力可忽略不计,A 和 B 的组成在液体中是均匀的,并且速率仅由化学动力学确定,则有

$$-r'''_A = \frac{kf_l}{H_A} p_A c_B = kf_l c_A c_B \tag{23.21}$$

图 23.7 显示了情况 G 和 H。

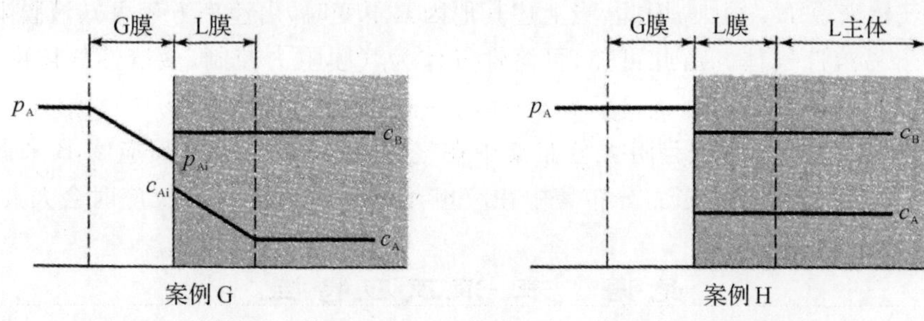

图 23.7　缓慢反应情况 G 仍显示薄膜阻力。情况 H 显示没有膜阻力

4. 回顾哈达数的作用

为了判断反应是快还是慢，我们关注气液界面的单元表面，我们假设气相阻力可以忽略不计，我们定义了一个膜转换参数：

$$M_H^2 = \frac{\text{薄膜中最大可能的转换}}{\text{通过薄膜的最大扩散传输}} = \frac{kc_{Ai}c_B x_0}{\frac{\mathscr{D}_{Al}}{x_0} \cdot c_{Ai}} = \frac{kc_B \mathscr{D}_{Al}}{k_{Al}^2} \tag{23.22}$$

如果 $M_H \geqslant 1$，所有反应都发生在膜中，并且表面积是控制率因子。另一方面，如果 $M_H \leqslant 1$ 在膜中不发生反应，并且体积成为控制率因子。更准确地说，已经发现：

(1)如果 $M_H > 2$，则在膜中发生反应，并且有情况 A，B，C，D。

(2)如果 $0.02 < M_H < 2$，那么有中间情况 E，F，G。

(3)如果 $M_H < 0.02$，则情况 H 有无限缓慢的反应。

当 M_H 较大时，应选择一个接触装置，它具有或者产生大的界面；搅拌能量通常是这些联系方案的重要考虑因素。另外，如果 M_H 很小，只需要大量的液体。因此建立一个大型的界面反应是无效的。

下一章表 24.1 给出了各种接触装置的典型数据，由此可以看到，喷雾或平板色谱柱对于具有快速反应(或大 M_H)的系统应该是有效的装置，而气泡接触器应该对于缓慢反应更有效或小 M_H)。

表 23.2　常见水中气体 $H_A = p_{Ai}/c_{Ai}$，Pa · m³/mol

	N_2	H_2	O_2	CO	CO_2	NH_3
20℃	1.45×10^5	1.23×10^5	0.74×10^5	0.96×10^5	2 600	0.020
60℃	2.16×10^5	1.34×10^5	1.13×10^5	1.48×10^5	6 300	0.096

微溶 ←——→ 易溶

5. 从溶解度数据看动力学体系的线索

对于在膜中发生的反应，相分布系数 H 可以表明气相阻力是否可能是重要的。为了说明这一点，可得跨过膜直接传质的表达式为

$$-\frac{1}{S}\frac{dN_A}{dt} = \frac{1}{\underbrace{\frac{1}{k_{Ag}}}_{\text{气膜}} + \underbrace{\frac{H_A}{k_{Al}}}_{\text{液膜}}}\Delta p_A \tag{23.23}$$

对微溶气体来说 H_A 很大，因此，当上述其他因素不变时，由速率方程可知液膜阻力很大。这同样适用于易溶性气体。由此可知，可溶性气体为气膜阻力控制，微溶性气体由液膜阻力控制。

由于可易溶性气体易吸收且阻力分布集中在气相，我们无须添加反应物 B 来促进吸收。另外，难溶性气体难以吸收且阻力分布集中在液相，因此该系统在液相反应时会大大受益。

结语　液-液反应特性

为了找到特定工作所需工艺单元大小(这将在下章讨论)，我们需要知道总的反应速率。本章说明了如何求总的反应速率。

【例 23.1】 寻找 G/L 反应的速率

带有气体 A 的空气进入含有液体 B 的罐中，反应如下：

$$A(g \to l) + 2B(l) \to R(l),\ -r_A = kc_Ac_B^2,\quad k = 10^6\ m^6/(mol^2 \cdot h)$$

对于这个体系有

$$k_{Ag}a = 0.01\ mol/(h \cdot m^3 \cdot Pa)$$
$$f_l = 0.98$$
$$k_{Al}a = 20\ h^{-1}$$
$$H_A = 10^5\ Pa \cdot m^3/mol\quad \text{溶解度极低}$$
$$\mathscr{D}_{Al} = \mathscr{D}_{Bl} = 10^{-6}\ m^2/h$$
$$a = 20\ m^2/m^3$$

对于吸收反应器中的该点：

$$p_A = 5 \times 10^3\ Pa$$
$$c_B = 100\ mol/m^3$$

(1)确定反应阻力(占气膜、液膜、主体溶液的百分数)；

(2)找到反应区域；

(3)确定液膜中的反应(无论是不是伪一级反应、瞬时的，还是物理运输等等)；

(4)计算反应速率[mol/(m³ · h)]

解：

本章仅分析了二级反应，然而这个问题涉及三级反应。由于除二级反应之外无分析可用，因此我们用二级反应近似地替代三级反应。

$$kc_Ac_B^2 \Rightarrow (kc_B)c_Ac_B$$

为了从通式中找出速率，首先需要算出 E_i 和 M_H，即

$$\left.\begin{aligned} M_H &= \frac{\sqrt{\mathscr{D}_A k c_B^2}}{k_{Al}} = \frac{\sqrt{10^{-6} \times 10^6 \times 100^2}}{1} = 100 \\ (E_i)_{\text{第一个假设}} &= 1 + \frac{\mathscr{D}_B c_B H_A}{b\mathscr{D}_A p_{Ai}} = 1 + \frac{100 \times 10^5}{2 \times (5 \times 10^5)} = 10^3 \\ &\qquad\qquad\qquad\qquad \text{假设}p_{Ai}=p_A \end{aligned}\right\}$$

由于 $E_{i估} > 5M_H$，那么对于其他任何更小的估值 p_{Ai} 都有 $E_i > 5M_H$。因此，从图 23.4 可知，伪一级反应在膜中，有

$$E = M_H = 100$$

现在对于速率方程，有

$$-r''''_A = \frac{p_A}{\frac{1}{k_{Ag}a} + \frac{H_A}{k_{Al}aE} + \frac{H_A}{kc_B^2 f_l}}$$

$$= \frac{5 \times 10^3}{\frac{1}{0.01} + \frac{10^5}{20 \times 100} + \frac{10^5}{10^6 \times 100^2 \times 0.098}} = 33\ \text{mol/(h} \cdot \text{m}^3)$$

$\frac{2}{3}$　　$\frac{1}{3}$　　~ 0

(1)2/3 的阻力在气膜中，1/3 的阻力在液膜中；

(2)反应区域为液膜；

(3)反应在界面处进行，由 A 的伪一级反应引起；

(4)速率 $-r''''_A = 33\ \text{mol/(hr} \cdot \text{m}^3)$。

习　　题

23.1　气体 A 在液体中吸收并与 B 反应有：

$$A(g \to l) + B(l) \to R(l), \quad -r_A = kc_A c_B$$

在固定床中以如下条件反应时，有

$$k_{Ag}a = 0.1\ \text{mol/(h} \cdot \text{m}^2 \cdot \text{Pa)}$$

$$f_l = 0.01\ \text{m}^3/\text{m}^3$$

$$k_{Al}a = 100\ \text{m}^3/(\text{m}^3 \cdot \text{h})$$

$$\mathscr{D}_{Al} = \mathscr{D}_{Bl} = 10^{-6}\ \text{m}^2/\text{h}$$

$$a = 100\ \text{m}^2/\text{m}^3$$

在反应器中 $p_A = 100$ Pa 和 $c_B = 100\ \text{mol/m}^3$ 液体的一处，有

(1)计算反应速率[mol/(h·m³)]；

(2)描述以下动力学特征。

阻力分布(液膜、气膜、液相主体)；

液膜中的行为(伪一级反应、瞬时、二级反应、物理运输运移)。

反应速率值和亨利常数见习题 23.1 表。

习题 23.1 表

	$k/(\text{m}^3 \cdot \text{mol}^{-1} \cdot \text{h}^{-1})$	$H_A/(\text{Pa} \cdot \text{m}^3 \cdot \text{mol}^{-1})$
23(1)	10	10^5
23(2)	10^6	10^4
23(3)	10	10^3
23(4)	10^{-4}	1
23(5)	10^{-2}	1
23(6)	10^8	1

23.2　重复习题 23.1 其他条件不变，假定 c_B 很小或者 $c_B=1$。

23.3　在高压下，CO_2 在填料柱中被吸入 NaOH 溶液，反应如下：

$$\underset{(A)}{CO_2} + 2\,\underset{(B)}{NaOH} \longrightarrow Na_2CO_3 + H_2O \text{ 且 } -r_{Al} = kc_Ac_B$$

在填料柱中 $p_A=105$ Pa，$c_B=500$ mol/m^3 的一处，找出吸收速率、控制阻力和液膜中的反应。

$k_{Ag}a = 10^{-4}$ mol/(m^2 · s · Pa)　　$H_A = 25\,000$ Pa · m^3/mol

$k_{Al} = 1\times10^{-4}$ m/s　　$\mathscr{D}_A = 1.8\times10^{-9}$ m/s

$a = 100$ m^{-1}　　$\mathscr{D}_B = 3.06\times10^{-9}$ m^2/s

$k = 10$ m^3/(mol · s)　　$f_l = 0.1$

该问题由 Danckwerts 在 1970 年提出。

23.4　硫化氢被甲醇胺（MEA）溶液吸收。填充柱在柱子顶部，气体处于 20 atm，包含 0.1%的 H_2S，而吸收剂含有 250 mol/m^3 的游离 MEA。这个 MEA 在溶液中的扩散率是 H_2S 的 0.64 倍。通常被认为是不可逆的和瞬时的有

$$\underset{(A)}{H_2S} + \underset{(B)}{RNH_2} \rightarrow HS^- + RNH_3^+$$

对于流速和填料，有

$$k_{Al}a = 0.03\ \text{s}^{-1}$$

$$k_{Ag}a = 60\ \text{mol/m}^3 \cdot \text{s} \cdot \text{atm}$$

$$H_A = 1\times10^{-4}\ \text{m}^3 \cdot \text{atm/mol}$$

（1）找到 MEA 溶液中 H_2S 的吸收速率。

（2）确定使用 MEA 吸收剂是否值得，确定在纯水中用 MEA 吸收速率。该问题由 Danckwerts 在 1970 年提出。

第 24 章　液-液反应器的设计

我们必须先进行选择合适的反应器，然后找到所需的尺寸。有两种反应器——塔式反应器和釜式反应器，见图 24.1。通常，这些反应器有不同的 G/L 比、界面面积、k_g 和 k_l 和浓度驱动力。我们所处理系统的特定性质，如气体反应物的溶解度、反应物的浓度等，以及主阻力的分布。会使我们使用一些特定的反应器，反应器的特征见表 24.1。

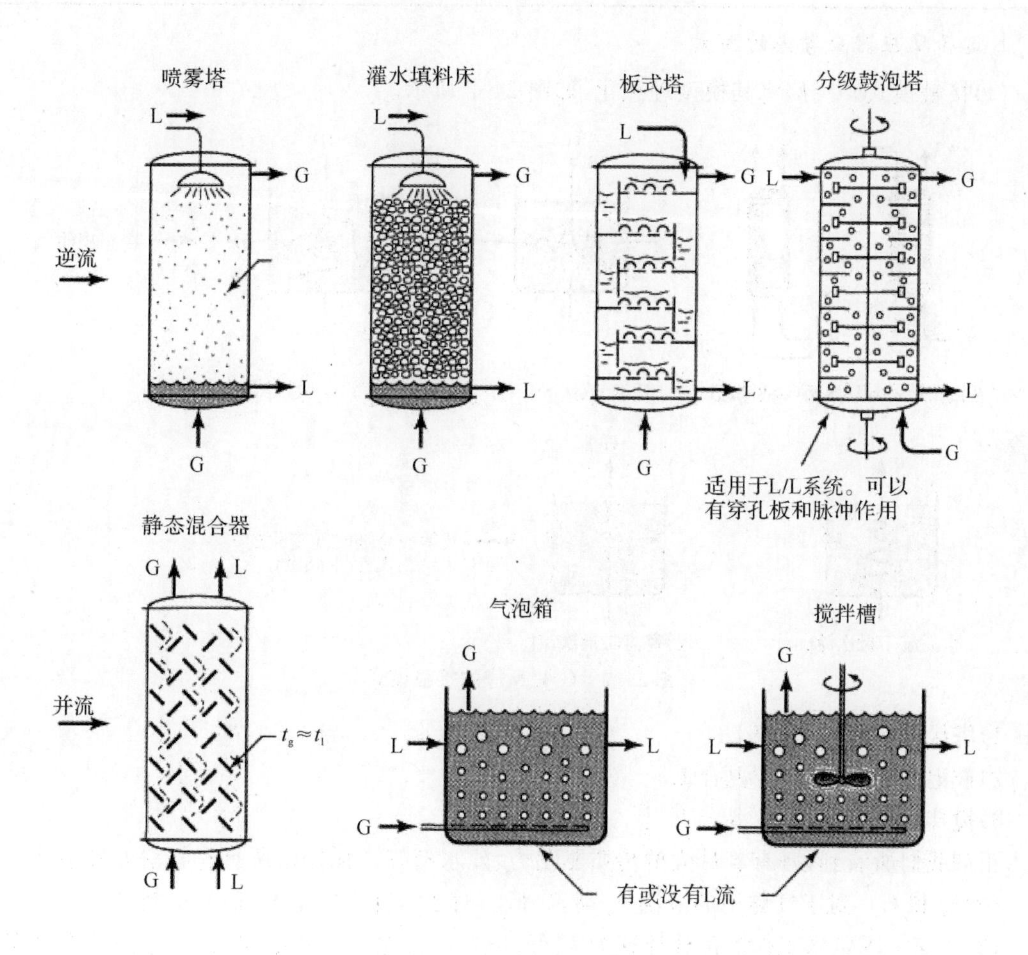

图 24.1　塔式反应器和釜式反应器的 G/L 反应

表 24.1 反应器的一些特性

流型	接触器	$a/(m^2 \cdot m^{-3})$	$f_1=\frac{V_1}{V}$	性能	评价
逆流	喷雾塔	60	0.05	低	对高溶解性气体有益
	固定床	100	0.08	高	全方位都好。但一定有 $F_1/F_g=10$
	板式塔	150	0.15	中等一高	
	板式塔	200	0.9		需要机械搅拌器或脉冲装置。对微溶性气体有益，L_1/L_2 具有较低的 k_1/k_2
并流	静态混合器	200	0.2～0.8	非常高	非常灵活，很少报告数据 $\bar{t}_g \approx \bar{t}_1$
L 的全混流	气泡箱	20	0.98	中等	建造成本低
	搅拌槽	200	0.9	中等	建造成本低，但需要机械搅拌器

1. 选择反应器应考虑的因素

(1)接触模式。我们将其模型理想化，如图 24.2 所示。

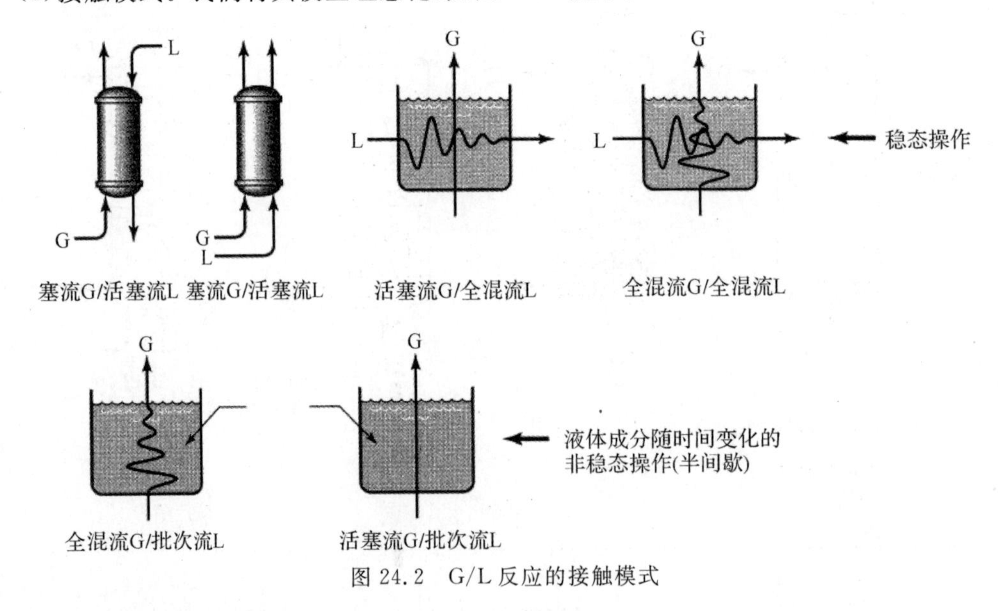

图 24.2 G/L 反应的接触模式

1)塔接近阻塞 G/阻塞 L；

2)鼓泡槽接近阻塞 G/混合 L；

3)搅拌槽接近混合 G/混合 L。

正如我们所看到，塔有着最大的传质驱动力，比水槽好。搅拌槽所具有驱动力最小。

(2)k_g 和 k_1。对于气体中的液滴 k_g 高，k_1 低。对于液体中的上升气泡 k_g 低，k_1 高。

(3)流速。固定床工作的最佳流速为 $F_1/F_g \approx 10$。其他反应器更加灵活，它们工作时有着更广泛的 F_1/F_g 范围。

(4)阻力在气膜还是在液膜。如果我们想要一个大的界面面积“a”，那么大多数搅拌反应器和大多数柱都可以。如果是液膜控制，那么喷雾反应器不行。如果是气膜控制，那么气泡反应器不行。

(5)阻力是否在主体。如果我们想得到大的 $F_l = V_l/V_r$。不要使用塔式反应器，用水槽式。

(6)溶解度。对于易溶的气体，那些亨利系数 H 小的气体(例如氨)，为气膜控制。因此应该避免气泡反应器。对于那些难溶、H 值大(如 O_2，N_2)的气体，为液膜控制，避免使用喷淋塔。

(7)反应降低液膜的阻力。

1)对于易溶气体的吸收，化学反应不起作用。

2)对于微溶气体的吸收，化学反应起了相应的作用确实加快了速率。

2. 命名

A_{cs}＝柱的横截面积；

a＝单位体积反应器的界面接触面积(m^2/m^3)；

f_l＝液体的体积分数(－)；

i＝反应中的任何参与者，反应物或产品；

A，B，R，S＝反应的参与者；

U＝相中的载体或惰性组分，因此既不是反应物也不是产物；

T＝反应(或液体)相中的总物质的量；

$Y_A = p_A/p_u$，mol/气体(物质的量)；

$X_A = c_A/c_u$，mol/气体(物质的量)；

F'_g，F'_l＝全部气体和液体的摩尔流量(mol/s)；

$F_g = F'_g pU/\pi$，气体中惰性气体的上升摩尔流速(mol/s)；

当流体具有惰性载体材料时，用 F_g 和 F_l 写的性能方程是可用的。用 F'_g 和 F'_l 写成的方程，只有当流体中只含有活性物质并且无惰性物质时可产生作用。

24.1　直接传质

由于反应系统的方法是直接传质的直接延伸，我们首先采用一个仅吸收液体 A 的方程，然后进入反应系统：

$$\text{A(气体)} \rightarrow \text{A(液体)}$$

$$\text{A(g} \rightarrow \text{l)} \rightarrow \text{B(l)} \rightarrow \text{产物}$$

注意性能方程中的相似性，有

活塞流 G / 活塞流 L－塔中的逆流量

为了发展性能方程，我们将速率方程与物料平衡结合起来。因此，对于稳态逆流操作，建立一个体积微分进行相关计算，则有

$$(\text{气体丢失}) = (\text{通过液体获得的}) = (-r''''_A)\mathrm{d}V_r$$

$$F_g \mathrm{d}Y_A = F_l \mathrm{d}X_A = (-r'''_A)\mathrm{d}V_r \tag{24.1}$$

$$\frac{F_g \pi \mathrm{d}p_A}{(\pi - p_A)^2} = \mathrm{d}\left(\frac{F_g p_A}{\pi}\right) = \frac{F_g \mathrm{d}p_A}{\pi - p_A} \qquad \frac{F_l c_T \mathrm{d}c_A}{(c_T - c_A)^2} \qquad (-r^*_A)a = k_{Ag}a(p_A - p_{Ai}) = k_{Al}a(c_{Ai} - p_A)$$

全塔计算，有

$$V_r = \frac{F_g}{a}\int_{Y_{A1}}^{Y_{A2}} \frac{dY_A}{-r''_A} = \frac{F_l}{a}\int_{X_{A1}}^{X_{A2}} \frac{dX_A}{-r''_A}$$

$$= F_g\pi\int_{p_{A1}}^{p_{A2}} \frac{dp_A}{k_{Ag}a(\pi-p_A)^2(p_A-p_{Ai})} = \int_{p_{A1}}^{p_{A2}} \frac{F' dp_A}{k_{Ag}a(\pi-p_A)(p_A-p_{Ai})}$$

$$= F_l c_T\int_{p_{A1}}^{p_{A2}} \frac{dc_A}{k_{Al}k_{Al}a(c_T-c_A)^2(c_{Ai}-c_A)} = \int_{c_{A1}}^{c_{A2}} \frac{F' dc_A}{c_{A1}k_{Al}a(c_T-c_A)(c_{Ai}-c_A)} \tag{24.2}$$

简言之，设计过程在图 24.3 中总结。对于稀释系统 $c_A \leqslant c_T$，$p_A \leqslant \pi$，因此 $F_g \approx F'_g$，$F_l \approx F'_l$。此时，物料平衡变为

$$\frac{F_g}{\pi}dp_A = \frac{F_l}{c_T}dc_A = -r''''_A dV_r \tag{24.3}$$

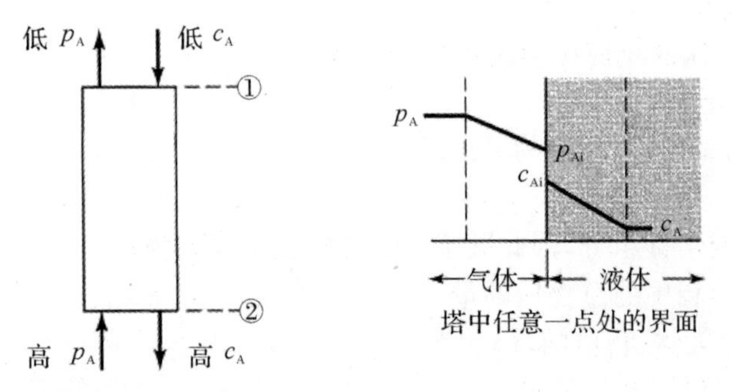

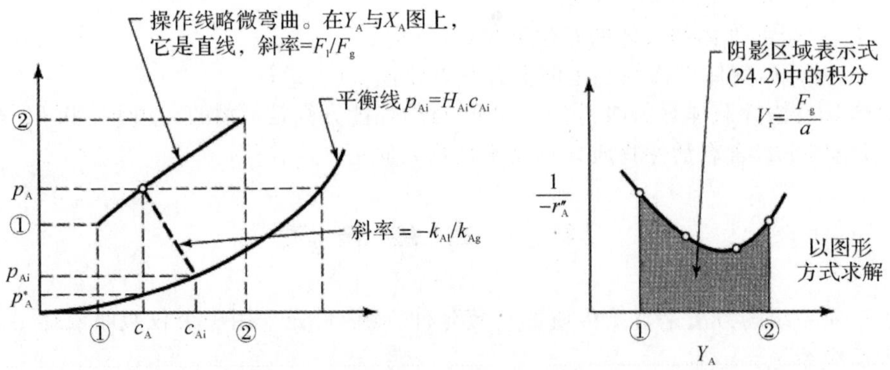

图 24.3　逆流塔直接传质设计程序示意图

对于反应器中的任意两点：

$$p_{A2} - p_{A1} = \frac{F_l\pi}{F_g c_T}(c_{A2} - c_{A1}) \tag{24.4}$$

表达式简化为

$$-r'''_A = (-r''_A)a = \left(\frac{1}{\frac{1}{k_{Ag}a}+\frac{H_A}{k_{Al}a}}\right)(p_A - p_A^*)$$

$$= k_{Ag}a(p_A - p_A^*) = k_{Al}a(c_A^* - c_A) \tag{24.5}$$

速率方程的表达式从式(24.2)变成式(24.3)：

$$V_r = hA_{cs} = \frac{F_g}{\pi}\int_{p_{A1}}^{p_{A2}} \frac{dp_A}{-r''''_A} = \frac{F_l}{c_T}\int_{c_{A1}}^{c_{A2}} \frac{dc_A}{-r''''_A}$$

$$= \frac{F_g}{\pi k_{Ag} a}\int_{p_{A1}}^{p_{A2}} \frac{dp_A}{p_A - p_A^*} = \frac{F_l}{c_T k_{Al} a}\int_{c_{A1}}^{c_{A2}} \frac{dc_A}{c_A^* - c_A} \tag{24.6}$$

气基系数 $\frac{1}{K_{Ag}} = \frac{1}{k_{Ag}} + \frac{H_A}{k_{Al}}$

气体与液体 c_A 平衡 $p_A^* = H_A c_A$

液基系数 $\frac{1}{k_{Al}} = \frac{1}{H_A k_{Ag}} + \frac{1}{k_{Al}}$

液体与气体 p_A 平衡 $c_A^* = p_A / H_A$

其他的接触方式如图 24.2 所示。活塞流 G/活塞 L，全混流 G/全混流 L，活塞流 G/全混流 L，全混流 G/活塞流 L，全混流 G/间歇 L，可参考 Levenspiel(1996)第 42 章，或者回顾之前的传质操作单元课程。

24.2　质量传输并且不慢的反应

在此仅处理反应 A(g→l)＋bB(l)→产物(l)。假设速率足够快，没有未反应的 A 进入液相主体。该假设要求哈达模量不能比操作单元小很多。

1. 塞流 G/塞流 L 传质＋对流塔中的反应

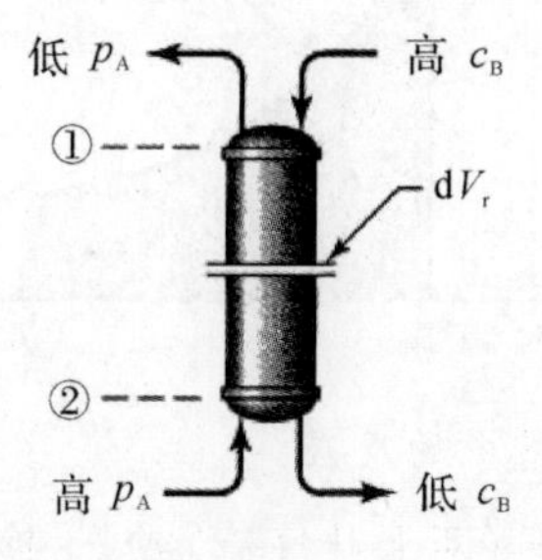

对于吸收式反应器的一些微差异，有

$$\underset{\text{I}}{(\text{气体流失 A})} = \frac{1}{b}\underset{\text{II}}{(\text{液体流失 B})} = \underset{\text{III}}{(\text{反应消失})}$$

或

$$F_g dY_A = -\frac{F_l dX_B}{b} = (-r''''_A) dV_r \tag{24.7}$$

对于稀释系统。$p_u \approx \pi, c_u \approx c_T$，则上式简化为

$$\frac{F_g}{\pi} dp_A = -\frac{F_l}{bc_T} dc_B = (-r''_A) a dV_r \tag{24.8}$$

移项整理Ⅰ和Ⅱ，Ⅱ和Ⅲ，Ⅰ和Ⅲ得到。

一般地

$$V_r = F_g\int_{Y_{A1}}^{Y_{A2}} \frac{dY_A}{(-r''_A)a} = \frac{F_l}{b}\int_{X_{B1}}^{X_{B2}} \frac{dX_B}{(-r''_B)a} \qquad F_g(Y_{A2}-Y_{A1}) = \frac{F_l}{b}(X_{B1}-X_{B2}) \tag{24.9}$$

对于稀释系统，有

从塔中第1点到第i点都很好

$$V_r = \frac{F_g}{\pi}\int_{p_{A1}}^{p_{A2}} \frac{dp_A}{(-r''_A)a} = \frac{F_l}{bc_T}\int_{c_{B2}}^{c_{B1}} \frac{dc_B}{(-r''_A)a} \quad \cdots 且 \quad \frac{F_g}{\pi}(p_{A2}-p_{A1}) = \frac{F_l}{bc_T}(c_{B1}-c_{B2}) \tag{24.10}$$

为了解决 V_r：

1)选择几个 p_A 值，通常 p_{A1}，p_{A2} 和一个中间值就足够了，并且为每个 p_A 找到相应的 c_B。

2)计算每个点的速率，有

$$(-r''_A)a = \left(\frac{1}{\dfrac{1}{k_{Ag}a}+\dfrac{H_A}{k_{Al}aE}+\dfrac{H_A}{kc_Bf_l}}\right)p_A$$

3)作图整合性能方程：

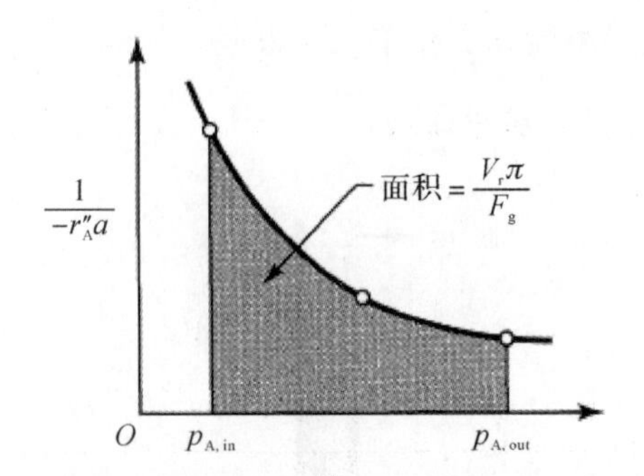

2. 塞流 G/塞流 L 传质+并流塔中的反应

这里仅将逆流方程中 F_l 换成 F_l(两上升气流)或 F_g 换成 F_g(两下降气流)。确保为每个 p_A 找到适当的 c_B 值，其余不变。

3. 混流 G/混流 L 传质+搅拌槽反应器中的反应

由于槽中的组成各部分相同，因此只需将槽作为一个整体进行计算，则有

(A 的气体损失) = 1/b(B 的液体损失) = (A 的消失反应)

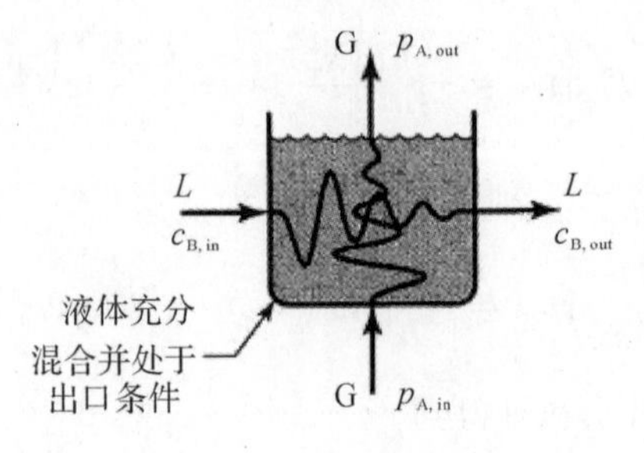

符号表示为

$$\boldsymbol{F}_{\mathrm{g}}(\boldsymbol{Y}_{\mathrm{A,in}}-\boldsymbol{Y}_{\mathrm{A,out}})=\frac{F_{\mathrm{l}}}{B}(\boldsymbol{X}_{\mathrm{B,in}}-X_{\mathrm{B,out}})=(-r''''_{\mathrm{A}})\mid_{\text{在G和L的出口条件下}}V_{\mathrm{r}} \tag{24.11}$$

对于稀释系统，有

$$\frac{F_{\mathrm{g}}}{\pi}(p_{\mathrm{A,in}}-p_{\mathrm{A,out}})=\frac{F_{\mathrm{l}}}{bc_{\mathrm{T}}}(c_{\mathrm{B,in}}-c_{\mathrm{B,out}})=(-r''''_{\mathrm{A}})\mid_{\text{出口处}}V_{\mathrm{r}} \tag{24.12}$$

为了求得 V_{r}，解决方案是直接的计算 $-r''''_{\mathrm{A}}$ 并解决方程式(24.11)或式(24.12)。

给出 V_{r} 求 $c_{\mathrm{B,out}}$ 和 $p_{\mathrm{A,out}}$。选一个 $p_{\mathrm{A,out}}$ 值，算出 $c_{\mathrm{B,out}}$，$-r''''_{\mathrm{A}}$ 和 V_{r}，将计算得到的 V_{r} 值与真值进行比较。如果不同，则继续选其他的 $p_{\mathrm{A,out}}$ 值。

4. 混流 G/混流 L 传质＋鼓泡槽反应器中的反应

在这里，采用两个平衡进行计算，一个是由于 G 的塞流造成 A 的气体损失的，另一个是由于 L 全混流而引起的 B 的总体平衡。

对于上升气体，有

$$(\text{气体损失 A})=(\text{反应使 A 消失})\text{ 或 }F_{\mathrm{g}}\mathrm{d}Y_{\mathrm{A}}=(-r''''_{\mathrm{A}})\mid_{\text{在出口条件下}}\mathrm{d}V_{\mathrm{r}} \tag{24.13}$$

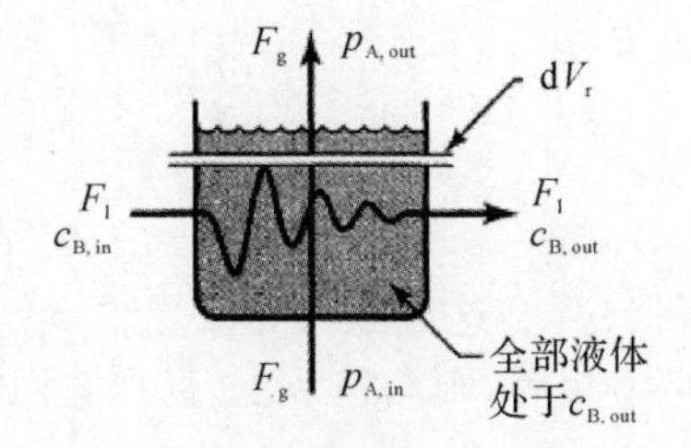

将液体和气体分别视为一个整体，则对于全反应平衡如下：

$$(\text{所有的 A 都为气体损失})=\frac{1}{b}(\text{所有的 B 都为液体损失})\text{ 或 }F_{\mathrm{g}}\Delta Y_{\mathrm{A}}=\frac{F_{\mathrm{l}}}{b}\Delta X_{\mathrm{B}} \tag{24.14}$$

整合式(24.13)和式(24.14)，有

一般地

$$V_{\mathrm{r}}=F_{\mathrm{g}}\int_{Y_{\mathrm{A,out}}}^{Y_{\mathrm{A,in}}}\frac{\mathrm{d}Y_{\mathrm{A}}}{(-r''_{\mathrm{A}})a}\quad\text{且}\quad F_{\mathrm{g}}(Y_{\mathrm{A,in}}-Y_{\mathrm{A,out}})=\frac{F_{\mathrm{l}}}{b}(X_{\mathrm{B,in}}-X_{\mathrm{B,out}}) \tag{24.15}$$

对于稀释系统

对于$c_{\mathrm{B,out}}$处的液体

$$V_{\mathrm{r}}=\frac{F_{\mathrm{g}}}{\pi}\int_{p_{\mathrm{A,out}}}^{p_{\mathrm{A,in}}}\frac{\mathrm{d}p_{\mathrm{A,in}}}{(-r''_{\mathrm{A}})a}\cdots\text{且}\cdots\frac{F_{\mathrm{g}}}{\pi}(p_{\mathrm{A,in}}-p_{\mathrm{A,out}})=\frac{F_{\mathrm{l}}}{bc_{\mathrm{T}}}(c_{\mathrm{B,in}}-c_{\mathrm{B,out}}) \tag{24.16}$$

如果要求 V_{r} 并且出口条件已知，则该过程很直接。选取一系列 p_{A} 值并积分。

如果要求 $c_{\mathrm{B,out}}$ 和 $p_{\mathrm{A,out}}$ 且 V_{r} 值已知，我们需要使用试错法。试一个 $c_{\mathrm{B,out}}$ 然后看 $V_{\text{给出}}$ 与 $V_{\text{计算}}$ 是否相等。

5. 混流 G/均一 L 吸收＋在间歇搅拌槽反应器中反应

由于这不是一个稳态操作，所以组成和速率都随时间而改变，如图 24.4 所示。在任何时

候,物质平衡的三者关系为

$$\underbrace{F_g(Y_{A,in}-Y_{A,out})}_{\text{A的气体损失}}=-\underbrace{\frac{V_l}{b}\frac{dc_B}{dt}}_{\text{B随时间的损失}}=\underbrace{(-r''''_A)V_r}_{\text{反应消失的A和B}} \tag{24.17}$$

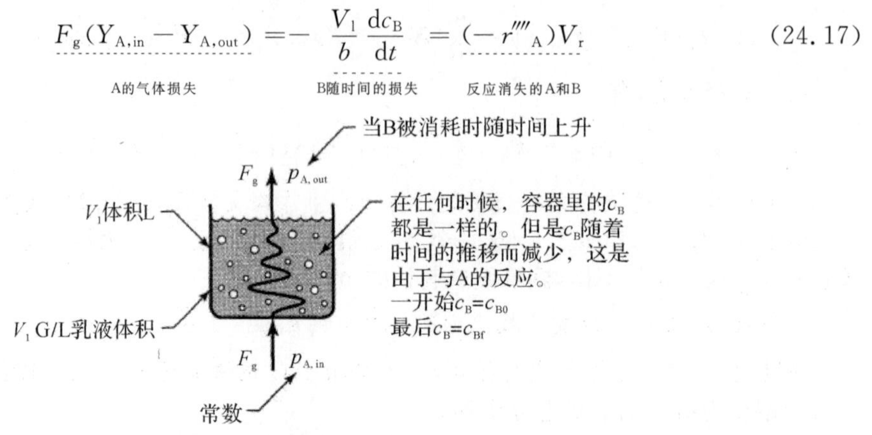

图 24.4　间歇液相反应的历程

对于稀释系统,有

$$\frac{F_g}{\pi}(p_{A,in}-p_{A,out})=-\frac{V_l}{b}\frac{dc_B}{dt}=(-r''''_A)V_r \tag{24.18}$$

6. 求给定操作所需时间

(1)选择一些 c_B 值,例如 c_{B0},c_{Bf} 和一个中间值 c_B。对于每个 c_B 值猜测 $p_{A,out}$。

(2)接下来计算 M_H,E_i,E 和 $-r''''$。这可能需要反复试验。

(3)看Ⅰ和Ⅲ是否相等,如果不相等,则调整 $p_{A,out}$ 直到它们相等。

$$(-r''''_A)V_r=F_g\left(\frac{p_{A,in}}{\pi-p_{A,in}}-\frac{p_{A,out}}{\pi-p_{A,out}}\right)$$

简便方法:如果 $p_A\ll\pi$ 且 $E=M_H$,则 E 与 p_A 无关,在这种情况下,Ⅰ和Ⅲ结合起来,有

$$-r''''_A=p_{A,in}\Big/\left(\frac{\pi V_r}{F_g}+\frac{1}{k_{Ag}a}+\frac{H_A}{k_{Al}aE}+\frac{H_A}{kc_Bf_l}\right)$$

接下来将Ⅱ和Ⅲ组合起来以找出处理时间,有

$$t=\frac{f_l}{b}\int_{c_{Bf}}^{c_{B0}}\frac{dc_B}{-r''''_A} \tag{24.19}$$

以图形方式求解得图 24.5:

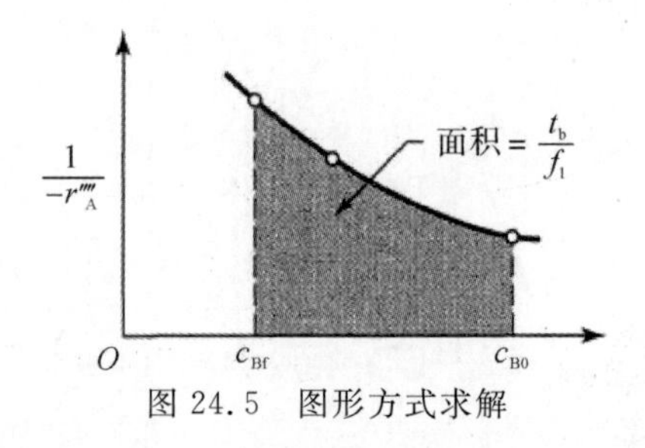

图 24.5　图形方式求解

(4)如果 A 反应完全并且没有离开容器,则此时间可以与所需的最小时间进行比较。这种情况始终由 $p_{A,out}=0$ 表示。则有

$$t_{min}=\frac{\frac{1}{b}V_t(c_{B0}-c_{Bf})}{F_g\left(\frac{p_{A,in}}{\pi-p_{A,in}}\right)}=\frac{\frac{1}{b}(\text{B 在容器中的反应量})}{(\text{单位时间内进入容器的 A 的量})} \tag{24.20}$$

(5)结合 t 和 t_{min} 可得出 A 的利用效率为

$$(\text{与 B 反应的进入 A 的百分比}) = \frac{t_{min}}{t} \tag{24.21}$$

例 24.6 说明了间歇吸收塔-反应器的程序。

[例 24.1]　塔直接吸收

通过纯水吸收空气中不良杂质的浓度从 0.1%(或 100 Pa)降低到 0.02%(或 20 Pa)。求逆流操作所需塔的高度。

数据：

为了保持一致性,我们始终使用国际单位,有

$$k_{Ag}a = 0.32\ \text{mol}/(\text{h}\cdot\text{m}^3\cdot\text{Pa})$$

$$k_{Al}a = 0.1\ \text{h}^{-1}$$

A 在水中的溶解度由亨利定律常数给出

$$H_A = p_{Ai}/c_{Ai} = 12.5\ \text{Pa}\cdot\text{m}^3/\text{mol}$$

塔每平方米横截面的流量为

$$F_g/A_{cs} = 1\times10^5\ \text{mol}/(\text{h}\cdot\text{m}^2)$$

$$F_l/A_{cs} = 7\times10^5\ \text{mol}/(\text{h}\cdot\text{m}^2)$$

所有条件下液体的摩尔密度为

$$c_T = 56\,000\ \text{mol/m}^3$$

例 24.1 图显示了此时已知的量

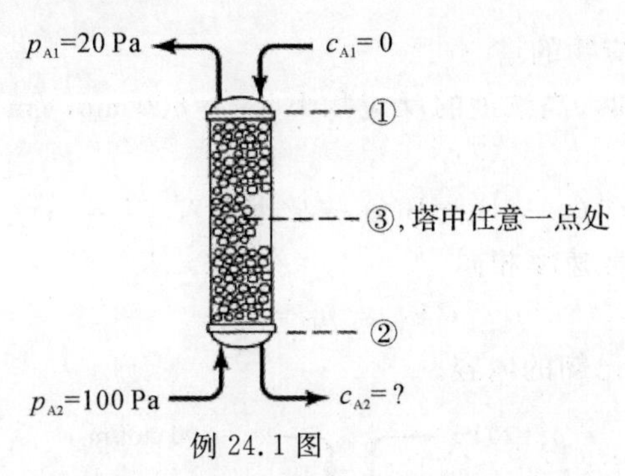

例 24.1 图

解：

我们的首要任务是解决物料平衡,然后确定塔架高度。由于正在处理稀释的解决方案,因此我们可能会使用物料平衡的简化形式。所以塔 p_A 和 c_A 中的任何一点都与式(24.4)相关,则有

$$p_{A3} - p_{A1} = \frac{(F_l/A_{cs})}{(F_g/A_{cs})}\frac{\pi}{c_T}(c_{A3} - c_{A1})$$

或

$$p_{A3} - 20 = \frac{(7\times10^5)\times(1\times10^5)}{(1\times10^5)\times56\,000}(c_{A3} - 0)$$

或

$$c_{A3} = 0.08p_{A3} - 1.6 \tag{i}$$

由此离开塔的液体中的 A 的浓度为

$$c_{A2} = 0.08\times100 - 1.6 = 6.4\ \text{mol/m}^3 \tag{ii}$$

塔高的表达式由式(24.6)得到

$$h = \frac{V_r}{A_{cs}} = \frac{(F_g/A_{cs})}{\pi(k_{Ag}a)}\int_{20}^{100} \frac{dp_A}{p_A - p_A^*} \tag{iii}$$

现在带入数据：

$$\frac{1}{(k_{Ag}a)} = \frac{1}{(k_{Ag}a)} + \frac{H_A}{(k_{Al}a)} = \frac{1}{0.32} + \frac{12.5}{0.1} = 3.125 + 125 = 128.125$$

结果表明：

$$\text{G 膜阻力} = 3.125/128.125 = 0.024 \quad 或 \quad 2.4\%$$

$$\text{L 膜阻力} = 125/128.125 = 0.976 \quad 或 \quad 97.6\%$$

$$(k_{A,g}a) = 1/128.125 = 0.0078\ \text{mol/(h·m}^3\text{·Pa)} \tag{iv}$$

现在计算 $p_A - p_A^*$。由式(i)得

$$p_A - p_A^* = p_A - H_A c_A = p_A - 1.25(0.08p_A - 1.6)$$

$$p_A = 20\ \text{Pa} \tag{v}$$

则

$$h = \frac{1\times 10^5\ \text{mol/(h·m}^2)}{(10^5\ \text{Pa})\times[0.0078\ \text{mol/(h·m}^3\text{·Pa)}]}\int_{20}^{100}\frac{dp_A}{20}$$

$$= 128.125 \times \frac{100-20}{20} = \underline{\underline{512.5\ \text{m}}}$$

注释：这里的塔非常高。另外，大部分阻力(超过97%)位于液膜中，使其过程成为液膜控制。但是，如果我们将B组分添加到与A反应的液体中，我们应该能够加快速率。让我们看看能否如此。

［例 24.2］ 高浓度反应物的塔

向例24.1所示，水中加入高浓度的反应物B，$c_{B1}=800\ \text{mol/m}^3$ 或大约0.8 N的材料B与A反应非常迅速：

$$A(g\to l) + B(l) \to 产物(l), \quad k = \infty$$

假设A和B在水中扩散速率相同

$$k_{Al} = k_{Bl} = k_l$$

例24.2图显示了此时已知的内容。

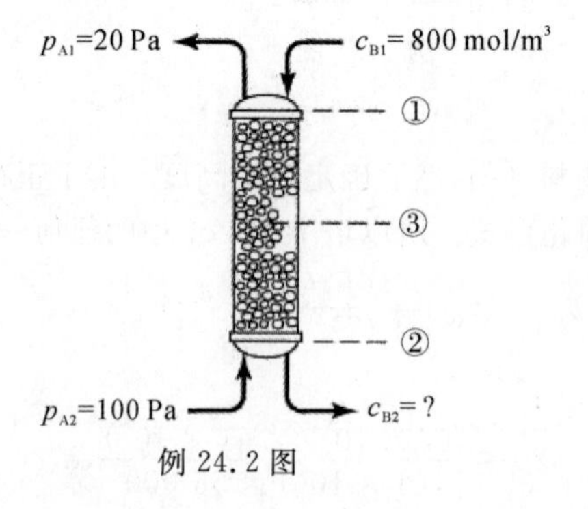

例 24.2 图

解：

(1)写出物料平衡并在出口流中找到 c_{B2}。

(2)找出应使用哪种速率方程式。

(3)确定塔高。

(1)物料平衡。对于反应迅速的稀溶液。对于塔中任意一点，有

$$(p_{A3}-p_{A1})=\frac{(F_l/A_{cs})\pi}{(F_g/A_{cs})bc_T}(c_{B1}-c_{B3})$$

$$(p_{A3}-20)=\frac{(7\times10^5)\times(1\times10^5)}{(1\times10^5)\times1\times56\ 000}(800-c_{A3})$$

$$p_{A3}=10\ 020-12.5c_{B3}$$

在塔底有 $p_{A3}=p_{A1}$，则

$$c_{B2}=\frac{1}{12.5}\times(10\ 020-100)=793.6\ \text{mol/m}^3$$

(2)选择合适的速率公式。检查塔的两端：

$$\text{顶部}\begin{cases}k_{Ag}ap_A=0.32\times20=6.4\ \text{mol/(h}\cdot\text{m}^3)\\k_lac_B=0.1\times800=80\ \text{mol/(h}\cdot\text{m}^3)\end{cases}$$

$$\text{底部}\begin{cases}k_{Ag}ap_A=0.32\times100=32\\k_lac_B=0.1\times793.6=79.36\end{cases}$$

塔的两端均有 $k_{Ag}p_A<k_lc_B$，因此为气相阻力控制，第 23 章式(23.16)给出我们伪一级反应。

$$-r''''_A=k_{Ag}ap_A=0.32p_A$$

(3)确定塔高。由式(24.10)得

$$h=\frac{F_g/A_{cs}}{\pi}\int_{p_{A1}}^{p_{A2}}\frac{dp_A}{-r''''_A}=\frac{10^5}{10^5}\int_{20}^{100}\frac{dp_A}{0.32p_A}$$

$$=\frac{1}{0.32}\ln\frac{100}{20}=5.03\ \text{m}$$

评论：尽管液相控制了物理吸收(见例 24.1)，但并不一定表明它在反应发生时仍应控制。事实上，我们在例 24.2 中看到，仅气相会影响整个过程的速率。反应仅需消除液膜的阻力。性能有了显著提高，塔从 500 m 降到 5 m。

[**例** 24.3]　低浓度反应物的塔；案例 A

重复例 24.2 并使 $c_{B1}=32\ \text{mol/m}^3$，如例 24.3 图所示。

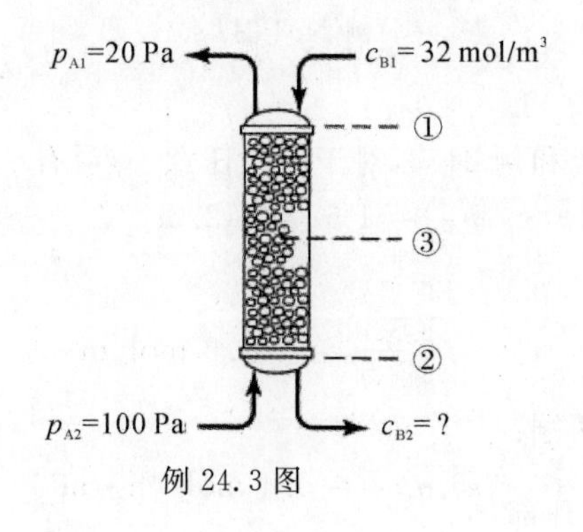

例 24.3 图

解：

如前例，我们通过物料平衡来解决问题。检查要使用的速率方程的形式，然后应用性能方程来确定塔的高度。

(1)物料平衡。如例 24.2，对于塔中任意一点，有

$$p_{A3}=420-12.5c_{B3}\quad\text{或}\quad c_{B3}=\frac{420-p_{A3}}{12.5}$$

塔底部 $p_A=100$ Pa 时：

$$c_{B2}=\frac{320}{12.5}=25.6\ \text{mol/m}^3$$

(2)确定形式，检查塔的两端：

$$\text{顶部}\begin{cases}k_{Ag}ap_A=0.32\times 20=6.4\\ k_1ac_B=0.1\times 32=3.2\end{cases}$$

$$\text{底部}\begin{cases}k_{Ag}ap_A=0.32\times 100=32\\ k_1ac_B=0.1\times 35.6=2.56\end{cases}$$

塔的两端均有 $k_{Ag}p_A>k_1c_B$，因此反应发生在液膜，应该使用第 23 章方程式(23.13)：

$$-r''''_A=\frac{H_Ac_B}{\dfrac{1}{k_{Ag}a}+\dfrac{H_A}{k_1a}}=\frac{12.5\times\left(\dfrac{420-p_{A3}}{12.5}\right)+p_A}{\dfrac{1}{0.32}+\dfrac{12.5}{0.1}}=3.278\ \text{mol/(m}^3\cdot\text{h)}$$

(3)塔的高度。由式(24.6)得

$$h=\frac{V_r}{A_{cs}}=\frac{10^5}{10^5}\int_{20}^{100}\frac{\mathrm{d}p_A}{3.278}=\frac{100-20}{3.278}=24.4\ \text{m}$$

[**例** 24.4] 液体反应物浓度变化的塔

重复例 24.2 并使 $c_{B1}=128\ \text{mol/m}^3$，如例 24.4 图所示。

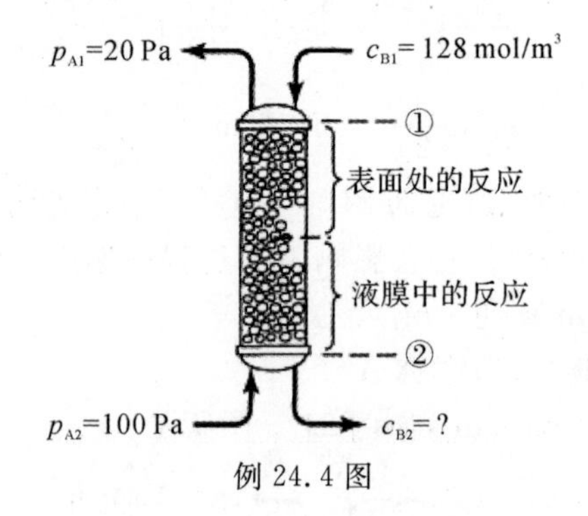

例 24.4 图

解：

(1)物料平衡。如例 24.2 和例 24.3，对于塔中任意一点，有

$$p_{A3}=1\ 620-12.5c_{B3}$$

塔底有

$$c_{B2}=\frac{1\ 520}{12.5}=121.6\ \text{mol/m}^3$$

(2)确定方程，检查塔的两端：

$$\text{顶部}\begin{cases}k_{Ag}ap_A=6.4\ \text{mol/(h}\cdot\text{m}^3)\\ k_1ac_B=12.8\ \text{mol/(h}\cdot\text{m}^3)\end{cases}$$

$$\text{底部}\begin{cases}k_{Ag}ap_A=32\\ k_1ac_B=12.16\end{cases}$$

顶部有 $k_{Ag}p_A<k_1c_B$，因此，必须使用第 23 章中的式(23.16)。在底部有 $k_{Ag}p_A>k_1c_B$，因此，必须使用第 23 章中的式(23.13)。现在让我们找到反应区刚刚到达界面的条件，以及速率方程变化。这发生在：

$$k_{Ag}p_A = k_l c_B \quad 或 \quad 0.32p_A = 0.1c_B$$

用物质平衡解决问题，我们发现变化发生在 $p_A=39.5$ Pa 时。

(3)塔的高度。根据式(24.6)写出速率公式：

$$h = \frac{(F_g/A_{cs})}{\pi}\int_{p_{A1}}^{p_{A2}} \frac{dp_A}{-r''''_A}$$

必须使用两种速率方程，有

$$h = \frac{(F_g/A_{cs})}{\pi}\int_{20}^{39.5} \frac{dp_A}{(k_{A,g}a)p_A} + \frac{F_g/A_{cs}}{\pi}\int_{39.5}^{100} \frac{(1/k_{Ag}a + H_A/k_l a)}{c_B H_A + p_A}dp_A$$

$$= \frac{10^5}{10^5\times 0.32}\ln\frac{39.5}{20} + \frac{10^5}{10^5}\int_{39.5}^{100}\frac{(1/0.32+12.5/0.1)}{(1\,620-p_A+p_A)}dp_A$$

$$= 2.126\,8 + \frac{128.125}{1\,620}\times(100-39.5) = 6.91\ \text{m}$$

结语：在这个例子中，我们看到两个不同的区域存在。甚至有同时存在两种区域的情况。例如，如果进入的液体中反应物不足，存在反应物全被消耗的一点。除了这一点外，在无反应物的液体中仅有物理吸收发生。这些例子的方法在一起使用时，可以直接处理这种三区域情况，van Krevelens 和 Hoftijzer(1948) 讨论了这 3 个不同区域同时存在的情况。

4 个例子解决方案的比较，表明了反应如何提高吸收过程的效率。

[例 24.5]　用一般方法解例 24.2

在例 24.2 中，我们发现 8 个特例中的哪一个(见图 23.3)适用，然后使用相应速率方程[式(23.16)]。或者，我们可以使用一般速率表达式[式(23.5)]。

解：

由实例 24.2 中可以看出，物料平衡给出了塔边界的条件，如例 24.5 图所示。由式(23.5)得，现在塔内任意一点的反应速率为

$$-r''''_A = \left(\frac{1}{\frac{1}{0.32}+\frac{12.5}{0.1E}+\frac{12.5}{\infty c_B}}\right)p_A = \left(\frac{1}{3.125+\frac{125}{E}}\right)p_A \tag{i}$$

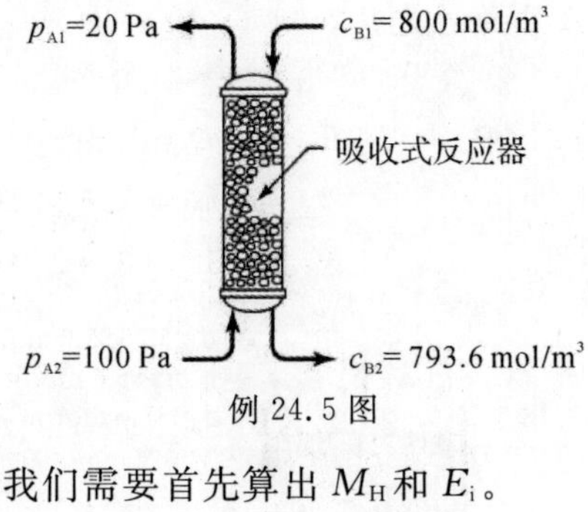

p_{A1}=20 Pa
c_{B1}= 800 mol/m³
吸收式反应器
p_{A2}=100 Pa
c_{B2}= 793.6 mol/m³

例 24.5 图

为了得到塔中各点的 E，我们需要首先算出 M_H 和 E_i。

在塔顶，由图 23.4 可知：

$$M_H = \frac{\sqrt{\mathscr{D}_B c_B k}}{k_{Al}} = \infty,\ 因\ k=\infty$$

$$E_i = 1 + \frac{\mathscr{D}_B c_B H_A}{\mathscr{D}_A p_{Ai}} = 1 + \frac{800(12.5)}{p_{Ai}} = \frac{10^4}{p_{Ai}} \tag{ii}$$

我们必须猜测 p_{Ai}的值，它可以从 0 Pa(气膜控制)到 20 Pa(液膜控制)。假定没有气相阻力，那么 $p_{Ai}=p_A$，此时

$$E_i = \frac{10^4}{20} = 500$$

由图 23.4，$M_H = +\infty$，$E_i = 500$，则 $E = 500$。

代入式(i) 有

$$-r''''_A = \frac{1}{3.125 + \frac{125}{500}} p_A = \frac{1}{3.125 + 0.25} p_A = 0.296 p_A$$

93%　　7%…阻力

我们的假设是错误的，让我们再试一下另一个极端。$p_{Ai} = 0$，这意味着阻力全部存于气膜中，由方程(ii)可知，$E_i = +\infty$，$E = +\infty$。此时速率方程变为

$$-r''''_A = \frac{1}{\underbrace{3.125 + 0}_{\text{气膜控制}}} p_A = 0.32 p_A \tag{iii}$$

因此，我们的假设是正确的。

在塔底。我们用相同的方法得到相同的结果，因此塔中全点速率由方程(iii)给出。塔的高度，由式(24.10)可知，$h = 5.03$ m[见例 24.3 的(3)]。

建议：每当 $M_H > E_i$ 时，我们最终不得不猜测 p_{Ai}，这很乏味。在这些情况下，可以尝试使用特殊情况表达式。在其他情况下(我们通常发现)一般速率方程更易使用。

[例 24.6]　液体间歇反应

我们希望通过鼓泡含有 A($p_{A,in} = 1\ 000$ Pa) 的气体($F_g = 9\ 000$ mol/h，$\pi = 105$ Pa)穿过 B，来降低搅拌釜式反应器中液体($V_l = 1.62\ m^3$，$c_u = 55\ 555.6\ mol/m^3$)中 B 的浓度，如例 24.6 图所示。A 和 B 反应如下：

$$A(g \to l) + B(l) \longrightarrow 产物(l),\ -r''''_A = kc_A c_B$$

(1)我们需要鼓气多长时间才能让容器中气的浓度从 $c_{B0} = 555.6\ mol/m^3$ 降低到 $c_{Bf} = 55.6\ mol/m^3$？

(2)进入容器中未反应的 A 占百分之几？

其他数据：

$k_{Ag}a = 0.72\ mol/(h \cdot m^3 \cdot Pa)$　　$F_l = 0.9\ m^3/m^3$

$k_{Al}a = 144\ h^{-1}$　　$\mathscr{D}_A = \mathscr{D}_B = 3.6 \times 10^{-6}\ m^2/h$，　$a = 100\ m^2/m^3$

$H_A = 10^3\ Pa \cdot m^3/mol$　　$k = 2.6 \times 10^5\ m^3/(mol \cdot h)$

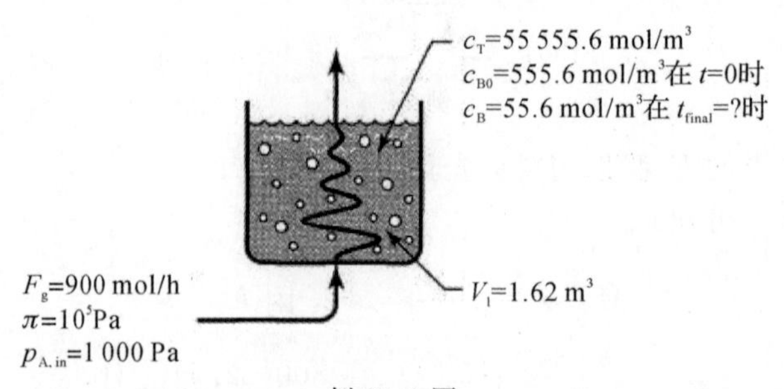

例 24.6 图

解：

写出例 24.6 图的已知内容，则有

$$M_{\mathrm{H}}=\frac{\sqrt{\mathscr{D}_{\mathrm{B}}kC_{\mathrm{B}}}}{k_{\mathrm{Al}}}=\frac{\sqrt{3.6\times10^{-6}\times2.6\times10^{5}\times555.6}}{144/100}=15.84$$

$$E_{\mathrm{i}}=1+\frac{c_{\mathrm{B}}H_{\mathrm{A}}}{p_{\mathrm{Ai}}}=\frac{555.6\times10^{3}}{1\ 000}555.6\ \text{或更高}$$

（分母 1 000：或更低）

$$\text{故}\ E=M_{\mathrm{H}}=15.84$$

由于 $p_{\mathrm{A}}\ll\pi$ 且 $E=M_{\mathrm{H}}$，我们可以使用式(24.19)的简便方法。

$$\begin{aligned}-r''''_{\mathrm{A}}&=p_{\mathrm{A,in}}\Big/\left(\frac{\pi V_{\mathrm{r}}}{F_{\mathrm{g}}}+\frac{1}{k_{\mathrm{Ag}}a}+\frac{H_{\mathrm{A}}}{k_{\mathrm{Al}}aE}+\frac{H_{\mathrm{A}}}{kc_{\mathrm{B}}f_{\mathrm{l}}}\right)\\&=1\ 000\Big/\left(\frac{10^{5}\times1.65}{9\ 000}+\frac{1}{0.72}+\frac{10^{3}}{144\times15.84}+\frac{10^{3}}{2.6\times10^{5}\times555.6\times0.9}\right)\\&=50.44\ \mathrm{mol/(m^{3}\cdot h)}\end{aligned}$$

最后，用类似的方法，则有

$$\left.\begin{aligned}M_{\mathrm{H}}&=5\\E_{\mathrm{i}}&=55.6\ \text{或者更高}\end{aligned}\right\}E=M_{\mathrm{H}}=5.0$$

$$-r''''_{\mathrm{A}}=1000\Big/\left(\frac{10^{5}\times1.62}{9\ 000}+\frac{1}{0.72}+\frac{10^{3}}{144\times5}\right)=48.13\ \mathrm{mol/(m^{3}\cdot h)}$$

反应开始和结束时反应速率几乎相同，可得

$$-r''''_{\mathrm{A,\ ave}}=\frac{50.44+48.13}{2}=49.28$$

因此所需运行时间为

$$t=\frac{f_{\mathrm{l}}}{b}\int_{c_{\mathrm{Bf}}}^{c_{\mathrm{B0}}}\frac{\mathrm{d}c_{\mathrm{B}}}{-r''''_{\mathrm{A}}}=\frac{0.9\times(555.6-55.6)}{49.28}=9.13\ \mathrm{h}$$

最小时间为

$$t_{\min}=\frac{V_{\mathrm{l}}(c_{\mathrm{B0}}-c_{\mathrm{Bf}})}{F_{\mathrm{g}}[p_{\mathrm{A,in}}/(\pi-p_{\mathrm{A,in}})]}=\frac{1.62\times(555.6-55.6)}{9\ 000\times[1\ 000/(10^{5}-100)]}=8.91\ \mathrm{h}$$

因此通过容器未反应的反应物比例为

$$\text{分数}=\frac{9.13-8.91}{8.19}=0.025=2.5\%$$

习　　题

24.1　图 24.2 的 4 个 p_{A} 与 c_{A} 图代表了气液体的各种可能的理想接触方案。绘制习题 24.1 图中所示的 p_{A} 对 c_{A} 操作线 X,Y 相对应的直接物理吸收的接触方案。

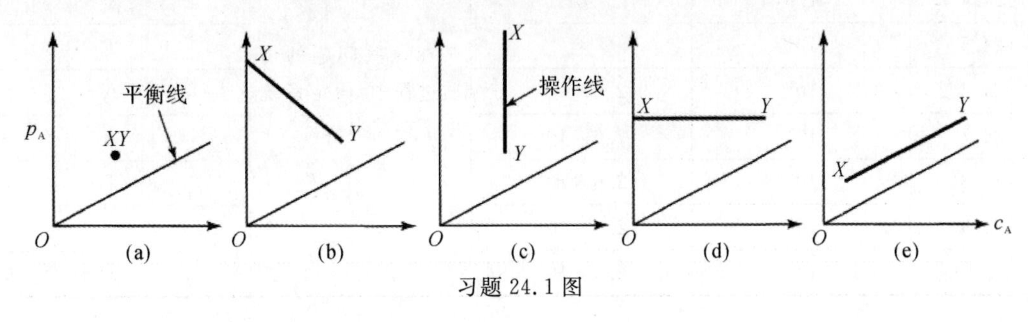

习题 24.1 图

我们计划在含有反应物B的水中吸收存在于气流中的约90%的A。化学物质A和B在液体中反应：

$$A(g \to l) + B(l) \to R(l), \quad -r_A = kc_Ac_B$$

B的蒸气压可忽略不计，因此不会进入气相。我们计划在固定床柱或搅拌槽反应器中进行吸收。

(1)需要多大体积的反应器？

(2)吸收反应的阻力在哪里？

数据：对于气体，有

$$F_g = 90\ 000\ \text{mol/h 在} = 10^5\ \text{Pa 时}$$

$$p_{A,in} = 1\ 000\ \text{Pa}$$

$$p_{A,out} = 100\ \text{Pa}$$

物理数据为

$$\mathscr{D} = 3.6 \times 10^{-6}\ \text{m}^2/\text{h}$$

$$c_u = 55\ 556\ \text{mol/m}^3$$

对于固定床有

$$F_l = 900\ 000\ \text{mol/h} \qquad k_{Al}a = 72\ \text{h}^{-1}$$

$$c_{B,in} = 55.56\ \text{mol/m}^3 \qquad a = 100\ \text{m}^2/\text{m}^3$$

$$k_{Ag}a = 0.36\ \text{mol/(h} \cdot \text{m}^3 \cdot \text{Pa)} \qquad f_l = V_l/V = 0.08$$

对于搅拌槽，有

$$F_l = 9\ 000\ \text{mol/h} \qquad k_{Al}a = 144\ \text{h}^{-1}$$

$$c_{B,in} = 55.56\ \text{mol/m}^3\text{(大约 10\% B)} \qquad a = 200\ \text{m}^2/\text{m}^3$$

$$k_{Ag}a = 0.72\ \text{mol/(h} \cdot \text{m}^3 \cdot \text{Pa)} \qquad f_l = V_l/V = 0.9$$

我们注意到固定床和釜式反应器的 F_l 和 $c_{B,in}$ 有很大不同，现在说明原因。填充柱需要满足 $F_l/F_g \approx 10$ 来达到满意的操作。这意味着使 F_l 尽可能大，并且为了不浪费B反应物一般以低浓度引入。另外，釜式反应器则没有这种流量限制。因此，我们就可以得到低 F_l 和高 $c_{B,in}$，只要我们引入足够多的B与A反应，见习题24.1表。

习题24.1表

<table>
<tr><th></th><th>亨利系数
$H_A/(\text{Pa} \cdot \text{m}^3 \cdot \text{mol}^{-1})$</th><th>反应速率 $k/$
$(\text{m}^3 \cdot \text{mol}^{-1} \cdot \text{h}^{-1})$</th><th></th><th>反应器种类 T=塔式
A=搅拌槽</th></tr>
<tr><td>24.2</td><td>0.0</td><td>0</td><td rowspan="9">在这些问题的传质过程中，假定系统中不存在B</td><td>A</td></tr>
<tr><td>24.3</td><td>18</td><td>0</td><td>T</td></tr>
<tr><td>24.4</td><td>1.8</td><td>0</td><td>T</td></tr>
<tr><td>24.5</td><td>10^5</td><td>∞</td><td>T</td></tr>
<tr><td>24.6</td><td>10^5</td><td>2.6×10^7</td><td>A</td></tr>
<tr><td>24.7</td><td>10^5</td><td>2.6×10^5</td><td>A</td></tr>
<tr><td>24.8</td><td>10^5</td><td>2.6×10^3</td><td>T</td></tr>
<tr><td>24.9</td><td>10^5</td><td>2.6×10^7</td><td>T</td></tr>
<tr><td>24.10</td><td>10^5</td><td>2.6×10^5</td><td>T</td></tr>
</table>

24.2　Danckwerts 和 Gillham 研究了吸收到 K_2CO_3 和 $KHCO_3$ 的碱性缓冲溶液中的 CO_2 吸收速率。所得反应可表示为

$$\underset{(A)}{CO_2(g \to l)} + \underset{(B)}{OH^-(l)} \to HCO_3^- \quad 且 \quad -r_A = kc_Ac_B$$

在该实验中，将纯度为 1 atm 的 CO_2 鼓泡到填充柱中，该填充柱由保持在 20℃并接近恒定 c_B 的快速循环溶液冲洗。找到进入吸收的二氧化碳的部分。

数据：

$V_r = 0.604\ 1\ m^3$　　$f_l = 0.08$　　$a = 120\ m^2/m^3$

$\pi = 101\ 325\ Pa$　　$H_A = 3\ 500\ Pa \cdot m^3/mol$　　$v_0 = 0.036\ 3\ m^3/s$

$c_B = 300\ mol/m^3$　　$\mathscr{D}_{Al} = \mathscr{D}_{Bl} = 1.6 \times 10^{-9}\ m^2/s$

$k = 0.433\ m^3/(mol \cdot s)$　　$k_{Al}a = 0.025\ s^{-1}$

这个问题由巴里凯利提出。

24.3　填充有 5 cm 聚丙烯(a=55 m^2/m^3)的色谱柱正在设计用于通过与 NaOH[L=250 mol/(s·m²)，10% NaOH，c_B=2 736 mol/m³]溶液逆流接触从气流[G=100 mol/(s·m²)，2.36%Cl_2]中除去氯气。反应在 40～45℃和 1 atm 进行。要去除 99%的氯，塔应该有多高？将计算出的高度加倍以注意与平推流(活塞流)的偏差，见习题 24.3 表。

反应 $Cl_2 + 2NaOH \to$ 产物非常快且不可逆。对于这些非常高的速率(接近所允许的极限)，给出有关推断：

$k_ga = 133\ mol/(h \cdot m^3 \cdot atm)$　　$H_A = 125 \times 10^6\ atm \cdot m^3/mol$

$k_la = 45\ h^{-1}$　　$\mathscr{D} = 1.5 \times 10^{-9}\ m^2/s$

习题 24.3 表

改变以下两项重复例 24.6

	亨利系数 $H_A/(Pa \cdot m^3 \cdot mol^{-1})$	二级反应速率 $k/(m^3 \cdot mol^{-1} \cdot h^{-1})$
24.13	10^5	2.6×10^5
24.14	10^5	2.6×10^9
24.15	10^5	2.6×10^3
24.16	10^3	2.6×10^{11}

第 25 章　流体-粒子反应动力学

本章介绍气体或液体接触固体的非均相反应，与之反应并将其转化为产品。反应表示如下：

$$A(流体) + bB(固体) \rightarrow 流体产品 \tag{25.1}$$

$$\rightarrow 固体产品 \tag{25.2}$$

$$\rightarrow 流体和固体产品 \tag{25.3}$$

如图 25.1 所示，当固体颗粒中含有大量的杂质时，固体颗粒在反应过程中尺寸保持不变，这些杂质仍然是一种非炽热的灰烬，或者如果它们通过反应式(25.2)或式(25.3)形成坚固的产品材料。在反应过程中，当形成片状灰或产物材料时，或者当反应式(25.1)中使用纯 B 时，颗粒尺寸会缩小。

流体固体反应很多且具有很大的工业重要性。在反应过程中固体粒度没有明显变化的那些如下：

(1)硫化矿的焙烧(或氧化)产生金属氧化物。例如，在氧化锌的制备中，通过浮选将硫化矿石开采，粉碎并与脉石分离，然后在反应器中焙烧以根据反应形成硬白色氧化锌颗粒：

$$2ZnS(s) + 3O_2(g) \rightarrow 2ZnO(s) + 2SO_2(g)$$

同样，反应如下：

$$4FeS_2(s) + 11O_2(g) \rightarrow 2Fe_2O_3(s) + 8SO_2(g)$$

(2)通过降压反应从其氧化物制备金属。例如，铁是由粉碎的磁铁矿制成的。

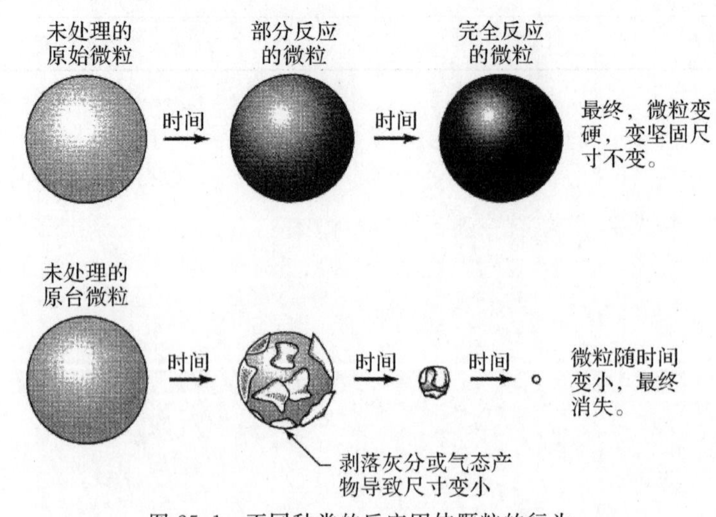

图 25.1　不同种类的反应固体颗粒的行为

矿石在连续逆流三级流化床反应器中进行反应：

$$Fe_3O_4(s) + 4H_2(g) \rightarrow 3Fe(s) + 4H_2O(g)$$

(3)碳化钙氮化生成氰胺：

$$CaC_2(s) + N_2(g) \rightarrow CaCH_2(s) + C(\text{非晶体结构})$$

(4)固体的保护表面处理，如金属镀层。

固体反应最常见的例子是固体实际物质变化的大小，例如煤块，木材等碳质材料与低灰分含量的反应产生热量或加热燃料。例如，在空气量不足的情况下，气体由以下反应形成：

$$C(s) + O_2(g) \longrightarrow CO_2(g)$$

$$2C(s) + O_2O(g) \longrightarrow 2CO(g)$$

$$C(s) + CO_2(g) \longrightarrow 2CO(g)$$

通过水蒸气，水汽通过以下反应获得：

$$C(s) + H_2O(g) \longrightarrow CO(g) + H_2(g)$$

$$C(s) + 2H_2O(g) \longrightarrow CO_2(g) + 2H_2(g)$$

(5)其他固体尺寸变化的反应实例如下：

1)从元素制造二硫化碳：

$$C(s) + 2S(g) \xrightarrow{750\sim1\,000℃} CS_2(g)$$

2)由氨基钠制造氰化钠：

$$NaNH_1(l) + C(s) \xrightarrow{800℃} NaCH(l) + H_2(g)$$

3)由硫磺和亚硫酸钠制造硫代硫酸钠：

$$Na_2SO_3(\text{溶液}) + S(s) \longrightarrow Na_2S_2O_3(\text{溶液})$$

还有其他的例子，如溶解反应，金属碎片被酸侵蚀，铁生锈等。

在第 17 章中，我们指出了非均相反应的处理除了通常在均相反应中遇到的两个因素之外还需要考虑两个因素：由相之间的传质和反应相的接触模式引起的动力学表达式的改变。

在本章中，我们主要研究流固反应的速率表达式。下一章将在设计中使用这些信息。

25.1　模型的选择

我们应该清楚地认识到，反应进程的每一个概念图或模型都有它的数学表达式——它的速率方程。因此，如果我们选择一个模型，我们必须接受它的速率方程，反之亦然。如果模型与实际发生的情况密切相关，那么它的速率表达式将密切预测和描述实际动力学；如果一个模型与现实有很大的不同，那么它的动力学表达式将毫无用处。我们必须记住，基于与现实不匹配的模型的最优和高性能的数学分析对于必须进行设计预测的工程师来说毫无价值。我们在这里所说的一个模型不仅在推导动力学表达式时，而且在所有工程领域中都是如此。

对一个好的工程模型的要求是它是现实中最接近的表示，可以在没有太多数学复杂性的情况下对其进行处理。选择一个非常接近现实的模型是没有用的，因为这个模型太复杂了，无法做任何事情。即使在今天的电脑时代，这种情况也经常发生。

对于粒子与周围流体的非催化反应，我们考虑两个简单的理想化模型，渐进转换模型和收缩的未反应核模型。

1. 渐进转换模型(PCM)

在这里,我们可以看到反应气体始终进入并在整个颗粒内发生反应,最有可能是在颗粒内不同位置以不同的速率进行反应。因此,如图 25.2 所示,固体反应物在整个颗粒内连续地逐步转化。

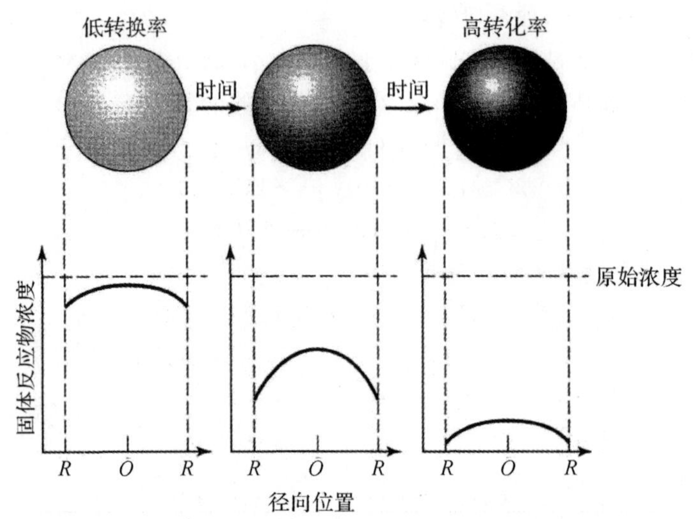

图 25.2 根据渐进转换模型,反应在整个固体颗粒上连续进行

2. 缩小核心模型(SCM)

在这里,我们可以看到这个反应首先发生在颗粒的外层。然后反应区移入固体中,留下完全转化的物质和惰性固体。我们称这些为"灰"。因此,如图 25.3 所示,在反应过程中,会有未参与反应的核心材料会在尺寸上发生一定的缩小。

3. 模型与真实情况的比较

在切片和检查部分反应的固体颗粒的横截面时,我们通常会发现未反应的固体材料被灰层包围。这个未反应核心的边界可能不是总是像模型一样能够清晰地定义。

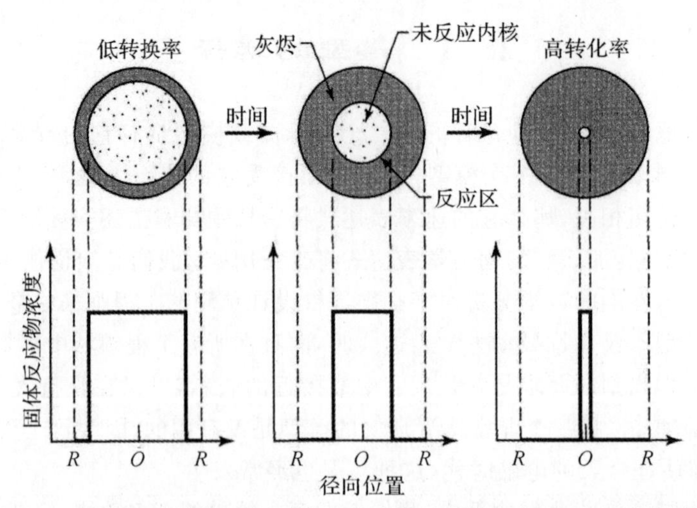

图 25.3 根据收缩核模型,反应在一个狭窄的前端产生,并进入固体颗粒。反应物在正面经过时完全转化

然而，来自各种情况的证据表明，在大多数情况下，缩小核心模型(SCM)比渐进转换模型(PCM)更接近真实粒子。燃烧着的煤炭，木材，煤球和紧密包装的报纸的观察结果也支持缩小核心模型。关于所使用的许多其他模型(至少 10 个)的进一步讨论，参见 Levenspiel(1996)的第 55 章。

由于 SCM 似乎在各种情况下合理地代表了现实，我们在下一节中发展其动力学方程。在这样做时，我们将周围的液体视为气体。这种简化的方式也适用于液体，因为分析同样适用于液体。

25.2　不同尺寸球形粒子的收缩核模型

这个模型最初是由 Yagi 和 Kunii(1955，1961)开发的，他们在反应过程可表述为连续发生的五个步骤(见图 25.4)。

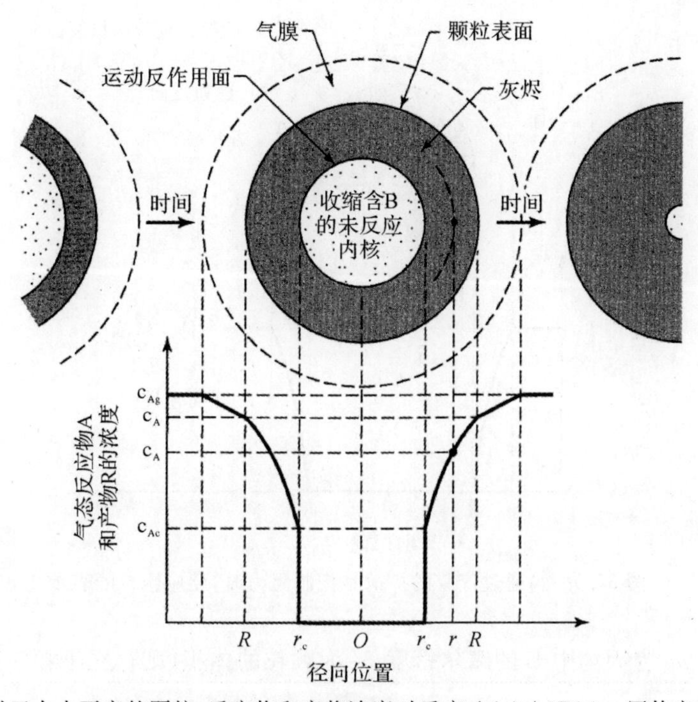

图 25.4　对于大小不变的颗粒，反应物和产物浓度对反应 A(g)+bB(s)→固体产物进行表示

(1)气态反应物 A 通过颗粒周围的薄膜扩散到固体表面。

(2)A 通过灰毡层渗透和扩散到未反应核心的表面。

(3)在该反应表面处气态 A 与固体的反应。

(4)通过灰分扩散气体产物回到固体的外表面。

(5)气体产物通过气膜扩散回到流体主体中。

在某些情况下，某一些步骤不存在。例如，如果没有形成气体产物，则式(25.4)和式(25.5)不会直接影响反应的阻力。而且，不同步骤的阻力通常相差很大。在这种情况下，我们可能会考虑采用最高阻力的步骤进行速率控制。

在这种处理中,我们开发了球形粒子的转换方程,其中步骤(1)(2)(3)依次是速率控制。然后,我们将分析扩展到非球形颗粒以及必须考虑这3种阻力的组合效应的情况。

1. 通过气膜控制扩散

每当气膜的阻力控制时,气态反应物A的浓度曲线将如图25.5所示。从这个图中我们可以看到颗粒表面没有气态反应物存在;因此,浓度驱动力 $c_{Ag}-c_{As}$ 变成 c_{Ag},并且在颗粒反应过程中始终保持恒定。现在,由于可以方便地根据可用表面推导出动力学方程,所以我们将注意力集中在颗粒 S_{ex} 的不变外表面上。注意方程式的化学计量。1,2和3表示 $dN_B=bdN_A$,则有

$$-\frac{1}{S_{ex}}\frac{dN_B}{dt}=-\frac{1}{4\pi R^2}\frac{dN_B}{dt}=-\frac{b}{4\pi R^2}\frac{dN_A}{dt}=bk_g(c_{Ag}-c_{As})=bk_g c_{Ag}$$
$$=\text{常量} \tag{25.4}$$

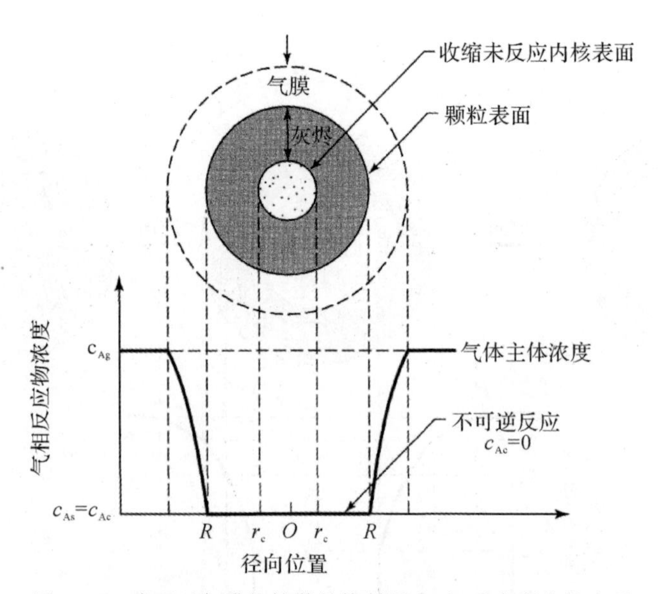

图25.5 当通过气膜的扩散是控制阻力时,反应颗粒的表示

如果我们让 ρ_B 为固体中B的摩尔密度,V 为颗粒的体积,则存在于颗粒中的B的量为

$$N_B=\rho_B V=\left(\frac{\text{B的物质的量}}{m^3}\right)(m^3) \tag{25.5}$$

随后给出伴随 dN_B 摩尔固体反应物消失的未反应核心的体积或半径的减小:

$$-dN_B=-bdN_A=-\rho_B dV=-\rho_B d\left(\frac{4}{3}\pi r_c^3\right)=-4\pi\rho_B r_c^2 dr_c \tag{25.6}$$

式(25.6)给出了反应速率,以未反应核心的收缩半径表示,或

$$-\frac{1}{S_{ex}}\frac{dN_B}{dt}=-\frac{\rho_B r_c^2}{R^2}\frac{dr_c}{dt}=bk_g c_{Ag} \tag{25.7}$$

其中 k_g 是流体和颗粒之间的传质系数,请参阅推导式(25.24)的讨论。重新整理和整合,我们发现未反应的核心随着时间而收缩。则有

$$-\frac{\rho_B}{R^2}\int_R^{r_c} r_c^2\,dr_c = bk_g c_{Ag}\int_0^t dt$$

$$t = \frac{\rho_B R}{3bk_g c_{Ag}}\left[1-\left(\frac{r_c}{R}\right)^3\right] \tag{25.8}$$

设粒子完全转换的时间为 τ,然后,通过在式(25.8),可得

$$\tau = \frac{\rho_B R}{3bk_g c_{Ag}} \tag{25.9}$$

根据完成转换的分数时间的未反应核的半径通过结合式(25.8)和式(25.9),或者

$$\frac{t}{\tau} = 1-(\frac{r_c}{R})^3$$

这可以写在分数转换方面,注意到这一点:

$$1-X_B = \left(\frac{\text{未反应内核体积}}{\text{颗粒总体积}}\right) = \frac{\frac{4}{3}\pi r_c^3}{\frac{4}{3}\pi R^3} = \left(\frac{r_c}{R}\right)^3 \tag{25.10}$$

可得

$$\frac{t}{\tau} = 1-\left(\frac{r_c}{R}\right)^3 = X_B \tag{25.11}$$

得到时间与半径和转换的关系,见图 25.9 和图 25.10。

2.通过灰层控制扩散

图 25.6 说明了通过灰分扩散的阻力控制反应速率的情况。要在时间和半径之间建立一个表达式,例如式(25.8)用于薄膜阻力,需要两步分析。首先检查一个典型的部分反应的粒子,写出这种条件下的流量关系。然后将这个关系应用于 v_c 的所有值;换句话说,在 R 和 0 之间的整数。

考虑一个部分反应的粒子,如图 25.6 所示。反应物 A 和未反应核心的边界都移向粒子的中心。但对于 G/S 体系,未反应核心的收缩慢于 A 向未反应核心的流率约 1 000 倍,这是固体与气体的密度比相关。因此,我们有理由认为,在任何时候考虑灰层中 A 的浓度梯度时,未反应的核是静止的。

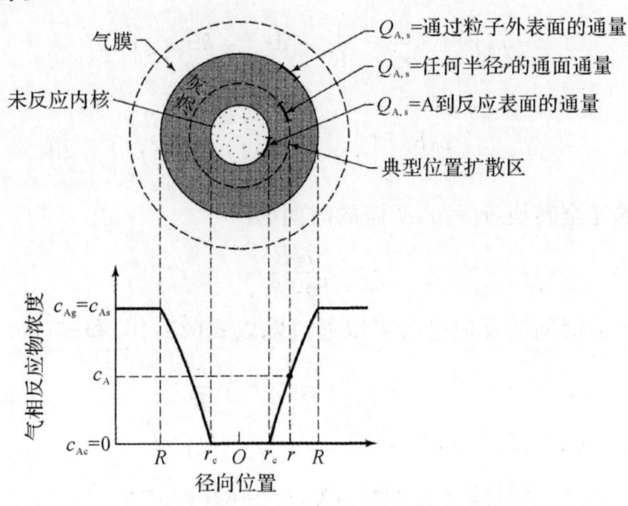

图 25.6　通过灰色层的扩散是控制阻力时反应颗粒的示意图

有了 L/S 系统，我们有一个问题，因为速率比接近于 1 而不是 1 000。吉田等人 (1975)考虑放宽上述假设。

对于 G/S 系统来说，使用稳态假设可以在后面的数学中进行简化。因此 A 在任何反应的速率瞬间由其扩散到反应表面的速率给出，或者

$$-\frac{dN_A}{dt}=4\pi r^2 Q_A=4\pi R^2 Q_{A,s}=4\pi r_c^2 Q_{A,c}=\text{常数} \tag{25.12}$$

为方便起见，尽管其他形式的扩散方程将给出相同的结果，但让灰层内 A 的通量用等效反扩散的菲克定律表示。可注意到 Q_A 和 dc_A/dr 是成正比的，则有

$$Q_A=\mathscr{D}_e\frac{dc_A}{dr} \tag{25.13}$$

式中 $\mathscr{D}_e$ 是气态反应物在灰层中的有效扩散系数。由于灰分的性质(例如其烧结质量)可能对固体中的少量杂质以及微粒环境中的微小变化非常敏感，因此通常很难事先将该值分配给该量。结合式(25.12)和式(25.13)，我们获得任何 r，则有

$$-\frac{dN_A}{dt}=4\pi r^2\mathscr{D}_e\frac{dc_A}{dr}=\text{常数} \tag{25.14}$$

我们获得了整个灰层 r 的形式，有

$$-\frac{dN_A}{dt}\int_R^{r_c}\frac{dr}{r^2}=4\pi\mathscr{D}_e\int_{c_{Ag}=c_{As}}^{c_{Ac}=0}dc_A$$

或

$$-\frac{dN_A}{dt}\left(\frac{1}{r_c}-\frac{1}{R}\right)=4\pi\mathscr{D}_e c_{Ag} \tag{25.15}$$

该表达式代表任何时候反应颗粒的条件。

在分析的第二部分，我们让未反应核心的大小随着时间而变化。对于给定尺寸的未反应核心，dN_A/dt 是恒定的；然而，随着堆芯收缩，灰层变得更厚，降低了 A 的扩散速率。因此，式(25.15)关于时间和其他变量应该产生所需的关系。但我们注意到，这个方程包含三个变量，t，N_A 和 r_e，其中之一在进行积分之前必须根据其他变量消除或写入。就像电影漫画一样，让我们用重新写作来消除 N_A。这种关系由式(25.16)，因此，取代式(25.15)，分离变量，并整合，可得

$$-\rho_B\int_{r_c=R}^{r_c}\left(\frac{1}{r_c}-\frac{1}{R}\right)r_c^2\,dr_c=b\mathscr{D}_e c_{Ag}\int_0^t dt$$

或

$$t=\frac{\rho_B R^2}{6b\mathscr{D}_e c_{Ag}}\left[1-3\left(\frac{r_c}{R}\right)^2+2\left(\frac{r_c}{R}\right)^3\right] \tag{25.16}$$

对于一个粒子的完全转换，$r_c=0$，所需的时间为

$$\tau=\frac{\rho_B R^2}{6b\mathscr{D}_e c_{Ag}} \tag{25.17}$$

根据完成转化所需时间的反应进程可以通过除以式(25.16)和式(25.17)，或

$$\frac{t}{\tau}=1-3\left(\frac{r_c}{R}\right)^2+2\left(\frac{r_c}{R}\right)^3 \tag{25.18a}$$

就分数转换而言，见式(25.10)，变为

$$\frac{t}{\tau}=1-3(1-X_B)^{2/3}+2(1-X_B) \tag{25.18b}$$

这些结果在图 25.9 和图 25.10 中以图形方式给出。

3. 化学反应控制

图 25.7 所示为化学反应控制时颗粒内的浓度梯度。由于反应的进程不受任何灰层的影响，所以速率与未反应核心的可用表面成比例。因此，基于未反应核心的单位表面，方程式 1，2，3 表示化学测定的反应速度是：

$$-\frac{1}{4\pi r_c^2}\frac{dN_A}{dt}=-\frac{b}{4\pi r_c^2}\frac{dN_A}{dt}=bk''c_{Ag} \tag{25.19}$$

式中 k'' 是表面反应的一级速率常数，用式(25.6)给出 N_B 的收缩半径，可得

$$-\frac{1}{4\pi r_c^2}\rho_B 4\pi r_c^2\frac{dr_c}{dt}=-\rho_B\frac{dr_c}{dt}=bk''c_{Ag} \tag{25.20}$$

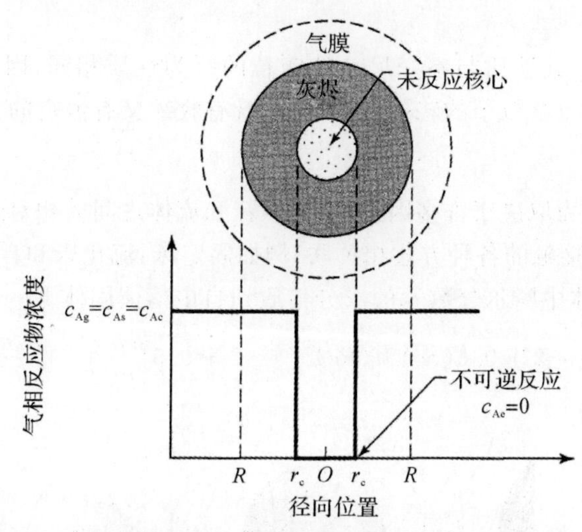

图 25.7　当化学反应是控制阻力时反应颗粒的表示，反应为 $A(g)+bB(s)\rightarrow$ 产物

这就整合了

$$-\rho_B\int_R^{r_c}dr_c=bk''c_{Ag}\int_0^t dt$$

或

$$t=\frac{\rho_B}{bk''c_{Ag}}(R-r_c) \tag{25.21}$$

当 $r_c=0$ 时，给出完成转换所需的时间 τ，或

$$\tau=\frac{\rho_B R}{bk''c_{Ag}} \tag{25.22}$$

通过结合式(25.21)和式(25.22)发现，颗粒的半径减小或颗粒分数转化率增加。可得

$$\frac{t}{\tau}=1-\frac{r_c}{R}=1-(1-X_B)^{1/3} \tag{25.23}$$

这个结果见图 25.9 和图 25.10。

25.3 用于收缩球状颗粒的反应速率

当没有灰烬形成时，如在空气中燃烧纯碳时，反应颗粒在反应过程中会发生收缩，最终消失。这个过程如图 25.8 所示。对于这种反应，我们可以看到连续发生的以下三个步骤。

(1)从气体主体通过气膜扩散反应物 A 到固体表面。

(2)反应物 A 和固体之间的表面上的反应。

(3)反应产物从固体表面通过气膜扩散回到气体主体中。请注意，灰层不存在并且不会产生任何阻力。

就像恒定大小的粒子一样，让我们看看当电阻中的一个或另一个控制时导致什么速率表达式发生什么样的变化。

1. 化学反应控制

当化学反应控制时，其性质与不变尺寸的颗粒的行为性质相同；因此，图 25.7 和式(25.21)或式(25.23)将代表单个粒子的转换时间性质，既有收缩又有恒定的大小。

2. 气膜扩散控制

颗粒表面的薄膜阻力取决于许多因素，例如颗粒和流体之间的相对速率，颗粒尺寸和流体性质。这些已经与流体接触的各种方式相关联，例如固定床，流化床和自由落体中的固体。作为一个例子，为了将流体中摩尔分数 y 的成分传质到自由落体固体 Froessling(1938)给出：

$$\frac{k_g d_p y}{\mathscr{D}} = 2 + 0.6(Sc)^{1/3}(Re)^{1/2} = 2 + 0.5\left(\frac{\mu}{\rho\mathscr{D}}\right)^{1/3}\left(\frac{d_p u\rho}{\mu}\right)^{1/2} \tag{25.24}$$

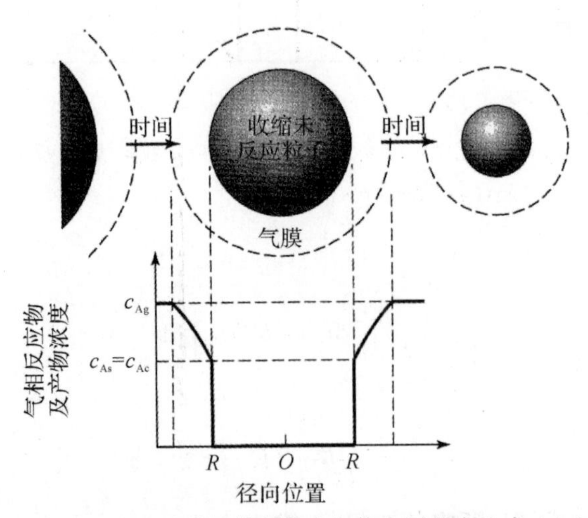

图 25.8 反应物和产物浓度在收缩固体颗粒和气体之间的表达式 A(g)+bB(s)→rR(g)

在反应过程中，颗粒大小发生变化；因此 k_g 也有所不同。一般来说，k_g 会随着气体速率的增加和颗粒的减小而增加。图 25.12 和式(25.24)可进行表明：

$$k_g \sim \frac{1}{d_p}，对于小的 d_p 和 u \tag{25.25}$$

$$k_g \sim \frac{u_{1/2}}{d_p^{1/2}}，对于大的 d_p 和 u \tag{25.26}$$

式(25.25)代表斯托克斯定律体系中的粒子。让我们为这些粒子开发转换时间表达式。

斯托克斯区域(小颗粒)。当一个粒子由最初的大小 R_0 缩小到 R 的大小,我们可能会写

$$\mathrm{d}N_B = \rho_B \mathrm{d}V = 4\pi\rho_B R^2 \mathrm{d}R$$

因此,类似于式(25.7),则有

$$-\frac{1}{S_{ex}}\frac{\mathrm{d}N_B}{\mathrm{d}t} = \frac{\rho_B 4\pi R^2}{4\pi R^2}\frac{\mathrm{d}R}{\mathrm{d}t} = -\rho_B\frac{\mathrm{d}R}{\mathrm{d}t} = bk_g c_{Ag} \tag{25.27}$$

由于在斯托克斯方程组,式(25.24)简化为

$$k_g = \frac{2\mathscr{D}}{d_p} = \frac{\mathscr{D}}{R} \tag{25.28}$$

进行整合,得

$$\int_{R0}^{R} R\mathrm{d}R = \frac{bc_{Ag}\mathscr{D}}{\rho_B}\int_0^t \mathrm{d}t$$

则

$$t = \frac{\rho_B R_0^2}{2bc_{Ag}\mathscr{D}}\left[1-\left(\frac{R}{R_0}\right)^2\right]$$

粒子完全消失的时间为

$$\tau = \frac{\rho_B R_0^2}{2bc_{Ag}\mathscr{D}} \tag{25.29}$$

可得

$$\frac{t}{\tau} = 1-\left(\frac{R}{R_0}\right)^2 = 1-(1-X_B)^{2/3} \tag{25.30}$$

斯托克斯体系中收缩粒子的尺寸与时间的关系如图 25.9 和图 25.10 所示。它很好地代表了小燃烧固体颗粒和小燃烧液滴。

25.4　扩展讨论

不同形状的粒子。对于不同形状的粒子,可以得到类似于上述发现的转换时间方程,表 25.1 总结了这些表达式。

1. 阻力的组合

上面的转换时间表达式假设单个阻力控制整个粒子的反应。然而,气体膜、灰层和反应步骤的相对重要性随着颗粒转化的进行而变化。例如,对于恒定尺寸的颗粒,气膜阻力保持不变,随着未反应核心表面的减小,抗反应性增加,而起始处不存在灰层阻力,因为不存在灰烬,但随着灰层的堆积逐渐变得越来越多。因此,一般来说,认为在整个反应过程中只需一步就可以控制。

考虑到这些阻力的同时作用是直接的,因为它们串联起来并且浓度都是线性的。因此,结合式(25.7)、式(25.15)和式(25.20)以及它们各自的驱动力和消除中间浓度,我们可以表明达到任何转化级段的时间是每个阻力单独作用所需时间的总和,或者

$$t_{total} = t_{膜} + t_{灰烬} + t_{反应} \tag{25.31}$$

相似地,总反应为

$$\tau_{total} = \tau_{膜} + \tau_{灰烬} + \tau_{反应} \tag{25.32}$$

表 25.1　收缩核模型中各种形状颗粒的转换时间表达式

		薄膜扩散控制	灰分扩散控制	反应控制
等粒径粒子	平板 $X_B=1-\frac{1}{L}$ L=半厚	$\frac{t}{\tau}=X_B$ $\tau=\frac{\rho_B L}{bk_g c_{Ag}}$	$\frac{t}{\tau}=X_B^2$ $\tau=\frac{\rho_B L^2}{2b\mathscr{D}_e c_{Ag}}$	$\frac{t}{\tau}=X_B$ $\tau=\frac{\rho_B L}{bk'' c_{Ag}}$
	圆柱体 $X_B=1-\left(\frac{r_c}{R}\right)^2$	$\frac{t}{\tau}=X_B$ $\tau=\frac{\rho_B R}{2bk_g c_{Ag}}$	$\frac{t}{\tau}=X_B+(1+X_B)\ln(1-X_B)$ $\tau=\frac{\rho_B R^2}{4b\mathscr{D}_e c_{Ag}}$	$\frac{t}{\tau}=1-(1-X_B)^{1/2}$ $\tau=\frac{\rho_B R}{bk'' c_{Ag}}$
	球体 $X_B=1-\left(\frac{r_c}{R}\right)^3$	$\frac{t}{\tau}=X_B$　(25.11) $\tau=\frac{\rho_B R}{3bk_g c_{Ag}}$　(25.10)	$\frac{t}{\tau}=1-3(1-X_B)^{2/3}+2(1-X_B)$　(25.18) $\tau=\frac{\rho_B R^2}{6b\mathscr{D}_e c_{Ag}}$　(25.17)	$\frac{t}{\tau}=1-(1-X_B)^{1/3}$　(25.23) $\tau=\frac{\rho_B R}{bk'' c_{Ag}}$　(25.22)
收缩的球体	小颗粒 斯托克斯状态	$\frac{t}{\tau}=1-(1-X_B)^{2/3}$　(25.30) $\tau=\frac{\rho_B R_0^2}{2b\mathscr{D} c_{Ag}}$　(25.29)	大颗粒	$\frac{t}{\tau}=1-(1-X_B)^{1/3}$ $\tau=\frac{\rho_B R_0}{bk'' c_{Ag}}$
	不适用 (u=常数)	$\frac{t}{\tau}=1-(1-X_B)^{1/2}$　(25.30) $\tau=(\text{常数})\frac{R_0^{3/2}}{c_{Ag}}$　(25.29)	大颗粒	$\frac{t}{\tau}=1-(1-X_B)^{1/3}$ $\tau=\frac{\rho_B R}{bk'' c_{Ag}}$

另一种方法中,可以将各个阻力直接组合,以在任何特定的转换级段,有

$$-\frac{1}{S_{ex}}\frac{\mathrm{d}N_B}{\mathrm{d}t}=\frac{bc_A}{\dfrac{1}{k_g}+\dfrac{R(R-r_c)}{r_c\mathscr{D}_e}+\dfrac{R^2}{R_c^2 k''}} \tag{25.33a}$$

或

$$-\frac{\mathrm{d}r_c}{\mathrm{d}t}=\frac{bc_A/\rho_B}{\underbrace{\dfrac{r_c^2}{R^2 k_g}}_{\text{膜}}+\underbrace{\dfrac{(r-R_c)R_c}{r\mathscr{D}_e}}_{\text{灰烬}}+\underbrace{\dfrac{1}{k''}}_{\text{反应}}} \tag{25.33b}$$

可以看出,3 个独立阻力的相对重要性随着转化的进展而变化,或者随着再度下降而变化。

在考虑从开始到完全转化的恒定大小粒子的整个进展时,我们平均发现这 3 种抗性的相对作用由

$$-\frac{1}{S_{ex}}\overline{\frac{dN_A}{dt}}=\bar{k}''c_A=\frac{c_A}{\dfrac{1}{k_g}+\dfrac{R}{2\mathscr{D}_e}+\dfrac{3}{\bar{k}''}} \tag{25.34}$$

对于随反应收缩的无灰粒子，只需要考虑两种阻力，气膜和表面反应。因为这些都是基于颗粒外表面的变化，所以我们可以在任何时候将它们组合起来，即

$$\frac{-1}{S_{ex}}\frac{dN_A}{dt}=\frac{1}{\dfrac{1}{k_g}+\dfrac{1}{k''}}c_A \tag{25.35}$$

Yagi 和 Kunii(1955)，Shen 和 Smith(1965)以及 White 和 Carberry(1965)推导出了这些表达式的各种形式。

2. 缩小核心模型的局限性

这个模型的假设可能与实际情况不符。例如，反应可能沿着扩散前沿发生，而不是沿着灰烬和未反应固体之间的尖锐界面发生，因此在收缩核心和连续反应模型之间产生一定的作用。Wen(1968)和 Ishida 和 Wen(1971)认为这个问题。

而且，对于快速反应，热释放速率可能高到足以在颗粒内部或颗粒与体积流体之间引起显著的温度梯度。Wen 和 Wang(1970)详细论述了这个问题。

尽管存在这些问题，Wen(1968)和 Ishida 等人(1971)在对大量系统进行研究的基础上得出结论：缩小核心模型是大多数反应气固系统的最佳简单表示。

这个结论有两大类例外。第一种是气体与多孔固体的缓慢反应。这里反应可以发生在整个固体中，在这种情况下，预期连续反应模型可以更好地适合现实。这方面的一个例子是催化剂颗粒的缓慢中毒，这是第 21 章中处理的情况。

第二种就例外情况是固体在热量作用下转化，而不需要与气体接触。烘烤面包，煮沸浓汤，和烤小排骨就是这种反应的例子。在这里，连续反应模型更好地反映了现实。Wen(1968)和 Kunii 和 Levenspiel(1991)对这些动力学提出了模型。

25.5　确定速率控制步骤

流体固体反应的动力学和速率控制步骤，通过注意颗粒的逐渐转化如何受颗粒大小和操作温度的影响推断出来。这些信息可以通过各种方式获得，具体取决于可用的设施和现有的材料。以下观察结果是实验和解释实验数据的相关参数。

1. 温度

化学步骤通常比物理步骤对温度敏感得多；因此，在不同温度下的实验容易区分灰分或薄膜扩散和化学反应作为控制步骤。

2. 时间

图 25.9 和图 25.10 所示为当化学反应。膜扩散和灰分扩散进而控制时球形固体随时间的逐渐转化。与这些预测曲线相比较的动力学作用结果应指示速率控制步骤。但作为控制步骤的灰分扩散和化学反应之间的差异并不大，并且可能被实验数据一些因素所掩盖。

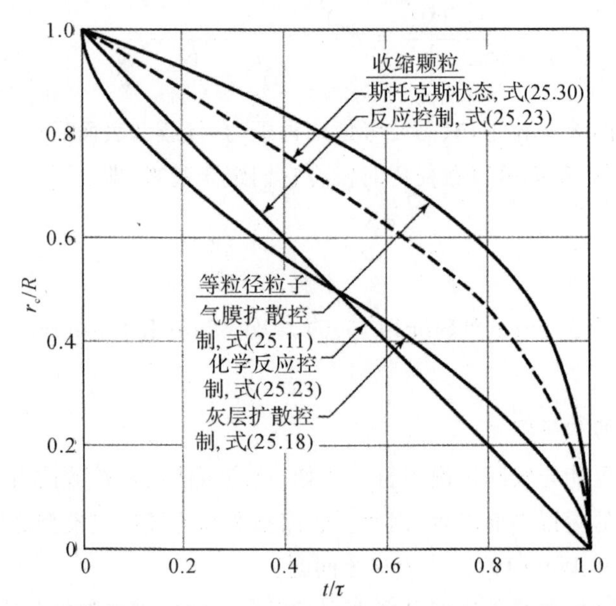

图 25.9 单个球形颗粒与周围流体反应的时间依据完整反应时间测量的进展情况

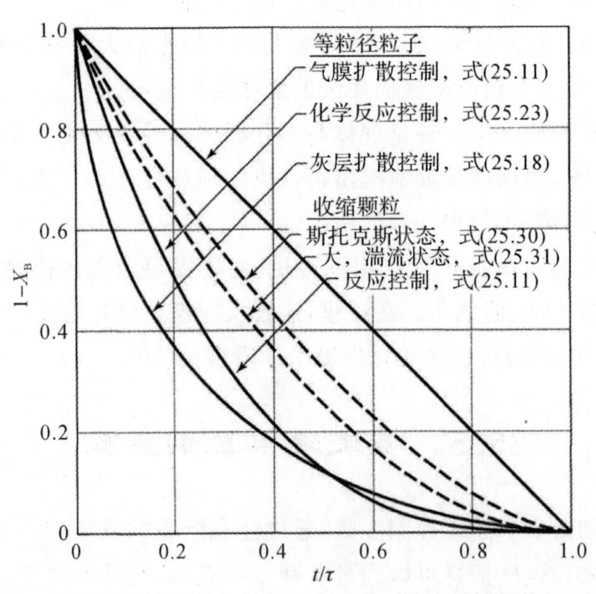

图 25.10 用完整转换时间测量的单个球形颗粒与周围流体的反应进程

转换时间曲线类似于图 25.9 和图 25.10。通过使用表 25.1 的等式，可以为其他固体形状准备。

3. 粒度

式(25.16)、式(25.21)和式(25.8)与等式(25.24)或式(25.25)表明，对于不同但不变的粒子实现相同分数转换所需的时间由下式给出：

$t \in \propto R^{1.5\sim2.0}$ 用于膜扩散控制(指数下降而雷诺数上升) (25.36)

$t \in \propto R^2$ 灰扩散控制 (25.37)

$t \in \propto R$ 用于化学反应控制 (25.38)

因此，使用不同粒径的粒子进行动力学分析可以区分化学和物理步骤控制的反应。

4. 灰分与薄膜阻力

当在反应过程中形成坚硬的固体灰分时，通过这种灰分的气相反应物的阻力通常比通过颗粒周围的气体膜大得多。因此，在存在非平整灰层的情况下，可以安全地忽略薄膜阻力。另外，灰分阻力不受气速变化的影响。

5. 薄膜阻力的可预测性

薄膜阻力的大小可以通过无量纲的相关性来估计，例如式(25.24)，观察到的速率大约等于计算的速率可表明薄膜阻力控制。

6. 整体对抗个体

如果单个速率系数的曲线作为温度的函数，如图 25.11 所示，式(25.34)或式(25.35)给出的总系数一般不会高于任何单个系数。

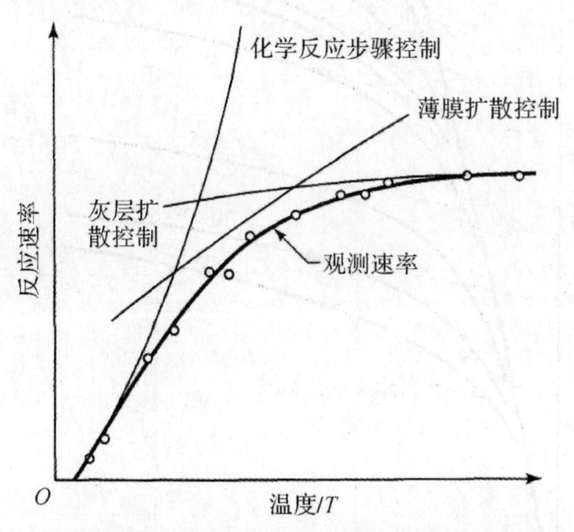

图 25.11　由于反应阻力的串联关系，净效率或观测效率决不会高于任何单独的步骤

通过这些观察，我们通常可以探测一个实验程序，它是控制机制。可以说明阻力与纯碳颗粒与氧的气固反应的相互作用：

$$C + O_2 \rightarrow CO_2$$

$$B(s) + A(g) \rightarrow \text{产物}(g)$$

与速率方程：

$$-\frac{1}{S_{ex}}\frac{dN_B}{dt} = -\frac{1}{2\pi R^2}4\pi R^2 \rho_B \frac{dR}{dt} = -\rho_B \frac{dR}{dt} = \overline{k}'' c_A \tag{25.27}$$

由于在反应过程中的任何时间段内都没有形成灰烬，因此我们在这里有一个收缩粒子动力学的例子，其中最多有两个阻力项，表面反应和气体膜可能起作用。就这些而言，从式(25.35)得

$$\frac{1}{\overline{k}''} = \frac{1}{k''} + \frac{1}{k_g}$$

由式(25.24)得出 k_g，而 k'' 由 Parker 和 Hottel(1936)的下列表达式给出：

$$-\frac{1}{S_{ex}}\frac{dN_B}{dt}=4.32\times10^{11}c_{Ag}\sqrt{T}e^{184\,000}/RT=k_s c_{Ag} \tag{25.39}$$

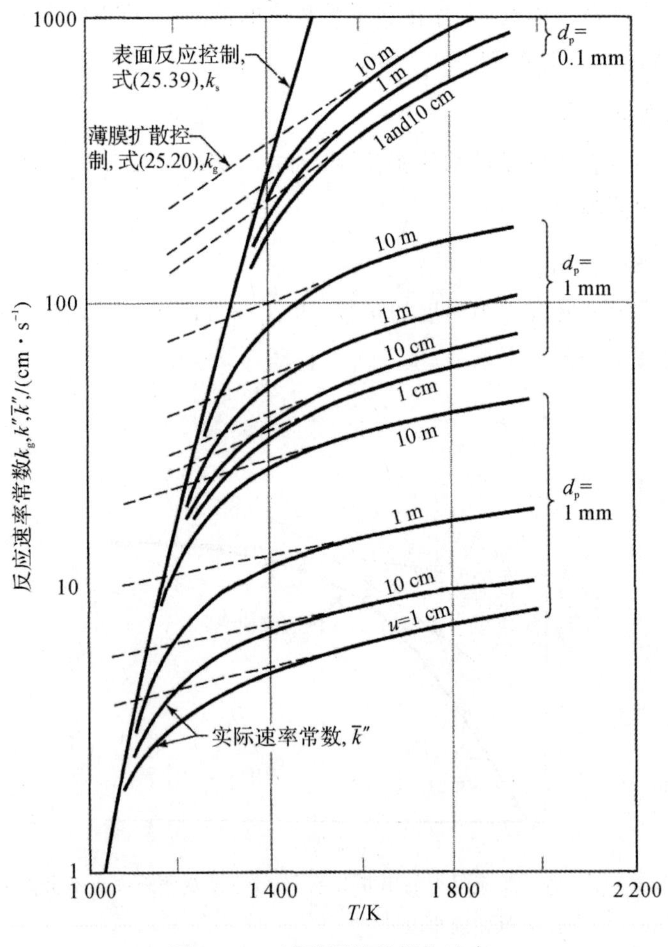

图 25.12　纯碳颗粒的燃烧速率

其中 R 为 J/(mol · K)，T 为 K，c_{Ag} 为 g/mol。图 25.12 以方便的图形显示了这些信息，并且允许确定系统变量的不同的 k'' 值，当薄膜阻力控制时，反应对温度不敏感，取决于固体和气体之间的粒径和相对速率。这是由一系列直线显示的，接近平行且几乎水平。

在推断未尝试的新操作条件时，我们必须知道何时为控制步骤的改变做好准备，以及何时我们可以合理地预期速率控制步骤不会改变。例如，对于含有非火山灰的颗粒，温度的升高和较小程度的颗粒大小的增加可能导致该速率从反应转变为控制灰分扩散。对于不存在灰分的反应，温度升高将引起反应向薄膜阻力控制的转变。

另外，如果灰分扩散已经控制，那么温度的升高不应该使其转变为反应控制或膜扩散控制。

习　题

25.1　一批均匀尺寸的固体在统一的环境中用气体处理。根据收缩核心模型，将固体转化为非褪色产品。转换时间约为 1 h，转换在 2 h 内完成。速率控制的机制是什么？

25.2　在宾夕法尼亚州路易斯堡布朗街末端的一个阴凉处，站立着一个内战纪念馆——一个铜管将军，一个持续不断的本科传奇坚持的黄铜大炮可能仍然会在一天之内开火，还有一堆铁炮弹。在 1868 年建立这座纪念碑时，炮弹的周长为 30 in。今天，由于风化，生锈和由 DCW 擦洗的 10 年一次的钢丝，炮弹的周长仅为 29.75 in。大概什么时候他们会完全消失？

25.3　计算燃烧完成石墨颗粒所需的时间（$R_0=5\text{mm}$，$\rho_B=2.2\ \text{g/cm}^3$，$k''=20\ \text{m/s}$）

对于所使用的高气体速率，假定膜扩散不提供对转移和反应的任何阻力。反应温度为 900℃。

25.4　大小 $R=1$ mm 的闪锌矿球形颗粒在 900℃和 1 atm 的 8%氧气流中焙烧。反应的化学计量是

$$2ZnS + 3O_2 \rightarrow 2ZnO + 2SO_2$$

假定通过收缩核心模型进行的反应计算在该操作期间颗粒完全转化所需的时间和灰层扩散的相对阻力。

数据：固体密度，$\rho_B=4.13\ \text{g/cm}^3=0.042\,5\ \text{mol/cm}^3$

反应速率常数，$k''=2$ cm/s

对于 ZnO 层中的气体，$\mathscr{D}_e=0.08\ \text{cm}^2/\text{s}$

请注意，只要存在生长的灰烬层，就可以忽略薄膜阻力。

将粒径从 R 加倍到 $2R$ 时，完成三次转换的时间。灰扩散对尺寸颗粒的整体阻力有什么贡献

25.5　含有 B 的球形固体颗粒在具有恒定组成的气体的烘箱中等温烘烤。根据 SCM 将固体转化为坚硬的非褪色产品如下：

$$A(g) + B(s) - R(g) + S(s),\ c_A = 0.01\ \text{kmol/m}^3,\ \rho_B = 20\ \text{kmol/m}^3$$

从下面的转换数据（通过化学分析）或核心尺寸数据（通过切片和测量）确定用于转化固体的速率控制机制：

(1)

d_p/mm	X_B	t/min
1	1	4
1.5	1	6

(2)

d_p/mm	X_B	t/s
1	0.3	2
1	0.75	5

(3)

d_p/mm	X_B	t/s
1	1	200
1.5	1	450

(4)

d_p/mm	X_B	t/min
2	0.875	1
1	1	1

25.6 均匀尺寸的球形颗粒 UO_3 在均匀的环境中被还原为 UO_2,结果如下:

t/h	0.180	0.347	0.453	0.567
X_B	0.45	0.68	0.80	0.95

如果反应遵循 SCM,找到控制机制和速率方程来表示这种减少。

25.7 一大堆煤炭正在燃烧。其表面的每一部分都在燃烧。在 24 h 内,桩的线性尺寸(相对于地平线的轮廓测量)似乎减少了约 5%。

(1)燃烧质量应该如何减小?

(2)什么时候火烧灭?

(3)陈述你的估计所基于的假设。

第 26 章　流体-粒子反应器设计

控制流体固体反应器的设计有单个颗粒的反应动力学、被处理固体的尺寸分布以及反应器中固体和流体的流动模式等三种因素。当动力学研究复杂，反应产物形成覆盖流体相，系统内的温度因位置不同而变化很大，因此情况分析变得困难，现在的设计主要基于以下经验：多年的运营、创新和对现有反应器做出微小的改变。用于生产铁的高炉可能是这种系统最重要的工业实例。

虽然一些真实的工业反应可能永远不会产生简单的分析，但这不应阻止我们研究理想化的系统。其模型基本可以令人满意地代表了许多实际系统，此外可以作为更多涉及分析的起点。这里我们只考虑大大简化的理想化系统，其中固体的反应动力学，流动特性和尺寸分布是已知的。气固操作中的各种接触类型见图 26.1。

(1)固体和气体两者在活塞流(活塞流)中。当固体和气体以活塞流(活塞流)的形式通过反应器时，它们的组成在通过过程中发生变化。另外，这种操作通常是非等温的。

(2)各相的活塞流(活塞流)接触可通过许多方式完成：如高炉和中的逆流。[见图 26.1(a)]，通过横向流动，如移动带式供料器的炉子[见图 26.1(b)]，或者如在聚合物干燥器中那样通过并流流动[见图 26.1(c)]。

(3)混流中的固体。流化床[见图 26.1(d)]是固体混流反应器的最好例子。这种反应器中的气体流动难以表征并且通常比混流动更差。由于固体的高热容量，在这种操作中经常可以假定等温条件。Semibatch 运营图 26.1(e)的离子交换柱是固体间歇处理的一个例子，活塞流的理想选择。相反，一个普通的家庭壁炉，另一个半间歇操作，具有难以表征的流动。

(4)间歇式操作。一批固体在一批流体中的反应和溶解，例如固体的酸侵蚀，是间歇操作的常见例子。如果组合式流体固体系统的分析和设计大大简化，可以认为流体在整个反应器中是均匀的。由于这是一个合理的近似，其中流体相反应物的分数转化不太高，在流体反混很大的情况下，或固体在反应器周围弥漫，对流化床中的所有流体进行采样时，这种假设经常可以使用而不会偏离现实太远了。我们在接下来的分析中使用这个假设。

在本章中，对代表某些燃烧的极快反应都会进行简要处理。进行简化的分析，使动力学研究更加方便。

谈谈一些经常遇到的接触模式，并开发它们的性能式，在每种情况下都采用反应器内均匀气体组成的假设。

1. 单一尺寸的颗粒，固体的活塞流和均匀的气体组成

任何特定的固体转化所需的接触时间或反应时间直接根据表 25.1 的等式求出。

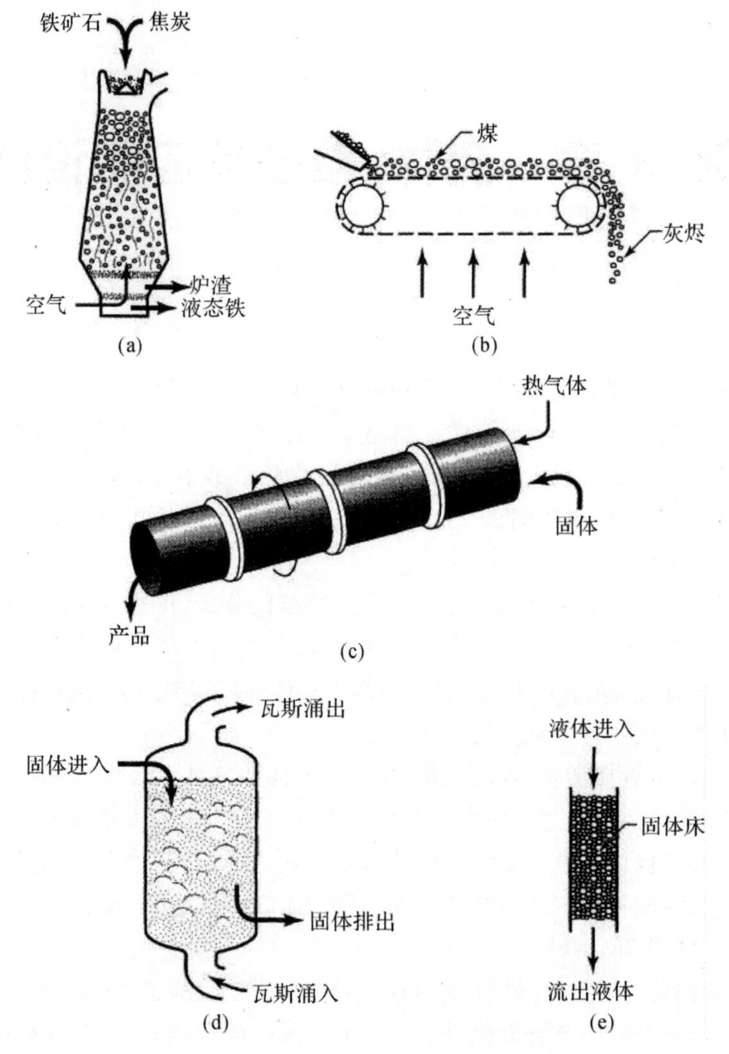

图 26.1　流体固体反应器中的各种接触模式

(a)～(c)逆流、交叉流和并流的活塞流；(d)中间气流、混合固体流动；(e)半间歇操作。

2. 不同尺寸但不变的颗粒混合物、固体塞流、均匀气体成分

考虑由不同大小颗粒的混合物组成的固体进料。这种进料的大小分布可以表示为连续分布或散分布。我们使用后一种表示法，因为屏幕分析是我们测量尺寸分布的方法，它提供了离散量。设 F 是单位时间内处理的固体量。由于反应过程中固体的密度可能会发生变化，所以被定义为一般情况下固体的体积进料速率。如果固体的密度变化可以忽略不计，F 也可以作为固体的质量供给速率。另外，设 $F(R_i)$ 是大小约为 R 的材料的数量；送入反应器。如果 R 是进料中的最大的粒径，有不变大小的颗粒：

$$F=\sum_{R_i=0}^{R_m}F(R_i),\quad \text{cm}^3/\text{s 或 mg/s}$$

图 26.2 所示为颗粒混合物的进料速率。

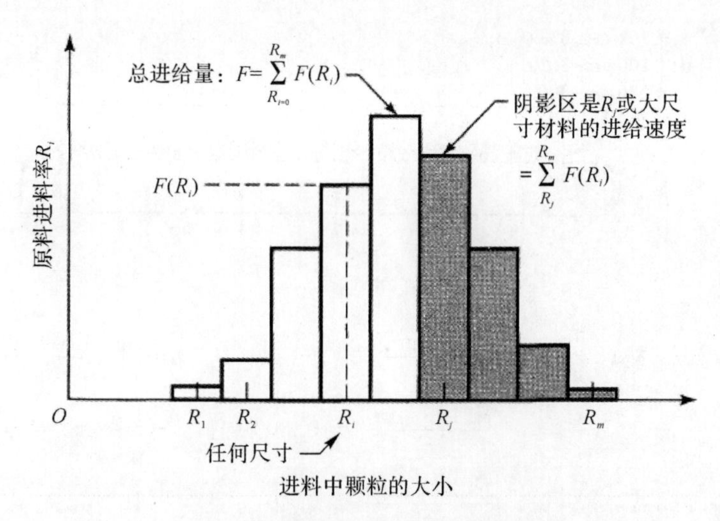

图 26.2　颗粒混合物进料速率的表示

当处于塞流状态时，所有固体在反应器中停留的时间相同。根据这一点以及任何阻力控制的动力学，任何尺寸的粒子 R 的转换 $X_B(R_i)$；然后，通过适当的求和，可以得到离开反应器的固体的平均转化率 $\overline{X}_B$，从而找到所有尺寸颗粒转化率的总体贡献，即：

$$\begin{pmatrix}\text{未转化 B 分数}\\\text{的平均值}\end{pmatrix}\sum_{\text{所有尺寸}}\begin{pmatrix}R_i\text{ 反应物 B 未转化成}\\\text{粒径为 }R_i\text{ 的部分}\end{pmatrix}\begin{pmatrix}\text{进料中 }R_i\text{ 大小}\\\text{的部分}\end{pmatrix}= \tag{26.1}$$

或在符号中，有

$$1-\overline{X}_B=\sum_{R(t_p=\tau)}^{R_m}\left[1-X_B(R_i)\right]\frac{F(R_i)}{F} \tag{26.2}$$

式中 $R(t_p=\tau)$是在反应器中完全转化的最大颗粒的半径。

式(26.2)需要一些讨论。首先，我们知道一个更小的粒子需要更短的时间来完成转换。因此，一些小于 $R(t_p=\tau)$的进料颗粒将会完全反应。但是如果我们自动将转换时间式应用到这些粒子上，我们可以得到大于 1 的 $\overline{X}_B$ 值，这是毫无意义的。因此，总和的下限表明小于 $R(t_p=\tau)$的粒子被完全转化并且对未转化的分数没有贡献，$1-\overline{X}_B$。

【例 26.1】 活塞流中颗粒混合物的转化

一种不同大小混合物，在活塞流中的转换进料组成为

30%的半径为 50 μm 粒子；

40%的半径为 100 μm 粒子；

30%的半径为 200 μm 粒子。

将连续地以薄层供给到与反应气体流交叉的移动炉排上。对于计划的操作条件，对于 3 种尺寸的颗粒完全转化所需的时间为 5 min，10 min 和 20 min。找在炉箅上的固体转化反应器中停留时间为 8 min(见例 26.1 图)。

解：

从问题的陈述中，我们可以考虑固体在 $t_p=8$ min 情况下处于活塞流中，并且气体在组成上是均匀的。因此，对于混合给料式(26.2)是适用的，或者

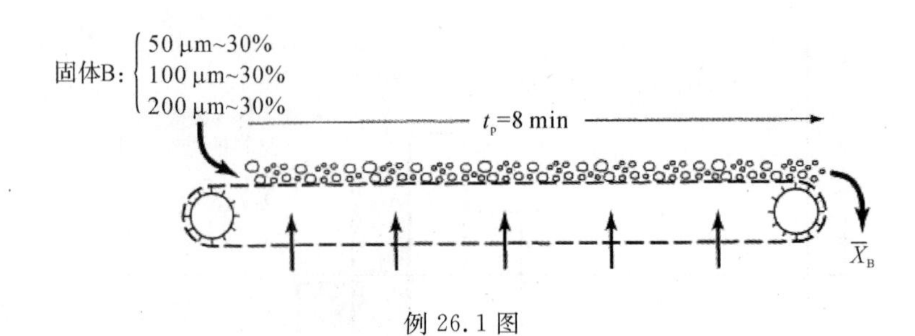

例 26.1 图

$$1-\overline{X}_B=[1-X_B(50\ \mu m)]\frac{F(50\ \mu m)}{F}+[1-\overline{X}_B(100\ \mu m)]\frac{F(100\ \mu m)}{F}+\cdots \quad (i)$$

$$\frac{F(100\ \mu m)}{F}=0.30 \quad 且 \quad \tau(50\ \mu m)=5\ min$$

$$\frac{F(100\ \mu m)}{F}=0.40 \quad 且 \quad \tau(100\ \mu m)=10\ min$$

$$\frac{F(200\ \mu m)}{F}=0.30 \quad 且 \quad \tau(200\ \mu m)=20\ min$$

其中因为 3 种尺寸的粒子：

$$R_1:R_2:R_3=\tau_1:\tau_2:\tau_3$$

我们从式(25.38)化学反应控制和每个尺寸的转换时间特性由式(25.23)或

$$[1-\overline{X}_B(R_i)]=\left(1-\frac{t_p}{\tau(R_i)}\right)^3$$

(i)获得未转化的反应物为

$$1-\overline{X}_B=0+\underbrace{\left(1-\frac{8}{10}\right)^3}_{R=100\ \mu m}\times 0.4+\underbrace{\left(1-\frac{8}{20}^3\right)}_{R=200\ \mu m}\times 0.3$$

$$=0.003\ 2+0.064\ 8=0.068$$

因此,转换的固体部分等于 93.2%。

请注意,粒子的最小尺寸是完全转换的,并且不会影响总和的变化。

3. 单一不变尺寸颗粒的全混流动,均匀的气体组成

考虑图 26.1(d)中反应器的固体和气体流入和流出反应器的恒定流量。假设均匀的气体浓度和固体的全混流,该模型代表了一种流化床反应器,其中没有细颗粒的淘汰。

反应物在单个颗粒中的转化取决于其在床中的停留时间,并且其适当的控制阻力由式(25.11)、式(25.18)或式(25.23)。然而,反应器中所有颗粒的停留时间并不相同,因此我们必须计算材料的平均转化率 X_B。认识到固体表现为宏流体,可以通过推导式式(11.13)的方法来完成。因此,离开反应器的固体,有

$$\begin{pmatrix}\text{未转化 B 分数}\\\text{的平均值}\end{pmatrix}=\sum_{\text{未转化B分数的平均值}}\begin{pmatrix}\text{在 } t \text{ 和 } t+dt \text{ 之间停留在}\\\text{反应器中的颗粒未转化的}\\\text{反应物分数}\end{pmatrix}\begin{pmatrix}\text{在 } t \text{ 和 } t+dt \text{ 之间停留}\\\text{在反应堆中的出口气流}\\\text{的一部分}\end{pmatrix} \quad (26.3)$$

或符号

$$1-\overline{X}_B=\int_0^{+\infty}(1-X_B)E\mathrm{d}t,\qquad X_B\leqslant 1 \tag{26.4}$$

要么

$$1-\overline{X}_B=\int_0^{\tau}(1-X_B)E\mathrm{d}t$$

E 是反应器中固体的出口时间(停留时间)分布(见第 11 章)。

对于反应器中平均停留时间 $\bar{t}$ 的固体全混流[见图(26.3)],我们从图 11.14 或式(14.1)得

$$E=\frac{\mathrm{e}^{-t/\bar{t}}}{\bar{t}} \tag{26.5}$$

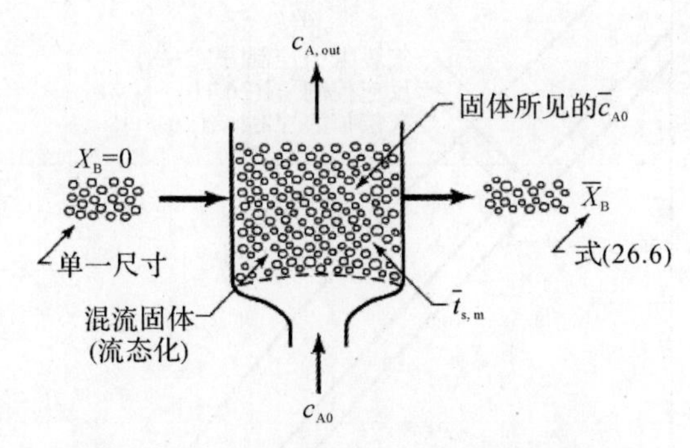

图 26.3　全混流中一种尺寸固体的转化

对于在时间 τ 内完全转换的单一尺寸固体的全混流动,可得

$$1-\overline{X}_B=\int_0^{\tau}(1-\overline{X}_B)_{独立粒子}\frac{\mathrm{e}^{-t/\bar{t}}}{\bar{t}}\mathrm{d}t \tag{26.6}$$

此表达式可用于各种控制阻力。对于薄膜阻力控制,式(25.11)和式(26.6)产生

$$1-\overline{X}_B=\int_0^{\tau}\left(1-\frac{t}{\tau}\right)\frac{\mathrm{e}^{-t/\bar{t}}}{\bar{t}}\mathrm{d}t \tag{26.7}$$

由部分整合后得

$$\overline{X}_B=\frac{\bar{t}}{\tau}(1-\mathrm{e}^{\tau/\bar{t}}) \tag{26.8a}$$

或等效展开形式,适用于大 t/τ,因此转换率很高,有

$$1-\overline{X}_B=\frac{1}{2}\frac{\tau}{\bar{t}}-\frac{1}{3!}\left(\frac{\tau}{\bar{t}}\right)^2+\frac{1}{4!}\left(\frac{\tau}{\bar{t}}\right)^3-\cdots \tag{26.8b}$$

为了控制化学反应,式(25.23)在式(26.6)给出:

$$1-\overline{X}_B=\int_0^{\tau}\left(1-\frac{t}{\tau}\right)^3\frac{\mathrm{e}^{-t/\bar{t}}}{\bar{t}}\mathrm{d}t \tag{26.9}$$

我们获得了使用递归公式按部分积分的结果,可在积分表中查得

$$\overline{X}_B=3\frac{\bar{t}}{\tau}-\left(\frac{\bar{t}}{\tau}\right)^2+6\left(\frac{\bar{t}}{\tau}\right)^3(1-\mathrm{e}^{\tau/\bar{t}}) \tag{26.10a}$$

或等效形式,适用于大 $\bar{t}/\tau$ 或非常高的转化率,即

$$1-\overline{X}_B=\frac{1}{4}\frac{\tau}{\bar{t}}-\frac{1}{20}\left(\frac{\tau}{\bar{t}}\right)^2+\frac{1}{120}\left(\frac{\tau}{\bar{t}}\right)^3-\cdots \tag{26.10b}$$

对于式(25.18)进行积分,会导致表达式过于复杂,而该表达式会影响膨胀率[见 Yagi 和 Kunii(1961)]。图 26.4 和图 26.5 以方便的图形形式呈现了混流中固体的这些结果。图 26.5 清楚地表明,在高转化率下,混流反应器需要比活塞流反应器更长的固体保持时间。

$$1-\overline{X}_B=\frac{1}{5}\frac{\tau}{\bar{t}}-\frac{19}{420}\left(\frac{\tau}{\bar{t}}\right)^2+\frac{41}{4\ 620}\left(\frac{\tau}{\bar{t}}\right)^3-0.001\ 49\left(\frac{\tau}{\bar{t}}\right)^4+\cdots \qquad (26.11)$$

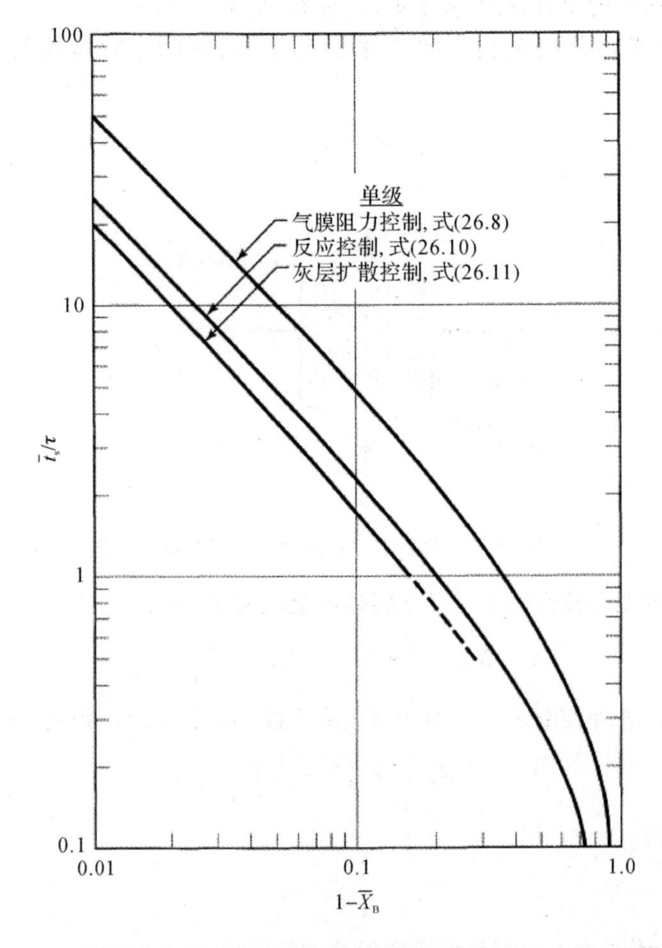

图 26.4 平均转化率与混流反应器中平均停留时间的关系,单一固体尺寸

扩展到多级操作并不困难,参考 Levenspiel(1996)或 Kunii 和 Levenspiel(1991) 。

【例 26.2】 全混流反应器中单级进料的转化

在混流反应器中单一进料的转换 Yagi 等人 (1951 年)焙烧的磁黄铁矿(硫化铁)颗粒分散在石棉纤维中,发现完全转化的时间与颗粒大小有关:

$$\tau \propto R^{1.5}$$

反应过程中颗粒保持为不变尺寸的硬颗粒。

计划流化床反应器将磁黄铁矿矿石转化为相应的氧化物。入料的大小要均匀一致,$\tau=20$ min,平均住所时间 $\bar{t}=60$ min。原始硫化矿石的百分之几仍未转化?

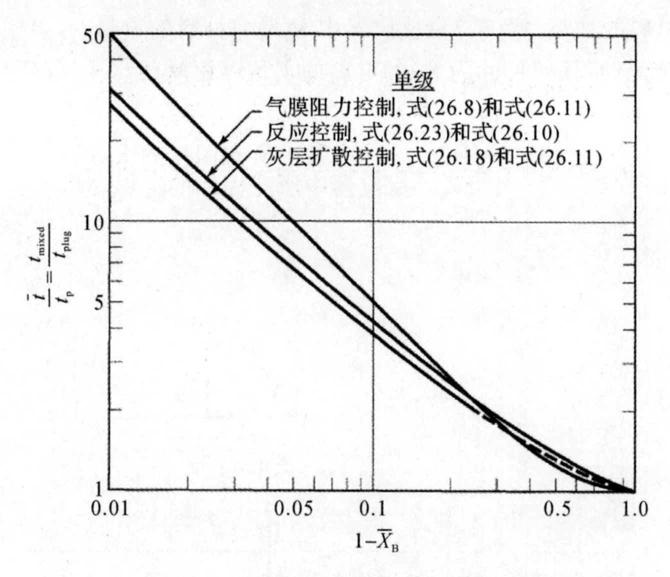

图 26.5　对于单一尺寸固体的全混流和活塞流，实现给定转换所需的保持时间的比较

解：

由于在反应过程中形成坚硬的产品材料，所以可以排除膜扩散作为控制阻力。对于化学反应控制式(25.38)表明

$$\tau \propto R$$

而对于灰层扩散控制式(25.37)表明

$$\tau \propto R^2$$

由于实验发现的直径相关性位于这两个值之间，因此期望这两种机制提供对转换的抵抗是合理的。依次使用粉末扩散和化学反应作为控制阻力应该给予预期转化率的上限和下限。流化床中的固体近似全混流动，因此，为了控制化学反应式(26.10)，滴定时间＝20 min/60 min＝1/2：

$$1-\overline{X}_B=\frac{1}{4}\times\frac{1}{3}-\frac{1}{20}\times\left(\frac{1}{3}\right)^2+\frac{1}{120}\times\left(\frac{1}{3}\right)^3-\cdots=0.078$$

对于粉末扩散控制式(26.11)，有

$$1-\overline{X}_B=\frac{1}{5}\times\frac{1}{3}-\frac{1}{420}\times\left(\frac{1}{3}\right)^2+\frac{41}{4\,620}\times\left(\frac{1}{3}\right)^3-\cdots=0.062$$

因此，剩余硫化物的比例在 6.2%～7.8%之间，或平均值

$$\underline{\underline{1-\overline{X}_B\approx 0.07}}，或\underline{\underline{7.0\%}}$$

4. 尺寸不变的颗粒，均匀的气体组成的混合物的全混流

通常将一系列粒径用作全混流反应器的进料。对于这样一个进料和单一出料(过程中没有淘汰)建立式(26.2)和式(26.6)合并时，应产生所需的转换变化。

考虑图 26.6 所示的反应器。由于出口物流代表床状况，床的尺寸分布以及进料和出料物流都是相似的，或

$$\frac{F(R_i)}{F}=\frac{W(R_i)}{W} \tag{26.12}$$

其中 W 反应器中材料的数量，$W(R_i)$是反应器中 R 尺寸材料的重量。

另外，对于这个流动，任何尺寸为 R_i 的材料的平均停留时间$\bar{t}(R_i)$等于固体在床中的平均停留时间，或

$$\bar{t}-\bar{t}(R_i)=\frac{W}{F}=\frac{\text{反应器中所有固体的重量}}{\text{反应器中所有固体的进料速率}} \tag{26.13}$$

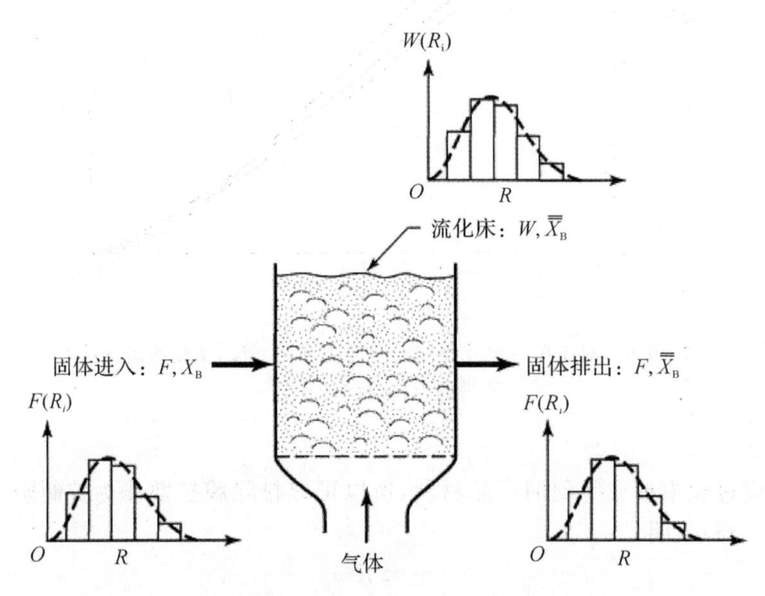

图 26.6　具有单一出口流的流化床处理固体的大小混合物。注意，流动流和床的大小分布都是相同的

设 $\overline{X}_B(R_i)$为床层中尺寸为 R_i 的颗粒的平均转化率，我们从式(26.6)可得

$$1-\overline{X}_B(R_i)=\int_0^{\tau(R_i)}[1-X_B(R_i)]\frac{e^{-t/\bar{t}}}{\bar{t}}dt \tag{26.14}$$

然而，进料由不同尺寸的颗粒组成；因此在所有这些尺寸中 B 的整体平均值是未变形的：

$$\begin{pmatrix}\text{未转化 B 分数}\\ \text{的平均值}\end{pmatrix}=\sum_{\overline{X}_B}\begin{pmatrix}R_i\text{ 未转化成}\\ \text{粒径为 }R_i\text{ 的部分}\end{pmatrix}\begin{pmatrix}R_i\text{ 排出或进入蒸汽的部分，}\\ \text{由尺寸为 }R_i\text{ 的颗粒组成}\end{pmatrix} \tag{26.15}$$

或符号表示为

$$1-\overline{X}_B=\sum_{R=0}^{R_m}[1-X_B(R_i)]\frac{F(R_i)}{F}$$

结合式(26.14)和式(26.15)，并用式(26.1)代替第一项表达式。式(26.8)、式(26.10)或式(26.11)对于每种尺寸的颗粒，我们依次获得膜扩散控制：

$$1-\overline{X}_B=\sum^{R_m}\left\{\frac{1}{2!}\frac{\tau(R_i)}{\bar{t}}-\frac{1}{3!}\left[\frac{\tau(R_i)}{\bar{t}}\right]^2+\cdots\right\}\frac{F(R_i)}{F} \tag{26.16}$$

为了化学反应控制：

$$1-\overline{X}_B=\sum^{R_m}\left\{\frac{1}{4}\frac{\tau(R_i)}{\bar{t}}-\frac{1}{20}\left[\frac{\tau(R_i)}{\bar{t}}\right]^2+\cdots\right\}\frac{F(R_i)}{F} \tag{26.17}$$

为了灰分扩散控制：

$$1-\overline{X}_B=\sum^{R_m}\left\{\frac{1}{5}\frac{\tau(R_i)}{\bar{t}}-\frac{19}{420}\left[\frac{\tau(R_i)}{\bar{t}}\right]^2+\cdots\right\}\frac{F(R_i)}{F} \tag{26.18}$$

式中 $\tau(R_i)$是 R_i 尺寸粒子完全反应的时间。以下示例说明了这些表达式的用法。

【例 26.3】 进料混合物在全混流反应器中的转化

进料组成：

30%的半径 50 μm 粒子；

40%的半径 100 μm 粒子；

30%的半径 200 μm 粒子。

在由垂直的 2 m 长的 20 cm 内径管构成的流化床稳态流动反应器中进行反应。流化气体是气相反应物，在规划的操作条件下，对于 3 种尺寸的进料，完全转化所需的时间为 5 min，10 min和 20 min。如果床包含 10 kg 固体，则查找反应器中固体的转化率为 1 kg 固体/min 的进料速率。

附加信息：

(1)反应过程中固体坚硬且尺寸和质量不变。

(2)使用旋风分离器分离并返回到床层可能被气体夹带的任何固体。

(3)床中气相组成的变化很小。

解：从这个问题的中，我们可以认为固体是全混流，对于进料混合物式(26.15)是适用的，并且由于化学反应控制(参考例 26.1)，该等式简化为方程式(26.17)，其中从问题陈述：

$$F=1\ 000\ \text{g/min} \qquad \bar{t}=\frac{W}{F}=\frac{10\ 000\ \text{g}}{1\ 000\ \text{g/min}}=10\ \text{min}$$
$$W=10\ 000\ \text{g}$$

$$F=(50\ \mu\text{m})=300\ \text{g/min} \quad 且 \quad \tau(50\ \mu\text{m})=5\ \text{min}$$
$$F=(100\ \mu\text{m})=400\ \text{g/min} \quad 且 \quad \tau(100\ \mu\text{m})=10\ \text{min}$$
$$F=(200\ \mu\text{m})=300\ \text{g/min} \quad 且 \quad \tau(200\ \mu\text{m})=20\ \text{min}$$

(1)在等式 26.17 中替换，可得

$$\begin{aligned}1-\overline{X}_B=&\left[\frac{1}{4}\times\frac{5}{10}-\frac{1}{20}\times\left(\frac{5}{10}\right)^2+\cdots\right]\times\frac{300}{10\ 000}\\&\left[\frac{1}{4}\times\left(\frac{10}{10}\right)-\frac{1}{20}\times\left(\frac{10}{10}\right)^2+\cdots\right]\times\frac{400}{10\ 000}\\&+\left[\frac{1}{4}\times\left(\frac{20}{10}\right)-\frac{1}{20}\times\left(\frac{20}{10}\right)^2+\cdots\right]\times\frac{300}{1\ 000}\\=&\left(\frac{1}{8}-\frac{1}{80}+\cdots\right)\times\frac{3}{10}+\left(\frac{1}{4}-\frac{1}{20}+\frac{1}{120}-\cdots\right)\times\frac{4}{40}\\&+\left(\frac{1}{2}-\frac{1}{5}+\frac{1}{15}-\frac{2}{10}+\cdots\right)\times\frac{3}{10}\\=&\ 0.034+0.083+0.105=0.222\end{aligned}$$

(2)固体的平均转化率是

$$\overline{X}_B=77.8\%$$

【例 26.4】 在气相环境中，B 颗粒转化为固体产物如下：

$$A(g)+B(s)\rightarrow R(g)+S$$

根据球形颗粒核心模型控制进行反应，随着时间的推移 1 h 的粒子完全转化。流化床的设计应能处理 1 t 固体至 90%的转化率，使用的是 A 的化学计量进料速率，在 c_{A0} 处进料。如果假定气体处于混合气流中，则查找反应器中固体的质量。请注意反应器中的气体不在 c_{A0} 处，例 26.4 图表示了这个问题。

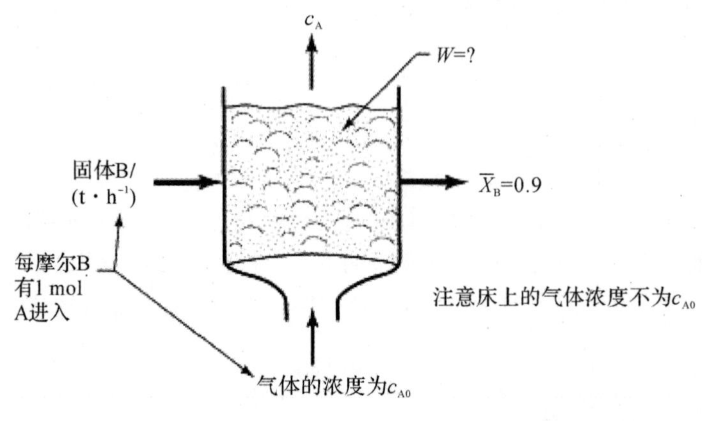

例 26.4 图

解：

在有 c_{A0} 反应控制的环境中，有

$$\tau = \frac{\rho_B R}{k_s c_{A0}}$$

在气体环境中，有

$$\tau \propto \frac{1}{c_{A0}}$$

现在对于相等的化学计量 $X_A = \overline{X}_B$，因此，离开的气体浓度为 0.1 c_{A0}。由于气体处于混流状态，因此固体中也可以看到该气体，或 $\tau = 10$ h。

由式(26.10)可得到 $\tau/\bar{t}$ 可知 $\overline{X}_B = 0.9$。

$$1 - \overline{X}_B = 0.1 = \frac{1}{4}\left(\frac{\tau}{\bar{t}}\right) - \frac{1}{20}\left(\frac{\tau}{\bar{t}}\right)^2 + \cdots$$

不断试错，可得

$$\tau/\bar{t} = 0.435, \quad 或 \quad \bar{t} = \frac{W}{F_{B0} = 23\ \text{h}}$$

因此，所需床的质量为

$$W = \bar{t}F_{B0} = 23 \times 1 = 23\ \text{t}$$

当气固之间的反应足够快，以至于反应器的任何体积元件都只含有两种反应物中的一种或另一种，而不是同时包含两种反应物时，我们就可以认为反应是即时的。这一极端是在细碎固体的高温燃烧中接近的。

在这种情况下，对反应器性能的预测是直接的，只取决于反应器的化学计量比。动力学可不作为参照。用以下理想的接触模式来说明这个性质。

(1)间歇式固体。图 26.7 显示了两种情况，一种表示固定床，另一个是流化床，不以大气体的形式绕过气体气泡。在这两种情况下，只要固体反应物还在床上，剩下的气体就会完全转化并保持这种状态。一旦固体全部被消耗掉，当气体的化学计量被加入时，气体的转化率就会下降到零。

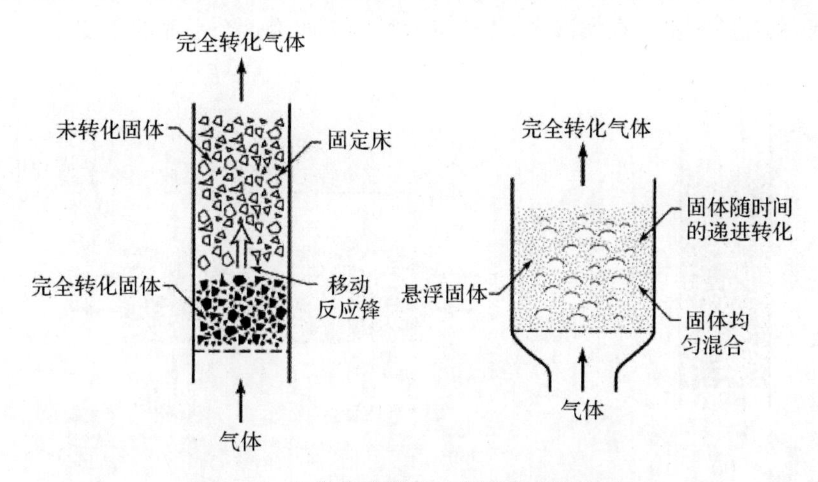

图 26.7　与气体接触的一批固体;瞬时反应

(2)气体和固体的逆向流动。由于在床的任何水平上只能有一种或其他的反应物存在,在反应物相遇的地方会有一个反应较快的区域。这将发生在反应器的一端或另一端,这取决于哪一种进料流超过化学计量学。假设每 100 mol 的固体与 100 mol 的气体结合在一起。图 26.8(a)(b)分别显示了当我们进料的气体比化学计量比少和化学计量比多发生的相应变化。

我们希望在床的中心发生反应,这样两端就可以作为热交换区域来加热反应物。这可以通过匹配气体和固体流量来完成,然而,这是一个固有的不稳定系统,需要进行适当的控制。而第二种选择,如图 26.8(c)所示。

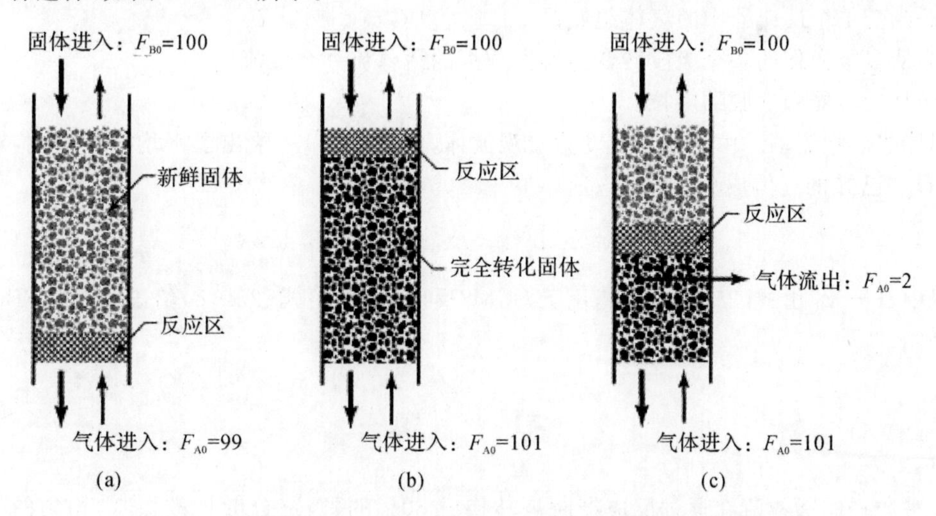

图 26.8　在逆流中,反应区的位置取决于哪个组分超过化学计量比

在床底引入少量的气体,然后在发生反应的时候去除比这多一点的气体。从页岩中开采石油的移动床反应器就是这种操作的一个例子。另一个有点类似的操作是多级逆流反应器,四级或五级流态化分解炉就是一个很好的例子。运行中,热量的利用效率是主要关注的问题。

(3)气体和固体的电流和横流活塞流。在同向流中,如图 26.9(a)所示,所有的反应都发生在进料端,这是一种很不佳的接触方式,与进料的热利用率和预热有关。

横流,如图 26.9(b)所示。在固体中有一个确定的反应平面,其角度完全取决于反应物的化学计量比和相对进料率。在实践中,传热特性可能会改变这个平面的角度。

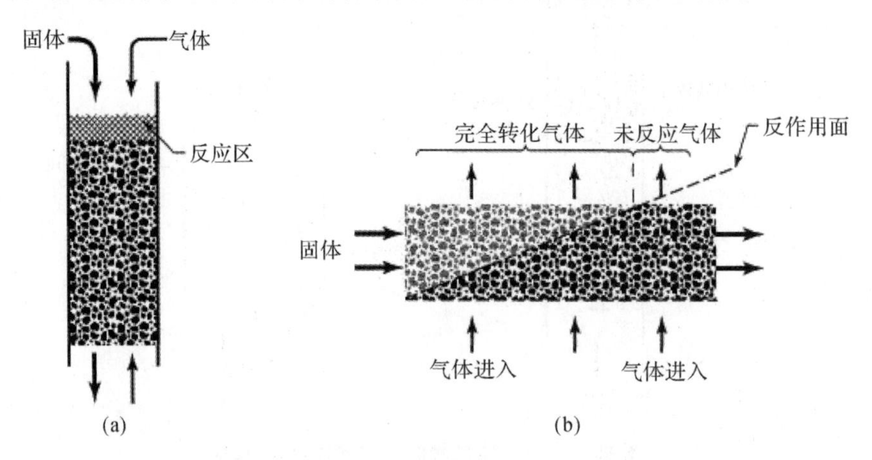

图 26.9　气固并流和横流接触;瞬时反应

(4)固体和气体的全混流。在理想的情况下,无论是气体还是固体,都将在反应器中完全转换,取决于哪个气流过量。

5.扩展

这里提出的方法的改进和扩展,例如:

(1)将更复杂的粒子动力学扩展到单个反应器和固体循环系统中的长大和缩小的颗粒;

(2)改变单个反应器中的气体组成;

(3)从多级操作的各个级段转变为偏离理想的活塞流和全混流;

(4)从反应器中洗脱细颗粒。

固体的任意流动。由于颗粒流动为宏观流体,由式(11.13)给出了平均值。因此,对于任何 RTD 和已知的气体成分,则有

$$1-\overline{X}_{\mathrm{B}}=\int_{0}^{\tau}(1-X_{\mathrm{B}})_{\text{单粒子}}E_{\text{固体流}}\,\mathrm{d}t \tag{26.19}$$

式中,$1-\overline{X}_{\mathrm{B}}$ 由式(25.23)给出,用于 SCM/反应控制,由式(25.18)给出,用于 SCM 灰分扩散控制。

习　　题

一种粒径的颗粒流在通过反应器时被转换成 80%的颗粒(分散扩散控制,均匀的气体环境)。如果反应器的尺寸是反应器的两倍,但是相同的气体环境、相同的进料率和相同的固体流型,那么固体的转换是什么?

26.1 活塞流反应器中。

26.2.全混流反应器中。

由 20%的 1 mm 颗粒和较小的 30%的 2 mm 颗粒组成的固体进料,50%的 4 mm 颗粒通过类似水泥窑的旋转管状反应器,在那里它与气体反应生成坚硬的不易碎的固体产物(SCM/

反应控制，4 mm 颗粒的 $t=4$ h)。

26.3　计算固体 100%转化所需的停留时间。

26.4　求出停留时间为 15 min 的固体的平均转化率。

26.5　均匀粒径的颗粒在流过单个流体化床时平均转换为 60%(具有反应控制的收缩核模型)。如果反应器的体积是原来的 2 倍，但含有相同的固体量和相同的气体环境，那么固体的转化率是多少?

26.6　尺寸不变的固体($R=0.3$ mm)在稳定流动的小型流化床反应器中与气体反应，结果如下。

此外，转化率对温度非常敏感，表明反应步骤是速率控制的。设计一个工业规模的流化床反应器，处理 4 t/h $R=0.3$ mm 至 98%转化率的固体进料。

26.7　对实例 26.3 进行了修正：反应动力学为 $t(r=100\ \text{m})=10$ min 的扩散控制。

26.8　重复示例 26.4，如果仍在浓度为 c 的气体与固体的化学计量比的两倍被输送给反应器。

26.9　重复示例 26.4，如果假定气体通过反应器的活塞流。

26.10　考虑以下将废碎纤维转化为有用产品的过程。纤维和流体连续输入全混流反应器，并按照收缩芯模型进行反应，反应步骤为速率控制，根据相关参数建立该操作的性能表达式，忽略洗脱。

26.11～26.14　硫化氢是通过气体通过移动床或氧化铁颗粒从煤气中除去的。在煤气环境(考虑均匀)中，固体由 Fe_2O_3 转化为 FeS，$\tau=1$ h。如果反应器中固体的 RTD 近似于习题 26.11 图～习题 26.14 图中的 E 曲线，则求出氧化物转化为硫化铁的分数。

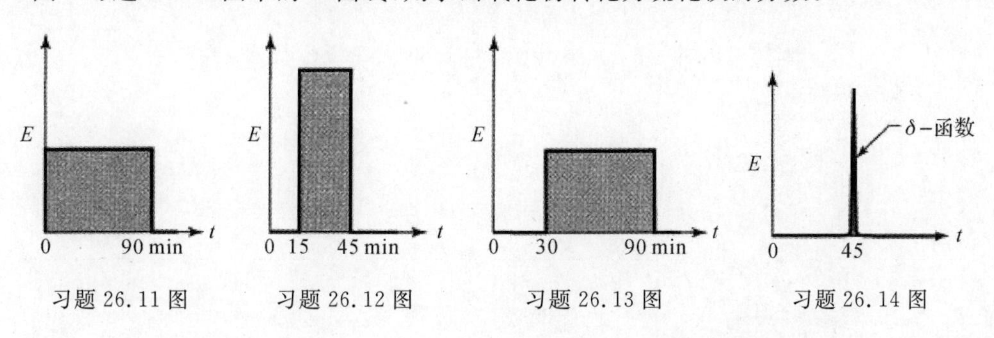

习题 26.11 图　　习题 26.12 图　　习题 26.13 图　　习题 26.14 图

第四部分

生物反应系统

第27章 酶发酵

"发酵"一词在最初被狭隘的使用为用糖生产酒精被广泛使用。我们将其广泛定义为：

从最简单到最复杂的生物过程可分为发酵过程、基本生理过程和生物实体的作用。此外，发酵可分为两大类：由微生物或微生物(酵母菌、细菌、藻类、霉菌、原生动物)促进和催化的发酵过程和由酶(微生物产生的化学物质)促进的发酵反应。一般来说，发酵是指通过微生物的作用或酶的作用将有机饲料转化为产物的反应。

整个分类如图27.1所示。

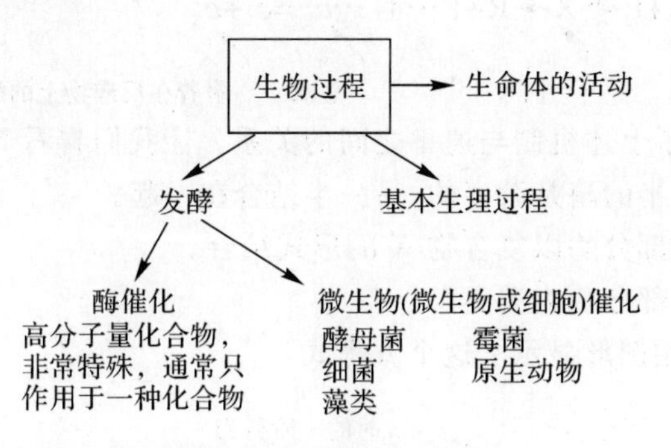

图27.1 生物过程分类

酶发酵可以用

$$(\text{有机饲料},A)\xrightarrow[\text{作为催化剂}]{\text{酶 E}}(\text{产品化学},R) \tag{27.1}$$

微生物发酵可以用

$$(\text{有机饲料},A)\xrightarrow[\text{作为催化剂}]{\text{微生物 C}}(\text{产品},R)+(\text{更多细胞},C) \tag{27.2}$$

这两种发酵的关键区别在于，在酶发酵过程中，催化剂酶不能自我繁殖，而是作为一种普通的化学物质，而在微生物发酵中则是一种催化剂，催化细胞或微生物自我繁殖。在细胞内，它是催化反应的酶，就像在酶发酵中一样；然而，在复制过程中，细胞自己制造酶。本章主要介绍酶发酵，我们主要讨论微生物发酵。

27.1 M－M动力学

在交感神经的环境中，只要有合适的催化剂酶，有机A就能产生R。观察结果如图27.2所示。解释这种结果的一个简单表达式为

全酶

$$-r_A = r_R = k\frac{c_{E0}c_A}{c_M + c_A} \tag{27.3}$$

一个常数。称为Michaelis常数

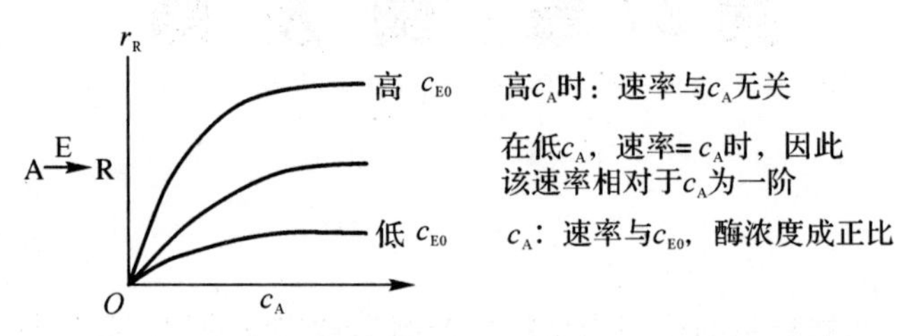

图 27.2　酶催化反应的典型速率-浓度曲线

在寻找最简单的机制来解释这些观察结果和速率形成，Michaelis 和 Menten(1913)提出了两步初级反应机理：

游离酶

$$A + E \underset{2}{\overset{1}{\rightleftharpoons}} X \rightarrow R + E \cdots 且 \cdots c_{E0} = c_E + c_X \tag{27.4}$$

中间　　总酶　　附着在反应物上的酶

例 2.2 发展并解释了上述机制与速率之间的关系。让我们看看 M－M 式的一些特点。

(1)当 $c_A = c_M$ 时，一半的酶是游离的，另一半结合在一起。

(2)当 $c_A \gg c_M$ 时，大部分酶以复合物 X 的形式结合。

(3)当 $c_A < c_M$ 时，大部分酶为游离态。

在图 27.3 中，我们用图形显示了这个方程式。

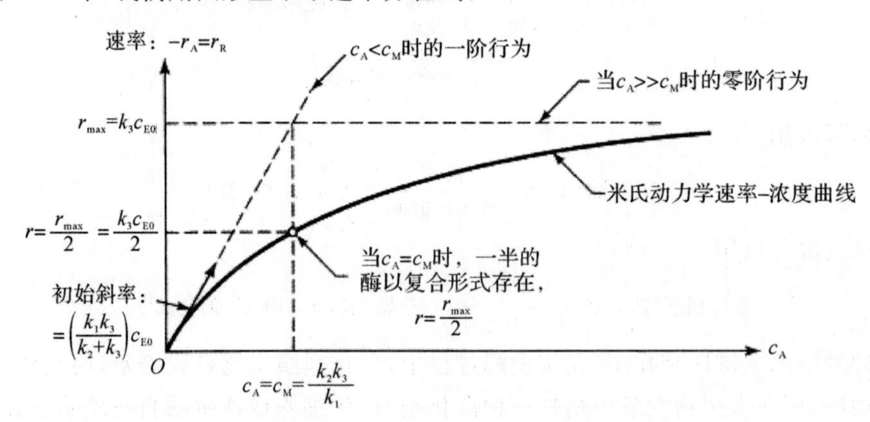

图 27.3　M－M 式(27.3)的特征

下述讨论如何评估这一酶发酵式的两个速率常数。

1. 间歇或活塞流发酵罐

对于这个系统，M－M 式的积分给出[见等式 3.57 或见 Michaelis 和 Menten(1913)]：

$$\underbrace{c_M \ln\frac{c_{A0}}{c_A}}_{一阶项} + \underbrace{(c_{A0} - c_A)}_{零阶项} = k_3 c_{B0} t \tag{27.5}$$

这种缩减时间结果如图 27.4 所示。

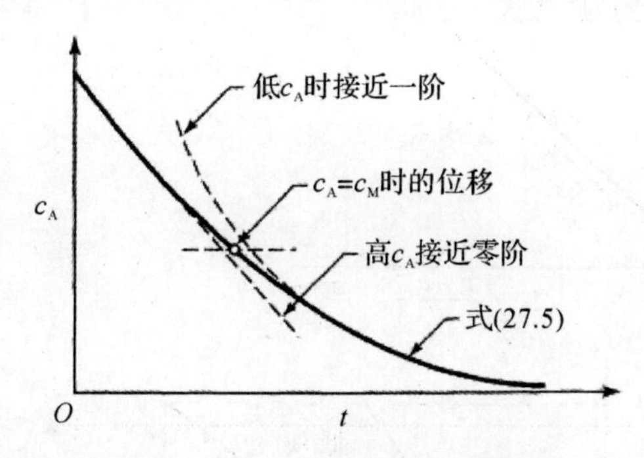

图 27.4　M－M 式的浓度-时间特性

但是，这个式不能直接画出常数 k_3 和 c_M 的值，但是，通过操作，我们可以找到如下形式，如图 27.5 所示，给出速率常数为

$$\frac{c_{A0}-c_A}{\ln\frac{c_{A0}}{c_A}}=-c_M+k_3c_{E0}\cdot\frac{t}{\ln\frac{c_{A0}}{c_A}} \tag{27.6}$$

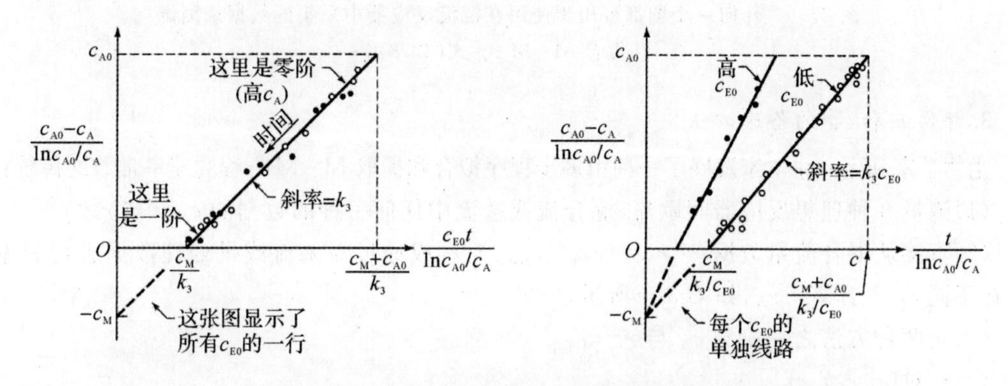

图 27.5　任一图均可用于测试和拟合间歇反应器数据中的 M－M 式(式 27.6)

2. 全混流发酵罐

将 M－M 方程插入混流性能表达式，各得

$$\tau=\frac{c_{A0}-c_A}{-r_A}=\frac{(c_{A0}-c_A)(c_M+c_A)}{k_3c_{B0}c_A}\cdots$$

或

$$k_3c_{B0}\tau=\frac{(c_{A0}-c_A)(c_M+c_A)}{c_A} \tag{27.7}$$

但是，我们无法设计出这个方程的图表来给出 k_3 和 c。然而，在重新排列时，我们找到了一个方程形式，它允许直接计算 k_3 和 c_M，或者

$$c_A=-c_M+k_3\left(\frac{c_{B0}c_A\tau}{c_{A0}-c_A}\right) \tag{27.8}$$

以图形形式给出(见图 27.6)。

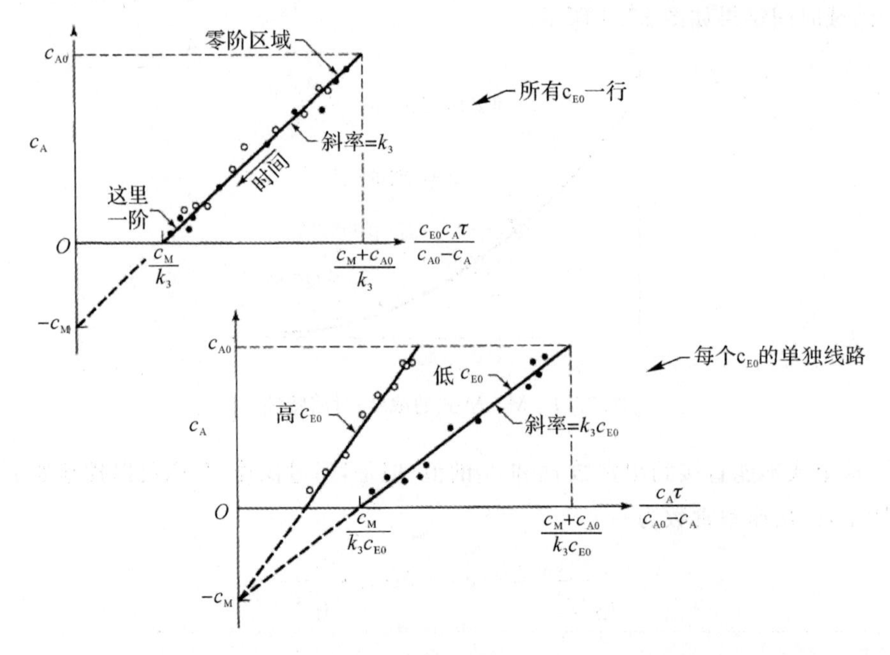

图 27.6　任何一个图都可用于使用在混流反应器中采集的数据来测试和拟合 M－M 式[式(2.78)]

3. 评估 k 和 c_M 的备选方法

生物学家和生命科学家发展了一种用多步程序拟合和提取 M－M 方程的速率常数的传统：

(1)测量 3 种理想反应器间歇流、混合流或塞流中任何一种的数据的 $c_{A,out}$ 与 r。

(2)直接从混合流量数据[$-r_A=(c_{A0}-c_{A,out})/r$]或通过对塞流或批处理数据进行斜率计算，在不同 c_A 下计算 $-r_A$，如第 3 章所示。

(3)用两种方法之一绘制 c_A 与$(-r)$：

$(-r)$对$(-r_A)/c_A$。

$1/(-r_A)$与 $1/c_A$。

(4)从这些图中提取出 c_M 和 k。

得出等式 6 或等式 8 的 CRE 方法符合三种理想反应器类型中任何一种直接测量 c_A 与 r 的数据，不易篡改，而且更可靠。

27.2　异物抑制——竞争性和非竞争性抑制

当 B 物质的存在使 A 到 R 的酶——底物反应减慢时，B 被称为抑制剂。有各种各样的抑制剂作用，最简单的模型称为竞争性和非竞争性。当 A 和 B 攻击酶上的同一位点时，为竞争抑制。当 B 攻击酶上的不同位置时，为非竞争性抑制，但这样做会阻止 A 的作用。这个过程如图 27.7 所示。

药理意义：酶和抑制作用的研究是确定现有药物作用和开发新药的主要方法之一。这一方法改变了近年来药理学研究的总体方向。今天的主要研究方向是生物化学研究疾病，然后合成一种化学物质来阻断一种关键酶的作用。为这两种抑制作用建立动力学表达式。

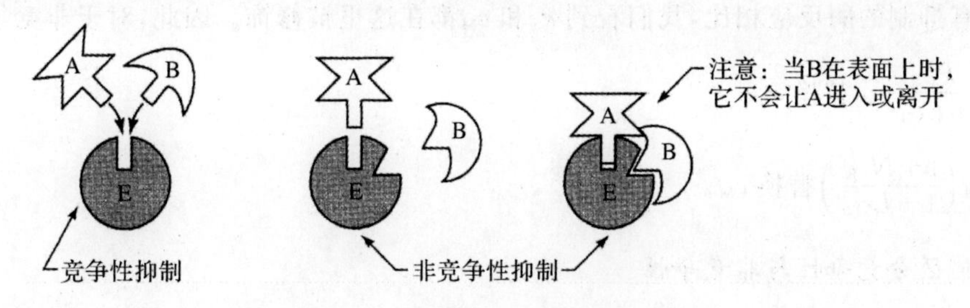

图 27.7　两种抑制剂作用的简单表示

1. 竞争抑制动力学

在 A 和 B 竞争酶的同一位点时，有以下机制：

$$A+E \underset{2}{\overset{1}{\rightleftharpoons}} X \overset{3}{\rightarrow} R+E \tag{27.9}$$

$$B+E \underset{2}{\overset{1}{\rightleftharpoons}} Y \tag{27.10}$$

注意：B只攻击游离酶

按照第 2 章所示的程序(见例 2.2)，得出以下速率式：

$$r_R = \frac{k_3 c_{E0} c_A}{c_M + c_A + N c_{B0} c_M} = \frac{k_3 c_{E0} c_A}{c_M(1+Nc_{B0})+c_A}, \text{其中} \begin{cases} c_M = \dfrac{k_2+k_3}{k_1}, \dfrac{\text{mol}}{\text{m}^3} \\ N = \dfrac{k_4}{k_5}, \dfrac{\text{mol}}{\text{m}^3} \end{cases} \tag{27.11}$$

与没有抑制的系统[式(26.3)]相比，我们看到我们所需要做的就是用 $c_M(1+Nc_{B0})$ 代替 c_M。

2. 非竞争性抑制动力学

这里 A 攻击酶的一个位置，B 攻击不同的位置，但是这样做会停止 A 的作用。这一过程的原理为：

$$A+E \underset{2}{\overset{1}{\rightleftharpoons}} X \overset{3}{\rightarrow} R+E \tag{27.12}$$

$$B+E \underset{5}{\overset{4}{\rightleftharpoons}} Y \tag{27.13}$$

$$B+X \underset{7}{\overset{6}{\rightleftharpoons}} Z \tag{27.14}$$

B 攻击酶而不管 A 是否附着在它上面。那么整体速率为

$$r_R = \frac{k_3 c_{E0} c_A}{c_M + c_A + N c_{B0} c_M + L c_A c_{B0}}$$

$$= \frac{\dfrac{k_3}{(1+Lc_{B0})} c_{E0} c_A}{c_M\left(\dfrac{1+Nc_{B0}}{1+Lc_{B0}}\right)+c_A}, \quad \text{其中} \begin{cases} c_M = \dfrac{k_2+k_3}{k_1} \\ N = \dfrac{k_4}{k_5} \\ L = \dfrac{k_6}{k_7} \end{cases} \tag{27.15}$$

与没有抑制的酶反应相比，我们看到 k_3 和 c_M 都在这里被修饰。因此，对于非竞争性抑制，

(1) $\frac{k_3}{1+Lc_{B0}}c_M$ 替换 k_3；

(2) $c_M\left(\frac{1+Nc_{B0}}{1+Lc_{B0}}\right)$ 替换 c_M。

3. 如何区分竞争性与非竞争性

(1)抑制实验。使用从任一批次获得的 c 对 t 数据，全混流或活塞流可以作为无抑制系统的推荐标准曲线之一(见图 27.5 或图 27.6)。如图 27.8 和 27.9 所示，在抑制作用下，这些曲线图被修改。

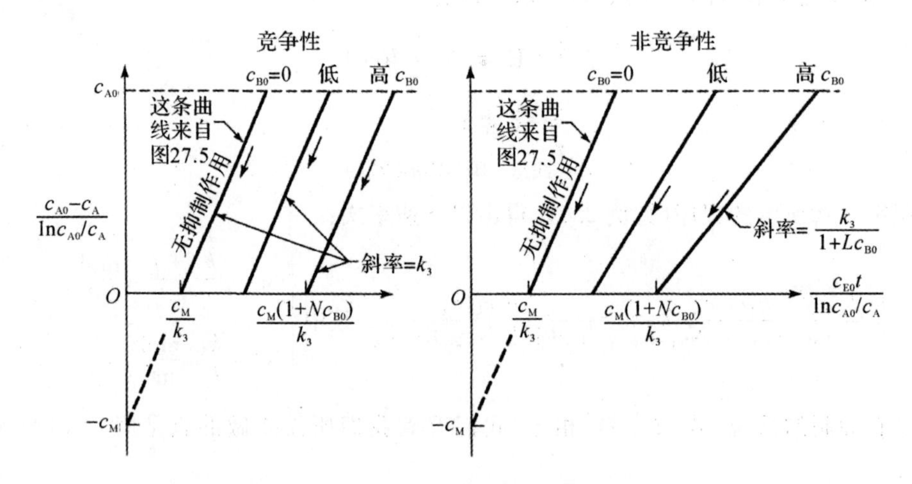

图 27.8　抑制间歇式或活塞流数据的影响

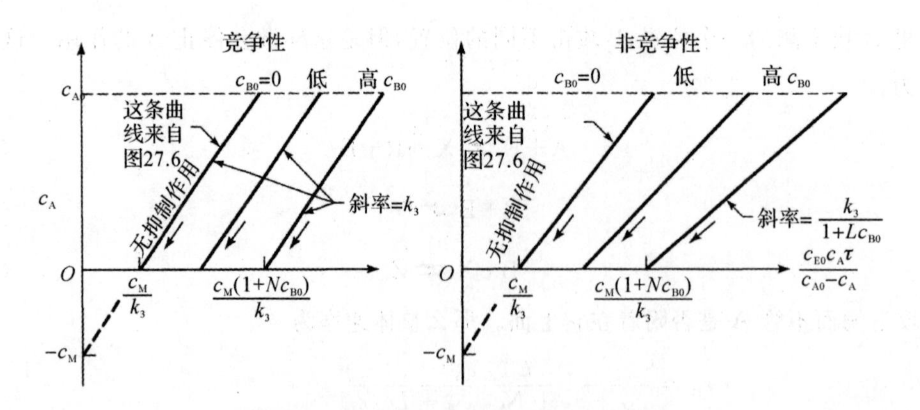

图 27.9　抑制对全混流反应器数据的影响

(2)注释。M－M 等式是表示酶催化反应的最简单的表达式。它在很多方面得到了修改和扩展。这里介绍的两种抑制模式是最简单的。用其他数学表达式来表示会更复杂，所以先使用这些。

习　题

27.1　底物 A 和酶 E 流过全混流反应器(V=6 L)。从进入和离开的浓度和流速找到一个速率式来表示酶在底物上的作用。数据见习题 27.1 表。

习题 27.1 表

$c_{E0}/(mol \cdot L^{-1})$	$c_{A0}/(mol \cdot L^{-1})$	$c_A/(mol \cdot L^{-1})$	$v/(L \cdot h^{-1})$
0.02	0.2	0.04	3.0
0.01	0.3	0.15	4.0
0.001	0.69	0.60	1.2

27.2　在室温下,蔗糖酶被蔗糖酶水解:

$$\text{蔗糖} \xrightarrow{\text{蔗糖酶}} \text{水解产物}$$

以蔗糖(c_{A0}=1 mol/m^3)和蔗糖酶(c_{E0}=0.01 mol/m^3)开始,在间歇式反应器中获得以下数据(见习题 27.2 表)(浓度由旋光度测量计算)。

习题 27.2 表

$c_A/(mol \cdot m^{-3})$	0.68	0.16	0.006
t/h	2	6	10

找到一个速率式来表示这个反应的动力学。

27.3　在许多分开的运行中,将不同浓度的底物和酶引入间歇式反应器中并使其反应。经过一段时间后,反应停止并分析容器内物质的含量。从习题 27.3 表的结果找到一个速率式来表示酶在底物上的作用。

习题 27.3 表

序号	$c_{E0}/(mol \cdot m^{-3})$	$c_{A0}/(mol \cdot m^{-3})$	$c_A/(mol \cdot m^{-3})$	t/h
1	3	400	10	1
2	2	200	5	1
3	1	20	1	1

27.4　碳水化合物 A 在酶 E 存在下分解。我们也怀疑碳水化合物 B 在某种程度上影响了这种分解。为了研究这种现象,不同浓度的 A,B 和 E 流入和流出全混流反应器(V=240 cm^3)。

(1)从习题 27.4 表的数据中找出分解的速率式。

(2)你怎么看待 B 在分解中的作用?

(3)你能提出一个这种反应的机制吗?

习题 27.4 表

c_{A0}/(mol·m^{-3})	c_A/(mol·m^{-3})	c_{B0}/(mol·m^{-3})	c_{E0}/(mol·m^{-3})	v/(cm^3·min^{-1})
200	50	0	12.5	80
900	300	0	5	24
1200	800	0	5	48
700	33.3	33.3	33.3	24
200	80	33.3	10	80
900	500	33.3	20	120

27.5　酶E催化底物A的分解。为了观察物质B是否充当抑制剂,我们在间歇式反应器中进行两个动力学运行,一个B存在,另一个B不存在,从习题27.5表1～习题27.5表3记录的数据

(1)找出一个速率式来表示A的分解。

(2)B在这种分解中的作用是什么?

(3)解释这个反应机制。

1) $c_{A0}=600$ mol/ m^3,$c_{E0}=8$ mg / m^3,不存在B。

习题 27.5 表 1

c_A	350	160	40	10
t/h	1	2	3	4

2) $c_{A0}=800$ mol/m^3,$c_{E0}=8$ mg/m^3,$c_B=c_{B0}=100$ mol / m^3。

习题 27.5 表 2

c_A	560	340	180	80	30
t/h	1	2	3	4	5

纤维素可通过以下酶攻击转化为糖

$$纤维素 \xrightarrow{酶} 糖$$

并且葡萄糖都起作用可以抑制分解。为了研究该反应的动力学,在保持在50℃的全混流反应器中并使用细碎纤维素($c_{A0}=25$ kg/m^3),酶($c_{E0}=0.01$ kg/m^3)和各种抑制剂。结果见习题27.5表3。

27.6　找到一个速率式来表示纤维素酶在没有抑制剂的情况下纤维素的分解。

27.7　纤维二糖在纤维素分解中的作用(找到抑制类型和速率式)。

27.8　葡萄糖在纤维素分解中的作用(找到抑制类型和速率式)。这些问题的速率数据由Ghose和Das在*Advances in Biochemical Engineering*(1971)中进行了修改。

习题 27.5 表 3

序 号	出口处 $c_A/(kg \cdot m^{-3})$	系列 1 无抑制剂 τ/min	系列 2 使用细胞酶纤维素 $c_{B0}=5\ kg/m^3$ τ/ min	系列 3 使用葡萄糖 $c_{G0}=10\ kg/m^3$ τ/ min
1	1.5	587	940	1 020
2	2.5	279	387	433
3	9.0	171	213	250
4	21.0	36	40	50

27.9　鉴于 Michaelis－Menten 代表酶底物反应(或催化剂反应物反应)的速率形式：

$$A \xrightarrow{\text{酶}} R, \ -\tau_A = \frac{kc_A c_{B0}}{c_A + \text{常数}}$$

在正常运行时,如果反应器要进料两种进料流,一种含有 c_{A0},另一种含 c_{E0},下列哪种接触方式可以提供良好的反应器特性(接近最小反应器尺寸)?

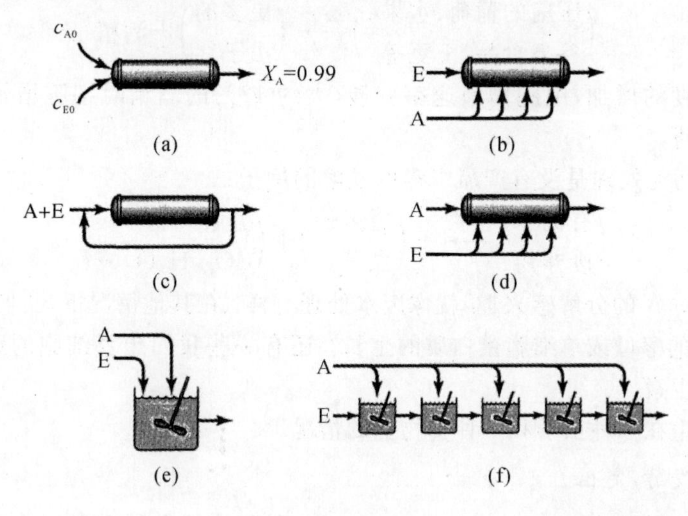

习题 27.9 图

第 28 章　微生物发酵

天然发酵是一种复杂的情况，食物和细胞都在进行反应。本章只考虑最简单的情况：

(1)一种微生物 C 起作用。我们称这为单元或细菌。

(2)一种需要的食物 A。这被生命科学工作者称为底物。

如果食物是正确的，虫子会吃掉它，并繁殖，并在过程中产生废物 R。在符号中表示：

$$A \xrightarrow{c} C+R$$

在某些情况下，产品 R 的存在会抑制细胞的作用，无论有多少食物可用，我们都有产品中毒。酿酒就是一个例子：

$$\begin{pmatrix}\text{压扁的葡萄、水果、}\\\text{谷类食品、土豆等}\end{pmatrix} \xrightarrow{\text{虫子}} \begin{pmatrix}\text{更多的}\\\text{虫子}\end{pmatrix} + \text{酒精}$$

随着酒精浓度的增加，细胞增殖速率变慢，大约 12%的酒精时细胞增殖速率就会减慢。酒精在这里是毒药。

废水的活性污泥处理是没有产品中毒的发酵的例子：

$$\begin{pmatrix}\text{有机}\\\text{废弃物}\end{pmatrix} \xrightarrow{\text{虫子}} + \begin{pmatrix}\text{更多的}\\\text{虫子}\end{pmatrix} + \begin{pmatrix}\text{分解产物}\\CO_2, H_2O, \cdots\end{pmatrix}$$

有时候我们对 A 的分解感兴趣，就像废水处理一样。在其他情况下，我们有兴趣生产细胞 C，例如用于食物的酵母或单细胞蛋白质的生长。还有一些我们想要细胞的废物 R，比如生产青霉素和其他抗生素。

我们看看发生在一种虫子和一种食物上的情况。

1. 恒定环境发酵，定性

当我们将一批微生物引入具有浓度为 c 的食物的恒定成分培养基时会发生什么？首先，微生物需要一段时间才能适应新的环境，然后它们呈指数增长。如图 28.1 所示的行为。大致——时间滞后是细胞在这些新环境中发现自己时受到“冲击”的结果。

Monod 给出了细胞的增长率(时滞后)：

$$r_C = \frac{k c_A c_C}{c_A + c_M}$$

（c_M：细胞以1/2的最大速率繁殖的浓度）

2. 间歇式发酵罐，定性

此处细胞繁殖，底物组成发生变化，并且产物可能对细胞形成有毒。通常我们看到：

(1)诱导期(时滞)；

(2)成长期；

(3)一个固定的生长时期；

(4)一个死亡的细胞。

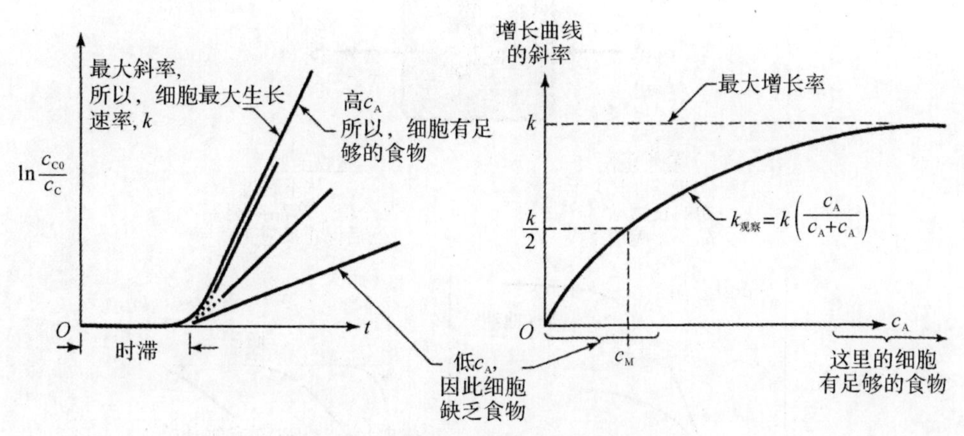

图 28.1　在统一友好环境中的细胞生长

1)滞后。随着容器中的细胞耗尽食物供应，它们停止繁殖，它们的酶活性降低，低分子量化学品扩散出来，并且细胞改变特性和寿命。因此当它们被引入新的环境中时，由于细胞再制造生长和繁殖所需的化学物质，所以观察到时间滞后。一般来说，随着细胞的调整，任何环境变化都会导致诱导期。我们发现，如图 28.2 所示。

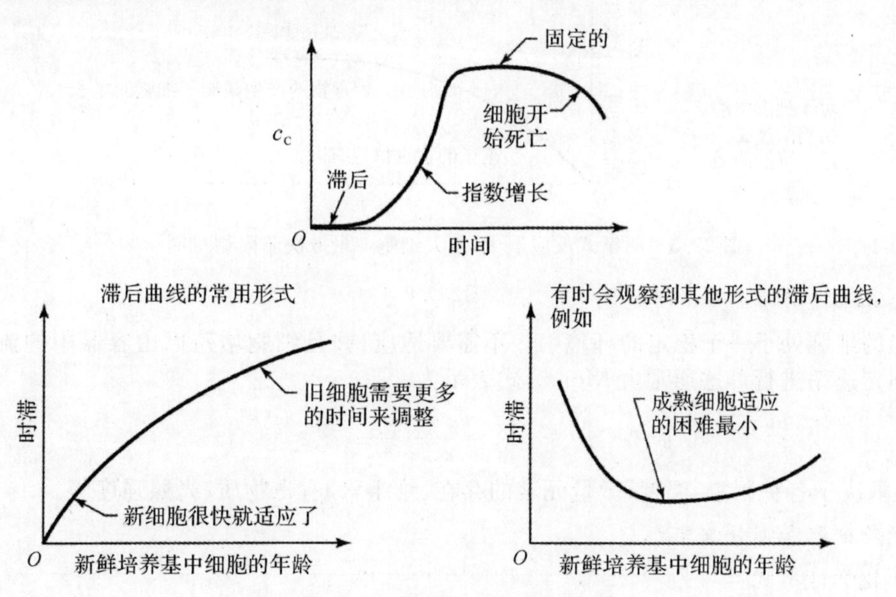

图 28.2　时滞取决于细胞的年龄

2)增长和稳定级段。细胞在一个稳定的环境中呈指数增长，但在间歇式处理系统中，培养基发生变化，因此生长速率发生变化。细胞生长的最终下降要么通过：

①食物的消耗。

②有毒物质的积累(对细胞有毒)。

对其总结见图 28.3。

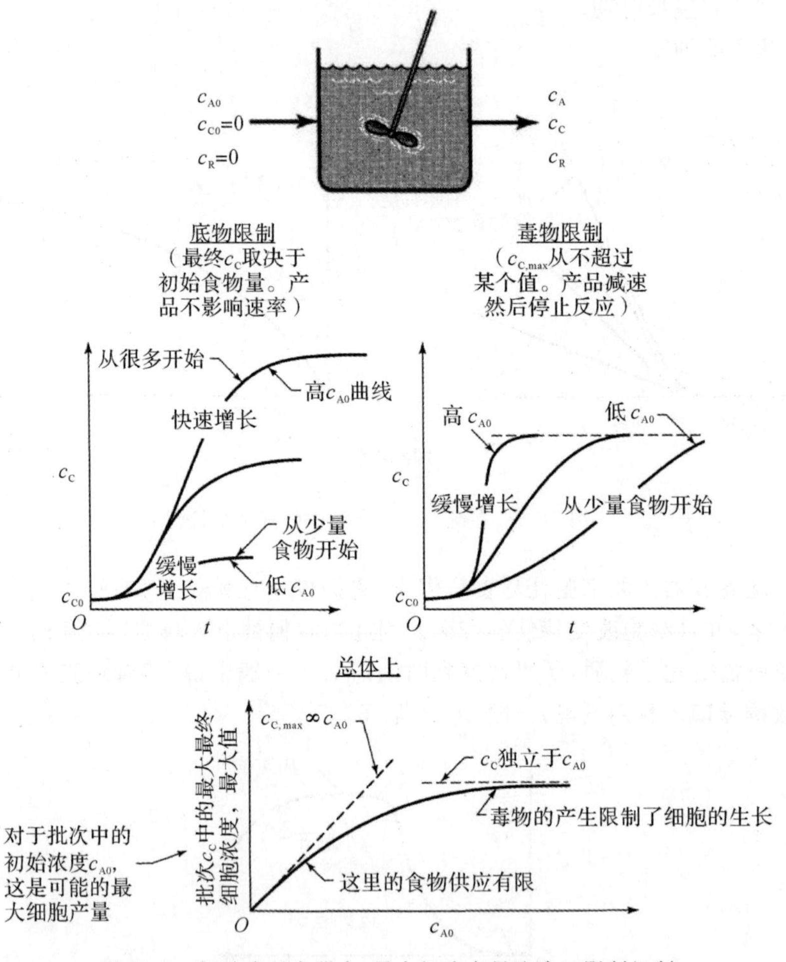

图 28.3　间歇式反应器中，最大细胞产量取决于限制机制

3. 全混流发酵罐

这里的细胞处于一个稳定的环境中。不需要适应，并且细胞增殖以由容器中的流体组成确定的恒定速率进行。这通常由 Monod 式表示为

$$-\tau_{\mathrm{C}}=\frac{k_{c_{\mathrm{A}}}c_{\mathrm{C}}}{c_{\mathrm{A}}+c_{\mathrm{M}}}$$

k 值取决于各种因素：温度、微量元素的存在、维生素、有毒物质、光照强度等。

4. 产物分配和部分收率

对于化学计量式：

$$\mathrm{A}\xrightarrow{\mathrm{c}}c\mathrm{C}+r\mathrm{R}$$

让我们对瞬时部分收率使用以下速记符号：

$$\left.\begin{aligned}\text{Ⓒ/Ⓐ}&=\varphi(\mathrm{C/A})=\frac{\mathrm{d}(\text{生成 C})}{\mathrm{d}(\text{使用 A})}\\ \text{Ⓒ/Ⓡ}&=\varphi(\mathrm{R/A})=\frac{\mathrm{d}(\text{生成 R})}{\mathrm{d}(\text{使用 A})}\\ \text{Ⓡ/Ⓒ}&=\varphi(\mathrm{R/C})=\frac{\mathrm{d}(\text{生成 R})}{\mathrm{d}(\text{使用 C})}\end{aligned}\right\}\tag{28.1}$$

得到以下关系：

$$\left.\begin{aligned}\textcircled{C/R}&=\textcircled{R/C}\cdot\textcircled{C/A}\\ \textcircled{A/C}&=1/\textcircled{C/A}\end{aligned}\right\}\tag{28.2}$$

且

$$\left.\begin{aligned}r_C&=(-r_A)\textcircled{C/A}\\ r_R&=(-r_A)\textcircled{C/R}\\ r_R&=(r_C)\textcircled{R/C}\end{aligned}\right\}\tag{28.3}$$

一般而言，化学计量比可能会随着组分的变化而变得混乱。解决这种情况可能很困难。因此，我们希望简化 φ 值在所有组合中保持不变。对于全混流或间歇式反应器的指数增长周期，这种假设可能是合理的，也可能是值得怀疑的。

无论如何，我们来做这个假设所有的 φ 值都保持不变。在这种情况下，可以写出任何变化，即

$$\left.\begin{aligned}c_C-c_{C0}&=\textcircled{C/A}(c_{A0}-c_A)\ \cdots\text{或}\cdots\ c_C+c_{C0}+\textcircled{C/A}(c_{A0}-c_A)\\ c_R-c_{R0}&=\textcircled{C/R}(c_{A0}-c_A)\ \cdots\text{或}\cdots\ c_R=c_{R0}+\textcircled{C/R}(c_{A0}-c_A)\\ c_R-c_{R0}&=\textcircled{R/C}(c_C-c_{C0})\ \cdots\text{或}\cdots\ c_R=c_{R0}+\textcircled{R/C}(c_C-c_{C0})\end{aligned}\right\}\tag{28.4}$$

5. 动力学表达式

细胞繁殖的速率一般取决于食物的可获得性以及妨碍细胞繁殖的废物堆积。最简单的合理速率表示如下，将在以下章节中使用。

(1)食物的可用性。对于合理的定量表达可以与酶动力学类比。

对于酶：

$$\left.\begin{aligned}&A+E\rightleftharpoons X\\ &X\rightarrow R+E\\ &C_{E0}=C_E+C_X\end{aligned}\right\}\begin{aligned}&\text{在高 }c_A &&\cdots\ r_R=kc_{E0}\\ &\text{在低 }c_A &&\cdots\ r_R=kc_{E0}c_A/c_M\\ &\text{在所有 }c_A &&\cdots\ r_R=\frac{kc_{E0}c_A}{c_A+c_M}\end{aligned}$$

M-M方程　　M-M常数

对于微生物：

$$\left.\begin{aligned}&A+C_{\text{休眠}}\rightleftharpoons C_{\text{繁殖}}\\ &C_{\text{繁殖}}\rightarrow 2C_{\text{休眠}}+R\\ &C_{\text{总}}=C_{\text{繁殖}}+C_{\text{休眠}}\end{aligned}\right\}\begin{aligned}&\text{在高 }c_A &&\cdots\ r_R=kc_C\\ &\text{在低 }c_A &&\cdots\ r_R=kc_Cc_A/c_M\\ &\text{在所有 }c_A &&\cdots\ r_R=\frac{kc_Cc_A}{c_A+c_M}\end{aligned}$$

Monod方程　　Monod常数

过去已经提出了许多其他的动力学形式，但是，自从 Monod 式出来之后，它们不再使用，它的简单可行性占了优势。因此我们将使用这种类型的表达来将细胞生长速率与底物浓度联系起来。

(2)有害废物的影响。随着有害废物 R 的堆积，它们会干扰细胞繁殖。因此，观测到的 Monod 速率常数 k_{obs}，随着 C 的增加而减小。这种关系的简单形式是：

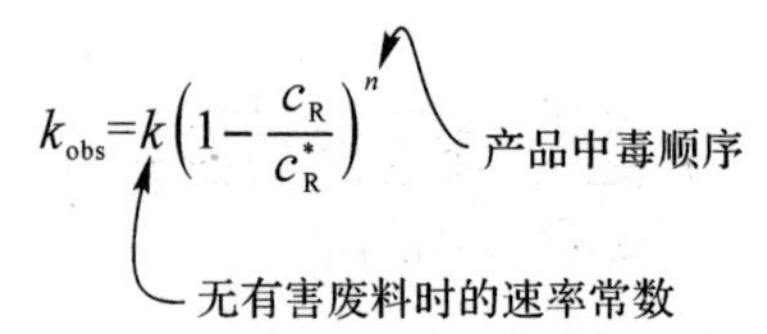

其中 c_R^* 是所有细胞活动停止的 R 浓度，在这种情况下 k_{obs} 变为零。其表达式如图 28.4 所示。

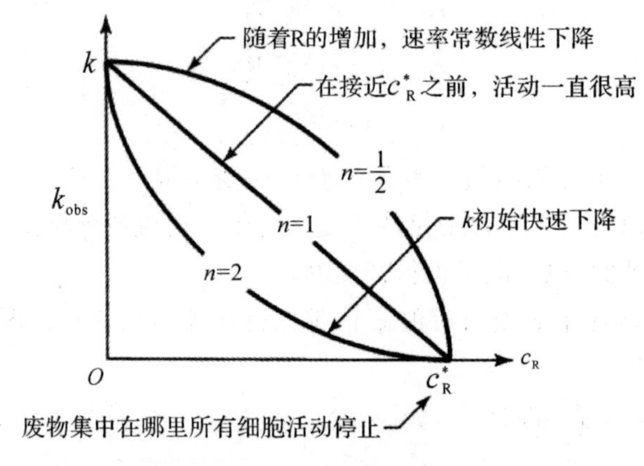

图 28.4　观察到的 k 随着有毒产物 R 积聚而减少

(3)一般动力学表达。可以考虑微生物发酵中两种因素的 Monod 类型的最简单表达为

$$r_C=-r_A\,\textcircled{C/A}=r_R\,\textcircled{C/R}=k_{obs}\frac{c_A c_C}{c_A c_M}$$

广义Monod方程　　k_{obs}随c_R上升而减少

$$\cdots\text{其中}\cdots\ k_{obs}=k\left(1-\frac{c_R}{c_R^*}\right)^n$$

所有反应停止时的浓度

一般来说，反应和细胞增殖会因 A(饥饿)的消耗或 R(环境污染)的增加而减慢。

6. 学科规划

接下来的两章依次论述了性能表现和设计结果：

(1)无毒 Monod 动力学。这里的食物限制仅影响细胞的生长速率。

(2)产物中毒动力学。这里发酵过程中形成的一些产物会降低速率。

我们在这些章节中也假设了一个恒定的分数率，由于一切都是液体，我们取 ε_A，并且我们将始终使用浓度。

普遍情况下，发酵液中过量的底物或细胞也可以减缓发酵速率。在这些情况下，应该适当修改 Monod 式。

第 29 章　底物限制微生物发酵

如果我们假设产量不变或者培养基中细胞拥挤增加导致产量不变，并且速率不减慢，那么上一章的一般速率式即式(28.8)，简化为众所周知的 Monod 式：

$$r_C = \textcircled{C/A}(-r_A) = \frac{kc_Ac_C}{c_A + c_M} \quad 其中\ c_C - c_{C0} = \textcircled{C/A}(c_{A0} - c_A) \tag{29.1}$$

(c_M：Monod常数)

其中 c_{A0} 和 c_{C0} 是进料或起始组合物。

让我们来检查一下根据这些动力学进行反应的理想反应器的进料。

29.1　间歇(或活塞流)发酵反应器

考虑这个反应的进展。开始时 c_{A0} 高，c_{C0} 低；最后 $c_{A0} \to 0$，而 c_{C0} 是高的。因此，运行开始和结束时的速率都很低，但在某些中间组合下它会很高。通过令 $\mathrm{d}r_C/\mathrm{d}t = 0$，我们发现最大速率出现在：

$$c_{A,最大速率} = \sqrt{c_M^2 + c_M(c_{A0} + \textcircled{A/C}\, c_{C0})} - c_M \tag{29.2}$$

这意味着，对于任何系统而言，使用 c_{A0}，c_{C0} 进料时，正确设计的关键是使用全混流一步到达 $c_{A,最大速率}$，然后使用超过此点的活塞流。因此，了解 $c_{A,最大速率}$ 总是很重要的。

现在回到间歇式处理(或活塞流)反应器。应用其性能公式可见

$$t_b = \tau_b = \int_{c_{C0}}^{c_C} \frac{\mathrm{d}c_C}{r_C} = \frac{1}{k}\int_{c_{C0}}^{c_C} \frac{c_A + c_M}{c_C c_A}\mathrm{d}c_C$$

($c_A = c_{A0} - \textcircled{A/C}(c_C - c_{C0})$)

$$= \int_{c_A}^{c_{A0}} \frac{\mathrm{d}c_A}{\textcircled{A/C}\, r_C} = \frac{1}{k}\int_{c_A}^{c_{A0}} \frac{c_A + c_M}{\textcircled{A/C}\, c_C c_A}\mathrm{d}c_A$$

($c_C = c_{C0} - \textcircled{C/A}(c_{A0} - c_A)$)

整合得

$$kt_b = k\tau_p = \left(\frac{c_M}{c_{A0} + \textcircled{A/C}\, c_{C0}} + 1\right)\ln\frac{c_C}{c_{C0}} - \left(\frac{c_M}{c_{A0} + \textcircled{A/C}\, c_{C0}}\right)\ln\frac{c_A}{c_{A0}}$$

$$且\ c_C - c_{C0} = \textcircled{C/A}(c_{A0} - c_A) \tag{29.3}$$

如果涉及时滞，只需加上 t_{lag}，以上述时间找到 t_{lag}，如果我们希望可以用 c_R 而不是 c_A 和 c_C

来写性能等式，则有：

$$c_R = c_{R0} + \textcircled{R/C}(c_C - c_{C0}) = c_{R0} + \textcircled{R/A}(c_{A0} - c_A) \tag{28.4}$$

图 29.1 显示了这个性能式的主要特性。

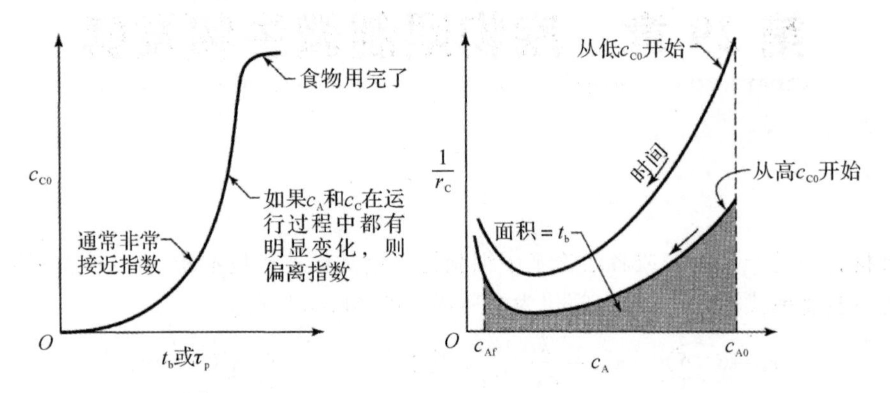

图 29.1　用于 Monod 型微生物发酵的间歇式或活塞流式反应器的行为

1. 如何从间歇式实验中找到 Monod 常数

方法(a)：重新排列给出的式(29.3)得

$$\frac{t_b}{\ln(c_C/c_{C0})} = \frac{M+1}{k} + \frac{M}{k}\frac{\ln(c_{A0}/c_A)}{\ln(c_C/c_{C0})} \text{ 且 } M = \frac{c_M}{c_{A0} + \textcircled{A/C}\, c_{C0}} \tag{29.4}$$

然后绘制如图 29.2 所示的数据。

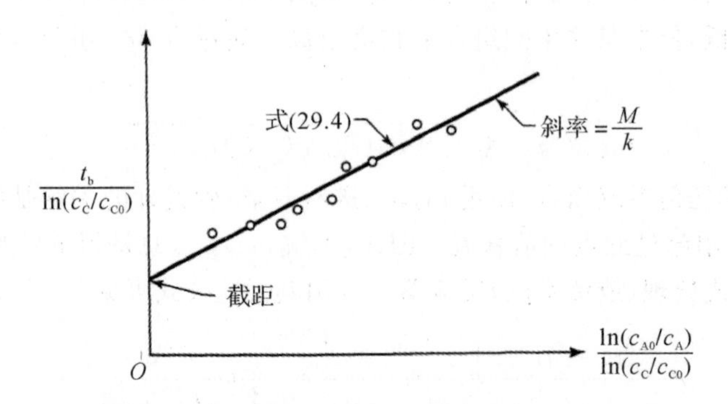

图 29.2　方法(a)评估来自间歇式数据的 Monod 常数

方法(b)：首先通过获取 dc_C/dt 数据找到 r_C，然后重新排列 Monod 式得

$$\frac{c_C}{r_C} = \frac{1}{k} + \frac{c_M}{k}\frac{1}{c_A} \tag{29.5}$$

然后绘制如图 29.3 所示的 c_M和 k。

2. 对间歇式操作的评论

(1)方法(a)直接使用所有数据并将其呈现为线性图。这种方法可能更好、更全面。

(2)方法(b)需要从实验数据中获得衍生物或斜率，比较单调乏味，可能不太可靠。

(3)对于高 c_A，即 $c_A \gg c_M$，将 $c_M = 0$ 置于 Monod 式中。在此情况下，得出 $r_C = kc_C$，性能表达式(29.3)简化为

$$k\tau_p = \ln\frac{c_C}{c_{C0}}$$ —一个指数增长曲线

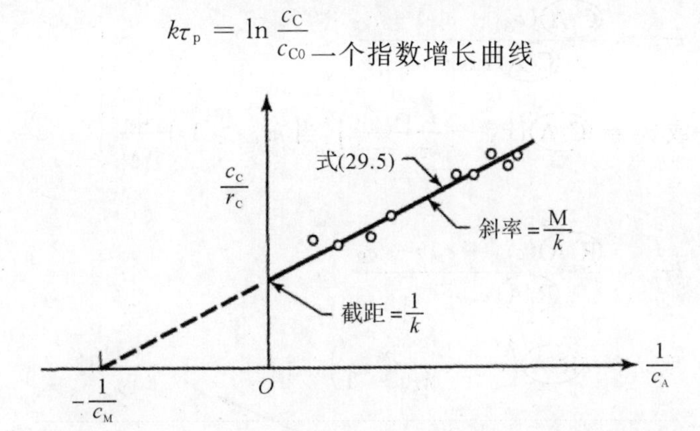

图 29.3　方法(b)评估来自间歇反应器数据的 Monod 式的常数

(4)对于低 c_A，即 $c_A \ll c_M$，Monod 式变得简单的自催化方程，并且性能表达式(29.3)，减至

$$\kappa\tau_p = \frac{c_M}{c_{A0} + (A/C)\, c_{C0}} \ln\frac{c_{A0}\, c_C}{c_A\, c_{C0}}$$

S 形生长曲线。请参阅第 3 章中的自催化式。

(5)对于非常高的 c_C，无毒 Monod 式不能适用，因为即使有足够的食物，细胞也会相互挤出，并且增长速率会减慢并最终停止。因此，对于非常高的细胞浓度，我们必须去研究产品毒性动力学。

(6)尝试从间歇式或活塞流数据评估 Monod 式的速率常数是很不方便的。我们将会看到，全混流数据的解释非常简单。

29.2　全混流动发酵反应器

1. 进料流中没有细胞，$c_{C0} = 0$

假设 Monod 动力学(无产物中毒)，恒定的分馏收率 φ，并且没有细胞进入进料流。然后全混流动性能式变为

$$\tau_m = \frac{\Delta c_i}{r_i} \quad (\text{其中} \quad i = A, C \text{ 或 } R) \tag{29.6}$$

c_{A0}
$c_{C0}=0$
$c_R=0$
c_A
c_C
c_R

将式(29.1)中的 r_i 代入式(29.6)得

就 c_A 而言，有

$$k\tau_m = \frac{c_M + c_A}{c_A} \text{ 或 } c_A = \frac{c_M}{k\tau_m - 1}, \text{ 当 } k\tau_m > 1 + \frac{c_M}{c_{A0}} \text{ 时}$$

就 c_C 而言，有

$$\left.\begin{aligned} k\tau_m &= \frac{\text{(C/A)}(c_{A0}+c_M)-c_C}{\text{(C/A)}\,c_{A0}-c_C} \\ \text{或 } c_C &= \text{(C/A)}\left(c_{A0}-\frac{c_M}{k\tau_m-1}\right),\text{当 } k\tau_m > 1+\frac{c_M}{c_{A0}} \end{aligned}\right\} \tag{29.7}$$

就 c_R 而言

$$k\tau_m = \frac{\text{(R/A)}(c_{A0}+c_M)-c_R}{\text{(R/A)}\,c_{A0}-c_R}$$

$$\text{或 } c_R = \text{(R/A)}\left(c_{A0}-\frac{c_M}{k\tau_m-1}\right),\text{当 } k\tau_m > 1+\frac{c_M}{c_{A0}} \text{ 时}$$

如果$k\tau_m<1+\frac{c_M}{c_{A0}}$，则无解决方案

这个有趣的表达式由 Monod(1949)和 Novick,Szilard(1950)几乎同时独立开发。

为了评估一组全混流动的动力学常数，重新排列给定的式(29.7)得

$$\frac{1}{c_A} = \frac{k}{c_M}\tau_m - \frac{1}{c_M} \tag{29.8}$$

如图 29.4 所示。

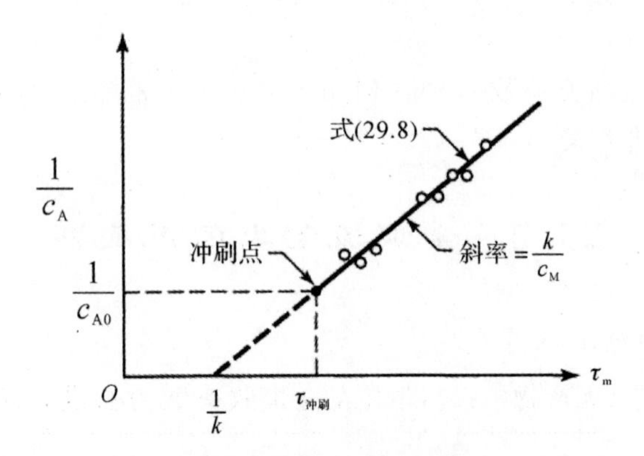

图 29.4 评估全混流反应器数据的 Monod 常数

从性能式中我们可以看出，冲洗、最佳加工时间、最大生产率都取决于 c_M 和 c_{A0}，则有

$$N = \sqrt{1+\frac{c_{A0}}{c_M}} \tag{29.9}$$

因此，当发生单个全混流发酵器的最佳操作发生在

$$\frac{c_A}{c_{A0}} = \frac{1}{N+1},\frac{c_C}{c_{C,\text{可能}}} = \frac{N}{N+1},k\tau_{opt} = \frac{N}{N-1} \tag{29.10}$$

并且冲洗发生在：

$$k\tau_{\text{冲刷点}} = \frac{N^2}{N^2-1} \tag{29.11}$$

如图 29.5 所示。

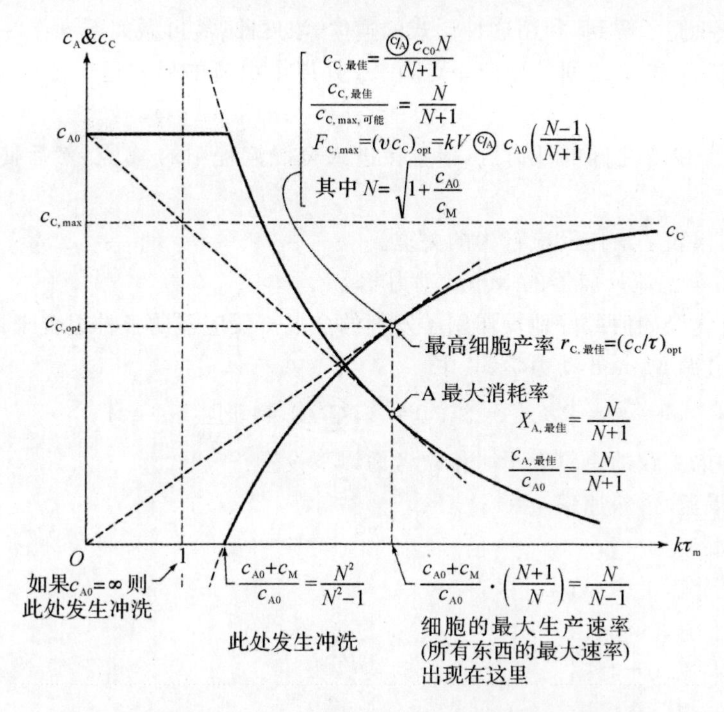

图 29.5　遵循 Monod 动力学的反应的全混流动行为的总结

2. 进料流中含有细胞，$c_{C0}\neq 0$

当进料和细胞进入发酵罐时，MFR[式(29.6)]的性能表达式中的 Monod 表达式[式(29.1)]给出，即

$$k\tau_m=\frac{(c_{A0}-c_A)(c_A+c_M)}{(A/C)\cdot c_{C0}c_A+c_A(c_{A0}-c_A)} \tag{29.12}$$

例 29.1 图(d)(e)和图(f)使用这个表达式。

29.3　发酵剂的最佳使用因素讨论

使用无毒 Monod 动力学和给定的进料，我们有一个 U 形的 $-1/r-c$ 曲线，如图 29.6 所示。

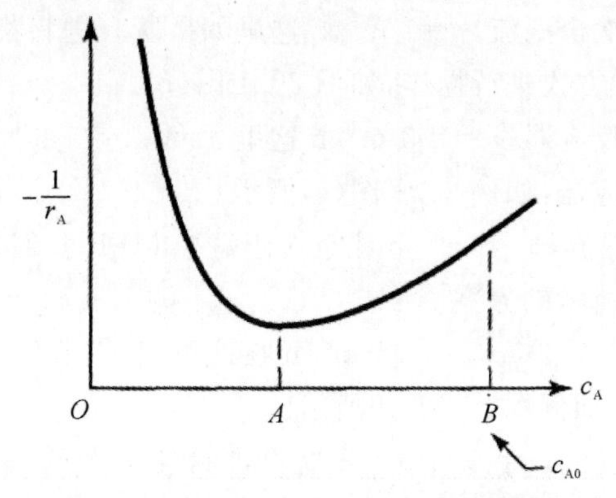

图 29.6　Monod 动力学的速率-浓度特征

从第 5 章中我们了解到，利用这种形式的速率-浓度曲线，可做如下操作：

(1)为了达到 A 和 B 之间的任何一点，在 A 处以全混流的形式运行部分进料并与进料的其余部分混合。

(2)要到达 A 和 O 之间的任何点，请直接进入全混流程中的 A 点，然后使用超出 A 的插件流程。

这两个规则代表了最佳反应行为的关键。

【例 29.1】 全混流反应器的 Mond 动力学

让我们通过建议如何最好地操作用于发酵的全混流反应器的各种组合来进行说明上述重要优化原理，其遵循 Monod 动力学，其中

$$k=2, c_{A0}=3, c_M=1, (C/A)=1 \text{ 且 } V_m=1$$

所有数量均以一致的单位表示。依次考虑以下设置：

(1)单个全混流，进料速率 $v=3$；

(2)单个全混流，$v=1$；

(3)单个全混流，$v=1/3$；

(4)两个全混流，$v=3$；

(5)两个全混流，$v=1.5$；

(6)两个全混流，$v=0.5$。

不要计算 A 或 C 的出口浓度。

解：

先根据全混流动反应的优化规则[见式(29.9)和式(29.10)]，有

$$N=\sqrt{1+\frac{3}{1}}=2$$

$$\tau_{m,最佳}=\frac{N}{(N-1)k}=\frac{2}{(2-1)\times 2}=1$$

$$\tau_{m,冲刷点}=\frac{N^2}{(N^2-1)k}=\frac{4}{(4-1)\times 2}=\frac{2}{3}$$

(1)高进料速率，单一反应器，$v=3\ m^3/h$ 如果所有进料经过全混流，则平均停留时间 $\tau=V/v=1/3$ 太短，细胞不能足够长时间停留在反应器中并且将冲洗掉。因此绕过一些进料并让反应器运行在最佳状态，如例 29.1 图(a)所示。

(2)中等进料速率，单次全混流，$v=1\ m^3/h$ 这里如果所有进料都通过反应器 $\tau=V/v=1$，这是最佳的，那么按照这种方式进行操作，如例 29.1 图(b)。

(3)低进料速率，单个反应器，$v=1/3\ m^3/h$ 这里 $\tau=V/v=1/(1/3)=3$，它比最佳值更长，因此所有的东西都通过反应器，如例 29.1 图(c)所示。

(4)高进给率，2 个全混流，$v=3\ m^3/h$ 注意对于每个 MFR 我们想要 $\tau=1$，这是最佳的，我们最终得到例 29.1 图(d)所示的方案。

(5)中间进料速率，2 个全混流，$v=1.5\ m^3/h$ 在这里，我们能做的最好的事情就是保持第一个反应器处于最佳状态，如例 29.1 图(e)所示。

(6)低进给率，2 个全混流，$v=0.5\ m^3/h$ 这里进料速率太低，不能使反应器处于最佳状态，所以我们最终采用例 29.1 图(f)所示的方案。

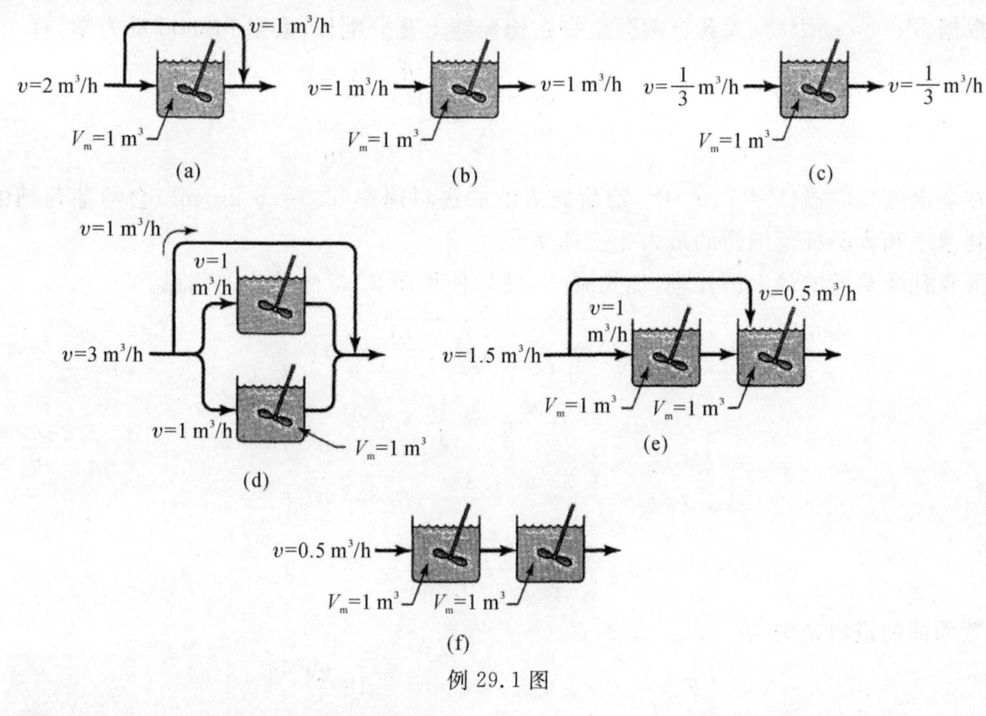

例 29.1 图

【例 29.2】　活塞流的 Monod 动力学

让我们将例 29.1 扩展到我们使用带或不带循环的活塞流反应器(PFR)代替全混流反应器(MFR)的情况。在以下情况下找到最佳状态：

(1)$V_P=3\ m^3$，$v=2\ m^3/h$；

(2) $V_P=2\ m^3$，$v=3\ m^3/h$。

解：

先找到最佳条件为

$$N=2, \tau_{最佳}=1 \text{ 且 } \tau_{冲刷点}=\frac{2}{3}$$

(1)低进给速率，$\tau=V_P/v=3/2=1.5$。这里两个最佳的安排如例 29.2 图(a)所示。

(2)高进给率，$\tau=V_P/v=2/3$。如果所有进料流过反应器，都会有冲刷。所以最佳情况如例 29.2 图(b)所示。

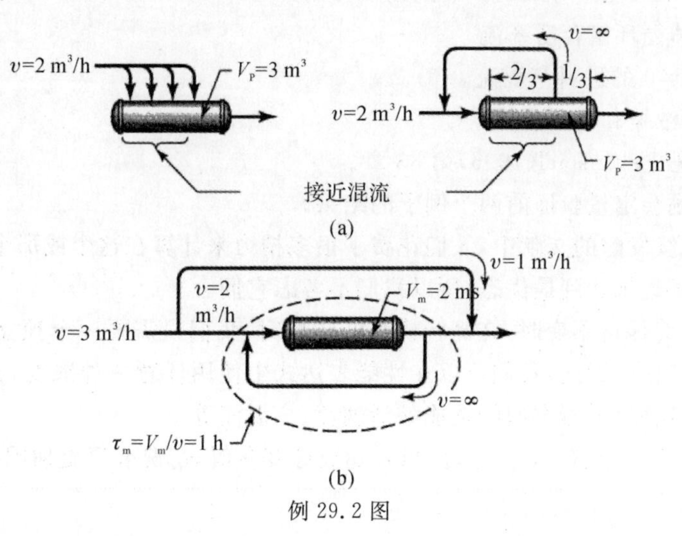

例 29.2 图

根据 Monod 动力学，大肠杆菌微生物在葡萄糖上充分生长，根据 Monod 动力学，有

$$r_C = \frac{40c_A c_C}{c_A + 0.4}\ \frac{\text{kg cells}}{\text{m}^3 \cdot \text{h}}\ 且 \begin{cases} \text{(C/A)} = 0.1 \\ c_A = \frac{\text{kg}}{\text{m}^3} \end{cases}$$

在全混流反应器($V=1\ \text{m}^3$)中，葡萄糖溶液的进料速率($c_{A0}=6\ \text{kg/m}^3$)会给葡萄糖的最大消耗速率和大肠杆菌细胞的最大生产速率？

要找到葡萄糖的最大消耗率，先找到 N，然后使用图 29.5 中给出的信息。

$$N = \sqrt{1+\frac{c_{A0}}{c_M}} = \sqrt{1+\frac{6}{0.4}} = 4$$

$$k\tau_{最佳} = \frac{N}{N-1} = \frac{4}{3} = 1.33$$

故

$$\tau_{最佳} = \frac{1.33}{k} = \frac{1.33}{4} = 0.333\ \text{h}$$

$$v_{最佳} = \frac{V_m}{\tau_{最佳}} = \frac{1}{0.333} = 3$$

葡萄糖的进料速率为

$$F_{A0} = (vc_{A0})_{最佳} = 3 \times 6 = 18\ \frac{\text{kg}}{\text{h}}$$

葡萄糖的最大消耗率为

$$F_{A0}X_{A,最佳} = 18\left(\frac{N}{N+1}\right) = 18 \times \frac{4}{5} = 14.4\ \frac{\text{kg}}{\text{h}}$$

大肠杆菌的最大生产率为

$$F_{C,\max} = v_{最佳}c_{C,最佳} = 3\left[\text{(C/A)}\,c_{A0}\left(\frac{N}{N+1}\right)\right]$$

$$= 3 \times 0.1 \times 6 \times \frac{4}{5} = 1.44\ \frac{\text{kg}}{\text{h}}$$

3. 注释

(1)本章开发的性能式等式的扩展到以下方面：

1)用出口流体循环组合活塞流。

2)与含有 $c_{C0} \neq 0$ 的进料全混流。

3)细胞分离、浓缩和再循环。

更多的讨论见 Levenspiel(1996)第 83 章。

4)后面的问题会定量验证前两个例子的结果。

(2)在关于连续发酵的文献中，人们花费了很多精力来计算在这个或那个装置中发生的事情。大多数计划都远未达到最优态，所以我们不考虑它们。

(3)当 φ 值始终保持不变时，在高转换和低转换时，我们只需要一个独立变量来处理组成随时间或位置的变化。因此，我们可以在性能表达式中使用任意一种浓度 c_A，c_R，或 c_C。我们可以很容易比较各种反应器类型的性能如活塞流、全混流等。

然而，一般来说，$\varphi = f(c_A, c_R, c_C)$。当 φ 随成分变化时，情况变得更加困难，我们不能直接比较反应器类型。

(4)1939 年，作为他的论文的一部分，雅克莫诺提出了我们在这里使用的等式。该论文于 1948 年作为一本书出版，后来在 1949 年被压缩并翻译成英文。

(5)在微生物学中，他们使用如下术语：

1)进料的底物。

2)稀释率为 $1/\tau$。在化学工程中，我们称之为空间速率。这里我们不使用它们，我们用空间时间 τ。

3)恒化器，用于全混流反应器的浊度仪。

我们应该意识到语言的差异。

习　题

29.1　在全混流反应器($V=1$ L)中使用各种流速的 $c_{A0}=160$ mg/L 乳糖颗粒进料，在乳糖上培养大肠杆菌培养物。获得了以下结果见(习题 29.1 表)。

习题 29.1 表

$v/(\mathrm{L\cdot h^{-1}})$	$c_A/(\mathrm{mg\cdot L^{-1}})$	任意细胞浓度
0.2	4	15.6
0.4	10	15
0.8	40	12
1.0	100	6

找到一个速率式来表示这种增长。

大肠杆菌在甘露醇上生长，具有以下动力学

$$r_C=\frac{1.2\,c_Ac_C}{c_A+2},c_A=\mathrm{mg}[\text{甘露醇}]/\mathrm{m^3},\text{Ⓒ/Ⓐ}=0.1\ \mathrm{g/g}$$

29.2　当 1 m^3/h 的甘露醇溶液($c_{A0}=6$ g/m^3)直接进料到体积的全混流反应器时，查找来自反应器的细胞的出口浓度

(1)　$V_m=5\ \mathrm{m^3}$。

(2)　$V_m=1\ \mathrm{m^3}$。

29.3　你可以做得生产更多的细胞(如果是这样，找到 c_C)适当的旁路或从反应器的液体循环利用系统：

(1)问题 2。

(2)问题 3。

29.4　两种不同流量的 $c_{A0}=500$ mol/m^3 进料到 1 m^3 全混流反应器在出口物料中产生相同的 100 g/h 酵母细胞，即

(1)以 0.5 m^3/h 的进料量计算，我们发现 $c_A=100$ mol/m^3。

(2)以 1 m^3/h 的进料量计算，我们发现 $c_A=300$ mol/m^3。

29.5　底物限制 Monod 动力学应该很好地代表酵母形成。从这些信息中，找到

(1)酵母的产量分率；

(2)酵母形成的动力学式；

(3)最大酵母生产的流速；

(4)酵母的最大生产率。

反应物 A($c_{A0}=3$ mol/m^3，$c_{R0}=0$，$c_{C0}=0$)的物料将通过以下微生物发酵，即

$$A \rightarrow R+C, r_C=\frac{kc_Ac_C}{c_A+c_M} \text{ 且 } \begin{cases} k=2 \\ c_M=1 \text{ mol/m}^3 \\ \textcircled{C/A}=0.5 \end{cases}$$

29.6　在以下问题中，通过回收、旁路等方式勾画建议的反应器设置，并在每个草图上指示相关数量。

什么是最低的 c_A，这可以在 $v_m=1$ m^3 的单个全混流反应器中获得，其进料速率为

(1)$v=1/3$ m^3/h。

(2)$v=3$ m^3/h。

29.7　对于进料速率，两个适当连接的全混流反应器(体积 $V=1$ m^3)可以获得的最低 c_A 是多少?

(1)$v=2$ m^3/h。

(2)$v=1$ m^3/h。

29.8　什么是最低的 C，这可以通过 3 个明智连接的全混流反应器获得，每个体积 $V=1$ m^3，对于进料速率：

(1)$v=6$ m^3/h。

(2)$v=2$ m^3/h。

29.9　对于进料速率 $v=3$ m^3/h，具有适当管道的活塞流(塞流)反应器的最小尺寸(反应器旁路或循环或滑动龙头)

(1)$c_C=0.5$，允许侧敲；

(2)$c_C=1.25$，不允许侧敲；

(3)$c_C=1.44$，允许侧锥；

29.10　找出体积为 V 的塞流反应器能获得的最低 $c_A=4$ mol/m^3(旁路、循环和/或侧水龙头都允许)，进料速率为 $v=6$ m^3/h；

29.11　给出表示微生物发酵的 Monod 式：

习题 29.11 图的哪种接触方式可能是最佳的，哪种永远不是？通过最优化，我们意味着最小化仅由 c_{A0} 组成的进料的反应器体积。

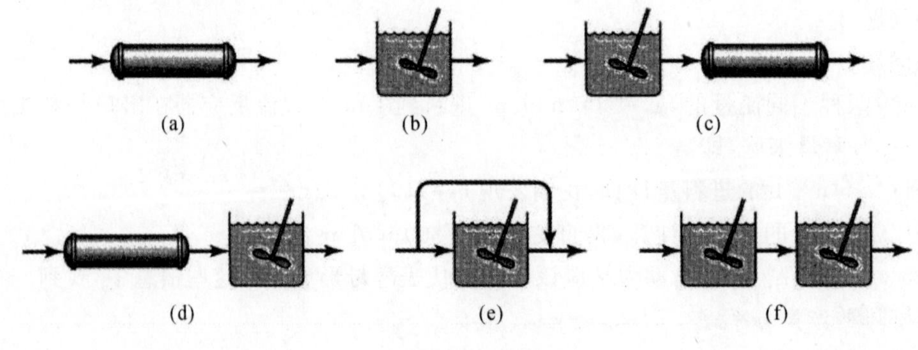

习题 29.11 图

29.12　在他的论文中，这本书于 1948 年作为一本书出版，莫诺德首先提出了以他的名字命名的著名的等式。作为对该式的实验支持，他提出了四个间歇反应器运行对乳糖溶液中纯细菌培养物生长的结果。习题 29.12 表是他的一次跑步的报告数据：

习题 29.12 表

时间间隔数	Δt/h	$\bar{c}_A$/(mol · m^{-1})	c_C/(mol · m^{-1})
1	0.54	137	15.5～23.0
2	0.36	114	23.0～30.0
3	0.33	90	30.0～38.8
4	0.35	43	38.8～48.5
5	0.37	29	48.5～58.3
6	0.38	9	58.3～61.3
7	0.37	2	61.3～62.5

将 Monod 公式拟合到这个数据。

29.13　在例 29.1(e)中，我们可以使用习题 29.13 图所示的 3 种接触方案中的任何一种。我们没有证据说明旁路方案是最好的。通过为习题 29.13 图的 3 种接触方案计算 $c_{A,out}$ 证明确实如此。

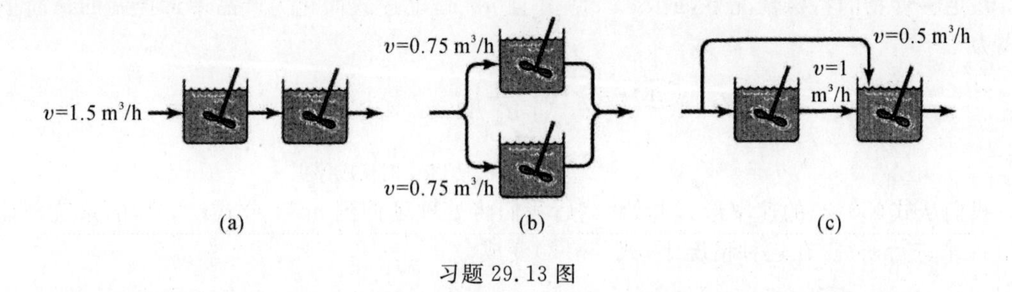

习题 29.13 图

第 30 章　产物限制微生物发酵

在充足的食物和和谐的环境下，细胞可以自由繁殖。然而，无论有多少食物可用，最终细胞之间相互竞争或废物抑制其生长。我们称这种为产品中毒。因此，Monod 动力学总是包括产品中毒在内的更一般速率形式的特例。这种情况的一般速率级数的简单等式如下：

产品中毒顺序

$$r_C = \text{(C/R)}\, r_R = k\left(1 - \frac{c_R}{c_R}\right)^n \frac{c_A c_C}{c_A + c_M} \tag{30.1}$$

无毒环境中的速率常数　　k_{obs}随着产品的增加而减少

在足够食物的特殊情况下，或 $c_A \gg c_M$，并且 $n=1$，上述式简化为产品中毒控制的最简单表达式为

$$r_C = \text{(C/R)}\, r_R = k\left(1 - \frac{c_R}{c_R^*}\right) c_C \tag{30.2}$$

当c_R达到c_R^*时反应停止

我们从式(30.2)的速率形式开始，然后我们将处理延伸到 $n \neq 1$ 或式(30.1)的系统。让我们用 c_R 来进行研究，在这种情况下，式(30.2)变成

$$r_R = \text{(R/C)}\, r_C = \text{(R/C)}\, k\left(1 - \frac{c_R}{c_R^*}\right) c_C = k\left(1 - \frac{c_R}{c_R^*}\right)\left(c_R - c_{R0} + \text{(R/C)}\, c_{C0}\right) \tag{30.3}$$

最大速率然后发生在$\frac{dr_R}{dc_R}=0$。解决给出

$$c_{R,最大速率} = \frac{1}{2}\left(c_{R0} + c_R^* - \text{(R/C)}\, c_{C0}\right) \tag{30.4}$$

可得总是有一个组合的速率是最佳的。

30.1　间歇或活塞流式发酵反应器

高 c_{A0} → 活塞流 → $c_A \approx 0$

$c_{A0} \neq 0$　　c_C

c_{R0}　　c_R

为了将时间与浓度联系起来，我们整合了式(30.3)的性能表达式：

$$t_p = \tau_b = \int_{c_{R0}}^{c_R} \frac{dc_R}{c_{R0}} = \int_{c_{R0}}^{c_R} \frac{dc_R}{k\left(1 - \frac{c_R}{c_R^*}\right)\left(c_R - c_{R0} + \text{(R/C)}\, c_{C0}\right)}$$

或根据产品 R，有

$$k\tau_p = k\tau_b = \frac{c_R^*}{c_R - c_{R0} + \textcircled{R/C}\, c_{C0}} \ln \frac{c_C(c_R^* - c_{R0})}{c_{C0}(c_R^* - c_R)} \quad (30.5)$$

（其中 $c_C = c_{C0} + \textcircled{C/R}(c_R - c_{R0})$）

在图形上，这个性能式如图 30.1 所示。

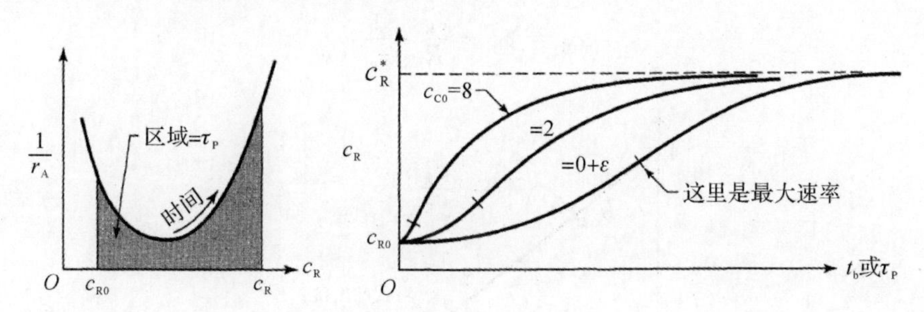

图 30.1　式(30.5)的图形表示

由于 i/r_R 相对于 c_R 曲线为 U 形，因此运行活塞流反应器的最佳方式如图 30.2 所示。

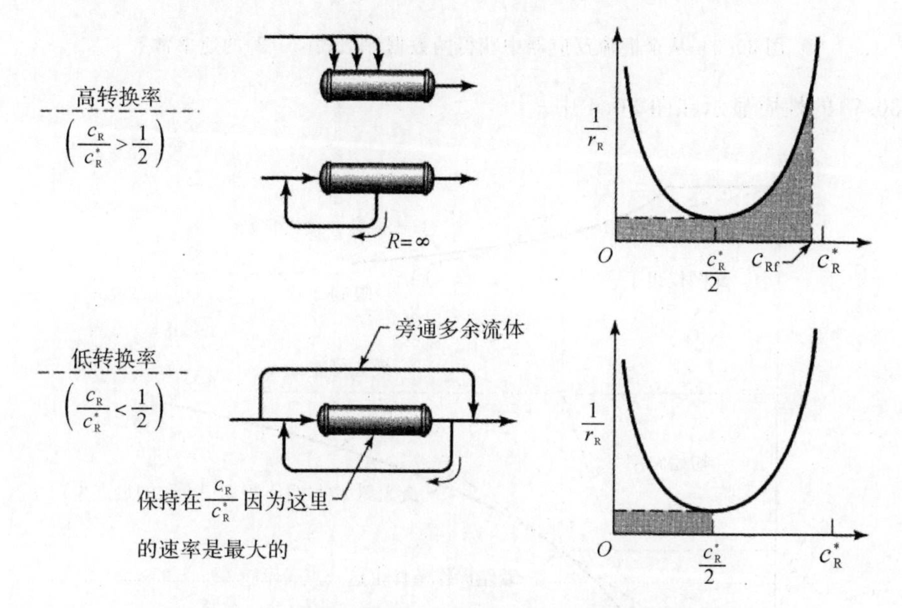

图 30.2　活塞流发酵罐用于毒性限制动力学的最佳操作

30.2　全混流发酵反应器

对于进入新环境的进料细胞时间滞后可忽略的情况，以及对于高 c_{A0} 近似 $n=1$ 级反应，则有

$$\tau_m = \frac{c_R - c_{R0}}{r_R} = \frac{c_R - c_{R0}}{k\left(1 - \frac{c_R}{c_R^*}\right)(c_R - c_{R0} + \textcircled{R/C}\, c_{C0})} \quad (30.6)$$

对于 $c_{C0}=0$ 和 $c_{R0}=0$ 的特殊情况，上面的通用表达式简化为

$$k\tau_m=\frac{c_R^*}{c_R^*-c_R}=\frac{1}{1-\frac{c_R}{c_R^*}}，当\ k\tau_m>1\ 时 \tag{30.7}$$

为了评估来自全混流实验的动力学常数，如式(30.8)所示重新排列式(30.7)并且如图30.3所示绘图。

$$c_R=c_R^*-\frac{c_R}{R}\cdot\frac{1}{\tau_m} \tag{30.8}$$

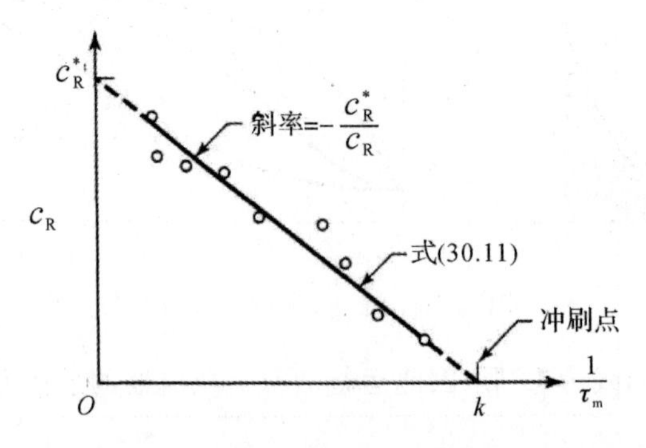

图 30.3　从全混流反应器中获得的数据评估式(30.2)的速率常数

式(30.7)的性质显示在图30.4中。

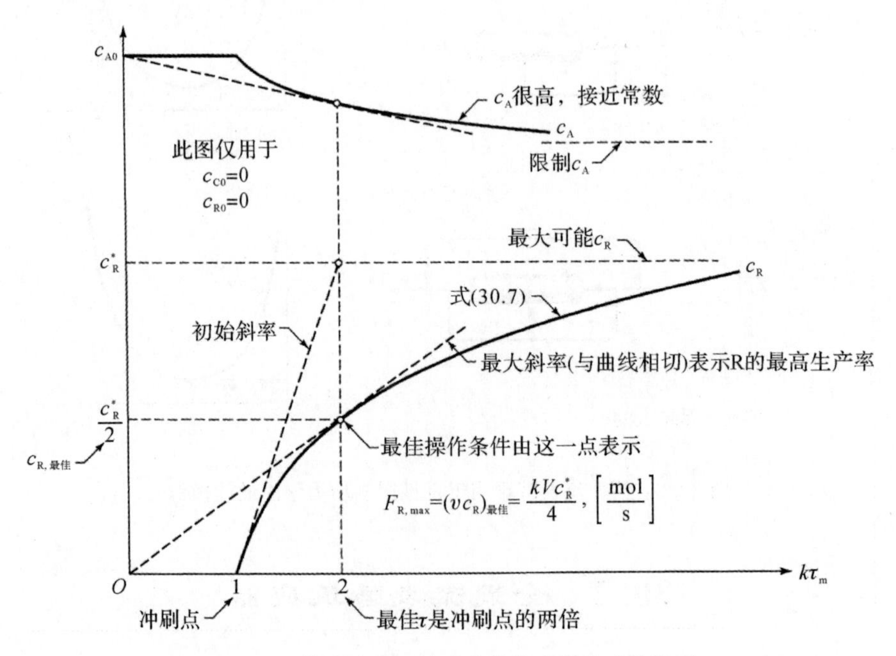

图 30.4　等式(30.2)的动力学的全混流式的性质

1. 注释

对于 $c_{C0}=0$，$c_{R0}=0$ 和任何高 c_{A0} 的全混流：

(1)对于任何进料，在 $k\tau_m=1$ 时发生冲刷；

(2)细胞和产物 R 的最大生产率是在 $k\tau_m=2$,且 $c_R=c_R^*/2$。

(3)发现细胞和产品的最大生产率是

$$F_{R,max}=\text{(R/C)}F_{C,max}=kVc_R^*/4$$

(4)c_C 曲线的形状与 c_R 曲线相似,并与其成正比。因此,它从 0 上升到(C/R) c_R^*。

(5)多级系统的最佳操作遵循与无毒系统相同的模式。一般规则是使用全混流一步到达最大速率。通过插流继续超越这一点。

请注意,当 $c_{C0}=0$ 和 $c_{R0}=0$ 时,最大速率出现在 c_R^* 处。

2. $n\neq1$ 毒素限制动力学发酵

对于 n 级产物中毒动力学,其速率式为

$$-r_R=k\left(1-\frac{c_R}{c_R^*}\right)c_C \tag{30.9}$$

这些动力学显示在图 30.5 中。活塞流的性能式相当复杂,然而,对于全混流,性能式可以直接获得。因此,一般来说,有 $c_{C0}\neq0$ 和 $c_{R0}\neq0$,则有

$$k\tau_m=\frac{c_R-c_{R0}}{(c_R-c_{R0}+\text{(R/C)}c_{C0})\left(1-\frac{c_R}{c_R^*}\right)^n} \tag{30.10}$$

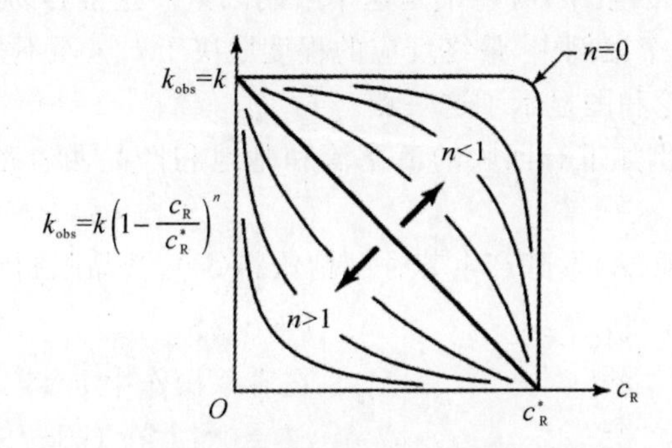

图 30.5　反应减慢主要取决于中毒反应的级数

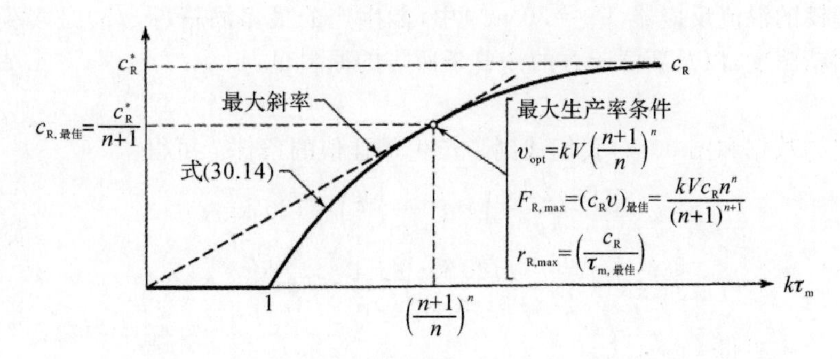

图 30.6　式(30.9)中毒物影响动力学的混流反应器特征

$$k\tau_m=\frac{1}{\left(1-\frac{c_R}{c_R^*}\right)^n},当\ k\tau_m>1\ 时 \tag{30.11}$$

该式的性质、冲刷、最大产量等如图 30.6 所示。为了从实验中找到动力学常数 c_R^*,k 和 n,先

使用过量反应物 A 和 $t\to\infty$ 来评估 c_R^*。然后重新排列混合流动性能式，得出

$$\lg\tau_m = -\lg k + n\lg\left(\frac{c_R^*}{c_R^* - c_R}\right) \tag{30.12}$$

如图 30.7 所示。这将给出动力学常数 k 和 n。

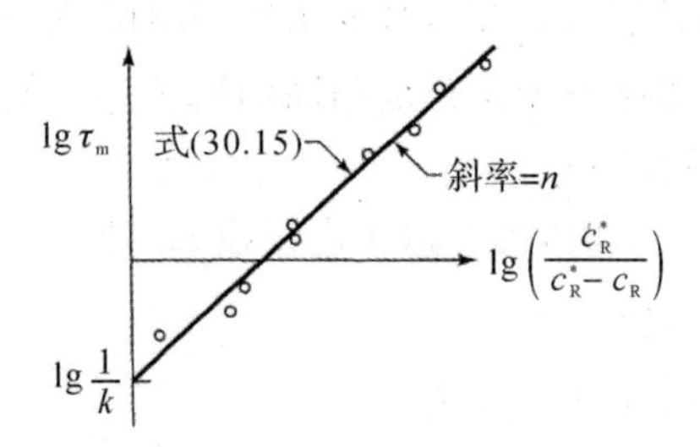

图 30.7　根据混流式反应器数据得出产品中毒顺序和式(30.12)的速率常数

3. 讨论

产物限制和底物限制(Monod)动力学(见图 29.5 和图 30.4)的全混流程图的形状相似性，导致许多研究人员用简单的 Monod 式拟合产物中毒系统。或许适合会很好，但不要尝试在不同的进料条件下使用拟合式。想当然的依据逻辑推理，你的预测很可能会是错的。

必须首先找到这两个因素中，哪一个是速率限制因素。这很容易这样做，所以不能想当然的使用错误表达式。在一个案例中，最终反应的程度取决于 c_{A0}，而不是 c_{R0}；在另一种情况下，反之亦然。第 28 章的讨论和图显示了这一点。

相关情况的表达式，例如带有回收的活塞流和基地和产品两者都影响速率由 Levenspiel 开发的。

【例 30.1】 粉碎果蝇(A)发酵产生芳香酒精饮料(R)，产品限制动力学估计如下：

$$\left.\begin{aligned} & A \xrightarrow{c} R + C \\ & r_R = k\left(1 - \frac{c_R}{c_R^*}\right)^n c_C \end{aligned}\right\} 且 \begin{cases} k = \sqrt{3},\ h^{-1} \\ 在春季操作中\ n = 1 \\ c_R^* = 0.12\ \text{kg C/kg S} \\ \rho = 1\ 000\ \text{kg/m}^3 \end{cases}$$

在商业规模的混流反应器($V_m = 30\ \text{m}^3$)中，能生产的最多酒精(kg/h)是多少？同时计算鸡尾酒中的酒精浓度，以及新鲜芳香的炸薯条所需的原料量。

解：

根据给定的数据和图 30.4，我们找到了产生最佳值的条件。可得

$$c_R^* = \left(\frac{0.12\ \text{kg}}{\text{kg}}\right) \times \left(\frac{10^3\ \text{kg}}{\text{m}^3}\right) = 120\ \text{kg/m}^3$$

故

$$c_{R,最佳} = \frac{c_R^*}{2} = \left(\frac{120\ \text{kg}}{\text{m}^3}\right) \times \frac{1}{2} = 60\ \frac{\text{kg}}{\text{m}^3} = 6\%$$

同样，由图 30.4 中可得

$$k\tau_{冲刷点} = 1 \quad 故\ \tau_{冲刷点} = \frac{1}{\sqrt{3}}\ \text{h}$$

且

$$\tau_{最佳} = 2\tau_{冲刷点} = \frac{2}{\sqrt{3}}\ \text{h}$$

$\tau_{最佳}=\frac{V}{v_{最佳}}$，因此最佳进给速率为

$$v_{最佳}=\frac{V}{\tau_{最佳}}=\frac{30\sqrt{3}}{2}=25.98\ \mathrm{m^3/h}$$

同样从图 30.4 中可以看出，酒精的生成率为

$$F_R=v_{最佳}c_{R,最佳}=(25.98\times 60)=1\ 558\ \mathrm{kg/h}$$

习　题

材料 R 将通过以下微生物发酵产生，使用进料流 $c_{A0}=10^6$，$c_{R0}=0$，$c_{C0}=0$。所有数量均采用统一的国际单位制，即

$$A\xrightarrow{c}R+C \qquad r_C=k\left(1-\frac{c_R}{c_R^*}\right)\frac{c_Ac_C}{c_A+c_M} \qquad 且\begin{cases}k=2\\ c_M=50\ \mathrm{mol/m^3}\\ c_R^*=12\ \mathrm{mol/m^3}\\ \textcircled{R/A}=0.1\\ \textcircled{C/A}=0.01\end{cases}$$

在下列每一个问题中，画出你推荐的反应堆设置，并在草图上标明相关的数量。

对于进料速率，在一个尺寸为 $V_m=1$ 的单混流反应器中，c_R 是多少？

30.1　$v=1\ \mathrm{m^3/h}$

30.2　$v=4\ \mathrm{m^3/h}$

对于一个进料速率，使用两个体积 $V_m=1$ 的混流反应器可以得到多少 c_R？

30.3　$v=1\ \mathrm{m^3/h}$

30.4　$v=3\ \mathrm{m^3/h}$

对于进料速率 $v=3\ \mathrm{m^3/h}$，需要多少尺寸的塞流式反应器和适当的管道、再循环、旁路或任何你想使用的东西？

30.5　$c_R=6\ \mathrm{mol/m^3}$

30.6　$c_R=4\ \mathrm{mol/m^3}$

30.7　$c_R=9\ \mathrm{mol/m^3}$

30.8　A 的微生物发酵产生如下 R：

$$10A+Cell\rightarrow 18R+2$$

在 $c_{A0}=250\ \mathrm{mol/m^3}$ 的混流反应器中的实验表明：

$$c_R=24\ \mathrm{mol/m^3}，当\ \tau=1.5\ 时$$

$$c_R=30\ \mathrm{mol/m^3}，当\ \tau=3.0\ 时$$

此外，对于任何 τ_m，c_A 或 c_C，c_R 的上限似乎为 $36\ \mathrm{mol/m^3}$。

从这些信息数据，可以确定如何最大限度地提高百分数收率，来自 $10\ \mathrm{m^3/h}$ 的 $c_{A0}=350\ \mathrm{mol/m^3}$ 的进料流的 R 或 $\textcircled{R/A}$ 产品分离和回收在这个系统中是不实际的，所以只有这样考虑一个直通系统。以草图显示的形式呈现你的答案反应器类型，反应器体积，出口流中的 c_R 以及 R 的物质的量。

在春季，果蝇的发酵过程是 $n=1$ 的一级反应动力学过程，如例 30.1 所示。然而，在冬季或夏季，可能由于温度的不同，中毒的过程也不同。因此，重复例 30.1，只需改变一次：

30.9　冬季，$n=\frac{1}{2}$

30.10　夏季，$n=2$

注意：要知道 n 的值是如何影响反应器性能的，请将这里的答案与例 30.1 中的答案进行比较。

30.11　在一个试验性的植物充分搅拌的发酵罐中，在一个名字为"咕噜虫"的细菌作用下，在细胞化的化学反应器中被降解为葡萄糖。由于这些细碎的不可估计的物料过量，葡萄糖的存在成为限速因素。我们总结的结果如下：

(1) $v=16$ books/h，$c_R=54\ \mu$mol/L；

(2) $v=4$ books/h，$c_R=75\ \mu$mol/L；

(3) $v\rightarrow 0$，$c_R\rightarrow 90\ \mu$mol/L；

确定最大化每单位葡萄糖产量的理论流量，并找出该生产率。

30.12　Microbe 教授提交了一份发表论文，其中他使用纯底物进料（$c_{A0}=150$ mol/m^3，$c_{R0}=c_{C0}=0$ mol/m^3）研究了全混流发酵器中新菌株的生长（$V=46.4$ m^3）。他的原始数据如下：

$v/(\mathrm{m^3\cdot h^{-1}})$	$c_A/(\mathrm{mol\cdot m^{-3}})$
4.64	5
20.0	125
22.0	150（冲刷点）

且 $(R/A)=0.5$

他断言，虽然没有给出细节，这些数据清楚地代表了用速率常数限制毒物的动力学：

$$k=0.50, c_R^*=90.6, n=1.0$$

这篇论文的评审员 Ferment 反驳说，Microbe 微生物是完全错误的，这些数据实际上代表了底物限制 Monod 动力学的因素，有

$$c_M=20, k=0.50$$

出于不喜欢这个答案，他也没有给出他计算的细节。编辑不确定谁是正确的（这不是他的专业领域），所以他把论文和审查交给 Duwayne。Duwayne 的答案是什么？是微生物？还是酵素？还是两者兼而有之？哪个是对的？

参考文献

[1] JUNGERS J C. Cinétique Chimique Appliquée[M]. Paris: Technip, 1958.
[2] LAIDLEER K J. Chemical Kinetics[M]. 2nd ed. New York: Harper and Row, Publishers, 1987.
[3] MOORE W J. Basic Physical Chemistry [M]. Upper Saddle River: Prentice - Hall, 1983.
[4] LINDEMANN F A, ARRHENIUS S, LANGMUIR I, et al. Discussion on "the Radiation Theory of Chemical Action"[J]. Transactions of the Faraday Society, 1922, 17:598 - 606.
[5] MICHAELIS L, MENTEN M L. Die Kinetik der Invertinwerkung[J]. Biochemische Zeitschrift, 1913, 49(333):333 - 369.
[6] FROST A A, PEARSON R G. Kinetics and Mechanism[M]. 2nd ed. New York: John Wiley & Sons, 1961.
[7] LAIDLER K J. Chemical Kinetics[M]. 2nd ed. New York: McGraw Hill, 1965.
[8] CORCORAN W H, LACEY W N. Introduction to Chemical Engineering Problems[M]. New York: McGraw Hill, 1970.
[9] WESTERTERP K R, VANSWAAIJ W P M, BEENACKERS A A. Chemical Reactor Design and Operation[M]. New York: John Wiley & Sons, 1984.
[10] CATIPOVIC N, LEVENSPIEL O. Performance Charts for the Three - Step Series - Parallel Reactions[J]. Industrial & Engineering Chemistry Research, 1979, 18(3):558 - 561.
[11] DENBIGH K G. The Kinetics of Steady State Polymerisation[J]. Transactions of the Faraday Society, 1947, 43:648.
[12] DENBIGH K G. Optimum Temperature Sequences in Reactors[J]. Chemical Engineering Science, 1958, 8(1/2): 125 - 132.
[13] VAN H C. Autothermic Processes[J]. Industrial & Engineering Chemistry, 1953, 45(6):1242 - 1247.
[14] VAN H C. The Character of the Stationary State of Exothermic Processes[J]. Chemical Engineering Science, 1958, 8(1/2):133 - 145.
[15] HUSAIN A, GANGIAH K. Optimization Techniques for Chemical Engineers[M]. Delhi: Macmillan of India, 1976.

[16] TRAMBOUZE P J, PIRET E L. Continous Stirred Tank Reactors[J]. Aiche Journal, 1959, 5:384 - 389.

[17] VAN D V J. Plug - Flow Type Reactor Versus Tank Reactor[J]. Chemical Engineering Science, 1964, 19(12):994 - 996.

[18] DANCKWERTS P V. Continuous Flow Systems: Distribution of Residence Times[J]. Chemical Engineering Science, 1953, 2:1.

[19] ARIS R. Notes on the Diffusion: Type Model for the Longitudinal Mixing of Fluids in Flow[J]. Chemical Engineering Science, 1959, 9:266 - 267.

[20] BISCHOFF K B, LEVENSPIEL O. Fluid Dispersion - generalization and Comparison of Mathematical Models: Generalization of Models[J]. Chemical Engineering Science, 1962, 17(4):245 - 255.

[21] LEVENSPIEL O. Longitudinal Mixing of Fluids Flowing in Circular Pipes[J]. Industrial & Engineering Chemistry, 1958, 50(3):343 - 346.

[22] LEVENSPIEL O. The Chemical Reactor Omnibook [M]. Corvallis: OSU Bookstores,1996.

[23] VAN D L. Notes on the Diffusion:Type Model for Longitudinal Mixing in Flow[J]. Chemical Engineering Science, 1958, 7(3):187 - 191.

[24] VON R D U. Mechanics of Steady State Single-phase Fluid Displacement from Porous Media[J]. Aiche Journal, 1956, 2(1):55 - 58.

[25] WEHNER J F, WILHELM R H. Boundary Conditions of Flow Reactor[J]. Chemical Engineering Science, 1956, 6:89 - 93.

[26] MACMULLIN R B, WEBER M. The Theory of Short Circuiting in Continuous - Flow Mixing Vessels in Series and the Kinetics of Chemical Reactions in Such Systems[J]. Trans Aiche, 1935, 31:409 - 458.

[27] VAN D V. A New Model for the Stirred Tank Reactor[J]. Chemical Engineering Science, 1962, 17(7):507 - 521.

[28] ANANTHAKRISHNAN V, GILL W N, BARDUHN A J. Laminar Dispersion in Capillaries: Mathematical Analysis[J]. Aiche Journal, 1965, 11:1063 - 1072.

[29] BOSWORTH R C L. Distribution of Reaction Times for Laminar Flow in Cylindrical Reactors[J]. Philosophical Magazine, 1948, 39(298):847 - 862.

[30] CLELAND F A, WILHELM R H. Diffusion and Reaction in Viscous - flow Tubular reactor[J]. Aiche Journal, 1956, 2(4):489 - 497.

[31] DENBIGH K G. The Kinetics of Continuous Reaction Processes: Application to Polymerization[J]. J. Appl. Chem. , 1951,1:227 - 236.

[32] LEVIEN K L, LEVENSPIEL O. Optimal Product Distribution from Laminar Flow Reactors: Newtonian and other Power - Law Fluids[J]. Chemical Engineering Science,

1999, 54(13):2453 - 2458.

[33] DANCKWERTS P V. The Effect of Mixing on Homogeneous Reactions[J]. Chemical Engineering Science, 1958, 8(1/2):93 - 102.

[34] FELLER W. An Introduction to Probability Theory and Its Applications[M]. 2nd ed. New York: John Wiley & Sons, 1957.

[35] LEVENSPIEL O. Chemical Reaction Engineering[M]. 2nd ed. New York: John Wiley & Sons, 1972.

[36] NG D Y C, RIPPIN D W T. Third Symposium on Chemical Reaction Engineering[M]. Oxford: Pergamon Press, 1965.

[37] OTTION J M . Mixing and Chemical Reactions A Tutorial[J]. Chemical Engineering Science, 1994, 49(24):4005 - 4027.

[38] SPIELMAN L A, LEVENSPIE O. A Monte Carlo Treatment for Reacting and Coalescing Dispersed Phase Systems[J]. Chemical Engineering Science, 1965, 20(3):247 - 254.

[39] ZWIETERING T N. The Degree of Mixing in Continuous Flow Systems[J]. Chemical Engineering Science, 1959, 11(1):1 - 15.

[40] ARIS R. On Shape Factors for Irregular Particles - Ⅰ: The Steady State Problem[J]. Chemical Engineering Science, 1957, 6: 262 - 268.

[41] BERTY J M . Reactor for Vapor - Phase Catalytic Studies[J]. Chemical Engineering Progress, 1974, 70(5):78 - 84.

[42] BISCHOFF K B. An Extension of the General Criterion for Importance of Pore Diffusion with Chemical Reactions [J]. Chemical Engineering Science, 1967, 22 (4): 525 - 530.

[43] BROUCEK R. Falsification of Kinetic Parameters by Incorrect Treatment of Recirculation Reactor Data[J]. Chemical Engineering Science, 1983, 38(8):1349 - 1350.

[44] BUTT J B, BLISS H, WALKER C A. Rates of Reaction in A Recycling System Dehydration of Ethanol and Diethyl Ether Over Alumina[J]. Aiche Journal, 1962, 8(1): 42 - 47.

[45] CARBERRY J J. The Catalytic Effectiveness Factor under Nonisothermal Conditions [J]. Aiche Journal, 1961, 7(2):350 - 351.

[46] CARBERRY J J. Designing Laboratory Catalytic Reactors[J]. Industrial & Engineering Chemistry, 1964, 56(11):39 - 46.

[47] CARBERRY J J. Heat and Mass Diffusional Intrusions in Catalytic Reactor Behavior [J]. Catalysis Reviews, 1969, 3(1):61 - 91.

[48] FROSSLING N. Uber die Verdunstung Fallender Tropfen[J]. Beitr geophys gerlands, 1938, 52:170 - 215.

[49] HOUGEN O A, WATSON K M. Chemical Process Principles: Part Ⅲ [J]. New

York: John Wiley & Sons, 1947.

[50] HUTCHINGS J, CARBERRY J J. The Influence of Surface Coverage on Catalytic Effectiveness and Selectivity[J]. Aiche Journal, 1966, 12(1):20 - 23.

[51] MCGREAVY C, CRESSWELL D L. A Lumped Parameter Approximation to a General Model for Catalytic Reactors[J]. Canadian Journal of Chemical Engineering, 1969, 47 (6):583 - 589.

[52] MCGREAVY C, CRESSWELL D L. Non-Isothermal Effectiveness Factors[J]. Chemical Engineering Science, 1969, 24(3):608 - 611.

[53] MCGREAVY C, THORNTON J M . Prediction of the Effectiveness Factor and Selectivity for Highly Exothermic Reactions[J]. Chemical Engineering Science, 1970, 25 (2):303 - 309.

[54] PRATER C D. The Temperature Produced by Heat of Reaction in the Interior of Porous Particles[J]. Chemical Engineering Science, 1958, 8(3/4):284 - 286.

[55] PRATER C D, LAGO R M. The Kinetics of the Cracking of Cumene by Silica - Alumina Catalysts[J]. Advances in Catalysis, 1956, 8(11):293 - 339.

[56] RANZ W E. Friction and Transfer Coefficients for Single Particles and Packed Beds [J]. Chem. eng. prog, 1952, 48(4):247 - 253.

[57] SATTERFIELD C N. Mass Transfer in heterogeneous Catalysis[M]. Massachusetts: Massachusetts in Stitute of Technoloty Press, 1970.

[58] WALAS S. Reaction Kinetics for Chemical Engineers [M]. New York: McGraw Hill, 1959.

[59] WHEELER A. Reaction Rates and Selectivity in Catalyst Pores[J]. Advances in Catalysis, 1951, 3(6):249 - 327.

[60] FROMENT G F, BISCHOFF K B. Chemical Reactor Analysis and Design[M]. 2nd ed. New York: John Wiley & Sons, 1990.

[61] KONOKI K K. Theory on the Operation and Design of the most Effective Multistage Reactor[J]. Chem. Eng. (Japan), 1956, 21(7):408 - 412.

[62] KONOKI K K. The Most Ideal Adiabatic Reactor Type:Advantages and Disadvantages of Piston Flow Type and Complete Mixing Type[J]. Chem. Eng. (Japan), 1961, 25: 411 - 417.

[63] JIAO S Y, ZHU J X, BERGOUGNOU M A, et al. Investigation and Modelling of the Thermal Cracking of Waste Plastics Derived Oil in a Downer Reactor[J]. Process Safety & Environmental Protection, 1998, 76(4):319 - 331.

[64] DAVIDSON J F, HARRISON D. Fluidized Particles[M]. New York: Cambridge University Press, 1963.

[65] ERGUN S. Fluid flow through packed columns[J]. Journal of Materials Science and

Chemical Engineering, 1952, 48(2):89 - 94.

[66] GELDART D. Types of Gas Fluidization[J]. Powder Technology, 1973, 7(5): 285 - 292.

[67] GRACE J R. Contacting Modes of Behavior Classification of Gas - Solid and Other Two Phase Systems[J]. Can. J. Chem. Eng. 1986, 64: 353 - 363.

[68] KUNII D, LEVENSPIEL O. Fluidization Engineering[M]. 2nd ed. Boston: Butterworth - Heinemann, 1991.

[69] KUNII D, LEVENSPIEL O. Circulating Fluidized - bed Reactors[J]. Chemical Engineering Science, 1997, 52(15):2471 - 2482.

[70] ROWE P N, PARTRIDGE B A. An X - Ray Study of Bubbles in Fluidized Beds[J]. Trans. I. Chem. E., 1978, 43: 157 - 175.

[71] LEVENSPIEL O. Experimental Search for a Simple Rate Equation to Describe Deactivating Porous Catalyst Particles[J]. Journal of Catalysis, 1972, 25(2):265 - 272.

[72] SZEPE S, LEVENSPIEL O. Optimal Temperature Policies for Reactors Subject to Catalyst Deactivation - I Batch Reactor[J]. Chemical Engineering Science, 1968, 23(8):881 - 894.

[73] DANCKWERTS P V. Absorption by Simultaneous Diffusion and Chemical Reaction [J]. Transactions of the Faraday Society, 1950(46):300 - 304.

[74] DANCKWERTS P V. Gas Absorption Accompanied by Chemical Reaction[J]. Aiche Journal, 1955, 1: 456 - 463.

[75] DANCKWERTS P V. Gas - Liquid Reactions[M]. New York: McGraw Hill, 1970.

[76] DORAISWAMY L K, SHARMA M M. Heterogeneous Reactions[M]. New York: John Wiley & Sons, 1984.

[77] SHERWOOD T K, PIGFORD R L. Absorption and Extraction[M]. New York: McGraw Hill, 1952.

[78] PERRY R H, GREEN D W. Chemical Engineers' Handbook[M]. 6th ed. New York: McGraw Hill, 1984.

[79] SHAH Y T. Gas - Liquid - Solid Reactor Design [M]. New York: McGraw Hill, 1979.

[80] VAN KREVELENS D W, HOFTIJZER P. Kinetics of Gas - Liquid Reaction - General Theory[J]. Trans. I. Chem. E., 1954(32): 5360 - 5383.

[81] VAN KREVELENS D W, HOFTIJZER P. Kinetics of Gas - Liquid Reactions[J]. Rec. Trau. Chim., 1948(67): 563 - 586.

[82] KRAMERS H, WESTERTERP K R. Elements of Chemical Reactor Design and Operation[J]. Academic Press, Inc. 1963, 10: 245 - 250

[83] ISHIDA M, WEN C Y. Comparison of Zone - Reaction Model and Unreacted - Core

Shrinking Model in Solid - Gas Reactions - Ⅱ Non - Isothermal Analysis[J]. Chemical Engineering Science, 1971, 26(7): 1031 - 1041.

[84] ISHIDA M, WEN C Y, SHIRAI T. Comparison of Zone - Reaction Model and Unreacted - Core Shrinking Model in Solid - Gas Reactions - Ⅱ Non - isothermal Analysis [J]. Chemical Engineering Science, 1971, 26(7): 1043 - 1048.

[85] YAGI S, KUNII D. Studies on Combustion of Carbon Particles in Flames and Fluidized Beds[J]. Symposium (International) on Combustion, 1955, 5(1):231 - 244.

[86] YAGI S, KUNII D. Fluidized - solids Reactors with Continuous Solids Feed: Residence Time of Particles in Fluidized Beds[J]. Chemical Engineering Science, 1961, 16(3/4): 364 - 371.

[87] YAGI S, TAKAGI K, SHIMOYAMA S. Studies on Pyrrhotite Roasting[J]. Journal of the Society of Chemical Industry (Japan), 1951, 54(1):1 - 7.

[88] MONOD J. The Growth of Bacterial Cultures[J]. Ann. Reu. Microbiology, 1949, 3: 371 - 394.

[89] MONOD J. La Technique de Culture Continue: Theories at Applications[J]. Annales de Institut Pasteur, 1950, 79:390 - 410.

[90] MONOD J. Recherches Sur la Croissance Des Cultures Bacteriennes[M]. 2nd ed. Paris: Herman, 1958.

[91] NOVICK A, SZILARD L. Experiments with the Chemostat on Spontaneous Mutations of Bacteria[J]. Proc Natl Acad Sci, 1950, 36(12):708 - 719.